Introduction to Reticular Chemistry

Metal-Organic Frameworks and Covalent Organic Frameworks

网格化学导论
金属有机框架和共价有机框架

（美）奥马尔·亚吉（Omar M. Yaghi）
（德）马库斯·卡尔穆茨基（Markus J. Kalmutzki）　　著
（德）克里斯蒂安·迪克斯（Christian S. Diercks）

李巧伟　译

化学工业出版社

·北京·

内容简介

本书系统介绍了网格化学的基础理论和应用，包括金属有机框架（MOF）和共价有机框架（COF）的合成、结构、性能及应用。重点阐述了MOF在气体吸附和分离、二氧化碳的捕集和封存、氢气和甲烷存储、气相和液相分离、水吸附等领域的应用。另外还将与网格化学思想和分析方法相关的内容作为专题进行了介绍，包括拓扑、金属有机多面体（MOP）和共价有机多面体（COP）、沸石咪唑框架和动态框架方面的知识。

本书可供化学及材料相关专业的高年级本科生和研究生参考使用，也可作为MOF与COF相关领域研究者的参考用书。

Introduction to Reticular Chemistry : Metal-Organic Frameworks and Covalent Organic Frameworks, first edition / by Omar M. Yaghi, Markus J. Kalmutzki, Christian S. Diercks

ISBN 9783527345021

图书在版编目（CIP）数据

网格化学导论：金属有机框架和共价有机框架/（美）奥马尔·亚吉（Omar M. Yaghi），（德）马库斯·卡尔穆茨基（Markus J. Kalmutzki），（德）克里斯蒂安·迪克斯（Christian S. Diercks）著；李巧伟译. —北京：化学工业出版社，2022.9

书名原文：Introduction to Reticular Chemistry: Metal-Organic Frameworks and Covalent Organic Frameworks

ISBN 978-7-122-41517-2

Ⅰ．①网⋯　Ⅱ．①奥⋯　②马⋯　③克⋯　④李⋯　Ⅲ．①金属材料-有机材料-研究　Ⅳ．①TG147

中国版本图书馆CIP数据核字（2022）第092105号

责任编辑：韩霄翠　仇志刚
文字编辑：杨欣欣
责任校对：宋　夏
装帧设计：王晓宇

出版发行：化学工业出版社
　　　　　（北京市东城区青年湖南街13号　邮政编码100011）
印　　装：北京宝隆世纪印刷有限公司
787mm×1092mm　1/16　印张34¼　字数700千字
2023年1月北京第1版第1次印刷

购书咨询：010-64518888
售后服务：010-64518899
网　　址：http://www.cip.com.cn

凡购买本书，如有缺损质量问题，本社销售中心负责调换。

定　　价：298.00元　　　　　　版权所有　违者必究

Introduction to Reticular Chemistry
Metal-Organic Frameworks and Covalent Organic Frameworks

中文版序

新材料在世界文明历程中扮演着重要角色，以至于人们通常用所发展的材料来指代不同的技术发展阶段：石器时代、青铜时代、铁器时代，甚至是玻璃时代、钢铁时代、聚合物时代、分子时代，等等。下一个时代会是什么？不断创新发展的网格化学很可能是一个候选项。网格化学研究通过强化学键将小分子连接得到晶态拓展型结构（即材料），其产物包括金属有机框架和共价有机框架。所得的框架具有超高的多孔性，并且可以针对不同应用而被合成和被功能化，这些应用包括但不限于清洁能源、清洁空气以及清洁水。框架内的组分可选，可被精准设计，亦可被明确表征，这些特性已经触发了材料领域的一场革命。目前，全球已有100余个国家开展了网格化学研究。中国学者为本领域的发展做出了巨大的学术贡献。我倍感荣幸拥有多名中国学生和学者在我的实验室学习，包括目前在复旦大学任职的李巧伟。受人们尤其是年轻学者对该领域的极大关注所鼓舞，我们撰写了以网格化学为主题的图书。我们希望本书成为激发学生兴趣，并将他们引领到网格化学天地的导论读物。现在，我们有了本书的中文版。本书的深度定位在广大高年级本科生和低年级研究生可以理解的水平。我们尽量从大量的网格化学文献和合成的框架中选取典型的例子来撰写本书，全书涵盖了从合成、结构、性质到应用的不同专题。在对这些专题进行介绍时，我们聚焦于对底层基本原理的讨论，以及这些例子背后的研究思维。我们特意强调了可信的数据测量和分析过程的重要性，并细致讨论了表征和分析的标准操作规范。网格化学的魅力在于它结合了许多不同的领域：有机化学和无机化学、固态化学和溶液化学、拓扑学、物理化学、材料科学以及化学工程。虽然本书的讨论并未涉及人工智能工具、高通量方法、计算化学以及器件工程等，但它们同样是网格化学的其它重要发展方向。本书可以作为我们后续探索这些新兴方向的出发点。最后，我特别感谢李巧伟承担了本书的翻译工作，精心并严谨地完成了这一中文版的出版。

奥马尔·亚吉

2022 年 1 月 15 日于伯克利

New materials have played a major role in advancing the civilizations of the world. So much so that the technological developments are often referred to in terms of the materials of the day: stone age, bronze age, iron age, glass age, steel age, polymer age, and the molecular age. What is the next age? The emerging field of reticular chemistry may very well be a candidate. It is concerned with linking of molecules with strong bonds to make crystalline extended structures (materials). The products of reticular chemistry are metal−organic frameworks and covalent organic frameworks. These frameworks are ultra−porous and can be made and functionalized for specific applications, not the least of which are clean energy, clean air and clean water. The flexibility with which the components of these frameworks can be varied, precisely designed, and characterized, has led to a revolution in materials as evidenced by the practice of this chemistry in over 100 countries. Researchers in China have contributed a great deal of scholarly work to the development of the field. I had the fortune of having a good many of them study in my own laboratory (such as Qiaowei Li, now at Fudan University). Given the great interest in this field especially from young scholars, we undertook the project of writing this textbook, originally in English and now translated to Chinese, to serve as an entry point and to engage interested students. The book is written at a level to be accessible to senior undergraduates and beginning graduate students. We endeavored to use illustrative examples from the vast literature on reticular chemistry and frameworks to cover topics ranging from synthesis, structure, and properties to applications. In our coverage of these areas, we focused the discussion on the underlying principles and the thought process behind all the topics presented. We also made a special effort to emphasize and discuss in detail the standard practices for reliable measurements and analysis of data. The topic of reticular chemistry is exciting because it combines many different fields: organic and inorganic chemistry, solid−state and solution state chemistry, topology, physical chemistry, materials science, and chemical engineering. Topics not covered in this text but represent another facet of reticular chemistry are artificial intelligence tools, high throughput methods, computational chemistry, and device engineering. This textbook should be an excellent starting point for pursuing these less developed aspects of the field. I am indebted to Qiaowei Li for undertaking the task of translating the textbook to Chinese and to do so with the utmost care and rigor.

Omar M. Yaghi

Berkeley, January 15, 2022

网格化学是指利用强化学键将分子型构造单元彼此键连得到晶态拓展型结构的化学。以金属有机框架和共价有机框架为代表，网格化学在近二十余年来得到了迅速发展。由 Omar M. Yaghi 教授、Markus J. Kalmutzki 博士及 Christian S. Diercks 博士所著的 *Introduction to Reticular Chemistry: Metal–Organic Frameworks and Covalent Organic Frameworks*，自 2019 年出版以来受到了国内学者和学生的广泛关注，在领域内引起了强烈反响。2020 年，化学工业出版社有意通过版权合作方式出版本书的中文版。在原版作者的鼓励下，本人欣然接受了翻译工作的邀请。

本书从网格化学的基础理论出发，引申到网格材料的合成、结构与性质，并扩展到这些材料在应对不同社会挑战方面的应用。原书不仅在科学内容上引人入胜，同时能不时地启发读者之思想。它既可以作为领域内专业学者的案头之书，也可以作为高等院校相关课程的教材使用。在翻译过程中，我力求保留原书简明易懂的写作风格，并对部分读者可能生疏的概念添加了解释，力求更准确地传达科学内容和思想。

针对部分专用名词目前尚无学界通行翻译的现状，我尽力选择我所认为的最能准确表达其科学内涵的词汇。遵照中文图书出版规范，对文中定义的化合物简称进行了重新梳理，确保化合物名与简称一一对应，因此部分化合物简称与英文原版或对应文献中的简称不一致。另外，对本书的缩略语表和索引也进行了重新编排，以更符合中文读者的习惯和使用场景，读者可通过文后附录和索引查阅使用。

耗时两年的翻译和出版工作远比本人最初想象的复杂和艰难，它成了我近两年来投入时间和精力最多的"作品"。在反复品读原作和斟酌翻译的过程中，我对网格化学也有了更深刻的认识。《网格化学导论：金属有机框架和共价有机框架》一书的出版离不开许多好友的支持和帮助。在此非常感谢化学工业出版社编辑所做的工作，你们出众的专业能力和严谨细致的工作态度令人敬佩。感谢复旦大学李巧伟课题组的同学们在本书翻译、校对等方面的协助工作。同时，与许多网格化学学者的讨论也使我受益良多，在此一并表示感谢。最后，诚挚感谢Omar M. Yaghi教授对本书翻译工作以及本人科学研究事业的无私支持，使得本书可以最终呈现在读者面前。

由于译者能力水平等原因，本书难免有欠缺、错误之处，还望各位专家和读者见谅并不吝赐教。

李巧伟

2022年5月于复旦大学

Introduction to
Reticular Chemistry
Metal-Organic Frameworks and Covalent Organic Frameworks

　　原子在空间如何互相连接生成分子？这些分子怎样进行化学反应？人类对这些问题的回答已经达到了一个非常高的知识层次。这些化学知识引导着我们发现许多有价值的材料。同时，作为人们认识和研究物质的中心学科，化学也同时破解了其它重要学科（如化学生物学和材料化学）中的一些基本问题。然而，相对于在分子化学领域取得的显著进展，研究拓展型化学结构的合成和性质的科学则较少被关注。这是因为固相化合物通常需在高温条件下制备，而有机化合物和金属配位化合物在这样的条件下结构无法稳定，使得这些分子固有的反应活性无法在固相材料中保留。虽然已有大量无机固相材料被成功合成且被深入研究，但是如何把有机化学和无机配位化学的细致精妙和错综复杂带入到固相材料领域始终是待解决的科学问题。直到20世纪末，科学家们成功制备与结晶了金属有机框架（metal-organic frameworks，MOF）以及后来的共价有机框架（covalent organic frameworks，COF）。这一进展是把基于强共价键和金属-配体配位键的化学，发展至传统分子化学未涉及领域的关键一步。通过羧酸根与多核金属簇相连得到的MOF具有很高的结构稳定性，且具有永久多孔性。这两种特性使得我们可以在MOF固态结构内部进行精准的有机反应和金属配位过程。COF的成功合成和结晶把有机化学带到一个全新时期，研究从零维小分子和一维高分子拓展至二维层状结构和三维框架结构。MOF和COF均在温和条件下制备，因此构造单元的结构和反应活性在对应框架中得到保留。这些构造单元内部成键均为强化学键，它们又彼此通过强化学键连接得到多孔框架晶体。这些事实引发了我们对化学的新思考。如果我们了解这些构造单元的几何构型，就有可能实现MOF和COF结构的定向设计。如果我们熟知这类框架的合成条件，就有可能在不影响结构结晶性和底层拓扑的前提下，进一步对框架尺寸进行调控，或对孔道进行功能化。这在传统固体化学中是前所未见的。在基础层面上，MOF和COF代表着一类全新的材料，这些结构的化学新知识已经给研究它们的科学家带来了全新的思路。人们甚至可以说这一被称为网格化学（reticular chemistry）的全新化学落实了随需材料（materials on demand，即特定功能的材料可以根据需求随时定制提供）这一概念。目前，全球不同学术机构、企业和政府部门约有1000余家实验室正在开展网格化学研究。网格材料已在气体吸附、水捕集、能源存储等许多领域体现了其价值，使得这一全新领域涵盖了从基础科学到实际应用的方方面面。无论是从研究探索角度还是从教育角度，网格化学领域正变得更有意义！因此，我们努力通过本书向读者提供关于这一广阔领域的入门导论。本书分为四个自然过渡的篇章。第一篇（第1～6章）聚焦于MOF化学，介绍MOF的合成、对应的构造单元、表征、结构以及多孔性等。第二篇（第7～11章）主要介绍COF化学，具体内容编排与第一篇类似，不过我们在此着重阐述了合成COF配体以及生成COF键合所涉及的有机化学知识和理论。第三篇（第12～17章）致力于介绍MOF的应用，部分讨论也涉及COF。在这一篇，我们悉力阐述了各项应用的基本物理原理，并介绍了网格材料的应用性能。我们将与网格化学思想和分析方法相关的内容作为专题在第四篇（第18～21章）介绍。本书的编写方式允许授课教师将各篇内容独立使用。对于同一篇下的章节，授课教师可按编排顺序依次讲授，也可选择部分章节单独讲授。我们希望老师和同学们通过本书认识到网格化学是一个根植于有机化学、无机化学以及物理化学的学科领域，同时，网格化学把这些传统学科内容融合成一门全新学科，发展了精准性不输于分子化学的晶态材料化学。本书的独特性在于它从基础科学理论出发，引申到材料的合成、结构与性质，并扩展到这些材料在应对不同社会挑战方面的应用。网格化学是对分子化学的延伸，把分子化学在成键、断键方面的精准性带到了基于强键结合的固态框架结构中。至此，我们可以切实地凝练出以下观点：原子与分子的关系，就像分子与框架的关系。原子以特定的朝向和空间排布被固定于分子中；同理，分子以特定的朝向和空间排布被固定于框架中。唯一区别在于框架中除了被固定的分子外，还拥有自由空间。在这些空间内，物质可以进一步被操控。这一全新领域结合了物质结构的美丽、构造单元和对应框架化学的丰富，以及在应对社会挑战方面的强势。在本书中，我们希望能尽力把这些思想传达给读者，从而创造一个迸发知识、激发创想的学习空间。

马库斯·卡尔穆茨基

克里斯蒂安·迪克斯

奥马尔·亚吉

2018年3月于伯克利

Introduction to Reticular Chemistry
Metal-Organic Frameworks and Covalent Organic Frameworks

致
谢

本书作者在此感谢加州大学伯克利分校Yaghi课题组的以下学者：Eugene Kapustin博士、Kyle Cordova先生、Robinson Flaig先生、Peter Waller先生、Steven Lyle先生和Bunyarat Rungtaweevoranit博士。感谢他们无私地参与本书稿的校阅工作。

我们也借此机会向Paulina Kalmutzki女士的奉献和努力付出致意，感谢她对Yaghi课题组的支持；向刘雨中博士（Yaghi课题组）致意，感谢她在本书绘图上的帮助。我们同时感谢Adam Matzger教授（密歇根大学）、Bunyarat Rungtaweevoranit博士（Yaghi课题组）和赵英博博士（Yaghi课题组）提供了本书中的部分显微图像。

最后，我们感谢本书英文版的出版商Wiley VCH Weinheim，尤其是Anne Brennführer和Sujisha Karunakaran。感谢团队在本书出版过程中提供的支持和协助。

Introduction to Reticular Chemistry

Metal-Organic Frameworks and Covalent Organic Frameworks

第二篇 共价有机框架

7 历史视角下的共价有机框架的发现 ·················· 176

8 共价有机框架中的键合 ·················· 192

11　共价有机框架的纳米化和特定结构化 ············· 261

第三篇　金属有机框架的应用

12　网格框架材料的应用 ···························· 280

13　MOF中气体吸附和分离的基本概念和原理 ········ 286

第四篇 专题

18 拓扑 ·· 412

绪论

化学的研究对象是分子中的成键、断键过程，化学学科致力于发展可控成键、断键的新方法和新手段。当人们发现一个新分子时，利用简单的起始反应物，通过合乎逻辑的手段去合成它，是我们追求的首要目标。因此，从这一角度来说，化学家首先应当是"建筑师"：化学家通常需要设计一个目标分子的"蓝图"，随后决定该分子的合成路线。一般而言，蓝图中也包含实现特定的分子几何构型和原子空间排布方式的可行策略，分子的这些要素与其性质息息相关。在有机化学领域，合成的一系列手段都得到了高度发展，似乎任何正当合理的目标分子都可以被成功设计并精准合成。相比而言，金属配位化合物领域发展的高级合成方法尚未达到有机化学的高度。这是因为金属离子可以具有多样的几何构型和配位数，这给合成结果带来了不确定性。此外，与有机分子可以通过多类化学反应进行官能化不同，配位化合物大多只能通过取代或加成反应进行修饰。这一限制源自配位化合物在化学稳定性方面的不足。因此，有机合成中常见的分步合成法在配位化合物合成领域严重受限，这给基于金属离子的化学合成增添了许多需要反复"试错"的味道。需要指出的是，配位合成化学中的不确定性有时可以通过设计复杂的多齿有机配体来规避，即把金属离子锁定于特定的几何构型和配位模式中，但是该策略在应用广泛性方面有其自身局限性。尽管合成结果的不确定性带来了结构的多样性，有效地控制结构中金属离子的几何构型和配体的空间排布方式依然是一个持续的挑战。

当试图把小分子彼此连接形成大型离散型分子或拓展型结构时，我们需要的是对化学合成更高层次的精准把控。以分子的进一步连接为目标，我们总结了两项基本要素：第一项要素是这些键合涉及的相互作用类型，以及键合自身具有的方向性如何被带入到所合成的结构中；第二项要素是分子构造单元的几何信息，以及这些几何参数（长度、尺寸、角度等）如何引导特定结构的生成。以这两项要素为核心内容，我们发展了利用强化学键将分子型构造单元彼此键连得到晶态拓展型结构的化学，即网格化学（reticular chemistry）。

网格化学的发展始于通过强化学键将金属离子与羧酸根等带电荷有机配体相连得到金属有机框架（metal-organic framework，MOF）及相关材料的研究。这些框架有效拓展了配位化学的范围。自此，将构造单元以特定几何构型和空间排布方式固定于拓展型结构中的研究进入了配位化学的研究范畴。网格化学的另一大发展是通过连接有机构造单元，将有机化学从研究小分子和高分子拓展到晶态二维和三维共价有机框架（covalent organic framework，COF）化学。

网格化学的研究内容还包括如何利用分子构造单元来获得具有特定性质的、有应用价值的结构，它致力于提供一个从基础科学研究到应用研究的理性架构。亚历山大·威尔斯（Alexander F. Wells）提出的"节点"和"连接"概念成为了我们描述网络（即节点和连接的集合）的基本"语法"和对网格结构进行"分类"的基础。我们在本书中对此进行了详细介绍。网格结构同时涵盖了大型离散型分子［例如金属有机多面体（metal-organic polyhedron，MOP）和共价有机多面体（covalent organic polyhedron，COP）］和拓展型框架［例如MOF、沸石咪唑框架（zeolitic imidazolate framework，ZIF）和COF］。这一领域迅速壮大，已成为化学研究的重要组成部分。

利用网格化学的概念，人们将各构造单元相连得到了各种拓展型结构。将这些丰富的知识经验进行总结，我们发现网格化学的概念解决了先前存在的多个挑战。第一，如前所述，与有机配体相连的金属离子倾向于具有多种不同的配位数和配位几何构型，这不利于所得MOF或MOP产物的结构控制。虽然在少数情况下某些金属离子倾向于特定的配位方式（例如正二价的铂离子倾向于平面四方形构型），但将单金属离子作为节点通常不利于特定结构的控制合成。相反，将多核金属簇（例如多核金属羧酸簇）作为所谓的次级构造单元（secondary building unit，SBU）来使用，可以把金属离子锁定在相应位置，因此整个SBU（而非单个金属）的配位几何构型就成了网格化过程的决定性因素。第二，由于SBU本身为多原子簇，同时有机配体也是多原子结构，网格化合成自然会得到一些开放式结构。SBU同时具有刚性和方向性的特点使得人们可以设计和控制所得产物。SBU内部成键均为强化学键，因此所得的框架在孔道填充分子被去除后依然具有结构稳定性和多孔性。强化学键同时赋予了这些结构很高的热稳定性。如果这些化学键在动力学上是惰性的，则对应的整体框架也具有很高的化学稳定性。第三，在确定能得到特定SBU的合成条件后，人们可以进行同网格合成（isoreticular synthesis），即同样的SBU可以与一系列具有相同键合型态，但是不同尺寸、长度和修饰官能团的配体结合。第四，人们已总结了这些网格化合成产物结晶的条件，因而这些结构可以通过X射线衍射手段来明确表征。清晰的结构表征有利于建立材料的构效关系，构效关系研究又能反过来促进我们设计含有特定官能团和具有特定孔尺寸的结构。第五，材料的永久多孔性、热稳定性、化学稳定性和结晶性保证了我们可以在框架内部开展化学修饰反应，同时不影响框架的多孔性和结晶性。这意味着这些大型分子或拓展型结构可以在合成后进一步被转化。因此，若要在结构内引入某特定官能团，我们可选择在结构合成前或合成后进行。第六，框架合成和修饰的精准性以及所采用SBU和有机配体的多样性，给金属有机网格材料和有机网格材料带来了丰富的性质和应用。

随着网格化学的高度发展，如今人们可以将柔性和动态性引入到这些大型分子或拓展型结构中。柔性和动态性的实现依赖于使用柔性组分作为结构单元，或者在配体上引入机械互锁的大环。最近，利用物理交错的概念，人们通过分子织线的互相交织成功得到了编织型拓展结构。从原理上说，未来这一策略也可以用于将完全离散的大环互锁形成拓展型结构。

为了更深入地理解网格化学及其发展潜力，我们不妨把网格结构拆成三个部分来分析：主干、修饰于主干上的官能团以及框架结构围合的空间。主干确保了整体结构的完整性，官能团则提供了优化的孔道环境。结构的孔道可以被系统调控以适应不同尺寸、形状和性质的分子被引入，甚至被转化。当使用多种官能团来修饰孔道时，在结构中设计独一无二的化学实体序列（sequence）不再仅仅是个可能，而成为了现实。未来，我们甚至可以让这些不同的序列成为材料特定性质的编码。分子在此类孔道中的扩散行为将受到特定序列的影响。我们认为设计并合成出序列依赖性材料（sequence-dependent materials）并非不可能，这将把化学带入一个全新的纪元。最近，人们在不改变网格结构整体多孔性和有序性的前提下对配体或金属进行取代。这些方法刻意改变了结构中原有的化学序列信息，因此可视为一种对网格结构的"编辑"，代表着一个前景可期的研究方向。从这一讨论进一步展开，网格结构也适于引入结构缺陷等，从而赋予框架异质性；更不必说引入定制的官能团，从而赋予框架其它方法无法企及的特定反应活性。

通过将小分子连接成大型分子或拓展型结构，网格化学有效赋予了分子更多的性质，这些性质在分子被连接之前其本身并不具备。具体来说，因为网格结构中的分子被固定于特定位置，因此它们更容易被寻址定位。同时，分子周围与之连接的其它单元可被视为分子的"保护基团"。分子在结构内自始至终有序重复。我们把这些分子作为一个整体来考虑，其整体功能可以超过各个独立分子功能的简单加和，甚至可体现原本独立分子不具备的功能。在网格结构中，组成结构的分子与处于孔道中的其它客体分子之间具有定义明确的界面。该界面也被赋予了网格化学的两大核心特征：可精准设计性和结构明确性。因此，我们可以调控孔道界面，使客体分子有机会经历孔道外不曾遇见的错综环境。从本质上说，以大型分子或拓展型结构为基础，网格化学不仅提供了在分子层次之上控制物质的手段，还提供了可以进一步操控分子的空旷空间。

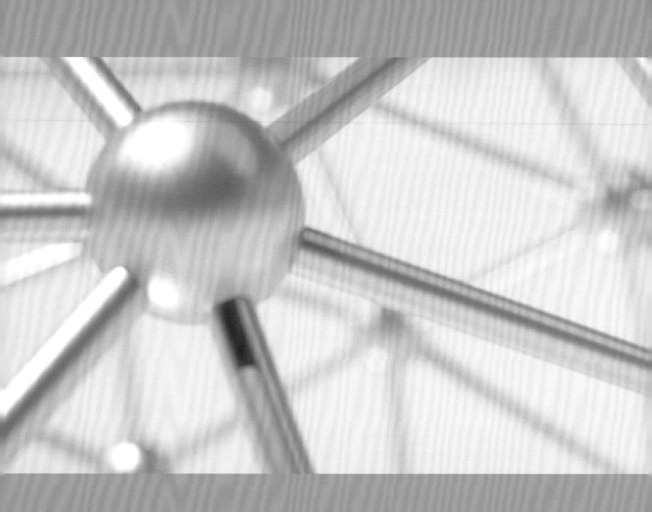

**Introduction to
Reticular Chemistry**
Metal-Organic Frameworks and Covalent Organic Frameworks

第一篇

金属有机框架

1 金属有机框架概述

1.1 引言

　　网格化学（reticular chemistry）❶是利用强化学键将离散的分子型化学结构（如分子和分子簇）彼此键连，得到金属有机框架（MOF）等拓展型结构（extended structure）的化学。具体而言，在MOF中，多核金属簇与有机配体键连得到晶态多孔框架。在这些框架中，人们对有机合成的熟悉掌握，以及对具有丰富几何以及多样组成的无机单元的精准操控得到了很好的结合。因此，我们可以认为MOF等网格化学的研究融合了传统科研及教学体系里面泾渭分明的无机化学和有机化学。得到具有预先设计的结构及性质的MOF需要人们同时具备有机化学工作者和无机化学工作者良好的技能和经验。这些结构所表现出来的性质继承于所使用的不同组分，同时又超越了这些分子型结构基元本身。举例来说，MOF带来了由框架定义的开放空间。在开放空间里，分子可以表现出与在其它环境中完全不同的作用方式及转化规律。现如今，充满潜力的网格合成化学逐渐步入更大的化学舞台。在此背景下，从历史角度来回顾该领域的发展是非常有意义的。由于MOF是网格化学领域最先发展起来的一类晶态固体材料，MOF的发展是初期网格化学发展历史中最重要的部分。

---

❶ "reticular"一词来自于拉丁语"*reticulum*"，意为"具有网格形式的"或"网状的"。

1.2　配位固体的早期例子

当今的利用金属和有机物来合成MOF的化学以配位化学领域的发展为基础。早在几个世纪之前，人们就偶然发现了最早的过渡金属配位化合物，但是当时人们对这些配合物的结构和组成还知之甚少。第一例人工合成的配位化合物报道可以追溯至18世纪初在德国柏林出现的普鲁士蓝（Prussian blue）染料[1]。关于这一发现的故事被收录在格奥尔格·斯塔尔（Georg E. Stahl）所著的一本书中[2]。据他的说法，普鲁士蓝是在约翰·迪佩尔（Johann K. Dippel）的实验室中被制备出来的。当时Dippel正通过蒸馏动物组织来制备一种所谓的"动物油"，并将所得的"动物油"在钾碱（K_2CO_3）中继续多次蒸馏以去除杂质。在这一过程中，有机组分分解生成氰化物，氰化物随后与残留在动物血液中的铁离子反应生成六氰合铁酸盐$M_2Fe(CN)_6$（$M=Na^+$、K^+）。这一配合物作为一种杂质留在钾碱中。同时期，一名在Dippel实验室工作的染料制作师约翰·迪斯巴赫（Johann J. Diesbach）从事名为佛伦汀色淀（Florentine lake）的染料的合成。这是一种以胭脂红（cochineal red）为基础的有机红色染料。在通常的合成中，他会在胭脂虫提取物中添加钾碱以形成沉淀，并进一步添加明矾（$KAl(SO_4)_2 \cdot 12H_2O$）和硫酸亚铁（$FeSO_4$）来提亮染料颜色，同时提高染料的加工性能。有一次实验中，Diesbach用尽了钾碱，因此他借用了一些Dippel已用于生产"动物油"的钾碱。在加入这种受污染的钾碱后，Diesbach惊奇地观察到一种意料之外的蓝色沉淀，即后来被命名为普鲁士蓝的配合物$Fe_4(III)$ $[Fe(II)(CN)_6]_3 \cdot H_2O$。

由于一些配位化合物具有浓烈的色彩，它们在历史上被广泛地用作色素（如普鲁士蓝）或者染料（如茜素），但是人们并不清楚它们的化学组成和结构[1c,3]。正如上文提到的普鲁士蓝这一代表性例子，仅仅依赖于对配位化合物的偶然性发现在当时严重限制了可获得的材料数目，对这些材料的性质了解也因此只能基于对一些现象的观察。

1.3　经典配位化合物

配位化学的概念基础是由瑞士化学家阿尔弗雷德·维尔纳（Alfred Werner）奠定的。维尔纳也因此在1913年被授予诺贝尔化学奖[4]。在1890年开始独立科研生涯时，他试图将原子在配位化合物中的空间位置进行科学阐述和概念化[5]。早在1857年，奥古斯特·凯库勒（F. August Kekulé）提出了原子价（valence）常量的模型，该模型基于每种

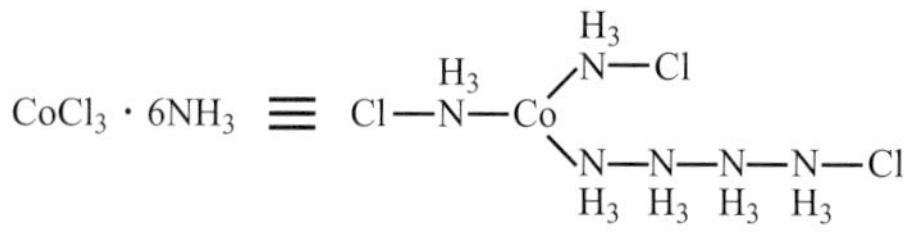

$$CoCl_3 \cdot 6NH_3 \equiv$$

图1.1　基于原子价常量理论而定义的$CoCl_3 \cdot 6NH_3$结构示意图。根据这一理论，钴的原子价为3，因此可以与3个配体配位。3个配体呈三角形排列，其余配体呈链状排列

元素只存在一种原子价的假设，因此认为每种元素也只有一种固定的配位数[6]。人们开始在化学式中使用点符号来正确描述化学组成，如$CoCl_3 \cdot 6NH_3$，但是维尔纳后来证明这样的化学式并不代表实际的分子结构（图1.1）。

　　维尔纳得到这一结论的关键证据是如下实验：当向$CoCl_3 \cdot 6NH_3$溶液中加入盐酸时，反应并没有从每个配位化合物分子中定量释放6个氨分子。基于有一些氨分子并没有被释放这一现象，维尔纳认为，这些氨分子与位于中心的钴原子结合紧密。与之相对比，当向$CoCl_3 \cdot 6NH_3$溶液中加入$AgNO_3$水溶液时，所有的氯离子都以氯化银沉淀形式析出。在进一步的实验中，一系列含有不同氨数目的分子式为$CoCl_3 \cdot nNH_3$（$n=1\sim6$）的配位化合物与硝酸银进行反应。反应所得氯化银沉淀的数量❶与结构中紧密结合Co^{3+}中心的氨分子数目成正比（图1.2）[7c]。维尔纳同时测试了这些含有不同配合物的溶液的电导率，认为溶液导电性与自由的氯离子数目直接相关[8]。基于上述发现，维尔纳认为配合物中一定存在从中心金属原子向各个方向均匀分散的吸引力场。配合物的6个配体围绕着中心原子规则排列，从而尽可能减小配体间的相互作用，同时尽可能增大配体与金属离子间的作用。基于这一全新概念，上述配合物被表示为$[Co(NH_3)_6]Cl_3$、$[Co(NH_3)_5Cl]Cl_2$和$[Co(NH_3)_4Cl_2]Cl$，表明这些配合物实际上是由6个配体围绕着一个中心Co^{3+}离子构成的。

$$CoCl_3 \cdot 6NH_3 \xrightarrow{Ag(NO_3)} Co(NO_3)_3 \cdot NH_3 + 3AgCl \implies [Co(NH_3)_6]Cl_3$$

$$CoCl_3 \cdot 5NH_3 \xrightarrow{Ag(NO_3)} Co(NO_3)_2Cl \cdot NH_3 + 2AgCl \implies [Co(NH_3)_4Cl]Cl_2$$

$$CoCl_3 \cdot 4NH_3 \xrightarrow{Ag(NO_3)} Co(NO_3)Cl_2 \cdot NH_3 + 1AgCl \implies [Co(NH_3)_5Cl_2]Cl$$

图1.2　向不同的$CoCl_3 \cdot nNH_3$电离异构体溶液中加入硝酸银以获得氯化银沉淀。不同异构体产生的氯化银沉淀数量不同。右侧的化学式表示中心Co^{3+}的配位数为6

---

　　❶　这些结果也可以通过由克利斯蒂安·布隆斯特兰（Christian Blomstrand）发展的链式理论（chain theory）来解释。链式理论后来由索菲斯·约根森（Sophus Jørgensen）进一步发展[7]。

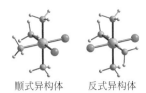

顺式异构体　　　　反式异构体

图1.3　八面体构型配合物[Co(NH$_3$)$_4$Cl$_2$]$^+$的可能异构体。左边为配合物的顺式异构体（称为"violeo"配合物，"violeo"为"紫色"的拉丁语），右边为配合物的反式异构体（称为"praseo"配合物，"praseo"为"绿色"的希腊语）。两个异构体可以通过鲜艳的颜色加以区分。颜色代码：Co，蓝色；N，绿色；Cl，粉色；H，浅灰色

该配位数为6的配合物可能采用三种不同的几何构型：平面六边形、三棱柱和八面体。这些不同的几何构型可以通过它们可能的同分异构体数目来区分。为了确定CoCl$_3$·nNH$_3$配合物的几何构型（或者说这些可能的几何构型中哪种为优势构型），维尔纳针对配合物[Co(NH$_3$)$_4$Cl$_2$]Cl开展了细致的研究。对于该配合物，平面六边形构型或三棱柱构型均存在三种不同的立体异构体（stereoisomer），而八面体构型则只有两种异构体（图1.3）。最终维尔纳分离出了此化合物的两种异构体，而不是三种异构体，证明了该配合物为八面体构型。这一工作为配位化学的后续发展奠定了坚实基础[9]。

1.4　Hofmann型笼合物

维尔纳的工作为明确的分子结构提供了全新的见解。以此为启发，配位化学的研究从分子（零维）体系拓展到了更高维度体系，尤其是二维和三维的拓展型结构领域。1897年卡尔·霍夫曼（Karl A. Hofmann）报道了具有二维拓展型结构的配位化合物的早期例子[10]。将C$_6$H$_6$缓慢扩散至Ni(CN)$_2$的氨溶液中，就可以得到结构简式为[Ni(CN)$_2$(L)](C$_6$H$_6$)（L=NH$_3$）的晶体材料。这一材料通常被称为Hofmann型笼合物（Hofmann clathrate）（图1.4）❶。最初推测该化合物是组成为Ni(CN)$_3$(η^6-C$_6$H$_6$)的分子固体，然而当通过单晶X射线衍射解析其晶体结构时，确定该化合物是一种拓展型配位化合物。具体而言，它是由八面体构型和平面四方形构型的Ni^{2+}交替排列，并通过CN$^-$相连得到的二维层状结构[12]。八面体镍中心上还有氨作为端基配体与之配位，这些指向相邻层的氨配体促进了结构内空腔的生成，使得配合物可以笼合苯客体分子。在多数情况下，这些客体分子是材料合成过程中捕获的溶剂分子，具有模板作用，对笼合物的生成具有

---

❶　笼合物的英文（clathrate）一词由赫尔伯特·鲍威尔（Herbert M. Powell）首次提出[11]。

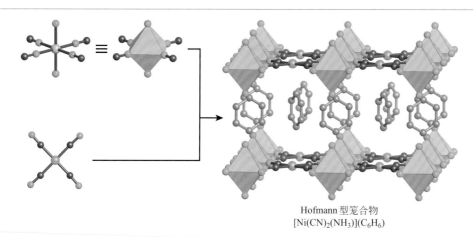

Hofmann 型笼合物
[Ni(CN)$_2$(NH$_3$)](C$_6$H$_6$)

图1.4　由赫尔伯特·鲍威尔（Herbert M. Powell）及同事在1952年确定的最初的Hofmann型笼合物的晶体结构示意图。正八面体和平面四方形的镍通过CN$^-$离子连接，形成化学组成为Ni(CN)$_2$(NH$_3$)的平面堆叠结构，层与层之间通过苯客体分子而相互撑开。Ni^{2+}(d^8)具有的两种不同配位构型可以通过不同的配位场（ligand field）来解释。强场配体（—NH$_3$和—NC）倾向于使Ni^{2+}的d轨道发生八面体分裂，弱场配体（—CN）则更倾向于导致平面四方形分裂。为了清晰呈现结构，所有氢原子被隐去。颜色代码：Ni，蓝色及橙色球；C，灰色；N，绿色；苯客体分子，浅灰色

非常重要的作用。当把客体分子从结构中移除后，Hofmann型笼合物结构通常也随之坍塌。

对这一Hofmann型笼合物结构的确认激发了人们对拓展型配位化合物的兴趣，因此越来越多的Hofmann型笼合物被报道。Iwamoto等人系统地研究了Hofmann型笼合物的合成方法，发现此类结构通常由两种不同的结构单元组成。这两种结构单元分别为[M$_a$(CN)$_4$]$^{2-}$和[M$_b$(NH$_3$)$_2$]$^{2+}$（M$_a$和M$_b$代表不同的二价金属，如Cd^{2+}或者Ni^{2+}），同时结构中的端基配体氨可以由烷基胺所取代[13]。以中性芳烃为溶剂，他们将这些配位离子的前驱体相混合，构筑了通用分子式为[M$_a$(CN)$_4$M$_b$(NH$_3$)$_2$]G（G为苯、苯胺、吡咯或噻吩等客体分子）的一系列结构。反应方程式如下：

$$[M_a(CN)_4]^{2-}+[M_b(NH_3)_2]^{2+}\xrightarrow{\ G\ }[M_a(CN)_4M_b(NH_3)_2]\tag{1.1}$$

在发现烷基胺能成功取代氨配体之后，下一步骤自然就是使用两端修饰的氨基配体来尝试连接结构中的相邻两层（图1.5）[14]。Iwamoto及同事证明了端基配体氨可以被己二胺所取代。取代后的配体连接了相邻的两层，提供了可以封装其它客体分子的空间。通过系统调控有机配体的长度，可以实现对客体分子的尺寸选择性封装[15]。

在层间引入有机配体可以有效地调节结构层间距这一几何参数，从而对此类拓展型配合物的性质产生重要影响。在实现了拓展型结构部分几何参数的调控之后，下一步对结构的探索自然而然就是探索能否实现"完全通过有机配体来连接金属离子"。对上述问题的探索使我们得到了一系列被称为配位网络（coordination network）的结构。配位网

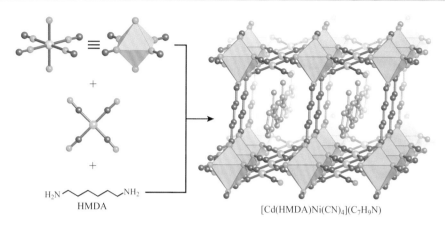

图1.5 一例修饰的Hofmann型笼合物的单晶结构示意图。该Hofmann型笼合物的二维层间通过己二胺（hexametylene-1,6-diamine，简称HMDA）相连接，从而得到分子式为[Cd(HMDA)Ni(CN)$_4$](C$_7$H$_9$N)的三维拓展型结构。无序的邻甲苯胺（C$_7$H$_9$N）客体分子占据了相邻层间的空间。颜色代码：Cd，蓝色；Ni，橙色；C，灰色；N，绿色；客体分子（C$_7$H$_9$N），浅灰色

络又被称为配位聚合物（coordination polymer）（由于这类化合物为晶态拓展型结构，我们更倾向使用配位"网络"一词来描述）。

1.5 配位网络

首例配位网络结构由Saito及其同事报道，他们使用先前已被深入研究的Cu$^+$，并通过不同尺寸的烷基二腈单元将它们相连，合成了一系列结构尺度不同的晶体材料[16]。使用丁二腈（succinonitrile，SUC）等较短配体时，他们合成了—维材料；稍长的配体，例如戊二腈（glutaronitrile，GLU），有利于层状材料的制备；使用己二腈（adiponitrile，ADI）等更长配体导致生成相互穿插（interpenetrated）的三维结构。这一系列化合物中最重要的成员是基于金刚石拓扑（**dia**）的三维结构[Cu(ADI)$_2$](NO$_3$)（图1.6）。由于配体尺寸较长，结构的"空旷"性导致了框架的六重穿插。穿插后的结构依旧给作为阳离子框架平衡电荷的硝酸根离子提供了足够空间。

对[Cu(ADI)$_2$](NO$_3$)的拓扑（topology）分析是基于亚历山大·威尔斯（Alexander F. Wells）提出的晶体化学几何原理而确定的。在这一理论中，Wells将晶体结构通过节点（node）和连接（link）的描述来进行简化[17]。

由于拓扑这一概念经常被用于描述拓展型结构，尤其是用于描述MOF结构，我们有必要在此简要阐述这个概念的基本内容。在这里，拓扑是指一种对晶体结构仅考虑连接特征（connectivity）而不考虑其化学信息或组分几何参数的简化描述。拓扑不受

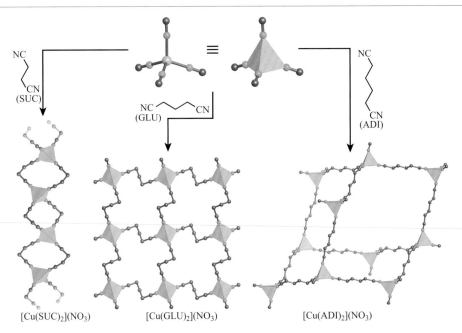

$[Cu(SUC)_2](NO_3)$　　　$[Cu(GLU)_2](NO_3)$　　　$[Cu(ADI)_2](NO_3)$

图1.6　通过烷基二腈连接Cu^+形成的一系列配位网络结构。使用丁二腈（SUC）等较短配体得到如左图所示的一维材料。使用较长配体例如戊二腈（GLU）可得到二维层状结构（中图，仅显示一层）。通过使用己二腈（ADI）生成具有**dia**拓扑的三维网络（右图）。为了清晰呈现结构，所有氢原子和抗衡离子NO_3^-被隐去，同时六重穿插的$[Cu(ADI)_2](NO_3)$网络仅有一层网络被显示。颜色代码：Cu，蓝色；C，灰色；N，绿色

结构的弯曲、拉伸甚至坍塌而改变，除非生成新的连接或者断开原有连接（详见第18章）。这一原理可以通过渔网来作简单类比说明。渔网的四方形网格与$[Cu(GLU)_2](NO_3)$配合物的网格类似（图1.6）。当渔网发生折叠或扭曲时，它的四方形网格结构未发生改变；但是如果把一条或多条网线切断，渔网就不再具有原有的网格结构。这一原则对将固相晶体结构进行简化和分类是非常有用的[18]。对网络拓扑的命名采用了小写加粗的三字母代码，并且被收录在网格化学结构资源（reticular chemistry structure resource，RCSR）数据库中。这些代码有时候是被随机指定的，但是大部分时候，它们与具有相同拓扑的天然矿物名称相关（例如源自金刚石的**dia**、源自石英的**qtz**）。晶体结构底层网络（underlying net）的拓扑可以通过将结构解构成顶点（vertex）和边（edge）（对应于节点和连接）而得到。顶点和边是按照它们具有的延伸点（point of extension）数目区分的。在这里，延伸点数目是指结构内与该单元连接的其它构造单元的数目。一条边，如二连接的己二腈配体（图1.6），其延伸点数目为2。顶点则指延伸点数目为3或3以上的构造单元，例如配位数为4的金属离子或者四连接的原子簇。通过这一方法，我们可以将任意晶体结构简化为通过边来连接顶点组成的网络。在此，我们以具有**dia**拓扑结构的$[Cu(ADI)_2](NO_3)$结构做一演示。图1.7（a）显示了$[Cu(ADI)_2](NO_3)$的结构片段[16c]。如图

1.7（b）的简化网络所示，ADI单元为二连接的有机配体，铜离子为四连接的节点。进一步在图上添加相应的多面体或顶点图（vertex figure）后，我们可以得到表示更为清晰的**dia-a**拓增网络（augmented net）［图1.7（c）］。通过有机支撑（strut）连接金属中心，我们得到了具有开放空间的框架结构。这样的开放空间有时会被另一个或多个组成和拓扑相同的框架所填充。框架彼此之间机械地相互交错，并不存在化学成键。我们将这一现象称为穿插（interpenetration）[18]。关于拓扑的更详细讨论请见第18章。

在尝试合成2,5-二甲基-*N,N*-二氰基醌二亚胺的自由基阴离子盐时，Siegfried F. Hünig 及同事制备了另一例具有 **dia** 拓扑的配位网络[19]。尽管在最初的报道中该晶体结构并未被详细讨论，但 Akiko Kobayashi 及其同事仍使用带有甲氧基、氯基和溴基的官能化连接体，成功合成了具有相同七重穿插结构的同构化合物[20]。这一研究表明，在不改变网络尺度和底层拓扑的前提下，研究者可以将官能团添加至网络骨架上，从而把有机化学独有的分子水平精确性带入到拓展型固体材料中。

采用Saito等人报道的类似合成方法，在理论上可以得到数量难以想象的可能的配位网络结构。因此，发展出一种普适的设计策略来制备此类材料是非常必要的。事实上，这样的结构设计原理在晶体工程（crystal engineering）领域已历经多年的发展。在晶体工程领域，化学家们通过研究分子固体中各分子间的弱相互作用［C—H···A、氢键、卤键、π相互作用和范德华（van der Waals，又译为范德瓦尔斯）力等］来控制晶体内这些分子的排布方式[21]。由于配位网络也是通过较弱的非共价相互作用（如金属-氮给体作用）而构建的，针对配位网络的精密设计通常被认为属于晶体工程的范畴[22]。在此背景

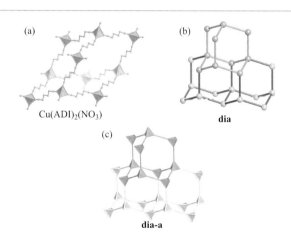

（a）
Cu(ADI)₂(NO₃)

（b）
dia

（c）
dia-a

图1.7 （a）具有类金刚石结构的[Cu(ADI)₂](NO₃)的晶体结构简化图。（b）将延伸点数目为2的构造单元简化为边，并把延伸点数目为4的构造单元简化为节点后，可得知结构具有**dia**底层拓扑结构。（c）将节点用对应的顶点图（多面体）来表示，可得到高称嵌入（highest symmetry embedding）的拓增**dia-a**网络。这里，"高称嵌入"指在嵌入（embedding，数学上的概念，意指一个数学结构经映射包含到另一个结构中）中，具有最高对称性的那种嵌入。四面体节点，蓝色；边，灰色。图（a）显示了一个金刚烷型笼，并且该笼在（b）和（c）中以橙色突出显示

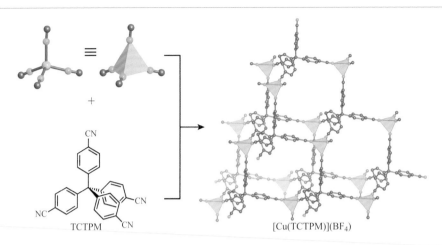

CN

NC

CN

CN

TCTPM

[Cu(TCTPM)](BF₄)

图1.8　阳离子型配位网络[Cu(TCTPM)](BF₄)。该网络具有**dia**拓扑，由四面体构型Cu⁺单金属节点和四面体构型TCTPM配体组成。为了清晰呈现结构，所有的抗衡离子（BF₄⁻）、溶剂分子和氢原子都被隐去。颜色代码：Cu，蓝色；C，灰色；N，绿色

下，Richard Robson和Bernard Hoskins意识到之前介绍的Wells关于节点和连接的理论可以用于预测由给定几何结构❶和连接特征的分子构造单元形成的结构[24]。他们证明了该方法有助于针对预设的结构实现配位网络的设计。例如，通过连接四面体配位的Cu⁺单金属节点和4,4′,4″,4‴-四氰基四苯甲烷（4,4′,4″,4‴-tetracyanotetraphenylmethane，TCTPM）配体可以得到结构简式为[Cu(TCTPM)](BF₄)的非穿插配位网络，其拓扑为**dia**（图1.8）。结构中的金刚烷型笼具有约700Å³（1Å=10⁻¹⁰m）的孔体积。红外光谱证明孔道中存在的BF₄⁻离子可以在保持材料结晶度的前提下被PF₆⁻离子所取代。

当使用对苯二腈、4,4′-联吡啶和2,5-二甲基吡嗪等加长的配体时，研究者们得到了同构的网络。然而，由于所得网络的孔尺寸差异，这一系列结构呈现不同重数的穿插[25]。除了调控构造单元的几何尺度，研究者们也通过改变构造单元的几何形状和延伸点数目来得到具有不同结构的网络。

利用四面体和平面四方形的构造单元组合，可得到基于硫化铂的网络拓扑（**pts**）。实现这一拓扑的第一例是通过将Cu⁺与Pt(CN)₄²⁻单元相连得到的。具体来说，Cu⁺与Pt(CN)₄²⁻单元分别取代了PtS矿物中的四面体构型S²⁻和平面四方形构型Pt²⁺离子的位置[26]。所得的阴离子框架的化学式为[CuPt(CN)₄]⁻，结构孔道中充满了抗衡离子(NMe₄)⁺。通过将Pt(CN)₄²⁻单元替换为基于卟啉的正方形构造单元可以扩大孔道，从而实现对结构尺寸参数的有效控制（图1.9）。具体而言，该工作报道了将苯腈修饰的卟啉分子TCP（即5,10,15,20-四(对氰基苯基)卟啉，4,4′,4″,4‴-(porphyrin-5,10,15,20-tetrayl)

❶　在该论文中Hoskins和Robson还报道了Zn(CN)₂和Cd(CN)₂的设计合成。先前由Zhdanov等人分别在1941年和1945年成功合成并描述了这两个结构，Iwamoto等人在1988年的文献中报道了这两个化合物在形成笼合物方面的能力[23]。

tetrabenzonitrile）作为平面四方形单元，得到二重穿插的化学式为[Cu(Cu-TCP)](BF4)
的结构[27]。若使用吡啶基修饰的卟啉配体TPP（即5,10,15,20-四（吡啶-4-基)卟啉，
5,10,15,20-tetra(pyridine-4-yl)porphyrin）则可以避免结构穿插。将TPP与四面体构型Cu+
单金属节点键连，得到了不穿插的[Cu(Cu-TPP)](BF4)结构。相比于基于TCP的网络，基
于TPP的网络内部孔空间更小，导致了上述结构的差异[27]。

利用几何原理来设计配位网络，以及利用分子构造单元来合成配位网络，是拓展型
结构合成领域发展中相当重要的一步。由此实现的对结构合成的高度控制，在发现配位
网络结构之前是未企及的。然而，有必要指出的是，截至目前，报道的配位网络结构类
型非常有限，而且大多数存在结构穿插，其内部空间不易被外来客体进入。

1990年，Makoto Fujita用乙二胺封端的Pd2+单元制备了一例正方形的多核大环配
合物，该配合物的组成为[(en)Pd(BIPY)(NO3)2]4 [en=乙二胺（1,2-ethylene diamine）、
BIPY=4,4'-联吡啶（4,4'-bipyridine）][28]。当封端的Pd2+单元被未封端的Cd2+替换时，合

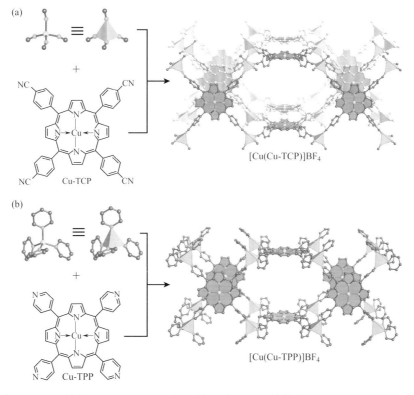

图1.9　两例以正四面体构型Cu+和平面四方形构型卟啉基配体构筑的拓扑为**pts**的配位网络。（a）
苯腈修饰的卟啉（TCP）和Cu+构筑了二重穿插的[Cu(Cu-TCP)](BF4)框架。（b）将卟啉末端的苯腈
基团替换为吡啶基团（即由TPP替换TCP）避免了穿插，从而得到了非穿插的[Cu(Cu-TPP)](BF4)框
架。为了清晰呈现结构，所有氢原子、抗衡离子（BF4−）和溶剂分子都被隐去。图（a）中的第二重
穿插网络用灰色显示。颜色代码：Cu+、Cu2+，蓝色；C，灰色；N，绿色；平面四方形构型卟啉构
造单元，橙色。上述晶体结构图基于将卟啉环限制于平面构型进行结构优化的数据

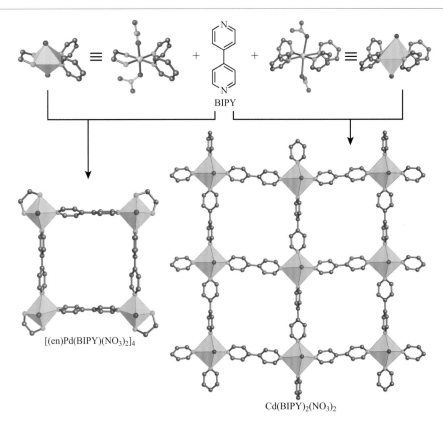

图1.10　由封端的Pd^{2+}配合物与BIPY反应生成的正方形分子。若使用Cd^{2+}离子则得到结构式为$Cd(BIPY)_2(NO_3)_2$的正方形网格拓展结构（**sql**拓扑）。网络中**sql**层以重叠式堆积，二氯苯客体分子存在于堆积生成的正方形孔道中。为了清晰呈现结构，所有溶剂分子和氢原子都被隐去。颜色代码：Pd和Cd，蓝色；C，灰色；N，绿色；O，红色

成得到具有**sql**拓扑的二维拓展的正方形网格结构（图1.10）[29]。

　　在1995年，两例基于$M(BIPY)_2$的拓展型配位网络被报道，这两例结构对MOF领域的发展至关重要。事实上，"金属有机框架"一词就是由其中一篇论文首次提出的。在该工作中，Omar M. Yaghi和同事报道了$[Cu(BIPY)_{1.5}](NO_3)$的溶剂热合成（图1.11）[30]。金属有机框架一词最初用于突出该结构的组成［即金属（metal）离子和有机（organic）物］和结构特征（框架，framework）。后来MOF这一词汇被赋予更多的结构特点和性质［刚性（rigidity）和多孔性（porosity）］❶。$[Cu(BIPY)_{1.5}](NO_3)$结构是由平面三角形构型的Cu^+中心和线型BIPY配体相连得到的三维穿插网络，该结构具有$ThSi_2$（**ths**）底层拓扑。抗衡离子NO_3^-存在于结构中尺寸为8Å×6Å和4Å×5Å的孔道中，并且可以在整体结构保

---

❶　目前，IUPAC（国际纯粹与应用化学联合会）对MOF的定义为："由有机配体构成的，且包含潜在孔空间的配位网络。"（A coordination network with organic ligands containing potential voids.）

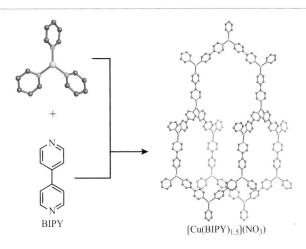

图1.11　基于平面三角形构型 Cu⁺ 单金属节点和线型 BIPY 配体的[Cu(BIPY)₁.₅](NO₃)三维框架。该二重穿插结构的拓扑为 **ths**。为了清晰显示该 **ths** 网络各构造单元的连接特征及相对朝向，图中只展示一个笼子。为了清晰呈现结构，第二重穿插框架、溶剂分子、孔道中的抗衡离子 NO₃⁻ 和所有氢原子均被隐去。颜色代码：Cu，蓝色；C，灰色；N，绿色

持的情况下被交换为 BF₄⁻ 或 SO₄²⁻ 等其它简单的无机阴离子。合成该材料的溶剂热法类似于沸石合成路线，此类方法的有效性已被大量 MOF 的合成实践证明。

　　在同一年，Michael J. Zaworotko 及同事报道了一例结构式为 Zn(BIPY)₂SiF₆ 的配位网络。该结构具有通过八面体 Zn²⁺ 与 BIPY 有机配体合成的四方形网格（图1.12）[31]。这些层进

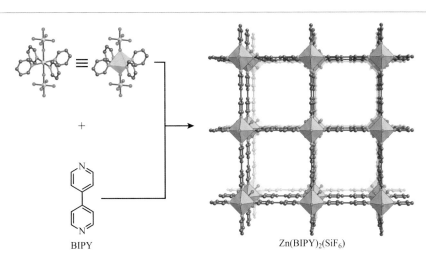

图1.12　沿晶体学 c 轴视角的 Zn(BIPY)₂(SiF₆)单晶结构。八面体配位的 Zn²⁺ 离子和 BIPY 配体连接形成二维 **sql** 层状结构。这些层进一步以 SiF₆²⁻ 为柱子支撑，得到一例电中性的三维 **pcu** 网络。该网络具有沿晶体学 c 轴方向8Å×8Å的孔道。为了清晰呈现结构，溶剂分子和所有氢原子均被隐去。颜色代码：Zn，蓝色；Si，橙色；F，紫色；C，灰色；N，绿色

一步以 SiF_6^{2-} 为柱子支撑，得到电中性的非穿插简单立方结构。该结构具有沿晶体学 c 轴方向 8Å×8Å 的孔道，其潜在的孔空间占整体晶胞体积的 50%。然而，当孔道中的客体分子被移除时，$Zn(BIPY)_2SiF_6$ 结构也随之坍塌。

1.6　基于带电荷配体的配位网络

在上述设计策略指导下，通过精心选择金属离子和有机配体，研究者可以构筑多样的配位网络结构。然而，所得材料通常在结构稳定性（architectural stability）和化学稳定性（chemical stability）等方面存在本征不足。为了克服这些局限，带电荷配体被引入到了研究中。使用带电荷配体有两大重要优势：增强的化学键提高了材料的热稳定性（thermal stability）和化学稳定性；二是配体电荷可以平衡金属阳离子带来的电荷，规避了离子型框架的生成，同时也避免了占据孔道的额外抗衡离子。1995年，$Co(BTC)$ $(Py)_2$ [BTC = 均苯三甲酸根（benzene-tricarboxylate），Py=吡啶（pyridine）] 的合成首次证明了带电荷配体的上述优点。$Co(BTC)(Py)_2$ 结构由吡啶层和 Co-BTC 层交替堆叠而成[32]。在 Co-BTC 层中，每个 Co^{3+} 与3个来自相邻BTC配体的羧酸基团配位（图1.13）。其中1个BTC是以双齿配位（bidentate）的方式与3个金属中心配位，另两个BTC以单齿（monodentate）的方式与金属配位。相邻的 Co-BTC 层间由吡啶分子撑开，层间距为7Å。

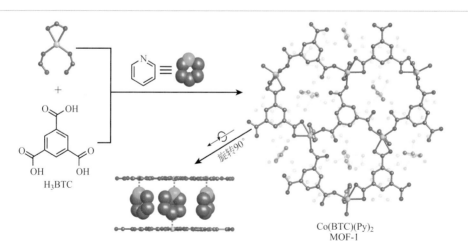

图1.13　将 Co^{3+} 与BTC连接得到二维层状结构，其结构式为 $Co(BTC)(Py)_2$。这些层是由平面四方形构型 Co^{3+} 和平面三角形构型BTC配体构筑，层与层沿着晶体学 c 轴方向堆叠。层与层之间通过吡啶配体而隔开，因此 Co^{3+} 的最终配位构型为八面体构型。吡啶客体分子可以通过加热去除，也可以重新插入层间使最初的MOF-1结构再生。颜色代码：Co，蓝色；C，灰色；N，绿色；O，红色

作为一个拓展型网络材料，Co(BTC)(Py)₂具有绝佳的稳定性，它在温度超过350℃时才开始分解。如大家所料，由于金属中心与带电荷配体间的强键作用，移除孔道内吡啶分子并不会导致结构坍塌。通过加热将吡啶客体分子移除后，Co-BTC 层保持结构稳定。粉末X射线衍射结果证明，这些客体分子可以选择性地重新插入层间，从而回复到最初结构。

1.7　次级构造单元及永久多孔性

为了进一步提高金属有机拓展型结构的稳定性，研究人员利用多核簇［通常也被称为次级构造单元（secondary building unit，SBU）］取代单金属离子来作为配位网络的节点。在实现更强健的结构方面，SBU 具有一些显著优势：多金属螯合成簇保证了单元的刚性和方向性；同时配体所带的电荷提高了键强，也确保了框架呈电中性。这些优势的结合有效地提高了所得材料的整体稳定性。1998年出现了将这一概念付诸实施的报道。该工作报道了金属有机框架 MOF-2（Zn(BDC)(H₂O)）的合成方法，这也是首例报道了气体吸附性质的 MOF（图1.14）。MOF-2 为中性框架结构，它是通过将三甲胺/甲苯的混

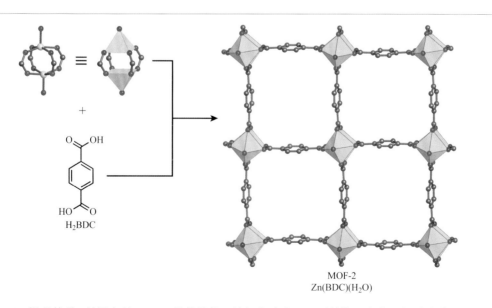

MOF-2
Zn(BDC)(H₂O)

图1.14　沿晶体学 a 轴视角的 MOF-2 晶体结构，该视角清晰呈现了结构具有的正方形孔道。双核的 Zn²⁺ 车辐式 SBU 与二连接的羧酸配体 BDC 相连，形成了具有 **sql** 拓扑的层状结构。车辐式 SBU 和带电荷配体的结合带来了结构的高度稳定性，从而赋予了 MOF-2 永久的多孔性。为了清晰呈现结构，所有氢原子和客体分子均被隐去。颜色代码：Zn，蓝色；C，灰色；O，红色

合蒸气缓慢扩散至溶有 $Zn(NO_3)_2 \cdot 6H_2O$ 和对苯二甲酸（benzene dicarboxylic acid，简称 H_2BDC）的 DMF/甲苯混合溶剂中得到的[33]。MOF-2 层状结构是通过双核的 $Zn_2(—COO)_4$ 车辐式（paddle wheel）SBU（而非单金属节点）与 BDC（对苯二甲酸根）配体连接而成的正方形网格结构（**sql**）。

所使用的车辐式SBU增加了结构稳定性，因此在不引起结构坍塌的条件下，MOF-2 孔道内所有的溶剂分子可以被完全移除。这一材料微孔的永久性可以通过可逆的77K氮气吸附等温线证明。对该MOF结构永久多孔性（permanent porosity）的证明是拓展型金属有机固体化学领域的一个转折点。在这之后，对MOF一词的使用往往强调此类材料所具有的优异稳定性和多孔性。

基于上述研究结果，科学家们在结合金属与羧酸类有机配体或其它带电荷配体，从而生成以SBU为节点的晶态框架方面进行了大量研究。"MOF"一词开始被频繁使用来专一性地描述这类结构，因此我们也将在后面的讨论中采用这一命名。MOF-2的永久多孔性的发现和证明激发了人们对进一步发展MOF的兴趣，因为它让化学工作者意识到可以结合不同的无机SBU和有机配体来创造数不胜数、结构广泛的二维和三维MOF结构。

1.8　MOF化学向三维结构的拓展

在被定义成无机SBU的多核簇中，金属离子被配体的配位连接基团（在本书中主要指羧基）锁定在适当位置。通过前面我们讨论的双核 $M_2(CH_3COO)_4$（$M^{2+} = Cu^{2+}$、Zn^{2+}）车辐式结构可以清晰理解这一特点[34]。各种SBU的几何构型和连接特征是多样的，因此可以用来合成一系列不同的MOF结构。这些结构多样性，进一步结合SBU的刚性、明确的方向性和连接特征，为定向合成新型、刚性、永久多孔的框架提供了可能，也促成了网格化合成（reticular synthesis）这一新方向。事实上，多核金属羧酸簇的合成化学和结构化学在早期就得到了充分发展。在X射线衍射技术出现后，这些多核簇结构很快地被成功解析[35]。例如，早在1953年，乙酸配体封端的车辐式团簇结构就被报道，该团簇与MOF-2中的SBU类似[35g]。人们设想这些封端的乙酸配体能否被其它多官能团有机分子取代，从而得到开放的拓展型框架结构。在这一假设基础上，出现了采用其它基于羧酸的团簇结构作为SBU合成MOF的策略。最初将MOF化学向三维空间拓展的探索使用了碱式醋酸锌作为SBU，因为这个四核的团簇通过6个醋酸盐基团配位而成，并且呈现了八面体的构型[35f]。

1.8.1　MOF-5的定向合成

　　碱式醋酸锌分子的合成早有报道。将少量过氧化氢加入溶有锌盐的醋酸溶液中，即可制备碱式醋酸锌$Zn_4O(CH_3COO)_6^{[36]}$。过氧化氢的加入有助于位于多核簇中心的O^{2-}的形成[37]。向$Zn_4O(CH_3COO)_6$簇分子的制备方法和MOF-2的合成路线学习，我们可以推导出基于八面体构型$Zn_4O(—COO)_6$SBU和二连接线型配体的三维MOF的定向合成策略。

　　人们从MOF-2的合成中得到的一个经验是：MOF的合成需要精确控制合成条件，以避免因金属与羧酸根不可逆地快速成强键而得到结构不明确的无定形粉末。这与基于相对较弱的金属-氮给体键的结构形成了鲜明对比（氮给体指联吡啶和二腈等）。因为弱成键保证了结晶过程的高可逆性和强结构纠错能力，此类结构的结晶过程相对简单。在MOF-2的合成中，将碱（三甲胺）缓慢扩散至混有金属盐（$Zn(NO_3)_2 \cdot 6H_2O$）和有机配体对苯二甲酸（H_2BDC）的溶液中实现了晶相材料的制备。配体上羧酸基团的缓慢去质子过程减缓了MOF-2的生成速率，从而允许了结晶过程中的结构纠错，确保MOF-2晶体的生成。这种合成策略在MOF-5的合成方案中得到了很大程度的保留。唯一区别是，MOF-5的合成借鉴了$Zn_4O(CH_3COO)_6$分子簇的合成，需要在$Zn(NO_3)_2 \cdot 4H_2O$和H_2BDC的混合溶液中添加少量过氧化氢，从而有利于生成八面体构型$Zn_4O(—COO)_6$SBU而不是MOF-2中出现的$Zn_2(—COO)_4$车辐式SBU。

　　尽管所设计的MOF-5合成方法显得非常合理且可行，但是研究者发现从反应瓶底收集到的大部分固体仍为MOF-2结构❶。该工作的其中一名合作者回忆道，根据这一合成步骤开展实验，他的学生观察到少量的立方体形貌晶体。这一形貌与反应瓶底部聚积的大部分晶体的形貌不同。这些立方体形貌晶体位于母液的弯月面处，并黏附于弯月面附近的瓶壁四周。通过比较MOF-2和这些立方晶体的粉末X射线衍射纹样，研究者们证实了它们是两种结构不同的化合物。然而，当试图将这些立方晶体安置在单晶X射线衍射仪上时，他们观察到了晶体裂痕的生成，晶体透明度也显著下降。这些现象表明了单晶质量的下降妨碍了对晶体的结构确定。由于该晶体的质量在从母液中取出后会迅速随着溶剂分子的挥发而降低，处理样品显得相当困难。最终，作者们在单晶X射线衍射前将晶体始终保留在母液中，并将晶体密封在毛细管内进行数据收集，成功解析了MOF-5的结构。

---

　　❶　随后几年里，能以高产率获得MOF-5的溶剂热合成方法被报道。新方法并不基于碱的缓慢扩散，取而代之的是使用N,N-二甲基甲酰胺（N,N-dimethylformamide，简称DMF）或者N,N-二乙基甲酰胺（N,N-diethylformamide，简称DEF）。在加热过程中，这些溶剂会缓慢分解，释放出少量的二甲胺或者二乙胺。研究还表明，反应中并不需要特意加入过氧化氢，因为在反应体系中微量的水就可以生成O^{2-}。此合成方法的典型反应条件为80～100℃加热，同时该方法适用于基于不同金属盐的反应[38]。

1.8.2　MOF-5的结构

　　Yaghi及同事在1999年报道了MOF-5（$Zn_4O(BDC)_3$）的合成、表征和结构确定 ❶。结果表明，MOF-5的结构确实是基于八面体构型$Zn_4O(—COO)_6$ SBU构筑的。该SBU由共顶点的4个四面体构型ZnO_4单元组成，并进一步与二连接的BDC键连，得到**pcu**拓扑的三维框架结构（图1.15）。大尺寸（8.9Å）和高连接数的SBU，以及与尺寸较大（6.9Å）的有机配体BDC相结合，赋予了MOF-5开放的多孔结构。MOF-5具有两种交替排列且相互联通的孔（孔径分别为15.1Å和11.0Å），其孔开口直径为8.0Å。

　　这些大的空腔占据了晶胞体积的61%。在初合成的材料中，这些孔道内充满了溶剂分子（DMF）。MOF-5结构最鲜明的特征之一是它的孔不存在孔壁。其前所未有的孔道开放性允许客体分子在结构内部自由移动，而不堵塞孔道。相比之下，在更传统的多孔固体如沸石中，孔是有孔壁的，因此扩散过程可能会由于孔堵塞而变得非常复杂。MOF-5的结构如图1.15所示，该结构的孔道开放性用一个黄球示意。黄球表示可以置于孔道内且不与框架中任意原子（基于范德华半径）触碰的最大尺寸球体。在本书中，我们将使用类似球体来突出显示所讨论的多孔框架结构中可及的开放空间。

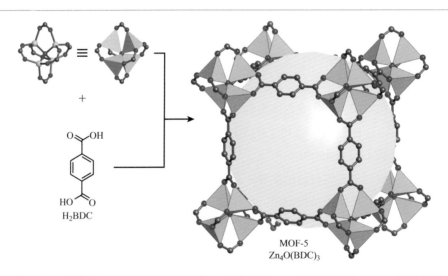

MOF-5
$Zn_4O(BDC)_3$

H_2BDC

图1.15　基于八面体构型$Zn_4O(—COO)_6$ SBU和二连接线型BDC配体构筑的MOF-5的晶体结构。由于BDC配体上苯环相对于孔道中心的不同朝向，这一简单立方网络（**pcu**）结构具有交替分布的大孔（孔径15.1Å）和小孔（孔径11.0Å）。为了清晰呈现，图片只展示了大孔结构。黄球表示可以置于孔道内且不与框架中任意原子（基于范德华半径）触碰的最大尺寸球体。所有氢原子被隐去。颜色代码：Zn，蓝色；C，灰色；O，红色

❶　MOF-5这一命名参考了著名的沸石结构ZSM-5。

关于MOF-5，首先需要迫切回答的问题包括：填充在孔道内的客体分子是否可以在不破坏整体结构的条件下被移除？ MOF-5结构的自身稳定性能否与MOF-2媲美，足以支持其永久的多孔性？在回答这些问题之前，我们不妨稍微跑题，先列举一下与MOF相关的、但是定义不同的"稳定性"。

1.8.3　框架结构的稳定性

化学稳定性（chemical stability）指材料经受化学处理时，其结构不被显著改变的能力。框架结构的化学稳定性可以通过如下方法来评估：首先将材料置于不同的液体或气氛中，然后用X射线衍射分析来验证该材料的结构没有被改变或分解。

热稳定性（thermal stability）是指给定材料经受热处理时，其结构不被显著改变的能力。材料的热稳定性通常可以通过热重分析或差示扫描量热法来评估。在加热样品时，明显的失重或热效应（放热或吸热）表明结构的分解或变化。此外，在热处理后或热处理期间对材料进行的X射线衍射研究，可以提供材料是否依旧保留原有结构的信息。

机械稳定性（mechanical stability）是指给定材料经受外力时，其结构不被显著改变的能力。评估MOF机械稳定性的方法与材料科学中常规使用的方法相似。这些方法包括耐压测试（压缩率）、纳米压痕技术（杨氏模量）或拉伸强度测定等。

结构稳定性（architectural stability）是指在没有任何客体分子的情况下，框架材料保持其结构完整性的能力。材料的结构稳定性可以通过将孔道中的溶剂去除后测定晶体结构和多孔性来评价。

1.8.4　MOF-5的活化

为了发挥MOF-5的全部潜力，科学家们致力于探索去除客体分子从而得到开放框架的方法。最初的尝试是将客体分子从晶体中蒸发出来，然而这一去除溶剂的做法给框架施加了较强的机械应力，导致晶体开裂，并伴随着多孔性的部分丧失。这一机械应力的大小与孔道内溶剂分子的表面张力以及客体分子与孔道内壁间的"黏附力"（adhesive force）成正比。为了便于溶剂从材料中去除，首先使初合成的材料孔道内可自由移动的客体分子与氯仿（$CHCl_3$）进行充分的溶剂交换。这样做是因为从孔道中去除氯仿显得"对框架更加温柔"。经过充分溶剂交换后的MOF-5进一步在5×10^{-5}Torr（1Torr = 133.322Pa）真空度下室温干燥3h后，其孔道内所有客体分子全部成功去除。这种方法可以保证框架结构稳定且结晶度不被破坏[37]。上述从MOF孔道中去除挥发性客体分子的过程通常被称为"活化"（activation）。

由于活化后的MOF-5在形貌和透明度上没有改变，科学家们对活化后的材料进行了单晶X射线衍射研究。通常来说，多孔的固相材料往往在去除客体分子后失去其单晶性，因此对活化后样品进行单晶解析是非常困难的。然而，基于单晶衍射确定的活化后MOF-5的晶胞参数和原子位置几乎与初合成的材料相同。事实上，活化后MOF-5晶体孔内残余的电子密度显著低于初合成的晶体，进一步证明了客体分子均已被去除，同时也确认了MOF-5的永久多孔性❶[37]。

1.8.5　MOF-5的永久多孔性

要证明MOF-5的永久多孔性，下一步需测定其比表面积。为此，要进行IUPAC所推荐的77K下氮气吸附实验（图1.16）。通过该实验可以得知材料的孔尺寸和比表面积。通过该法得出MOF-5孔体积为$0.54 \sim 0.61 \mathrm{cm}^3 \cdot \mathrm{cm}^{-3}$，该值高于当时沸石领域报道的最大孔体积（$0.47 \mathrm{cm}^3 \cdot \mathrm{cm}^{-3}$）[37]。该论文报道的MOF-5的朗缪尔（Langmuir）比表面积为$2900 \mathrm{m}^2 \cdot \mathrm{g}^{-1}$，远远超过所有沸石、活性炭以及其它多孔材料❷。在随后的研究中，通过对活化方法进行优化，MOF-5可以测得高达$3800 \mathrm{m}^2 \cdot \mathrm{g}^{-1}$的比表面积[38a]。

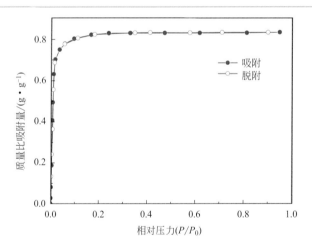

图1.16　77K条件下测试的氮气吸附等温线。通过该测试可计算得知MOF-5孔体积为$0.54 \sim 0.61 \mathrm{cm}^3 \cdot \mathrm{cm}^{-3}$，Langmuir比表面积为$2900 \mathrm{m}^2 \cdot \mathrm{g}^{-1}$。脱附曲线与吸附曲线完美重合，证明了MOF-5优异的结构稳定性和机械稳定性，并进一步证明了其永久多孔性

---

❶　若一材料被定义为具有永久多孔性，意味着当客体分子从其孔道移除后，结构不会坍塌。永久多孔性是通过氮气吸附测试来验证的（在温度77K、相对压力0~1范围内测定）。氮气吸附测试是评价材料多孔性的金标准。

❷　巴斯夫公司的一研究主管Ulrich Müller博士回忆起他看到这一关于MOF-5的研究时的反应，他说："这个数字高得令人难以置信，我一度以为它肯定是个印刷错误。"只有在他自己重复测试之后，他才信服了[39]。

　　六连接Zn₄O(—COO)₆簇与带电荷桥联羧酸配体的组合，暗示了所得的框架应当具有较高的热稳定性。事实上，将活化后的MOF-5样品在300℃空气气氛下加热24h，无论其形貌还是结晶度均未发生改变。对加热后样品的单晶X射线衍射分析结果也进一步证明了其热稳定性[37]。此外，MOF-5样品在400℃真空环境下保持稳定。因此，MOF-5在空气氛围下的结构分解应当是由于空气中的水蒸气而不是氧气造成的。当使用超干溶剂或干燥空气来处理MOF-5样品时，其结晶度和比表面积没有受到影响；然而当使用潮湿空气或带水溶剂来处理时，MOF-5会缓慢分解并最终生成一无孔产物[38a]。

1.8.6　MOF-5的结构稳定性

　　在MOF-5首次被报道时，许多人对结果表示怀疑，因为难以想象这样一个具有大量开放空间的空旷结构具有很高的结构稳定性和热稳定性。许多人认为，一旦溶剂分子被移除，框架结构会自行坍塌。为了能更深入地理解使MOF-5保持结构稳定的关键因素，接下来我们对MOF-5结构进行细致分析。MOF-5的立方结构［图1.17（a）］可以被解构为简单的**pcu**网络。在这个简化的网络里，单原子顶点（vertex）通过边（edge）来

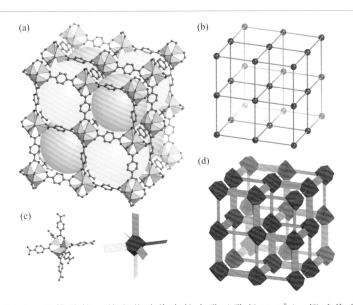

图1.17　（a）MOF-5的晶体结构，其中黄球代表较大孔（孔径15.1Å），橙球代表较小孔（孔径11.0Å）。（b）MOF-5的**pcu**网络的简化示意图。SBU被简化为单原子顶点，BDC被简化为边。（c）八面体构型Zn₄O(—COO)₆SBU的截角四面体封包和BDC配体的长方形封包模型。（d）拓展型框架结构MOF-5的封包模型。SBU周围的BDC配体间相互垂直的排布方式保证了结构稳定。颜色代码：Zn，蓝色四面体；C，灰色；O，红色。在拓扑和封包模型中，顶点用红色表示，连接（配体）用蓝色表示

相互连接［图1.17（b）］。当剪切力（shear force）作用于简单**pcu**网络时，几乎感受不到任何阻力。然而，这一结论并不适用于MOF-5实际晶体结构。因为，在其晶体结构中，**pcu**网络的顶点是具有截角四面体封包（envelope）❶的阳离子型锌氧簇。这些顶点进一步通过刚性平面型BDC配体连在一起，这些BDC配体可以用长方形的封包来表示［图1.17（c）］。每组位于截角四面体两侧的配体间的二面角为90°（即两个配体间夹角90°）。以互为垂直的铰链将相邻的构造单元连接到一起，可以得到一个自身极为刚性的拓展型三维框架。这样的排布方式给MOF-5提供了高度的结构稳定性，确保MOF能被成功活化，且保持永久多孔性。另一方面，MOF-5的优异热稳定性源自其骨架完全由强化学键（Zn—O、C—O和C—C）组成，体现了比配位网络（金属–氮给体）更佳的热力学稳定性[40]。

1.9　总结

在本章中，我们概述了MOF的发展历史。我们展示了从基于有机胺和腈的零维配位化合物向二维和三维的配位网络的发展，并且强调了合成刚性的、化学、机械和结构稳定的，且具有永久多孔性的化合物的关键：①使用带电荷配体；②贯彻SBU思路。这些策略避免了框架孔道内抗衡离子的存在，同时构造单元（包括有机配体和SBU）的刚性确保了框架的结构稳定性。我们可以理性定向地设计并使用不同的SBU，从而体现了设计合成多样框架结构的可能性。在下面的章节中，我们将更详细地讨论这些框架的多孔性。

参考文献

[1] (a) Kraft, D.A. (2012). *Wege des Wissens: Berliner Blau, 1706-1726.*; Frankfurt/Main: Gesellschaft Deutscher Chemiker/Fachgruppe Geschichteder Chemie. Bd 22. ISSN 0934-8506. https://www. gdch.de/fileadmin/ downloads/Netzwerk_und_Strukturen/Fachgruppen/Geschichte_der_Chemie/ Mitteilungen_Band_22/2012-22-02.pdf (b) Ball, P. (2003). *Bright Earth: Art and the Invention of Color*. Penguin. (c) Bartoll, J. (2008). Proceedings of the 9th International Conference on NDT of Art https://www.ndt.net/article/ art2008/papers/029bartoll.pdf.

---

❶　羧酸类MOF中的不同构造单元的封包模型（envelope representation）指：想象用一张纸去紧密包裹对应构造单元，构成对构造单元的封包，用封包的几何形状来代表这一构造单元。所谓的紧密包裹是指：确保羧基上的所有氧原子与包裹纸张相接触。

[2] Stahl, G. (1731). Experimenta, observationes, animadversiones. *Chymicae et Physicae (Berlin)* 300: 281-283.

[3] (a) Orna, M.V., Kozlowski, A.W., Baskinger, A., and Adams, T. (1994). *Coordination Chemistry: A Century of Progress*, American Chemical Society Symposium Series 565, 165-176. Washington, DC: American Chemical Society. (b) Wunderlich, C.-H. and Bergerhoff, G. (1994). Konstitution und Farbe von Alizarin- und Purpurin-Farblacken. *Chemische Berichte* 127 (7): 1185-1190.

[4] (a)Kauffman, G.B. (2013). *Alfred Werner: Founder of Coordination Chemistry*. Springer Science & Business Media. (b) Constable, E.C. and Housecroft,C.E. (2013). Coordination chemistry: the scientific legacy of Alfred Werner. *Chemical Society Reviews* 42 (4): 1429-1439.

[5] Werner, A. (1893). Beitrag zur konstitution anorganischer verbindungen.*Zeitschrift für Anorganische Chemie* 3 (1): 267-330.

[6] (a) Kekulé, A. (1857). Ueber die sg gepaarten Verbindungen und die Theorie der mehratomigen Radicale. *European Journal of Organic Chemistry* 104 (2): 129-150. (b) Kekulé, A. (1858). Über die Constitution und die Metamorphosen der chemischen Verbindungen und über die chemische Natur des Kohlenstoffs. *European Journal of Organic Chemistry* 106 (2): 129-159.

[7] (a) Blomstrand, C.W. (1869). *Chemie der Jetztzeit*. Heidelberg: C. Winter. (b) Jörgensen, S. (1894). Zur Konstitution der Kobalt-, Chrom-und Rhodium- basen. *Zeitschrift für Anorganische und Allgemeine Chemie* 5 (1): 147-196. (c) Kauffman, G.B. (1959). Sophus Mads Jorgensen (1837-1914): a chapter in coordination chemistry history. *Journal of Chemical Education* 36 (10): 521-527.

[8] Werner, A. and Miolati, A. (1894). *Zeitschrift für Physik Chem Leipzig* 14: 506-511.

[9] Werner, A. (1907). Über 1.2-Dichloro-tetrammin-kobaltisalze. (Ammoniak-violeosalze). *European Journal of Inorganic Chemistry* 40 (4): 4817-4825.

[10] Hofmann, K. and Küspert, F. (1897). Verbindungen von kohlenwasserstoffen mit metallsalzen. *Zeitschrift für Anorganische Chemie* 15 (1): 204-207.

[11] Powell, H.M. (1948). 15. The structure of molecular compounds. Part IV. Clathrate compounds. *Journal of the Chemical Society (Resumed)* 61-73.

[12] Rayner, J. and Powell, H.M. (1952). 67. Structure of molecular compounds. Part X. Crystal structure of the compound of benzene with an ammonia-nickel cyanide complex. *Journal of the Chemical Society (Resumed)* 319-328.

[13] (a) Iwamoto, T., Miyoshi, T., Miyamoto, T. et al. (1967). The metal ammine cyanide aromatics clathrates. I. The preparation and stoichiometry of the diamminemetal(II) tetracyanoniccolate(II) dibenzene and sianiline. *Bulletin of the Chemical Society of Japan* 40 (5): 1174-1178. (b) Iwamoto, T., Nakano, T., Morita, M. et al. (1968). The Hofman-type clathrate: $M(NH_3)_2M(CN)_4 \cdot 2G$. *Inorganica Chimica Acta* 2: 313-316. (c) Miyoshi, T., Iwamoto, T., and Sasaki, Y. (1972). The structure of catena-μ-ethylenediaminecadmium(II)tetracyanoniccolate(II)dibenzene clathrate: $Cd(en)Ni(CN)_4 \cdot 2C_6H_6$. *Inorganica Chimica Acta* 6: 59-64. (d) Walker, G. and Hawthorne, D. (1967). Complexes between n-alkylamines and nickel cyanide. *Transactions of the Faraday Society* 63: 166-174.

[14] Nishikiori, S.-I. and Iwamoto, T. (1984). Crystal structure of Hofmann-dma-type benzene clathrate bis(dimethylamine)cadmium(II) tetra- cyanonickelate(II) benzene(2/1). *Chemistry Letters* 13 (3):

319-322.

[15] (a) Hasegawa, T., Nishikiori, S.-I., and Iwamoto, T. (1984). *Clathrate Com- pounds, Molecular Inclusion Phenomena, and Cyclodextrins*, 351-357. Springer. (b) Hasegawa, T., Nishikiori, S.-I., and Iwamoto, T. (1985). Isomer selection of 1,6-diaminohexanecadmium(II) tetracyznonickelate(II) for *m*- and *p*-toluidine. Formation of 1,6-diaminohexanecadmium(II) tetracyznonickelate(II) *m*-toluidine (1/1) inclusion compound and bis(*p*-toluidine)-1,6-diaminohexanecadmium(II) tetracyznonickelate(II) complex. *Chemistry Letters* 14 (11): 1659-1662. (c) Nishikiori, S.-I., Hasegawa, T., and Iwamoto, T. (1991). The crystal structures of α,ω-diaminoalkanecadmium(II) tetracyanonickelate(II) aromatic molecule inclusion compounds. V. Toluidine clathrates of the hosts built of the diamines, 1,4-diaminobutane, 1,5-diaminonentane, and 1,8-diaminooctane. *Journal of Inclusion Phenomena and Molecular Recognition in Chemistry* 11 (2): 137-152.

[16] (a) Kinoshita, Y., Matsubara, I., and Saito, Y. (1959). The crystal structure of bis(succinonitrilo) copper(I) nitrate. *Bulletin of the Chemical Society of Japan* 32 (7): 741-747. (b) Kinoshita, Y., Matsubara, I., and Saito, Y. (1959). The crystal structure of bis(glutaronitrilo)copper(I) nitrate. *Bulletin of the Chemical Society of Japan* 32 (11): 1216-1221. (c) Kinoshita, Y., Matsubara, I., Higuchi, T., and Saito, Y. (1959). The crystal structure of bis(adiponitrilo)copper(I) nitrate. *Bulletin of the Chemical Society of Japan* 32 (11): 1221-1226.

[17] Wells, A. (1954). The geometrical basis of crystal chemistry. Part 1. *Acta Crystallographica* 7 (8-9): 535-544.

[18] Ockwig, N.W., Delgado-Friedrichs, O., O'Keeffe, M., and Yaghi, O.M. (2005). Reticular chemistry: occurrence and taxonomy of nets and grammar for the design of frameworks. *Accounts of Chemical Research* 38 (3): 176-182.

[19] Aumüller, A., Erk, P., Klebe, G. et al. (1986). A radical anion salt of 2,5-dimethyl-*N, N'*-dicyanoquinonediimine with extremely high electrical conductivity. *Angewandte Chemie International Edition in English* 25 (8): 740-741.

[20] Kato, R., Kobayashi, H., and Kobayashi, A. (1989). Crystal and electronic structures of conductive anion-radical salts, $(2,5-R_1R_2-DCNQI)_2Cu$ (DCNQI = N, N'-dicyanoquinonediimine; R_1, R_2 = CH_3, CH_3O, Cl, Br). *Journal of the American Chemical Society* 111 (14): 5224-5232.

[21] Desiraju, G.R. and Parshall, G.W. (1989). *Crystal Engineering: The Design of Organic Solids*, Materials Science Monographs, vol. 54. Elsevier.

[22] Moulton, B. and Zaworotko, M.J. (2001). From molecules to crystal engineering: supramolecular isomerism and polymorphism in network solids. *Chemical Reviews* 101 (6): 1629-1658.

[23] (a) Zhdanov, H. (1941). The crystalline structure of $Zn(CN)_2$. *Comptes Rendus de l'Académie des Sciences de l'URSS* 31: 352-354. (b) Shugam, E. and Zhdanov, H. (1945). The crystal structure of cyanides. II. The structure of $Cd(CN)_2$. *Acta Physicochim. URSS* 20: 247-252. (c) Takafumi, K., Shin-ichi, N., Reiko, K., and Toschitake, I. (1988). Novel clathrate compound of cadmium cyanide host with an adamantane-like cavity. Cadmium cyanide-carbon tetrachloride(1/1). *Chemistry Letters* 17 (10): 1729-1732.

[24] (a) Hoskins, B.F. and Robson, R. (1989). Infinite polymeric frameworks consisting of three dimensionally linked rod-like segments. *Journal of the American Chemical Society* 111 (15): 5962-

5964. (b) Hoskins, B. and Robson, R. (1990). Design and construction of a new class of scaffolding-like materials comprising infinite polymeric frameworks of 3D-linked molecular rods. A reappraisal of the zinc cyanide and cadmium cyanide structures and the synthesis and structure of the diamond-related frameworks $[N(CH_3)_4][Cu^IZn^{II}(CN)_4]$ and $Cu^I[4,4',4'',4'''$-tetracyanotetraphenylmethane] $BF_4.xC_6H_5NO_2$. *Journal of the American Chemical Society* 112 (4): 1546-1554.

[25] Zaworotko, M.J. (1994). Crystal engineering of diamondoid networks. *Chemical Society Reviews* 23 (4): 283-288.

[26] Gable, R.W., Hoskins, B.F., and Robson, R. (1990). Synthesis and structure of $[NMe_4][CuPt(CN)_4]$: an infinite three-dimensional framework related to PtS which generates intersecting hexagonal channels of large cross section. *Journal of the Chemical Society, Chemical Communications* (10): 762-763.

[27] Abrahams, B.F., Hoskins, B.F., Michail, D.M., and Robson, R. (1994). Assembly of porphyrin building blocks into network structures with large channels. *Nature* 369 (6483): 727-729.

[28] Fujita, M., Yazaki, J., and Ogura, K. (1990). Preparation of a macrocyclic polynuclear complex, $[(en)Pd(4,4'-bpy)]_4(NO_3)_8$ (en = ethylenediamine, bpy = bipyridine), which recognizes an organic molecule in aqueous media. *Journal of the American Chemical Society* 112 (14): 5645-5647.

[29] Fujita, M., Kwon, Y.J., Washizu, S., and Ogura, K. (1994). Preparation, clathration ability, and catalysis of a two-dimensional square network material composed of cadmium(II) and 4,4'-bipyridine. *Journal of the American Chemical Society* 116 (3): 1151-1152.

[30] Yaghi, O. and Li, H. (1995). Hydrothermal synthesis of a metal-organic framework containing large rectangular channels. *Journal of the American Chemical Society* 117 (41): 10401-10402.

[31] Subramanian, S. and Zaworotko, M.J. (1995). Porous solids by design: $[Zn(4,4'-bpy)_2(SiF_6)]_n$ • xDMF, a single framework octahedral coordination polymer with large square channels. *Angewandte Chemie International Edition in English* 34 (19): 2127-2129.

[32] Yaghi, O.M., Li, G., and Li, H. (1995). Selective binding and removal of guests in a microporous metal-organic framework. *Nature* 378 (6558): 703.

[33] Li, H., Eddaoudi, M., Groy, T.L., and Yaghi, O.M. (1998). Establishing microporosity in open metal-organic frameworks: gas sorption isotherms for Zn(BDC) (BDC = 1,4-Benzenedicarboxylate). *Journal of the American Chemical Society* 120 (33): 8571-8572.

[34] Tranchemontagne, D.J., Mendoza-Cortes, J.L., O'Keeffe, M., and Yaghi, O.M. (2009). Secondary building units, nets and bonding in the chemistry of metal-organic frameworks. *Chemical Society Reviews* 38 (5): 1257-1283.

[35] (a) Bragg, W.L. (1914). Die Beugung kurzer elektromagnetischer Wellen durch einen Kristall. *Zeitschrift für Anorganische Chemie* 90 (1): 153-168. (b) Friedrich, W., Knipping, P., and Laue, M. (1913). Interferenzerscheinungen bei Röntgenstrahlen. *Annalen der Physik* 346 (10): 971-988. (c) Komissarova, L.N., Simanov, Y.P., Plyushchev, Z.N., and Spitsyn, V.I. (1966). Zirconium and hafnium oxoacetates. *Russian Journal of Inorganic Chemistry* 11 (9): 2035-2040. (d) Komissarova, L.N.K., Prozorovskaya, S.V., Plyushchev, Z.N., and Plyushchev, V.E. (1966). Zirconium and hafnium oxoacetates. *Russian Journal of Inorganic Chemistry* 11 (2): 266-271. (e) Koyama, H. and Saito, Y. (1954). The crystal structure of zinc oxyacetate, $Zn_4O(CH_3COO)_6$. *Bulletin of the Chemical*

Society of Japan 27 (2): 112-114. (f) van Niekerk, J.N., Schoening, F.R.L., and Talbot, J.H. (1953). The crystal structure of zinc acetate dihydrate, $Zn(CH_3COO)_2 \cdot 2H_2O$. *Acta Crystallographica* 6 (8-9): 720-723. (g) van Niekerk, J.N. and Schoening, F.R.L. (1953). X-ray evidence for metal-to-metal bonds in cupric and chromous acetate. *Nature* 171 (4340): 36-37.

[36] Lionelle, J.E. and Staffa, J.A. (1983). Metal oxycarboxylates and method of making same. US Patent US10596310.

[37] Li, H., Eddaoudi, M., O'Keeffe, M., and Yaghi, O.M. (1999). Design and synthesis of an exceptionally stable and highly porous metal-organic framework. *Nature* 402 (6759): 276-279.

[38] (a) Kaye, S.S., Dailly, A., Yaghi, O.M., and Long, J.R. (2007). Impact of preparation and handling on the hydrogen storage properties of Zn_4O(1,4-benzenedicarboxylate)$_3$ (MOF-5). *Journal of the American Chemical Society* 129 (46): 14176-14177. (b) Tranchemontagne, D.J., Hunt, J.R., and Yaghi, O.M. (2008). Room temperature synthesis of metal-organic frameworks: MOF-5, MOF-74, MOF-177, MOF-199, and IRMOF-0. *Tetrahedron* 64 (36): 8553-8557.

[39] Jacoby, M. (2008). Heading to market with MOFs. *Chemical and Engineering News* 86 (34): 13-16.

[40] (a) Yaghi, O.M., O'Keeffe, M., Ockwig, N.W. et al. (2003). Reticular synthesis and the design of new materials. *Nature* 423 (6941): 705-714. (b) Kiang, Y.-H., Gardner, G.B., Lee, S. et al. (1999). Variable pore size, variable chemical functionality, and an example of reactivity within porous phenylacetylene silver salts. *Journal of the American Chemical Society* 121 (36): 8204-8215. (c) Jiang, J., Zhao, Y., and Yaghi, O.M. (2016). Covalent chemistry beyond molecules. *Journal of the American Chemical Society* 138 (10): 3255-3265.

2 材料多孔性的测定及设计

2.1 引言

材料的多孔性（porosity）定义为孔体积在固体总体积中的占比。由于多孔材料内部具有可被客体分子占据的空间，因此材料的多孔性可以用材料的气体吸附性质来描述。在第 1 章，我们提到了 MOF-5 具有永久多孔性，其比表面积超过了许多广为人知的沸石、多孔硅酸盐和多孔碳材料的比表面积。事实上，后续许多研究中的金属有机框架都具有超高的多孔性，超过了其它多孔固体材料。在本章中，我们将主要介绍气体吸附的基本理论，以及 MOF 卓越多孔性背后的 MOF 化学的独特魅力。

2.2 晶态固体材料的多孔性

早在 1896 年时，多孔性的概念就在无机沸石［沸石（zeolite）一词源自希腊语 ζέω（zéō）和 λίθος（lithos），其释义分别为"沸腾"和"石头"］领域被提出，并在随后的不到 50 年内得到了实验验证[1]。此后，沸石化学得到了进一步的发展，关于这类材料合成和表征的基本理论也得以建立[2]。尽管沸石具有丰富的化学结构，但其可选的构造单元数目有限且难以官能化，这极大地限制了这种材料的发展。这很大程度上源于无机沸石结构基于四面体单元 MO_4（M = Si、Ge、Al 等）相互连接这一自身化学特性[2a]。在沸石骨架中引入过渡金属离子和有机分子一直是沸石化学所追求的，这同时也推动了多孔金属有机框架的发现和发展。

配位化合物的多孔性首先是在一类通式为 $\beta\text{-}[M(PIC)_4(SCN)_2]$［其中 M 为 Ni^{2+} 或 Co^{2+}、

PIC为γ-甲基吡啶（γ-picoline）、SCN为硫氰酸盐（thiocyanate）〕的经典配合物（维尔纳配合物）中观察到的[3]。由于PIC配体的位阻效应，这类化合物晶体结构中相邻配合物之间存在空隙[4]。Richard Barrer及同事发现这些材料确实可以一种与沸石相似的方式可逆地吸附氮气、氧气、氩气和碳氢化合物等气体。然而尽管这些分子晶体可以吸附气体，但在多次气体吸、脱附循环后，材料的多孔性会相应降低，意味着发生了转变为致密的无孔结构的相变。考虑到组成晶体的金属配合物之间仅存在较弱的非共价作用，这种结果并不令人意外[5]。这个例子证明了如果要得到永久多孔性，就需要通过强化学键来连接分子实体，从而实现较好的机械稳定性和结构稳定性。

在第1章中讨论了Hofmann型笼合物及类似物可以从液相中吸附特定分子，但是没有关于其可逆吸附气体的报道。相对地，对普鲁士蓝的气体吸附测量证实了其具有永久多孔性[6]。在1995年，Dorai Ramprasad等人报道了一种离子晶体材料——五氰合钴酸锂$Li_3[Co(CN)_5](DMF)_2$（DMF = N,N-二甲基甲酰胺），可以在室温下通过气体在固相内的扩散以及与钴离子成键的化学吸附方式可逆地吸附氧气，但是这种材料并不具有永久多孔性[7]。

1997年，Susumu Kitagawa及同事报道了一例结构简式为$[M_2(BIPY)_3(NO_3)_4]$的配位网络在高压下（最高至36atm，1atm = 101325Pa）对甲烷、氮气和氧气的吸附[8]。Wasuke Mori及同事报道了铜、钼、铑的二羧酸盐，并推测它们为与MOF-2相似的二维层状结构[9]。他们进一步探究了Cu(BDC)(Py)和Rh(BDC)(Py)在低温和常压下的气体吸着（occlusion）行为，但并未报道其气体吸附等温线（gas adsorption isotherm）[9b,c]。他们采用的气体吸附测试的条件不足以得到孔体积或比表面积等量化参数，因此配位网络中永久多孔性存在的证明问题仍未解决。

根据IUPAC的规范，对于材料永久多孔性的评估，应在液氮的标准沸点下、在氮气吸附等温线合适的气压范围内测量至少3个数据点，最好大于等于5个数据点。这是因为所有描述多孔固体气体吸附行为的模型，以及用于计算比表面积和其它多孔性参数的模型，都只在吸附质沸点温度及较低压力条件下适用。1998年，对MOF-2在77K下可逆氮气吸附的测量首次明确证明了金属有机拓展型固体存在永久多孔性。借鉴MOF-2的吸附研究，人们对MOF的气体吸附行为开展了更加系统的研究。这也促进了人们瞄准具有更高机械和结构稳定性的MOF材料的科学研究[10]。此后，MOF-5的发现开启了具有大可及孔体积和高可及表面积的三维MOF新纪元[11]。在本书2.3节和2.4节，我们将简介用于描述和评估多孔性的科学术语和基本原理，同时我们将讨论具有最大化的孔径和孔体积、超高比表面积的MOF的设计准则。

2.3　气体吸附理论

2.3.1　术语及定义

　　研究人员对于材料的吸附现象和多孔性已进行了广泛探究，相关的理论原理以及实验方法也已非常完善。本节主要介绍多孔固体气体吸附的基本原理，以及四个常用于定义材料多孔性的参数，分别是比表面积（specific surface area）、比孔容（specific pore volume）、孔隙率（porosity）以及孔径（pore size）（图2.1）。

　　"吸附"（adsorption）一词最初用于描述气体在自由平面上的凝集，而不是像吸收（absorption）所描述的那样——气体分子进入固体的体相内[12]。然而，人们往往并没有意识到两者定义上的区别。人们通常将多孔材料对流体（气体或液体）的摄入都称为吸附（adsorption，或简称为sorption）。sorption一词为吸附（adsorption）和负吸附（即脱附，desorption）过程的统称，且不去区分其可能不同的吸附机理[13]。在固定压力下，将多孔固体暴露于某种气体的密闭空间中，就会发生气体（吸附质，adsorbate）在固体（吸附剂，adsorbent）上的吸附。吸附导致了固体质量的增加以及密闭空间气压的降低。表2.1总结了与固体材料气体吸附有关的术语。

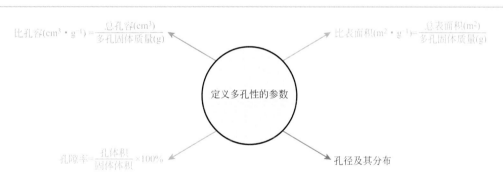

图2.1　用于定义多孔性的参数。比孔容和孔隙率是通过晶体结构数据或者密度测量数据计算得到的。比表面积和孔径分布则通过在吸附质沸点下测得的吸附数据计算得到

表2.1　气体吸附中的术语及定义

术语	英文	定义
吸附	adsorption	一种或多种组分在界面上或者界面附近的富集
脱附	desorption	吸附的逆过程

续表

术语	英文	定义
吸附剂	adsorbent	发生吸附的固体材料
待吸附物质	adsorptive	流动相（液相或气相）中可以被吸附的物质
吸附质	adsorbate	处于被吸附状态的物质
化学吸附	chemisorption	涉及强化学相互作用（如化学成键）的吸附
物理吸附	physisorption	基于弱物理相互作用的吸附
多孔固体	porous solid	具有孔穴（孔径小于孔深度）的固体
开孔	open pores	从固体表面可及的孔隙或孔通道
闭孔	closed pores	无法从固体表面可及的孔隙或孔通道
贯通孔	interconnected pore	和相邻孔连通的孔
盲孔/闭端孔	blind pore/dead end pore	仅有一个开口与表面连通的孔
粒间空隙	interparticle space	微粒之间的空隙
粒间凝聚	interparticle condensation	吸附质在粒间空隙的凝聚
孔尺寸	pore size	考虑组成孔的原子的范德华半径后，孔的最大几何宽度
微孔	micropore/microporous	内孔直径 <2nm 的孔
介孔	mesopore/mesoporous	内孔直径为 2～50nm 的孔
大孔	macropore/macroporous	内孔直径 >50nm 的孔
纳米孔	nanopore/nanoporous	内孔直径约 100nm 的孔
孔体积	pore volume	通过实验测得的孔的容积
孔隙率	porosity	孔体积/样品体积（$cm^3 \cdot cm^{-3}$）
总空隙率	total porosity	（空隙体积+孔体积）/样品体积（$cm^3 \cdot cm^{-3}$）
开孔空隙率	open porosity	（空隙体积+开孔体积）/样品体积（$cm^3 \cdot cm^{-3}$）
表面积	surface area	稳态下吸附质可及的表面的面积
外表面积	external surface area	除去孔道表面（孔壁）的材料表面积（通常只除去微孔表面）
内表面积	internal surface area	所有孔道表面（孔壁）的面积（通常只计入微孔表面）
单分子层饱和吸附量	monolayer capacity	对于物理吸附：覆盖单层吸附剂表面所需吸附质的量 对于化学吸附：占据所有表面吸附位点所需吸附质的量
表面覆盖度	surface coverage	实际吸附量/单分子层饱和吸附量
真密度	true density	扣除孔和空隙的体积后，计算得到的固体密度
表观密度	apparent density	包含了闭孔及其它不可及孔的体积而得到的密度

依据孔径的大小，IUPAC将多孔材料划分为三类：①微孔（microporous），指孔径小于2nm的孔；②介孔（mesoporous），指孔径在2～50nm之间的孔；③大孔

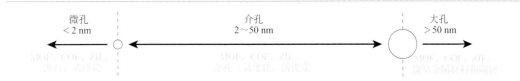

图2.2　IUPAC定义的基于孔径的孔分类及相应的材料举例：微孔材料（<2nm），介孔材料（2~50nm），大孔材料（>50nm）

（macroporous），指孔径大于50nm的孔（图2.2）[14]。MOF的孔通常落在微孔和介孔范围内。

2.3.2　物理吸附和化学吸附

吸附质和吸附剂之间的相互作用可以是物理相互作用（物理吸附，physisorption），也可以是化学相互作用（化学吸附，chemisorption）。尽管物理吸附是一个放热过程，但吸附质和吸附剂之间的物理相互作用通常较弱。该作用大小一般与导致蒸气冷凝的分子间作用力在一个数量级，也与真实气体参照理想气体模型作的分子间作用力的修正值在一个数量级。由于物理吸附没有明显的特异性和方向性，被物理吸附的分子仍然可以保持其原有的结构特征（由于发生轨道部分重叠，结构的键角等可能有微小变化）。此外，在相对压力较高的情况下还可以发生多层吸附。物理吸附体系一般很快到达吸附平衡，但达到平衡的时间也有可能受到传质过程这一决速步骤的限制。

化学吸附涉及的相互作用与常见化学反应以及化学成键过程中涉及的相互作用在同一个量级。此类相互作用具有很强的方向性，使得吸附质与表面活性位点之间成键。吸附过程通常伴随着表面反应（如解离反应），吸附质的结构也会发生变化。化学吸附仅限于单层吸附，物理吸附则往往可以发生多层吸附。化学吸附本质上是一个需要被激活的过程，因此在低温条件下，体系的能量可能不足以引发这一过程，体系达到吸附平衡的时间也较长。

2.3.3　气体吸附等温线

至今，多孔材料领域的文献已报道了各种固体的数以万计的气体吸附等温线。大多数多孔材料的吸附行为基于物理吸附。IUPAC定义了六大类等温线，分别为Ⅰ型~Ⅵ型等温线。我们把它们归纳在图2.3❶中[15]。在这一分类中，不同型等温线的主要区别在于

---

❶　这些等温线最初由Brunauer、Deming、Deming和Teller整理分类，但是通常它们被称为BET等温线。"BET"以Brunauer、Emmett和Teller三人的姓氏命名。此外，这一最初分类并未包括多步的阶梯形等温线。

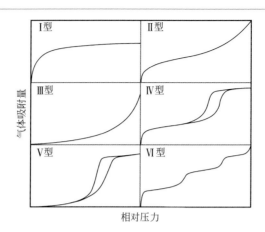

图2.3　IUPAC对吸附等温线的分类：微孔材料（Ⅰ型），无孔或大孔材料（Ⅱ、Ⅲ以及Ⅵ型），介孔材料（Ⅳ、Ⅴ型）[14a,16]

吸附剂的孔道大小：微孔（Ⅰ型），无孔或大孔（Ⅱ、Ⅲ以及Ⅵ型），介孔（Ⅳ、Ⅴ型）[14a,16]。Ⅵ型等温线相对少见，又被称为阶梯型等温线（stepped isotherm）。它多见于表面非常均匀的无孔材料中，因此仅在理论研究上有讨论意义。

　　脱附过程有时并不完全是吸附的逆过程，通常会出现滞后（hysteresis）现象。（在图2.3中，较低的曲线支路代表吸附，较高的曲线支路代表脱附）。Ⅳ型和Ⅴ型吸附等温线都存在滞后。人们普遍认为滞后环的形状与多孔材料的结构特征（例如孔径分布、孔的几何形状和孔的连通性）存在密切联系。IUPAC将Ⅳ型和Ⅴ型吸附等温线中常见的滞后分为四类（见图2.4）。H1型滞后在具有规整圆柱形孔的材料或者由尺寸较均一的球形颗粒聚集生成的材料中比较常见。H2型滞后多见于孔径分布较宽的材料，某些情况也表明墨水瓶形孔的存在。较宽狭缝孔则会导致H3型滞后，此类型滞后在片状颗粒的非刚性聚集体中比较常见。H4型滞后则与材料内的较窄狭缝孔有关。发生在低压区的滞后环（在图2.4中用虚线表示）则意味着吸附剂体积的改变（例如非刚性孔的扩张）或者不可逆的气体吸附。此类现象多见于材料的孔径与吸附质分子尺寸相当的情况。

　　图2.5系统描绘了一例同时具有微孔、介孔和大孔的材料进行气体吸附的过程，并将该吸附过程与等温线的形状建立同步联系。在低压区域，只有极少部分气体分子被吸附在材料的内表面，这一情况对于三种类型的孔而言都同样存在且与孔尺寸无关；另有极少部分气体分子被吸附在材料的外表面［图2.5（a）］。当气压逐渐增大，吸附质形成单分子层并覆盖了吸附剂的整个表面。几乎同时，微孔被完全填充满，对应的吸附等温线进入一个平台（plateau）［图2.5（b）］。这样的吸附曲线形态表明发生了所谓的"微孔填充"（micropore filling）。微孔材料理应都能观察到该现象，除非吸附质与吸附剂间的排斥作用占主导。若要实现多层吸附以及介孔填充（mesopore filling），则需要进一步增大气压，继而发生吸附等温线的第二段急剧上升［图2.5（c）］。同理，也可以观察到吸

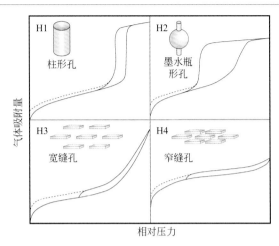

图2.4 IUPAC对Ⅳ、Ⅴ型吸附等温线中滞后的分类及定义。滞后环的形状通常与多孔材料的孔道结构特征相关。H1型多见于具有圆柱形孔的材料，H2型多见于孔有窄瓶颈的材料，H3和H4型多见于分别有较宽狭缝孔和较窄狭缝孔的材料

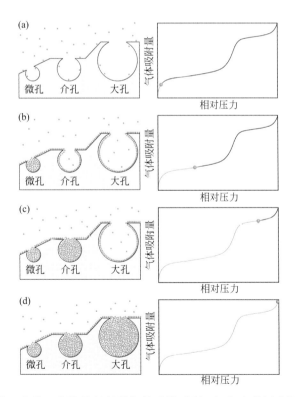

图2.5 同时含有微孔、介孔、大孔的材料的气体吸附过程。（a）在低压范围，吸附由比表面积主导；（b）微孔填充发生在稍高的气压区间；（c）进一步增加气压导致介孔填充；（d）最终，当气压接近饱和蒸气压时，大孔也被充满

附等温线的第三段上升，此时达到的合适压力有助于对大孔进行完全填充［图2.5（d）］。需要注意的是，吸附质在粒间空隙的凝聚也可以导致类似介孔或者大孔的吸附行为，因此在对吸附等温线进行解读时必须小心。根据上述讨论，我们可以知道，在低压区间的气体吸附量主要由比表面积决定，因为此时只有吸附剂表面被大量吸附质分子覆盖（单层吸附），而其它部分的孔体积对气体吸附量贡献并不明显。

2.3.4　多孔固体的气体吸附模型

在对多孔固体的吸附现象进行描述时，大多采用两种模型（图2.6）。Langmuir模型主要描述表面上涉及较强作用力的特异性吸附，甚至有时涉及表面反应。此类表面反应包括H_2在Pt表面的解离以及随后两个H原子与Pt的成键等。Brunauer-Emmett-Teller（BET）模型则主要适用于基于弱的且无方向性的相互作用的吸附。这一类吸附不存在表面特异性且不发生表面反应。举例来说，H_2在MOF表面通过范德华力实现的吸附就属于这一类。MOF的气体吸附往往由弱相互作用主导，属于物理吸附。虽然各有一些适用范围，这两种模型基本都可以对MOF中的气体吸附进行描述。值得注意的是，这两种模型的主要区别是：BET模型考虑了多层吸附，而Langmuir模型则没有。在处理较大孔（>2nm）时，考虑多层吸附是非常关键的。

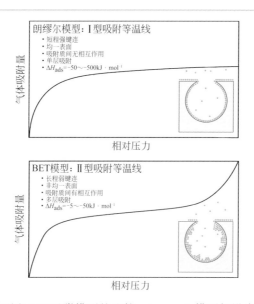

图2.6　Langmuir吸附模型和BET吸附模型的比较。Langmuir模型假设表面发生强的且有方向性的吸附（化学吸附），并以单层吸附的形式进行。而BET模型则假设表面发生弱的且无方向性的吸附（物理吸附），可以用来描述多层吸附

2.3.4.1　Langmuir模型

Langmuir模型基于吸附位点数目有限这一假设[17]。这一模型考虑了不同的吸附场景：①材料只存在一种吸附位点；②存在多种吸附位点；③无定形吸附表面存在连续的（不同）吸附位点；④协同吸附（存在可以吸附多个吸附质分子的吸附位点）；⑤解离吸附；⑥多层吸附。通常，Langmuir模型用于描述第一类场景，即吸附基于材料平面表面的一种吸附位点，同时每个吸附位点仅能吸附一个吸附质分子。这一假设强调了吸附剂表面上不能存在任何孔隙，且不存在任何物理吸附。实际上，这两点假设在多孔固体的吸附中都不满足。尽管如此，这一模型在一定限制条件下仍然可以用于描述多孔固体中的气体吸附行为。此外，Langmuir模型还为其它改进模型（如BET模型）的发展提供了基础。因此，对Langmuir模型的推导过程进行简述是十分必要的[17,18]。

Langmuir方程是通过吸附过程中的动力学推导得出的。吸附剂表面具有N^s个等价且彼此独立的吸附位点，一个吸附位点只能吸附一个分子。若有N^a个分子被吸附，位点的表面覆盖度θ由方程（2.1）得出：

$$\theta = \frac{N^a}{N^s} \tag{2.1}$$

根据气体动力学理论，我们可知：气体吸附的速率与气体的压力以及未被占据的吸附位点数（$1-\theta$）有关；而气体脱附的速率与被占据的吸附位点数（θ）以及活化能E_A（吸附能的正值）有关。当吸附速率和脱附速率相等时，吸附过程达到平衡，即方程（2.2）所述：

$$\theta = \frac{\mathrm{d}N^a}{\mathrm{d}t} = \alpha p (1-\theta) - \beta \theta \mathrm{e}^{\left(\frac{-E_A}{RT}\right)} = 0 \tag{2.2}$$

式中，α和β是由给定气–固体系决定的常数。在理想情况下，吸附和脱附的概率与表面覆盖度无关（即不存在吸附质–吸附质之间的相互作用），并且活化能E_A（吸附热）在给定的吸附质–吸附剂条件下为常数，继而我们可以对方程（2.2）进行整理和简化，得到著名的Langmuir等温线方程（2.3）：

$$\theta = \frac{bp}{1+bp} \qquad bp = K\mathrm{e}^{\left(\frac{-E_A}{RT}\right)} \tag{2.3}$$

式中，b为吸附平衡常数；K为指数前因子，$K=\alpha/\beta$，即吸附常数（adsorption coefficient）和脱附常数（desorption coefficient）的比值。在低覆盖度（$\theta \to 0$）条件下，方程（2.3）可以简化为亨利定律（Henry's law）；在高覆盖度（$\theta \to 1$）条件下，吸附等温线达到平台，对应于单层吸附的结束。考虑Langmuir模型所作的假设，可知其只适用于化学吸附。若采用Langmuir模型，需要满足三个前提条件：①在低压条件下等温线为线性，并且在$\theta \to 1$时出现平台；②吸附能与表面覆盖度无关；③吸附微分熵（differential entropy）应基于理想的定域吸附模型而改变[19]。这些前提表明尽管Langmuir

模型常常被用于计算多孔材料的比表面积，但其并不严格适用于真实的物理吸附体系。此模型被广泛应用的原因是许多实际吸附等温线的形状确实与Langmuir模型得到的吸附等温线（Ⅰ型）相似。但仍需要指出：大多数文献中报道的Ⅰ型吸附等温线与微孔填充相关，而非与单层吸附完成有关，因此通过Langmuir模型计算得到的比表面积往往较实际值偏大，故而需要通过BET模型等适用于更多情况的其它模型来进行验证。

2.3.4.2　BET模型

如果相对压力P/P_0超过一定数值，物理吸附并不只限于单层吸附。BET模型的提出就是基于上述观察。因此，Ⅱ型吸附等温线的几乎线性部分的起点（图2.7中的B点）似乎对应于单层吸附的完成。这一结论可以通过使用在不同阶段（图2.7中的A、B、C、D点）的实验数据来计算比表面积得到确定。在（或接近）各自沸点下测量了氮气、氩气等多种气体吸附等温线后，人们发现基于不同气体吸附，通过B点计算得到的比表面积彼此符合程度最好。意味着在这一点完成了单层吸附。同时，在B点附近吸附热的明显下降也佐证了这一观点。

在Langmuir模型的基础上进一步增加几条假设，就可以得到适用于多层吸附的吸附模型。所得的BET方程可以描述Ⅱ型吸附等温线。最初的BET模型是Langmuir动力学理论的延伸，它假定在饱和蒸气压（P_0）下吸附质会形成无穷层吸附层。这意味着被吸附的分子本身可以在$P<P_0$的情况下作为吸附位点。因此，BET理论想象吸附层是通过吸附质分子随机叠擦形成的，而非一层厚度均一的分子。在BET模型中，第i层的覆盖度分别为θ_i（i = 0、1、2、3……），其中θ_0是未被吸附质覆盖的材料表面吸附位点占比。当体系在压力P下达到平衡时，假设材料裸表面覆盖度（θ_0）和任一吸附质层覆盖度（θ_i）均为常数，第一层的吸附、脱附速率通过方程（2.4）得到：

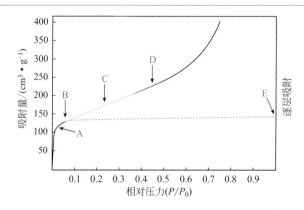

图2.7　77K条件下，氮气在Fe/Al_2O_3表面吸附等温线示意图（黑色）。灰线代表只有单层吸附的等温线。等温线线性部分的起点（B点，线性部分标为绿色）代表单层吸附的完成，这一结论通过不同气体吸附等温线在B点的数据得到的比表面积得到验证

$$a_1 p \theta_0 = b_1 \theta_1 \mathrm{e}^{\left(\frac{-E_{A1}}{RT}\right)} \tag{2.4}$$

式中，a_1和b_1分别为吸附和脱附常数；E_{A1}是第一层的吸附热。该方程只在忽略层内吸附质-吸附质分子侧向作用的情况下才成立。对所有吸附层做相同处理，并假定：①所有的θ_i之和为1；②对于$i \geqslant 2$层，吸附热E_{Ai}等于气体的凝结热（liquefaction energy）；③当$P=P_0$时，吸附分子层数为无穷层。继而可以推导得到方程（2.5）：

$$\frac{n}{n_m} = \frac{c\left(\dfrac{P}{P_0}\right)}{\left(1-\dfrac{P}{P_0}\right)\left[1-\dfrac{P}{P_0}+c\left(\dfrac{P}{P_0}\right)\right]} \tag{2.5}$$

式中，n为吸附气体总量；n_m是单层吸附气体的量；c为常数。常数c大于2的情况下，n/n_m对P/P_0作图可得到与Ⅱ型等温线一致的曲线。曲线在$n/n_m = 1$处的拐点形状与常数c的值有关。c较大时（例如，c约为80），该拐点较为尖锐；而c较小时（$c<2$且为正值），拐点消失，曲线呈现类似Ⅲ型吸附等温线的形状。对方程（2.5）进行整理可以得到BET方程的线性变换［方程（2.6）］。正是基于这一方程，实验中我们可以通过$P/[n(P_0-P)]$对P/P_0做BET图进行等温线数据分析。

$$\frac{P}{n(P_0-P)} = \frac{1}{n_m c} + \frac{c-1}{n_m c} \times \frac{P}{P_0} \tag{2.6}$$

如前所述，通过实验测得的吸附等温线确定材料比表面积的模型不止一种，其中最常用的模型是BET模型。该模型最初用于描述自由平面上的多层吸附过程。这一假设并不适用于MOF，因为MOF巨大的内表面并非平面。因此，研究人员长期争论用这一方法计算得到的MOF比表面积是否准确，直到近期的理论计算成果才确定利用BET模型得到MOF的比表面积数据是真实可靠的[20]。关于非定域密度泛函理论（nonlocal density functional theory，NLDFT）方法对计算MOF孔径及其分布的准确性问题也有类似讨论。虽然这些算法最初针对的材料与MOF有着巨大的差异，但是通过明确结构测量的孔径与利用NLDFT方法从等温线计算而得的孔径通常吻合得很好，消除了大家对这些算法适用性的疑虑。总而言之，在通过气体吸附等温线得到有意义的相关参数时，非常关键的一点就是要选择合适的模型。

2.3.5　体积比吸附量和质量比吸附量

气体吸附等温线，即在恒温条件下气体吸附量和压力的关系曲线，常用于对气体吸附进行定量描述。气体吸附量可以通过体积比吸附量（$cm^3 \cdot cm^{-3}$、$g \cdot cm^{-3}$）或质量比吸附量（$g \cdot g^{-1}$、$cm^3 \cdot g^{-1}$或％）来表示，前者在文献中更为常用。IUPAC规范了对孔尺寸与气体吸附等温线的分类，这些分类方法反映出了材料的吸附行为与孔的尺寸以及形状之间的密切联系[14]。在介绍了多孔固体气体吸附的科学术语和基本原理后，我们将介绍最大化MOF孔径和比表面积的一些设计方法。

2.4　金属有机框架的多孔性

2.4.1　孔道尺度的精准设计

2.3节讨论了孔的形状，特别是孔尺寸，对吸附性质的直接影响。在固相材料合成中，对一给定结构，在不改变其底层拓扑的情况下实现对其几何尺度和功能的调控，一直是巨大的挑战。然而，这样的调控在MOF领域是可以实现的。如果延长配体长度或者对配体进行官能化，且不改变框架形状和连接特征，那么就会得到同网格框架（isoreticular framework）。同网格框架指具有不同孔径或者官能团，但是与最初结构具有相同底层拓扑的一系列框架。同网格结构的实现基于"次级构造单元（SBU）在先验的合成条件下可以定向合成"这一基础。这一策略首先在基于MOF-5的同网格系列中得到了成功实践。具体而言，使用与最初MOF-5（又被定义为IRMOF-1）相同或相似的合成条件，从而让一系列二连接的羧酸配体与Zn^{2+}离子进行网格化构筑[21]。这一策略得到了一系列具有相同的主体结构，但引入新取代基，抑或实现孔径调控的新框架（图2.8）。需要注意的是，在简单立方晶系中延长配体可能导致框架的相互穿插。实际上，在基于MOF-5的同网格框架系列中，只有基于H_2BDC官能化配体和H_2NDC配体的MOF形成了不穿插的框架；而基于延长配体（H_2BPDC、H_2HPDC、H_2PDC和H_2TPDC）的MOF（IRMOF-9、IRMOF-11、IRMOF-13和IRMOF-15）为两重穿插的结构[21,22]。这一同网格金属有机框架（isoreticular metal-organic framework，IRMOF）系列中，不穿插框架可以通过更加稀释的反应溶液来制备，其最大孔径达28.8Å（IRMOF-16，即不穿插的$Zn_4O(TPDC)_3$）。除了稀释反应之外，另一种避免结构穿插的方法（基于本身不允许穿插的拓扑定向合成框架，来实现具有更大孔径的MOF的方法）将在后面部分予以讨论。

具有某些拓扑的结构中，可以在实验中观测到框架穿插，但另一些拓扑中则不存在穿插现象。一种结构出现穿插的可能性可以通过结构的网络类型以及框架具有的开放空间来评估。我们把结构的网络（net）用基于拼贴（tiling）的方法来描述。拼贴是用来填充网络内部开放空间的多面体（详见第18章）[23]。在每个拼贴的中心添加新的顶点（vertex），并用穿过这些拼贴表面的新的边（edge）将这些顶点连接起来，就可以在原有网络上得到一个新的网络，我们称之为对偶网络（dual net）。如果与之穿插的网络与原有网络相同，我们称该网络是自对偶（self-dual）的；如果互穿的网络拓扑不同，我们

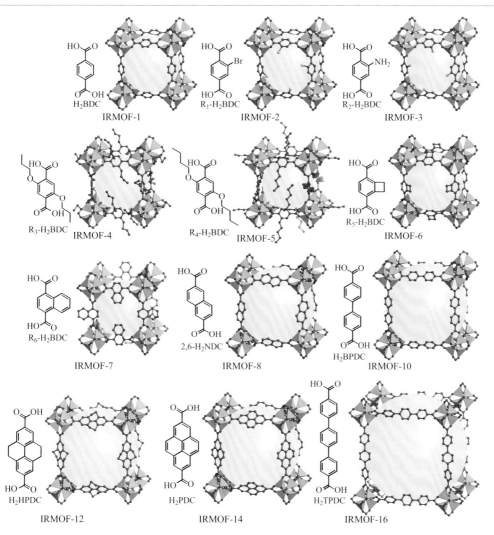

图2.8 基于MOF-5（IRMOF-1）的同网格金属有机框架（IRMOF）系列。通过各种取代基的 H_2BDC 衍生物可以得到同网格的功能化框架，而采用延长配体则得到同网格扩展的框架。这些框架均为 **pcu** 拓扑。每例框架所使用的配体呈现在对应IRMOF结构图的左侧。为了清晰呈现结构，图中只展示了不穿插的结构，且氢原子均被略去。颜色代码：Zn，蓝色；O，红色；C，灰色；Br，粉色；N，绿色

称之为异对偶（hetero-dual）（见图2.9）。

值得注意的是，穿插网络之间只通过机械键（mechanical bond）相连，彼此不存在化学键，它们处于相互交错的状态。因此，在设计具有特别大孔的MOF方面，第一步应选择异对偶网络为网格化合成的目标拓扑，因为异对偶网络更不容易穿插❶。

---

❶ 有关某一特定拓扑是否具有对应的穿插网络，读者可以访问RCSR数据库（http://rcsr.anu.edu.au/）获取更多信息。

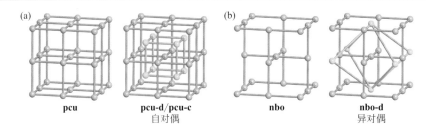

图2.9　**pcu**网络（a）和**nbo**网络（b）的对偶网络。（a）**pcu**网络可形成自对偶网络，即对偶网络（黄色）与其本身（蓝色）的拓扑相同。（b）而**nbo**网络的对偶网络（黄色）和其本身（蓝色）的拓扑并不一致，因此被称为异对偶网络。从这个例子中可以看出，如果所采用的具有特定几何特征的构造单元组合只能形成基于异对偶网络的结构，所得框架就不大可能是个穿插结构。不过，在**nbo**网络这个例子中，如果第二重框架的起点不在第一重网络拼贴的中心，它也是有可能穿插并形成自对偶网络的。因此，为了明确结构穿插是否会发生，需要对网络拓扑进行非常仔细的分析

在设计具有大孔的MOF时，简单的几何计算就可用于推导预期的孔的形状和大小。方程（2.7）描述了多边形内切圆半径（r）与其边长的关系：

$$r=\frac{a}{2}\cot\left(\frac{180°}{n}\right) \qquad (2.7)$$

式中，a为边（配体）的长度；n为边的数目。对于给定的配体长度a，多边形的顶点数目越多，其内切圆就越大（图2.10）。如果一个MOF是基于那些不易穿插的拓扑，且具有六边形孔道，那么选用相对较短的配体就可以构筑很大孔径的孔道。

基于上述设计思路，研究者已经将许多MOF的孔径扩展到介孔范围。MOF-74由一维棒状SBU和线型H_4DOT（2,5-二羟基对苯二甲酸）配体构筑而成，它具有一维六边形

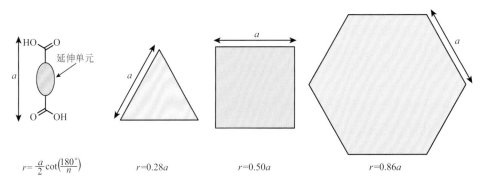

图2.10　多边形中边的数目（n）、边长a和其内切圆半径r的几何关系。对于边长为a的多边形，边的数目n越多，其内切圆半径就越大。对于网格化学而言这意味着由于孔的形状变化，即使使用同一配体也可以得到不同孔径

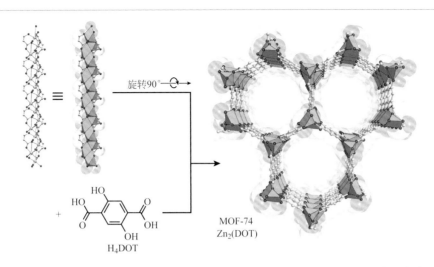

图2.11　MOF-74的晶体结构。用线型DOT配体连接一维棒状SBU，得到**etb**拓扑的框架。MOF-74具有类蜂巢结构，沿晶体学*c*轴方向存在一维孔道。SBU中的每一个金属中心的配位均由一个中性水分子来饱和。若将配位的水分子除去，即可产生一个配位不饱和金属位点。为了清晰呈现结构，所有氢原子和水分子端基配体都被隐去。框架结构的多面体模型叠映于空间填充模型之上，颜色代码：Zn，蓝色；C，灰色；O，红色

孔道。因为其**etb**拓扑属于异对偶网络，不容易穿插，因此基于MOF-74进行同网格扩展来增大孔径非常有希望（图2.11）。

　　采用长度在7～50Å的配体能制备得到MOF-74同网格系列，通过表征可以确定该系列材料的孔径在14Å×10Å到85Å×98Å之间［图2.12（a）］[24]。要得到这一惊人尺度的孔径，需要克服以下问题：①有机配体的设计；②能制备纯相产物的合成条件；③确保得到的同网格扩展MOF能够结晶。然而，芳环彼此对位连接生成的配体存在较强π-π堆积作用，因此配体溶解性往往较差。在MOF结晶过程中，确保反应物的溶解性是十分重要的。在配体设计上，引入的烷基侧链可以使得芳环平面发生略微扭转，从而减弱π-π堆积作用。基于MOF-74的H_4DOT配体，研究人员设计了一系列两端修饰有α-羟基羧酸的反向重复的（回文型）低聚苯衍生物配体［图2.12（b）］，进而得到了IRMOF-74系列。

　　在具有三维球形孔的结构中，这些孔是通过笼子围合而成的。笼子的截面一般由边数（*n*）很大的多边形组成，这就意味着可以用相对较短的配体来形成较大的三维孔。根据前文所述的基本原则，具有三维孔的MIL-100［$[M_3OL_3](BTC)_2$或$[M_3O(H_2O)_2L]$$(BTC)_2$，MIL为拉瓦锡研究所材料（Materials Institute Lavoisier）的简称。结构简式中，M代表金属离子，L代表端基配体（ligand）］是一个理想的进行同网格扩展的起点。MIL-100结构包含尺寸较大的笼子，其孔径分别为25Å和29Å。该MOF由超四面体构型三级构造单元（tertiary building unit，简称TBU）构筑而成。TBU相互连接形成**mtn**

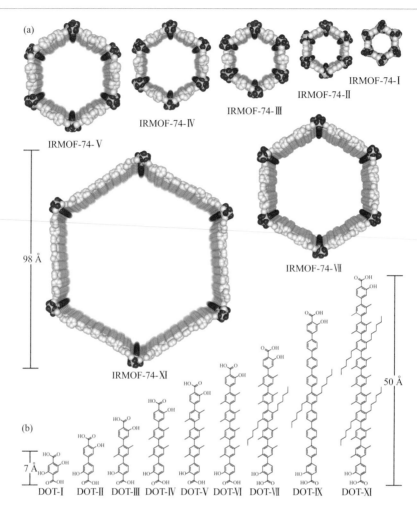

图2.12 （a）具有 **etb** 拓扑的同网格 MOF 系列。通过逐渐增加反向重复的（回文型）低聚苯衍生物配体的长度，可以得到最大孔径达98Å的一系列框架。本图用空间填充模型展示了 IRMOF-74 系列的部分成员。（b）用于制备 IRMOF-74 系列的，端基修饰有羟基苯甲酸的回文型配体。烷基侧链导致配体略微扭转，减少了 π–π 堆积作用，增强了配体的溶解性。在晶体结构图中，所有烷基侧链和氢原子均被隐去。颜色代码：Mg或Zn，蓝色；C，灰色；O，红色

拓扑的拓展型结构，该拓扑是一例异对偶网络[25]。将 MIL–100 中的 1,3,5–苯三甲酸根（1,3,5–benzenetricarboxylate，简称 BTC）替换成长度扩展的同构物作为配体（如 BTB），就可以得到 MIL–100(Fe_BTB)（[Fe$_3$O(H$_2$O)$_2$(L)](BTB)$_2$），根据晶体结构计算得知材料的理论孔径为 55Å 和 68Å。然而由于 BTB 配体的非平面性导致框架承受一定应力，因此活化该框架比较困难[26]。因此，可采用平面型 BTTC 和 TATB 配体，用于制备另两例 MIL–100 的同网格扩展结构，分别记为 PCN–332 ［PCN 为多孔配位网络（porous coordination network）的简称］和 PCN–333（图2.13）[27]。这两例材料的结构非常稳固，其孔径可通

过活化后样品的实验数据得到。在这些MOF中，笼子尺寸从MIL-100中的25Å和29Å扩大到PCN-332中的34Å和45Å，并进一步扩大到PCN-333中的42Å和55Å。截至2019年，PCN-333保持着永久多孔羧酸类MOF群体中最大可及笼子尺寸的记录，因此它在捕获酶等大分子方面有潜在的应用前景。这个例子展现了同网格原理在调控孔径方面的强

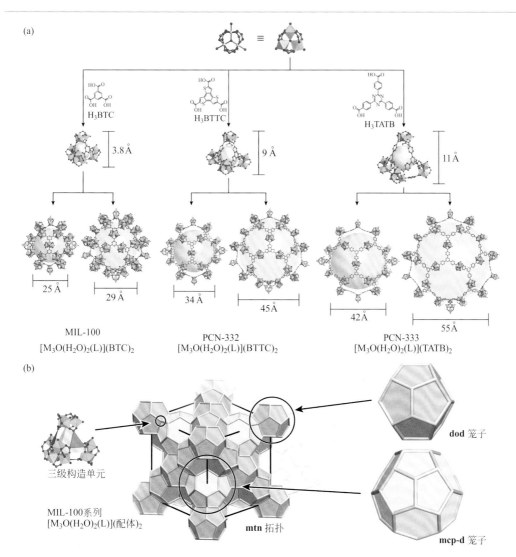

图2.13　（a）由6-c（6-connected的简称，六连接的）$M_3OL_3(—COO)_6$ SBU和三角形构型三连接配体网格化合成得到的三种笼子。增加用于合成的三连接配体的尺寸，同时保持配体的D_{3h}对称性，即得到PCN-332和PCN-333，其最大孔径可达55Å。上述所有结构都包括两种不同类型的笼子，分别具有 **dod** 拓扑（橙色）和 **mcp-d** 拓扑（黄色）。（b）MIL-100系列MOF的 **mtn** 拓扑解构分析。四面体构型的三级构造单元（TBU）是四个$M_3OL_3(—COO)_6$ SBU通过三角形构型三连接配体连接形成的。这些TBU继续通过共顶点的方式形成拓扑为 **dod**（橙色）和 **mcp-d**（黄色）的笼子。笼子进一步结合，形成具有 **mtn** 拓扑的拓展型结构。为了清晰呈现结构，所有氢原子被隐去。颜色代码：Cr，蓝色；C，灰色；N，绿色；S，黄色；O，红色

大能力[27]。但需要注意的是，存在大孔并不意味着一定具有高比表面积，我们将在下面的2.4.2部分进行详细讨论。

2.4.2   超高比表面积

尽管PCN-333在截至2019年报道的羧酸类MOF中拥有最大的笼子，但它的比表面积相对较低，仅有4000$m^2 \cdot g^{-1}$。与之形成鲜明对比的是，MOF-5的孔径仅有15.1Å，但是它具有3800$m^2 \cdot g^{-1}$的比表面积。这说明了孔尺寸和比表面积之间没有严格相关性。如前所述，在低压区域的气体吸附性质与材料实际应用密切程度更高。而低压区的吸附行为主要取决于可及表面积（accessible surface area）而非孔径。因此，考虑到基于气体吸附的应用，超高比表面积材料的发展受到了广泛关注（见第14～17章）。接下来，我们将讨论决定气体吸附相关材料的比表面积的一些参数，并概括超高比表面积MOF的一些设计准则。

对高比表面积材料的探索的第一步是明确MOF中的吸附位点，并将位点数量最大化（图2.14）。总体而言，主要的吸附位点位于SBU周围。SBU周围更受吸附质青睐，因为

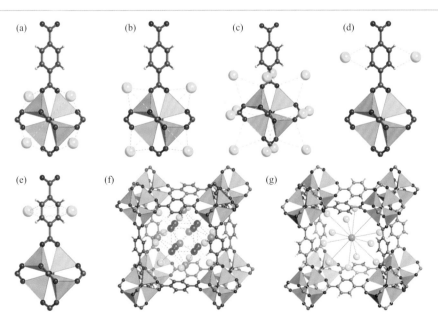

图2.14   利用30K下X射线衍射确定的MOF-5中氩气吸附位点。该方法确定了结构中八个彼此不存在对称关系的晶体学独立吸附位点。（a）～（c）气体分子优先吸附于极性SBU周围。（d）、（e）额外的吸附位点分布于有机配体的边和面上。（f）在MOF-5的较大孔中形成第二层吸附层（粉球和橙球）。（g）在较小孔的中央找到了另一额外吸附位点（绿球）。颜色代码：Zn，蓝色；C，灰色；O，红色；Ar，黄色、橙色、粉色、绿色

SBU具有一定的极化性质，有利于与吸附质间的强相互作用。其它吸附位点还包括靠近有机配体的区域，更准确地说，在芳环的面上和边侧。这也就强调了在设计具有可观比表面积的材料时配体的重要性。30K下的X射线衍射确定了MOF-5中氩气和氮气的吸附位点，在图2.14中予以呈现。后续的中子衍射、拉曼光谱以及理论研究进一步证实了这些位点信息[28]。

被吸附的分子与MOF内表面的结合比分子与碳材料的作用更强。实验和计算表明，通过引入极化程度更高的中心或者引入配位不饱和金属位点（open metal site）都可以进一步增强框架与吸附质分子间的作用[28c]。气体分子与吸附表面的作用强度可以通过非弹性中子散射（inelastic neutron scattering）测得的靠近表面的分子转动能垒来估计。采用这种测量方法，研究者得到了MOF-5中，氢气分子转动能垒相对氢气分压的函数，表明氢气分子与SBU的结合比较强，而在芳环单元面上和侧边位置的结合相对较弱。尽管如此，这些配体上的吸附位点在提高MOF吸附量上仍然起到了关键作用，因为这些吸附位点数目可以通过优化配体的形状和尺寸进行精细调控，最终实现位点数目最大化。

通过配体设计来有效提升吸附位点数的理论基础如下（图2.15）。我们从考虑简单的石墨烯层开始，将石墨烯拆成尺寸更小的聚合物或者分子单元，暴露的边的数目有所增加。尺寸无穷大的石墨烯片的理论比表面积为2965m²·g⁻¹；当石墨烯被拆解成无穷条线型聚苯结构时，由于暴露边数目的增加，其比表面积增加到5683m²·g⁻¹；将石墨烯拆解为1,3,5-三苯基苯单元则可以进一步增加理论比表面积至6200m²·g⁻¹；而将其拆解为单个苯环时，暴露边的数目达到最大化，理论比表面积也达到7745m²·g⁻¹。在单苯环的例子中，在苯环上添加构筑MOF必需的连接基团将不可避免地大大降低吸附位点的数目。因此对于超高比表面积MOF的设计而言，1,3,5-三苯基苯类的配体是最有希望的，因为它们提供了数目最大化的面和边，同时也有利于构筑框架结构并进行同网格扩展[29]。

这一策略在MOF-177（Zn₄O(BTB)₂）的合成中得到了实践。通过1,3,5-三(4-羧基苯基)苯（1,3,5-benzenetribenzoate，简称H₃BTB）和碱式羧酸锌簇（Zn₄O(—COO)₆）的网格

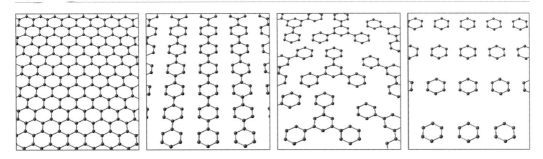

图2.15　通过设计具有最大暴露边数和面数的配体来实现MOF中吸附位点数和比表面积最大化的策略。三角形构型1,3,5-三苯基苯衍生物配体可以在提供众多暴露的吸附位点的同时，不影响同网格扩展和官能化修饰的能力

化合成，得到了具有 **qom** 拓扑❶的 MOF-177。用同样几何特征的节点（八面体构型和三角形构型）通常可能得到其它拓扑，如默认的 **pyr** 网络（为自对偶网络）。相对比，**qom** 拓扑是异对偶网络，因此不容易生成穿插结构。MOF-177 是一例不穿插结构，尽管其孔径相对较小（约 12Å），但材料的 BET 比表面积达到了 4500m$^2 \cdot$ g$^{-1[29]}$。

　　计算表明，与仅含芳基的结构单元相比，包含累积多烯结构（cumulene，＝C＝C＝）和炔烃结构（polyyne，—C≡C—）单元的 MOF 可以达到更高的比表面积（最高可达 14937m$^2 \cdot$ g^{-1}，可能是目前预测能实现的最高比表面积）。因此，基于 H$_3$BTB 延伸的加炔基衍生物（H$_3$BTE）、加芳基衍生物（H$_3$BBC）被用于合成基于 MOF-177 的同网格 MOF 系列（图 2.16），所得的 MOF-180 和 MOF-200 分别具有 89% 和 90% 的孔隙率。由于这些 MOF 的非常空旷的结构，成功将它们活化是极其困难的。甚至对于 MOF-180 而言，我们可能永远无法对其进行完全活化。这也是报道中 MOF-200 的 BET 比表面积只有 4530m$^2 \cdot$ g^{-1} 的原因，该值远远低于几何计算预测值（6400m$^2 \cdot$ g^{-1}）[30]。

　　进一步利用这些配体设计策略可以实现更高比表面积的 MOF。我们将在 **ntt** 拓扑的同网格 MOF 系列中进一步阐述这一点（**ntt** 和 **rht** 拓扑相同，见本书 5.2.3 部分）。这一系列 MOF 的原型是 PMOF-1（Cu$_3$(TPBTM)(H$_2$O)$_3$），其比表面积为 3160m$^2 \cdot$ g$^{-1[31]}$。利用 H$_6$TTEI 配体同网格扩展结构，得到 Cu$_3$(TTEI)(H$_2$O)$_3$，该结构被记为 PCN-610 或 NU-100[32]❷。这一例 MOF 的活化也非常具有挑战性，但最终研究人员得到了比表面积高达 6143m$^2 \cdot$ g^{-1} 的材料。为了追求比表面积更高的材料，将 NU-100 所用配体进一步延展，得到基于 BHEHPI 配体的 NU-110。该 MOF 在活化之后具有 7140m$^2 \cdot$ g^{-1} 的比表面积[33]。基于 **ntt** 拓扑的同网格系列 MOF 以及对应的配体如图 2.17 所示。需要强调的是，延伸配体的设计是按照前文所述的思路进行的。

　　PCN-610 中八面体构型孔的孔径为 26Å，相对于 PMOF-1 中的八面体孔孔径（19Å）扩大了 37%。在比表面积方面，PCN-610 比 PMOF-1 大了 94%。NU-110 的对应孔径（33Å）在 PCN-610 的基础上再增加了 27%，但其比表面积仅比 PCN-610 高 16%。这意味着孔径和比表面积之间并没有严格关联。当孔径超过某一尺寸后，大孔中存在部分"死体积"（dead volume）。在死体积中的吸附质与孔壁面不存在相互作用。通过大尺寸孔来追求 MOF 的优异吸附性质也带来另一个缺点：尽管其单位质量表面积（m$^2 \cdot$ g^{-1}）可能比较高，但无法避免的是其单位体积表面积（m$^2 \cdot$ cm^{-3}）会较低。从理论上讲，材料的单位质量表面积会随孔径增加而增加，直至达到理论极限。然而，单位体积表面积会在孔径增加到某个临界尺寸之后，随孔径的进一步增加而减小。

　　为了进一步阐述这一关系，我们借用假想的一例具有 **pcu** 拓扑的 MOF（图 2.18）来讨论。基于该拓扑的结构表面积可以通过以下方法进行估算：我们想象有一个球充满该

---

❶　**qom** 意为 queen of MOF。研究者们当时认为基于 **qom** 拓扑的 MOF 能够占领最高比表面积这一制高点。

❷　该 MOF 由两个课题组同时独立报道，因此该结构有两个通用名。NU 为美国西北大学（Northwestern University）简称。

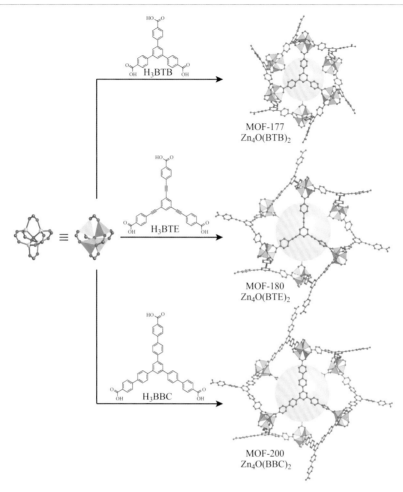

图2.16　由三角形构型三连接配体（H₃BTB、H₃BTE和H₃BBC）以及八面体构型Zn₄O(—COO)₆ SBU网格化合成得到的具有 **qom** 拓扑的同网格 MOF 系列。MOF-177、MOF-180以及MOF-200分别具有 $4740m^2 \cdot g^{-1}$、$6080m^2 \cdot g^{-1}$ 和 $6400m^2 \cdot g^{-1}$ 的比表面积。**qom** 网络是异对偶网络，因此在扩展配体长度时也没有观察到结构穿插。为了清晰呈现结构，所有氢原子被隐去。颜色代码：Zn，蓝色；C，灰色；O，红色

MOF的孔道，球的部分表面与框架上的一些原子接触。此时，我们可以认为球表面与框架接触的部分的面积（即球面总面积扣去未被框架覆盖部分的面积）与材料的表面积近似，因为未被框架覆盖的球面部分对材料表面积没有贡献。此时，考虑基于该拓扑的MOF的同网格扩展，当球体尺寸连续增长时，这些接触部分的面积并不会以一个稳定的速率增长。当MOF结构同网格扩展至无限大时，我们可以将MOF结构近似为由对聚苯（poly(*p*-phenylene)）链组成（即无机SBU占比可以忽略），它的式量也趋于对聚苯的式量。此时，材料的单位质量表面积不会再随着结构的进一步扩展而增加了，即到达了理论的极限——$6200m^2 \cdot g^{-1}$（图2.18中的绿线）[34]。而对单位体积表面积的分析则有不同

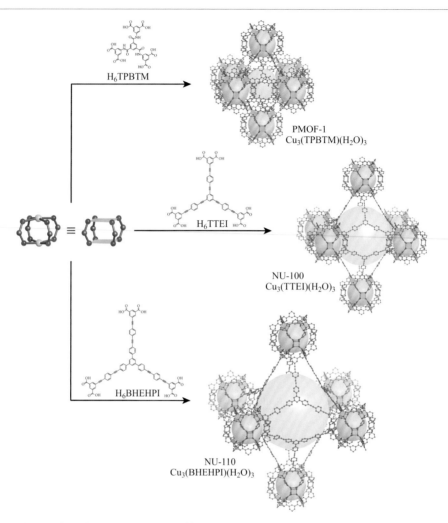

图2.17　利用三角形构型六连接的配体（H₆TPBTM、H₆TTEI 和 H₆BHEHPI）和四方形4–c的 Cu₂(—COO)₄车辐式SBU构筑的同网格 MOF 系列。PMOF–1、NU–100 和 NU–110的比表面积分别为 3160m² · g⁻¹、6143m² · g⁻¹和7140m² · g⁻¹。**ntt**网络是异对偶网络，因此不大可能穿插。六连接配体 末端的间苯二甲酸（*m*–BDC）结构与SBU相连，形成24–c的具有 **rco** 拓扑的三级构造单元。在同网 格扩展过程中，这些笼子尺寸保持不变，但是处于由三级构造单元围合形成的八面体中心的大孔孔 径有所增加。为了清晰呈现结构，所有氢原子及车辐式SBU上端基配位的水分子均被隐去。颜色代 码：Cu，蓝色；C，灰色；N，绿色；O，红色

结论。在框架不断扩展时，单位体积表面积会先增加并达到最大值；然后材料密度减小 的效应超过了表面积增大的效应，单位体积表面积开始减小（图2.18中的蓝线）。

　　在考虑实际应用时，理解单位质量表面积和单位体积表面积的差别非常重要。同 时，必须指出上述分析结论与吸附剂材料的本征结构特点和孔径相关。因此，需要特别 谨慎地设计、学习和改造MOF结构，从而得到具有优异性质的高性能材料。在过去几年

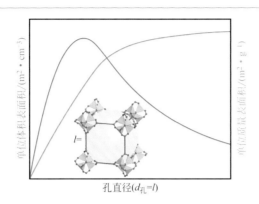

图2.18　单位体积表面积（蓝色）和单位质量表面积（绿色）与材料孔径的关系示意图。表面积变化基于根据配体长度（*l*）可变的简化立方模型计算而得。对于很长的配体，化合物的式量就近似于对聚苯的式量，因为SBU的贡献几乎可以忽略。单位质量表面积因此可以基于聚苯质量进行估算。相反，单位体积表面积首先达到最大值，然后在密度减少效应大于表面积增加效应时逐渐下降

里，报道的MOF结构数量呈指数式增长，研究人员努力地去抽象化、系统化这些结构，并进一步思考如何利用网格化学的理论去构筑预先设计的新型拓展型结构。我们将在第3～6章对这一问题进行详细阐述。

2.5　总结

这本章中，我们介绍了用于描述材料多孔性的一些术语。我们讨论了气体吸附过程、气体吸附等温线以及滞后的类型，并描述了吸附过程中涉及的不同作用。基于此，我们进一步概述了多孔性固体的气体吸附理论，并讨论了应用最为广泛的两种气体吸附模型：Langmuir模型和BET模型。推出这些模型所做的不同假设决定了它们在MOF领域的适用范围以及对应的测量方法。利用同网格原理，我们提供了设计具有给定拓扑结构的大孔MOF的方法，并给出了该原理的应用例子。我们说明了孔径和表面积之间没有严格相关性，并引入了超高比表面积MOF定向合成方面的设计原则，同时给出了相应案例。在第3章，我们将会介绍MOF的构造单元——有机配体和无机SBU——以及其合成方法。

参考文献

[1] (a) Cronstedt, A.F. (1756). Rön och beskrifning om en obekant bärg art, som kallas Zeolites. *Svenska Vetenskaps akademiens Handlingar* 17: 120. A translation can be found in Schlenker, J.L. and Kühl, G.H. (1993). *Proc. 9th Intl. Conference on Zeolites*. (b) Claire-Deville, H.d.S. (1862). Reproduction de la levyne. *Comptes Rendus* 54 (1862): 324-327. (c) Friedel, G. (1896). New experiments on zeolites. *Bulletin de la Societe Francaise de Mineralogie* 19: 363-390. (d) Friedel, G. (1896). Sur quelques propriétés nouvelles des zéolithes. *Bulletin de la Société Française de Minéralogie* 19: 94-118. (e) Barrer, R.M. (1938). The sorption of polar and non-polar gases by zeolites. *Proceedings of the Royal Society of London Series A: Mathematical and Physical Sciences* 167 (A930): 0392-0420. (f) Barrer, R.M. (1949). Transient flow of gases in sorbents providing uniform capillary networks of molecular dimensions. *Transactions of the Faraday Society* 45 (4): 358-373. (g) Barrer, R.M. and Macleod, D.M. (1954). Intercalation and sorption by montmorillonite. *Transactions of the Faraday Society* 50 (9): 980-989.

[2] (a) Baerlocher, C., McCusker, L.B., and Olson, D.H. (2007). *Atlas of Zeolite Framework Types*. Elsevier. (b) Corma, A., Díaz-Cabañas, M.J., Jiang, J. et al. (2010). Extra-large pore zeolite (ITQ-40) with the lowest framework density containing double four- and double three-rings. *Proceedings of the National Academy of Sciences of the United States of America* 107 (32): 13997-14002. (c) Kulprathipanja, S. (ed.) (2010). *Zeolites in Industrial Separation and Catalysis*, 1-26. Wiley.

[3] Schaeffer, W.D., Dorsey, W.S., Skinner, D.A., and Christian, C.G. (1957). Separation of xylenes, cymenes, methylnaphthalenes and other isomers by clathration with inorganic complexes. *Journal of the American Chemical Society* 79 (22): 5870-5876.

[4] Soldatov, D.V., Enright, G.D., and Ripmeester, J.A. (2004). Polymorphism and pseudopolymorphism of the [Ni(4-methylpyridine)$_4$(NCS)$_2$] Werner complex, the compound that led to the concept of "organic zeolites". *Crystal Growth & Design* 4 (6): 1185-1194.

[5] Allison, S.A. and Barrer, R.M. (1969). Sorption in the β-phases of transition metal(II) tetra-(4-methylpyridine)thiocyanates and related compounds. *Journal of the Chemical Society A: Inorganic, Physical, Theoretical* 1717-1723.

[6] Krap, C.P., Balmaseda, J., Zamora, B., and Reguera, E. (2010). Hydrogen storage in the iron series of porous Prussian blue analogues. *International Journal of Hydrogen Energy* 35 (19): 10381-10386.

[7] Ramprasad, D., Pez, G.P., Toby, B.H. et al. (1995). Solid state lithium cyanocobaltates with a high capacity for reversible dioxygen binding: synthesis, reactivity, and structures. *Journal of the American Chemical Society* 117 (43): 10694-10701.

[8] Kondo, M., Yoshitomi, T., Matsuzaka, H. et al. (1997). Three-dimensional framework with channeling cavities for small molecules: {[M$_2$(4,4′-bpy)$_3$(NO$_3$)$_4$] • xH$_2$O}$_n$ (M = Co, Ni, Zn). *Angewandte Chemie International Edition in English* 36 (16): 1725-1727.

[9] (a) Takamizawa, S., Mori, W., Furihata, M. et al. (1998). Synthesis and gas-occlusion properties of dinuclear molybdenum(II) dicarboxylates (fumarate, terephthalate, trans-trans-muconate, pyridine-2,5-dicarboxylate, and trans-1,4-cyclohexanedicarboxylate). *Inorganica Chimica Acta* 283 (1): 268-274. (b) Mori, W., Hoshino, H., Nishimoto, Y., and Takamizawa, S. (1999). Synthesis and gas occlusion of new micropore substance rhodium(II) carboxylates bridged by pyrazine. *Chemistry Letters* 28 (4): 331-332. (c) Wasuke, M., Fumie, I., Keiko, Y. et al. (1997). Synthesis of new adsorbent copper(II) terephthalate. *Chemistry Letters* 26 (12): 1219-1220.

[10] Li, H., Eddaoudi, M., Groy, T.L., and Yaghi, O.M. (1998). Establishing microporosity in open metal-organic frameworks: gas sorption isotherms for Zn(BDC) (BDC = 1,4-benzenedicarboxylate). *Journal of the American Chemical Society* 120 (33): 8571-8572.

[11] Li, H., Eddaoudi, M., O'Keeffe, M., and Yaghi, O.M. (1999). Design and synthesis of an exceptionally stable and highly porous metal-organic framework. *Nature* 402 (6759): 276-279.

[12] (a) Kayser, H. (1881). Wiederman's. *Annals of Physical Chemistry* 14: 451. (b) Kayser, H. (1881). Über die verdichtung von gasen an oberflächen in ihrer abhängigkeit von druck und temperatur. *Annalen der Physik* 250 (11): 450-468. (c) Everett, D. (1972). Manual of symbols and terminology for physicochemical quantities and units, appendix II: definitions, terminology and symbols in colloid and surface chemistry. *Pure and Applied Chemistry* 31 (4): 577-638.

[13] McBain, J.W. (1909). XCIX. The mechanism of the adsorption ("sorption") of hydrogen by carbon. *The London, Edinburgh, and Dublin Philosophical Magazine and Journal of Science* 18 (108): 916-935.

[14] (a) Sing, K.S. (1985). Reporting physisorption data for gas/solid systems with special reference to the determination of surface area and porosity (Recommendations 1984). *Pure and Applied Chemistry* 57 (4): 603-619. (b) Wilkinson, A. and McNaught, A. (1997). *IUPAC Compendium of Chemical Terminology, (The "Gold Book")*. International Union of Pure and Applied Chemistry.

[15] (a) Brunauer, S., Emmett, P.H., and Teller, E. (1938). Adsorption of gases in multimolecular layers. *Journal of the American Chemical Society* 60 (2): 309-319. (b) Brunauer, S., Deming, L.S., Deming, W.E., and Teller, E. (1940). On a theory of the van der Waals adsorption of gases. *Journal of the American Chemical Society* 62 (7): 1723-1732. (c) Brunauer, S. (1945). *The Adsorption of Gases and Vapours*, vol. 1. Oxford: Oxford University Press.

[16] (a) Broekhoff, J. (1979). Mesopore determination from nitrogen sorption isotherms: fundamentals, scope, limitations. *Studies in Surface Science and Catalysis* 3: 663-684. (b) Lowell, S., Shields, J.E., Thomas, M.A., and Thommes, M. (2012). *Characterization of Porous Solids and Powders: Surface Area, Pore Size and Density*, vol. 16. Springer Science & Business Media. (c) Thommes, M., Kaneko, K., Neimark, A.V. et al. (2015). Physisorption of gases, with special reference to the evaluation of surface area and pore size distribution (IUPAC Technical Report). *Pure and Applied Chemistry* 87 (9-10): 1051-1069.

[17] Langmuir, I. (1918). The adsorption of gases on plane surfaces of glass, mica and platinum. *Journal of the American Chemical Society* 40 (9): 1361-1403.

[18] Langmuir, I. (1916). The evaporation, condensation and reflection of molecules and the mechanism of adsorption. *Physical Review* 8 (2): 149-176.

[19] (a) Everett, D.H. (1950). Thermodynamics of adsorption. Part I. General considerations. *Transactions of the Faraday Society* 46: 453-459. (b) Everett, D.H. (1950). The thermodynamics of adsorption. Part II. Thermodynamics of monolayers on solids. *Transactions of the Faraday Society* 46: 942-957.

[20] Gomez-Gualdron, D.A., Moghadam, P.Z., Hupp, J.T. et al. (2016). Application of consistency criteria to calculate BET areas of micro- and mesoporous metal-organic frameworks. *Journal of the American Chemical Society* 138 (1): 215-224.

[21] Eddaoudi, M., Kim, J., Rosi, N. et al. (2002). Systematic design of pore size and functionality in isoreticular MOFs and their application in methane storage. *Science* 295 (5554): 469-472.

[22] Reineke, T.M., Eddaoudi, M., Moler, D. et al. (2000). Large free volume in maximally interpenetrating networks: the role of secondary building units exemplified by $Tb_2(ADB)_3[(CH_3)_2SO]_4 \cdot 16[(CH_3)_2SO]^1$. *Journal of the American Chemical Society* 122 (19): 4843-4844.

[23] Delgado-Friedrichs, O. and O'Keeffe, M. (2005). Crystal nets as graphs: terminology and definitions. *Journal of Solid State Chemistry* 178 (8): 2480-2485.

[24] Deng, H., Grunder, S., Cordova, K.E. et al. (2012). Large-pore apertures in a series of metal-organic frameworks. *Science* 336 (6084): 1018-1023.

[25] Ferey, G., Serre, C., Mellot-Draznieks, C. et al. (2004). A hybrid solid with giant pores prepared by a combination of targeted chemistry, simulation, and powder diffraction. *Angewandte Chemie International Edition* 43 (46): 6296-6301.

[26] Horcajada, P., Chevreau, H., Heurtaux, D. et al. (2014). Extended and functionalized porous iron(iii) tri-or dicarboxylates with MIL-100/101 topologies. *Chemical Communications* 50 (52): 6872-6874.

[27] Feng, D., Liu, T.-F., Su, J. et al. (2015). Stable metal-organic frameworks containing single-molecule traps for enzyme encapsulation. *Nature Communications* 6: 5979.

[28] (a) Rowsell, J.L.C., Spencer, E.C., Eckert, J. et al. (2005). Gas adsorption sites in a large-pore metal-organic framework. *Science* 309 (5739): 1350-1354. (b) Rowsell, J.L., Eckert, J., and Yaghi, O.M. (2005). Characterization of H_2 binding sites in prototypical metal-organic frameworks by inelastic neutron scattering. *Journal of the American Chemical Society* 127 (42): 14904-14910. (c) Centrone, A., Siberio-Perez, D.Y., Millward, A.R. et al. (2005). Raman spectra of hydrogen and deuterium adsorbed on a metal-organic framework. *Chemical Physics Letters* 411 (4-6): 516-519. (d) Dubbeldam, D., Frost, H., Walton, K.S., and Snurr, R.Q. (2007). Molecular simulation of adsorption sites of light gases in the metal-organic framework IRMOF-1. *Fluid Phase Equilibria* 261 (1): 152-161. (e) Greathouse, J.A., Kinnibrugh, T.L., and Allendorf, M.D. (2009). Adsorption and separation of noble gases by IRMOF-1: grand canonical Monte Carlo simulations. *Industrial and Engineering Chemistry Research* 48 (7): 3425-3431.

[29] Chae, H.K., Siberio-Pérez, D.Y., Kim, J. et al. (2004). A route to high surface area, porosity and inclusion of large molecules in crystals. *Nature* 427 (6974): 523-527.

[30] Furukawa, H., Ko, N., Go, Y.B. et al. (2010). Ultrahigh porosity in metal-organic frameworks. *Science* 329 (5990): 424-428.

[31] Zheng, B., Bai, J., Duan, J. et al. (2010). Enhanced CO_2 binding affinity of a high-uptake rht-type metal-organic framework decorated with acylamide groups. *Journal of the American Chemical*

Society 133 (4): 748-751.

[32] (a) Yuan, D., Zhao, D., Sun, D., and Zhou, H.C. (2010). An isoreticular series of metal-organic frameworks with dendritic hexacarboxylate ligands and exceptionally high gas-uptake capacity. *Angewandte Chemie International Edition* 49 (31): 5357-5361. (b) Farha, O.K., Yazaydin, A.O., Eryazici, I. et al. (2010). De novo synthesis of a metal-organic framework material featuring ultrahigh surface area and gas storage capacities. *Nature Chemistry* 2 (11): 944-948.

[33] Farha, O.K., Eryazici, I., Jeong, N.C. et al. (2012). Metal-organic framework materials with ultrahigh surface areas: is the sky the limit? *Journal of the American Chemical Society* 134 (36): 15016-15021.

[34] Schnobrich, J.K., Koh, K., Sura, K.N., and Matzger, A.J. (2010). A framework for predicting surface areas in microporous coordination polymers. *Langmuir* 26 (8): 5808-5814.

3 MOF的构造单元

3.1 引言

在过去十年间，金属有机框架（MOF）的数量以指数级增长。人们引入了拓扑学中"网络由顶点与边构成"这一基本原理，进而简化和系统化了MOF结构[1]。为了确定给定框架的底层拓扑，我们需要将结构解构为独立的构造单元（详见第18章）。在MOF中，构造单元分为无机组分和有机组分两种，通常分别指无机次级构造单元（SBU）和有机配体。配体一般带有羧基、膦酸基、吡唑基、四氮唑基、儿茶酚基和咪唑基（详见第12章）等配位连接基团，并能通过这些配位基团将构造单元连接形成拓展型框架结构。目前报道的MOF以通过羧基相连的MOF为主，因此本章节主要讨论这类MOF。由于羧基容易与金属螯合或桥联配位，因此这类配体通常与金属形成多核的金属羧酸盐SBU而非单金属节点。这些SBU提供了连接方向性，同时SBU内不同组分间的键合作用很强，从而让所形成的MOF具有很高的机械稳定性、结构稳定性和化学稳定性❶。不同构造单元明确的几何构型决定了网格化合成产物，因此可以进行"先验"的框架结构定向合成❷。在本章中，我们将概述MOF化学中常见的有机配体和无机SBU，并依据它们的几何构型和延伸点（point of extension）数目进行分类。

---

❶ 在羧酸类MOF，例如MOF-5中，Zn—O键的键价为1/2。两个Zn—O键的键能之和与一个典型C—C键键能接近[2]。
❷ 我们将主要讨论基于过渡金属和主族金属的SBU。基于稀土元素的SBU研究相对较少，因此本讨论将不涉及稀土基SBU。

3.2　有机配体

在20世纪90年代中期之前，研究者利用中性的电子给体配体，如联吡啶和腈，来制备配位网络。但正如第1章中所强调的一样，这类配体给材料带来了许多不足，因此在后续的研究中逐渐被具有羧基等连接基团的带电荷配体所取代，这些带电荷配体能使框架结构更加稳定。与中性的电子给体配体相比，羧酸类配体带来了四大优势：①带负电的羧基中和了金属节点的正电荷，因此能合成电中性的框架，避免了抗衡离子的存在；②螯合桥联的配位方式为结构提供了更强的刚性和连接方向性；③这类配体更偏向生成多核SBU，其几何构型和连接特征相对固定；④配体和SBU中金属中心之间较强的键合能力保证了MOF具有较高的热稳定性、机械稳定性和化学稳定性。如图3.1所示，羧酸类MOF的合成与发展推动网格化学进入了强键合作用的纪元，同时改变了人们以往对"基于强相互作用的体系难以结晶"这一所谓"结晶难题"（crystallization challenge）的认知。

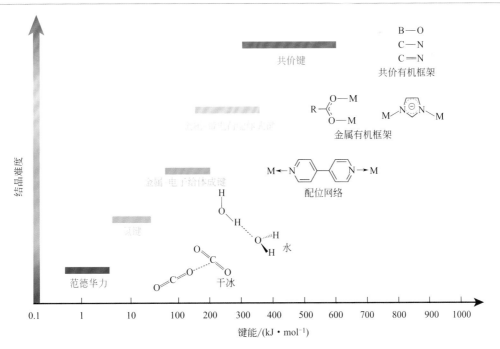

图3.1　从较弱（蓝色，范德华力；青色，氢键）到中等（绿色，金属-电子给体成键）再到较强（黄色，金属-带电荷配体成键；红色，共价键）的不同相互作用力比较。随着相互作用强度的增加，以结晶的方式得到拓展型结构的难度也在增加

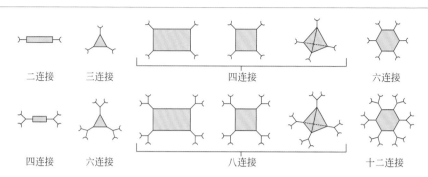

图3.2　在MOF合成中常用有机配体的基本几何构型，其延伸点数为2到12。连接多支性（topicity）这个术语也可用来描述延伸点数。除了图中所示构型，还可能存在一些对称性更低的构型

多数用于MOF合成的配体均具有较高的对称性，它们通常由具有一定刚性的不饱和烃基构成。这样的结构组成赋予了所得框架的化学稳定性与机械稳定性。有机配体通常具有刚性的骨架，这些骨架一般由碳–碳、碳–杂原子和杂原子–杂原子的偶联反应来合成。使用交叉偶联反应，可以将芳基彼此直接相连（Suzuki偶联），或使芳基与炔基（Sonogashira偶联）及烯基（Heck反应）相连。基于这些反应的有机合成技术已相当成熟，因此高纯度和高产量地合成相应配体已不是难事。除此之外，进一步的有机转化反应可以在配体上引入额外的官能团，这些工作我们将在第6章中讨论。

在前面介绍MOF同网格扩展这一概念时，我们强调了配体长度对框架尺寸的影响。我们也观察到不同形状的配体能够形成不同拓扑的框架。虽然可合成的有机配体形状种类繁多，但是受限于有机化学中碳原子的成键角度，具有某些特定形状的配体更容易被合成。这些与SBU相连接的有机配体的延伸点数目通常为2、3、4、6、8或12，我们也可用二连接（ditopic）、三连接（tritopic）或四连接（tetratopic）等术语来描述其延伸点数目（图3.2）。

在接下来的章节中，我们将介绍如何通过不同有机分子片段的组合，来合成具有特定几何形状与延伸点数的配体。

3.2.1　配体设计合成方法

通过对给定分子的逆合成分析可以将该分子切断为对应的前驱体。通常，有机配体是由三部分构成的：①决定配体几何构型的"中心单元"（core unit）；②将配体分子与SBU相连接的"连接基团"（binding group）；③决定配体尺寸，从而决定所构筑MOF结构尺寸的"延伸单元"（extending unit）。（图3.3）

羧酸根等连接基团通常在合成配体的最后一步引入，且在大多数情况下它们被接在

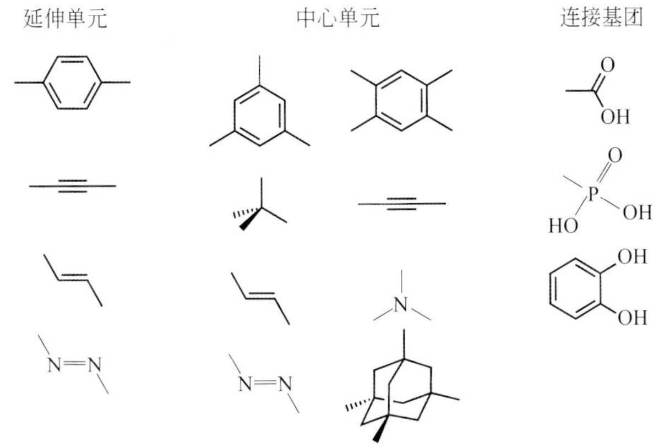

图3.3　构建配体常用的有机单元。不难发现多数单元都含有不饱和烃类等具有较强的几何刚性的砌块，从而确保能合成具有明确几何形状的配体分子

延伸单元上。因此，配体合成的第一步是将中心单元和延伸单元前驱体通过特定化学反应偶联，然后再与连接基团前驱体偶联反应得到终产物。中心单元通常决定了配体的几何构型（例如，1,3,5-三溴苯单元赋予配体的三重对称性），而后续的延伸单元能够确保，抑或进一步调变这一几何构型。延伸单元可以被分为三类：①直线型单元，可以在不改变整体几何构型和连接数的前提下延长配体；②非直线型单元，即单元中存在弯曲（angled）或位错（offset），可以在不改变连接数的前提下改变整体对称性；③分支型单元，同时改变了中心单元的几何构型和连接数。当目标配体不同组成单元的合成前驱物被确定后，下一步便是通过共价键的连接来组成配体。这一步通常是通过不同的偶联反应来完成，偶联反应的类型取决于不同构造单元之间所需的新化学键。图3.4展示了三类常被用于构建配体分子骨架的金属钯催化的碳-碳偶联反应。

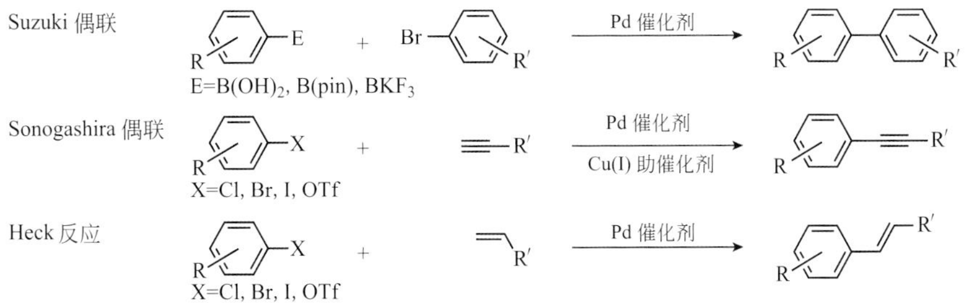

图3.4　有机配体合成中常见的偶联反应。通过这三类反应可以实现基于芳基、炔基或烯基的偶联。这些反应流程已经高度标准化，能确保配体高纯度、高产率地合成。B(pin):硼酸频哪醇酯；OTf：三氟甲磺酸根

Suzuki偶联反应用于使两个芳基之间形成碳-碳键。当用于配体合成时，对应的单元为芳香硼酸或硼酸酯，以及卤代芳烃[3]。Sonogashira偶联反应可以将芳基和炔基相连接[4]。除了需要钯催化剂来催化碳-碳键生成之外，该反应还需要铜助催化剂来使炔基金属化，以及催化后续的转移金属化反应。该偶联反应的反应物为卤代芳烃和炔烃。第三类重要的碳-碳偶联反应是Heck反应，用于芳基与烯基之间形成碳-碳键，所用的反应物为卤代芳烃（或三氟甲磺酸盐代芳烃）和烯烃[5]。其它偶联反应，如金属催化的Buchwald-Hartwig胺化反应、Gilman偶联、Glaser偶联，和无需贵金属催化的重氮偶联、酰胺偶联、Friedel-Crafts烷基化/酰基化反应、亲核取代反应和亚胺缩合反应等，也经常被用于构建有机配体分子骨架。与前文所述的三类碳-碳交叉偶联反应（Suzuki、Sonogashira、Heck）相比，这些反应的产物具有相对更高的柔性，因为所使用的前驱物的刚性以及新生成的碳-杂原子键或杂原子-杂原子键的刚性都相对弱一些。

图3.5中显示了两种配体的典型合成路线。其中图3.5（a）显示了1,3,5-三(4-羧基苯基乙炔基)苯（H_3BTE）（a7）的合成，MOF-200的合成使用了该配体分子。溴代的配体中心单元（a1）（1,3,5-三溴苯）通过一个三重的Sonogashira偶联反应与三个炔烃延伸单元（a2）（乙炔基三甲基硅烷）相连。去保护后的粗产物（a4）通过升华进行纯化。纯化后的a4进一步与端基保护的苯甲酸连接基团（a5）进行三重的Sonogashira偶联反应，得到的粗产物（a6）经皂化后用液相色谱纯化，得到H_3BTE。

IRMOF-74-Ⅲ（$Mg_2(DOT-Ⅲ)$）合成所用的配体为3,3″-二羟基-2′,5′-二甲基三联苯二甲酸（3,3″-dihydroxy-2′,5′-dimethyl-(1,1′:4′,1″-terphenyl)-4,4″-dicarboxylic acid，简称$H_4DOT-Ⅲ$）（b4），其合成路线如图3.5（b）所示。溴取代的中心单元（b2）（1,4-二溴-2,5-二甲基苯）和修饰有被保护的2-羟基苯甲酸连接基团的硼酸频哪醇酯（b1）通过一个双重的Suzuki偶联反应得到目标产物的酯化物（b3），再通过皂化反应和后续的液相色谱纯化得到终产物$H_4DOT-Ⅲ$（b4）。

在介绍了设计与合成有机配体的基本方法和工具后，我们还需要对MOF化学常用有机配体的几何构型有一个较全面的了解。在接下来的章节，我们将依据延伸点数的不同对有机配体进行分类概述，讨论它们的几何特征，并介绍改变配体几何特征的方法。

3.2.2　配体的几何构型

对于给定的延伸点数，配体可能具有多种不同的几何构型。延伸点数目决定了在框架结构中，一个配体分子能与多少个相邻SBU连接。因此，将配体按照延伸点数，而不是仅按照几何构型来进行分类是很有指导意义的。在接下来的部分，我们将对延伸点数为2到8的配体进行介绍，并深入分析它们的分子结构。

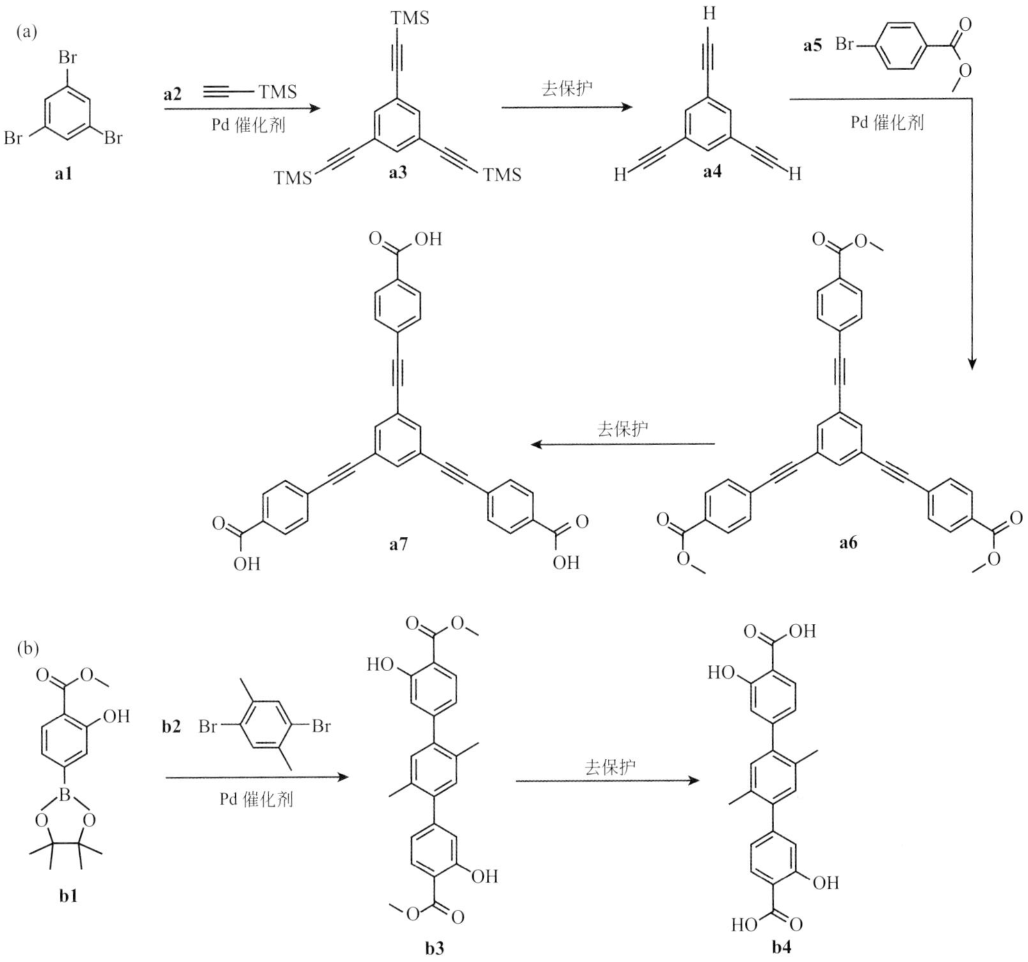

图3.5　羧酸基配体分子的典型合成路线。（a）从三重对称的芳基中心单元（1,3,5-三溴苯）出发，通过两步三重Sonogashira偶联反应合成H_3BTE。（b）从芳基中心单元的前体出发通过对称的二重Suzuki偶联反应合成H_4DOT-Ⅲ。TMS:三甲基硅烷

3.2.2.1　延伸点数目为2的有机配体

　　二连接（ditopic）的配体可以是直线型、弯曲型或位错型等不同构型（图3.6），它们所具有的羧酸连接基团可以互相共面或互相扭转。尽管无论实际分子结构如何，所有

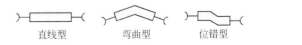

直线型　　弯曲型　　位错型

图3.6　具有直线、弯曲或位错型的二连接配体。除了连接基团的相对位置与相对角度之外，连接基团间的二面角也会对配体与金属（此处未显示）网格化合成后的产物结构有较深影响

的二连接配体在拓扑上均被处理成边，但实际上配体分子的真实几何结构对网格化合成的结果有较深的影响。

在 MOF 中最常见的线型二连接短配体是对苯二甲酸（H₂BDC）（图 3.7）。通过增加芳环或乙炔基可以增加配体长度，同时保留其线型形状。作为对比，烯基或重氮基的插入会使得两端羧基间产生位错。这样的位错可能导致网格化合成所得的框架拓扑与基于直线型配体合成的框架不同。此外，以间位取代的芳基单元（间苯二甲酸，isophthalic acid，简称 *m*-H₂BDC）或酮类（二苯甲酮二甲酸，benzophenonedicarboxylic acid，简称 H₂CBDA）为中心单元，可以让两端羧基之间呈现一定夹角。配体上还可以引入额外的

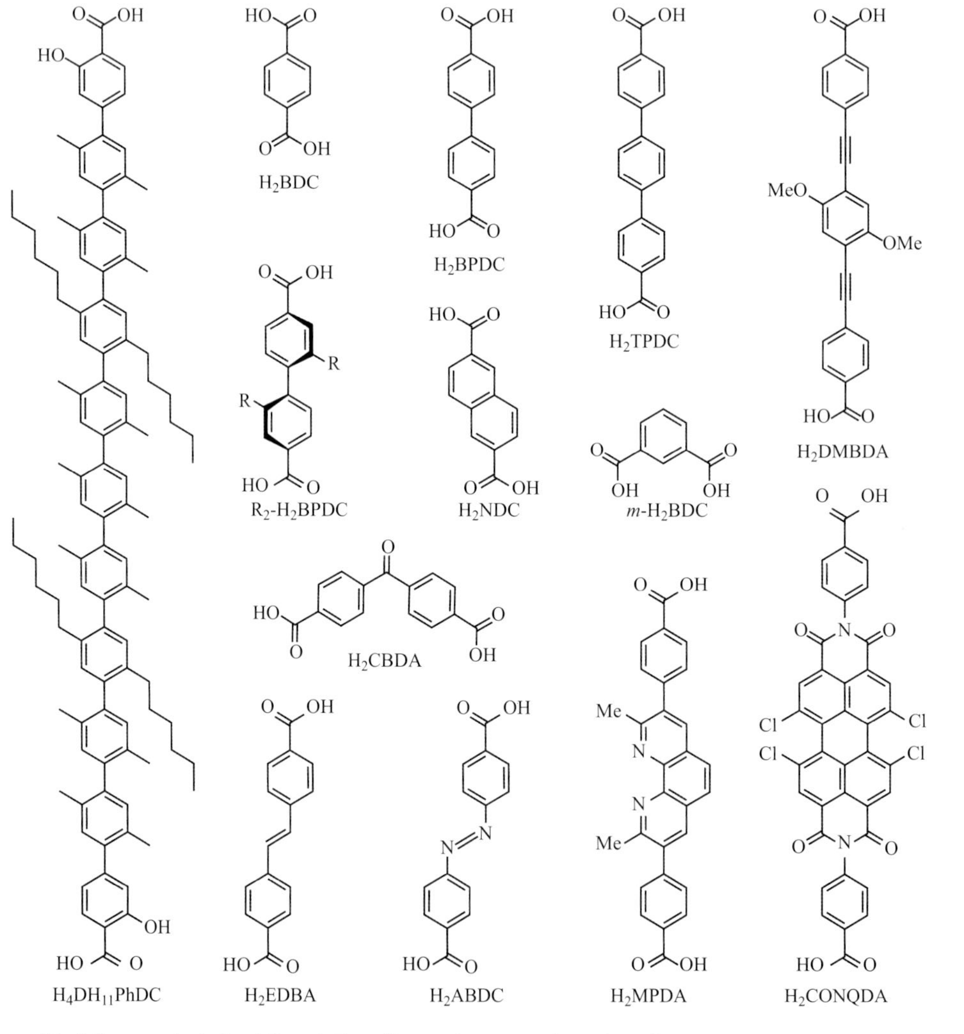

图 3.7　羧酸类 MOF 合成常用的二连接配体。人们可以调控这类配体的长度和几何构型，也可以在配体骨架上进一步引入不同官能团。例如，可以在配体上进一步引入配位位点，这些位点后续可以用于基于合成后修饰（post-synthetic modification）方法（详见第 6 章）的材料功能化

取代基，多数情况下这些取代基并不会改变原有的框架结构和尺寸。非直线型二连接配体与四连接（4-c）四方形构型SBU连接对框架产生的影响将在第4章详细讨论。

3.2.2.2　延伸点数目为3的有机配体

三连接（tritopic）的配体永远是三角形构型的，包括等边三角形和对称性更低的非等边三角形。图3.8中展示了从D_{3h}点群的等边三角形构型配体开始，进一步降低对称性的方法。此外，中心单元与连接基团之间的二面角也对配体对称性有较大影响。图3.9中汇总了一些不同的三连接配体。

在MOF合成中常用的三连接三角形构型配体中，1,3,5-苯三甲酸（1,3,5-benzenetricarboxylic acid，简称H_3BTC）的尺寸最小。进一步引入额外的苯环可以将其扩展为1,3,5-三(4-羧基苯基)苯（4,4′,4″-benzene-1,3,5-triyltribenzoate，简称H_3BTB）和1,3,5-三(4′-羧基[1,1′-联苯]-4-基)苯（4,4′,4″-(benzene-1,3,5-triyltris(benzene-4,1-diyl))tribenzoate，简称H_3BBC）。通过引入炔基可以将其扩展为1,3,5-三(4-羧基苯基乙炔基)苯（4,4′,4″-(benzene-1,3,5-triyl-tris(ethyne-2,1-diyl))ribenzoate，简称H_3BTE）。H_3BTC原本具有的D_{3h}对称性可能在此尺寸扩张过程中失去。在尺寸扩张后，苯基中心单元与末端苯甲酸连接基团之间往往呈一定二面角，使得配体分子呈"螺旋桨形"。使用三嗪作为中心单元可以避免上述现象，因为该单元消除了芳环之间的H···H相斥作用，实现了分子的完美共面。基于该策略便能制备与H_3BTC具有同样D_{3h}对称性且尺寸更大的配体分子，如2,4,6-三(4-羧基苯基)-1,3,5-三嗪（4,4′,4″-(1,3,5-triazine-2,4,6-triyl)tribenzoic acid，简称H_3TATB）。

若要降低有机分子的对称性，可以采用多种方法。常见的策略包括将H_3BTC上的一个羧酸连接基团替换为苯甲酸基团，得到3,4′,5-联苯三甲酸（[1,1′-biphenyl]-3,4′,5-tricarboxylic acid，简称H_3BHTC）；或者使用不对称的延伸单元，得到1,3,5-三(2-羧基萘基)苯（6,6′,6″-(benzene-1,3,5-triyl)tris(2-naphthoic acid)，简称H_3BTN）。

3.2.2.3　延伸点数目为4的有机配体

四连接（tetratopic）的配体具有各式可能的形状，可以将它们分为以下几类：四面

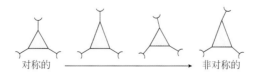

对称的　　　————————————→　　　非对称的

图3.8　对称性逐渐降低的三连接配体。通过延长三角形在一个方向上的长度，利用对称性较低的延伸单元来改变连接基团与三角形中心的相对夹角，或两种方法同时使用（从左到右）可以降低三角形的对称性。利用改变中心单元与连接基团之间的二面角来改变三角形对称性未在示意图中展示

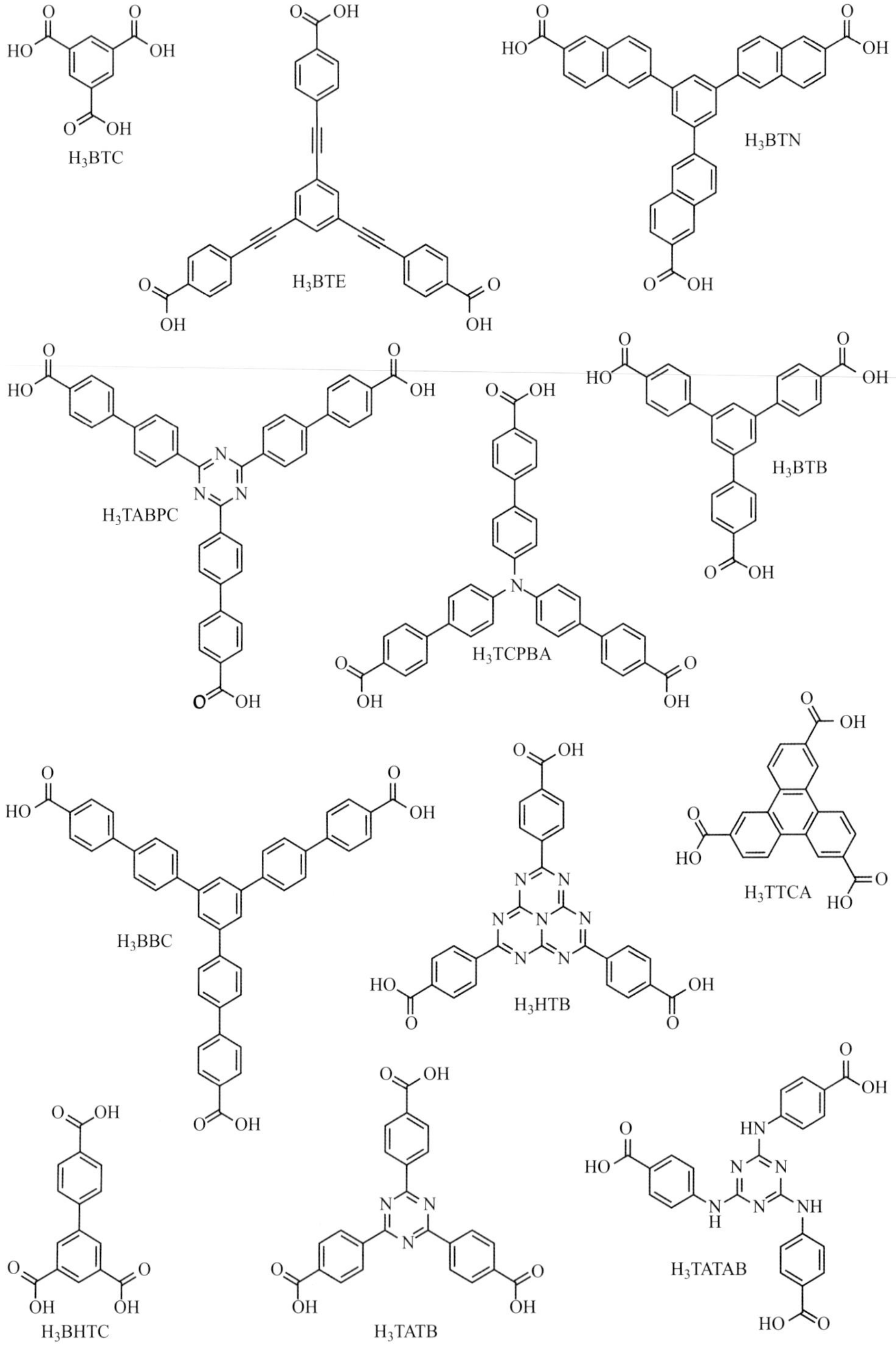

图3.9　羧酸类MOF合成常用的三连接配体。该汇总包含了具有不同尺寸和几何形状的配体，它们的对称性在 C_{2h} 到最高的 D_{3h} 之间变化。这些配体明确的三维结构对新MOF的设计很有指导意义

体构型、四方形构型和不规则几何构型（图3.10）。图3.11和图3.12汇总了常见的四连接配体。

正方形构型配体通常基于卟啉单元，其中最简单的是四对羧基苯基卟啉（4,4′,4″,

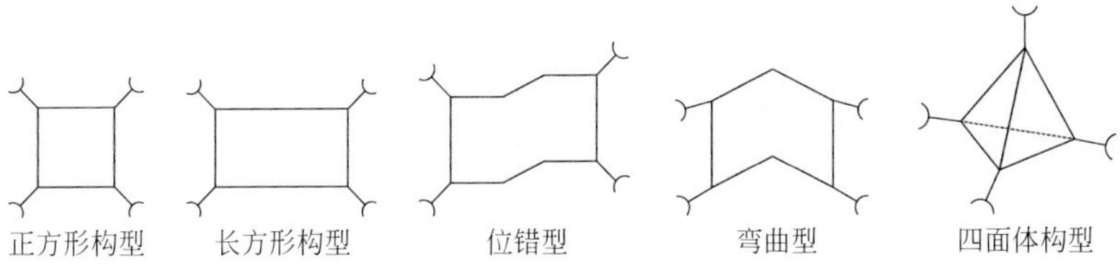

图3.10　四连接配体可能的几何构型。通过沿着某一方向增加长度，或引入位错或夹角（从左到右），配体的对称性从原来的D_{4h}逐渐降低。具有T_d对称性的配体一般基于中心碳原子、硅原子或金刚烷分子。此外，连接基团之间的夹角和二面角对配体与金属（此处未显示）网格化合成后的产物结构有较深影响

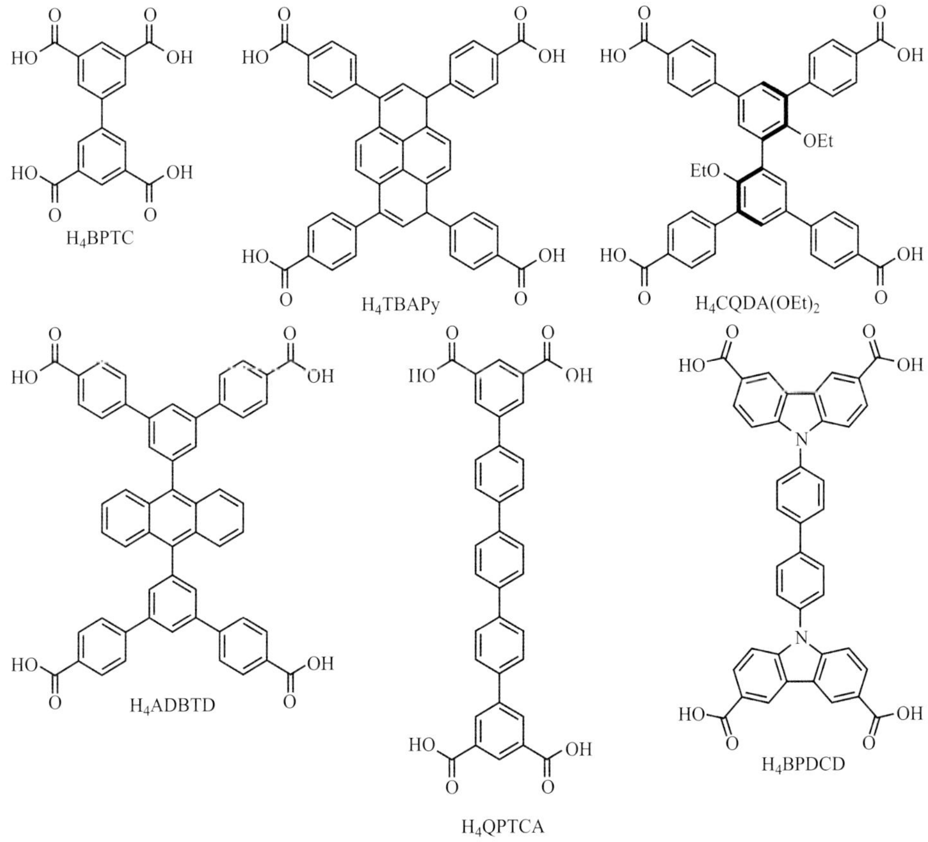

图3.11

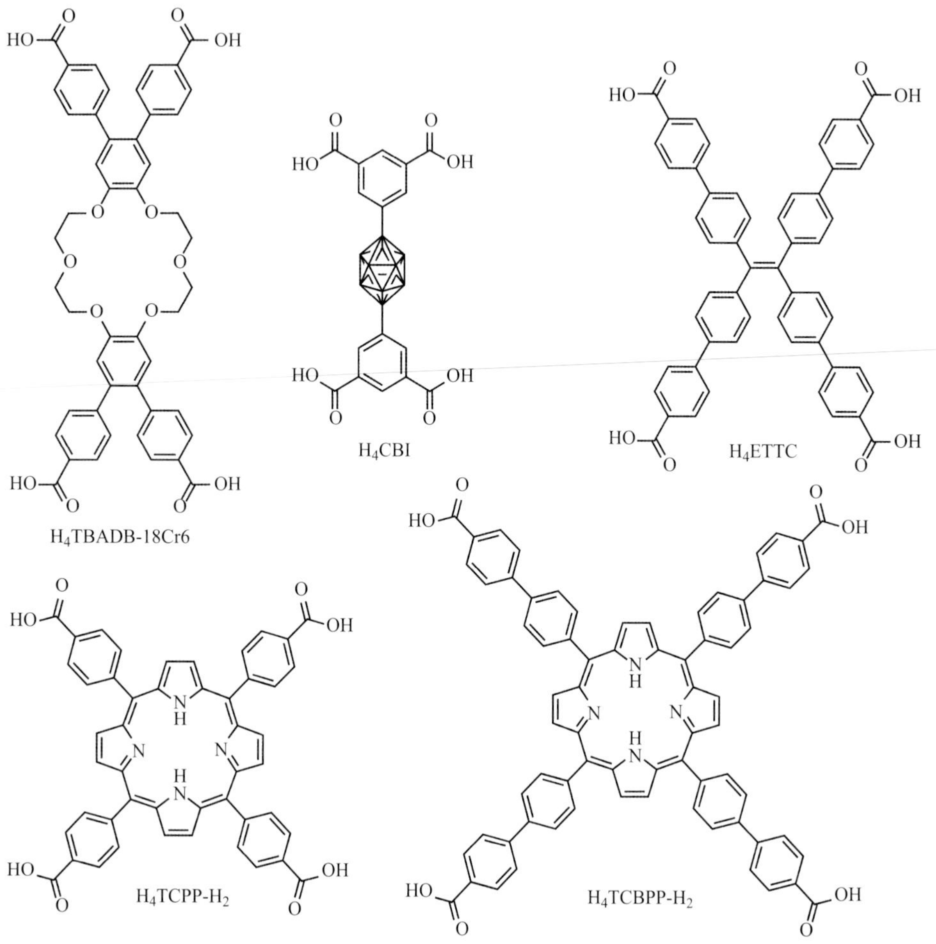

图 3.11　羧酸类 MOF 合成常用的三连接正方形构型和长方形构型配体。卟啉中心单元常被用来构建正方形构型配体。采用对称性低于 C_4 的中心单元，配合延伸单元的使用，可得到对称性更低的配体

$4'''$-(porphyrin–5,10,15,20–tetrayl)tetrabenzoic acid，简称 H_4TCPP–H_2）。根据卟啉中心单元和羧酸连接基团间苯环数目的不同，羧基可以与卟啉共平面，或与之垂直。在第 3～5 章中，我们将看到这种细微的几何构型差别对所形成网格结构的巨大影响。

常见的小尺寸长方形构型配体是 3,3′,5,5′–联苯四甲酸（[1,1′–biphenyl]–3,3′,5,5′–tetracarboxylic acid，简称 H_4BPTC），通常有两种方法可以调节它的几何构型与尺寸。可以在两个末端间苯二甲酸之间加入延伸单元，如[1,1′:4′,1″:4″,1‴:4‴,1⁗–五联苯]–3,3⁗,5,5⁗–四甲酸（[1,1′:4′,1″:4″,1‴:4‴,1⁗–quinquephenyl]–3,3⁗,5,5⁗–tetracarboxylic acid，简称 H_4QPTCA）所示；也可以如 5′,5″–二(对羧基苯基)[1,1′:3′,1″:3″,1‴–四联苯]–4,4‴–二甲酸（5′,5″–bis (4–carboxyphenyl)–[1,1′:3′,1″:3″,1‴–quaterphenyl]–4,4‴–

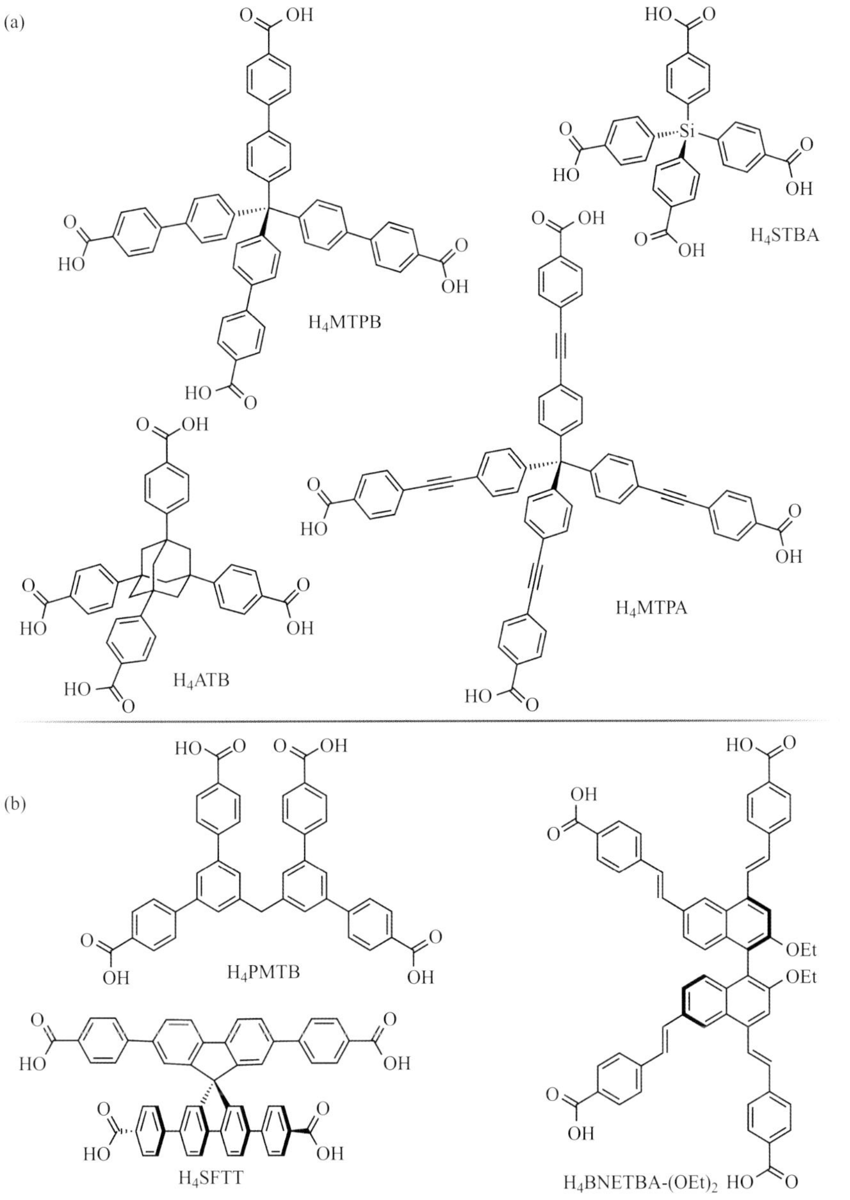

图3.12 一些四面体构型和不规则几何构型的四连接配体。（a）四面体构型配体通常基于一个sp³杂化的中心碳原子、硅原子或金刚烷单元。（b）不规则形状的四连接配体可通过使用非对称中心单元和/或非对称延伸单元得到

dicarboxylic acid，简称H₄CQDA）所示，将延伸单元加在羧酸连接基团的旁边。上述方法各自实现了长方形单向或双向的尺度扩展。通过插入碳碳双键或重氮键可以在配体中引入位错。另一种设计长方形构型配体的方法是使用烯基作为中心单元，如1,1,2,2-

四(4′-羧基-1,1′-联苯-4-基)乙烯（4′,4‴,4″‴,4″″‴(ethene-1,1,2,2-tetrayl)tetrakis([1,1′-biphenyl]-4-carboxylic acid)，简称H₄ETTC）所示。需要注意的是，在此情况下由于无法独立改变长方形各向的长度，因此难以对边长比例进行调控。

四面体构型的配体通常基于一个sp³杂化的碳原子或硅原子，如四(4-羧基苯基)甲烷（4,4′,4″,4‴-methanetetrayltetrabenzoic acid，简称H₄MTB）所示；或是基于一个金刚烷分子，如1,3,5,7-金刚烷四苯甲酸（4,4′,4″,4‴-(adamantane-1,3,5,7-tetrayl)tetrabenzoic acid，简称H₄ATB）所示。使用非对称的中心单元可以合成不属于上述任何一类的不规则形状四连接配体，这样的配体所构筑的框架具有更多的结构可能性。

3.2.2.4　延伸点数目为5的有机配体

在MOF的合成中，习惯的做法是使用高对称性的配体。尽管如此，仍有少量被报道的MOF基于低对称性配体，如五连接（pentatopic）的5′-(对羧基苯基)-[1,1′:3′,1″-三联苯]-3,3″,5,5″-四甲酸（5′-(4-carboxyphenyl)-[1,1′:3′,1″-terphenyl]-3,3″,5,5″-tetracarboxylic acid，简称H₅PTPC）（图3.13）配体，该配体被用来构筑一例锌基MOF[6]。这个例子表明，在构筑框架结构所需的新配体方面，选择似乎无止境。

3.2.2.5　延伸点数目为6的有机配体

尽管首例六连接（hexatopic）配体MOF早在2001年就被报道了，但直到基于**ntt**拓扑的MOF被发现，人们才开始对各类六连接配体（图3.14）进行系统研究[7]。大多数六连接配体具有与前文中三连接配体相同的三角形中心单元，但其末端为间苯二甲酸基团而非苯甲酸基团，因此具有六个延伸点。羧酸类配体的延伸点数目通常由羧基碳原子数目决定。如果将连接同一苯环的两个羧酸的重心视为延伸点（即将*m*-BDC的5号位碳原子视为延伸点），这些带有六个连接基团的三角形构型配体也可被视为"三连接"单元。在第5章中

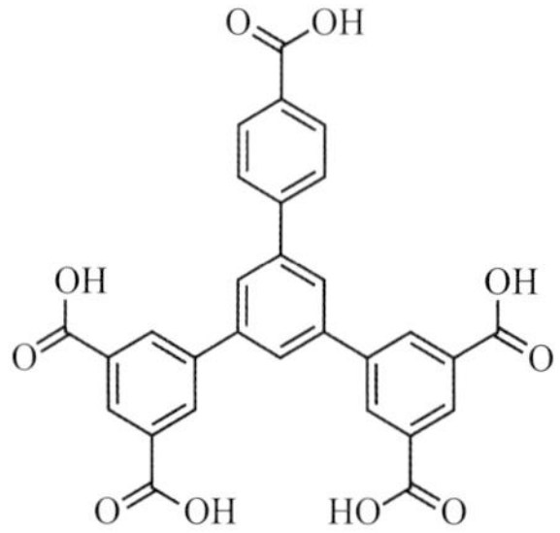

H₅PTPC

图3.13　五连接配体实例虽然稀少，但确实存在于MOF化学中。图中配体被用于合成高度多孔的锌基MOF

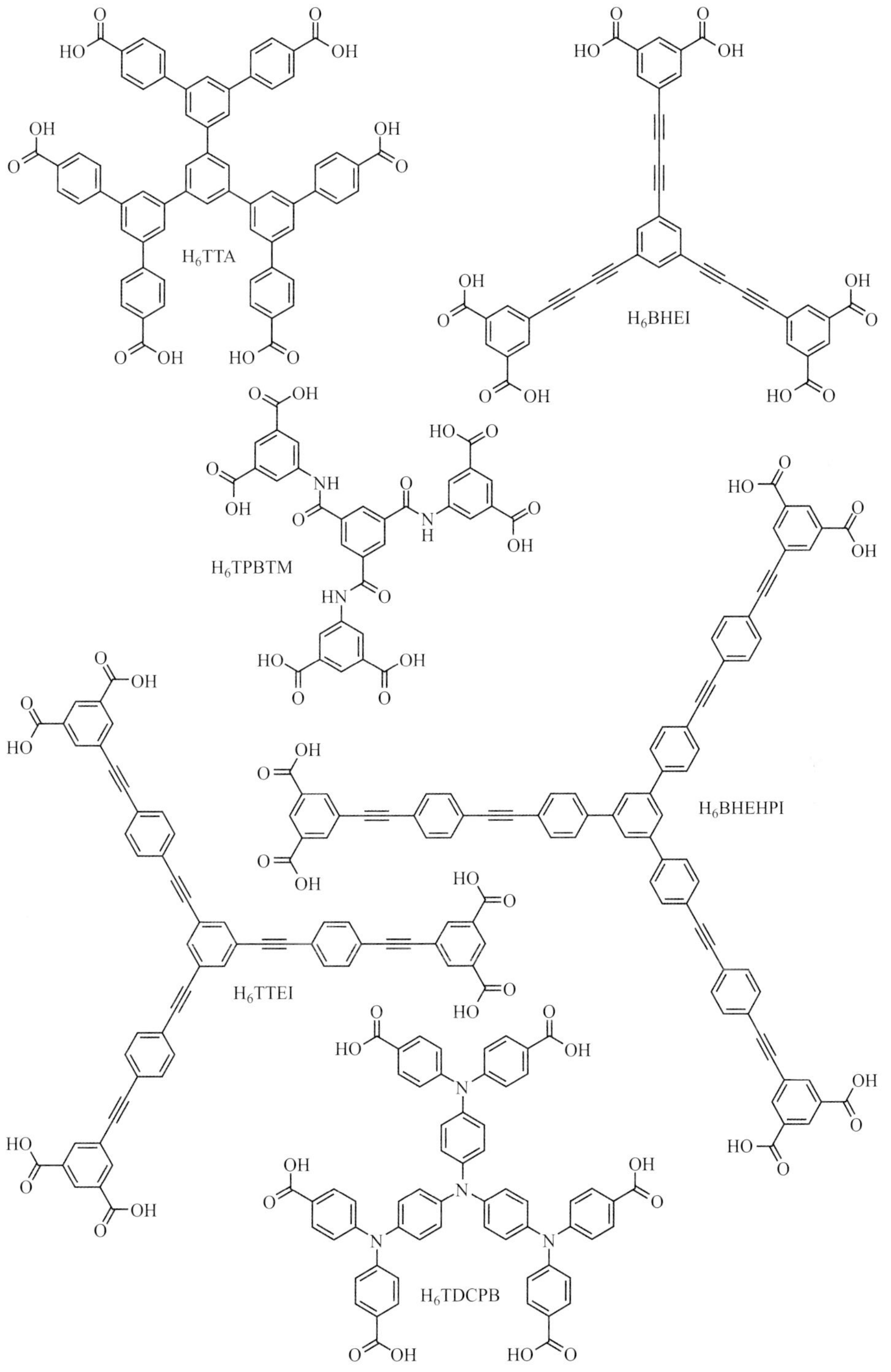

图3.14　六连接配体实例。其中心单元与延伸单元均与三连接配体中的对应单元相似，只是单取代的苯甲酸连接基团被替换成二取代的间苯二甲酸基团

关于利用三级构造单元（TBU）构筑MOF的内容里，我们会详细讨论这个概念。

3.2.2.6　延伸点数目为8的有机配体

尽管数目稀少，但仍有基于八连接（octatopic）配体的MOF被报道。通常八连接配体与大部分上述四连接配体有相同的中心单元，只不过修饰的羧基数目翻倍，这主要是通过将配体末端从苯甲酸基团换成间苯二甲酸基团来实现的（图3.15）。与六连接配体相似，如果将相邻两个羧酸基的重心视为一个延伸点，一些八连接配体也可以被看作"四连接"单元。

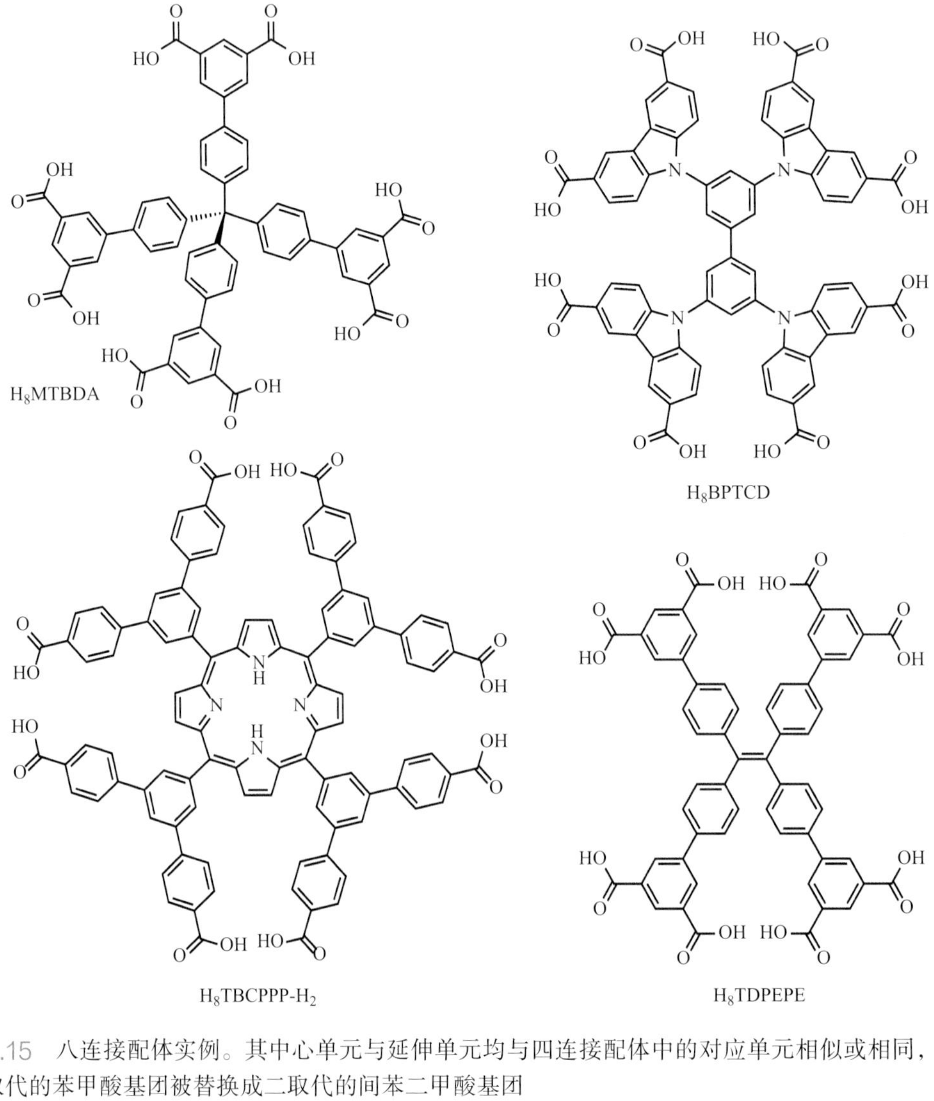

图3.15　八连接配体实例。其中心单元与延伸单元均与四连接配体中的对应单元相似或相同，只是单取代的苯甲酸基团被替换成二取代的间苯二甲酸基团

3.3　次级构造单元

"次级构造单元"（SBU）一词最初是在研究沸石的复杂化学结构时被提出的，人们用这一术语来描述和分类将沸石解构后得到的有限或无限拓展的亚结构单元。这一策略将具有特定排列关系的原子组合定义为构造单元，使得高度复杂的结构可以用简单的网络来描述。当SBU的概念被引入MOF化学中后，人们用该词来描述MOF结构中的无机构造单元。这些构造单元通常是多核金属离子簇与来自配体的多齿连接基团所形成的整体。SBU通常是原位形成的，使得其整体结构能够缓慢地且可逆地组装起来。该原位形成SBU过程中的可逆性带来了结构纠错性（error correction），最终促成高结晶度产物的生成。

MOF结构的丰富性在很大程度上归结于无机SBU的多样性。无机SBU不仅呈现非常多的不同几何构型，其连接数也可在3到12之间丰富变化。目前（截至2019年）文献报道的金属羧酸盐簇的延伸点数目可高达66，这些分子簇具有进一步网格化合成得到MOF的潜力[8]。与单金属节点相比，这些SBU具有较高的连接数和多样的几何结构，使得它们成为多样框架结构的理想构造单元。如图3.16所示，MOF结构已经覆盖了大部分金属和类金属元素，而这些元素通常存在于其SBU中。

将几何结构明确的刚性SBU与定制设计的有机配体组合在一起，便能实现拓展型框架的定向合成。之所以能够这样做，是因为刚性构造单元内在的几何限制大大减少了可能形成的网络拓扑数目[9]。此外，借助同网格原理和配体交换反应（详见第6章），可以进一步对MOF的结构、孔道形状和尺寸实现预测[10]。

在考虑如下所有先决条件之后，便能借助分子构造单元的概念来有效地设计先前未知的MOF结构：①需要对特定SBU中含有的金属离子的化学基础知识掌握透彻，因为合成条件细微的改变可能导致不同的SBU的生成❶；②有机配体的几何形状和官能团性质必须确定，并且在框架合成过程中保持不变，这样才能一定程度上确保预期结构的可预测性；③选定的反应条件必须确保生成结构有序的晶体材料；④无需加入结构导向剂（structure directing agent），这样才能让构造单元依托其内在的连接方向性和刚性，自然形成默认的框架结构。

理解金属与羧酸之间的配位化学有助于我们分析MOF结构及其合成条件。在羧酸类MOF结构中，羧酸以多种不同的方式与金属中心成键：离子键（例如甲酸钠）、单齿配

---

❶　因此，若想利用先前MOF化学尚未报道的金属来合成SBU，研究者需要意识到最终所得的SBU构型可能难以预测。

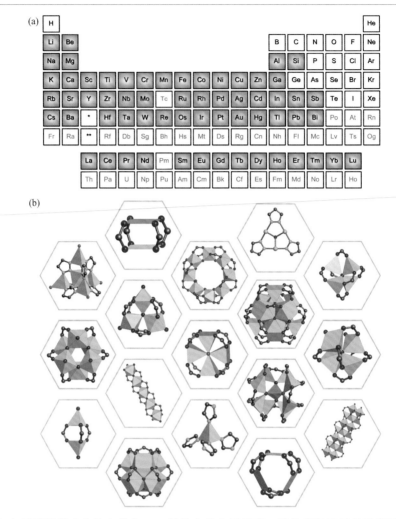

图3.16 （a）元素周期表中已出现在MOF结构中的金属元素。蓝色背景显示的元素可以构筑SBU，或可成为连接配体的一部分［即以金属化配体（metallo-linker）的形式存在，意指以配位化合物为框架的连接配体，且金属化配体中的金属为MOF核心骨架一部分］，橙色背景显示的元素可以与MOF中的已有配体进一步配位（该新配位的金属并非最初MOF核心骨架的一部分）的形式被引入MOF结构中。（b）零维或线型（有限结构）SBU的例子，它们延伸点数的范围在3～12之间

位（例如醋酸锂）、对称螯合配位模式（如醋酸铟）和多种不同的桥联配位模式（例如醋酸铜）（图3.17）。在这些结合方式中，RCOO—M键的本质从纯离子键到部分共价键不等。

　　在基于不同金属的二元（binary，只含有一种金属和一种羧酸）金属羧酸盐中，我们都能观察到上述六种不同的结合方式。因此，若想定向生成特定SBU，必须先对其反应生成条件有足够了解。接下来，我们将介绍一些基于二价、三价和四价金属的SBU的合成条件。

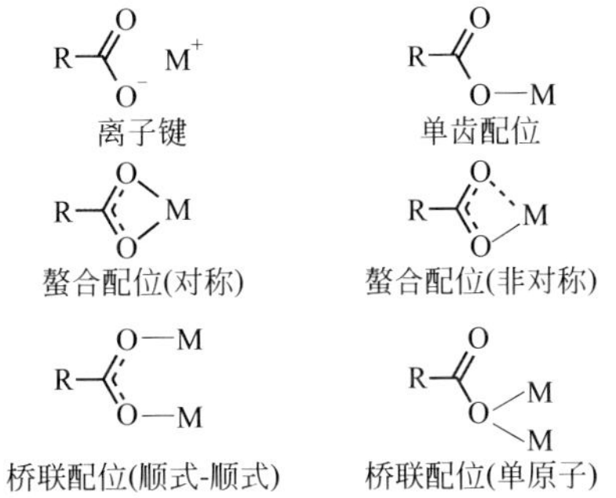

图3.17　RCOO⁻与金属中心的不同结合模式。金属的性质决定了其最优结合模式。螯合模式与桥联模式能够促进多核簇的生成，因此在MOF结构中这两种模式占主导

3.4　晶态MOF的合成路线

在第1章，我们讨论了MOF-2和MOF-5的合成，并且强调了精确控制合成反应速率和可逆性对于生成晶态材料的决定作用。对于构筑含不同金属的SBU，调控反应可逆性的条件不尽相同。对所有已报道MOF的具体合成步骤进行讨论超出了本文论述范围。因此，我们将以二价、三价或四价金属为例，介绍三类不同的MOF合成范式，并讨论针对这些MOF的材料活化方法。

3.4.1　基于二价金属的MOF的合成

有机羧酸配体与二价主族金属及过渡金属间的键合作用具有部分离子键特征。图3.18展示了结晶水数目不同的一系列醋酸铜水合物分子中，铜离子与醋酸根（OAc）的各种配位模式：在$Cu(OAc)_2$中为单齿桥联，在$Cu(OAc)_2 \cdot H_2O$中为顺式–顺式桥联，在$Cu(OAc)_2 \cdot 2H_2O$中为反式–顺式桥联。随着金属电离能的逐渐降低，金属–羧酸键的共价性也逐渐降低；这反过来使金属–羧酸键的可逆性越来越强，因而相对更易于我们通过调节反应条件来生成高结晶度的产物。利用基于Ca^{2+}、Be^{2+}、Zn^{2+}和Cu^{2+}等二价金属的SBU构建MOF时，通常流程包括以下几步：①将有机配体溶于N,N-二甲基甲酰胺（DMF）或其它酰胺类溶剂中；②将金属盐溶于适当溶剂中，大多数情况下使用的是金属硝酸盐；③将上述两种溶液在玻璃反应瓶中混合，在一些特殊情况下，会选择密封硼硅玻璃管；④有时为了溶解反应中可能析出的大尺寸交联网络固体，需额外添加共溶

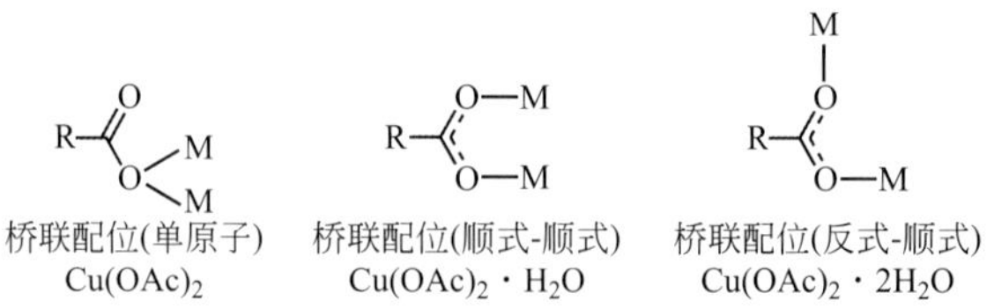

桥联配位(单原子)　　　桥联配位(顺式-顺式)　　　桥联配位(反式-顺式)
Cu(OAc)$_2$　　　　　Cu(OAc)$_2$·H$_2$O　　　　Cu(OAc)$_2$·2H$_2$O

图3.18　结晶水数目不同的一系列醋酸铜水合物分子中出现的不同配位模式，具体包括单原子桥联和多种双齿原子团桥联模式

剂；⑤将反应物体系加热，所选温度一般在室温到140℃之间。需要注意的是，与其它第ⅡA族金属不同，Be更倾向于四面体构型配位，因为其具有相对较高的电荷半径比。

在MOF合成中，对溶剂、浓度以及反应温度的合适选择是非常重要的。为了进一步理解溶剂的作用，我们有必要对溶有配体和金属离子的DMF在加热过程中发生的化学反应进行研究。众所周知，酰胺在高温下会缓慢分解为碱性胺和羧酸，其分解速率可以通过反应温度控制。DMF会分解生成二甲胺（DMA）和甲酸。DMA是一种pK_b=3.29的强碱，

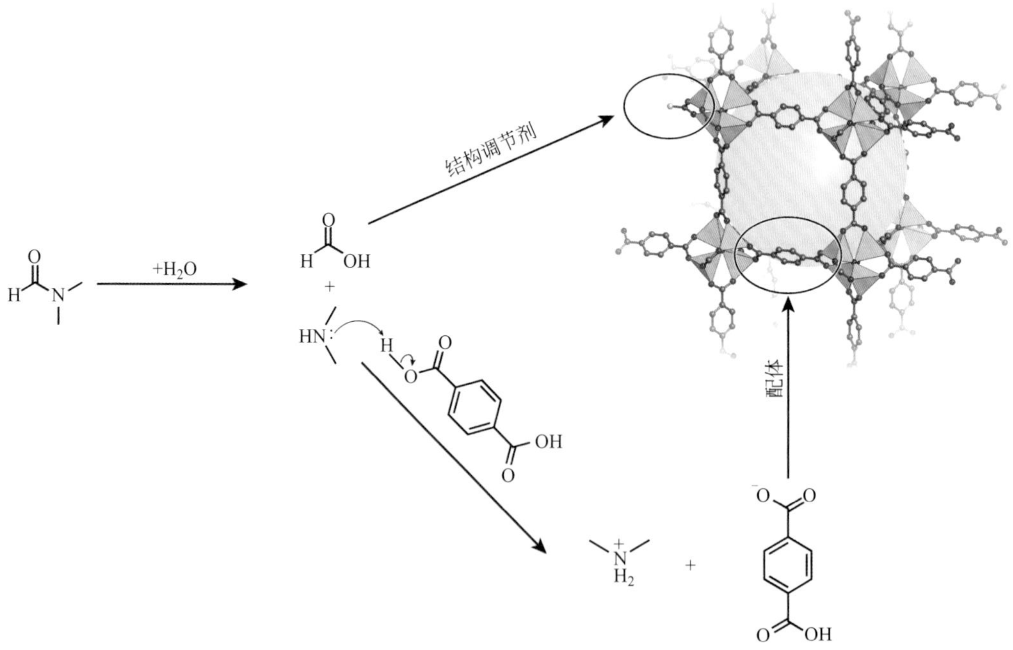

图3.19　DMF的热分解，以及分解产物（DMA与甲酸）在MOF-5制备过程中的作用。DMA促进了H$_2$BDC配体的去质子化过程，而甲酸则作为结构调节剂提高了网格化合成过程的可逆性。结构调节剂作用使得晶体生长过程中允许结构纠错，从而生成高结晶度的产物

有助于配体去质子化；而甲酸pK_a=3.77，可作为反应的结构调节剂（图3.19）。结构调节剂是指一类具有和配体相同连接基团的有机分子，但其连接数更低（甲酸是一类"单连接"配体），其pK_a也与配体不同。去质子化的配体阴离子可以直接与金属离子反应，生成所需的SBU并进一步筑成目标框架结构。而作为对比，更低的连接数意味着结构调节剂不能像配体一样将各个SBU连接在一起，但是它可以增加框架形成过程的可逆性，并调控反应速率。总之，溶剂种类决定了加热过程中所释放碱的碱性强弱，而释放碱的速率又由反应温度决定。除了优化反应温度外，精准调控配体与金属离子的浓度对于合成晶相材料也是很有必要的。

3.4.2　基于三价金属的MOF的合成

3.4.2.1　三价第ⅢA族元素

铝、镓和铟元素在溶液中的性质有着根本性的不同。举例来说，铝和镓的氢氧化物均是酸碱两性的，而氢氧化铟则是碱性的[11]。因此用这三种金属合成晶态MOF的反应条件自然不太相同。铝离子在水溶液中的水解，通常形成基于四面体或八面体配位的致密的铝基金属团簇结构[12]，如多铝酸盐$[(AlO_4)Al_{12}(OH)_{24}(H_2O)_{12}]^{7+}$和$[Al_2O_8Al_{28}(OH)_{56}(H_2O)_{26}]^{18+}$。而形成鲜明对比的是，镓和铟更偏向于形成尺寸较小的致密金属簇或单金属的六水合配位离子[13]。从Al^{3+}（离子半径0.675Å）到Ga^{3+}（0.760Å）再到In^{3+}（0.940Å），其表面电荷密度随半径增大而减小，导致$[In(H_2O)_6]^{3+}$的动力学活性（kinetic lability）比$[Al(H_2O)_6]^{3+}$增加了六倍，因而其配体交换速率也大大增加[14]。这一点在基于这些元素的MOF的晶体大小中也有所体现。铟基MOF晶体尺寸通常比铝基或镓基MOF晶体更大。从铟到铝，其M—O键长逐渐减小，键强逐渐增加，这也与各自MOF稳定性趋势相符。铟基MOF通常是于相对较低温度下（$T \leqslant 150^{\circ}C$）在有机溶剂（DMF、DMA、NMP）中合成；而作为对比，铝基和镓基MOF通常在碱性水热条件下合成，其合成温度也更高（120～220℃）。此外，为了确保产物高结晶性，通常还需使用无机酸（HF、HNO_3、HCl）等强酸性结构调节剂。这些相对更加苛刻的反应条件保证了金属-羧酸键的生成，调控了网格化过程的可逆性，促进了结晶过程中的结构纠错，最终有利于形成晶态产物。

3.4.2.2　三价过渡金属

与前面讨论的三价ⅢA族金属相比，Fe^{3+}、Cr^{3+}和V^{3+}等三价过渡金属的反应活性更高，所形成的金属-羧酸键更强，因此更难以建立可逆的反应体系，也更难形成晶态产物。实际上，在相当广的pH范围内，这些三价金属阳离子均能很容易地生成金属氧化物或氢氧化物，因此能用来合成晶态MOF的反应条件窗口很小。举例来说，通常在pH

值小于2的条件下，铁离子才能以可溶性离子的形式存在。因此若想在中性或碱性溶液中成功合成铁基MOF，必须使用无机矿物质酸（HF、HCl）或有机一元羧酸（CF_3COOH、HCOOH）等强酸性结构调节剂。金属离子的动力学活性决定了配体交换的速率。与Fe^{3+}相比，动力学惰性（inert）的Cr^{3+}交换速率更慢，意味着铬基MOF的合成（$T>180℃$）需要比铁基MOF（$T<150℃$）更苛刻的反应条件[15]。通常铁基和铬基MOF均在含有强酸性结构调节剂的水溶液中使用溶剂热法合成。对于钒离子而言，它易于生成基于四价钒的多氧钒酸盐；因此在期望合成基于三价钒的MOF时，必须精确控制反应条件以防止V^{3+}氧化为V^{4+}。

3.4.3　基于四价金属的MOF的合成

四价锆和铪的电子组态为d^0。由于镧系收缩效应，其离子半径几乎完全相同[16]。在无机分子化学中，基于锆的多核金属羧酸盐簇，尤其是通式为$Zr_6(OH)_4O_4(RCOO)_{12}$的金属簇广为人知。然而，合成基于这类金属簇的MOF是一个不小的挑战。这是由于锆金属离子的高价态，以及较强的亲氧性，因此所形成的RCOO—M(Ⅳ)键较强。使用和之前章节介绍的类似方法，同样可以让这类金属–羧酸键形成过程具有可逆性，从而解决这些困难。具体来说，通过使用合适的金属源（$MOCl_2$、$M(SO_4)_2$或MX_4，其中X = Cl、Br、I，M = Zr^{4+}、Hf^{4+}）与羧酸配体在酰胺类溶剂中反应，并加入结构调节剂（通常为有机一元羧酸，如甲酸、乙酸或苯甲酸），控制反应温度在50～140℃之间，便可合成锆基和铪基MOF[17]。

合成钛基MOF比合成锆基或铪基MOF更具有挑战性，因为钛具有更高的电荷半径比，因此所形成的钛–羧酸键更强，成键过程可逆性也更差。此外，无机分子化学中所知的大多数钛簇的对称性与连接特征均难以支撑它们作为构造单元，形成有序的晶态拓展型框架结构。我们在接下来的章节中会对这一点进一步详细讨论。钛基MOF的合成，通常将合适的高反应活性钛源（$Ti(OR)_4$，其中R = Me、Et、iPr、Bu等）与有机配体溶于有机溶剂（DMF或其它类似溶剂）中反应，反应温度较高（100～160℃），反应时间也较长（2～7天）。所合成的钛基MOF通常为微晶粉末，合成较大的单晶还具有一定挑战性。最近有研究报道可以通过亚胺缩合反应将预先合成的官能化钛金属簇互相连接来合成钛基MOF，从而避开了困难的基于钛与羧酸配位的框架结晶过程[18]。

3.5　MOF材料的活化

通常去除MOF孔道中客体分子的做法是先进行多轮溶剂交换，然后再将MOF置于真空中活化（图3.20）。首先，溶剂可以将残留在MOF孔道中的未反应原料以及原料的分解产物清洗出来，这一步使用的溶剂通常与MOF反应所用溶剂一致。当孔道中无副产物滞留后，再使用低表面张力的溶剂将孔道中的溶剂替换掉。新溶剂较低的表面张力可以使后续的抽真空步骤对框架更加"温柔"。这一步骤常用的溶剂包括氯仿、二氯甲烷、丙酮、乙醇或甲醇。

　　溶剂交换之后，对材料抽真空就可得到活化的材料。对于具有较大孔道（通常直径大于2nm，属于介孔）的MOF，抽真空操作经常导致材料丧失（部分）多孔性和比表面积。为了理解这一现象，我们可以先假设溶剂脱离孔道的过程可以用一个孔径的函数来表达。对于小孔而言，抽真空时框架所受的应力相对较小，因此分子仅会因蒸发而脱离孔道，也不会有毛细作用（capillary force）作用于孔道。作为对比，当孔径大于2nm（介孔）时，毛细作用则会产生较大的影响。为了避免因毛细作用导致的结构应力，我们需要防止分子在孔道内的蒸发，从而避免孔内液体弯月面的形成。这可以通过使用超临界CO_2进行溶剂交换来实现[19]。这一方法规避了溶剂液-气相变过程，从而避免了溶剂蒸发对材料产生的作用力。为了避免跨越液-气相界面，先在低温高压下使用液态CO_2交

图3.20　在活化之前先进行的清洗和溶剂交换过程。MOF反应后，体系中的溶剂被新鲜的同种溶剂或化学性质相似的溶剂交换，从而去除MOF孔道中未反应的反应物和副产物。这个步骤需要重复多次。随后，使用更适合于下一步真空活化的低沸点溶剂（二氯甲烷、氯仿、丙酮、乙醇或甲醇）或超临界CO_2来进行溶剂交换

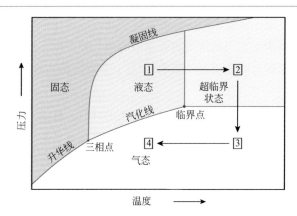

图3.21　CO₂的相图以及使用超临界CO₂进行样品活化时CO₂的相转变。利用超临界状态避免了CO₂从液相到气相的相变，消除了相变过程因表面张力产生的毛细作用，从而减少了框架结构所受的机械应力。该方法在处理介孔材料的活化时尤其有效

换原有溶剂（图3.21）。然后通过加热样品，使CO₂达到相图中的超临界状态区域。在此区域，液相和气相的密度相同，因此一旦降压，CO₂便能够不必跨越相界面而直接转为气相。最后将体系冷却至室温，就可以得到完全活化的材料[19]。

3.6　总结

在本章中，我们对合成羧酸类MOF常用的构造单元的合成方法和化学性质进行了概述。我们介绍了常见的有机配体合成路线，给出了常见的连接数为2～8的配体的实例，以及介绍了控制配体几何特征和局部对称性的策略。我们讨论了金属−羧酸化合物中常见的配位模式，展示了常见的在MOF合成中可以作为SBU使用的金属−羧酸簇例子。我们还概述了基于二价、三价和四价金属构建MOF的一般合成条件。最后，我们介绍了经典的MOF活化方法以及超临界干燥活化方法。在第4章，我们将围绕MOF中构造单元的化学性质和结构特征，更加详细地讨论MOF结构。

参考文献

[1] Wells, A. (1954). The geometrical basis of crystal chemistry. Part 1. *Acta Crystallographica* 7 (8–9):

535–544.

[2] Yaghi, O.M., O'Keeffe, M., Ockwig, N.W. et al. (2003). Reticular synthesis and the design of new materials. *Nature* 423 (6641): 705–714.

[3] Miyaura, N. and Suzuki, A. (1995). Palladium-catalyzed cross-coupling reactions. *Chemical Reviews* 95 (1): 2457–2483.

[4] Sonogashira, K. (2002). Development of Pd–Cu catalyzed cross-coupling of terminal acetylenes with sp^2-carbon halides. *Journal of Organometallic Chemistry* 653 (1): 46–49.

[5] Heck, R.F. and Nolley, J.P. (1972). Palladium-catalyzed vinylic hydrogen substitution reactions with aryl, benzyl, and styryl halides. *The Journal of Organic Chemistry* 37 (14): 2320–2322.

[6] Schnobrich, J.K., Lebel, O., Cychosz, K.A. et al. (2010). Linker-directed vertex desymmetrization for the production of coordination polymers with high porosity. *Journal of the American Chemical Society* 132 (39): 13941–13948.

[7] (a) Chae, H.K., Eddaoudi, M., Kim, J. et al. (2001). Tertiary building units: synthesis, structure, and porosity of a metal-organic dendrimer framework (MODF-1). *Journal of the American Chemical Society* 123 (46): 11482–11483. (b) Zou, Y., Park, M., Hong, S., and Lah, M.S. (2008). A designed metal-organic framework based on a metal-organic polyhedron. *Chemical Communications* (20): 2340–2342.

[8] (a) Tranchemontagne, D.J., Mendoza-Cortes, J.L., O'Keeffe, M., and Yaghi, O.M. (2009). Secondary building units, nets and bonding in the chemistry of metal-organic frameworks. *Chemical Society Reviews* 38 (5): 1257–1283. (b) Tasiopoulos, A.J., Vinslava, A., Wernsdorfer, W. et al. (2004). Giant single-molecule magnets: a {Mn_{84}} torus and its supramolecular nanotubes. *Angewandte Chemie International Edition* 116 (16): 2169–2173.

[9] Lu, W., Wei, Z., Gu, Z.-Y. et al. (2014). Tuning the structure and function of metal-organic frameworks via linker design. *Chemical Society Reviews* 43 (16): 5561–5593.

[10] Karagiaridi, O., Bury, W., Mondloch, J.E. et al. (2014). Solvent-assisted linker exchange: an alternative to the *de novo* synthesis of unattainable metal-organic frameworks. *Angewandte Chemie International Edition* 53 (18): 4530–4540.

[11] Baes, C.F. and Mesmer, R.E. (1976). *Hydrolysis of Cations*. Wiley.

[12] Smart, S.E., Vaughn, J., Pappas, I., and Pan, L. (2013). Controlled step-wise isomerization of the Keggin-type Al_{13} and determination of the γ-Al_{13} structure. *Chemical Communications* 49 (97): 11352–11354.

[13] (a) Harris, W.R. and Martell, A.E. (1976). Aqueous complexes of gallium(III). *Inorganic Chemistry* 15 (3): 713–720. (b) Bradley, S.M., Kydd, R.A., and Yamdagni, R. (1990). Detection of a new polymeric species formed through the hydrolysis of gallium(III) salt solutions. *Journal of the Chemical Society, Dalton Transactions* (2): 413–417. (c) Mensinger, Z.L., Gatlin, J.T., Meyers, S.T. et al. (2008). Synthesis of heterometallic group 13 nanoclusters and inks for oxide thin-film transistors. *Angewandte Chemie International Edition* 47 (49): 9484–9486. (d) Radnai, T., Bálint, S., Bakó, I. et al. (2014). The structure of hyperalkaline aqueous solutions containing high concentrations of gallium – a solution X-ray diffraction and computational study. *Physical Chemistry Chemical Physics* 16 (9): 4023–4032. (e) Petrosyants, S. and Ilyukhin, A. (2011).

Indium(III) coordination compounds. *Russian Journal of Inorganic Chemistry* 56 (13): 2047–2069. (f) Aldridge, S. and Downs, A.J. (2011). *The Group 13 Metals Aluminium, Gallium, Indium, and Thallium: Chemical Patterns and Peculiarities*. Wiley.

[14] (a) Richens, D.T. (2005). Ligand substitution reactions at inorganic centers. *Chemical Reviews* 105 (6): 1961–2002. (b) Taube, H. (1952). Rates and mechanisms of substitution in inorganic complexes in solution. *Chemical Reviews* 50 (1): 69–126.

[15] (a) Stock, N. (2011). Metal-organic frameworks: aluminium-based frameworks. In: *Encyclopedia of Inorganic and Bioinorganic Chemistry*. Wiley. (b) Czaja, A.U., Trukhan, N., and Müller, U. (2009). Industrial applications of metal-organic frameworks. *Chemical Society Reviews* 38 (5): 1284–1293.

[16] Kickelbick, G. and Schubert, U. (1997). Oxozirconium methacrylate clusters: $Zr_6(OH)_4O_4(OMc)_{12}$ and $Zr_4O_2(OMc)_{12}$ (OMc = methacrylate). *European Journal of Inorganic Chemistry* 130 (4): 473–478.

[17] Bai, Y., Dou, Y., Xie, L.-H. et al. (2016). Zr-based metal-organic frameworks: design, synthesis, structure, and applications. *Chemical Society Reviews* 45 (8): 2327–2367.

[18] Nguyen, H.L., Gándara, F., Furukawa, H. et al. (2016). A titanium-organic framework as an exemplar of combining the chemistry of metal- and covalent-organic frameworks. *Journal of the American Chemical Society* 138 (13): 4330–4333.

[19] Nelson, A.P., Farha, O.K., Mulfort, K.L., and Hupp, J.T. (2008). Supercritical processing as a route to high internal surface areas and permanent microporosity in metal-organic framework materials. *Journal of the American Chemical Society* 131 (2): 458–460.

4 二基元金属有机框架

4.1 引言

在第3章，我们探讨了可通过有机合成获得的具有各种几何形状的配体，并深入了解了次级构造单元（SBU）的基础化学、典型的元素组成，及其几何特点和连接特征的多样性。将有机配体和SBU这两种组分结合，就可得到无数拓扑结构各异的拓展型框架。在本章中，我们将按SBU的连接数进行分类，从低连接数到高连接数，依次分析一些重要的框架结构。

4.2 基于三、四以及六连接SBU的MOF

4.2.1 三连接的SBU

大多数基于三连接（3-connected，3-c）网络的结构，是由（三连接的）单金属节点和中性给体配体构筑的配位网络（coordination network）结构。与此相反，MOF结构中常见的三连接单元为有机配体。然而，也有一些MOF结构基于3-c SBU，如双核车辐式的M_2（—COO）$_3$（$M=Cu^{2+}$、Zn^{2+}）。该SBU与我们之前提及的更常见的4-c车辐式M_2(—COO)$_4$ SBU非常相似。如第3章所述，反应条件的细微变化会对SBU的形成产生巨大影响，从而导致最终MOF结构的不同。我们以典型的PNMOF-3（$Zn_4(NH_2-BDC)_3(NO_3)_2(H_2O)_2$）例子来说明这一点。PNMOF-3和IRMOF-3（$Zn_4O(NH_2-BDC)_3$）的合成基于完全相同的起始反应物（$Zn(NO_3)_2$和$(NH_2)-H_2BDC$），然而它们的结构却截然不同[1]。PNMOF-3基于3-c车辐式

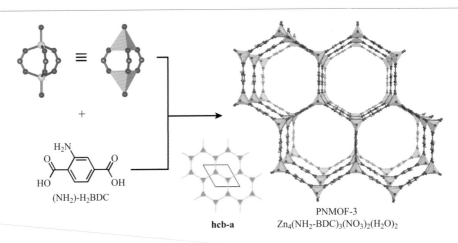

hcb-a

PNMOF-3
Zn_4(NH_2-BDC)_3(NO_3)_2(H_2O)_2

图4.1　在添加一交联共聚物的条件下，由Zn^{2+}与$(NH_2)-H_2BDC$网格化构筑的PNMOF-3的晶体结构。3-c SBU和二连接配体$(NH_2)-H_2BDC$的网格化合成得到了具有**hcb**拓扑的框架。六边形层的重叠式排布生成直径为14.9Å的六边形孔道。为了清晰呈现结构，所有氢原子、端基配位水分子、抗衡离子被隐去。颜色代码：Zn，蓝色；C，灰色；N，绿色；O，红色

$Zn_2(—COO)_3$ SBU，而IRMOF-3基于6-c八面体构型$Zn_4O(—COO)_6$ SBU。研究者们将这例3-c车辐式SBU的形成归因于反应物体系中存在的一种交联共聚物，因此将其命名为PNMOF-3〔PN为聚合物协助成核（polymer nucleated）的简称〕。PNMOF-3的六方晶体结构由**hcb**（源自蜂窝的英文honeycomb）拓扑的二维层以重叠式（eclipsed）堆叠组成（图4.1），且在晶体学c轴方向形成直径为14.9Å的六边形孔道。这一阳离子型框架的电荷由每个车辐式$Zn_2(—COO)_3$ SBU外接一个硝酸根端基配体进行平衡。虽然这类3-c双核车辐式SBU远没有它的4-c类似物（$Zn_2(—COO)_4$）常见，也有一些基于该SBU的非常稳定的多孔框架被报道[2]。

4.2.2　四连接的SBU

MOF中最常见的四连接（4-connected，4-c）SBU是双核车辐式$M_2(—COO)_4$（$M=Cu^{2+}$、Zn^{2+}、Co^{2+}等）。在此类SBU中，每个金属离子以四方锥的构型，与四个桥联羧基上的氧原子以及一个中性端基配体（通常为水）配位。为了清晰呈现结构，端基配体通常在结构图上被省略。因此，该车辐式单元可用两个正方形来表示，正方形之间通过四个羧基相连。在网络拓扑上，该车辐式结构可用一个正方形构型4-c顶点图表示（图4.2）。

基于所使用配体的具体几何特点，将4-c正方形构型构造单元通过二连接配体相连，可以得到多种结构。接下来，我们讨论形成下述结构对配体几何参数的要求：①离散型的零维金属有机多面体（MOP）❶；②一维链状结构；③二维层状结构；④三维网络结构（图4.3）。

---

❶ 本书第19章将详细讨论MOP。

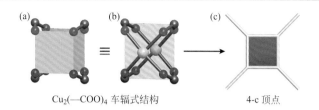

Cu₂(—COO)₄ 车辐式结构　　　　　　　4-c 顶点

图 4.2　双核车辐式 M_2(—COO)$_4$ SBU 的结构。（a）两个金属中心形成一个双核车辐式配位结构。（b）将羧基上的碳原子相连，可以将车辐式结构简化为延伸点（point of extension）数目为 4 的正方形构型构造单元。（c）4-c 正方形构型构造单元的拓扑学顶点示意图。颜色代码：Cu，蓝色；C，灰色；O，红色

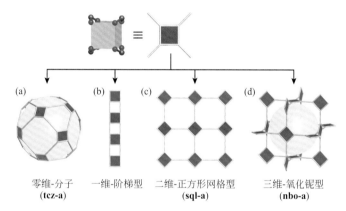

(a)　　　　　(b)　　　　(c)　　　　　　(d)

零维-分子　　一维-阶梯型　二维-正方形网格型　三维-氧化铌型
(tcz-a)　　　　　　　　　**(sql-a)**　　　　**(nbo-a)**

图 4.3　连接 4-c 车辐式 SBU（用红色正方形表示）和二连接配体（连接正方形的灰线）得到的结构的拓扑。以具有明确几何形状的不同配体为导向，实现（a）离散型的零维金属有机多面体［MOP，此处展示了截角截半立方体（truncated cuboctahedron），**tcz-a**］、（b）一维链状/阶梯状结构、（c）二维正方形网格层状结构（**sql-a** 或 **fes**）、（d）三维网络（此处展示了氧化铌的 **nbo-a** 网络）的网格化合成。在 **nbo** 网络图中，将置于框架内的黄球作为视觉辅助。需要指出的是，这里忽略了所有二连接配体的具体分子结构，仅用灰线表示配体

　　虽然车辐式 SBU 的几何构型是固定的，但在二连接的配体中，我们可以细致地调控分子结构中三处不同的角度：调整中心单元上连接基团的位置，从而改变共平面的连接基团间的线折角 θ；沿着配体轴向互相扭转连接基团，从而改变连接基团间的面转角 φ；将连接基团所在平面折起，可以产生面折角 ψ（图 4.4）。

　　将 Cu^{2+} 与二连接配体 m-H_2BDC 进行网格化构筑，其中配体中共面的羧基连接基团之间线折角 θ 约为 120°，得到 **tcz** 拓扑的零维 MOP，命名为 MOP-1（Cu_2(m-BDC)$_2$(H_2O)$_2$，图 4.5）[3]。利用线折角 θ 在 90°～120° 之间的二连接配体，和倾向于形成正方形构型 4-c 车辐式 SBU 的金属离子进行网格化构筑，通常都可以得到基于该拓扑的 MOP。MOP 的合成和设计是网格化学的重要组成部分，我们将在第 19 章中对其进一步讨论。将 MOP 作为三级构造单元（TBU）来合成拓展型结构的例子将在第 5 章进行介绍。

图4.4　通过精确的分子结构设计，可以调节二连接配体中的三处不同角度。（a）线折角 θ 表示折线配体上共面的连接基团间的角度；（b）面转角 φ 表示非共面连接基团间互相扭转的角度；（c）面折角 ψ 表示将连接基团所在平面折起的角度。

(a)

θ, 连接基团保持共面的同时，相对配体中心的线折角

(b)

φ, 配体轴上两个羧基各自所处平面的相对面转角

(c)

ψ, 羧基所处平面的相对面折角

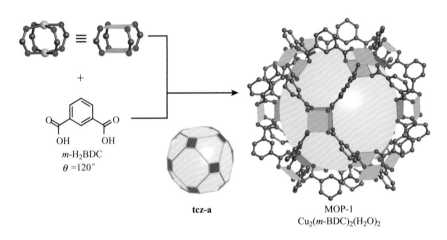

m-H$_2$BDC
θ =120°

tcz-a

MOP-1
Cu$_2$(m-BDC)$_2$(H$_2$O)$_2$

图4.5　将 m-H$_2$BDC 和 Cu^{2+} 离子网格化合成，优势结构为基于 **tcz** 拓扑的分子多面体 MOP-1。通过对共平面连接基团间线折角 θ 的精确调节，实现特定结构产物的合成。为了清晰呈现结构，铜基车辐式单元上的端基配位水分子和所有氢原子均被省略。黄球表示 **tcz** 多面体内部的空穴。颜色代码：Cu，蓝色；C，灰色；O，红色

　　在配体上的两个羧基连接基团间引入面折角 ψ（以 4,4′-DMEDBA 为例），并将这一配体与 Cu^{2+} 进行网格化构筑，可获得具有一维链状结构的 MOF-222（Cu$_2$(4,4′-DMEDBA)$_2$(H$_2$O)$_2$，图4.6）[4]。

　　4-c 车辐式铜基 SBU 与带有共平面羧酸连接基团（面转角 φ=180°）的线型二连接配体连接时，形成二维结构。在这种情况下，连接基团可能与配体的主干共平面，如羧酸配体为 H$_2$BDC 时（MOF-2，见图1.14）；或者连接基团转至中心芳环所处平面外，如羧酸配体为 (Cl$_2$)-H$_2$BDC 时（图4.7）。在 (Cl$_2$)-H$_2$BDC 中，氯取代基的位阻效应使得连接基

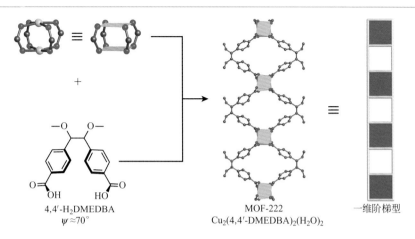

图 4.6　MOF-222 的晶体结构。在配体两个羧基连接基团之间引入面折角 ψ（约 70°），并将该二连接配体与 4-c 车辐式单元相连，得到一例一维链状结构。为了清晰呈现结构，铜基车辐式单元上的端基配位水分子和所有氢原子均被省略。图中只显示一条链的一节。颜色代码：Cu，蓝色；C，灰色；O，红色

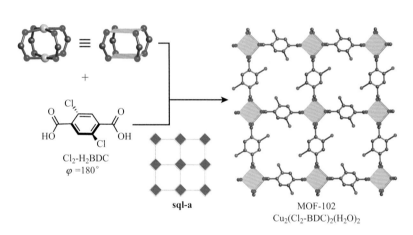

图 4.7　MOF-102 的晶体结构。4-c 正方形构型 SBU 和具有共平面连接基团（面转角 $\varphi=180°$）的线型二连接配体连接，可以引导生成具有 **sql** 拓扑的二维框架。**sql** 二维平面沿晶体学 c 轴方向堆叠。为了清晰呈现结构，图中仅展示了一层结构，同时省略了铜基车辐式 SBU 的端基配位水分子和所有氢原子。颜色代码：Cu，蓝色；C，灰色；氧，红色；Cl，粉色。

团与芳基中心单元间的转动能全升高，从而将彼此共面的连接基团固定在垂直于芳环面的方向上。通过 BDC 或 (Cl_2)-BDC 连接 4-c 车辐式 SBU 得到两种二维 **sql** 结构，分别命名为 MOF-2 和 MOF-102（$Cu_2(Cl_2-BDC)_2(H_2O)_2$）（图 4.7）[5]。

　　二连接配体和 4-c 车辐式单元的组合可以进一步用于构筑拓展型三维框架。这需要通过二连接配体的两个连接基团间 $\varphi \neq 0°$ 来实现，此时得到的 MOF 为 **nbo**（源于氧化铌的英文 niobium oxide）拓扑，如图 4.8 中的 MOF-101（$Cu_2(Br-BDC)_2(H_2O)_2$）所示[6]。在这

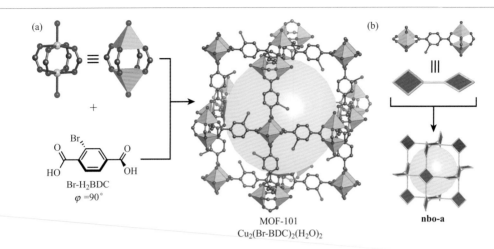

图4.8 （a）4-c铜基车辐式SBU和线型二连接配体Br-H$_2$BDC网格化形成的MOF-101的立方晶体结构。（b）这一结构基于**nbo**底层拓扑。这种网络的形成需要在两个连接基团之间引入面转角（φ=90°）。为了清晰呈现结构，所有氢原子和端基配位水分子被隐去。颜色：Cu，蓝色；C，灰色；O，红色；Br，粉色

个例子中，配体上位阻较大的溴取代基增加了其中一个羧基的转动能垒，使得两个连接基团所在面彼此相互垂直。MOF-101的合成需要在较低温度下进行；而当温度升高时，热能足以克服转动能垒，会形成拓扑为**sql**的一例框架结构。

　　上述例子说明了精确设计配体分子几何参数对于零维、一维、二维或三维结构的导向合成的重要意义。MOF-101的例子也强调了在网格化合成过程中，需要调控合适的反应条件，以确保配体的几何特征不被改变。基于上述考虑因素，我们不仅需要对构造单元的几何特点进行仔细分析，还要详细了解它们的物理和化学性质❶，这样才能实现预先设计的MOF结构的合成[7]。

　　另一种利用4-c车辐式SBU构筑三维框架的方法是，将它们与延伸点数目大于2的有机配体连接。早期报道的HKUST-1［HKUST为香港科技大学（Hong Kong University of Science and Technology）的简称］就利用了这一策略。HKUST-1结构简式为Cu$_3$(BTC)$_2$(H$_2$O)$_3$［其中BTC为均苯三甲酸根（benzenetricarboxylate）］，是一例基于3,4-连接**tbo**（源自扭曲型方硼石的英文twisted boracite）网络的MOF（图4.9）[8]。该结构由4-c铜基车辐式SBU和三连接配体BTC构筑，内有三维贯穿孔道体系，其正方形开孔尺寸为9Å×9Å。该结构的总空隙率为40.7%，这一数值与许多沸石接近。

　　HKUST-1的SBU中，沿竖直方向连接的端基配位水分子可以通过动态真空加热去除，这一过程产生配位不饱和金属位点，同时伴随着材料颜色从蓝色转为紫色。最初报道时，根据气体吸附测试得到的比表面积较低，原因是MOF没有被完全活化。后续研究

---

❶　若需了解更多基于正方形构型结构单元的网络结构例子，请参考2002年发表的综述论文[5]。

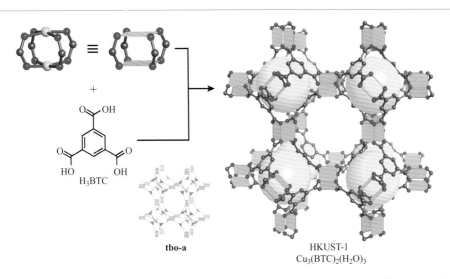

图4.9   HKUST-1的晶体结构。连接4-c Cu_2(—COO)$_4$ SBU和三角形构型三连接配体BTC（具有D_{3h}对称性），形成 **tbo** 网络。每个较大的立方孔被四个较小的八面体孔包围。较大的孔通过正方形孔窗相连，从而形成一个三维贯穿孔道体系。下方的插图展示了拓增 **tbo-a** 网络。为了清晰呈现结构，铜基车辐式SBU的端基配位水分子和所有氢原子被省略。颜色代码：Cu，蓝色；C，灰色；O，红色

测得HKUST-1的比表面积高达$2200m^2 \cdot g^{-1}$。完全活化的HKUST-1具有高密度的配位不饱和金属位点，使得它成为存储天然气、氢气的最佳材料之一[9]。将铜替换为其它金属构造的类似HKUST-1结构，其结构稳定性欠佳。材料一旦活化，几乎没有氮气吸附值，表明框架已坍塌[10]。HKUST-1的模块化结构引发了一系列同网格扩展结构的出现，例如PCN-6（PCN为porous coordination network简称）和MOF-399[11]。其中MOF-399仍保持着（截至2019年）MOF最低密度的世界纪录（$0.126g \cdot cm^{-3}$）。

HKUST-1中使用的H_3BTC配体具有D_{3h}对称性，其所有羧酸基团均与中心苯环共平面。正如前文讨论的，配体精确的几何特点决定了产物倾向于具有某一拓扑结构而非另一种拓扑。因此，设计基于H_3BTC的长度扩展版本配体时，需要确保整体共平面的构象不变。在H_3BTC三个方向上各延长一个苯环，可以得到H_3BTB。在该配体中，中心芳环上的氢原子与末端苯甲酸根芳环上的氢原子存在位阻排斥作用，迫使中心单元与连接基元间产生面转角，并使H_3BTB对称性由原先的D_{3h}降为C_3（螺旋桨形）。因此，H_3BTB和Cu^{2+}网格化合成并不能得到具有 **tbo** 拓扑的框架，相反得到了一种具有 **pto**（来自于氧化铂的英文platinum oxide）拓扑的穿插框架，命名为MOF-14［Cu_3(BTB)$_2$(H_2O)$_3$，图4.10（b）］[12]。尽管结构发生了穿插，MOF-14依旧具有直径达16.4Å的空腔，其孔开口大小为7.66Å×14Å。若想避免因配体中芳环氢原子间位阻效应导致的非共面构象，可以使用三嗪作为中心单元。这种情况下，可以得到完全共面的长度扩展的等边三连接配体H_3TATB（D_{3h}对称性）。利用这一配体可得到名为PCN-6（Cu_3(TATB)$_2$(H_2O)$_3$）的具有 **tbo** 底层拓扑的框架（图4.10）[13]。

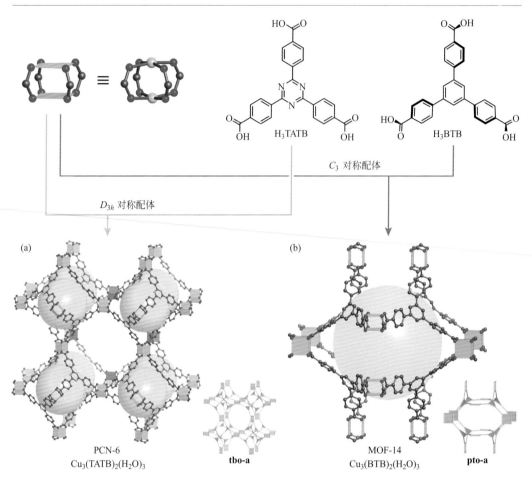

PCN-6
Cu₃(TATB)₂(H₂O)₃
tbo-a

MOF-14
Cu₃(BTB)₂(H₂O)₃
pto-a

图4.10　PCN-6和MOF-14晶体结构的比较。两例结构都属于3,4-连接网络。（a）使用具有D_{3h}对称性的H₃TATB，反应后得到PCN-6（**tbo**）；（b）具有较低的C_3对称性的H₃BTB则引导反应生成MOF-14（**pto**）。为了清晰呈现结构，铜基车辐式SBU的端基配位水分子、所有氢原子以及MOF-14结构中的穿插框架均被省略。颜色代码：Cu，蓝色；C，灰色；N，绿色；O，红色

4.2.3　六连接的SBU

6-c SBU可以通过多种金属元素构筑，其几何特征可以是高度对称的正八面体构型、三棱柱构型、平面六方形构型，也可以是一些对称性更低的扭曲结构。这里，我们讨论的是MOF化学中最常观察到的6-c SBU以及基于它们构筑的重要结构。

正八面体构型的Zn₄O(—COO)₆ SBU是MOF化学中最常见的一类构造单元。在第2章中，我们曾讨论过MOF-177以及它的同网格扩展版本的结构，它们都具有**qom**拓扑[1][异对

---

[1]　若想了解更多有关描述晶体结构的拓扑学术语，请见第18章。

偶，高称嵌入为 $P\bar{3}1c$，第159号空间群]。**qom** 拓扑并不是基于三角形构型和正八面体构型构造单元连接的默认拓扑（default topology），这两种构造单元生成的框架本应为对称性更高的3,6-c的**pyr**拓扑（自对偶，高称嵌入为 $Pa\bar{3}$，第205号空间群）。由于**qom**拓扑是异对偶网络，因此在同网格扩展过程中，具有这一拓扑的结构不易发生结构穿插；相反，基于**pyr**的框架（自对偶网络）容易在同网格扩展过程中发生穿插。这里我们将比较两例对应底层网络分别为**pyr**和**qom**拓扑的结构——MOF-150（Zn$_4$O(TCA)$_2$）和MOF-177（Zn$_4$O(BTB)$_2$），并分析引导它们形成各自拓扑的潜在因素（图4.11）。两例MOF的合成条件相似，均未使用结构导向剂，且它们的SBU完全相同，因此所得的结构拓扑不同一定是由配体的差异导致的。两例MOF都使用了等边三角形构型三连接配体，且配体具有同样的苯甲酸配位官能团，唯一的差别在于配体的中心单元不同。用于制备MOF-150的H$_3$TCA配体的中心为单个氮原子，使得与之相连的三个苯甲酸基团可以独立自由旋转。与此相反，用于MOF-177合成的H$_3$BTB配体中，芳环上的氢原子间存在的位阻排斥作用使得中心芳环和周围苯甲酸之间的面转角及相对朝向受到更多限制。因此，将碱式羧酸锌SBU和BTB连接，可以得到具有**qom**拓扑的框架；而相同的SBU和TCA配体网格化合成有利于对称性更高的**pyr**拓扑。这里，边传递（edge-transitive）**pyr**网络为热力学稳定产物，而**qom**网络为动力学稳定产物。

三棱柱构型SBU是MOF中最常见的无机构造单元之一，它构成了超过400种已报道的MOF结构，其化学通式为M$_3$OL$_3$(—COO)$_6$（M=Al^{3+}、In^{3+}、Cr^{3+}和V^{3+}）[14]。如果使用铜等二价金属，可以构筑化学通式为M$_3$(—COO)$_6$的结构类似的三棱柱型SBU。在下文中，我们将讨论一些使用M$_3$OL$_3$(—COO)$_6$ SBU与线型二连接配体（生成MIL-101）、三角形构型三连接配体（生成MIL-100）以及长方形构型四连接配体（生成**soc**-MOF）的研究[14c,d,f,g]。

MIL-100（[M$_3$OL$_3$](BTC)$_2$）和MIL-101（[M$_3$OL$_3$](BDC)$_3$）都使用三棱柱形构型M$_3$OL$_3$(—COO)$_6$ SBU来构造。虽然使用了具有不同连接数的配体，但两例框架的拓扑相同。其中MIL-100使用三连接的H$_3$BTC配体，MIL-101则使用二连接的H$_2$BDC配体[14b-d]。这一结果乍看与常规认知不符，但是我们可以通过更大的三级构造单元（而不是次级构造单元）简化整体结构来做出解释。在MIL-100和MIL-101中，四个6-c SBU与四个BTC（或六个BDC）单元连接形成四面体构型TBU（图4.12，上部）。在MIL-100中，三连接的BTC配体位于这些四面体的面上；而在MIL-101中，二连接的配体位于四面体的边上（图4.12）。以共顶点的方式进一步连接这些四面体构型TBU，可以形成两种尺寸不同的笼子，笼子间通过五元环连接。最终得到的框架具有**mtn**拓扑，这是一种在沸石中常见的四面体拓扑结构（图4.12，下部）[15]。

在MIL-100中，两个笼子的直径分别为25Å和29Å，对应的孔开口尺寸为5Å和9Å[14c]。MIL-101中对应的笼子稍大一些，其直径分别为29Å和34Å，孔开口尺寸分别为12Å和16Å[14d]。在两例材料被报道时，它们表现出了当时最优异的化学稳定性。同时它们具有与沸石类似的结构特点（孔开口小，笼子大），使得它们在催化领域有较好的应用前景。研究人员进一步在MIL-101的孔内修饰官能团、装载离散型分子甚至金属

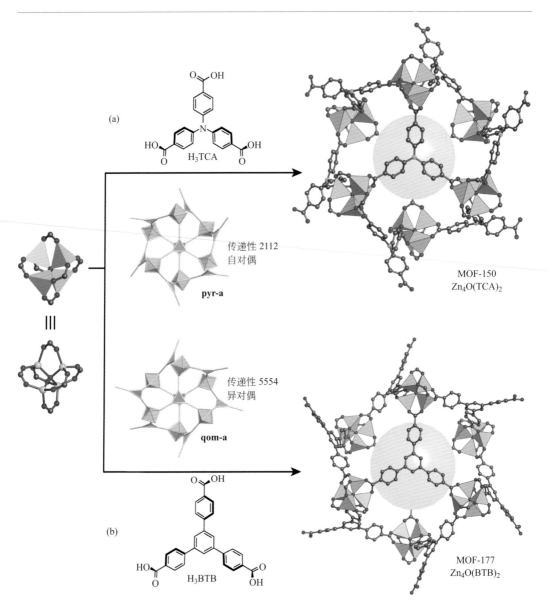

图4.11　MOF–150和MOF–177晶体结构和拓扑的比较。（a）使用H$_3$TCA时生成基于默认的自对偶**pyr**网络（传递性为2112）的框架；（b）而使用H$_3$BTB时，形成基于**qom**网络（传递性为5554）的框架。**qom**是一例异对偶网络，不容易形成穿插结构。晶体结构旁给出了对应的拓增网络图。为了清晰呈现结构，所有氢原子均已省略。颜色代码：Zn，蓝色；C，灰色；N，绿色；O，红色

纳米粒子，得到的材料对一系列有机反应通常都表现出了高催化活性[14e,16]。对MIL–100和MIL–101合成中使用的配体进行扩展，可得到一系列同网格框架，其最大孔径达到了55Å（见图2.13）[17]。

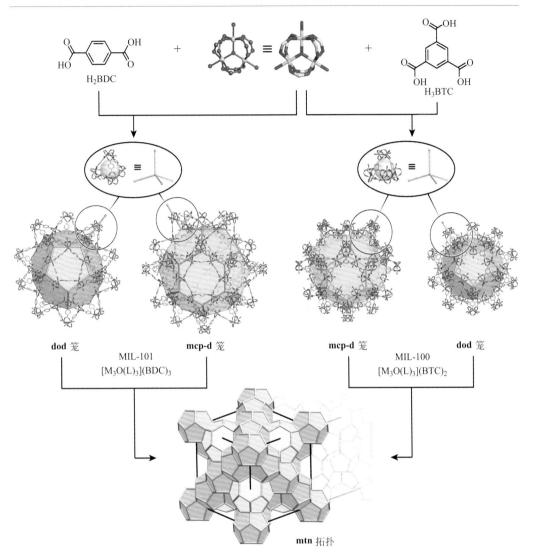

图4.12　MIL-100和MIL-101结构的拓扑分析。在两例结构中，三核$M_3OL_3(—COO)_6$ SBU 分别与三角形构型三连接配体BTC或线型二连接配体BDC连接，形成四面体构型三级构造单元（TBU）。TBU进一步彼此连接，形成两种不同尺寸的笼子（较小的**dod**笼和较大的**mcp-d**笼）。两种笼子进一步结合，得到具有**mtn**拓扑的框架。为了清晰呈现结构，省略了所有氢原子。颜色代码：金属，蓝色；C，灰色；O，红色；**dod**笼，橙色多面体；**mcp-d**笼，黄色多面体

　　具有4,6-连接**soc**[❶]底层拓扑的MOF是另一类基于$M_3OL_3(—COO)_6$ SBU 的重要框架结构。使用位错的长方形构型四连接ABTC配体和三棱柱构型$In_3O(H_2O)_3(—COO)_6$ SBU，可以构造In-**soc**-MOF（$[In_3O(H_2O)_3]_2(ABTC)_3(NO_3)_2$，图4.13）。从SBU的化学式可以得知框

---

❶　**soc**即"square-octahedron"，命名意指正方形构型和八面体构型构造单元网格化形成的拓扑。

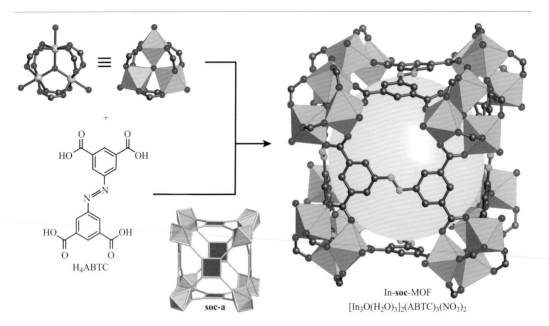

图4.13　In-**soc**-MOF的晶体结构及其拓扑（**soc**网络）。除去端基配位水分子后可得到朝向较窄孔的配位不饱和金属位点。In-**soc**-MOF晶体结构图左侧为拓增**soc**网络图。为了清晰呈现结构，框架开放孔道内的硝酸根抗衡离子及所有氢原子均省略。颜色代码：In，蓝色；C，灰色；N，绿色；O，红色

架为阳离子型，其正电性由框架开放孔道内的 NO_3^- 抗衡离子进行电荷平衡[14f]。图4.13显示了In-**soc**-MOF的晶体结构及其**soc**底层拓扑。

　　$In_3O(H_2O)_3(—COO)_6$ SBU上的端基配位水分子可以通过加热条件下动态真空活化去除，从而生成指向MOF较窄孔的配位不饱和金属位点。这导致孔内具有局部高电荷密度位点。这一结构特点对于气体吸附，尤其是氢气存储应用十分有利。In-**soc**-MOF较好的氢气吸附性质就是来源于此。它在78K和1.2atm的条件下具有相对较高的氢气存储量，达到了2.61%。非弹性中子散射（inelastic neutron scattering）表征证明，氢气分子与配位不饱和金属位点（主要的吸附位点）结合很强；当吸附量进一步升高时，其它结合能较低的吸附位点也被氢气分子占据[14f]。使用原子量更小的金属来构筑具有相同底层拓扑的MOF，可以在保持较高的体积比吸附量的同时，进一步提高质量比吸附量，因而更有希望应用于气体存储领域。应用这一原理，研究者们构筑了一系列同网格的高度多孔的铝基**soc**-MOF（Al-**soc**-MOF）。该Al-**soc**-MOF系列达到了美国能源部（Department of Energy，DOE）对于甲烷存储提出的具有挑战性的两个目标，即同时达到 $0.5g \cdot g^{-1}$（质量比吸附量）和 $264cm^3 \cdot cm^{-3}$（体积比吸附量）[14g]。Al-**soc**-MOF-1（$[Al_3O(H_2O)_3]_2(TCPT)_3Cl_2$）的结构如图4.14所示。从拓扑学角度来看，用于合成所有这些**soc**-MOF的长方形构型四连接配体可以被描述为通过一条边连接的两个三角形构型的顶点图。因此Al-**soc**-MOF也可以被描述为3,6-连接的**edq**网络。这两种拓扑的描述方式都是可以接受的，哪种描述更为合理取决于我们怎么定义有机

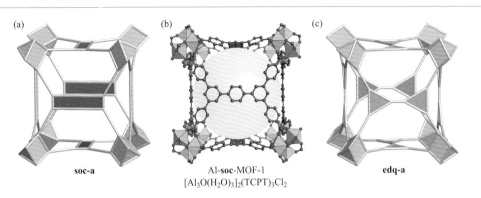

(a)　　　　　　　　　(b)　　　　　　　　　(c)

soc-a　　　　Al-soc-MOF-1　　　　**edq-a**
[Al$_3$O(H$_2$O)$_3$]$_2$(TCPT)$_3$Cl$_2$

图4.14　**Al-soc-MOF-1**的结构与**soc**、**edq**拓扑对比。（b）Al-soc-MOF-1的晶胞。这一框架由三棱柱构型Al$_3$OL$_3$(—COO)$_6$ SBU与配体TCPT连接构成。这一结构可以被解构为**soc**（a）或者**edq**（c）拓扑。在**soc**网络中，配体用一个四连接构造单元表示（a）；在**edq**网络中，配体用两个相连的三角形构型三连接构造单元来表示（c）。颜色代码：Al，蓝色；C，灰色；O，红色

配体的化学主干（图4.14）。

　　基于羧酸锆，尤其是基于Zr$_6$(μ_3-O)$_4$(μ_3-OH)$_4$(RCOO)$_{12}$簇的化学研究，在无机分子化学中已非常成熟，具有相似结构的SBU在MOF化学中也非常常见。这类SBU基于相同的Zr$_6$O$_8$核，但与对应的簇分子不同，它们的连接数可以从6到12变化[18]。因为并不是所有12个羧酸都必须来自于将SBU相连的配体，部分配体可以是一元羧酸或—OH、—OH$_2$等端基配体。

　　基于Zr$_6$O$_8$核的6-c SBU可以具有两种不同的几何构型，三角反棱柱（trigonal antiprismatic）构型和平面六边形（hexagonal planar）构型（图4.15）。两种几何构型在使用三角形构型三连接配体构造的框架中都比较常见。SBU具体采用哪一种几何构型，主要取决于配体的具体几何特点和反应条件，尤其是合成中结构调节剂（modulator）的性质及用量。这里，结构调节剂是一类调控SBU和对应框架形成速率的添加剂，因此也会调控生成MOF的结晶性。在羧酸类MOF的合成反应中，最常见的结构调节剂是有机一元羧酸（如甲酸、醋酸、苯甲酸）或无机酸（如盐酸、硝酸）。

　　将Zr^{4+}和H$_3$BTC配体（D_{3h}对称）网格化合成会得到三角反棱柱构型SBU，SBU之间由BTC配体连接，最终得到一例命名为MOF-808（Zr$_6$O$_4$(OH)$_4$(HCOO)$_6$(BTC)$_2$）的晶态框架。MOF-808为**spn**拓扑，这也是三角形构型与三角反棱柱构型构造单元组合的默认拓扑[19]。每个三角反棱柱构型[Zr$_6$(μ_3-O)$_4$(μ_3-OH)$_4$]$^{12+}$核与六个BTC配体相连，剩余的不饱和金属位点被甲酸配体占据。每个BTC配体与三个相邻的三角反棱柱构型SBU连接，形成内部孔直径为4.8Å的四面体亚单元。这些四面体单元进一步以共顶点的方式连接，得到类似于金刚烷的笼子，其孔直径为18.4Å。这一结构可以用**spn**拓扑（6-c三角反棱柱构型与3-c三角形构型构造单元）描述，也可以先定义一个更大的四面体构型TBU，再用**dia**拓扑来描述（图4.16）。

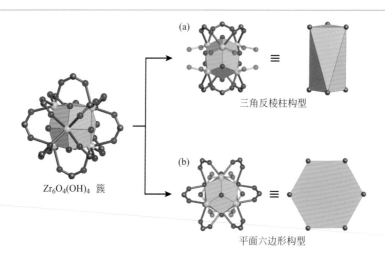

图4.15　基于Zr_6O_8核的SBU延伸点数目最多可达12。其中6-c的情况中，SBU可能有两种几何构型：（a）三角反棱柱和（b）平面六边形。具体形成哪一种构型取决于特定配体的几何特征。颜色代码：Zr，蓝色；C，灰色；O，红色

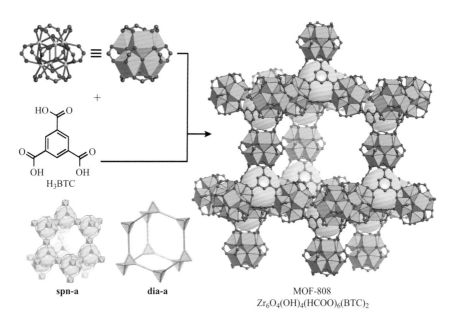

图4.16　MOF-808的晶体结构。锆基三角反棱柱构型SBU与三角形构型三连接BTC配体连接形成四面体单元。这些四面体单元进一步以共顶点的形式相互连接，形成金刚烷型笼子。因此，MOF-808的晶体结构可以用**spn**或**dia**网络描述，取决于选取哪一种单元作为网络的顶点。插图中展示了拓增**spn**网络和拓增**dia**网络。为了清晰呈现结构，所有氢原子被省略。颜色代码：Zr，蓝色；C，灰色；O，红色

正如本章前文中讨论的，MOF-808所使用的H_3BTC配体的长度扩展版本可以通过成熟的有机合成方法来制备。将三个末端的羧酸连接基团用苯甲酸基替换时，配体的对称性降低（H_3BTB为C_3对称而不是D_{3h}对称）。而使用三嗪中心单元［如H_3TATB配体（D_{3h}对称性）所示］时，可以避免这种配体扭曲造成的对称性降低。因此，使用H_3TATB配体可以得到MOF-808的同网格扩展版本，即PCN-777（$Zr_6O_4(OH)_4(HCOO)_6(TATB)_2$）。若使用非共面的$H_3BTB$配体，则得到具有另一种拓扑的MOF。换句话说，$H_3BTB$中的羧酸连接基团彼此不共平面，因此不会形成具有**spn**拓扑的框架[20]。最终得到的结构式为$Zr_6O_4(OH)_4(BTB)_6(OH)_6(H_2O)_6$的MOF［UMCM-309a，UMCM为密歇根大学晶态材料（University of Michigan crystalline material）简称］，是一例二维层状结构MOF,其拓扑为

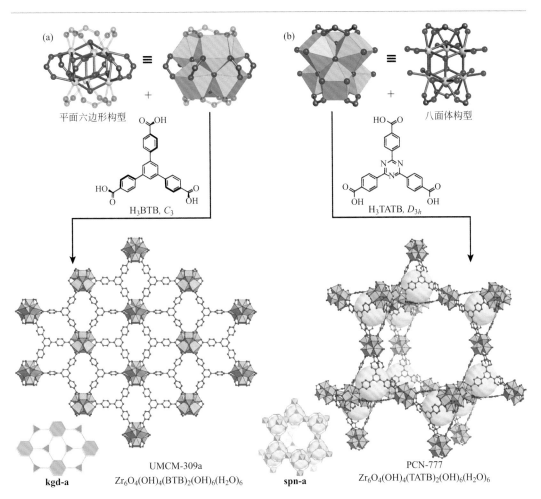

平面六边形构型　　　　　　　　　　　　　　　　　　八面体构型

H_3BTB, C_3　　　　　　　　　　　　　　　H_3TATB, D_{3h}

kgd-a　　　　　**spn-a**

UMCM-309a　　　　　　　　　　　　　　　　PCN-777
$Zr_6O_4(OH)_4(BTB)_2(OH)_6(H_2O)_6$　　　　　$Zr_6O_4(OH)_4(TATB)_2(OH)_6(H_2O)_6$

图4.17　UMCM-309a（a）和PCN-777（b）晶体结构的比较，两者均使用6-c锆基SBU和三角形构型三连接配体构造。合成UMCM-309a时使用的H_3BTB（C_3），相对于H_3TATB（D_{3h}）来说对称性较低，引导形成**kgd**网络而非**spn**网络。拓增**kgd**和拓增**spn**的拓扑图在对应结构侧面展示。为了清晰呈现结构，所有氢原子被省略。颜色代码：Zr，蓝色；C，灰色；N，绿色；O，红色

kgd［命名源于 kagome dual（笼目对偶）］，而不是默认的 **spn** 拓扑[21]。在 UMCM-309a 结构中，$[Zr_6(\mu_3\text{-}O)_4(\mu_3\text{-}OH)_4]^{12+}$ 簇与六个 BTB 配体以平面六边形的形式连接，簇中剩余的配位点被六个—OH 和六个—OH$_2$ 配体占据，从而得到一个 6-c 层状结构。值得注意的是，这些二维层理论上也可以形成三维的穿插结构。合成中使用的位阻较大的结构调节剂避免了结构的穿插[22]。图 4.17 比较了 PCN-777 和 UMCM-309a 结构和它们的对应底层拓扑。

4.3　基于七、八、十以及十二连接 SBU 的 MOF

4.3.1　七连接的 SBU

MOF 的化学合成很少使用点群对称性较低的构造单元，因为人们更希望合成具有高对称性的结构，同时这些结构也更容易结晶。然而，在第 3 章中，我们讨论到具有低对称性的配体可以用于构造 MOF；类似的，具有低对称性的 SBU 也可以生成晶态的框架结构。这里以 7-c 锌基 SBU 与四连接配体 H$_4$BPTC 构筑的 MOF 为例。该 SBU 的结构与已经被充分研究的 6-c Zn$_4$O(—COO)$_6$ SBU 结构在某种程度上相近。该晶态 MOF 基于此前未被报道过的 4,7-连接网络[23]。

4.3.2　八连接的 SBU

大多数连接数大于六的 SBU 通常基于高价金属，如 Al^{3+}、Cr^{3+}、Ti^{4+}、Zr^{4+} 或 Hf^{4+}，在本章后面内容中我们将进一步讨论这一点。然而，也有一些基于二价金属构造的 8-c SBU 被报道。举例来说，立方体构型的 Cu$_4$Cl(—COO)$_8$ 就是基于二价铜离子。将这种 8-c Cu$_4$Cl(—COO)$_8$ SBU 与三角形构型三连接配体 H$_3$BTC 网格化，得到化学式为 (Cu$_4$Cl)$_3$(BTC)$_8$(R$_4$N)$_3$（R=甲基、乙基和丙基）、拓扑为 **the** 的阴离子型框架（图 4.18）。虽然 **the** 网络已经准确地描述了这一 MOF 结构，我们还是可以用另一种基于四面体单元的描述方法来进一步简化结构。这一简化过程与前文中我们对 MIL-100 和 MIL-101 进行的操作一致。当把每个 Cu$_4$Cl(—COO)$_8$ 用一个由四面体连接形成的四元环表示时，可以得到 **sod**［源于 sodalite（方钠石）］网络。(Cu$_4$Cl)$_3$(BTC)$_8$(R$_4$N)$_3$ 的比表面积较低，仅有约 800m^2·g^{-1}。但是由于孔道分区（pore partitioning）效应，该阴离子型框架的二氧化碳吸附量很高[24]。

有许多 MOF 结构包含 8-c 锆基或铪基 SBU，这里我们仅选取部分例子讨论，并强调不同配体在这些框架导向合成过程中的作用。将立方体构型 8-c SBU 与二连接配体连接，可导向合成两种不同拓扑的框架：**bcu**［命名源自 body centered cubic（体心立

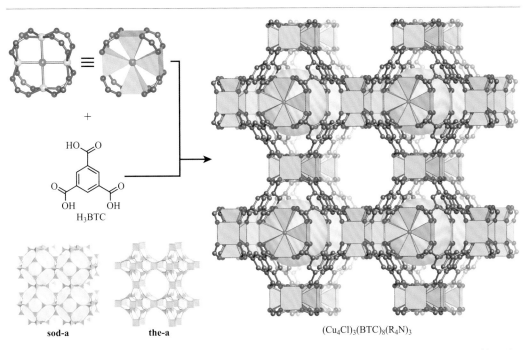

sod-a   **the-a** $(Cu_4Cl)_3(BTC)_8(R_4N)_3$

图4.18　$(Cu_4Cl)_3(BTC)_8(R_4N)_3$的晶体结构。立方体构型$Cu_4Cl(—COO)_8$ SBU与三连接BTC配体连接，形成 **tro**［命名源自于 truncated octahedron（截角八面体），与方钠石中的笼子相同］拓扑的笼子。因此，该结构用 **sod** 网络而不是 **the** 网络来描述更为合适。插图展示了拓增 **sod** 和拓增 **the** 网络。为了清晰呈现结构，所有氢原子以及孔道中的抗衡离子均被省略。颜色代码：Cu，蓝色；C，灰色；O，红色；Cl，粉色

方）] 和 **reo**［命名源自 rhenium oxide（氧化铼）］。通过调控配体的几何特征，我们可以在同样基于Zr_6O_8核SBU的MOF中，得到两种不同的拓扑。立方体通过边连接形成的默认拓扑为 **bcu** 网络（高称嵌入为$Im\overline{3}m$，第229号空间群，传递性为1111）。换句话说，如果我们使用线型二连接配体与立方体构型8-c SBU网格化合成MOF，所得结构应为 **bcu** 拓扑。相反，弯曲的配体将引导形成基于 **reo** 拓扑（高称嵌入为$Pm\text{-}3m$，第221号空间群，传递性为1122）的框架。上述两种拓扑的具体MOF实例分别为PCN-700（$Zr_6O_4(OH)_4(Me_2\text{-}BPDC)_4(OH)_4(H_2O)_4$）和DUT-67［$Zr_6O_6(OH)_2(TDC)_4(CH_3COO)_2$，DUT为德累斯顿工业大学（Dresden University of Technology）简称］。两例MOF分别通过Zr^{4+}源形成的立方体构型8-c SBU，与直线型或弯曲型的二连接羧酸配体合成[25]。将基于Zr_6O_8核的立方体构型8-c SBU连接形成 **bcu** 网络，研究者们选用了羧酸连接基团彼此相互垂直（面转角为90°）的线型二连接配体（需要指出的是，这不是形成 **bcu** 拓扑的必要条件，考虑到SBU可以有不同的相对朝向）。在平面的H_2BPDC配体的2位和2′位引入甲基，其位阻效应就会使配体扭转（扭转的面转角φ）（见图4.4）。因此如图4.19所示，$(Me)_2\text{-}BPDC$与基于Zr_6O_8核的立方体构型8-c SBU网格化后，得到具有预期 **bcu** 拓扑的

PCN-700[❶]。

当使用的二连接配体中羧酸基团共平面但线折角 $\theta \neq 180°$ 时（见图4.4）时，合成会倾向形成 **reo** 拓扑的框架，而非默认的 **bcu** 拓扑框架。运用这一方法，可以将基于 Zr_6O_8 核的立方体构型8-c SBU 与线折角 $\theta=147.9°$ 的弯曲型二连接配体TDC（图4.20）连接，成功合成 DUT-67。然而，进一步合成基于 DUT-67 同网格扩展的结构十分困难，因为这要求配体在长度扩展后，两个羧酸基团间的线折角依旧保持不变。在 H_2DTTDC 中，并三噻吩单元使得共平面的羧酸基团间线折角 $\theta=148.6°$。与原先的 H_2TDC（$\theta_{TDC}=147.9°$）相比，H_2DTTDC 中两个羧基间距离增加了约4Å（见图4.20）。使用这一配体，研究人员成功制备了基于 DUT-67（**reo** 拓扑）同网格扩展的 DUT-51（$Zr_6O_6(OH)_2(DTTDC)_4(CH_3COO)_2$）。

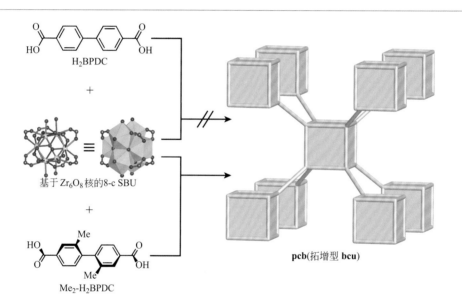

图4.19 在 H_2BPDC 配体的2号和2′号位引入甲基，使得两个连接基团间的面转角为90°。拓增的 **bcu** 网络被称为 **pcb**［命名源自 polycubane（聚立方烷）］网络。相比之下，在相同反应条件下，（截至2019年）并未有使用 H_2BPDC 配体形成基于 **bcu** 拓扑的框架的报道。颜色代码：Zr，蓝色；C，灰色；O，红色

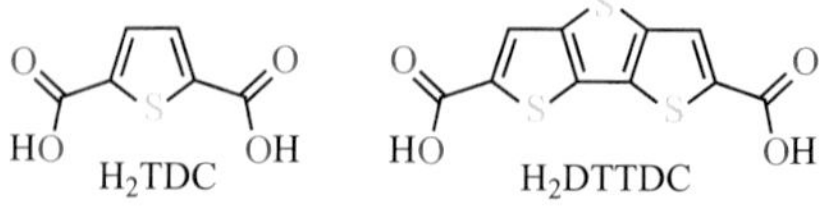

图4.20 合成 **reo** 拓扑的锆基框架采用的弯曲二连接配体。H_2TDC 配体具有的 $\theta=147.9°$ 这一几何特点是形成 **reo** 框架的必要条件。该结构的同网格扩展需要 θ 保持不变，使用含有并三噻吩单元的 H_2DTTDC（$\theta_{DTTDC}=148.6°$）可以满足这一要求

---

❶ 通过合成后金属化修饰（post-synthetic metalation）的方法，可以制备一例基于混金属 Zr_6Ni_4 SBU 的同构框架[26]。

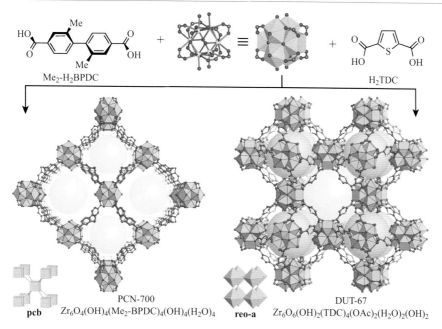

图4.21　PCN-700和DUT-67晶体结构和对应拓扑的比较。两例框架均使用8-c锆基SBU和二连接配体构筑。使用面转角φ=90°的线型配体倾向于得到具有**bcu**拓扑的框架，而使用连接基团间线折角θ约为148°的弯曲配体可以导向生成具有**reo**拓扑的框架。**pcb**和**reo-a**的拓扑学表示图在对应晶体结构左下角展现。为了清晰呈现结构，所有氢原子被省略。颜色代码：Zr，蓝色；C，灰色；O，红色

图4.21比较了PCN-700与DUT-67的结构。当线型二连接配体上连接基团所在面互为垂直时，可以形成**bcu**拓扑；而对弯曲配体上连接基团间的线折角θ精确调节，可以得到具有**reo**拓扑的框架。

使用四连接配体将基于Zr_6O_8核的8-c SBU互相连接，理论上可以得到一系列具有不同拓扑的4,8-连接框架。立方体构型8-c SBU与四面体构型四连接配体形成的默认网络为**flu**［命名源自fluorite（萤石）］拓扑（例如MOF-841的拓扑）。而立方体构型8-c SBU与正方形构型四连接配体的组合可能形成三种不同的网络：**csq**（例如MOF-545）、**scu**［例如NU-902，NU为美国西北大学（Northwestern University）简称］以及**sqc**（例如PCN-225）[27]❶。

将四面体构型MTB配体与四个立方体构型$Zr_6(\mu_3\text{-}O)_4(\mu_3\text{-}OH)_4(—COO)_8$ SBU相连，可以构造MOF-841（$Zr_6O_4(OH)_4(MTB)_2(HCOO)_4(H_2O)_4$，图4.22）。这里，立方体构型与四面体构型构造单元的组合，得到了具有高对称性的默认拓扑（**flu**，边传递网络），这一拓扑源于萤石矿物（fluorite，即CaF_2）的结构。因此，锆基SBU呈面心立方排布，所有堆积生成的四面体空穴被配体MTB填充。MOF-841结构具有一种直径为11.6Å的孔，对应于萤石结构中的八面体空穴[19]。

---

❶　**csq**、**sqc**、**scu**三种拓扑命名中的"s"和"c"表示四方（square）和立方（cube），这三种网络统称为"SC系列网络"。

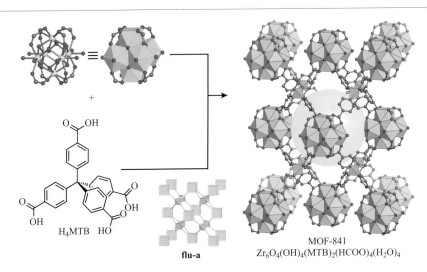

图4.22　MOF-841的晶体结构。四面体构型配体（H₄MTB）和立方体构型8-c锆基SBU的组合，得到具有 **flu** 拓扑的框架。在该结构中，锆簇呈面心立方堆积，而MTB配体填充于堆积生成的四面体空穴中。晶胞中心的大孔对应于氟化钙型（CaF₂）结构中的八面体空穴。插图为拓增 **flu** 网络的拓扑学表示。所有氢原子被省略，MTB配体的中心用绿色四面体表示，以便清晰呈现结构。颜色代码：Zr，蓝色；C，灰色；O，红色

8-c立方体构型SBU与四面体构型四连接配体的组合，只能生成 **flu** 网络。然而，基于 Zr_6O_8 核的8-c SBU和一种卟啉基四连接配体（H₄TCPP-H₂）网格化合成时，通过调控反应pH值、结构调节剂浓度和反应温度，可以得到基于三种不同拓扑的框架。当考虑拓扑异构体（topological isomer，即基于相同构造单元的不同拓扑网络）时，我们总结了以下经验法则。每个拓扑具有各自的高称嵌入，而这些高称嵌入的对称性互有高低。例如 **csq** 网络的高称嵌入为 *P6/mmm*，其对称性比 **scu** 的高称嵌入（*P4/mmm*）高。如果某异构体拓扑的高称嵌入的对称性是所有可能拓扑里面最高的，那么该异构体是热力学更稳定的一相；而如果某异构体的拓扑为具有对称性较低的高称嵌入的拓扑，则它是动力学优势的一相。基于该法则，我们可以对基于四方和立方组合的三种可能拓扑进行如下排序：**csq** 网络是热力学稳定产物（其高称嵌入为 *P6/mmm*，第191号空间群，传递性为2155），高称嵌入的对称性较低的 **sqc** 网络（高称嵌入为 *P4₁/amd*，第141号空间群，传递性为2132）和 **scu** 网络（高称嵌入为 *P4/mmm*，第123号空间群，传递性为2133）是动力学优势产物。使用高温反应条件和高浓度的强作用型结构调节剂，可以驱使反应生成具有 **csq** 拓扑的热力学稳定框架。相反的，逐渐降低结构调节剂的强度和反应温度，可以生成具有 **sqc** 拓扑，甚至 **scu** 拓扑的动力学稳定框架。

我们通过三种拓扑异构体：MOF-545（$Zr_6O_8(TCPP-H_2)_2(H_2O)_8$，**csq**）、PCN-225（$Zr_6O_4(OH)_4(TCPP-H_2)_2(H_2O)_4(OH)_4$，**sqc**）以及NU-902（$Zr_6O_4(OH)_4(TCPP-H_2)_2(H_2O)_4(OH)_4$，**scu**）来说明这一原理[27]。三例MOF都通过Zr⁴⁺盐与H₄TCPP-H₂配体在 *N,N*-二甲基甲酰胺（DMF）

或 *N,N*-二乙基甲酰胺（*N,N*-diethylformamide，简称 DEF）中制备。具体使用的结构调节剂和反应温度如下：在 DMF 中加入甲酸（pK_a=3.75）并于 130℃下反应，得到 MOF-545（**csq**）；在 DEF 中加入苯甲酸（pK_a=4.19）并加热至 120℃得到 PCN-225（**sqc**）；在 DMF 中加入乙酸（pK_a=4.75）并于较低的 90℃下反应得到 NU-902（**scu**）。图 4.23 比较了 MOF-545、PCN-225 以及 NU-902 的结构。值得注意的是，除了结构调节剂和温度以外，因为不同溶剂会分解产生不同的碱，溶剂选择也会影响特定结构的形成。DMF 分解产生二甲胺（DMA，

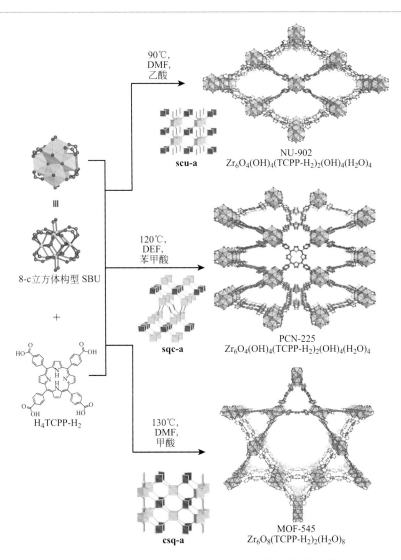

图 4.23　NU-902（**scu**）、PCN-225（**sqc**）和 MOF-545（**csq**）晶体结构及拓扑的比较（从上到下）。这些拓扑中具有对称性最高的高称嵌入的那种拓扑为热力学稳定产物（**csq**，MOF-545），更温和的反应条件会得到 **sqc**（PCN-225）网络和 **scu**（NU-902）网络。**scu**、**sqc**、**csq** 的拓扑图在对应晶体结构旁展示。为了清晰呈现结构，所有氢原子被省略。颜色代码：Zr，蓝色；C，灰色；N，绿色；O，红色

pK_b=10.7），而DEF分解产生二乙胺（diethylamine，DEA，pK_b=11.1）。DEA碱性稍强于DMA，因此在DEF溶液中更容易得到动力学稳定产物。

4.3.3　十连接的SBU

在针对8-c SBU的讨论中，我们看到二连接弯曲配体和Zr^{4+}的网格化合成会得到以DUT-67为例的**reo**拓扑框架。参照DUT-67的合成反应，即利用同样的H$_2$TDC配体与锆盐反应，并降低结构调节剂（乙酸）的浓度时，则会引导反应形成10-c锆基SBU，最终得到具有**bct**［命名源自body-centered tetragonal（体心四方）］拓扑的DUT-69（Zr$_6$O$_4$(OH)$_4$(TDC)$_5$(CH$_3$COO)$_2$）框架。为了解释这一SBU的生成，我们需要更详细地考虑结构调节剂在MOF结晶过程中的作用。一元羧酸与羧酸基配体竞争配位，通过调节框架的生成速率，来阻止相邻SBU彼此团聚生成更大的结构片段。这也是MOF合成实验中此类化合物被称为结构调节剂（modulator）的原因。实验观察到，使用浓度更低或者配位能力更弱的结构调节剂，或提高配体的浓度，所得SBU的连接数会相应提高。在上述两种反应条件下，SBU中的配位位点更可能被配体占据，已与SBU中金属配位的结构调节剂分子也更容易被配体取代。这就是为什么使用相同的起始反应物，仅将调节剂乙酸浓度降低后，就不再生成DUT-67（8-c，**reo**网络），而是得到基于更高连接数SBU的DUT-69（10-c，**bct**网络）（图4.24）。

在DUT-69的晶体结构中，每个基于Zr$_6$O$_8$核的10-c SBU与10个TDC配体相连，得到直径为5Å的八面体笼。开口尺寸为9.15Å×2.66Å的矩形贯穿孔道沿晶体学c轴方向延伸。DUT-69的晶体结构及相应的**bct-a**网络如图4.25所示。

4.3.4　十二连接的SBU

与上文例子相似，可以通过调节合成中的金属源与配体比例，进一步提高基于Zr$_6$O$_8$核的SBU的连接数。举例来说，MOF-841和MOF-812（Zr$_6$O$_4$(OH)$_4$(MTB)$_3$(H$_2$O)$_2$）结构均通过四面体构型MTB配体和基于Zr$_6$O$_8$核的SBU构造[19]。其中，MOF-841通过4,8-连接的**flu**网络结晶（图4.22），而MOF-812通过12-c SBU形成具有**ith**［命名源自于icosahedron-tetrahedron（二十面体–四面体）］底层拓扑的结构（图4.26）。这是通过调节合成中起始反应物的比例实现的。具体而言，当H$_4$MTB和氯氧化锆（ZrOCl$_2$）比例为1∶4时可以得到MOF-841，而在其它条件几乎相同的情况下提高配体的相对浓度（配体金属比降低为1∶2）时，可以得到SBU连接数更高的MOF-812结构[19]。

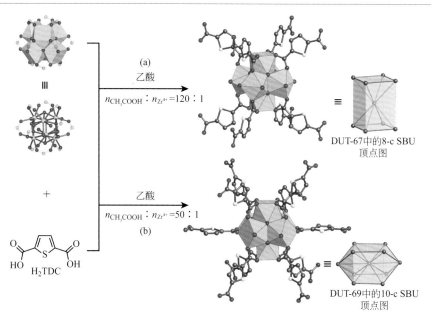

图4.24　（a）DUT–67（8–c，**reo**网络）和（b）DUT–69（10–c，**bct**网络）结构中的SBU及其顶点图的比较（n为乙酸或Zr⁴⁺的物质的量）。当其它条件相似时，通过降低结构调节剂浓度可以得到具有更高连接数的SBU。为了清晰呈现结构，所有氢原子被省略。颜色代码：Zr，蓝色；C，灰色；O，红色；S，黄色

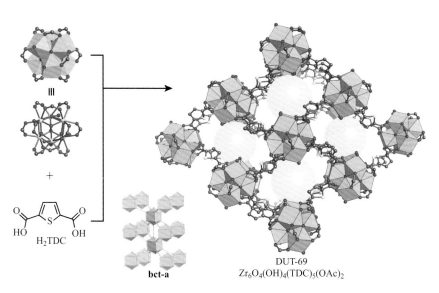

图4.25　沿c轴方向延伸的DUT–69晶体结构。10–c锆基SBU与弯曲的TDC配体形成具有**bct**拓扑的三维框架，其9.15Å×2.66Å的孔道沿晶体学c轴方向延伸。对应拓扑图为拓增**bct**网络沿a轴方向的视图。为了清晰呈现结构，所有氢原子被省略。颜色代码：Zr，蓝色；C，灰色；O，红色；S，黄色

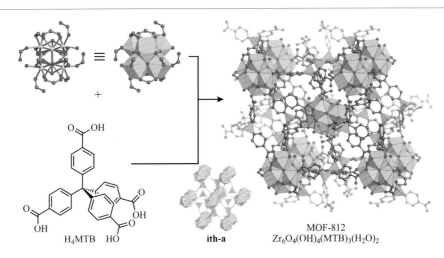

H₄MTB　　　　　ith-a　　MOF-812
Zr₆O₄(OH)₄(MTB)₃(H₂O)₂

图4.26　Zr⁴⁺与四面体构型四连接配体 H₄MTB 网格化合成得到 MOF–812 的 **ith** 网络。在12个与 Zr₆O₈ 核连接的 (—COO) 中，4个以单齿配位模式与 SBU 连接，另8个为桥联模式。该结构具有一种直径为5.6Å 的孔。插图展示了拓增 **ith** 网络。所有氢原子被省略，MTB 配体的中心用绿色四面体表示，以便清晰呈现结构。颜色代码：Zr，蓝色；C，灰色；O，红色

　　上面两个例子说明了结构调节剂浓度和起始反应物比例，对所得 SBU 的连接数及对应 MOF 结构的影响。当使用同一组起始反应物（仅指相同反应原料，而非指相同构造单元）可能得到多种连接数相同的网络时，调节反应条件也可以帮助我们获得特定网络。为了说明这一点，我们详细讨论一下平面四方形构型配体 H₄TCPP–H₂ 与基于 Zr₆O₈ 核的 12–c SBU 可能形成的两种 4,12–c 网络。12–c 锆基 SBU 可以有两种几何特征：一种为截半立方体，一种为六棱柱。将这两种 SBU 与平面四方形构型构造单元连接，分别形成 **ftw**（例如 MOF–525，Zr₆O₄(OH)₄(TCPP–H₂)）和 **shp**（例如 PCN–223，Zr₆O₄(OH)₄(TCPP–H₂)₃）拓扑的框架（图4.27）。上述两例结构都基于各自顶点组合的默认拓扑[27c]。PCN–223 在高温（120℃）、高结构调节剂浓度的条件下反应得到；而当反应条件更温和时，即结构调节剂浓度较低，反应温度为65℃时，形成 MOF–525。具有 **ftw** 拓扑的立方相 MOF–525 中，八个截半立方体构型 Zr₆(μ₃-O)₄(μ₃-OH)₄(—COO)₁₂ SBU 与六个 TCPP–H₂ 配体围合成孔。而在 **shp** 网络中，六棱柱构型 Zr₆(μ₃-O)₄(μ₃-OH)₄(—COO)₁₂ SBU 以更紧密的方式堆积，因此 PCN–223 具有三角形一维孔道，且比表面积低于 MOF–525。

　　UiO–66〔UiO 为奥斯陆大学（University of Oslo）的简称，Zr₆O₄(OH)₄(BDC)₆〕是首例报道的且迄今仍最重要的一例 12–c 锆基 MOF[28]。UiO–66 通过以 Zr₆O₈ 为核的截半立方体构型 12–c SBU 与线型二连接 BDC 配体构造，具有 **fcu**〔命名源自于 face–centered cubic（面心立方）〕网络。其空旷三维框架结构包含四面体孔和八面体孔，每个八面体孔被八个四面体孔以共面的形式包围（图4.28）。这种高连接数的、进而相对致密的结构倾向于存在配体缺失或 SBU 缺失等缺陷[29]。因此，UiO–66 是常用于研究 MOF 缺陷以及缺陷引起

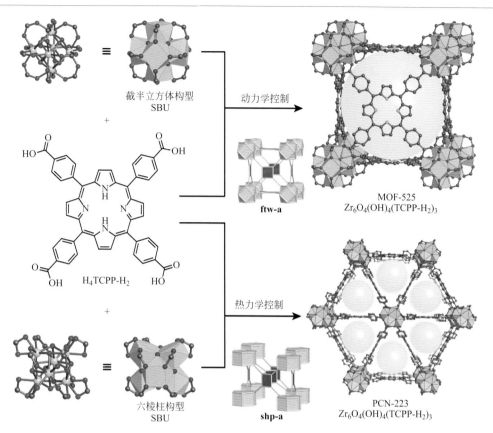

图4.27 MOF-525（上）和PCN-223（下）晶体结构与对应底层拓扑的比较。两例结构都基于4,12-连接网络。**shp**拓扑的PCN-223在相对苛刻的条件下形成，而**ftw**拓扑的MOF-525的反应条件较温和。MOF-525含有互相分隔的立方孔，而PCN-223具有一维孔道体系。PCN-223的六棱柱构型SBU的堆积更致密，导致其孔尺寸及比表面积均小于MOF-525。**ftw**和**shp**的拓扑图在对应晶体结构旁展示。为了清晰呈现结构，所有氢原子被省略。颜色代码：Zr，蓝色；C，灰色；N，绿色；O，红色

的性质变化的对象。所有基于UiO-66的同网格MOF都展现出了良好的结构稳定性和化学稳定性。

截至2019年，基于12-c SBU构造的MOF中，锆基MOF的数目最多。然而需要指出的是，也有少量基于二价或三价金属（如铍、铝、铬和锌）的12-c SBU被报道。

举例来说，人们利用四面体配位的锌离子与硅原子的几何相似性，合成了一例基于12-c $Zn_8(SiO_4)(—COO)_{12}$ SBU的框架结构。这些SBU的中心为一个四面体构型SiO_4单元，该单元与四个四面体配位的Zn^{2+}离子以共顶点的方式连接[30]。SBU在六个方向上各与2个BDC，总计12个BDC配体相连，形成二重穿插且互相交联的6-c框架（$Zn_8(SiO)_4(BDC)_6$），框架整体为**pcu**拓扑（图4.29）。基于其交联的SBU和穿插框架，这一MOF展现了优良的热稳定性（高达520℃）和化学稳定性。这种12-c $Zn_8(SiO_4)(—COO)_{12}$ SBU也可以进一步与m-BDC等配体连接得到其它框架结构[31]。

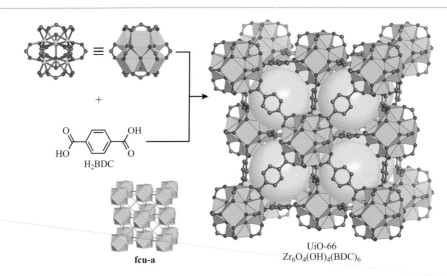

fcu-a

UiO-66
Zr$_6$O$_4$(OH)$_4$(BDC)$_6$

图4.28　UiO–66晶体结构及其**fcu**拓扑。12–c锆基SBU与线型二连接BDC配体连接，导致SBU呈面心立方排布（**fcu**网络）。该结构有两种孔，对应于面心立方堆积的四面体空穴（橙球）和八面体空穴（为了清晰呈现结构，未显示）。插图展示了拓增**fcu**网络。为了清晰呈现结构，所有氢原子被省略。颜色代码：Zr，蓝色；C，灰色；O，红色

利用另一种策略，研究者得到了含有罕见的12–c锌基SBU的MOF，将其命名为bio–MOF–100（Zn$_8$O$_2$(AD)$_4$(BPDC)$_6$(Me$_2$NH$_2$)$_4$）[32]。它的12–c SBU（结构式为Zn$_8$O$_2$(AD)$_4$(—COO)$_{12}$，简称ZABU）通过8个四面体配位的Zn^{2+}和4个腺嘌呤离子（adeninate，AD）构造形成，并被12个BPDC配体的羧基以单齿配位的方式进行封端。ZABU SBU可以被描述为一个截角四面体。通过将该SBU与线型二连接BPDC配体连接，形成三重交联的基于**lcs**拓扑的4–连接网络（图4.30）。bio–MOF–100立方结构只含有一种介孔。经超临界干燥法进行活化后，可以得到内表面积为4300m^2·g^{-1}、孔隙率为85%的高度多孔性材料。bio–MOF–100是用于进行合成后配体交换反应的理想平台，我们将在第6章中进一步讨论这种合成后修饰方法[33]。

研究者同时对使用基于轻质金属或类金属元素的SBU来构造MOF十分感兴趣。为了解释这一研究的意义，我们可以假设将MOF–5中的Zn^{2+}替换为元素周期表中最轻的二价金属离子Be^{2+}。理论上，替换金属之后的材料在保持MOF–5的高体积比吸附容量的同时，质量比表面积（m^2·g^{-1}）和氢气的质量比存储容量（cm^3·g^{-1}）都会增加40%。受此启发，研究者合成了结构简式为Be$_{12}$(OH)$_{12}$(BTB)$_4$的MOF，这是首例具有明确结构表征的铍基MOF[34d]。该高度多孔的框架结构通过由12个四面体配位的Be^{2+}离子组成的马鞍形[Be$_{12}$(OH)$_{12}$]$^{12+}$ SBU构造而得。该环形SBU内侧的棱边通过—OH基团桥联，外侧与三角形构型BTB配体的羧基连接［图4.31（a）］。该全新的十二元环SBU结构此前在金属羧酸盐配合物领域中从未被报道过。由于较轻的框架质量，Be$_{12}$(OH)$_{12}$(BTB)$_4$在10MPa

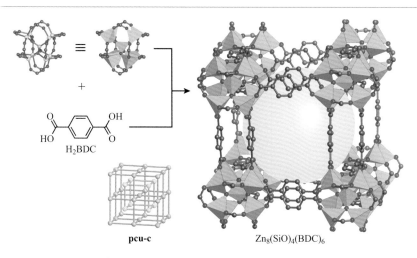

图4.29 $Zn_8(SiO_4)(BDC)_6$ 的晶体结构。12-c SBU 在六个方向上以双重交联的形式互相连接，得到具有 **pcu** 拓扑的框架。这一框架中的部分开放空间被穿插的框架填充［**pcu-c**，c 源自于 catenated（穿插）］。SBU 间的双重交联以及框架的穿插使得 $Zn_8(SiO_4)(BDC)_6$ 热稳定性优异。为了清晰呈现结构，所有氢原子被省略。颜色代码：Zn，蓝色；Si，橙色；C，灰色；O，红色

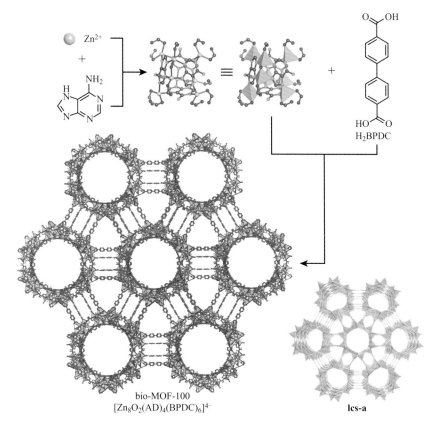

图4.30   bio-MOF-100 的晶体结构。截角四面体构型 $Zn_8O_2(AD)_4(—COO)_{12}$（简称 ZABU）SBU 与配体 BPDC 三重交联，得到具有 **lcs** 拓扑的框架。这一框架只拥有介孔，其孔隙率约为 85%

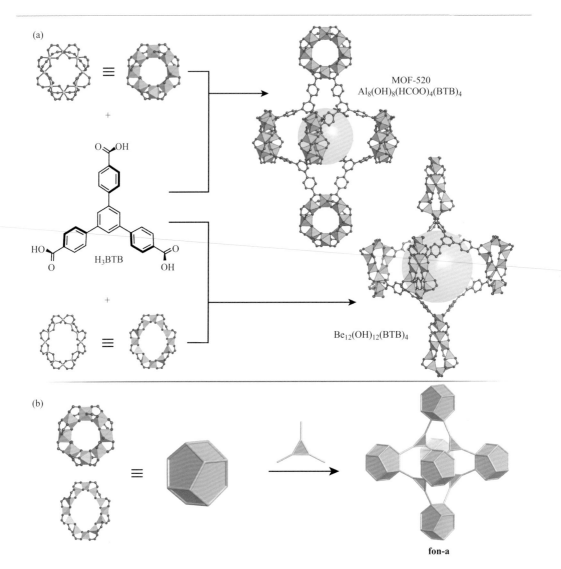

图4.31　（a）MOF-520（上）和 $Be_{12}(OH)_{12}(BTB)_4$（下）晶体结构比较。两种框架都具有3,12-连接的 **fon** 拓扑。$Be_{12}(OH)_{12}(BTB)_4$ 由通过—OH桥联的马鞍形十二元SBU构造得到，而MOF-520中的环状SBU由8个共顶点且通过羟基桥联的铝八面体得到。（b）MOF-520和 $Be_{12}(OH)_{12}(BTB)_4$ 的拓扑学表示。12-c SBU用蓝色表示，三连接配体BTB用橙色三角形表示。为了清晰呈现结构，省略了所有氢原子。颜色代码：Al或Be，蓝色；C，灰色，O，红色

（100bar, 1bar=10^5Pa）和77K下具有高达9.2%的质量比氢气存储容量。

　　MOF-520（$Al_8(OH)_8(HCOO)_4(BTB)_4$）具有类似的环状铝基SBU，该框架通过 Al^{3+} 与三角形构型三连接 H_3BTB 配体网格化生成。MOF-520与前面提到的 $Be_{12}(OH)_{12}(BTB)_4$ 拓扑相同[35]。8个八面体配位且共顶点的铝原子与双桥联氢氧根离子相连，生成八核 $Al_8(OH)_8(HCOO)_4(—COO)_{12}$ SBU，并进一步构造得到具有3,12-连接 **fon** 网络的MOF-520

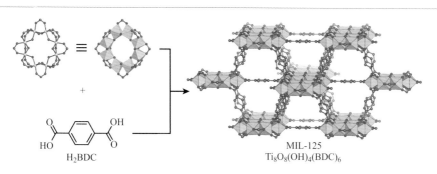

图4.32　MIL-125的晶体结构。这一结构由体心立方模式堆积的环状$Ti_8O_8(OH)_4(—COO)_{12}$ SBU与线型二连接BDC配体连接形成。得到的拓增**bcu**网络含有两种不同的孔，分别对应于体心立方密堆积生成的四面体空穴和八面体空穴。为了清晰呈现结构，所有氢原子被省略。颜色代码：Ti，蓝色；C，灰色；O，红色

（图4.31）。在MOF-520中，每个SBU与12个BTB配体、4个端基配位甲酸根连接，得到尺寸为16.2Å×9.9Å的较大孔。

在所有用于构造SBU的金属中，钛的低毒性、良好的氧化还原活性和光催化能力以及所得钛羧酸盐MOF的优异稳定性，使得钛成为最有吸引力的金属之一。第一例报道的钛基MOF是MIL-125（$Ti_8O_8(OH)_4(BDC)_6$，图4.32）[36]。这一结构由$TiO_5(OH)$八面体以共顶点形式形成的八聚环，进一步与线型二连接BDC配体连接组成，最终得到具有**bcu**底层拓扑的多孔结构。该结构也可描述为环形$Ti_8O_8(OH)_4(—COO)_{12}$ SBU呈体心立方排布。每个SBU通过十二个BDC配体与周围十二个SBU连接，其中四个配体位于环形SBU所处平面内，平面上方与平面下方分别还有各四个配体。这一排布使得MIL-125具有两个直径分别为6.13Å和12.55Å的可及孔，它们分别对应于体心立方堆积模型中的八面体空穴和四面体空穴[36]。

4.4　基于无限棒状SBU的MOF

到目前为止，我们只讨论了具有明确连接数的离散型（discrete）零维SBU，然而MOF化学中不乏基于无限延伸的一维棒状（infinite rod-like）SBU的结构。值得注意的是，这类SBU并没有对应已知的小分子结构或分子实体，它们仅在MOF化学中存在。尽管大多数基于棒状SBU的MOF由稀土金属构筑，我们还是会像前面对离散型零维SBU的讨论一样，聚焦于利用过渡金属构筑的材料。若想深入了解利用稀土金属基棒状SBU构筑的MOF，请参阅相关文献[37]。

在第2章讨论MOF-74及其同网格扩展框架时，我们已经接触到了基于棒状SBU的MOF。另一系列基于棒状SBU的重要MOF是MIL-53系列（M(BDC)(OH)，M=Cr^{3+}、Fe^{3+}、Al^{3+}和V^{3+}）[38]。MIL-53结构由八面体配位的M^{3+}成链与BDC配体连接构筑，形成的三维微孔结构具有**sra**拓扑。框架内一维孔道沿晶体学c轴方向延伸（图4.33）。具体地说，棒状SBU基于Cr(—COO)$_{4/4}$(OH)$_{2/2}$八面体构筑，其中两个来自配体的羧基以桥联方式连接相邻两个金属中心。MIL-53十分独特的性质在于，吸附CO_2后框架会发生罕见的结构扭曲。CO_2分子的四极矩使得整个框架产生"呼吸"效应。原先的窄孔（narrow pore，np）构型可转变成宽孔（wide pore，wp）相[39]。这一结构转变现象在其它具有较大偶极矩或四极矩的气体分子（如水蒸气）存在时也会出现。

棒状SBU也可以呈螺旋形。其中一个例子是结构式为Ni$_{2.5}$(OH)(L–Asp)$_2$的手性MOF[40]。该框架结构由螺旋形[M$_4$(OH)$_2$(—COO)$_2$]$_∞$棒状SBU与金属化配体[Ni(L–Asp)$_2$]$^{2-}$组成，具有**srs**拓扑。该手性MOF中的螺旋形SBU由Ni八面体进行共边或共顶点连接得到，所有棒状SBU具有相同的手性。将这些螺旋SBU连接，生成沿晶体学c轴方向延伸的手性螺旋形贯穿孔道，其尺寸为5Å × 8Å（图4.34）。

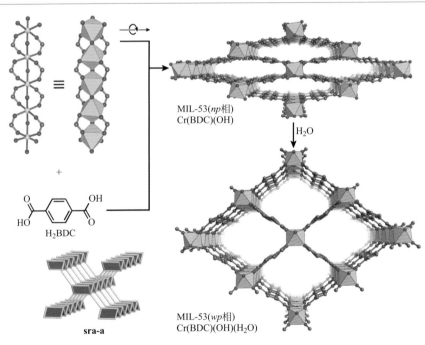

MIL-53(np相)
Cr(BDC)(OH)

H$_2$BDC

sra-a

MIL-53(wp相)
Cr(BDC)(OH)(H$_2$O)

图4.33　MIL-53的晶体结构。该MOF由[Cr(—COO)$_{4/4}$(OH)$_{2/2}$]$_∞$棒状SBU与线型二连接BDC配体连接而成，具有**sra**拓扑。当框架与具有较大四极矩或偶极矩的客体分子相互作用时，会发生呼吸形变效应。插图展示了拓增**sra**网络。为了清晰呈现结构，所有氢原子被省略。颜色代码：Cr，蓝色；C，灰色；O，红色

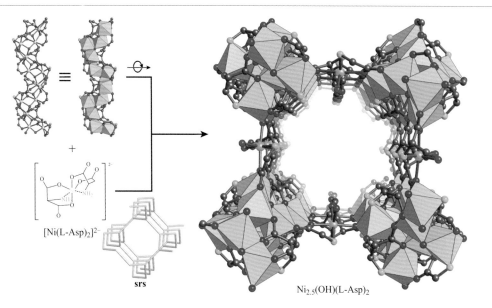

srs

$Ni_{2.5}(OH)(L\text{-}Asp)_2$

图4.34　$Ni_{2.5}(OH)(L\text{-}Asp)_2$的晶体结构。该框架由一维螺旋型SBU与线型金属化配体$[Ni(L\text{-}Asp)_2]^{2-}$连接得到，具有 **srs** 拓扑。插图展示了拓增 **srs** 网络。为了清晰呈现结构，所有氢原子被省略。颜色代码：SBU中的Ni，蓝色；金属化配体中的Ni，橙色；C，灰色；N，绿色；O，红色

4.5　**总结**

　　在本章中，我们讨论了由连接数为3～12的离散型SBU构筑的MOF结构，以及基于棒状SBU构筑的框架。通过许多具体例子，我们阐明了：配体和SBU的精确几何特征、它们的化学组成以及合成MOF的反应条件都会在很大程度上影响最终框架的结构。我们介绍了由局部对称性相同的构造单元得到的不同结构，将其归为热力学稳定或动力学稳定产物，并通过对相应拓扑网络进行分析，说明了产物选择性的原因。我们从整体上回答了为什么一些特定的结构能够生成，并仔细分析了它们对构造单元及反应条件的要求，以说明如何定向获得这些结构。本章中提到的所有结构都是通过一种SBU和一种配体构筑的二基元MOF结构。然而单个MOF结构中还可能同时具有三个甚至更多各不同的构造单元，这些将是第5章的主要内容。

参考文献

[1] Grzesiak, A.L., Uribe, F.J., Ockwig, N.W. et al. (2006). Polymer-induced heteronucleation for the discovery of new extended solids. *Angewandte Chemie International Edition* 45 (16): 2553–2556.

[2] (a) Han, L., Xu, L.-P., and Zhao, W.-N. (2011). A novel 2D (3,5)-connected coordination framework with $Zn_2(COO)_3$ SBU. *Journal of Molecular Structure* 1000 (1–3): 58–61. (b) Wu, M., Jiang, F., Wei, W. et al. (2009). A porous polyhedral metal-organic framework based on $Zn_2(COO)_3$ and $Zn_2(COO)_4$ SBUs. *Crystal Growth & Design* 9 (6): 2559–2561. (c) Zhang, X., Zhang, Y.-Z., Zhang, D.-S. et al. (2015). A hydrothermally stable Zn(II)-based metal-organic framework: structural modulation and gas adsorption. *Dalton Transactions* 44 (35): 15697–15702. (d) Yang, J., Wang, X., Dai, F. et al. (2014). Improving the porosity and catalytic capacity of a zinc paddlewheel metal-organic framework (MOF) through metal-ion metathesis in a single-crystal-to-single-crystal fashion. *Inorganic Chemistry* 53 (19): 10649–10653.

[3] Eddaoudi, M., Kim, J., Wachter, J. et al. (2001). Porous metal-organic polyhedra: 25 Å cuboctahedron constructed from 12 $Cu_2(CO_2)_4$ paddle-wheel building blocks. *Journal of the American Chemical Society* 123 (18): 4368–4369.

[4] Furukawa, H., Kim, J., Ockwig, N.W. et al. (2008). Control of vertex geometry, structure dimensionality, functionality, and pore metrics in the reticular synthesis of crystalline metal-organic frameworks and polyhedra. *Journal of the American Chemical Society* 130 (35): 11650–11661.

[5] Eddaoudi, M., Kim, J., Vodak, D. et al. (2002). Geometric requirements and examples of important structures in the assembly of square building blocks. *Proceedings of the National Academy of Sciences* 99 (8): 4900–4904.

[6] Eddaoudi, M., Kim, J., O'Keeffe, M., and Yaghi, O.M. (2002). $Cu_2[o\text{-}Br\text{-}C_6H_3(CO_2)_2]_2(H_2O)_2(DMF)_8(H_2O)_2$: a framework deliberately designed to have the NbO structure type. *Journal of the American Chemical Society* 124 (3): 376–377.

[7] Yaghi, O.M., O'Keeffe, M., Ockwig, N.W. et al. (2003). Reticular synthesis and the design of new materials. *Nature* 423 (6941): 705–714.

[8] Chui, S.S.-Y., Lo, S.M.-F., Charmant, J.P.H. et al. (1999). A chemically functionalizable nanoporous material $[Cu_3(TMA)_2(H_2O)_3]_n$. *Science* 283 (5405): 1148–1150.

[9] (a) Millward, A.R. and Yaghi, O.M. (2005). Metal-organic frameworks with exceptionally high capacity for storage of carbon dioxide at room temperature. *Journal of the American Chemical Society* 127 (51): 17998–17999. (b) Mason, J.A., Veenstra, M., and Long, J.R. (2014). Evaluating metal-organic frameworks for natural gas storage. *Chemical Science* 5 (1): 32–51.

[10] Feldblyum, J.I., Liu, M., Gidley, D.W., and Matzger, A.J. (2011). Reconciling the discrepancies between crystallographic porosity and guest access as exemplified by Zn-HKUST-1. *Journal of the American Chemical Society* 133 (45): 18257–18263.

[11] (a) Spanopoulos, I., Tsangarakis, C., Klontzas, E. et al. (2016). Reticular synthesis of HKUST-like tbo-MOFs with enhanced CH$_4$ storage. *Journal of the American Chemical Society* 138 (5): 1568–1574. (b) Ma, S., Sun, D., Ambrogio, M. et al. (2007). Framework-catenation isomerism in metal-organic frameworks and its impact on hydrogen uptake. *Journal of the American Chemical Society* 129 (7): 1858–1859. (c) Furukawa, H., Go, Y.B., Ko, N. et al. (2011). Isoreticular expansion of metal-organic frameworks with triangular and square building units and the lowest calculated density for porous crystals. *Inorganic Chemistry* 50 (18): 9147–9152.

[12] Chen, B., Eddaoudi, M., Hyde, S. et al. (2001). Interwoven metal-organic framework on a periodic minimal surface with extra-large pores. *Science* 291 (5506): 1021–1023.

[13] Sun, D., Ma, S., Ke, Y. et al. (2006). An interweaving MOF with high hydrogen uptake. *Journal of the American Chemical Society* 128 (12): 3896–3897.

[14] (a) Sudik, A.C., Côté, A.P., and Yaghi, O.M. (2005). Metal-organic frameworks based on trigonal prismatic building blocks and the new "acs" topology. *Inorganic Chemistry* 44 (9): 2998–3000. (b) Férey, G., Serre, C., Mellot-Draznieks, C. et al. (2004). A hybrid solid with giant pores prepared by a combination of targeted chemistry, simulation, and powder diffraction. *Angewandte Chemie* 116 (46): 6456–6461. (c) Férey, G., Mellot-Draznieks, C., Serre, C., and Millange, F. (2005). Crystallized frameworks with giant pores: are there limits to the possible? *Accounts of Chemical Research* 38 (4): 217–225. (d) Férey, G., Mellot-Draznieks, C., Serre, C. et al. (2005). A chromium terephthalate-based solid with unusually large pore volumes and surface area. *Science* 309 (5743): 2040–2042. (e) Hong, D.-Y., Hwang, Y.K., Serre, C. et al. (2009). Porous chromium terephthalate MIL-101 with coordinatively unsaturated sites: surface functionalization, encapsulation, sorption and catalysis. *Advanced Functional Materials* 19 (10): 1537–1552. (f) Liu, Y., Eubank, J.F., Cairns, A.J. et al. (2007). Assembly of metal-organic frameworks (MOFs) based on indium-trimer building blocks: a porous MOF with soc topology and high hydrogen storage. *Angewandte Chemie International Edition* 46 (18): 3278–3283. (g) Alezi, D., Belmabkhout, Y., Suyetin, M. et al. (2015). MOF crystal chemistry paving the way to gas storage needs: aluminum-based soc-MOF for CH$_4$, O$_2$, and CO$_2$ storage. *Journal of the American Chemical Society* 137 (41): 13308–13318.

[15] Eddaoudi, M., Sava, D.F., Eubank, J.F. et al. (2015). Zeolite-like metal-organic frameworks (ZMOFs): design, synthesis, and properties. *Chemical Society Reviews* 44 (1): 228–249.

[16] Bromberg, L., Diao, Y., Wu, H. et al. (2012). Chromium(III) terephthalate metal organic framework (MIL-101): HF-free synthesis, structure, polyoxometalate composites, and catalytic properties. *Chemistry of Materials* 24 (9): 1664–1675.

[17] (a) Horcajada, P., Chevreau, H., Heurtaux, D. et al. (2014). Extended and func- tionalized porous iron(III) tri-or dicarboxylates with MIL-100/101 topologies. *Chemical Communications* 50 (52): 6872–6874. (b) Feng, D., Liu, T.-F., Su, J. et al. (2015). Stable metal-organic frameworks containing single-molecule traps for enzyme encapsulation. *Nature Communications* 6: 5979.

[18] Kickelbick, G. and Schubert, U. (1997). Oxozirconium methacrylate clusters: Zr$_6$(OH)$_4$O$_4$(OMc)$_{12}$ and Zr$_4$O$_2$(OMc)$_{12}$ (OMc = methacrylate). *European Journal of Inorganic Chemistry* 130 (4): 473–478.

[19] Furukawa, H., Gándara, F., Zhang, Y.-B. et al. (2014). Water adsorption in porous metal-organic

frameworks and related materials. *Journal of the American Chemical Society* 136 (11): 4369–4381.

[20] Feng, D., Wang, K., Su, J. et al. (2015). A highly stable zeotype mesoporous zirconium metal-organic framework with ultralarge pores. *Angewandte Chemie International Edition* 54 (1): 149–154.

[21] Ma, J., Wong-Foy, A.G., and Matzger, A.J. (2015). The role of modulators in controlling layer spacings in a tritopic linker based zirconium 2D microp- orous coordination polymer. *Inorganic Chemistry* 54 (10): 4591–4593.

[22] Wang, R., Wang, Z., Xu, Y. et al. (2014). Porous zirconium metal-organic framework constructed from 2D → 3D interpenetration based on a 3,6-connected kgd net. *Inorganic Chemistry* 53 (14): 7086–7088.

[23] Bai, S., Zhang, W., Ling, Y. et al. (2015). Predicting and creating 7-connected Zn_4O vertices for the construction of an exceptional metal-organic framework with nanoscale cages. *CrystEngComm* 17 (9): 1923–1926.

[24] Tan, Y.-X., He, Y.-P., and Zhang, J. (2011). Pore partition effect on gas sorption properties of an anionic metal-organic framework with exposed Cu^{2+} coordination sites. *Chemical Communications* 47 (38): 10647–10649.

[25] (a) Yuan, S., Lu, W., Chen, Y.-P. et al. (2015). Sequential linker installation: precise placement of functional groups in multivariate metal-organic frameworks. *Journal of the American Chemical Society* 137 (9): 3177–3180. (b) Bon, V., Senkovskyy, V., Senkovska, I., and Kaskel, S. (2012). Zr(IV) and Hf(IV) based metal-organic frameworks with reo-topology. *Chemical Communications* 48 (67): 8407–8409.

[26] Yuan, S., Chen, Y.P., Qin, J. et al. (2015). Cooperative cluster metalation and ligand migration in zirconium metal-organic frameworks. *Angewandte Chemie International Edition* 54 (49): 14696–14700.

[27] (a) Jiang, H.-L., Feng, D., Wang, K. et al. (2013). An exceptionally stable, porphyrinic Zr metal-organic framework exhibiting pH-dependent fluorescence. *Journal of the American Chemical Society* 135 (37): 13934–13938. (b) Deria, P., Gómez-Gualdrón, D.A., Hod, I. et al. (2016). Framework- topology-dependent catalytic activity of zirconium-based (porphinato) zinc(II) MOFs. *Journal of the American Chemical Society* 138 (43): 14449–14457. (c) Morris, W., Volosskiy, B., Demir, S. et al. (2012). Synthesis, structure, and metalation of two new highly porous zirconium metal-organic frameworks. *Inorganic Chemistry* 51 (12): 6443–6445.

[28] (a) Cavka, J.H., Jakobsen, S., Olsbye, U. et al. (2008). A new zirconium inorganic building brick forming metal organic frameworks with exceptional stability. *Journal of the American Chemical Society* 130 (42): 13850–13851. (b) Feng, D., Gu, Z.-Y., Chen, Y.-P. et al. (2014). A highly stable porphyrinic zirconium metal-organic framework with shp-a topology. *Journal of the American Chemical Society* 136 (51): 17714–17717.

[29] Trickett, C.A., Gagnon, K.J., Lee, S. et al. (2015). Definitive molecular level characterization of defects in UiO-66 crystals. *Angewandte Chemie International Edition* 54 (38): 11162–11167.

[30] Yang, S., Long, L., Jiang, Y. et al. (2002). An exceptionally stable metal-organic framework constructed from the $Zn_8(SiO_4)$ core. *Chemistry of Materials* 14 (8): 3229–3231.

[31] Yang, S., Long, L., Huang, R., and Zheng, L. (2002). $[Zn_8(SiO_4)(C_8H_4O_4)_6]_n$: the firstborn of a metallosilicate-organic hybrid material family ($C_8H_4O_4$ = isophthalate). *Chemical Communications* (5): 472–473.

[32] An, J., Farha, O.K., Hupp, J.T. et al. (2012). Metal-adeninate vertices for the construction of an exceptionally porous metal-organic framework. *Nature Communications* 3: 604.

[33] Li, T., Kozlowski, M.T., Doud, E.A. et al. (2013). Stepwise ligand exchange for the preparation of a family of mesoporous MOFs. *Journal of the American Chemical Society* 135 (32): 11688–11691.

[34] (a) Bragg, W. (1923). Crystal structure of basic beryllium acetate. *Nature* 111: 532. (b) Pauling, L. and Sherman, J. (1934). The structure of the carboxyl group II. The crystal structure of basic beryllium acetate. *Proceedings of the National Academy of Sciences* 20 (6): 340–345. (c) Han, S.S., Deng, W.-Q., and Goddard, W.A. (2007). Improved designs of metal-organic frameworks for hydrogen storage. *Angewandte Chemie International Edition* 46 (33): 6289–6292. (d) Sumida, K., Hill, M.R., Horike, S. et al. (2009). Synthesis and hydrogen storage properties of $Be_{12}(OH)_{12}$(1,3,5-benzenetribenzoate)$_4$. *Journal of the American Chemical Society* 131 (42): 15120–15121.

[35] Gándara, F., Furukawa, H., Lee, S., and Yaghi, O.M. (2014). High methane storage capacity in aluminum metal-organic frameworks. *Journal of the American Chemical Society* 136 (14): 5271–5274.

[36] Dan-Hardi, M., Serre, C., Frot, T. et al. (2009). A new photoactive crystalline highly porous titanium(IV) dicarboxylate. *Journal of the American Chemical Society* 131 (31): 10857–10859.

[37] (a) Schoedel, A., Li, M., Li, D. et al. (2016). Structures of metal-organic frameworks with rod secondary building units. *Chemical Reviews* 116 (19): 12466–12535. (b) Rosi, N.L., Kim, J., Eddaoudi, M. et al. (2005). Rod packings and metal-organic frameworks constructed from rod-shaped secondary building units. *Journal of the American Chemical Society* 127 (5): 1504–1518. (c) Cheng, P. and Bosch, M. (2015). *Lanthanide Metal-Organic Frameworks*. Springer.

[38] (a) Millange, F., Serre, C., and Ferey, G. (2002). Synthesis, structure determination and properties of MIL-53as and MIL-53ht: the first Cr[III] hybrid inorganic–organic microporous solids: Cr[III](OH) • {O_2C–C_6H_4–CO_2} • {HO_2C–C_6H_4–CO_2H}$_x$. *Chemical Communications* (8): 822–823. (b) Serre, C., Millange, F., Thouvenot, C. et al. (2002). Very large breathing effect in the first nanoporous chromium(III)-based solids: MIL-53 or Cr[III](OH) • {O_2C–C_6H_4–CO_2} • {HO_2C–C_6H_4–CO_2H}$_x$ • H_2O_y. *Journal of the American Chemical Society* 124 (45): 13519–13526. (c) Loiseau, T., Serre, C., Huguenard, C. et al. (2004). A rationale for the large breathing of the porous aluminum terephthalate (MIL-53) upon hydration. *Chemistry – A European Journal* 10 (6): 1373–1382.

[39] Boutin, A., Coudert, F.-X., Springuel-Huet, M.-A. et al. (2010). The behavior of flexible MIL-53(Al) upon CH_4 and CO_2 adsorption. *The Journal of Physical Chemistry C* 114 (50): 22237–22244.

[40] Anokhina, E.V., Go, Y.B., Lee, Y. et al. (2006). Chiral three-dimensional microporous nickel aspartate with extended Ni–O–Ni bonding. *Journal of the American Chemical Society* 128 (30): 9957–9962.

5 MOF的复杂性和异质性

5.1 引言

到目前为止，我们讨论了通过两种不同构造单元构筑的金属有机框架（MOF）结构。在这些MOF中，构造单元分别是一种配体和一种次级构造单元（SBU），它们互相连接得到周期性框架结构。然而，单一MOF框架也可以包含超过两种构造单元。对于这些MOF结构，在本章中，我们将着重引入"复杂性"（complexity）和"异质性"（heterogeneity）两个概念，并以此将其分类。首先，我们将以锌基MOF为例，对异质性与复杂性之间的区别进行说明。这些MOF均包含$Zn_4O(—COO)_6$次级构造单元，不过使用了不同有机配体。

当$Zn_4O(—COO)_6$ SBU与线型二连接BDC配体或三角形构型三连接BTC配体网格化合成时，分别生成MOF-5（**pcu**拓扑）和MOF-177（**qom**拓扑）[1]。相较而言，当这两种配体共同用于合成时，可以得到一例不同的且更复杂的MOF结构UMCM-1（结构简式$Zn_4O(BDC)(BTB)_{4/3}$，拓扑**muo**）[2]。需要注意的是，在该多基元结构（multinary structure）中，每种独立构造单元的晶体学位置明确（图5.1），我们将其称为"框架的复杂性"。这类复杂性可以通过在一个MOF结构中引入①多种不同配体、②多种不同SBU、③多种不同SBU和不同配体、④有序缺位（ordered vacancy）来实现。

在另一情况中，$Zn_4O(—COO)_6$ SBU与线型二连接BDC或Br-BDC配体网格化构筑，分别得到MOF-5（$Zn_4O(BDC)_3$，**pcu**拓扑）或IRMOF-2（$Zn_4O(Br-BDC)_3$，**pcu**拓扑）。这是两例网格相同、尺寸参数相同但化学组成不同的MOF[3]。由于两例MOF的主干相同，我们可以将两种配体结合于同一框架中，并保留结构原有拓扑（**pcu**）。需要注意的是，在得到的MTV-MOF-5结构中，BDC和Br-BDC的具体空间排布未知，即我们把异质性引入到了原本有序的MOF-5主干中（图5.2）。我们称之为"框架的异质性"[4]。这类异质性可以通过以下

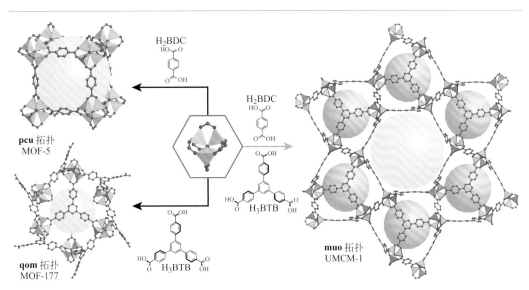

图5.1　多基元MOF中框架的复杂性。在多基元MOF中，三种及以上具有不同尺寸与不同几何特征的构造单元被结合在单一MOF结构中。本例中，我们分析Zn₄O(—COO)₆ SBU与H₂BDC和（或）H₂BTB配体的网格化合成。在二基元体系中，网格化合成的产物分别为MOF-5（**pcu**）和MOF-177（**qom**）。相比而言，通过Zn₄O(—COO)₆ SBU和两种配体共同网格化构筑单一MOF结构，我们可以得到UMCM-1（**muo**）。该框架与上述两例二基元MOF在结构上无任何联系。因为该MOF的主干更加复杂，我们称之为"框架的复杂性"。为了清晰呈现结构，所有氢原子已省略。颜色代码：Zn，蓝色；C，灰色；O，红色

三种方法引入：①多种可互换的配体，这些配体需具有相同的连接基团和尺寸参数，但在化学组成上有所不同；②多种能组成相同SBU的金属离子；③在MOF主干上（或主干内）存在无序的结构缺位。具有异质性的MOF被称为多变量（multivariate，MTV）MOF。

　　本章中，我们将探究超越二基元体系的MOF结构。我们将解释复杂性和异质性如何赋能MOF，使其具有超越简单二基元结构的优异性质。

5.2　框架的复杂性

5.2.1　多金属MOF

　　将多种不同的SBU引入到单一MOF结构中扩展了可实现网络拓扑的范围。对于包含两种几何特点和（或）尺寸参数不同SBU的MOF结构，可分为两种情况：①多种SBU由同一金属构成，或②不同种SBU各自基于不同种金属。如第3章和第4章中所述，特定

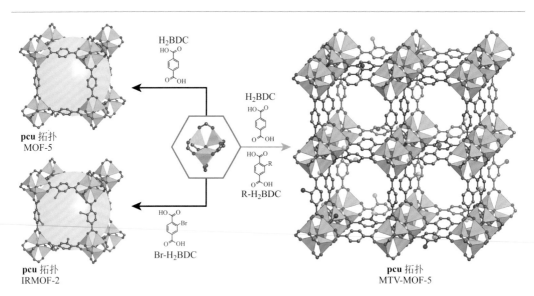

图5.2　当三种及以上的构造单元网格化构筑于同一MOF框架，且其中至少两种构造单元在结构上可互换时，我们认为该框架具有异质性。本例中，我们分析$Zn_4O(—COO)_6$ SBU与H_2BDC和Br-H_2BDC配体的网格化合成。在二基元体系中，网格化合成的产物分别是具有相同**pcu**拓扑的MOF-5和IRMOF-2。MOF-5和IRMOF-2同网格（同构），但其化学组成不同。因此，可将这两种配体共同与$Zn_4O(—COO)_6$ SBU网格化构筑于一个结构中，同样的策略可以拓展至将更多种含有不同取代基的R-H_2BDC配体构筑于同一结构，得到的MOF（MTV-MOF-5）具有相同拓扑（**pcu**）。MTV-MOF-5中配体BDC和R-BDC的空间排布特征将结构异质性赋予晶体主干，这称为"框架的异质性"。为了清晰呈现结构，所有氢原子已省略。颜色代码：Zn，蓝色；C，灰色；O，红色；Br，粉色；MTV-MOF-5中R-BDC配体上不明确的取代基用不同颜色标注

SBU的定向合成需要精心调控反应条件；因此通过一锅法反应得到多种不同类型的SBU具有一定难度。因而在一些实例中，得到具有多种SBU的MOF可能出于偶然，而非经过设计。接下来，我们将讨论两种具有多种SBU的复杂MOF结构的通用合成方法。

5.2.1.1　有机配体的去对称化

UMCM-150（$Cu_3(BHTC)_2(H_2O)_3$）由两种SBU——4-c车辐式$Cu_2(—COO)_4$ SBU和相对少见的6-c车辐式$Cu_3(—COO)_6$ SBU构成。它的设计和合成采用了"顶点导向的配体去对称化"方法（图5.3）[5]。去对称化的三角形构型H_3BHTC配体（C_{2h}）是基于三角形构型配体H_3BTC（D_{3h}）的非对称扩展得到的。在UMCM-150结构中，每个BHTC配体与一个6-c以及两个4-c车辐式SBU相连，框架为**agw**拓扑。如图5.3所示，3,4,6-连接的**agw**网络由三角形构型单元（BHTC）、正方形构型单元（$Cu_2(—COO)_4$）和三棱柱构型单元（$Cu_3(—COO)_6$）组成。若将BHTC配体拆分为苯甲酸单元和间苯二酸单元，UMCM-150的结构也可以用如下方法来描述：4-c车辐式SBU与二连接的间苯二酸单元连接，形成六

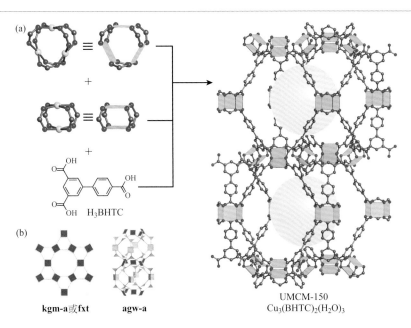

图5.3 （a）UMCM-150的晶体结构。该例中，顶点导向的配体去对称化策略使研究者得到两种不同SBU，分别为4-*c*和6-*c*的车辐式铜基SBU。由此生成的结构可以描述为由4-*c*车辐式SBU和BHTC配体的间苯二酸部分形成笼目层（**kgm**），进一步经三重交联形成三维**agw**拓扑结构。（b）拓增**kgm**（**fxt**）网络和**agw**网络的拓扑图，其中红色正方形表示4-*c*车辐式SBU，蓝色三棱柱表示6-*c*车辐式SBU，橙色三角形表示BHTC配体。为了清晰呈现结构，所有氢原子已省略。颜色代码：Cu，蓝色；C，灰色；O，红色

边形笼目（**kgm**，其拓增网络为**fxt**）层；笼目层进一步经6-*c*三棱柱车辐式SBU三重交联形成三维框架。

5.2.1.2 含有不同化学连接基团的配体

为了更好地控制复杂MOF的网格化合成过程，研究者可以使用具有多种不同连接基团的配体，这些配体有利于形成多种不同的SBU。MOF-325的合成使用了这种方法。具体地说，Cu^{2+}和4-吡唑甲酸（4-pyrazolecarboxylic acid，简称H_2PyC）网格化合成得到化学式为$Cu_3[(Cu_3O)(PyC)_3(NO_3)]_2$的框架（图5.4）[6]。该框架中包含两种不同类型的SBU。PyC的吡唑部分与Cu^{2+}形成平面三角形构型$Cu_3OL_3(PyC)_3$ SBU（L指NO_3^-或溶剂），而它的羧酸部分连接两个Cu^{2+}中心形成车辐式SBU $Cu_2(—COO)_4$[6]。进而，这些平面三角形构型和平面四方形构型SBU构成基于**tbo**拓扑的框架。MOF-325和HKUST-1同网格，其区别在于HKUST-1中平面三角形构型配体均苯三甲酸根（BTC，D_{3h}）被平面三角形构型$Cu_3OL_3(PyC)_3$ SBU（D_{3h}）所替代。因三核$Cu_3OL_3(PyC)_3$ SBU尺寸比HKUST-1中BTC大，所以MOF-325的孔（尺寸19.2Å）也比HKUST-1中的孔大（尺寸18Å）[7]。

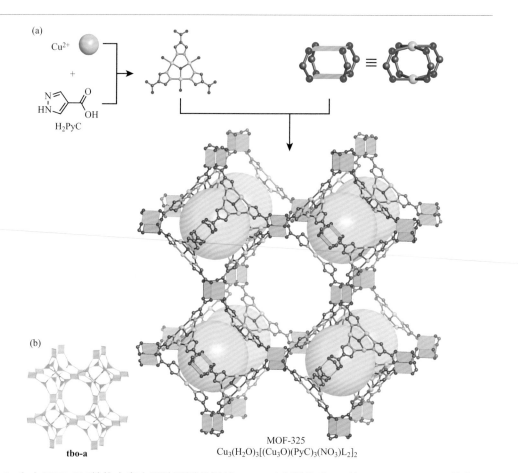

图5.4　（a）MOF–325结构中存在两种不同的铜基SBU。三角形构型3–c的$Cu_3OL_3(PyC)_3$ SBU具有D_{3h}对称，它与4–c车辐式SBU连接形成**tbo**拓扑型框架。结构中的大孔（19.6Å）在三个方向上连通，形成三维贯通的孔体系。（b）拓增**tbo**网络。铜基车辐式SBU用蓝色四方形表示，$Cu_3OL_3(PyC)$单元用橙色三角形表示。为了清晰呈现结构，铜车辐式SBU中端基配位的H_2O、$Cu_3OL_3(PyC)$ SBU中的端基配体以及所有氢原子已省略。颜色代码：Cu，蓝色；N，绿色；C，灰色；O，红色

为制备结构更复杂的框架，科研人员将MOF–325合成所用配体（即H_2PyC）与两种不同的金属进行网格化合成，以迫使生成两种不同类型的SBU。H_2PyC与Cu^{2+}和Zn^{2+}网格化合成得到了一例高度复杂的MOF结构——FDM–3［FDM为复旦材料（Fudan materials）的简称］，其化学式为$[(Zn_4O)_5(Cu_3OH)_6(PyC)_{22.5}(OH)_{18}(H_2O)_6][Zn(OH)(H_2O)_3]_3$[8]。FDM–3结构中包含多种不同类型SBU：一种铜基$Cu_3OH(PyC)_3$ SBU和六种不同的锌基SBU。这些锌基SBU在结构上与$Zn_4O(—COO)_6$ SBU相关，其中四种锌基SBU为八面体构型（$Zn_4O(—COO)_3R_3$，其中R = —COO或—NN—），另两种锌基SBU为四方锥构型（$Zn_4O(—COO)_4R$）。结构高度复杂的FDM–3晶体结构呈3,5,6–连接的**ott**网络（图5.5），其阴离子框架的孔道中部分填充有抗衡离子$[Zn(OH)(H_2O)_3]^+$。

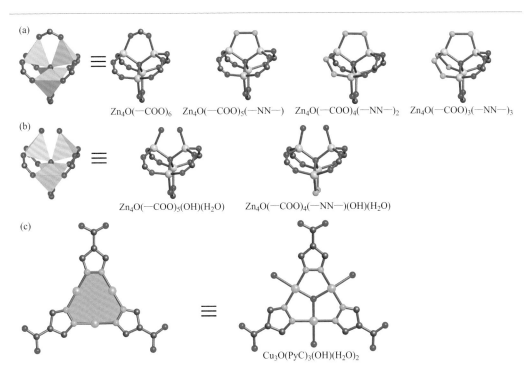

图5.5　FDM-3结构中包含7种不同类型的SBU，它们由两种不同金属（锌和铜）构成，其连接数由3至6不等。（a）6-c 八面体构型锌基（蓝色）SBU，化学式为 $Zn_4O(-COO)_6$、$Zn_4O(-COO)_5(-NN-)$、$Zn_4O(-COO)_4(-NN-)_2$ 以及 $Zn_4O(-COO)_3(-NN-)_3$。（b）5-c 四方锥构型锌基（粉色）SBU，化学式为 $Zn_4O(-COO)_5(OH)(H_2O)$ 和 $Zn_4O(-COO)_4(-NN-)(OH)(H_2O)$。（c）3-c 三角形构型铜基（橙色）SBU，化学式为 $Cu_3O(PyC)_3(OH)(H_2O)_2$。为了清晰呈现结构，所有氢原子已省略。颜色代码：Zn，蓝色；Cu，橙色；C，灰色；N，绿色；O，红色

　　FDM-3的整体结构由四种笼子组成，其中两种为微孔，另两种为介孔（图5.6）。立方体笼（笼I）的直径为7.6Å，位于晶体立方晶胞的体心和所有边中点位置，其排布与立方密堆积类似。第二种笼（笼II）可以描述为异相双三角柱（gyrobifastigium，两个侧面为正方形的正三棱柱，以对方为参考系旋转90°，并以一个正方形面贴合），其尺寸约为 8.0Å × 8.0Å。介孔的笼III与MIL-101中最大笼在拓扑结构上相同，其孔径为23.4Å。笼IV是FDM-3中最大的笼，为准八面体构型，其孔径为28.8Å。一个FDM-3晶胞含有28个微孔笼（4个笼I、24个笼II），11个介孔笼（8个笼III、3个笼IV）。完全活化后材料的比表面积为2585$m^2 \cdot g^{-1}$。

5.2.2　多配体MOF

　　与拥有多种SBU的MOF的合成类似，使用超过一种配体同样可以生成复杂的多基元

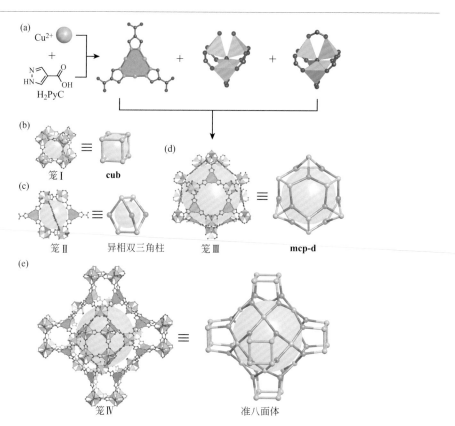

图5.6 （a）结合了7种不同SBU（如图5.5所示）的MOF结构（FDM-3），该框架为具有**ott**拓扑的高度复杂的结构。结构包含四种尺寸不同的笼子，其中两种为微孔笼，两种为介孔笼。（b）笼Ⅰ（**cub**）仅基于一种SBU构筑，其直径7.6Å，它与MOF-5结构中的孔相似。（c）笼Ⅱ为异相双三角柱构型，大小约8.0 Å × 8.0Å。（d）笼Ⅲ为**mcp-d**拓扑，直径为23.4Å。（e）最大的笼（笼Ⅳ）为准八面体构型，基于60个SBU构成，直径为28.8Å。一个FDM-3的晶胞中共包含39个笼（4个笼Ⅰ、24个笼Ⅱ、8个笼Ⅲ和3个笼Ⅳ）

MOF结构。然而，定向设计合成此类MOF具有一定难度，因为反应体系中的多种构造单元给结构带来一定程度的不可预测性。为说明这一点，我们先回顾本章开头的例子：由Zn^{2+}与线型二连接H_2BDC配体和/或三角形构型三连接H_3BTB配体网格化合成的一系列MOF结构（图5.1）。我们得知Zn^{2+}与H_3BTB的网格化合成得到MOF-177（**qom**）；在几乎同样的条件下，Zn^{2+}与H_2BDC的网格化合成得到的是MOF-5（**pcu**）。相反，而对于同时包含两种配体的合成而言，我们无法预测会得到哪一例二基元MOF，抑或得到新的多配体复杂MOF。对$Zn^{2+}/H_2BDC/H_3BTB$三基元（ternary）体系的研究表明，通过调变配体间比例，可分别制备纯相MOF-5、MOF-177以及包含两种配体的多基元MOF（UMCM-1，$Zn_4O(BDC)(BTB)_{4/3}$，**muo**）（图5.7）[9]。

　　在UMCM-1结构中，每个八面体构型$Zn_4O(—COO)_6$ SBU与两个BDC和四个BTB配体

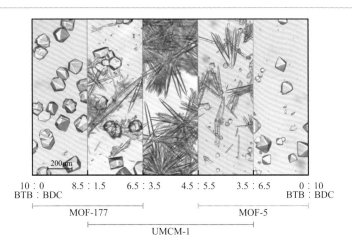

10：0　　8.5：1.5　　6.5：3.5　　4.5：5.5　　3.5：6.5　　0：10
BTB：BDC　　　　　　　　　　　　　　　　　　　　　BTB：BDC

MOF-177　　　　　　　　　　　　MOF-5

UMCM-1

图5.7　取决于合成中所用配体（H₂BDC和H₃BTB）比例的不同，可生成不同相的MOF。Zn²⁺与仅一种配体（或一种配体过量的混合体系）反应生成MOF-5（**pcu**）或MOF-177（**qom**），而在H₂BDC和H₃BTB的摩尔比为6∶4至4∶6之间的混合配体体系中，观察到纯相UMCM-1（**muo**）的生成

相连，形成尺寸约为14Å×17Å的笼子。具体而言，每个笼子由9个SBU通过6个BDC和5个BTB配体连接构成（图5.8）。这些笼子以共边的方式连接，形成直径约为24Å×29Å的一维六边形孔道。UMCM-1结合了大多数MOF所具有的高比表面积（5730m²·g⁻¹）和介孔硅酸盐/铝硅酸盐所具有的大孔开口特点。研究者试图用噻吩并[3,2-*b*]噻吩-2,5-二甲酸根（thieno[3,2-*b*]thiophene-2,5-dicarboxylate，简称T²DC）取代H₂BDC来制备UMCM-1（**muo**）的扩展版本，然而形成的是一例结构不同的框架。该框架被命名为UMCM-2（Zn₄O(T²DC)(BTB)₄/₃，**umt**）[10]。在UMCM-2基础上，保持所有组分的几何形状和尺寸参数（长度比例）不变，可以实现该多基元MOF的同网格扩展，得到DUT-32（Zn₄O(BPDC)(BTCTB)₄/₃）[11]。

以类似方式，可以用三角形构型三连接H₃BTE配体和线型二连接H₂BPDC配体共同与Zn²⁺网格化构筑另一例多配体MOF。用Zn²⁺与H₂BPDC或H₃BTE网格化合成的二基元MOF分别是IRMOF-10（**pcu**）和MOF-180（**qom**）[1,3]，而将这两种配体结合到单一结构中，得到的是分子式为(Zn₄O)₃(BPDC)₃(BTE)₄的多基元框架MOF-210（图5.9），该MOF具有**toz**拓扑[1]。有趣的是，UMCM-1和MOF-210使用的构造单元具有相同的顶点图（八面体、三角形以及直线型的边），但是所使用单元的尺寸参数不同。MOF-210结构中包含两种不同的笼子，其中较大的笼子由18个Zn₄O(—COO)₆ SBU组成，并通过14个BTE和6个BPDC连接，呈现一个27Å×48Å的椭球孔。较小的笼子直径约为20Å，由9个Zn₄O(—COO)₆ SBU、5个BTE和6个BPDC配体组成。MOF-210的复杂框架结构使其拥有6240m²·g⁻¹的超高比表面积及优异的气体吸附性质。

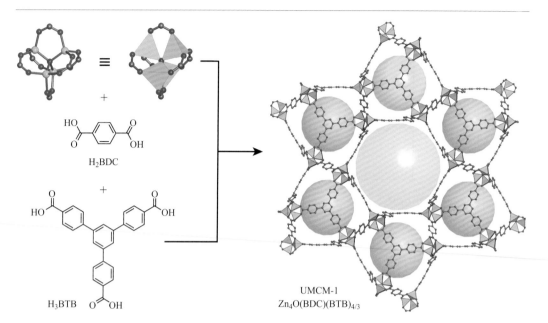

H₂BDC

H₃BTB

UMCM-1
Zn₄O(BDC)(BTB)₄/₃

图5.8　**muo**底层拓扑的UMCM-1晶体结构。通过6个BDC与5个BTB配体连接9个SBU，形成尺寸约为14Å×17Å（橙球）的较小笼子。这些笼子以共边方式排布，从而形成尺寸为24Å×29Å（黄球）的较大一维六边形孔道。为了清晰呈现结构，所有氢原子被省略。颜色代码：Zn，蓝色；C，灰色；O，红色

　　虽然上述讨论的多配体MOF均基于三角形构型三连接配体、线型二连接配体、Zn₄O(—COO)₆ SBU的组合构筑而成，但它们具有不同的结构类型。这表明，对多基元体系而言，合成前的预先设计并非无关紧要。为了能网格化合成特定拓扑，我们必须保持不同配体间的精确长度比例。在前面例子中，配体长度比例的细微差别导致了MOF-210（长度比例为0.76）、UMCM-1（0.786）及UMCM-2（0.79）结构的合成。这使得基于这些结构的同网格扩展较为困难，在MOF-205（Zn₄O(BTB)₄/₃(NDC)）等例子中，同网格扩展甚至无法实现[1]。

　　多基元MOF还可以由三个以上不同构造单元来合成，并且已有多例基于三种不同类型配体的MOF被报道。这里面包含一些层柱（pillared-layer）形构型MOF结构。此类MOF通常由羧酸配体与SBU相连形成二维层。柱连接配体通常为氧给体或氮给体配体（如4,4'-连吡啶、DABCO），而结构中仅含有羧酸配体的层柱形构型MOF较为少见。四基元（quaternary）层柱形构型UMCM-4（Zn₄O(BDC)₁.₅(TCA)）的一系列同网格MOF就是基于纯羧酸配体的例子。UMCM-4中所有的构造单元通过强化学键连接。在这一系列结构（UMCM-4、UMCM-10、UMCM-11以及UMCM-12）中，Zn₄O(—COO)₆通过三连接TPA配体和二连接BDC配体连接，形成具有**cru**拓扑的二维层；这些层进一步以BDC、Me₄-BPDC、EDDB、TMTPDC作为柱连接，分别得到UMCM-4、UMCM-

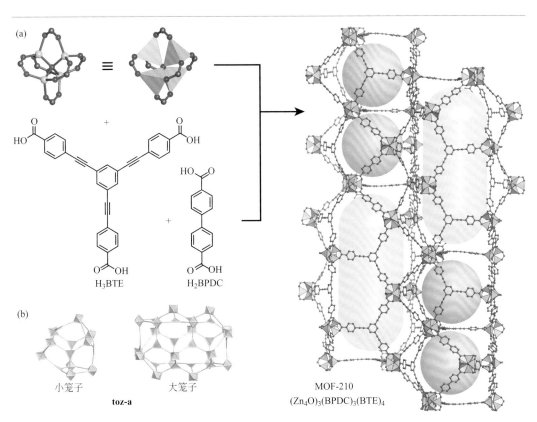

图5.9　（a）MOF-210的晶体结构。Zn^{2+}与H_3BTE和H_2BPDC的网格化合成，得到具有**toz**拓扑的复杂框架结构。该结构包含两种大小不同的孔。其中较小的孔（橙球）直径约20Å，而较大的孔（黄色椭圆）尺寸为27Å×48Å。这种复杂结构使其具有6240$m^2 \cdot g^{-1}$的超高比表面积。（b）MOF-210的**toz**网络中两种笼子的拓扑表示：BTE配体由橙色三角形表示，锌基SBU由蓝色八面体表示。为了清晰呈现结构，所有氢原子已省略。颜色代码：Zn，蓝色；C，灰色；O，红色

10（$Zn_4O(BDC)_{0.75}(Me_4-BPDC)_{0.75}(TCA)$）、UMCM-11（$Zn_4O(BDC)_{0.75}(EDDB)_{0.75}(TCA)$）以及UMCM-12（$Zn_4O(BDC)_{0.75}(TMTPDC)_{0.75}(TCA)$）三维拓展型框架结构[12]。与其它非层柱形构型的多配体体系相比，各向异性的同网格扩展（anisotropic isoreticular expansion）设计可以在层柱形构型结构中实现。若在二维层内引入较长的二连接配体（即层内的BDC配体被更长配体替换），层内结构的对称性就会受到破坏，因此层内的二连接配体扩展是无法成功进行的。换句话说，这样的二连接配体扩展仅选择性地针对层间柱连接配体进行。通过配体扩展来调控孔开口大小是改进分子筛效应选择性的强效手段。

另一例复杂且高度有序的四基元三维框架实例为MUF-7a［$(Zn_4O)_3(BTB)_{4/3}(BDC)_{1/2}(BPDC)_{1/2}$，MUF为梅西大学金属有机框架（Massey University metal-organic framework）的简称］，具有**ith-d**底层拓扑[13]。MUF-7a由Zn^{2+}与三角形构型三连接H_3BTB、线型二连接H_2BDC和线型二连接H_2BPDC配体网格化合成得到。该结构存在两种不同笼子，直径分

别为10Å和20Å（图5.10）。配体的精准设计，以及配体与结构中对应位置的对称性匹配有利于避免构造单元分布的随机性和无序性。研究者们利用这一方法，实现了在MOF周期性晶格中以预设模式排布多种官能团，即得到了具有"程序化孔"（programmed pore）的MOF。与未修饰官能团的结构相比，具有程序化孔的MUF-7同构物呈现出接近100%的二氧化碳吸附能力提升[14]。

序贯配体安装（sequential linker installation，SLI）是另一种合成高复杂性结构的方法，尽管适用范围相对并不广泛[15]。通过SLI可以系统地增加SBU的连接数，因而能用于制备一些无法直接合成的框架。我们将在第6章MOF结构的合成后修饰中详细介绍该方法。

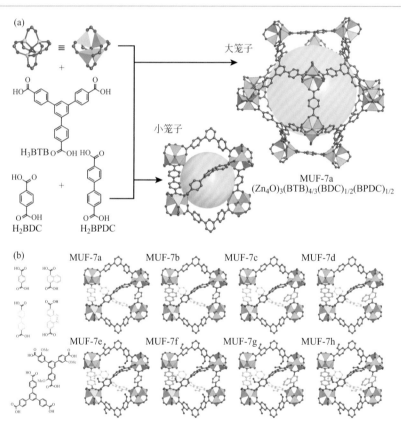

图5.10 （a）四基元MOF MUF-7a的晶体结构片段。图中仅展示较小孔（橙球）和较大孔（黄球），它们可进一步组装形成完整的**ith-d**拓扑框架（未显示）。（b）采用与晶体结构中对应位置对称性匹配的衍生配体，可形成8种具有不同程序化孔的同网格材料（MUF-7a～h）。图中仅展示结构中较小的四面体构型孔。BTB和(OMe)₃-BTB配体仅展示部分片段，其它衍生配体用不同颜色突出显示。为了清晰呈现结构，所有氢原子已省略。除非另作说明，颜色代码：Zn，蓝色；C，灰色；O，红色

5.3.2　混金属MTV-MOF

　　合成MTV-MOF的另一种方法是在SBU内对称性等价的位点上引入不同金属,从而在MOF的主干中引入异质性。该方法可以通过一锅法反应或合成后金属交换反应(详见第6章)实现。例如,用一锅法反应制备的Co掺杂的混金属(Zn)MOF-5:Co^{2+}结构中,钴含量为8%或21%。虽然人们可以确定Co^{2+}被掺杂到框架的锌基SBU中,但无法精确确定Co^{2+}的空间分布[21]。用合成后金属交换的方法可以制备含有Ti^{3+}、$V^{2+/3+}$、$Cr^{2+/3+}$、Mn^{2+}和Fe^{2+}的MOF-5同构混金属MOF[22]。为引入三价金属,可以先将低氧化态金属引入到骨架,然后在不影响MOF-5的原始结构、结晶性和多孔性的条件下将其氧化。

　　通过一锅法合成,可以将多达10种不同金属(Mg、Ca、Sr、Ba、Mn、Fe、Co、Ni、Zn和Cd)引入到MOF-74的SBU中,从而得到MTV-MOF-74(图5.15)[23]。该方法可以将一些本身不能单独合成纯相MOF-74的金属离子(如Ca、Sr、Ba和Cd)引入框架。在此类异质性结构中确定金属离子的空间分布是十分困难的。能量色散X射线光谱(energy dispersive X-ray spectroscopy)可以帮助理清这些混金属MOF中金属中心的分布

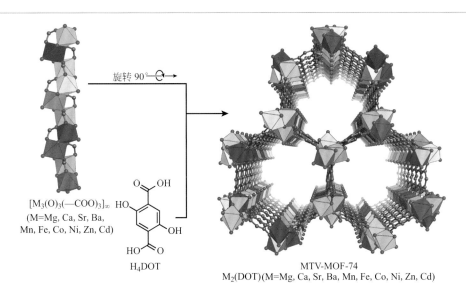

$[M_3(O)_3(—COO)_3]_\infty$
(M=Mg, Ca, Sr, Ba, Mn, Fe, Co, Ni, Zn, Cd)

H_4DOT

MTV-MOF-74
$M_2(DOT)$(M=Mg, Ca, Sr, Ba, Mn, Fe, Co, Ni, Zn, Cd)

旋转90°

图5.15　晶体学c轴方向视角下的MTV-MOF-74晶体结构。该**etb**框架是通过DOT配体连接一维$[M_3(O)_3(COO)_3]_\infty$棒状SBU形成的。所得到的框架具有沿晶体学c轴方向的六边形一维孔道。MTV-MOF-74的SBU可含有多达10种不同金属(Mg、Ca、Sr、Ba、Mn、Fe、Co、Ni、Zn和Cd),其中有一些金属并无对应的二基元MOF-74结构。这些金属以它们各自的配位多面体来表示,每种颜色代表一种金属。为了清晰呈现结构,所有氢原子已省略。颜色代码:C,灰色;O,红色

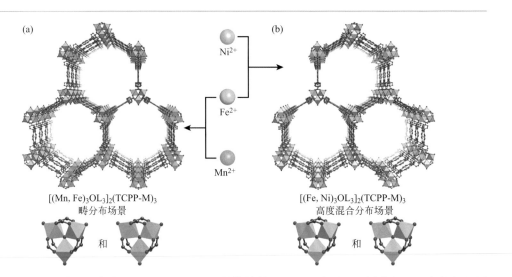

图5.16　具有 **stp** 底层拓扑的[M₃OL₃]₂(TCPP-M)₃晶体结构。（a）具有明显不同半径和电负性的金属（Mn²⁺和Fe²⁺）倾向于形成只含一种金属的SBU，导致金属的畴分布；（b）相似半径和电负性的金属（Fe²⁺和Ni²⁺）生成混金属SBU，导致金属高度混合分布

规律。研究者利用该方法，得知MTV-MOF-74的SBU中不同金属的分布并不均匀。

　　另一例混金属MTV-MOF的实例是结构式为[M₃OL₃]₂(TCPP-M)₃的化合物，它由基于卟啉的四连接配体和三核的M₃OL₃(—COO)₆ SBU构筑而成[24]。利用五种基于不同金属的SBU和六种不同配体（非金属化TCPP-H₂和五种不同金属化衍生配体TCPP-M），可以制备通式为[M₃OL₃]₂(TCPP-M)₃的36例同构MOF（图5.16）。对于这些结构，存在两种场景：①畴（domain）分布场景，即晶体内分布有基于不同SBU的畴，每个畴内的SBU仅由一种金属组成；②高度混合（well-mixed）分布场景，即同一SBU中混有不同金属，MOF结构由混金属SBU构成。能量色散X射线光谱表明，用上述方法制备的所有材料均未观察到相分离现象，确认了混金属MTV-MOF的定向生成。通常来讲，具有相似半径和电负性的金属倾向于形成混金属SBU（高度混合分布），而具有明显不同半径和电负性的金属形成单金属基SBU（畴分布）。这一现象符合金属间化合物或离子型固体材料发展领域中的相关原理，并且可通过X射线光电子能谱进行实验验证。

5.3.3　无序缺位MTV-MOF

　　与利用多种含不同官能团的配体或利用混多种金属SBU形成MTV体系相似，将缺陷（defect）引入MOF结构也可以得到MTV-MOF[25]。此外，缺陷的存在可以提高MOF针对特定应用的性能。

为说明该方法，我们进一步分析UiO-66（图4.28）结构中的缺陷。对于UiO-66，可以通过在反应物中加入强作用型结构调节剂（如三氟乙酸）来生成缺陷。在框架形成过程中，结构调节剂与BDC配体竞争SBU上的结合位点，从而产生配体缺失缺陷（missing-linker defect）。该缺陷可通过X射线衍射技术进行验证[26]。有趣的是，与原UiO-66相比，由此产生的富含缺陷的材料在香茅醛环化生成异苏木醇的反应中表现出更强的催化活性，其它富含缺陷的MOF也存在类似的催化性能增强效应[27]。用于产生缺陷位点的结构调节剂通常与合成所用配体结构类似[25,28]。以含有缺陷的PCN–125（[Cu$_2$(H$_2$O)$_2$](TPDC)）的合成为例[28a]，科研人员将m-H$_2$BDC加入Cu^{2+}和H$_4$TPTC的反应混合体系中，得到具有配体缺失缺陷的PCN–125（图5.17）。尽管得到的材料展现出与原PCN–125相同的X射线衍射谱，但缺陷结构中m-BDC的存在可以通过MOF分解后样品的NMR证实。图5.17中展示了此缺陷的结构特征。PCN–125中的缺陷提高了其CO$_2$的吸附能力，这是由于富含缺陷的PCN–125具有更大孔尺寸。采用类似的方法，人们也可在其它MOF结构中引入缺陷[25,28b]。

另一种引入缺陷的方法是通过快速沉淀法使MOF迅速生成[29]。得到单晶材料的溶剂热反应通常需要至少12h的反应时间，而快速结晶（短于1min）会导致材料中含有大量缺陷位点[30]。

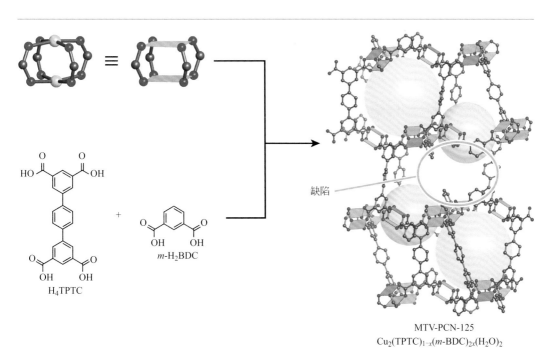

缺陷

MTV-PCN-125
Cu$_2$(TPTC)$_{1-x}$(m-BDC)$_{2x}$(H$_2$O)$_2$

H$_4$TPTC

m-H$_2$BDC

图5.17   PCN–125结构中的无序缺陷。该缺陷是通过在反应体系中加入m-H$_2$BDC产生的。虽然结构中存在缺陷，但材料依然具有很高的结晶度。无序缺位赋予了孔的异质性

报道的介孔-微孔MOF-5结构展现了一种合成均一孔尺寸MTV-MOF的独特方法。通过向反应物中加入4-十二烷氧基苯甲酸（4-(dodecycloxy)benzoic acid，简称$C_{12}H_{25}O$-BA），可形成具有介孔核和微孔壳的石榴状晶体pmg-MOF-5。进一步增加反应物中$C_{12}H_{25}O$-BA的量，甚至可以得到含有介孔和大孔的海绵状晶体[31]。

到目前为止，我们仅论述了直接合成的MOF，以期深化"MOF结构的拓扑以及尺寸都是可设计的"这一认识。然而，与其它多孔材料相比，MOF的另一个优势是：它们的分子构造单元虽然已成为拓展型固体的一部分，但是依然可以呈现如分子般的性质。在第6章，我们将讨论如何对MOF的结构和官能团进行进一步修饰，从而根据具体应用来调控材料性质。

5.4　总结

在本章中，针对含超过两种不同构造单元的MOF，我们将它们归类为"复杂性"或"异质性"。这一划分主要基于结构中主干是否晶体学有序，即结构中不同构造单元占据的位置是否在晶体学角度有所不同。我们列举了用以解释这两个概念的MOF结构，并说明了合成这些结构的通用方法。使用混合配体、混合金属、引入无序缺陷方法大大扩展了人们能够合成的MOF范围的边界。与对应的简单二基元体系材料相比，框架异质性带来了材料性能的提升。目前为止，我们的讨论对象仅限于通过连接独立构造单元直接合成的MOF。而MOF的多孔性使我们能够在结构合成后进一步对框架进行修饰，抑或形成结构明确的复合材料。在第6章，我们将集中讲解MOF的修饰和功能化反应。

参考文献

[1] (a) Li, H., Eddaoudi, M., O'Keeffe, M., and Yaghi, O.M. (1999). Design and synthesis of an exceptionally stable and highly porous metal-organic frame-work. *Nature* 402 (6759): 276–279. (b) Furukawa, H., Ko, N., Go, Y.B. et al. (2010). Ultrahigh porosity in metal-organic frameworks. *Science* 329 (5990): 424–428.

[2] Koh, K., Wong-Foy, A.G., and Matzger, A.J. (2008). A crystalline mesoporous coordination copolymer with high microporosity. *Angewandte Chemie International Edition* 47 (4): 677–680.

[3] Eddaoudi, M., Kim, J., Rosi, N. et al. (2002). Systematic design of pore size and functionality in isoreticular MOFs and their application in methane storage. *Science* 295 (5554): 469–472.

[4] Deng, H., Doonan, C.J., Furukawa, H. et al. (2010). Multiple functional groups of varying ratios in

metal-organic frameworks. *Science* 327 (5967): 846–850.

[5] Schnobrich, J.K., Lebel, O., Cychosz, K.A. et al. (2010). Linker-directed vertex desymmetrization for the production of coordination polymers with high porosity. *Journal of the American Chemical Society* 132 (39): 13941–13948.

[6] Tranchemontagne, D.J., Park, K.S., Furukawa, H. et al. (2012). Hydrogen storage in new metal-organic frameworks. *The Journal of Physical Chemistry C* 116 (24): 13143–13151.

[7] Chui, S.S.-Y., Lo, S.M.-F., Charmant, J.P.H. et al. (1999). A chemically func-tionalizable nanoporous material [Cu₃(TMA)₂(H₂O)₃]ₙ. *Science* 283 (5405): 1148–1150.

[8] Tu, B., Pang, Q., Ning, E. et al. (2015). Heterogeneity within a mesoporous metal-organic framework with three distinct metal-containing building units. *Journal of the American Chemical Society* 137 (42): 13456–13459.

[9] Koh, K., Wong-Foy, A.G., and Matzger, A.J. (2010). Coordination copolymer-ization mediated by Zn₄O(CO₂R)₆ metal clusters: a balancing act between statistics and geometry. *Journal of the American Chemical Society* 132 (42): 15005–15010.

[10] Koh, K., Wong-Foy, A.G., and Matzger, A.J. (2009). A porous coordination copolymer with over 5000 m²/g BET surface area. *Journal of the American Chemical Society* 131 (12): 4184–4185.

[11] (a) Lee, S.J., Doussot, C., and Telfer, S.G. (2017). Architectural diversity in multicomponent metal-organic frameworks constructed from similar building blocks. *Crystal Growth & Design* 17 (6): 3185–3191. (b) Grunker, R., Bon, V., Muller, P. et al. (2014). A new metal-organic framework with ultra-high surface area. *Chemical Communications* 50 (26): 3450–3452.

[12] Dutta, A., Wong-Foy, A.G., and Matzger, A.J. (2014). Coordination copoly-merization of three carboxylate linkers into a pillared layer framework. *Chemical Science* 5 (10): 3729–3734.

[13] Liu, L., Konstas, K., Hill, M.R., and Telfer, S.G. (2013). Programmed pore architectures in modular quaternary metal-organic frameworks. *Journal of the American Chemical Society* 135 (47): 17731–17734.

[14] Liu, L. and Telfer, S.G. (2015). Systematic ligand modulation enhances the moisture stability and gas sorption characteristics of quaternary metal-organic frameworks. *Journal of the American Chemical Society* 137 (11): 3901–3909.

[15] Yuan, S., Lu, W., Chen, Y.-P. et al. (2015). Sequential linker installation: precise placement of functional groups in multivariate metal-organic frameworks. *Journal of the American Chemical Society* 137 (9): 3177–3180.

[16] Eddaoudi, M., Kim, J., Wachter, J.B. et al. (2001). Porous metal-organic polyhedra: 25 Å cuboctahedron constructed from 12 Cu₂(CO₂)₄ paddle-qheel building blocks. *Journal of the American Chemical Society* 123 (18): 4368–4369.

[17] (a) Nouar, F., Eubank, J.F., Bousquet, T. et al. (2008). Supermolecular building blocks (SBBs) for the design and synthesis of highly porous metal-organic frameworks. *Journal of the American Chemical Society* 130 (6): 1833–1835. (b) Eubank, J.F., Nouar, F., Luebke, R. et al. (2012). On demand: the singular rht net, an ideal blueprint for the construction of a metal-organic frame-work (MOF) platform. *Angewandte Chemie International Edition* 51 (40): 10099–10103. (c) Luebke, R., Eubank, J.F., Cairns, A.J. et al. (2012). The unique rht-MOF platform, ideal for pinpointing

the functionalization and CO$_2$ adsorption relationship. *Chemical Communications* 48 (10): 1455–1457. (d) Pham, T., Forrest, K.A., Hogan, A. et al. (2014). Simulations of hydrogen sorption in rht-MOF-1: identifying the binding sites through explicit polar-ization and quantum rotation calculations. *Journal of Materials Chemistry A* 2 (7): 2088–2100.

[18] (a) Zheng, B., Bai, J., Duan, J. et al. (2010). Enhanced CO$_2$ binding affinity of a high-uptake rht-type metal-organic framework decorated with acylamide groups. *Journal of the American Chemical Society* 133 (4): 748–751. (b) Yuan, D., Zhao, D., Sun, D., and Zhou, H.C. (2010). An isoreticular series of metal-organic frameworks with dendritic hexacarboxylate ligands and exceptionally high gas-uptake capacity. *Angewandte Chemie International Edition* 49 (31): 5357–5361. (c) Farha, O.K., Yazaydın, A.Ö., Eryazici, I. et al. (2010). De novo synthesis of a metal-organic framework material featuring ultrahigh surface area and gas storage capacities. *Nature Chemistry* 2 (11): 944–948.

[19] Guillerm, V., Kim, D., Eubank, J.F. et al. (2014). A supermolecular building approach for the design and construction of metal-organic frameworks. *Chemical Society Reviews* 43 (16): 6141–6172.

[20] (a) Park, T.-H., Koh, K., Wong-Foy, A.G., and Matzger, A.J. (2011). Nonlinear properties in coordination copolymers derived from randomly mixed ligands. *Crystal Growth & Design* 11 (6): 2059–2063. (b) Zhang, Y.-B., Furukawa, H., Ko, N. et al. (2015). Introduction of functionality, selection of topology, and enhancement of gas adsorption in multivariate metal-organic framework-177. *Journal of the American Chemical Society* 137 (7): 2641–2650.

[21] Botas, J.A., Calleja, G., Sánchez-Sánchez, M., and Orcajo, M.G. (2010). Cobalt doping of the MOF-5 framework and its effect on gas-adsorption properties. *Langmuir* 26 (8): 5300–5303.

[22] Brozek, C.K. and Dincă, M. (2013). Ti^{3+}-, V$^{2+/3+}$-, Cr$^{2+/3+}$-, Mn^{2+}-, and Fe^{2+}-substituted MOF-5 and redox reactivity in Cr- and Fe-MOF-5. *Journal of the American Chemical Society* 135 (34): 12886–12891.

[23] Wang, L.J., Deng, H., Furukawa, H. et al. (2014). Synthesis and characterization of metal-organic framework-74 containing 2, 4, 6, 8, and 10 different metals. *Inorganic Chemistry* 53 (12): 5881–5883.

[24] Liu, Q., Cong, H., and Deng, H. (2016). Deciphering the spatial arrangement of metals and correlation to reactivity in multivariate metal-organic frameworks. *Journal of the American Chemical Society* 138 (42): 13822–13825.

[25] Fang, Z., Dürholt, J.P., Kauer, M. et al. (2014). Structural complexity in metal-organic frameworks: simultaneous modification of open metal sites and hierarchical porosity by systematic doping with defective linkers. *Journal of the American Chemical Society* 136 (27): 9627–9636.

[26] (a) Wu, H., Chua, Y.S., Krungleviciute, V. et al. (2013). Unusual and highly tunable missing-linker defects in zirconium metal-organic framework UiO-66 and their important effects on gas adsorption. *Journal of the American Chemical Society* 135 (28): 10525–10532. (b) Cliffe, M.J., Wan, W., Zou, X. et al. (2014). Correlated defect nano-regions in a metal-organic framework. *Nature Communications* 5: 4176.

[27] Vermoortele, F., Bueken, B., Le Bars, G. et al. (2013). Synthesis modulation as a tool to increase the catalytic activity of metal-organic frameworks: the unique case of UiO-66(Zr). *Journal of the American Chemical Society* 135 (31): 11465–11468.

[28] (a) Park, J., Wang, Z.U., Sun, L.-B. et al. (2012). Introduction of functionalized mesopores to metal-organic frameworks via metal–ligand–fragment coassembly. *Journal of the American Chemical Society* 134 (49): 20110–20116. (b) Barin, G., Krungleviciute, V., Gutov, O. et al. (2014). Defect creation by linker fragmentation in metal-organic frameworks and its effects on gas uptake properties. *Inorganic Chemistry* 53 (13): 6914–6919.

[29] Ravon, U., Savonnet, M., Aguado, S. et al. (2010). Engineering of coordination polymers for shape selective alkylation of large aromatics and the role of defects. *Microporous and Mesoporous Materials* 129 (3): 319–329.

[30] Huang, L., Wang, H., Chen, J. et al. (2003). Synthesis, morphology control, and properties of porous metal-organic coordination polymers. *Microporous and Mesoporous Materials* 58 (2): 105–114.

[31] Choi, K.M., Jeon, H.J., Kang, J.K., and Yaghi, O.M. (2011). Heterogeneity within order in crystals of a porous metal-organic framework. *Journal of the American Chemical Society* 133 (31): 11920–11923.

6 MOF的功能化

6.1 引言

正如我们在前几章中所讨论的，所制备的金属有机框架（MOF）可以具有几乎无限多种结构和组成。这种结构和组成的多样化，使得我们可以定向合成定制孔径和孔形状的多孔材料。因此，在过去十年中，MOF已经发展成为研究最多的一类多孔材料。然而，MOF给新结构的合成和新物质的创造带来的远不止这些。

遵循同网格原理，研究者可以在有机配体主干上修饰取代基，抑或使用不同金属源来调控SBU的组成，从而对MOF进行功能化。这些功能化手段都是在MOF合成前实施的。然而给定MOF的合成通常对反应条件，配体的几何特征、空间效应和化学性质，以及各组分（金属离子和配体）的电子构型等非常敏感。因此，这些合成前的功能化方法具有其应用局限性。这一局限性促使研究者们开发一种可以对事先合成的框架进行化学修饰的工具箱。我们将这些方法称为合成后修饰（post-synthetic modification，PSM）法。PSM使得我们可以在保持原有的结构、结晶度和多孔性的前提下，对初合成的MOF进行精巧的功能化。事实上，PSM的基本原理已为人们所熟知。它在碳纳米管、沸石、介孔氧化硅、有机硅酸盐以及生物聚合物等领域的发展非常成熟。但值得一提的是，MOF是高度有序的结晶材料，同时结构内金属离子与有机配体共存，使得功能化的具体位点和程度都能得到很好的控制，因此它是开展PSM研究更好的平台。简单的不成体系的PSM研究（例如离子交换或溶剂去除）早就为人所知。但是在过去的十余年中，人们开发了许多更成体系且更细致的PSM方法。这些方法包括了有机方法和无机方法。这些PSM有助于生成精密调控的材料，并且材料可以通过组合化学合成（combinatorial synthesis）来优化。在本章中，我们将讨论原位合成和合成后修饰的具体做法，以及各自的局限性；并展示如何采用合成后修饰法来制备一系列具有定制官能团的同网格MOF。这些结构往往无法通过直接合成法得到。在本章讨论中，我们根据框架与所修饰单元间相互作用的强弱，将PSM的方法分为三类：基于弱相互作用、强相互作用和共价相互作用的PSM（图6.1）。

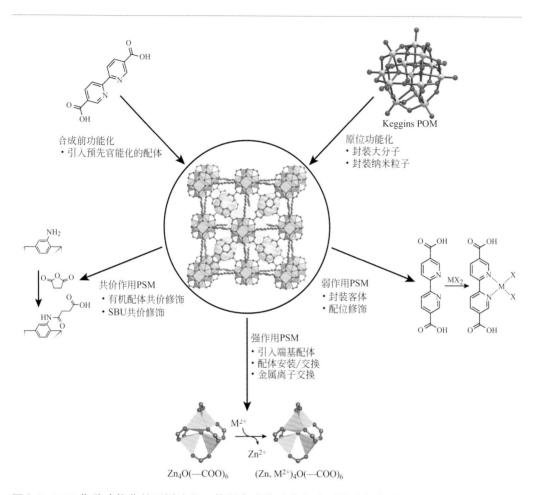

图6.1   MOF化学功能化的不同途径。 使用合成前功能化或原位功能化手段，可将官能化的有机配体和其它功能化分子实体在合成过程中整合到MOF结构中；而合成后修饰法则可以对已合成的MOF进行化学改性。根据修饰过程中发生的相互作用的类型，可将合成后修饰法分类。与合成前功能化和原位功能化不同的是，合成后修饰独立于MOF的网格化构筑过程，因此允许进行更为广泛的化学修饰

6.2　原位功能化

MOF的功能化可通过在MOF孔道中引入客体分子或将客体分子包埋嵌入（embed）MOF基质（matrix）中实现。如果这些客体分子在MOF的合成过程中被直接引入，我们称之为原位功能化。比较有趣的客体分子通常是复杂的有机大分子、无机团簇或金属纳米粒子。这样的客体分子引入也可以通过PSM来实现。我们会在本章后面的内容中进一步讨论。

6.2.1　分子捕获或封装

为了实现给定分子在MOF孔道中的封装，该框架必须满足以下条件之一：①MOF的孔开口明显小于客体分子的动力学直径；或者②MOF孔道内具有可与目标分子产生键连作用的位点，从而可将分子固定于孔道内。我们感兴趣的客体分子包括：具有催化性质［例如多金属氧酸盐（polyoxometallate，简称POM）］、光学性质（例如量子点）或磁学性质（例如Fe_3O_4纳米粒子）的无机大分子，或是如酶和药物分子等的有机大分子[1]。

通过原位功能化，研究者可以在MOF合成的同时，将一系列离散型分子固定到MIL-101的孔道中。例如，将Keggin型POM封装到MIL-101的孔道中得到的复合材料是一类Brønsted酸催化剂，该催化剂对一系列有机转化反应都具有很高的活性。这类复合材料通常用POM@MOF来表示。在POM@MIL-101中，POM在MIL-101（**mtn**拓扑）结构中尺寸较大的笼内随机分布。通过选择孔径大小与目标POM分子动力学直径相匹配的MOF，可将POM分子以共结晶的方式嵌入MOF（例如**rht**-MOF-1）的孔道中，并且POM上所有原子的位置及占有率均可通过晶体学方法确定[2]。

6.2.2　纳米粒子包埋嵌入MOF基质

将金属纳米粒子包埋嵌入MOF基质中可防止纳米粒子的奥斯特瓦尔德熟化（Ostwald ripening），因此所得到的材料在多个领域（主要是催化领域）中具有潜在应用。在这里，纳米粒子仍可发挥本身的催化作用；并且由于协同效应，MOF-催化剂复合材料的催化活性还可能得到提高[3]。封装了纳米粒子的MOF混杂材料（以单晶或粉晶的方式存在）的制备方法分为两种：一是预先合成所需尺寸、形貌的纳米粒子，再将其加

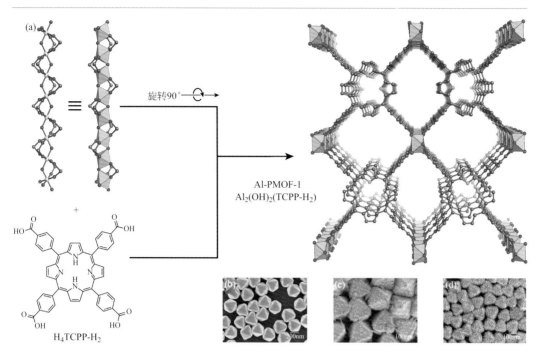

图6.2 （a）Al-PMOF-1的晶体结构，该结构由一维[Al(OH)(—COO)]$_\infty$ SBU与四连接TCPP-H$_2$配体连接而成，其底层拓扑为**frz**。（b）～（d）表面生长有Al-PMOF-1的银纳米晶。通过原子层沉积，在银纳米晶表面事先修饰Al$_2$O$_3$，随后Al$_2$O$_3$与H$_4$TCPP-H$_2$反应得到Al-PMOF-1。（b）初始的银纳米晶的SEM图。（c）覆有薄层Al$_2$(OH)$_2$(TCPP-H$_2$)的银纳米晶和（d）覆有较厚Al$_2$(OH)$_2$(TCPP-H$_2$)层的银纳米晶。为了清晰呈现结构，所有氢原子被略去。颜色代码：Al，蓝色；C，灰色；N，绿色；O，红色

入MOF合成反应体系中；二是将特定取向的MOF薄膜涂覆于纳米粒子表面。第二种方法在合成技术上要求更高，不过目前也有多种策略来实现这一类介观结构。在这里，我们将以涂覆有MOF涂层的银纳米晶（O_h-nano-Ag⊂Al-PMOF-1）❶的合成为例来说明（图6.2）[4]。首先，采用原子层沉积（atomic layer deposition）的方法在银纳米晶表面覆盖一层Al$_2$O$_3$；随后，Al$_2$O$_3$层与溶液中的H$_4$TCPP-H$_2$配体发生反应，在银纳米晶周围生成一层Al$_2$(OH)$_2$(TCPP-H$_2$)。通过调控沉积的Al$_2$O$_3$层的厚度，就可以相应地控制MOF层的厚度。

将铜纳米粒子封装到UiO-66单晶（表示为Cu⊂UiO-66）中，可同时提高铜催化剂对于CO$_2$加氢反应的催化活性和选择性[3a]。这归因于纳米粒子与MOF的Zr$_6$(μ_3-O)$_4$(μ_3-OH)$_4$(—COO)$_{12}$ SBU之间的强相互作用。将尺寸为18nm的铜纳米粒子封装在UiO-66单晶中得到的材料，其催化效果优于许多基准催化剂（如Cu、ZnO和Al$_2$O$_3$）。对于CO$_2$加氢制甲醇反应来说，其产率可以达到8倍的稳定提升，并且选择性可达到100%。图6.3

❶ O_h-nano-Ag⊂MOF意为涂覆有MOF的八面体银纳米晶。Al-PMOF-1的结构简式为Al$_2$(OH)$_2$(TCPP-H$_2$)。

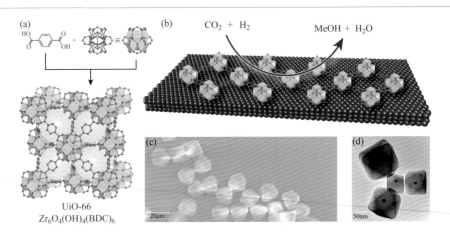

图6.3　封装有铜纳米粒子的UiO-66单晶。（a）**fcu**拓扑的UiO-66由线型二连接BDC配体和12-c的$Zr_6O_4(OH)_4(—COO)_{12}$ SBU构筑而成。（b）铜纳米粒子与UiO-66中锆基SBU界面处存在的协同效应促进了其对CO_2加氢制甲醇的催化选择性。（c）初合成的UiO-66八面体单晶的SEM图。（d）捕获有铜纳米粒子的UiO-66单晶的TEM图。为了清晰呈现结构，所有氢原子被略去。颜色代码：Zr，蓝色；C，灰色；O，红色

展示了UiO-66的晶体结构、UiO-66晶体的扫描电子显微（scanning electron microscope，SEM）图以及Cu⊂UiO-66的透射电子显微（transmission electron microscope，TEM）图。

6.3　合成前功能化

　　除了在MOF合成过程中封装功能化客体外，也可于MOF合成前，通过有机配体衍生化，实现MOF的功能化。该方法被称作合成前功能化（pre-synthetic functionalization）。为了避免对目标MOF的合成造成干扰，配体上的取代基必须经过精心设计，而这也严重限制了可供选择的取代基的种类。采用PSM法对MOF进行功能化时，经常使用氨基修饰的配体或基于联吡啶的配体，因为这两类配体提供了后续共价修饰或配位修饰的位点[5]。若特定有机官能团在MOF合成条件下不能稳定，采用保护基团是一个有效的策略。但MOF合成后需进行脱保护，才能有效利用该官能团。

　　下面我们将MIL-125和—NH_2修饰的同构物作对比，来阐述配体的合成前功能化对MOF性质的影响。初始的MIL-125是一例由钛基八元环构型SBU与二连接BDC配体构筑而成的MOF，其拓扑为**bcu**。其中的钛基SBU由$TiO_5(OH)$八面体以共顶点的方式连接而成。该MOF通过钛酸异丙酯与H_2BDC反应得到（见图4.32）[6]。当用NH_2–H_2BDC取代MIL-125合成中使用的H_2BDC配体时，研究者得到了与MIL-125同网格的框架MIL-

125(NH$_2$)（Ti$_8$O$_8$(OH)$_4$(NH$_2$-BDC)$_6$）[7]。对比发现，初始的MIL-125只在紫外光谱区具有强吸收作用，而MIL-125(NH$_2$)由于发生了由配体向金属的电荷转移（ligand-to-metal charge transfer，LMCT)作用，在可见光区（以约400nm为中心）出现了第二个吸收峰。这是由—NH$_2$取代基的供电子性质引起的。在可见光的照射下，MIL-125(NH$_2$)处于LMCT状态，继而产生还原态Ti^{3+}中心。该中心可光催化还原CO$_2$生成甲酸根（HCOO$^-$）。催化剂的再生可以通过添加如三乙醇胺（triethanolamine，TEOA）等牺牲剂来实现。

6.4　合成后修饰

在前面讨论中，我们强调了原位合成和合成前功能化各有应用局限性，因此这两种方法难以普适于所有MOF结构。其原因是，许多官能团可能会影响目标MOF结构的生成，或者官能团的物理和化学性质无法与MOF的合成条件相兼容。在配体上修饰的官能团越复杂，就越难遵循同网格原理来制备对应的MOF。因此，PSM是一种更具有吸引力的功能化MOF的方法。修饰在框架合成后进行，从而避免了上述局限性。

基于弱相互作用的PSM包括离子交换反应、溶剂交换反应以及客体在孔道中的捕获。这类修饰乍一看比较琐碎，但从初合成MOF的孔道中去除客体分子是MOF作为一类多孔材料应用的基础，因此它在MOF化学中尤为重要。除了从MOF孔道中去除客体分子，对孔道内原有的客体分子进行交换也可以赋予MOF有趣的性质。这些有趣的性质可能来源于客体分子本身，也可能来源于客体分子与框架间的相互作用。利用配位化学原理，研究者可采用多种方法对MOF进行修饰，例如在配位不饱和金属位点上连接有机分了，或者基于合成前预先官能化的配体（如联吡啶配体）形成金属配合物。另外一类功能化的方法是对框架中那些以强化学键方式相连的主干组分进行修饰。这类方法包括SBU中的金属离子的取代，和框架配体以及端基配体的取代（或新增）。以共价有机化学的方式对有机配体进行功能化是PSM中研究最多的类型。在接下来的章节中，我们将按照修饰过程涉及的相互作用的本质和强弱，分类介绍MOF中的PSM策略。

6.4.1　基于弱相互作用的功能化

对MOF进行功能化的重要手段之一就是利用功能化分子和MOF间的弱相互作用。这类功能化包括以下几种：①MOF对客体分子的封装；②将中性端基配体从SBU上脱除，从而生成配位不饱和金属位点，这些配位不饱和金属位点随即进一步与给电子端基配体成键；③将预先置于MOF框架内且具有额外配位位点的有机配体与多种不同金属配位，实现配体的金属化。在以下的章节中，我们将举例说明如何利用弱相互作用来修饰MOF，并强调通过修饰产生的相关性质。

6.4.1.1　客体分子的封装

对MOF而言，孔道中客体分子的可交换性以及在这一过程中框架结晶度的保持，不仅奠定了所有与气体吸附相关应用的基础，同时也为功能性客体分子的吸附应用提供了可能。许多研究利用了基于MOF的主客体化学，将功能分子或者金属纳米粒子负载于MOF孔道，改变或提升了MOF性质。这一方法唯一的不足在于孔开口尺寸限制了客体分子尺寸。通常情况下，预先合成的金属纳米粒子或者尺寸较大的客体分子无法直接被封装于MOF的孔中。这一限制可通过以下方法来解决：先使用化学气相渗透（chemical vapor infiltration）或者湿法浸渍（wetness impregnation）工艺将金属有机前驱体（金属盐）扩散至MOF孔中，随后在相对温和的条件下将其还原为金属纳米粒子[8]。图6.4展示了通过此法在MIL-101的孔中合成钯纳米粒子的过程。通过这类方法制备的材料通常具有出色的催化性质，因此日益吸引研究者的兴趣。

通过类似方法，尺寸较小的功能化分子也可以被吸附于MOF孔中。与原位功能化策略捕获大分子相比，被封装的小尺寸功能化分子与框架只有弱相互作用，因此并未体现基于孔道限域（spatial confinement）的陷俘效应[9]。

6.4.1.2　配位不饱和金属位点的配位功能化

从MOF孔道中移除溶剂分子的操作构成了所有气体吸附相关应用的基础。在某些情况下，在加热条件下对给定MOF进行活化，会导致中性端基配体从SBU上解离，从而产生具有路易斯酸性的配位不饱和金属位点，而MOF的整体结构和高结晶度依旧保留。这些配位不饱和金属位点赋予MOF新的性质，并为MOF的进一步的配位功能化提供了新的途径❶。

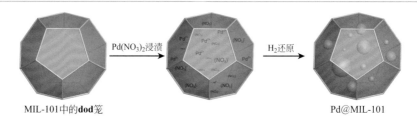

图6.4　捕获于MIL-101结构的笼子中的钯纳米粒子示意图。图中选取MIL-101中尺寸较小的孔（**dod**拓扑）作为示例。首先，将MOF浸渍于Pd(NO₃)₂溶液中，随后的Pd²⁺还原反应得到捕获于MIL-101孔中的Pd纳米粒子

❶　我们在第4.2节的In-**soc**-MOF（图4.13）例子中讨论过这一点。

MIL-100和MIL-101均是以三核三棱柱构型Cr₃O(H₂O)₂L(—COO)₆ SBU（L为F或OH）构筑的。通过动态真空条件下加热活化的方法，SBU上面的端基配体水可被移除，进而在Cr^{3+}中心产生配位不饱和位点[1a,10]。随后将完全活化的MIL-101在有机胺溶液中回流，可得到胺"接枝"（amine-grafted）的MIL-101。它在碱催化的反应中表现出显著的催化活性，同时MOF本身还具有基于分子筛效应的尺寸选择性（图6.5）[11]。当使用多官能化的胺时，"悬挂"于MOF孔内的未配位胺可与贵金属（如Pd、Pt和Au）发生配位，从而使MIL-101的孔得到进一步的功能化。随后用$NaBH_4$还原这些贵金属，得到捕获于MOF孔内的纳米粒子。这些复合材料（即Pd@amine-grafted MIL-101）可催化如Heck偶联等有机反应[11]。

由于配位不饱和金属位点有极化路易斯酸性，因此它们是强的气体吸附位点。配位不饱和金属位点提升了MOF对分子（尤其是氢气等非极性气体分子）的吸附容量（详见第2章与第15章内容）[12]。

6.4.1.3　配体的配位功能化

金属可以与MOF合成前事先功能化的配体［如联吡啶、联萘酚（BINOL）和卟啉

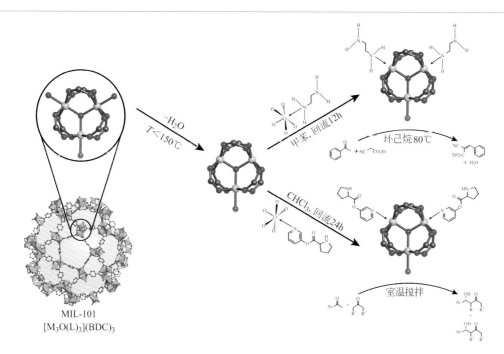

图6.5　MIL-101中配位不饱和金属位点的配位功能化。在动态真空条件下将MIL-101加热至150℃以上，以除去Cr₃O(H₂O)₂L(—COO)₆ SBU上的端基配位水分子。所得的配位不饱和金属位点与氮给体端基配体配位，实现MOF的功能化。胺接枝的MIL-101对碱催化反应展示出较高的催化活性。为了清晰呈现结构，所有氢原子被略去。颜色代码：Cr，蓝色；C，灰色；O，红色；L，粉色

等]发生配位反应。如前所述，用含有额外金属配位位点的配体来合成MOF是具有挑战性的，因为这些配位位点与合成反应体系中的金属离子也可能发生配位，与构筑MOF的连接基团存在竞争关系。因此，这些配位位点一般通过基于有机反应的PSM引入，此策略将在6.4.3部分中进一步讨论。这里，我们首先讨论如何将氮给体位点引入到MOF的有机主干上。

对于含有高价态金属基SBU（如锆基SBU）的MOF而言，将联吡啶二甲酸根（bipyridinedicarboxylate，BPyDC）引入体系中是相对较容易的，因为硬酸（锆）与相对较软的吡啶碱间相对作用较弱。UiO-67（$Zr_6O_4(OH)_4(BPDC)_6$）是一个由12-c的$Zr_6O_4(OH)_4$（—COO）$_{12}$ SBU与线型二连接BPDC配体构筑的MOF。在合成过程中，若将H_2BPDC与它的吡啶类似物2,2′-联吡啶-5,5′-二甲酸（bipyridine-5,5′-dicarboxylic acid，简称H_2BPyDC）混合，就可将UiO-67功能化[5b]。BPyDC配体可通过PSM与不同金属发生配位，从而得到一系列高度功能化的MOF。图6.6展示了部分可通过此方法引入UiO-67系列结构中的过渡金属配合物实例。这些由金属配合物修饰的MOF衍生材料对于水氧化反应（L_1～L_3）、光化学催化还原CO_2反应（L_4）、光催化有机转化反应（例如，aza-Henry反应、有氧胺偶联反

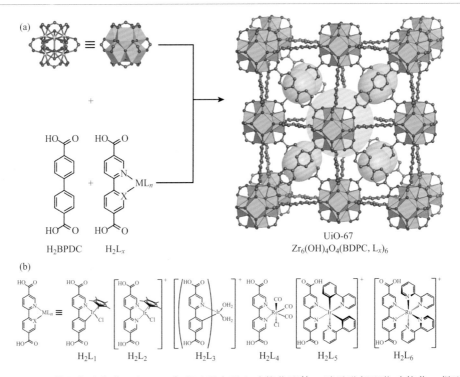

图6.6   UiO-67的配位功能化。在MOF合成过程中引入功能化配体，随后进行配位功能化，得到一系列金属配合物。需要注意的是，部分（b）图展示的配合物也可以在合成时被直接引入。（a）UiO-67的晶体结构。它是由12-c锆基SBU与线型二连接BPDC配体构筑的**fcu**网络。（b）为已被引入UiO-67结构中的金属配合物。为了清晰呈现结构，所有氢原子被略去。颜色代码：Zr，蓝色；C，灰色；O，红色

应和苯甲硫醚有氧氧化反应）等均显示出较高的催化活性[13]。

　　基于L_4的UiO-67衍生物的光催化活性可通过封装等离子银纳米立方体（记作Ag⊂UiO-67(L_4)）得到进一步提高。银纳米立方体的近表面电场，使得该材料在可见光下将CO_2转化为CO的能力提高了7倍。这个例子展示了将材料用不同方法多功能化后，得到的多功能材料具有超过对应单功能材料的性能。这种功能化方法具有普适性，可以采用与本例类似的方式制备多种由金属配合物修饰的MOF衍生材料[14]。

6.4.2　基于强相互作用的PSM

　　基于强相互作用的PSM主要包括可控地交换或新增MOF组分（即框架配体、端基配体和金属离子）。这种合成后修饰有助于制备无法直接合成的高度多样化的MOF体系[15]。通过交换SBU上的带电荷端基配体，可实现基于功能化配体的MOF框架功能化，此类方法常被概括为溶剂辅助端基配体引入（solvent assisted ligand incorporation，SALI）法。这些功能化配体还能够进一步通过共价有机反应修饰[16]。采用类似的方法，可以将原本无法在溶液中结晶的有机分子通过配位与MOF主干对齐列位，以便解析这些有机分子结构。利用序贯配体安装（SLI）法，可以实现框架从某一拓扑向另一拓扑的转变，从而制备无法通过直接合成法得到的新拓扑结构。相似地，人们也可以对一个框架结构内的配体进行交换，该步骤常被概括为合成后框架配体交换（post-synthetic linker exchange，PSE）法或溶剂辅助框架配体交换（solvent assisted linker exchange，SALE）法[17]。上述大部分PSM方法普遍适用于大范围MOF体系。在接下来的内容中，我们将举例详细讨论每一种PSM方法。

6.4.2.1　利用金属有机框架上的原子层沉积实现SBU的配位功能化

　　锆基SBU上的端基配体为路易斯碱，因此它们可以作为桥联配体与另外的金属离子配位。研究这类配位功能化的理想结构是NU-1000［NU为美国西北大学（Northwestern University）简称，结构简式为$Zr_6(\mu_3\text{-OH/O})_8(H_2O,OH)_8(TBAPy)_2$］材料平台。该MOF由8-c的基于$Zr_6O_8$核的SBU与长方形构型TBAPy配体构筑而成，其拓扑为**csq**。NU-1000具有与其它锆基MOF类似的高热稳定性、直径为30Å左右的一维介孔孔道，并且$[Zr_6(\mu_3\text{-O})_4(\mu_3\text{-OH})_4(OH)_4(H_2O)_4]^{8+}$节点上存在彼此隔开的—OH和—$OH_2$基团。上述特点使NU-1000成为适合原子层沉积研究的理想材料平台。研究所发展的MOF功能化方法被概括为金属有机框架上的原子层沉积（atomic layer deposition in a metal-organic framework，AIM）法[18]。在AIM过程中，首先用$Al(CH_3)_3$或$In(CH_3)_3$对NU-1000进行处理以制备含铝或铟的AIM-NU-1000衍生材料。在这些MOF中，Al^{3+}或In^{3+}通过与锆基SBU上的末端氧原子结合形成杂原子金属簇[19]。图6.7给出了NU-1000的晶体结构，以及AIM过程的模

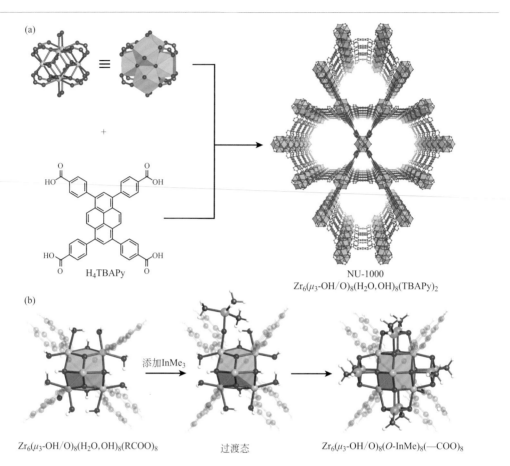

图6.7 （a）NU-1000的晶体结构。NU-1000通过Zr^{4+}离子（形成基于Zr_6O_8核的8-c的SBU）和长方形构型四连接H_4TBAPy配体网格化构筑而成，其拓扑为**csq**。该结构也可视为**kgm**［源于kagome（笼目）］层通过配体相连堆叠而得；（b）利用$InMe_3$对NU-1000进行AIM修饰的反应路径。铟与锆基SBU上的端基—OH和—OH_2配体发生配位，使得SBU的化学式成为$Zr_6(\mu_3\text{-OH/O})_8(O\text{-InMe})_8(—COO)_8$。为了清晰呈现结构，所有氢原子被略去。颜色代码：Zr，蓝色；In，橙色；C，灰色；O，红色

拟反应路径（以$In(CH_3)_3$为例）。

利用地球丰产金属元素（如钴和铁等）对UiO-68（$Zr_6O_4(OH)_4(TPDC)_6$）结构中的锆基SBU进行功能化，可得到对多类有机转化反应具有较高活性的催化剂[20]。与用$In(CH_3)_3$或$Al(CH_3)_3$修饰NU-1000不同，对UiO-68的功能化首先使用正丁基锂（n-BuLi）对SBU上的—OH端基质子化；该基团随后在四氢呋喃（tetrahydrofuran，THF）中与$CoCl_2$或$FeBr_2\cdot 2THF$反应。反应利用钴或铁将锆基SBU的两个端基氧相连。

6.4.2.2　合成后端基配体交换

8-c基于Zr_6O_8核的SBU上的—OH和—OH_2端基配体，不仅可通过与金属配位的

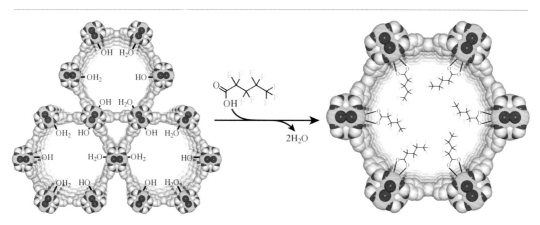

图6.8   使用SALI法对NU-1000结构中的8-c锆基SBU进行功能化。可使用带羧酸根等合适连接基团的有机路易斯碱来替换SBU上的端基—OH和—OH₂配体。这里展示了SBU端基配体与全氟代烷基羧酸的交换过程。晶体结构以空间填充模型呈现。为了清晰呈现结构，图中仅展示部分端基—OH和—OH₂配体，并且所有氢原子被略去。颜色代码：Zr，蓝色；C，灰色；O，红色；F，绿色

方式进行功能化，也可以被其它路易斯碱性带电荷端基配体通过SALI的方式所取代。SALI是指在加热条件下将MOF长时间浸泡在含高浓度端基配体分子的溶液中，进行溶剂辅助的端基配体交换。采用SALI法，用全氟代烷基羧酸部分取代NU-1000中SBU上的—OH和—OH₂端基配体后，C—F的偶极矩导致孔的极性增加，从而使材料对CO_2的捕集能力增强（图6.8）[21]。其它基于羧酸盐的烷基和芳基单元也可以通过类似的方式结合到MOF中，这些分子单元可以后续进行进一步的有机反应[22]。在采用SALI法用苯基膦酸酯（phenylphosphate，PPA）进行端基配体取代反应的例子中，由于三齿配位膦酸酯基团相对于二齿配位具有更强的螯合和屏蔽效应，因而生成了化学稳定性更高的MOF框架[23]。

与上面讨论的端基配体交换反应类似，酸性基团也可被引入MOF结构中。若需将酸性甚至超强酸性位点引入MOF结构，所选择的MOF本身必须化学性质异常稳定。锆基MOF通常具有很高的热稳定性和化学稳定性，并且正如我们前面所讨论的，8-c的锆基SBU允许其端基配体发生取代，因此将酸性配体分子引入此类框架中是可行的。S-MOF-808（$Zr_6O_5(OH)_3(BTC)_2(SO_4)_{2.5}(H_2O)_{2.5}$）就是一个用该法酸化处理MOF的例子。具体做法是对MOF-808-P（为MOF-808结构的一例通过不同合成方法得到的微晶相，其结构简式为$Zr_6O_5(OH)_3(BTC)_2(HCOO)_5(H_2O)_2$。MOF-808结构见图4.16）进行硫酸水溶液处理，使MOF-808-P发生从单晶到单晶的转化（single-crystal to single-crystal transformation）（图6.9）[24]。所得的S-MOF-808的哈米特酸度函数（Hammett acidity function）$H_0 \leqslant -14.5$，因此是一个超强酸。这一强酸性来源于端基配位水分子，这些端基水与相邻的硫酸根形成氢键[25]。与硫酸化的氧化锆（一种商业催化剂）类似，S-MOF-808可用于催化1-丁烯的二聚反应，并且展现出比商业催化剂更高的选择性。

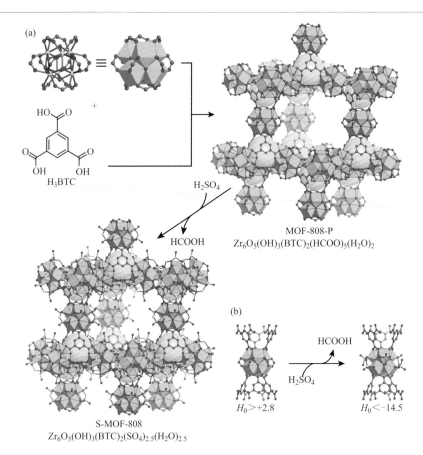

图6.9　（a）通过Zr^{4+}和BTC网格化构筑MOF-808-P。随后将MOF-808-P用硫酸水溶液处理，得到S-MOF-808。（b）$Zr_6O_5(OH)_3(BTC)_2(HCOO)_5(H_2O)_2$的SBU赤道面上的部分甲酸根被$SO_4^{2-}$所取代，从而赋予S-MOF-808超强酸的性质。为了清晰呈现结构，所有氢原子和客体分子被略去。颜色代码：Zr，蓝色；C，灰色；O，红色；S，黄色

6.4.2.3　配位有序列位

有机分子可以通过被称为配位有序列位（coordinative alignment，CAL）的方法，在手性MOF主干上实现有序列位[26]。在此，MOF充当有机分子结晶的基质，并通过单晶X射线衍射帮助确定有机分子的结构。MOF-520是一例适于配位有序列位的基质材料，它是一例由环状12-c的SBU与BTB配体构筑的铝基MOF，其空间群是非中心对称的$P4_22_12$空间群。在MOF-520中，每个八核环状SBU与12个BTB配体相连，同时八面体配位构型的铝的额外配位由4个甲酸根配体占据。这些封端的甲酸根配体可以被其它带有合适连接基团的分子（如羧酸、一级醇或1,2-二醇）所取代。与SALI法类似，CAL法是通过在较高温度下将MOF-520浸泡于含有高浓度目标分子［图6.10（a）］的DMF溶液里来实现的。CAL法可以准确区分复杂分子中的单键和双键，并且非中心对称的MOF主干可

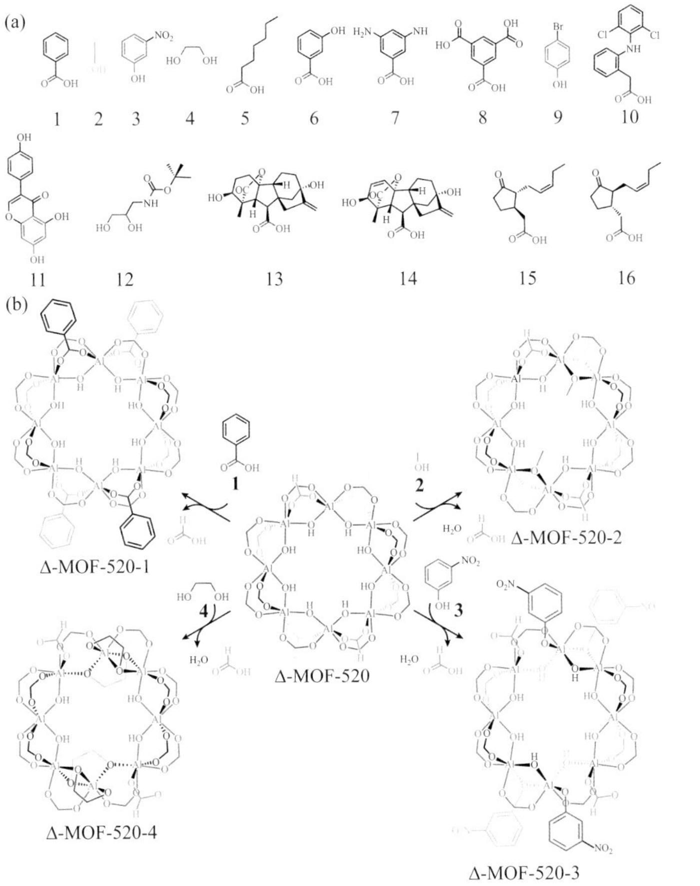

图6.10　MOF-520中八核铝基SBU上具有封端的甲酸根配体，这一结构特征使得带有羧酸、醇、酚或1,2-二醇基团的有机分子可以与甲酸根发生配体交换。（a）可以使用CAL法结合到MOF框架中的小分子，其结构和绝对构型可以通过晶体学方法确定。（b）对于有序列位的小分子，手性MOF的主干可作为确定其绝对构型的参考。图中展示了配位有序列位于 Δ–MOF-520结构中的苯甲酸（**1**）、甲醇（**2**）、间硝基苯酚（**3**）和乙二醇（**4**）

作为一个结构解析的参考，从而可以确定被键合的有机分子的绝对构型［图6.10（b）］。

6.4.2.4　合成后框架配体交换

对中性氮给体配体的合成后配体交换，能够控制对应框架结构的穿插重数，此类结构控制已在多种以氮给体配体为柱子支撑的层柱型结构中实现[16,27]。然而，当涉及羧酸根等强键连的带电荷配体时，这种框架配体交换反应在合成上更具挑战性。

我们已在第4章详细地讨论了bio-MOF-100的结构（图4.30），并指出了该化合物是配体交换反应的理想平台[28]。bio-MOF-100是一例由12-c的Zn₈O₂(AD)₄(—COO)₁₂ SBU与BPDC配体构筑而成的MOF结构，其中每个SBU与12个BPDC配体以单齿配位的方式相连。它是一个三重交联的基于 **lcs** 拓扑的 4-c 网络[28b]。含有更短配体的同网格结构（即以 H_2NDC 为配体的 bio-MOF-101，bio-MOF-101 的结构简式为 $[Zn_8O_2(AD)_4(NDC)_6](Me_2NH_2)_4$），可以通过直接合成法得到，但研究者无法直接合成具有更长配体的 bio-MOF-100 同构 MOF。然而，直接合成法并不是合成同网格 MOF 的唯一方法。将 bio-MOF-101 或 bio-MOF-100 浸泡在含高浓度更长配体的溶液中，结构中对应的 NDC 配体或 BPDC 配体都可以轻易地被更长的线型二连接配体所置换。利用此方法，研究者通过从单晶到单晶的转化，得到了两个长度扩展的 MOF 结构，即 bio-MOF-102（$[Zn_8O_2(AD)_4(ABDC)_6](Me_2NH_2)_4$）和 bio-MOF-103（$[Zn_8O_2(AD)_4(NH_2-TPDC)_6](Me_2NH_2)_4$）。该策略成功将 MOF 孔直径从 2.1nm 扩展至 2.9nm（图 6.11）。这些同网格扩展过程能够轻易实现的原因可能是 MOF 中羧酸根与金属的单齿配位模式，因而这种基于配体交换的同网格扩展方法在其它 MOF 中不具普适性。

在功能化配体交换时，与 bio-MOF-10x 系列所示的同网格扩展相比，更常见的是最初 MOF 的尺寸参数基本保持不变。我们以 UiO-66（一由基于 Zr_6O_8 核的 12-c SBU 与 BDC 配体构筑而成的、具有 **fcu** 拓扑的 MOF，见图 4.28）的配体交换过程为例说明。图 6.12 展示了 UiO-66 中的 BDC 配体被 NH_2-BDC、Br-BDC、N_3-BDC、OH-BDC 和 $(OH)_2$-BDC 等官能化的 BDC 衍生配体（R-BDC）所取代的过程。配体的交换比例可以通过调整反应条件进行控制。一旦这些功能化配体被整合到框架结构中，它们就提供通过有机转化反应来进行进一步 PSM 的位点[29]。

6.4.2.5　合成后框架配体安装

如 NU-1000 所示，基于 Zr_6O_8 核的 8-c SBU 上的端基—OH 和—OH_2 配体可被多种带电荷配体（如有机羧酸盐和膦酸盐）所取代[21-23]。采用类似方式，带有合适连接基团的配体可将 MOF 中相邻的 SBU 连接起来，从而再赋予 MOF 功能化，或者在改变 MOF 的化学、物理和力学性能的同时，实现 MOF 框架从一种拓扑到另一种拓扑的转变。

序贯配体安装（SLI）法可以用于构筑特定官能团准确定位的复杂 MOF。我们以 PCN-700 的拓扑转换为例介绍 SLI 方法（图 6.13）[30]。在拓扑为 **bcu** 的 PCN-700 的框架中，赤道面上两个相邻的 8-c 的 $Zr_6O_4(OH)_8(H_2O)_4(—COO)_8$ SBU 间的空间代表了两种不同大小的"口袋"。这使得我们可以通过取代端基—OH/—OH_2 配体的方法来安装额外的配体，同时这一配体安装过程具有区域选择性。如图 6.13 所示，在高温条件下将 PCN-700 浸泡于含有不同尺寸的线型二连接配体（H_2BDC 和 Me_2-H_2TPDC）的溶液中，制备得到 11-c 的网络。这一名为 PCN-703 的结构（图 6.13）无法通过直接合成法得到。通过单晶到单晶的转化，对 PCN-700 进行 SLI 修饰的过程表明，SLI 法是构筑含有准确定位官能团的高度复杂框架结构的强大工具。并且，SLI 方法具有普适性，可以通过在不同 MOF 的"口袋"中插入配体来连接相邻 SBU，实现类似结构的拓扑转变。

有报道以 MOF-520 的"加固翻新"为例研究了合成后安装的配体对 MOF 的结构、

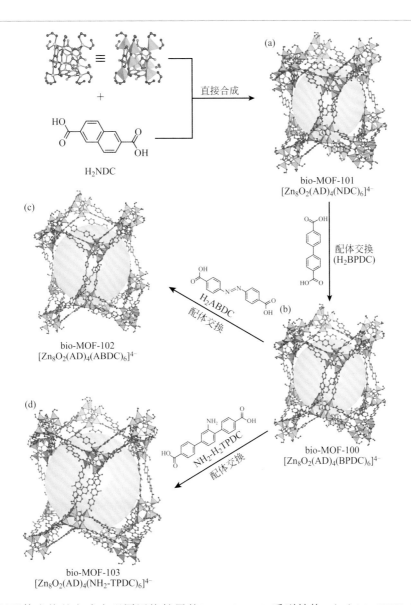

图6.11　以配体交换的方式实现同网格扩展的bio–MOF–10x系列结构。（a）bio–MOF–101和（b）
bio–MOF–100是这一系列中仅有的两例可直接合成的结构。（c）bio–MOF–102和（d）bio–MOF–103
仅能通过bio–MOF–100的配体交换来制备，对应的交换配体分别为H₂ABDC和NH₂–H₂TPDC。为了
清晰呈现结构，所有氢原子被略去。颜色代码：Zn，蓝色；C，灰色；N，绿色；O，红色

机械稳定性和结构稳定性的影响。在这一例子中，研究者在SBU间填充刚性的BPDC配
体，新安装的配体桥联了相邻的SBU，从而加固翻新了MOF–520结构（图6.14）。这些
BPDC配体充当"桁架"的角色，使得改造后的框架（MOF–520–BPDC）具有更好的机
械稳定性，它在超高的压强（达到GPa级别）下结构形变量更小[31]。通过将MOF–520–

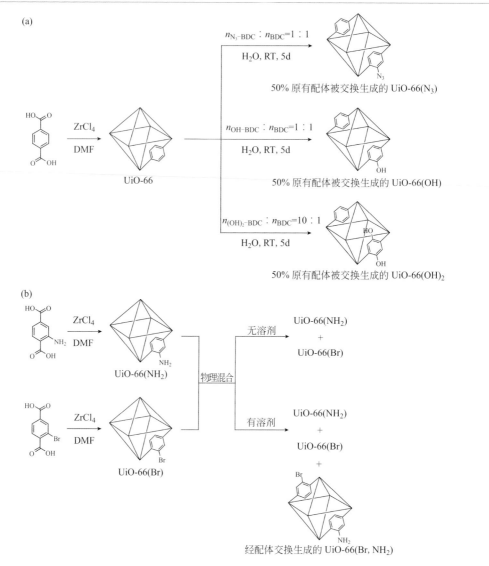

图6.12　UiO-66的合成后框架配体交换。（a）将初始的UiO-66浸泡于含有功能化BDC配体衍生物的溶液中，得到配体交换后的UiO-66衍生物（交换产率为50%）（n_{BDC}为UiO-66中BDC配体的物质的量；n_{N_3-BDC}为N_3-BDC的物质的量；n_{OH-BDC}为OH-BDC的物质的量；$n_{(OH)_2-BDC}$为$(OH)_2$-BDC的物质的量）；（b）利用合成前修饰法制备UiO-66(NH_2)和UiO-66(Br)，并将产物在溶剂存在条件下进行物理混合，得到的（部分）晶体为混配体的UiO-66（MTV，多变量）版本，即框架中同时含有Br-BDC和NH_2-BDC两种配体。由于配体交换反应需要溶剂辅助进行，因此在无溶剂条件下，物理混合过程不会导致配体交换

BPDC结构内相邻SBU连接固定，MOF在静水压力（hydrostatic pressure）下的结构膨胀被抑制，因此加固翻新后的MOF体现出更高的机械稳定性。因此，在金刚石压砧内，加固翻新后制得的MOF-520-BPDC可在加至5.5GPa的静水压力下及对应解压过程中保持

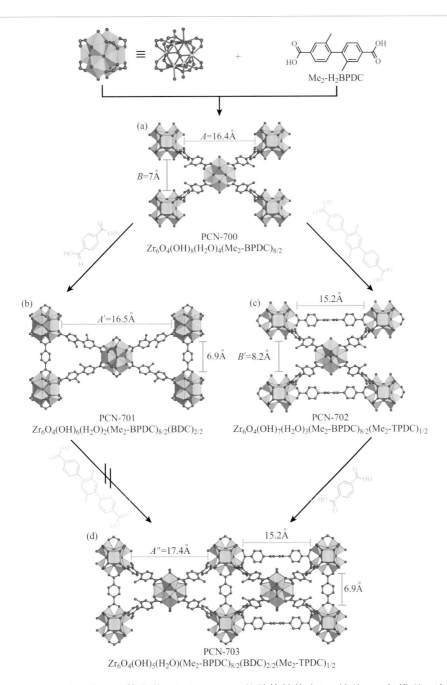

图6.13　PCN-700中的序贯配体安装。（a）PCN-700的晶体结构由8-c锆基SBU与线型二连接配体 Me$_2$-BPDC构筑而成。该 **bcu** 拓扑的网络具有两个不同大小的口袋（A和B），其尺寸分别为16.4Å和 7Å。这些口袋分别允许H$_2$BDC（b）和Me$_2$-H$_2$TPDC（c）配体通过取代SBU上的端基—OH和—OH$_2$，将相邻SBU相连，得到PCN-701和PCN-702。（d）PCN-702可进一步在B′口袋（8.2Å）中安装BDC配体，形成基于11-c的SBU的PCN-703；然而在PCN-701的A′口袋中无法安装额外的Me$_2$-TPDC配体。为了清晰呈现结构，所有氢原子被略去。颜色代码：Zr，蓝色；C，灰色；O，红色

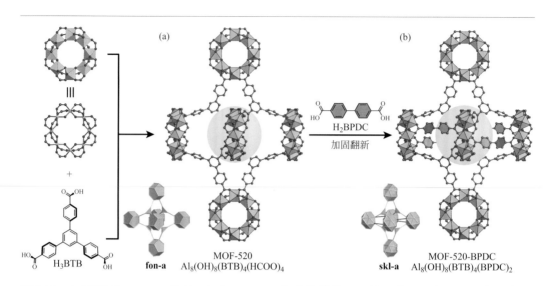

图6.14　加固翻新MOF-520结构。（a）MOF-520的晶体结构。八核环状12-c铝基SBU与三角形构型三连接BTB配体连接构筑了一例拓扑为**fon**的框架。每个SBU上有4处配位点由甲酸根封端配体占据，这些甲酸根可被其它带有羧酸根连接基团的分子所取代（对于其它合适的路易斯碱性连接基团，参见对CAL法的文字介绍）；（b）相邻SBU之间距离与BPDC配体长度相匹配，因此可以将BPDC作为连接相邻SBU的"桁架"引入，使结构从**fon**拓扑转变为**skl**拓扑。对MOF-520的加固翻新显著地提升了此MOF结构的机械稳定性。为了清晰呈现结构，所有氢原子被略去。颜色代码：Al，蓝色；C，灰色；O，红色；BPDC桁架以紫色突出显示

结构稳定；而相比之下，初始的MOF-520在压力小于3GPa时就发生了非晶化现象。数据对比表明MOF-520-BPDC具有更优异的机械稳定性。图6.14展示了MOF-520和MOF-520-BPDC的结构对比。

6.4.2.6　有序缺陷的引入

在前述例子中，框架内额外配体的引入导致其拓扑的转变。与之类似，从MOF结构中可控地移除部分配体也可导致同样的拓扑转变。从$Zn_4O(PyC)_3$（一例与MOF-5同构的结构）中除去四分之一的Zn^{2+}离子以及一半的PyC配体后，形成了有序的缺位，从而使框架拓扑由**pcu**转变为**srs**（图6.15）[32]。有趣的是，通过新加入Li^+、Co^{2+}、Cd^{2+}或La^{3+}来重新金属化并新加入H_2PyC配体（或其衍生物$R-H_2PyC$），该框架可回复到原本的**pcu**网络。这个过程使得功能化的配体和多种金属组分的空间分布位置明确，且长程有序。图6.15展示了框架由**pcu**拓扑到**srs**拓扑的转变，以及多基元**pcu**框架的形成。

6.4.2.7　合成后金属离子交换

新配体的安装以及已有配体的替换有助于制备一些无法直接合成的MOF结构。同

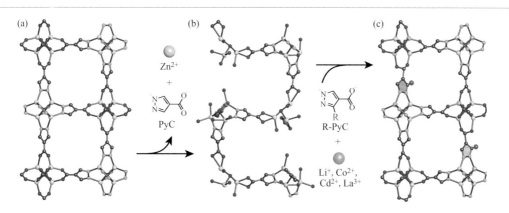

图6.15 （a）、（b）从$Zn_4O(PyC)_3$结构中除去一半的PyC配体和四分之一的Zn^{2+}离子后，框架拓扑由**pcu**转变为**srs**，**srs**网络可以视为**pcu**网络的含缺陷版本。（c）随后用一价、二价或三价金属离子（Li^+、Co^{2+}、Cd^{2+}或La^{3+}）和配体分子重新填补缺位，形成初始**pcu**拓扑网络的多基元版本。为了清晰呈现结构，所有氢原子被略去。颜色代码：Zn，蓝色；Li^+/Co^{2+}/Cd^{2+}/La^{3+}，橙色；C，灰色；N，绿色；O，红色；PyC上的取代基用粉色表示

样的，在很多例子中，特定的MOF结构只能基于某一金属离子制备，因为只有这一特定金属才能形成所需的目标SBU。金属离子的交换反应可以突破这一合成限制，得到基于其它金属的特定MOF[33]。该法同样可用于制备那些不易直接合成的基于混金属SBU的框架，例如钛和铪取代的UiO-66同构物不易通过直接合成法得到，但是可以通过金属离子交换反应制备[17a]。尤其对于钛而言，目前并无以直接法生成与UiO-66中锆基SBU结构相同的钛基SBU的报道。如图6.16所示，将UiO-66浸泡于含Ti^{4+}盐的DMF溶液中，部分Zr^{4+}可被替换为Ti^{4+}。通过正离子气溶胶飞行时间质谱（aerosol time-of-fiight mass spectroscopy），可以确认金属离子的成功交换。

通过合成后金属交换法可以在MOF-5中引入具有氧化还原活性的二价或三价的第一过渡系金属。该方法有助于制备常规合成路线无法得到的材料。用于实现此目的的方法

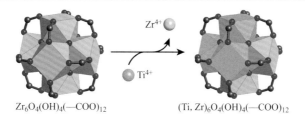

$Zr_6O_4(OH)_4(—COO)_{12}$　　　　$(Ti,Zr)_6O_4(OH)_4(—COO)_{12}$

图6.16 UiO-66的SBU中的金属交换。与UiO-66结构中$Zr_6O_4(OH)_4(—COO)_{12}$ SBU类似的钛基SBU无法通过直接合成得到，而通过金属离子交换法可以得到一例同时含有Ti^{4+}和Zr^{4+}的混金属SBU。颜色代码：Zr，蓝色；Ti，橙色；C：灰色；O，红色

被称为"合成后离子复分解反应"（post-synthetic ion metathesis）。对于MOF-5体系而言，需将初始MOF浸泡于合适的高浓度金属盐的DMF溶液中较长时间。遵循这一方法，人们制备了SBU中金属被Ti^{3+}、V^{2+}、V^{3+}、Cr^{2+}、Cr^{3+}、Mn^{2+}和Fe^{3+}部分取代的MOF-5。这些SBU内的金属离子具有独特的、不同于目前已知分子型金属配合物的配位环境，因此它们在催化领域具有诱人的前景。例如，在NO的活化中，(Cr)MOF-5和(Fe)MOF-5显现出比其它MOF更高的外层电子迁移效率[34]。为了实现SBU中金属离子的完全交换，而非前述例子中的部分取代，可以采用被称为"合成后离子复分解及氧化反应"（post-synthetic ion metathesis and oxidation）的方法。具体来说，研究者选用了具有不稳定（labile）M—O键的MOF框架作为模板，促进金属离子交换反应的进行[35]。此模板MOF的SBU中的金属离子被具有动力学活性的低氧化态金属离子所取代，随后的氧化过程驱使金属交换反应进行完全。这一过程通常以单晶到单晶的转化形式完成，因此可以用于制备一些常规下呈粉晶状态的MOF（例如基于Cr^{3+}的MOF）的单晶相。

6.4.3　基于共价作用的PSM

基于共价键形成和断裂的方法是化学合成的有力工具，并且已在有机化学领域得到完善。考虑到MOF结构中各种不同强度的化学键，在保持结构整体高结晶度的条件下对其进行涉及共价键的化学反应似乎具有一定挑战性。但是从另一角度来看，MOF结构的周期性赋予它们优异的热稳定性和化学稳定性，开放的框架结构有利于液态和气态反应物的扩散进出。这使得我们可以将框架的各个组分独立看待，针对特定组分轻易地开展化学反应，从而产生所谓的"框架化学"（framework chemistry）。研究者已经探索在有机配体上进行的各类反应，包括酰胺偶联、亚胺缩合、N-烷基化、溴化、还原反应和点击反应等。这些修饰通常依赖于配体上存在的相对简单的官能团。在前面讨论中，我们已经提到这类基团可以通过合成前功能化或合成后配体交换反应引入。此外，利用SBU上桥联的—OH基团进行共价衍生化的过程与有机配体的事先官能化无关，因此它代表着一种赋予MOF功能化的有趣方式。接下来，我们将介绍基于共价作用的PSM的重要工作。我们介绍的工作仅占该领域研究的一小部分，但是其它基于共价作用的PSM工作基本上也采用了类似的原理。

6.4.3.1　氨基官能化MOF的共价PSM

在分子有机化学领域，人们已经对基于氨基官能团的常见有机反应有了很好的认识。然而，将这些基于氨基的反应拓展至诸如MOF的固体材料上具有一定的挑战性。其难点主要在于：相较于对应小分子，框架的各个构造单元的反应活性和稳定性发生了变化；同时框架本身可能存在稳定性的问题。此外，固相材料的提纯和表征也带来了相关需要克服的问题。

酰胺偶联：为了解释利用有机反应对MOF进行共价PSM的原理，我们以一例简单的、氨基官能化的MOF为对象，介绍该MOF如何通过与一系列酸酐的酰胺偶联反应实现功能化。我们选择氨基官能化的MOF-5同网格结构（IRMOF-3）作为MOF底物，该MOF为简单的立方结构，具有较大的孔和孔开口、高结晶度，且配体上修饰有共价连接的—NH$_2$基团[36]。在分子层面，NH$_2$-H$_2$BDC分子可与乙酸酐发生乙酰化反应，形成乙酰氨基化的H$_2$BDC。因此，我们预期在乙酸酐处理下，相同的反应也能在IRMOF-3结构中的配体上发生。实验证明，对IRMOF-3进行乙酸酐处理（乙酸酐与IRMOF-3中配体的摩尔比为2∶1）时，得到了预期的酰胺功能化的IRMOF-3(AM1)（如图6.17）。粉末X射线衍射测试表明IRMOF-3的高结晶性得到保持，单晶X射线衍射分析进一步证明了乙酰氨基官能化配体的存在。在分子化学中，酰胺偶联反应的产率与酸酐上烷基链的长度无关；然而在MOF中，由于空间位阻的存在，其产率与烷基链长度相关。为了阐明烷基链长度与IRMOF-3酰胺化程度的关联，研究者选用了不同长度直链烷烃修饰的10种酸酐进行研究，发现短链酰胺（$n \leqslant 5$）几乎可以被定量地引入到MOF中，而更长链酰胺（$n \leqslant 18$）引入到MOF中的量较低（小于10%）[37]。这是因为在非均相体系中，该反应存在空间位阻控制效应，即MOF孔径的大小是影响酰胺化程度的一个关键参数。目前已有许多基于酰胺化反应的MOF功能化报道，例如基于DMOF-1（见图17.5）、UMCM-1（见图5.8）以及MIL-125（见图4.32），合成了氨基修饰的DMOF-1(NH$_2$)（Zn$_2$(NH$_2$-BDC)$_2$(DABCO)）、UMCM-1(NH$_2$)（Zn$_4$O(NH$_2$-BDC)(BTB)$_{4/3}$）、MIL-125(NH$_2$)（Ti$_8$O$_8$(OH)$_4$(NH$_2$-BDC)$_6$），并进一步利用酰胺化反应将其功能化，证明了该方法的普适性。同理，可以利用手性酸酐将非手性MOF转化为手性MOF，从而进一步拓展可得MOF结构的范围。

通过精心选择合适的底物，可以将新的金属配位位点通过共价PSM的方法引入到

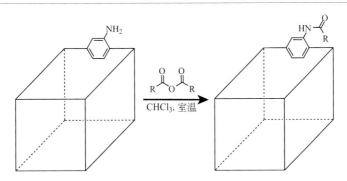

图6.17　MOF中氨基官能化的配体与乙酸酐发生合成后酰胺偶联反应，生成相应的酰胺功能化MOF

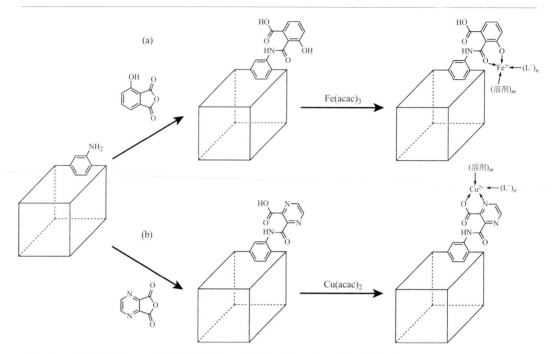

图6.18　氨基功能化MOF的串联功能化。分别与（a）3-羟基苯二甲酸酐和（b）2,3-吡嗪二甲酸酐发生酰胺偶联，得到酰胺化MOF。随后进行的金属化进一步生成相应的金属配合物，产率达50%。acac为乙酰丙酮

MOF结构中。此类反应通常用于制备具有催化活性的材料，其催化活性和结构稳定性经常优于同类小分子催化剂。在温和的反应条件下，UMCM-1(NH$_2$)与环酐反应生成对应的酰胺（产率35%～50%），同时框架结构保持完整，再在体系中加入Cu^{2+}和Fe^{3+}盐，得到相应的铜和铁的配合物（产率高达50%）。该产物分别被命名为UMCM-1(AMCupz)［命名基于AM（氨基）、Cu和pz（吡嗪二甲酸酐）］和UMCM-1(AMFesal)［命名基于AM（氨基）、Fe和sal（羟基苯二甲酸酐）］（见图6.18）。UMCM-1(AMFesal)可在室温下催化Mukaiyama羟醛反应。虽然催化活性一般，但是由于其强健的框架结构，MOF的催化活性及结晶性在循环多次之后都可得到保持。

　　其它基于氨基官能化配体的PSM遵循相似的反应路径，氨基功能化的MOF可以与多种其它底物发生反应。我们在图6.19中汇总了这些PSM方法。

　　图6.19所展示的所有反应，在均相分子有机化学中均已被深入研究。然而，当这些反应于MOF孔道中进行时，普遍存在着与酰胺化反应类似的应用局限性。若要在框架中引入更复杂的有机官能团或可供额外金属配位的位点，人们通常需要设计多步反应。由于底物的固相特点，在反应产物的纯化方面我们缺乏相应手段。再者，多数修饰反应无法定量转化，因此最终产物往往是一个混合物，此混合相中包含了每一步功能化反应

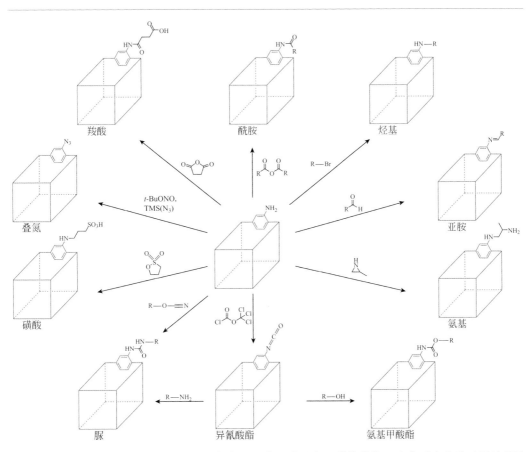

图6.19 氨基官能化配体可与一系列底物发生反应，从而实现共价修饰。这些反应有助于通过酰胺键合（linkage）或亚胺键合将羧酸、胺、氨基甲酸酯、异氰酸酯、脲和叠氮等官能团引入到MOF的有机主干上。t-BuONO—亚硝酸叔丁酯；TMS(N₃) 叠氮三甲基硅烷

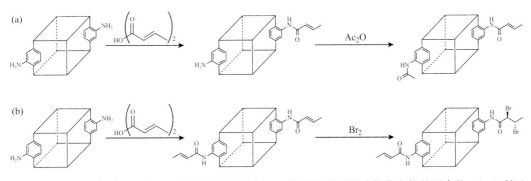

图6.20 由于纯化手段的缺乏，多步连续的共价PSM得到的是不同功能化产物的混合物。（a）利用不同酸酐进行两步连续的酰胺偶联反应。（b）利用不饱和酸酐进行酰胺偶联反应，随后进行双键加成溴化反应。由于PSM一般无法定量进行，上述两例的产物均为MTV-MOF

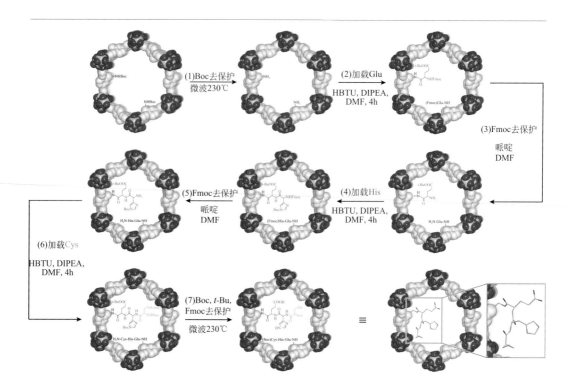

图6.21　从 IRMOF-74-Ⅲ(NHBoc) 出发，进行七步连续共价 PSM，产生具有类似于酶的复杂度的孔道环境。通过一系列酰胺偶联和去保护反应可引入 Glu-His-Cys 氨基酸序列。图中以空间填充模型展示了 IRMOF-74-Ⅲ 的一个孔道，Glu-His-Cys 氨基酸序列则用键线式表示。为了清晰呈现结构，所有氢原子被略去。颜色代码：Mg，蓝色；C，灰色（键线式模型中蓝色）；O，红色；N，绿色；S，橙色

的可能产物。序贯进行的多步 PSM 被称为"串联功能化"（tandem functionalization）。具体而言，串联功能化包括两种类型：①序贯安装不同的官能团；②随后的官能团相互转换。图6.20展示了串联功能化的过程。其它类型的串联功能化也有报道，不过它们在反应物立体空间限制和产物纯化等方面存在与前述例子一样的局限性。

　　依序进行多步 PSM 反应可生成具有类似于酶的复杂度的 MOF。如图6.21展示了经过七步肽键生成与去保护的反应，将一个多肽序列安装到 IRMOF-74-Ⅲ 孔道中的过程。

6.4.3.2　点击化学及其它环加成反应

　　Cu(Ⅰ) 催化的叠氮化物和炔烃发生 Huisgen 环加成反应生成三唑，该反应通常被称为"点击化学"（click chemistry）反应[38]。此类反应通常可以在反应物浓度较低的条件下高效进行，并且适用于含不同官能团的底物。因此点击化学反应是对 MOF 进行共价 PSM 的理想反应。

　　为了能在 MOF 的有机主干上进行点击化学反应，配体必须连接有能与炔基（或叠氮

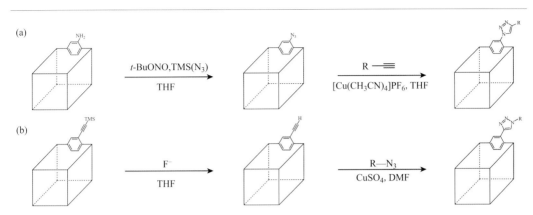

图6.22　在MOF官能化配体上进行的点击反应。（a）将氨基转化为相应的叠氮化物，使其可以与炔烃发生环加成反应，生成4–取代的三唑。（b）三甲基硅基（trimethylsilyl，TMS）保护的炔基配体可通过直接合成法被引入到MOF结构中。在温和条件下进行去保护，所得的炔基与叠氮化物反应生成相应的1–取代三唑

化物）发生环加成反应的叠氮（或炔基）官能团[39]。图6.22展示了含有上述两类基团的MOF的制备策略，以及随后对应的环加成反应。这些反应的产率依赖于所使用的MOF结构，产率范围在1%到接近定量转化不等[39]。氨基与重氮盐发生反应制备叠氮化物通常在酸性条件下进行，且重氮盐为高度易爆的中间体，因此要在MOF中实现类似的转化必须采用温和的反应条件。

即使对于含有较大取代基的MOF，此类PSM仍具有很好的普适性且产率较高，其原因在于它对反应立体空间要求较低。图6.23展示了一系列可以通过该法安装在MOF中的官能团。

另一类用于合成后修饰MOF的重要环加成反应是Diels-Alder反应。配体上带有呋喃基团的MOF可以与一系列底物进行Diels-Alder反应。图6.24展示了一例呋喃功能化的MOF与马来酰亚胺发生的反应。该反应产率高达98%，并且具有可观的24%的外型/内型（exo/endo）空间异构选择性[40]。

6.4.4　基于桥联羟基的共价PSM

沸石表面的羟基可用于沸石孔道的功能化。在MOF中，其SBU上的桥联—OH也可表现出与沸石表面羟基相似的行为。虽然这类PSM的发展不如基于有机反应的PSM，但是因为它代表着MOF共价功能化的另一种思路，我们在此单独作简略介绍。前文提到，基于Zr_6O_8核的SBU上的端基—OH和—OH_2配体可以与金属离子发生配位，从而生成金

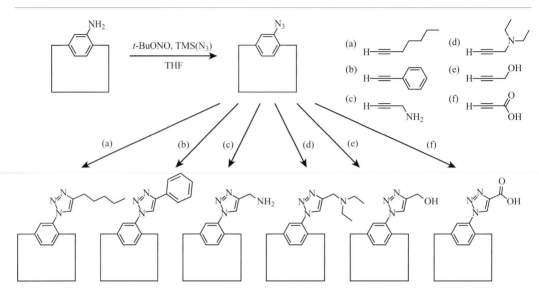

图6.23　可通过点击化学引入到MOF中的官能团总结：（a）烷基、（b）芳基、（c）伯胺、（d）叔胺、（e）醇和（f）羧酸。图中同时展示了炔基底物（a～f）和相应的产物（底部）

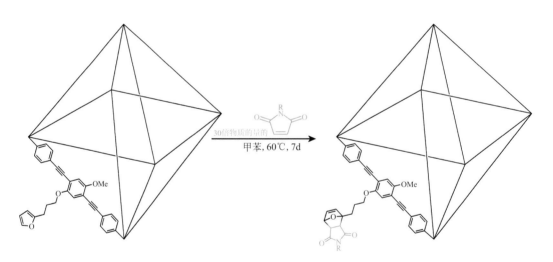

图6.24　通过Diels-Alder环加成反应对呋喃功能化的MOF进行合成后修饰。这里展示了MOF与马来酰亚胺的环加成反应（马来酰亚胺与MOF中有机配体的摩尔比为30∶1）。除了马来酰亚胺之外，在均相条件下可进行Diels-Alder反应的其它不同底物也可通过此方法与MOF反应。Diels-Alder环加成反应通常产率较高

属取代的SBU（见AIM部分，6.4.2.1）。然而，桥联羟基具有与端羟基不同的性质。在无溶剂气相条件下用高活性的1,1'-二茂铁基二甲基硅烷对MIL-53（见图4.33）进行处理，其棒状SBU上的桥联—OH发生硅烷化反应。该硅烷化反应的产率为25%，且生成的MOF在液相条件下对苯的氧化具有催化活性[41]。虽然修饰后MOF的稳定性受到一定

影响，但是这个例子说明了MOF的共价功能化并不仅限于有机主干。

6.5　分析方法

研究人员采用大量分析方法来定性或定量地表征通过PSM法引入的官能团或功能化基团。为了验证所提出的结论，研究者必须同时结合多种分析方法。下面我们讨论一些代表性的重要表征方法。

粉末X射线衍射（powder X-ray diffraction，PXRD）是用来分析晶态产物最常规的方法。它能给出结构变化、结晶副产物生成以及晶态材料结构降解的信息。利用现代精修方法，人们甚至可以根据粉末衍射数据来确定晶体结构。PXRD仅可用于分析晶相结构，但晶相可能无法代表整体样品的信息。同时它对晶相材料可能的细微结构变化（例如引入有机官能团导致的结构变化）并不敏感。如果功能化反应是通过单晶到单晶的转化实现的，那么单晶X射线衍射是最有力的研究手段。因为它能够表征引入的功能化基团、确定结构并对功能化程度进行定量分析。材料的吸附测试及随后的表面积计算可验证预计能导致孔体积减少的大体积基团是否被成功引入。对活化后材料进行元素分析可以帮助确定功能化MOF的化学式；但是应当意识到，不适当的活化方式会导致客体分子在孔道内的残留，从而使所得的化学式不具代表性。新元素的引入通常可以通过X射线光电子能谱（X-ray photoelectron spectroscopy，XPS）、能量色散X射线谱（energy-dispersive X-ray spectroscopy，EDX）、X射线吸收谱（X-ray absorption spectroscopy，XAS），或基于电感耦合等离子体（inductively coupled plasma，ICP）的方法进行表征。但是有时通过这些技术确定材料功能化产率并不容易，并且无法区分功能化仅发生于材料外表面还是材料内外表面均被功能化。热分析［包括热重分析（thermogravimetric analysis，TGA）和差示扫描量热法（differential scanning calorimetry，DSC）］也能用于判断功能化是否成功，甚至可以对其进行量化分析。原本结构并不具备的新化学键的生成可通过傅里叶变换红外光谱（FT-IR）来确定，金属配合物的引入可通过紫外-可见光谱（UV-vis）跟踪。FT-IR和UV-vis都是根据是否出现被引入功能基团的特征光谱带进行判断。基于共价修饰的功能化可通过核磁共振波谱（NMR）进行分析。在NMR分析之前，需在酸性或碱性条件下将MOF消解。因此，进行NMR分析的前提是被分析的官能团在MOF消解条件下可稳定存在。核磁管内可能发生的酸催化或碱催化反应将导致无法准确分析反应产率（其原因是消解MOF所用的强酸或强碱条件可能导致化学键的断裂以及其它副反应的发生）。综上所述，了解并评估特定修饰反应背后的化学过程对选择适当的分析方法进行定性和定量表征非常重要。

6.6 总结

在本章中，我们介绍了对MOF进行功能化及修饰的概念。我们对合成前、原位反应、合成后三类修饰路线进行区分，并基于相互作用的强弱，将这些修饰分类为基于弱相互作用、强相互作用和共价相互作用。我们介绍了结构明确的介观结构的合成，介绍了在MOF孔道中捕获分子和封装纳米粒子的概念，并概述了所得材料在催化方面的性能。我们同时讨论了通过PSM法利用初合成的MOF来定制材料的理性策略，即所谓的"框架化学"。我们讨论了利用有机和无机反应来精准地调控MOF的结构、电子和化学性质，并给它们带来前所未有的性质，从而使其在许多不同的领域有潜在应用。

参考文献

[1] (a) Hong, D.-Y., Hwang, Y.K., Serre, C. et al. (2009). Porous chromium terephthalate MIL-101 with coordinatively unsaturated sites: surface functionalization, encapsulation, sorption and catalysis. *Advanced Functional Materials* 19 (10): 1537–1552. (b) Bromberg, L., Diao, Y., Wu, H. et al. (2012). Chromium(III) terephthalate metal organic framework (MIL-101): HF-free synthesis, structure, polyoxometalate composites, and catalytic properties. *Chemistry of Materials* 24 (9): 1664–1675. (c) Buso, D., Jasieniak, J., Lay, M.D.H. et al. (2012). Highly luminescent metal-organic frameworks through quantum dot doping. *Small* 8 (1): 80–88. (d) Hu, L., Wu, N., Zheng, J. et al. (2014). Preparation of a magnetic metal organic framework composite and its application for the detection of methyl parathion. *Analytical Sciences* 30 (6): 663–668. (e) Lian, X., Fang, Y., Joseph, E. et al. (2017). Enzyme-MOF (metal-organic framework) composites. *Chemical Society Reviews* 46 (11): 3386–3401. (f) Horcajada, P., Chalati, T., Serre, C. et al. (2010). Porous metal-organic-framework nanoscale carriers as a potential platform for drug delivery and imaging. *Nature Materials* 9 (2): 172.

[2] Sun, J.-W., Yan, P.-F., An, G.-H. et al. (2016). Immobilization of polyoxometalate in the metal-organic framework rht-MOF-1: towards a highly effective heterogeneous catalyst and dye scavenger. *Scientific Reports* 6: 25595.

[3] (a) Rungtaweevoranit, B., Baek, J., Araujo, J.R. et al. (2016). Copper nanocrys- tals encapsulated in Zr-based metal-organic frameworks for highly selective CO$_2$ hydrogenation to methanol. *Nano Letters* 16 (12): 7645–7649. (b) Choi, K.M., Kim, D., Rungtaweevoranit, B. et al. (2016). Plasmon-enhanced photocatalytic CO$_2$ conversion within metal-organic frameworks under visible light. *Journal of the American Chemical Society* 139 (1): 356–362.

[4] Zhao, Y., Kornienko, N., Liu, Z. et al. (2015). Mesoscopic constructs of ordered and oriented metal-organic frameworks on plasmonic silver nanocrystals. *Journal of the American Chemical Society* 137 (6): 2199–2202.

[5] (a) Eddaoudi, M., Kim, J., Rosi, N. et al. (2002). Systematic design of pore size and functionality in isoreticular MOFs and their application in methane storage. *Science* 295 (5554): 469–472. (b) Fei, H. and Cohen, S.M. (2014). A robust, catalytic metal-organic framework with open 2,2′-bipyridine sites. *Chemical Communications* 50 (37): 4810–4812.

[6] Dan-Hardi, M., Serre, C., Frot, T. et al. (2009). A new photoactive crystalline highly porous titanium(IV) dicarboxylate. *Journal of the American Chemical Society* 131 (31): 10857–10859.

[7] Fu, Y., Sun, D., Chen, Y. et al. (2012). An amine-functionalized titanium metal-organic framework photocatalyst with visible-light-induced activity for CO_2 reduction. *Angewandte Chemie International Edition* 51 (14): 3364–3367.

[8] (a) Hermes, S., Schröder, F., Amirjalayer, S. et al. (2006). Loading of porous metal-organic open frameworks with organometallic CVD precursors: inclusion compounds of the type [L$_n$M]$_a$@MOF-5. *Journal of Materials Chemistry* 16 (25): 2464–2472. (b) Schröder, F., Esken, D., Cokoja, M. et al. (2008). Ruthenium nanoparticles inside porous [Zn$_4$O(bdc)$_3$] by hydrogenolysis of adsorbed [Ru(cod)(cot)]: a solid-state reference system for surfactant-stabilized ruthenium colloids. *Journal of the American Chemical Society* 130 (19): 6119–6130. (c) Müller, M., Lebedev, O.I., and Fischer, R.A. (2008). Gas-phase loading of [Zn$_4$O(btb)$_2$] (MOF-177) with organometallic CVD-precursors: inclusion compounds of the type [L$_n$M]$_a$@MOF-177 and the formation of Cu and Pd nanoparticles inside MOF-177. *Journal of Materials Chemistry* 18 (43): 5274–5281. (d) Sabo, M., Henschel, A., Fröde, H. et al. (2007). Solution infiltration of palladium into MOF-5: synthesis, physisorption and catalytic properties. *Journal of Materials Chemistry* 17 (36): 3827–3832.

[9] Aulakh, D., Pyser, J.B., Zhang, X. et al. (2015). Metal-organic frameworks as platforms for the controlled nanostructuring of single-molecule magnets. *Journal of the American Chemical Society* 137 (29): 9254–9257.

[10] (a) Férey, G., Mellot-Draznieks, C., Serre, C., and Millange, F. (2005). Crystallized frameworks with giant pores: are there limits to the possible? *Accounts of Chemical Research* 38 (4): 217–225. (b) Férey, G., Mellot-Draznieks, C., Serre, C. et al. (2005). A chromium terephthalate-based solid with unusually large pore volumes and surface area. *Science* 309 (5743): 2040–2042.

[11] Hwang, Y.K., Hong, D.Y., Chang, J.S. et al. (2008). Amine grafting on coordinatively unsaturated metal centers of MOFs: consequences for catalysis and metal encapsulation. *Angewandte Chemie International Edition* 47 (22): 4144–4148.

[12] Murray, L.J., Dincă, M., and Long, J.R. (2009). Hydrogen storage in metal-organic frameworks. *Chemical Society Reviews* 38 (5): 1294–1314.

[13] Wang, C., Xie, Z., deKrafft, K.E., and Lin, W. (2011). Doping metal-organic frameworks for water oxidation, carbon dioxide reduction, and organic photocatalysis. *Journal of the American Chemical Society* 133 (34): 13445–13454.

[14] (a) Chen, R., Zhang, J., Chelora, J. et al. (2017). Ruthenium(II) complex incorporated UiO-67 metal-organic framework nanoparticles for enhanced two-photon fluorescence imaging and photodynamic

cancer therapy. *ACS Applied Materials & Interfaces* 9 (7): 5699–5708. (b) Tang, Y., He, W., Lu, Y. et al. (2014). Assembly of ruthenium-based complex into metal-organic framework with tunable area-selected luminescence and enhanced photon-to-electron conversion efficiency. *The Journal of Physical Chemistry C* 118 (44): 25365–25373. (c) Braglia, L., Borfecchia, E., Lomachenko, K.A. et al. (2017). Tuning Pt and Cu sites population inside functionalized UiO-67 MOF by controlling activation conditions. *Faraday Discussions* 201 (0): 265–286.

[15] Deria, P., Mondloch, J.E., Karagiaridi, O. et al. (2014). Beyond post-synthesis modification: evolution of metal-organic frameworks via building block replacement. *Chemical Society Reviews* 43 (16): 5896–5912.

[16] Bury, W., Fairen-Jimenez, D., Lalonde, M.B. et al. (2013). Control over catenation in pillared paddlewheel metal-organic framework materials via solvent-assisted linker exchange. *Chemistry of Materials* 25 (5): 739–744.

[17] (a) Kim, M., Cahill, J.F., Fei, H. et al. (2012). Postsynthetic ligand and cation exchange in robust metal-organic frameworks. *Journal of the American Chemical Society* 134 (43): 18082–18088. (b) Karagiaridi, O., Bury, W., Mondloch, J.E. et al. (2014). Solvent-assisted linker exchange: an alternative to the *de novo* synthesis of unattainable metal-organic frameworks. *Angewandte Chemie International Edition* 53 (18): 4530–4540.

[18] Planas, N., Mondloch, J.E., Tussupbayev, S. et al. (2014). Defining the proton topology of the Zr_6-based metal-organic framework NU-1000. *The Journal of Physical Chemistry Letters* 5 (21): 3716–3723.

[19] Kim, I.S., Borycz, J., Platero-Prats, A.E. et al. (2015). Targeted single-site MOF node modification: trivalent metal loading via atomic layer deposition. *Chemistry of Materials* 27 (13): 4772–4778.

[20] Manna, K., Ji, P., Lin, Z. et al. (2016). Chemoselective single-site Earth-abundant metal catalysts at metal-organic framework nodes. *Nature Communications* 7: 12610.

[21] Deria, P., Mondloch, J.E., Tylianakis, E. et al. (2013). Perfluoroalkane functionalization of NU-1000 via solvent-assisted ligand incorporation: synthesis and CO_2 adsorption studies. *Journal of the American Chemical Society* 135 (45): 16801–16804.

[22] Deria, P., Bury, W., Hupp, J.T., and Farha, O.K. (2014). Versatile functionalization of the NU-1000 platform by solvent-assisted ligand incorporation. *Chemical Communications* 50 (16): 1965–1968.

[23] Deria, P., Bury, W., Hod, I. et al. (2015). MOF functionalization via solvent-assisted ligand incorporation: phosphonates vs carboxylates. *Inorganic Chemistry* 54 (5): 2185–2192.

[24] Jiang, J., Gándara, F., Zhang, Y.-B. et al. (2014). Superacidity in sulfated metal-organic framework-808. *Journal of the American Chemical Society* 136 (37): 12844–12847.

[25] Trickett, C.A., Osborn Popp, T.M., Su, J., Yan, C., Weisberg, J., Huq, A., Urban, P., Jiang, J., Kalmutzki, M.J., Liu, Q., Baek, J., Head-Gordon, M.P., Somorjai, G.A., Reimer, J.A., Yaghi, O. (2018) Identification of the strong Brønsted Acid Site in a metal-organic framework solid acid catalyst. *Nature Chemistry*, 11: 170–176.

[26] Lee, S., Kapustin, E.A., and Yaghi, O.M. (2016). Coordinative alignment of molecules in chiral metal-organic frameworks. *Science* 353 (6301): 808–811.

[27] Burnett, B.J., Barron, P.M., Hu, C., and Choe, W. (2011). Stepwise synthesis of metal-organic frameworks: replacement of structural organic linkers. *Journal of the American Chemical Society*

133 (26): 9984–9987.

[28] (a) Li, T., Kozlowski, M.T., Doud, E.A. et al. (2013). Stepwise ligand exchange for the preparation of a family of mesoporous MOFs. *Journal of the American Chemical Society* 135 (32): 11688–11691. (b) An, J., Farha, O.K., Hupp, J.T. et al. (2012). Metal-adeninate vertices for the construction of an exceptionally porous metal-organic framework. *Nature Communications* 3: 604.

[29] Kim, M., Cahill, J.F., Su, Y. et al. (2012). Postsynthetic ligand exchange as a route to functionalization of "inert" metal-organic frameworks. *Chemical Science* 3 (1): 126–130.

[30] Yuan, S., Lu, W., Chen, Y.-P. et al. (2015). Sequential linker installation: precise placement of functional groups in multivariate metal-organic frameworks. *Journal of the American Chemical Society* 137 (9): 3177–3180.

[31] Kapustin, E.A., Lee, S., Alshammari, A.S., and Yaghi, O.M. (2017). Molecular retrofitting adapts a metal-organic framework to extreme pressure. *ACS Central Science* 3 (6): 662–667.

[32] Tu, B., Pang, Q., Wu, D. et al. (2014). Ordered vacancies and their chemistry in metal-organic frameworks. *Journal of the American Chemical Society* 136 (41): 14465–14471.

[33] Brozek, C. and Dincă, M. (2014). Cation exchange at the secondary building units of metal-organic frameworks. *Chemical Society Reviews* 43 (16): 5456–5467.

[34] Brozek, C.K. and Dincă, M. (2013). Ti^{3+}-, $V^{2+/3+}$-, $Cr^{2+/3+}$-, Mn^{2+}-, and Fe^{2+}-substituted MOF-5 and redox reactivity in Cr-and Fe-MOF-5. *Journal of the American Chemical Society* 135 (34): 12886–12891.

[35] Liu, T.-F., Zou, L., Feng, D. et al. (2014). Stepwise synthesis of robust metal-organic frameworks via postsynthetic metathesis and oxidation of metal nodes in a single-crystal to single-crystal transformation. *Journal of the American Chemical Society* 136 (22): 7813–7816.

[36] Wang, Z. and Cohen, S.M. (2007). Postsynthetic covalent modification of a neutral metal-organic framework. *Journal of the American Chemical Society* 129 (41): 12368–12369.

[37] Tanabe, K.K., Wang, Z., and Cohen, S.M. (2008). Systematic functionalization of a metal-organic framework via a postsynthetic modification approach. *Journal of the American Chemical Society* 130 (26): 8508–8517.

[38] (a) Hansen, T.V., Wu, P., Sharpless, W.D., and Lindberg, J.G. (2005). Just click it: undergraduate procedures for the copper(I)-catalyzed formation of 1,2,3-triazoles from azides and terminal acetylenes. *Journal of Chemical Education* 82 (12): 1833. (b) Kolb, H.C., Finn, M.G., and Sharpless, K.B. (2001). Click chemistry: diverse chemical function from a few good reactions. *Angewandte Chemie International Edition* 40 (11): 2004–2021.

[39] (a) Gadzikwa, T., Lu, G., Stern, C.L. et al. (2008). Covalent surface modification of a metal-organic framework: selective surface engineering via Cu^I-catalyzed Huisgen cycloaddition. *Chemical Communications* (43): 5493–5495. (b) Goto, Y., Sato, H., Shinkai, S., and Sada, K. (2008). "Clicable" metal-organic framework. *Journal of the American Chemical Society* 130 (44): 14354–14355.

[40] Roy, P., Schaate, A., Behrens, P., and Godt, A. (2012). Post-synthetic modification of Zr-metal-organic frameworks through cycloaddition reactions. *Chemistry A European Journal* 18 (22): 6979–6985.

[41] Meilikhov, M., Yusenko, K., and Fischer, R.A. (2009). Turning MIL-53(Al) redox-active by functionalization of the bridging OH-group with 1,1'-ferrocenediyl-dimethylsilane. *Journal of the American Chemical Society* 131 (28): 9644–9645.

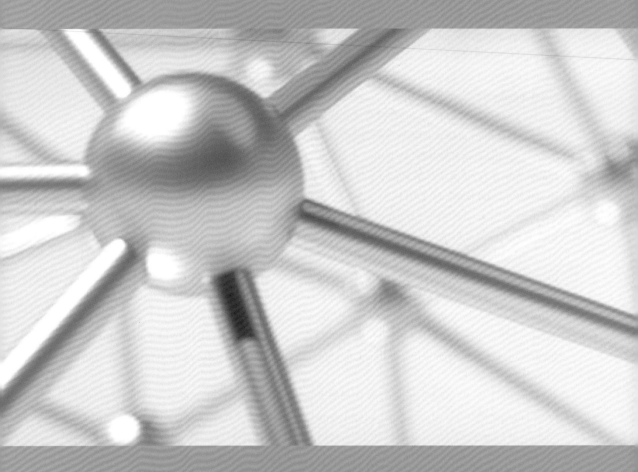

Introduction to
Reticular Chemistry
Metal-Organic Frameworks and Covalent Organic Frameworks

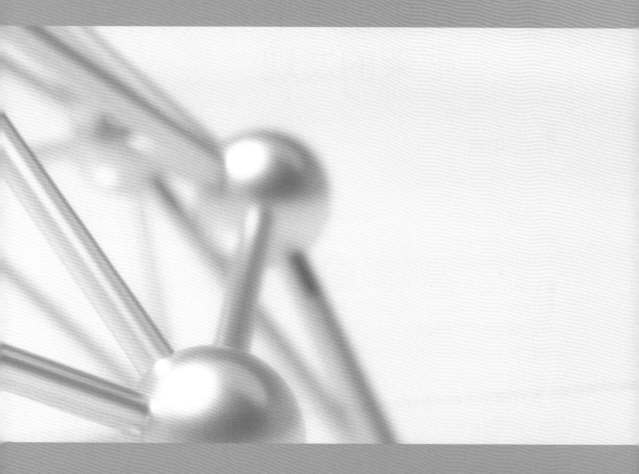

7

历史视角下的共价有机框架的发现

7.1 引言

　　网格化学是研究通过强化学键将离散型化学小分子实体连接成拓展型框架或是大型离散分子结构的学科。在第1～6章中，我们讨论了通过有机配体连接多核金属簇实现的金属有机框架（MOF）中的网格化学原理。实际上，晶态拓展型固体也可以通过轻质元素（如H、B、C、N、O、Si）间的共价键连接纯有机构造单元来实现，此时得到的是共价有机框架（COF）[1]。COF合成中面临的挑战与MOF合成并不相同。如前所述，MOF合成的困难在于控制构造单元的几何参数，从而以理性的合成方法构建具有开放空间的结构，并形成多孔的晶态拓展型固体。人们通过将多核金属簇与有机配体连接首次实现了这样的理性合成，带来了结构稳定的具有永久多孔性的材料。因此，MOF合成的难点在于获得晶态且多孔的材料[2]。然而在以往的有机化学研究中，二维或三维的晶态拓展型结构尚属于未知领域，所以COF合成的首要困难就是得到晶态产物。为了让读者能够理解实现COF合成的重要性以及这类材料的应用前景，我们会在历史视角下综述这一领域是如何创发的，以及介绍哪些有机合成化学的发现影响了这一领域的发展。

　　1916年，吉尔伯特·路易斯（Gilbert N. Lewis）在他发表的具有开创意义的论文中，提出了共价键的概念，用以描述分子内成键的本质[3]。在这篇名为《原子和分子》的论文中，他探讨了原子如何彼此连接形成分子，以及如何从结构和反应活性的角度描述这些分子等基本概念。从那时起，有机化学家们利用这一概念，逐渐掌握了复杂分子的合成工艺，也造就了全合成这一充满艺术性和科学性的领域。尽管在20世纪中，有机化学家的合成手段逐渐丰富，但是这一方法学从未用于合成二维和三维的有机拓展型结构。罗德·霍夫曼（Roald Hoffmann）在1993年强调了这一点："有机化学家是操控零维结构的大师，其中一部分有机化学家已经开始发展了在一维维度上进行结构操控的方法，他们研究聚合物、链状结构……但是在二维或三维维度上，这依旧是一片合成领域待开发的荒野。"[4] 这就引出了如下问题：为什么二维和三维维度的合成化学在如此长的时间内都没有得到发展。晶态有机拓展型结构先前没有被报道的原因之一在于，结构内的有机基元需要通过惰性共价键连接。因此，需要对网格化构筑晶态拓展型结构的过程进行热力学控制，使这一反应过程具有微观可逆性。这一挑战随着被称为COF的一类二维和三维拓展的晶态有机固体的发展得到解决[5]。参照路易斯的文章中的概念，COF自然就成了分子向二维和三维空间延伸的产物[6]。分子将其中的原子约束于特定排布中；同理，COF是将特定几何排布的分子通过共价键约束于周期性结构中。COF领域的发展与有机合成化学领域取得的进展高度相关。在接下来的章节中，我们将从路易斯提出的共价键概念开始，介绍有机合成化学中具有里程碑意义的重要进展，并强调这些发展对COF领域的影响。

7.2 路易斯理论和共价键

共价键理论是如今我们理解化学键本质的重要内容。IUPAC对共价键的定义是："一个原子核之间电子云密度相对较高的区域，且该较高电子云密度至少部分来源于共用电子，产生与原子核的吸引作用，使得相邻原子核具有特征的核间距。"[7]"共价"（covalent）一词表明"电子是在原子间共用的"这一涵义。这一概念的提出可以追溯到1902年，路易斯试图向学生解释原子价（valence）的概念，于是第一次以书面形式表达了对化学键的理解。他把原子外层想象为一个立方体，电子分布于立方体的每个顶点。通过这一"立方原子"的设想，可以解释化学键是通过原子间共用电子形成的，这使得每个原子都具有完整的八个价电子（"八隅体"）。这一概念与当时被广泛接受的原子间成键理论完全不同。先前亥姆霍兹（Helmholtz）的价电子理论假设原子的电子只能完全不给出，或向另一原子完全给出[8]。虽然这一理论对于解释极性分子和离子型化合物十分有效，但是它不能准确解释人们对于非极性分子的经验性观察结果。

以原子间成共价键为基础的立方原子模型很好地解释了在分子型化合物成键过程中观察到的一些现象，这是先前的理论所无法准确解释的。例如，它可以解释双原子卤素单质分子的一些性质。以图7.1中的碘分子为例，实验中观察到 I_2 分子在溶液中并未形成离子对，说明了一个碘原子完整传递一个电子到另一碘原子，从而形成 I^+–I^- 离子对的假设是不成立的。而根据路易斯的理论，碘分子可以描述为两个共边的立方碘原子，使得原子间存在共用电子对，从而形成一种电中性物质而不是两种带电物质。这一解释与实验现象完全符合。

路易斯的化学键理论不断发展。在1916年，他发表了具有开创意义的论文《原子

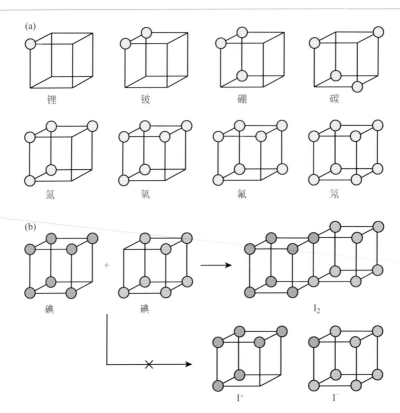

图7.1　路易斯的立方原子理论示意图。（a）锂、铍、硼、碳、氮、氧、氟、氖的价电子模型。注意从只有1个价电子的锂，到闭壳层的氖，价电子数是逐渐增加的。（b）原子可以通过共用电子达到满价，此处以碘为例。路易斯的理论假设两个碘原子通过共用电子形成二聚体，该成键具有共价性。这里，两个碘原子都形成满电子的稳定结构。与此相反，亥姆霍兹的理论基于电子只能从一个原子转移到另一个原子的假设，因此会形成一个带正电的碘离子和一个带负电的碘离子，且只有其中一个离子达到满价。颜色代码：（a）价电子，灰色；（b）价电子，浅蓝色和橙色

与分子》，将共价键定义为两个原子间共用的电子对[3]。在该论文中，他基于之前提出的立方原子模型解释了化学键的概念，并进一步提出了"路易斯结构式"（Lewis dot structure）的概念。这一理论深刻地解释了一些重要的经验观察结果，如氨和氢离子共用电子对形成铵离子，与之有明显区别的是铵离子和氯离子结合仅形成松散的离子对［图7.2（a）］。事实上，铵离子长期以来让化学家们感到困惑，因为它的各种烷基取代物的异构体都已被成功分离，证明了尽管氮原子为三价，却是四连接的。显然，如果没有共价键理论及其内涵的共用电子对概念，这一实验结果无法得到合理解释。此前价电子理论无法解释的另一问题是氧气分子的结构。当时大家已熟知，氧气在低温下反应通常得到过氧化物。但是这一现象与主流的价键理论相悖，因为价键理论认为氧是二价元素，并且在氧气分子中形成双键。在路易斯结构式中，我们可以清晰地看到，氧气分子

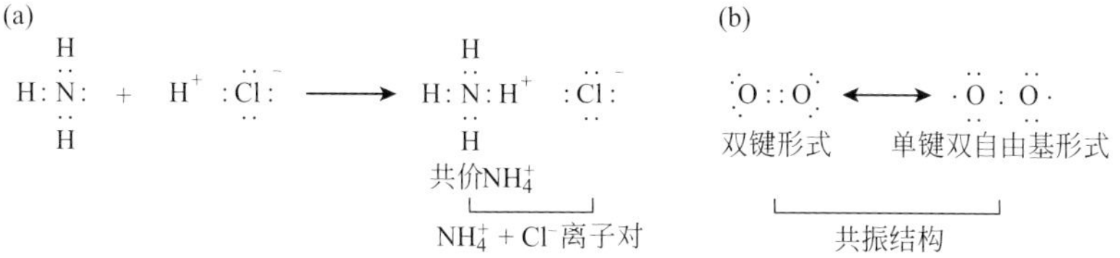

图7.2　用路易斯结构式表示的分子结构。（a）NH₃与H⁺Cl⁻反应生成NH₄⁺Cl⁻。NH₃和H⁺之间形成共价键，生成的NH₄⁺与Cl⁻形成离子对。（b）O₂的共振结构。双自由基形式可以很好地解释在低温条件下观察到的氧气的反应活性

存在两种异构体：一种为双自由基形式，另一种则含有一个双键。而只有双自由基形式可以充分解释氧的反应活性［图7.2（b）］。共价键理论的内涵为有机化学的发展提供了必要的理论基础，从此有机化学从纯粹的经验性学科发展为理性的、系统性的科学领域。

7.3　有机合成化学的发展

在接下来的几十年中，赫尔曼·施陶丁格（Hermann Staudinger）发现的共价高分子结构（一维聚合物）推动了有机功能材料领域的发展[9]。虽然聚合物（polymer）这一名词早在1833年就已出现，但是当时人们普遍认为聚合物组分间的作用仅为团聚效应，而非实际的化学键连。直到1920年，基于路易斯共价键理论，施陶丁格提出了聚合物为共价连接的高分子结构的概念。施陶丁格意识到高分子化合物家族包括许多重要的天然产物，如蛋白质、酶、核酸，以及许多完全人工合成的塑料和纤维[9]。基于这一发现的重要性，他被授予1953年的诺贝尔化学奖。

有机合成化学领域发展的另一重要里程碑是复杂有机天然产物的全合成。在阐明了共价键概念之后的几年中，研究者们建立了日益复杂的天然产物（图7.3）的合成路线。1828年，弗里德里希·维勒（Friedrich Wöhler）报道了通过氰酸铵制备首例人工合成的天然有机分子——尿素[10]。在此之前，人们还坚信有机物质含有一种特殊的"生命活力"，因此有机分子无法人工合成，这一理论称为活力论（vitalism）。维勒的发现有力地驳斥了这一观点，尽管这一发现十分偶然，并非预先设计的合成结果。随着对共价键的了解以及随后的有机合成方法学的发展，如今人们可以理性地定向合成有机分子。在接下来的几十年中，人们合成出了越来越复杂的天然产物。早期报道的合成的天然产物是托品酮和樟脑等小分子[11]。这些合成经验又进一步被用于合成更复杂的分子，例如罗伯特·伍德沃德（Robert B. Woodward）报道的具有重大历史意义的番木鳖碱的合成[12]。

最能说明20世纪人类对有机物质人工合成高度掌控的例子是维生素B$_{12}$的全合成，它由阿尔伯特·艾申莫瑟（Albert Eschenmoser）课题组和Woodward课题组联合报道[13]；以及1994年基里亚科斯·尼古劳（Kyriacos C. Nicolaou）等报道的紫杉醇的全合成[14]。紫杉醇常用于各种癌症的化疗，由此可以说明有机合成化学领域的发展对制药工业的重要意义。

图7.3展示了结构逐渐复杂的可人工合成的有机分子。该图有力地说明了有机合成

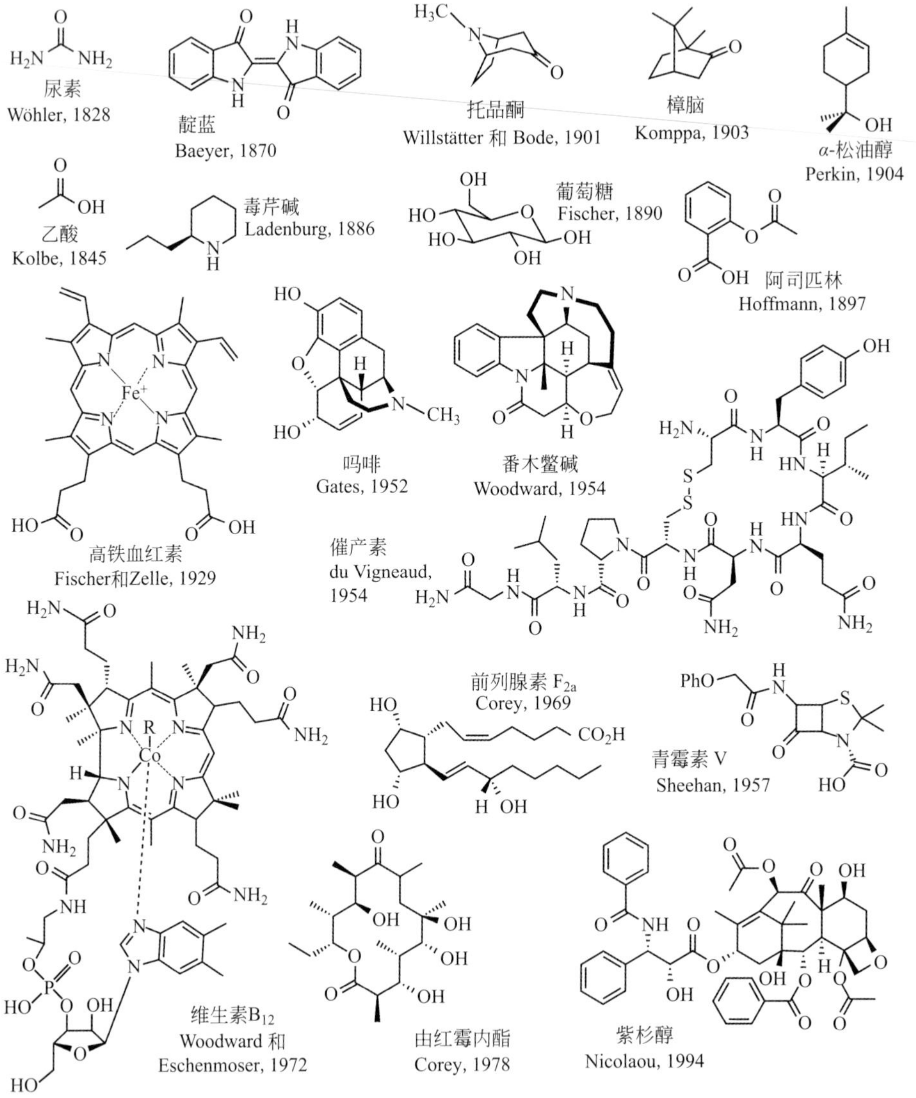

图7.3 代表性的可人工合成有机分子。1828年被报道的尿素是第一例人工合成的有机分子，随后更多更高复杂度的分子被合成出来[10,15]。1972年首次合成的天然产物维生素B$_{12}$体现了这一领域的发展高度。1994年定向合成的复杂化疗药物紫杉醇说明了合成方法学的进步对制药业的深远影响[13,14]

化学已经在20世纪从一门经验观察性的学科，逐步发展成可以通过多步逆向合成得到高度复杂的天然产物的成熟科学领域[16]。有机合成与其它化学领域最大的区别在于它能够在原子水平控制物质。这使得研究者可以进行高分子的从头合成（*de novo* synthesis），并实现高度区域选择性和立体选择性的精确功能化。

7.4　超分子化学

20世纪60年代开始，随着前文提到的合成方法学的进步，研究热点逐渐从复杂分子的合成转向将精细合成的分子组装成更精巧的结构。虽然合成化学家可以定向合成出特定分子，但对于如何控制这些分子有序排列从而形成固体材料并没有明确答案。高分子化学的发展表明，通过将分子型构造单元相连可以形成一维聚合物，且聚合物内这些单元可以形成明确的序列（sequence）。接下来的问题在于，如何将有机化学对于离散型分子和一维聚合物的合成控制手段扩展到二维和三维。为了尝试回答上述问题，超分子化学（supramolecular chemistry）应运而生。超分子化学是关注分子间的非共价作用以及由此带来的分子识别、自组装、模板合成等的学科[17]。这种非共价作用是在有机大环分子对不同金属离子的选择性分子识别中首次发现的。1967年，查尔斯·佩德森（Charles J. Pedersen）在尝试制备一种二价阳离子配合剂的过程中，无意中发现了一种合成冠醚的简单方法。在试图用Williamson醚合成法将两个儿茶酚酸酯单元通过一个羟基相连时，他观察到了作为副产物的二苯并-18-冠-6-醚这种环形聚醚的生成，该冠醚与反应体系中的钾离子配合。Pedersen意识到钾离子与冠醚间的高亲和性是由于冠醚上的氧原子与带正电荷的钾离子之间存在非共价相互作用。于是他研究了大环尺寸对不同尺寸碱金属离子结合选择性的影响[18]。不久之后让-马里·莱恩（Jean-Marie Lehn）指出，与平面大环冠醚分子相比，穴醚这类有机笼子对特定分子的结合选择性有10倍以上的增长（图7.4）[19]。

这些例子显示了对于理想的主-客体作用而言，对给定体系的尺寸和维度进行有针对性的控制是非常重要的。对选择性非共价作用的研究启发了人们在分子识别的基础上，进一步通过互补的非共价作用，引导分子构造单元组织成更大的超分子结构，这一过程称为自组织（self-organization）[20]。在这一领域的发展中，一个形象的化合物例子是Lehn与合作者报道的所谓环状螺旋体。它由五个线型的三(联吡啶)（具体为5,5′-双(2-(5′-甲基-[2,2′-联吡啶]-5-基)乙基)-2,2′-联吡啶，简称TBPy）上的联吡啶单元与五个FeCl₂配位，在引导下自发形成，反应在170℃的乙二醇中进行［图7.5（a）］。得到的环状螺旋五聚体的中心尺寸恰好可以容纳一个作为抗衡阴离子的氯离子。之后的研究发现，将起始反应物中的FeCl₂替换为FeSO₄后，尺寸稍大的硫酸根离子引导产物从环状螺旋五聚体变成六聚体，此时占据组装体中心的离子也由氯离子变为硫酸根离子［图

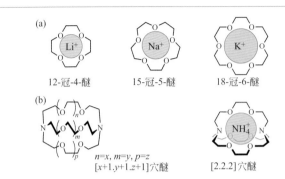

图7.4 （a）12-冠-4-醚与Li$^+$、15-冠-5-醚与Na$^+$、18-冠-6-醚与K$^+$的配合物，表明不同尺寸大环对不同碱金属阳离子的选择性。（b）穴醚的结构与命名规则，以及［2.2.2］穴醚与NH$_4^+$的配合物

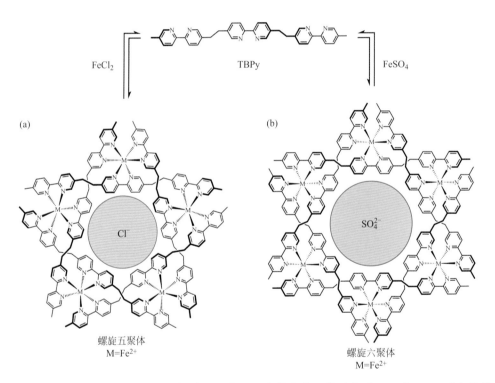

图7.5 金属离子模板辅助下的环状螺旋五聚体和六聚体合成。线型分子TBPy与FeCl$_2$反应得到正九价（5Fe^{2+}+Cl$^-$）的环状螺旋五聚体，组装体中心口袋的尺寸恰好可以容纳一个氯离子。该氯离子在结构形成中起了模板作用。而当同一配体与FeSO$_4$反应则会产生正十价（6Fe^{2+}+SO$_4^{2-}$）的环状螺旋六聚体，硫酸根离子位于六聚体的中心口袋内。上述两个体系反应条件的唯一区别在于抗衡离子的不同。因此，抗衡离子控制了不同结构的生成。这一实验结果强调了组装过程的动态性

7.5(b)] [21]。这表明基于非共价相互作用的组装过程是微观可逆的，并且可以通过热力学条件进行控制。这是一项十分突出的优势，因为微观可逆性可以保证合成过程无需提纯，即可实现产率为100%的产物合成。

　　超分子化学，即分子水平之上的化学这一概念，开启了晶体工程领域的发展。晶体工程主要利用独立组分间互补的非共价相互作用，将分子有设计地组装成晶体结构。这里研究者再次利用了组装过程中的动态结构纠错（dynamic error correction）效应，实现了不同组分的一步结晶。由此，自组织使得有机化学家第一次能够将分子构造单元排列成具有预设结构的固体[22]。在第1章介绍MOF的发展历史时，我们讨论了有机分子和金属离子通过非共价作用形成配位网络的早期例子，在本节我们对这些体系进行进一步分析。超分子组装体难以在保持结构完整性的条件下进行修饰，其原因在于：针对构造单元的官能化会改变组分间的相互作用，从而导致不同组装体的生成。因此对于通过弱相互作用形成的组装体，很难在其外部或内部进行化学修饰。基于此类组装体的化学反应往往导致结构的重排。尽管如此，超分子化学，尤其是晶体工程，对有机化学的研究从分子拓展到晶态拓展型有机固体具有重要意义[22a]。

7.5　动态共价化学

　　如果我们将超分子组装体与自然界利用自组织来制造的蛋白质或DNA等复杂结构进行比较，可以明显看出生物大分子的一级结构由原子通过强共价键连接形成。只有控制各个构造单元空间分布的二级和三级结构是基于非共价作用的。受自然界中普遍存在且结构明确的这类共价主干结构的启发，研究者们开始合成共价大分子结构，并且将这些分子通过共价键而非弱相互作用进行特定排列。此时，我们有必要退一步思考一下，为什么自然形成的基于分子构造单元的大型结构体系都通过非共价键体系实现，而没有完全基于共价键的材料。由于构造单元间的弱相互作用，以及组装的微观可逆性，超分子组装体是在温和的反应条件下生成的，并且（大多数情况下）受热力学控制。相反，共价键固有的惰性导致成键过程通常可逆性较差。这种动力学控制的反应在除了得到预想的反应产物外，还会伴随得到其它副产物。这在分子化学领域不难解决，因为产物可以通过多种方法被提纯。然而，对于拓展型晶态固体而言，副产物是一个无法回避的难题。因为拓展型固体无法进行提纯，因此要求合成中必须一步得到高纯的结晶产物。面对这些挑战，研究者希望在微观可逆的，且可进行结构纠错的反应条件下，开展共价有机反应。虽然先前也报道过一些有机反应的可逆性，但是直到1999年，人们才提出在热力学控制下有策略地进行有机化学合成的概念[23]。"动态共价化学"（dynamic covalent chemistry）的发展，在很大程度上以机械互锁分子领域研究为基础[24]。

这类物质中最简单的例子是索烃（catenane，来自于拉丁语"catena"，意为"链"），它由两个或者多个分子环互锁而成，环间通过机械作用而非化学键连接。让-皮埃尔·绍瓦热（Jean-Pierre Sauvage）与合作者在1983年首次报道了索烃分子的合成。合成中使用了二(4,4′-(邻二氮菲-2,9-二基)二苯酚)合铜(Ⅰ)（Cu(Ⅰ)bis-4,4′-(1,10-phenanthroline-2,9-diyl)diphenol，简称CBP）配位化合物作为模板。该配位化合物保持四面体构型，两个双臂互抱的邻二氮菲配体上的羟基可作为后续关环反应的位点（称为注册点，point of registry）。这一配合物模板进一步通过Williamson醚合成法与2倍物质的量的1,14-二碘-3,6,9,12-四氧十四烷（1,14-di-iodo-3,6,9,12-tetraoxy-tetradecane，$ICH_2(CH_2O)_4CH_2I$，简称DIT）反应，脱金属化后得到两个彼此独立且互锁的大环［图7.6（a）］[25]。配合物模板将各组分聚集在一起，从而提高了总反应的产率；然而，该索烃的产率仍然只有72%。较低的产率对只有两个大环互锁的体系影响不大，但当更多的环参与互锁时，低产率就成为非常不利的因素了。于是，不难理解，机械互锁分子领域迅速地吸收了动态共价化学发展的经验，因为动态共价反应的微观可逆性可以显著提高最后一步关环反应的产率。可选的动态共价反应类型逐渐增多，例如可逆的席夫碱反应就被应用于

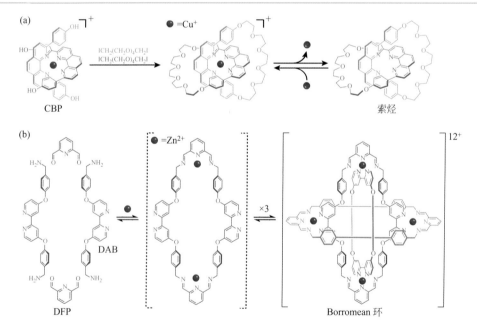

图7.6　（a）索烃分子和（b）Borromean分子环的合成路线。（a）提供注册点的CBP与DIT反应，并在氰化钾的作用下脱除金属后得到索烃分子。（b）以三氟乙酸作为催化剂，DFP和DAB间亚胺键的可逆性保证了生成大环的产率为100%。这里Zn^{2+}起到了模板的作用，将各自独立的环以形成Borromean环拓扑所需的方式聚集在一起。为了清晰呈现Borromean环的拓扑结构，(b)图中橙色大环和粉色大环的部分有机单元做了简化处理，部分Zn^{2+}未显示

多例索烃的合成。詹姆斯·弗雷泽·司徒塔特（James F. Stoddart）爵士在2004年合成的Borromean环就是基于席夫碱反应［图7.6（b）］。在该结构中，六个吡啶-2,6-二甲醛（2,6-pyridinedicarboxaldehyde，简称DFP，又称PyDA）、六个基于联吡啶的二胺分子（具体为(([2,2′-联吡啶]-4,4′-二基二氧)二(4,1-亚苯基))二亚甲基二胺，(([2,2′-bipyridine]-4,4′-diylbis(oxy))bis(4,1-phenylene))dimethanamine，简称DAB）与六个$ZnCl_2$反应，得到含有十八个组分、具有Borromean环拓扑的分子结构［图7.6（b）］。在这一结构中，每个Zn^{2+}离子（共6个）均与一个原位形成的外型-双齿配位的联吡啶基团（共6个）和一个内型-二亚氨基吡啶基配体（共6个）配位。脱金属化后，得到三个互锁的大环。Borromean环中没有两两互锁的大环，即去掉任意一个环后，另外两个大环都可以各自分开。这一结构的成功实现依赖于配体与动力学活性的Zn^{2+}间非共价配位作用的微观可逆性。而且更重要的是，在三氟乙酸作为催化剂的条件下，有机构造单元之间共价亚胺键（氮碳双键）的生成也是受热力学控制的。

自此以后，热力学控制下的索烃分子合成策略被用于一系列互锁分子的合成。为此，研究者们利用了多种不同类型的动态共价反应，包括亚胺键、二硫键的生成以及烯烃复分解反应等[26,27]。机械互锁分子领域的发展在有机化学的发展中起到了重要作用，Stoddart和Sauvage也因此在2016年被授予诺贝尔化学奖。

7.6　共价有机框架

在整个20世纪，将分子构造单元通过共价键连接来合成晶态拓展型二维或三维的有机固体始终是一个待发展的研究领域，因为人们普遍认为这种网格化合成的产物将不可避免地是无定形的。有机化学内在的核心价值在于化合物可以在原子级精度的控制下，以纯相的方式可控合成。对于二维和三维固体而言，遵循这一核心价值的唯一方式是所合成的产物必须为晶态[28]。在动态共价化学发展之前，一个被普遍接受的观点是：在有机分子通过共价连接得到拓展型框架结构过程中，结晶所需的微观可逆性即使可以实现，也十分困难。这一难题通常被称为"结晶难题"（crystallization problem）[29]。

2005年，Omar M. Yaghi与合作者首次报道了晶态拓展型有机框架[5a]。两例被报道的框架分别被命名为COF-1［[BDBA]$_{boroxine}$ ❶，BDBA为对苯二硼酸（1,4-phenylenediboronic acid）］和COF-5［[(HHTP)$_2$(BDBA)$_3$]$_{boronate\ ester}$，HHTP为2,3,6,7,10,11-六羟基联三亚苯基（2,3,6,7,10,11-hexahydroxyterphenylene）］。两例结构的合成分别利用了硼氧六环和硼酸酯生成的可逆性。利用此类缩合反应结晶生成COF有两个难点：①需要减缓缩合反应的速

---

❶ 本书中COF结构简式下角的英文单词表示该COF的键合类型，其中文释义见文后附录二。——编辑注

率；②需要将水留在反应混合物中，这样才能保证反应的完全可逆性，从而允许结构纠错。COF-1由BDBA在120℃下自缩合而得。为了减缓反应速率，反应使用体积比为1∶1的二噁烷/均三甲苯混合溶剂，在此体系中起始反应物不能完全溶解。为了确保框架形成的可逆性，反应在密闭的耐热玻璃管中进行，从而防止了缩合过程中产生的水被蒸发。材料的粉末X射线衍射明确证明了COF-1以层状蜂窝型（**hcb**）拓扑结晶。COF-1的层中有尺寸为15.1Å的开口，层间沿晶体学c轴方向以交错式构象堆叠，层间距为3.3Å［图7.7（a）］。这一堆叠生成了沿晶体学c轴方向延伸的直径为7Å的之字形（zig-zag）孔道，使得COF-1具有多孔性。COF-5由BDBA和HHTP的交叉缩合得到，是一例基于硼酸酯连接的框架。该缩合反应的条件与COF-1合成条件类似。所得的框架也具有**hcb**拓扑，但是二维层以重叠式构象堆叠，并在c方向上形成了更大的介孔孔道，孔道宽度为27Å［图7.7（b）］。

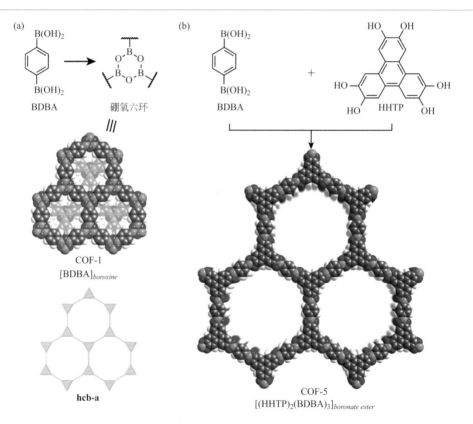

图7.7　首次报道的共价有机框架——COF-1和COF-5的合成示意图。（a）BDBA自缩合得到基于硼氧六环键合的COF-1（**hcb**拓扑）。（b）BDBA和HHTP的网格化得到基于硼酸酯键合的COF-5。颜色代码：H，白色；B，橙色；C，灰色；O，红色

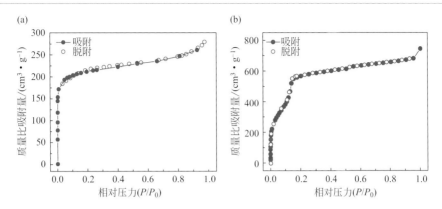

图7.8 COF-1和COF-5在77K的N_2吸附等温线。(a) COF-1含有微孔,表现为I型吸附等温线,所测试的相对压力范围内最高吸附量为278$cm^3 \cdot g^{-1}$,比表面积为711$m^2 \cdot g^{-1}$。(b) COF-5含有介孔,表现为IV型吸附等温线,最高吸附量为744$cm^3 \cdot g^{-1}$,比表面积为1590$m^2 \cdot g^{-1}$。脱附支与吸附支完美重合,确证了COF-1和COF-5的结构稳定性,并进一步验证了材料的永久多孔性。吸附支和脱附支分别用实心圆和空心圆表示

COF-1和COF-5的共价本质赋予了这两例材料高达600℃的热稳定性。在动态真空条件下加热样品,可以去除残留于孔道内的溶剂分子。活化后的COF-1和COF-5保持永久多孔性,其BET比表面积分别为711$m^2 \cdot g^{-1}$和1590$m^2 \cdot g^{-1}$(图7.8)。

这是首次通过理性合成,实现仅由轻原子构造的晶态拓展型框架。这一研究强调了通过共价键,而非强度较弱的非共价作用,来网格化有机构造单元可给材料带来附加的性质和价值。共价键的高强度和方向性赋予了COF优异的热稳定性和结构稳定性,因此可以将孔道中的溶剂分子(在不影响结构整体性的条件下)成功去除。与超分子自组装体形成鲜明对比的是,COF展现出永久多孔性,这为有机化学开辟了气体存储、气体分离、催化等领域的应用[30]。

在合成了一系列二维拓展型COF后,显然下一个挑战就是将COF化学拓展至三维[5b]。为了实现这一目标,研究者将四面体构型四连接配体四(4-硼酸基苯基)甲烷(tetra(4-dihydroxyborylphenyl)methane,简称TBPM)和HHTP交叉缩合,得到晶态三维框架COF-108([(TBPM)₃(HHTP)₄]_boronate ester);将四(4-硼酸基苯基)硅烷(tetra(4-dihydroxyborylphenyl)silane,简称TBPS)和HHTP交叉缩合生成COF-105([(TBPS)₃(HHTP)₄]_boronate ester)。TBPM或TBPS也可自缩合分别生成COF-102([TBPM]_boroxine)和COF-103([TBPS]_boroxine)。这些COF的合成条件与其相应二维框架的合成条件类似,主要区别仅在于反应温度为更低的85℃而非120℃。四面体构型和三角形构型构造单元网格化形成3,4-连接网络,通常情况下存在两种可能的拓扑。COF-102、COF-103和COF-105基于**ctn**拓扑,而COF-108基于**bor**网络。这里我们重点讨论COF-105和COF-108的结构差别。COF-105内的大孔直径为18.3Å;COF-108则具有两种尺寸分别为15.2Å和

29.2Å的孔，是首个具有介孔的三维COF（图7.9）。这些材料不仅具有大尺寸的三维孔，而且完全由轻质元素（C、Si、B、O、H）组成，使得COF-105和COF-108仅有0.18g·cm⁻³和0.17g·cm⁻³的超低密度。它们的密度值明显低于MOF-5（0.59g·cm⁻³）或MOF-177（0.42g·cm⁻³）等高度多孔的MOF。COF-105和COF-108是当时已知密度最低的晶体。

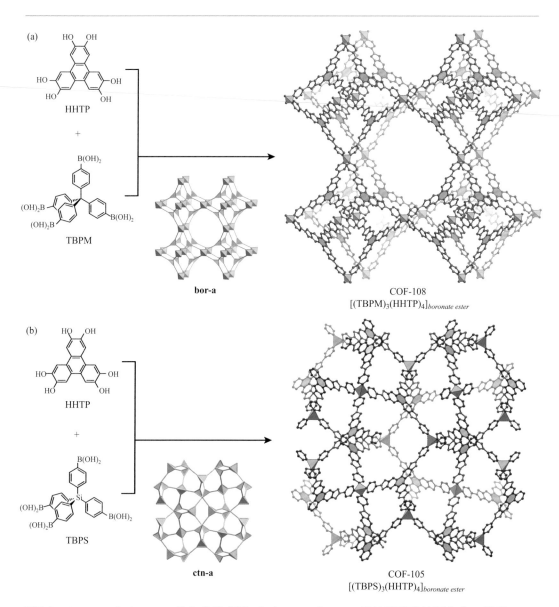

图7.9　COF-105和COF-108的合成示意图。（a）TBPM和HHTP通过硼酸酯键网格化，得到COF-108（**bor**）。（b）TBPS和HHTP网格化生成COF-105（**ctn**）。为了清晰呈现结构，所有氢原子被隐去。四面体碳和硅用蓝色四面体表示，三连接配体中心单元用橙色多边形表示。颜色代码：B，橙色；C，灰色；O，红色

7.7　总结

　　在本章中，我们从路易斯提出的共价键理论开始，简要阐述了COF的发展历史。有机分子中共价键的概念奠定了有机化学从观察性、经验性的学科转变成一门具备系统性、科学性的学科。紫杉醇和维生素B$_{12}$等复杂天然产物的逆合成见证了20世纪有机化学家的合成手段发展之迅速。这些合成中采用的绝大多数有机反应受动力学控制，且微观不可逆。这一特点阻碍了这些有机反应被应用于晶态拓展型二维和三维框架的合成。随着超分子化学的出现，研究者成功通过微观可逆的分子间弱相互作用实现了分子识别和自组装，并且人们开始对合成更大的有机大分子组装体产生兴趣。作为先例，动态共价化学的发展确证了利用强共价键进行组装是可行的。分别通过硼氧六环和硼酸酯键合生成的COF-1和COF-5，是最先将有机构造单元网格化为二维晶态多孔COF的例子。随后，COF-102、COF-103、COF-105、COF-108等三维COF进一步证明了利用这一方法合成有机拓展型框架的普适性。在第8章中，我们将讨论基于本章阐述的基本原理发展出的基于不同键合（linkage）的共价有机框架化学。

参考文献

[1] Waller, P.J., Gándara, F., and Yaghi, O.M. (2015). Chemistry of covalent organic frameworks. *Accounts of Chemical Research* 48 (12): 3053–3063.

[2] Schoedel, A. and Yaghi, O.M. (2016). Porosity in metal-organic compounds. In: *Macrocyclic and Supramolecular Chemistry: How Izatt-Christensen Award Winners Shaped the Field*, vol. 2, 200–219. Weinheim: Wiley-VCH.

[3] Lewis, G.N. (1916). The atom and the molecule. *Journal of the American Chemical Society* 38 (4): 762–785.

[4] Hoffmann, R. (1993). How should chemists think? *Scientific American* 268 (2): 66–73.

[5] (a) Côté, A.P., Benin, A.I., Ockwig, N.W. et al. (2005). Porous, crystalline, covalent organic frameworks. *Science* 310 (5751): 1166–1170. (b) El-Kaderi, H.M., Hunt, J.R., Mendoza-Cortés, J.L. et al. (2007). Designed synthesis of 3D covalent organic frameworks. *Science* 316 (5822): 268–272.

[6] Diercks, C.S. and Yaghi, O.M. (2017). The atom, the molecule, and the covalent organic framework. *Science* 355 (6328): eaal1585.

[7] Muller, P. (1994). Glossary of terms used in physical organic chemistry (IUPAC recommendations 1994). *Pure and Applied Chemistry* 66 (5): 1077–1184.

[8] Helmholtz, P. (1881). On the modern development of Faraday's conception of electricity. *Science* 2 (43): 182–185.

[9] Staudinger, H. (1920). Über polymerisation. *European Journal of Inorganic Chemistry* 53 (6): 1073–1085.

[10] Wöhler, F. (1828). Ueber künstliche bildung des harnstoffs. *Annalen der Physik* 88 (2): 253–256.

[11] (a) Willstätter, R. and Bode, A. (1901). Ueberführung von tropinon in r cocain. *European Journal of Inorganic Chemistry* 34 (2): 1457–1461. (b) Komppa, G. (1903). Die vollständige synthese der camphersäure und dehy-drocamphersäure. *European Journal of Inorganic Chemistry* 36 (4): 4332–4335.

[12] Woodward, R.B., Cava, M.P., Ollis, W.D. et al. (1954). The total synthesis of strychnine. *Journal of the American Chemical Society* 76 (18): 4749–4751.

[13] Woodward, R.B. (1973). The total synthesis of vitamin B$_{12}$. *Pure and Applied Chemistry* 33 (1): 145–178.

[14] Nicolaou, K.C., Yang, Z., Liu, J.J. et al. (1994). Total synthesis of taxol. *Nature* 367 (6464): 630–634.

[15] (a) Baeyer, A.v. and Emmerling, A. (1870). Reduction des isatins zu indigoblau. *European Journal of Inorganic Chemistry* 3 (1): 514–517. (b) Kolbe, H. (1845). Beiträge zur kenntniss der gepaarten verbindungen. *European Journal of Organic Chemistry* 54 (2): 145–188. (c) Ladenburg, A. (1886). Synthese der activen coniine. *European Journal of Inorganic Chemistry* 19 (2): 2578–2583. (d) Fischer, E. (1890). Synthesen in der zuckergruppe. *European Journal of Inorganic Chemistry* 23 (2): 2114–2141. (e) Fischer, H. and Zeile, K. (1929). Synthese des haematoporphyrins, protoporphyrins und haemins. *European Journal of Organic Chemistry* 468 (1): 98–116. (f) Gates, M. and Tschudi, G. (1952). The synthesis of morphine. *Journal of the American Chemical Society* 78 (7): 1380–1393. (g) du Vigneaud, V., Ressler, C., Swan, J.M. et al. (1954). The synthesis of oxytocin 1. *Journal of the American Chemical Society* 76 (12): 3115–3121. (h) Corey, E.J., Weinshenker, N.M., Schaaf, T.K., and Huber, W. (1969). Stereo-controlled synthesis of dl-prostaglandins F2.alpha. and E2. *Journal of the American Chemical Society* 91 (20): 5675–5677. (i) Sheehan, J.C. and Henery-Logan, K.R. (1957). The total synthesis of penicillin V. *Journal of the American Chemical Society* 81 (12): 3089–3094. (j) Corey, E.J., Kim, S., Yoo, S.-E. et al. (1978). Total synthesis of erythromycins. 4. Total synthesis of erythronolide B. *Journal of the American Chemical Society* 100 (14): 4620–4622. (k) Perkin, W.H. (1904). LXVI.—Experiments on the synthesis of the terpenes. Part I. Synthesis of terpin, inactive terpineol, and dipentene. *Journal of the Chemical Society, Transactions* 85: 654–671. (l) Hoffmann, F. (1898). Acetyl salicylic acid. US 644077.

[16] Corey, E.J. (1989). *The Logic of Chemical Synthesis*. Рипол Классик.

[17] (a) Lehn, J.-M. (1995). *Supramolecular Chemistry*. Weinheim: Wiley-VCH. (b) Lehn, J.M. (1990). Perspectives in supramolecular chemistry – from molecular recognition towards molecular information processing and selforganization. *Angewandte Chemie International Edition* 29 (11): 1304–1319. (c) Reinhoudt, D. and Crego-Calama, M. (2002). Synthesis beyond the molecule. *Science* 295 (5564): 2403–2407.

[18] (a) Pedersen, C.J. (1967). Cyclic polyethers and their complexes with metal salts. *Journal of the American Chemical Society* 89 (26): 7017–7036. (b) Pedersen, C.J. (1988). The discovery of crown ethers (noble lecture). *Angewandte Chemie International Edition* 27 (8): 1021–1027.

[19] (a) Dietrich, B., Lehn, J.-M., Sauvage, J.P., and Blanzat, J. (1973). Cryptates – X: syntheses et proprietes physiques de systemes diaza-polyoxa-macrobicycliques. *Tetrahedron* 29 (11): 1629–1645. (b) Lehn, J.-M. (1988). Supramolecular chemistry – scope and perspectives molecules, supermolecules, and molecular devices (nobel lecture). *Angewandte Chemie International Edition* 27 (1): 89–112.

[20] (a) Lehn, J.-M. (2002). Toward complex matter: supramolecular chemistry and self-organization. *Proceedings of the National Academy of Sciences* 99 (8): 4763–4768. (b) Cram, D.J. and Cram, J.M. (1997). *Container Molecules and Their Guests*. Cambridge, U.K: Royal Society of Chemistry.

[21] (a) Hasenknopf, B., Lehn, J.-M., Kneisel, B.O. et al. (1996). Self-assembly of a circular double helicate. *Angewandte Chemie International Edition in English* 35 (16): 1838–1840. (b) Hasenknopf, B., Lehn, J.-M., Boumediene, N. et. al. (1997). Self-assembly of tetra- and hexanuclear circular helicates. *Journal of the American Chemical Society* 119 (45): 10956–10962.

[22] (a) Kinoshita, Y., Matsubara, I., Higuchi, T., and Saito, Y. (1959). The crystal structure of bis(adiponitrilo)copper(I) nitrate. *Bulletin of the Chemical Society of Japan* 32 (11): 1221–1226. (b) Desiraju, G.R. (2001). Chemistry beyond the molecule. *Nature* 412 (6845): 397–400.

[23] Lehn, J.-M. (1999). Dynamic combinatorial chemistry and virtual combinatorial libraries. *Chemistry – A European Journal* 5 (9): 2455–2463.

[24] Rowan, S.J., Cantrill, S.J., Cousins, G.R. et al. (2002). Dynamic covalent chemistry. *Angewandte Chemie International Edition* 41 (6): 898–952.

[25] Dietrich-Buchecker, C.O., Sauvage, J.P., and Kintzinger, J.P. (1983). Une nouvelle famille de molecules: les metallo-catenanes. *Tetrahedron Letters* 24 (46): 5095–5098.

[26] Chichak, K.S., Cantrill, S.J., Pease, A.R. et al. (2004). Molecular borromean rings. *Science* 304 (5675): 1308–1312.

[27] (a) Ponnuswamy, N., Cougnon, F.B., Clough, J.M. et al. (2012). Discovery of an organic trefoil knot. *Science* 338 (6108): 783–785. (b) Leigh, D.A., Pritchard, R.G., and Stephens, A.J. (2014). A star of david catenane. *Nature Chemistry* 6 (11): 978–982.

[28] Diercks, C.S., Kalmutzki, M.J., and Yaghi, O.M. (2017). Covalent organic frameworks – organic chemistry beyond the molecule. *Molecules* 22 (9): 1575.

[29] O, Keeffe, M. (2009). Design of MOFs and intellectual content in reticular chemistry: a personal view. *Chemical Society Reviews* 38 (5): 1215–1217.

[30] (a) Ding, S.-Y. and Wang, W. (2013). Covalent organic frameworks (COFs): from design to applications. *Chemical Society Reviews* 42 (2): 548–568. (b) Feng, X., Ding, X., and Jiang, D. (2012). Covalent organic frameworks. *Chemical Society Reviews* 41 (18): 6010–6022. (c) Furukawa, H. and Yaghi, O.M. (2009). Storage of hydrogen, methane, and carbon dioxide in highly porous covalent organic frameworks for clean energy applications. *Journal of the American Chemical Society* 131 (25): 8875–8883. (d) Lin, C.Y., Zhang, D., Zhao, Z., and Xia, Z. (2018). Covalent organic framework electrocatalysts for clean energy conversion. *Advanced Materials* (5): 30. (e) Biswal, B.P., Chaudhari, H.D., Banerjee, R., and Kharul, U.K. (2016). Chemically stable covalent organic framework (COF)-polybenzimidazole hybrid membranes: enhanced gas separation through pore modulation. *Chemistry – A European Journal* 22 (14): 4695–4699.

8 共价有机框架中的键合

8.1 简介

    二维和三维的共价有机框架（COF）分别于2005年和2007年被首次合成。在之后的十余年中，我们见证了该领域研究的指数级增长。与金属有机框架（MOF）主要基于羧基与金属键合（linkage）不同，COF领域的许多研究聚焦于拓展可用于COF合成的不同键合种类上[1]。对于每一种新的键合而言，材料的"结晶难题"都必须解决，因此研究者都需要仔细设计晶态框架生成的条件。成功制备拓展型晶态材料需要满足以下条件：在给定条件下构造单元间键合的形成是可逆的；且键合的生成速率需要足够慢，从而保证伴生的结构缺陷能充分地自我修复[2]。在温和的条件下，基于共价键的键合在生成过程中往往是不可逆的，因此COF的"结晶难题"尤为明显。另一方面，研究者需要保证参与COF合成的有机构造单元在反应过程中结构完整。因此，所采用的反应条件须保证键合的生成是可逆的，同时须避免会导致有机构造单元结构破坏的高温高压条件。在下文中，我们将逐一介绍已被用于COF合成的不同的键合种类，并说明在发展每种新的键合过程中需要面对的挑战[1c]。

8.2 生成硼氧键的反应

8.2.1 硼氧六环、硼酸酯和螺硼酸酯的生成机理

    在COF的发展历程中，通过硼氧六环和硼酸酯连接形成的晶态COF是最早克服"结

晶难题"的。上述两类生成晶态COF的缩合反应同时生成等化学计量的水。如第7章中所述，基于上述两类键合的COF的结晶依赖于控制体系中水的量，从而调控COF生成反应的化学平衡[1a,b]。在具体合成中，研究者使用了体积比为1:1的均三甲苯和二噁烷的混合溶剂。该溶剂体系限制了起始反应物的溶解度从而降低了反应速率。同时，反应在密闭体系（火封的耐热玻璃管）中进行，保证了生成的水保留在体系中（包括溶液中以及玻璃管上部空间内）参与调节反应平衡。在糖化学中，硼酸与邻二醇发生的可逆缩合反应广为人知[1a,b]。生成硼氧六环的反应机理如下：首先一个硼酸分子上的路易斯酸性硼位点被另一硼酸上的羟基进攻，经过分子间质子转移和水的消除，生成新的硼氧键。通过与第三个硼酸发生类似的两次缩合反应，即可得到硼氧六环单元［图8.1（a）］。硼氧六环形成机理中的所有步骤完全可逆。

硼酸酯键的生成也依赖于硼酸的可逆缩合反应，但此处攻击路易斯酸性硼位点的亲核基团是醇上的羟基。两个醇分子（或一个二醇分子）与硼酸的可逆缩合生成硼酸酯［图8.1（b）］。

最后，在弱碱存在下，醇可与硼酸三甲酯缩合生成螺硼酸酯阴离子和甲醇副产物［图8.1（c）］[3]。在下文中，我们将展示如何利用这些微观可逆的反应将COF拓展至除了硼氧六环类和硼酸酯类[3]之外的其它种类。

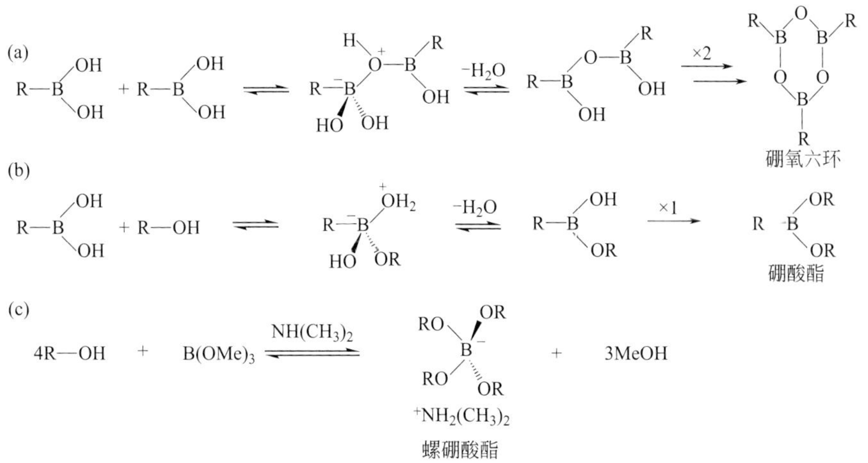

图8.1 基于硼酸、硼酸酯和螺硼酸酯的可逆缩合反应。（a）三个硼酸分子缩合得到硼氧六环。（b）一个硼酸分子和两个醇分子（或一个二醇分子）交叉缩合生成硼酸酯。（c）在弱碱作用下，四个醇分子（或两个二醇分子）与一个硼酸三甲酯分子发生酯交换反应，生成螺硼酸酯阴离子。以上反应均完全可逆，因此可以用于合成COF[3]

8.2.2 硼硅酸酯类COF

在第7章，我们讨论了基于硼酸酯键合的三维框架COF-105和COF-108。硼酸酯的生成不仅限于硼酸和醇的交叉缩合，还涉及硼酸与硅烷醇反应产生硼硅酸酯。具有 **ctn** 拓扑结构的COF-202（[(TBPM)$_3$((CH$_3$)$_3$CSi(OH)$_3$)$_2$]$_{borosilicate}$）就是由四(4-硼酸基苯基)甲烷（TBPM）和叔丁基硅烷三醇构筑而成的（图8.2）[4]。COF-202的结晶条件与硼酸酯类COF相似：选用火封的耐热玻璃管，溶剂为体积比1:2的二噁烷和甲苯的混合溶剂，反应温度为120℃。该条件可以保证合成充分可逆；此外，高温有助于成键过程中的结构纠错。密闭的耐热玻璃管保证了水留在平衡体系中，混合溶剂确保起始反应物不完全溶解从而减缓结晶过程。FT-IR光谱表明COF-202在1310cm^{-1}处具有B—O—Si键的特征伸

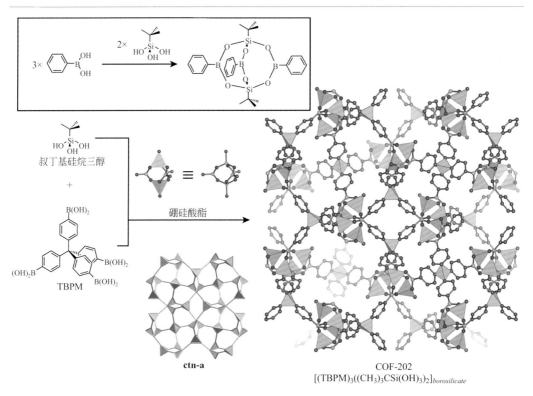

图8.2　硼硅酸酯类框架COF-202的合成示意图。叔丁基硅烷三醇和TBPM通过硼硅酸酯键连接形成了 **ctn** 拓扑的COF-202。插图中显示的是硼硅酸酯键的生成反应。为了清晰呈现结构，所有氢原子被隐去。**ctn-a**图中的三角形指代硼硅酸酯单元中的三个硼原子。COF-202结构模型中：四面体C，蓝色四面体；四面体Si，橙色四面体。在硼硅酸酯单元的球棒模型中，颜色代码：B，橙色；C，灰色；O，红色；Si，绿色

缩振动峰，确认B—O—Si键的生成。此外也观察到来自于起始反应物叔丁基硅烷三醇和TBPM中羟基的伸缩振动信号强度的明显降低。反应的完全进行可以利用^{11}B的多量子魔角自旋（multiple-quantum magic-angle spinning）NMR进行确证，核磁共振数据也与对应小分子模型化合物的核磁共振谱图非常吻合。COF-202的空间群为$I\bar{4}3d$，87K下氩气吸附测试得知材料的BET比表面积为2690m^2·g^{-1}。

8.2.3　螺硼酸酯类COF

具有**sql**拓扑的螺硼酸酯框架ICOF-1（[(OHM)(TMB)$_2$]$_{spiroborate}$）是由八羟基功能化的大环OHM与三甲氧基硼烷（trismethoxy borate，TMB）通过酯交换反应形成的（图8.3）。如图8.1（c）所示，在弱碱存在下，由二醇和硼酸酯生成螺硼酸酯的反应是完全可逆的。为了找到可逆反应的条件，研究者首先评估了仅含一个二醇基团的OHM同系物3,6-二(1-丙炔基)-9H-芴-9,9-二甲醇（(3,6-di(prop-1-yn-1-yl)-9H-fluorene-9,9-diyl)dimethanol）与TMB的反应。当二甲胺作为碱存在时，该反应在室温下进行60min即可完全；而在没有碱的条件下，反应的速率非常缓慢。因此，为了得到晶相ICOF-1，最

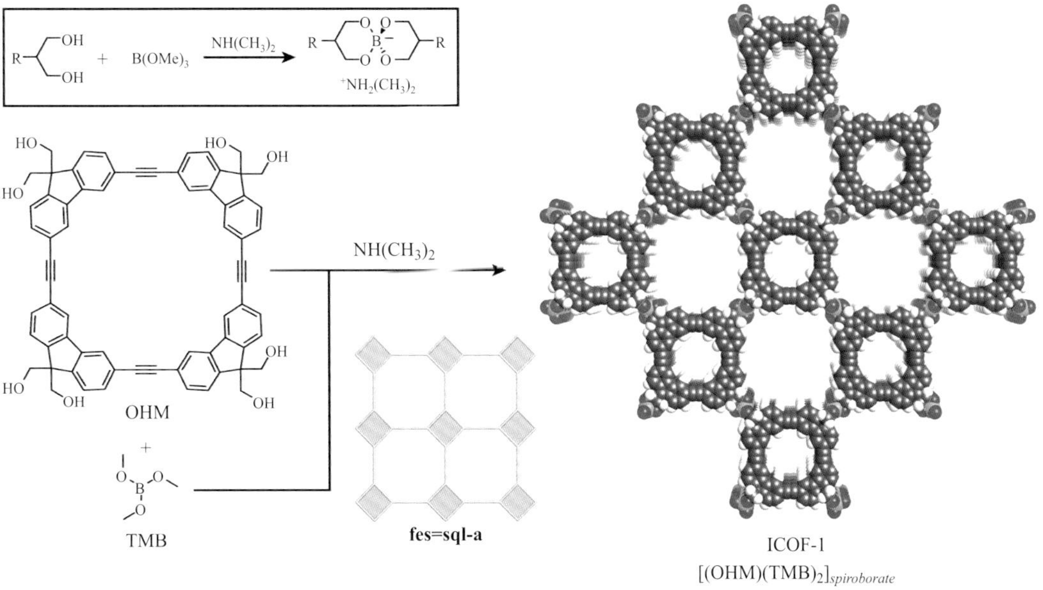

图8.3　基于螺硼酸酯阴离子键合的ICOF-1的合成示意图。ICOF-1是由四连接的大环OHM构造单元和TMB网格化合成的**sql**拓扑框架（由于ICOF-1的空间群和晶胞参数未被报道，因此图中结构模型基于P422空间群构建）。插图显示了螺硼酸酯的生成反应。颜色代码：H，白色；B，橙色；C，灰色；O，红色

终采用了在DMF（*N,N*–二甲基甲酰胺）中120℃下反应7天的条件。在该温度下，DMF缓慢分解，向体系中释放二甲胺。原位生成的碱使得成核过程缓慢可控，从而有利于得到高结晶度的COF。在ICOF-1的 ^{13}C交叉极化魔角自旋（cross–polarization magic angle spinning，CP-MAS）NMR谱中，化学位移为54.5、70.2和90.1的单峰分别归属于芴单元上的季碳、邻近羟基的亚甲基碳和次乙炔基碳。38.6处的单峰来自于[Me$_2$NH$_2$]$^+$的甲基碳，证实了孔道中抗衡离子的存在。ICOF-1具有永久多孔性，尽管由于孔道中大尺寸阳离子的存在，其BET比表面积仅为210m^2·g^{-1}；但是，将大体积[Me$_2$NH$_2$]$^+$抗衡离子交换为体积较小的Li$^+$之后，材料的比表面积提升至1022m^2·g^{-1}。与通过硼氧六环、硼酸酯或硼硅酸酯连接的COF相比，ICOF-1在水和碱中明显具有更高的化学稳定性。将ICOF-1浸泡于水中或1mol·L^{-1}的LiOH溶液中两天之后，其BET比表面积和粉末X射线衍射（PXRD）谱图与处理前的样品相比均没有明显变化。这是因为与硼酸酯等相比，螺硼酸酯中的硼与更多的路易斯碱配位，且螺环酯对硼具有螯合作用，从而限制了COF的水解过程[5]。

8.3　基于席夫碱反应的键合

席夫碱反应（Schiff–base reaction）是动态共价化学中被研究得最多的一类反应，其优点在于在酸催化条件下成键反应可逆。反应形成的键在中性pH条件下，甚至是在有水的条件下，相对稳定。席夫碱反应通常由羰基（即醛、酮）的质子化所引发，质子化后羰基碳原子更加亲电。随后，氨基基团进行亲核进攻并发生分子内质子转移生成半胺缩醛中间体，该中间体在脱水后形成席夫碱[6]（见图8.4）。根据胺上的取代基不同，席夫碱反应可生成亚胺、腙、肼、*β*–酮烯胺、吩嗪或苯并噁唑。我们将在本节介绍基于这些键合的COF。

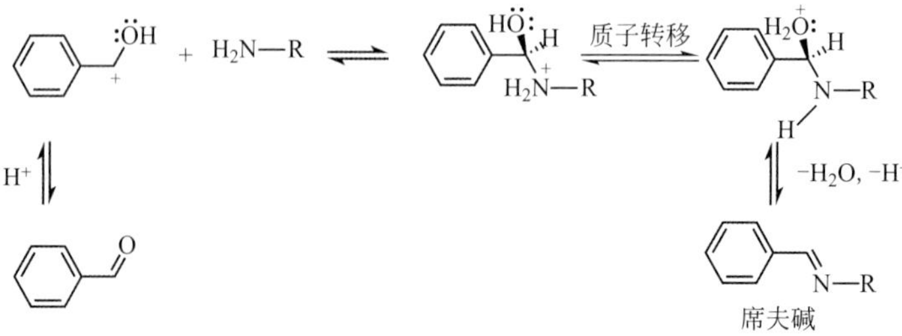

图8.4　酸催化下，苯甲醛和伯胺间的席夫碱反应生成亚胺键的反应机理。醛在酸作用下发生质子化，使得羰基碳更加亲电，有助于胺进行亲核进攻。随后发生分子内质子转移（proton transfer）和水的消除，得到目标产物席夫碱

8.3.1　亚胺键合

8.3.1.1　二维亚胺类COF

为了提高COF的化学稳定性并增加其化学惰性，可逆亚胺键缩合反应可以被用来制备COF[7]。亚胺连接的COF-366（[(H_2TAP)(BDA)_2]_{imine}）由平面四方形构型的5,10,15,20-四(4-氨基苯基)卟啉（5,10,15,20-tetrakis(4-amino-phenyl)porphyrin，简称H_2TAP）和线型对苯二甲醛（terephthal aldehyde，简称BDA）单元构筑而成，其拓扑为**sql**（图8.5）。反应在体积比1∶1的二噁烷和均三甲苯混合溶剂中进行，反应温度为120℃。体系中加入6mol·L^{-1}的乙酸水溶液作为催化剂，以提高反应的可逆性。与前文所述的硼氧六环类、硼酸酯类COF的合成类似，反应在火封耐热玻璃管中进行，从而确保反应平衡不会因水的散失而被破坏。活化后的COF-366沿晶体学c轴方向具有2nm宽的四方形孔道，高达735m^2·g^{-1}的BET比表面积证明了材料的永久多孔性。FT-IR证实了生成该亚胺COF的反应完全，1590cm^{-1}和3174cm^{-1}处消失的峰分别归属于BDA的羰基和H_2TAP中氨基的伸缩振动，而网格化后生成的亚胺键的振动峰可以在1620cm^{-1}处观察到。二维亚胺类COF倾向于形成无限扩展的π-共轭体系，显示了其在有机电子和半导体领域应用的潜力。实验测得，COF-366是一种空穴型导体，其载流子迁移率为8.1cm^2·V^{-1}·s^{-1}，该数值甚至

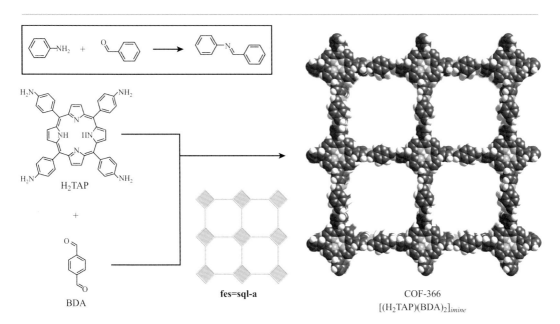

图8.5　COF-366的合成示意图。COF-366为首例二维亚胺类COF，它是由H_2TAP和BDA网格化构筑形成的**sql**底层框架。插图显示了亚胺键的生成反应。颜色代码：H，白色；C，灰色；N，蓝色

超过了目前半导体行业中主流使用的硅材料[8]。

因其高热稳定性、高载流子迁移率、高电导率和高孔隙率的优势，二维亚胺类COF在有机电子和光电领域备受关注。COF的结晶程度对上述性质的优劣格外重要，因为明确结构的长程有序性可以减少材料内晶界的数目，有助于材料性能的提高。初代的二维COF结构通常结晶度较低，因此在拓展上述应用时受到限制。二维COF的结晶度通常比对应的三维COF低，因为在层状COF结构中，各层间仅通过微弱的非定向相互作用结合在一起。层状COF中固有的层间堆积无序导致得到高结晶度的材料比较困难。因此，早期层状COF的周期性只能在几十到几百纳米的较小尺度上实现。

为了解决初代二维亚胺类COF结晶度较差的问题，研究人员制定了以下策略：①在合成时使用单齿配位的芳香胺（如苯胺）作为添加剂，其作用类似于MOF合成中的结构调节剂，可改善二维COF的结晶度。②在分子反应体系中，添加具有路易斯酸性的三氟甲磺酸钪作为催化剂，可使亚胺键的生成速率提高数个数量级（参见第11章）[9]。将此方法运用到基于亚胺缩合的COF生成反应中时，反应微观可逆性的提升有助于形成高结晶性的二维COF。同时，与使用有机酸作催化剂时需要的高温条件相比，使用三氟甲磺酸钪的反应条件更加温和（室温）。③使用螺旋桨形状的构造单元，并且这些单元互相对接（docking），从而减少堆垛层错（stacking fault）的发生。相邻层的构造单元被引导至对应位置，从而提高了材料的结晶度[10]。

8.3.1.2　三维亚胺类COF

三维亚胺类COF的一个实例是COF-300（[(TAM)(BDA)$_2$]$_{imine}$）[11]，它是由四面体构型四连接构造单元——四(4-氨基苯基)甲烷（tetra-(4-aminophenyl)methane，TAM）和BDA网格化构筑而成的五重穿插的三维结构，拓扑为**dia**（图8.6）。PXRD确认了该材料具有良好的结晶性。该框架结构属于四方晶系，空间群为$I4_1/a$。COF-300具有沿晶体学c轴方向、尺寸为7.8Å的孔道，材料经动态真空活化后具有永久多孔性，测得的BET比表面积为1360m^2·g^{-1}。自从该首例三维亚胺类COF被合成之后，亚胺键合已然成为COF中最常见的键合。该亚胺COF的合成反应条件仍旧被广泛用于亚胺类COF的合成，目前常见的合成方法在最初报道基础上仅有微小改动。

共价键的形成和断开涉及多种反应单体和多个中间体。因此，和基于路易斯酸碱机理合成MOF的过程相比，基于共价的过程更加复杂且通常可逆性更差。在亚胺类COF的合成过程中，起初观察到的是基于拓展结构的无定形固体的形成。只是随着反应的继续进行，特定的反应条件赋予了成键过程的高度微观可逆性。在由之带来的结构纠错机理下，材料逐渐转变为高纯的结晶相[12]。因此，通过这种方法制备的COF的结晶尺度往往是纳米级的，其结构往往只能通过实测PXRD与基于结构单元几何特点搭建的结构模型进行比对来确认。需要注意的是，如果得不到COF的单晶样品，我们无法保证COF中原子的精确位置信息无误。此问题可以利用三维旋转电子衍射（3D rotation electron

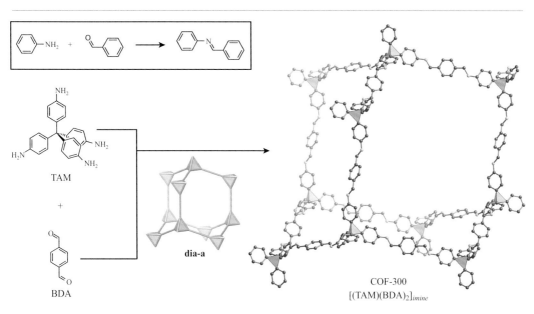

图8.6   COF-300合成示意图。它是由四连接的TAM和二连接的BDA网格化构筑而成的具有五重穿插的框架，拓扑为**dia**。插图显示了键合的生成反应。为了清晰呈现结构，所有氢原子以及穿插框架被隐去。C四面体用蓝色四面体表示。其它颜色代码：C原子，灰色；N，蓝色

diffraction，RED）予以解决。基于RED收集的数据进行COF晶体结构解析和精修，可以确定微米和纳米尺寸的单晶样品的原子结构[13]。COF-320（[(TAM)(BPDA)$_2$]$_{imine}$）是通过TMA和BPDA交叉缩合形成的具有**dia**底层拓扑的三维COF，它是COF-300的同网格扩展版本。在298K下进行RED表征可以完全确定COF-320的晶体结构。框架中金刚烷型笼子的尺寸为28Å×31Å×71Å。如此大的空旷笼导致生成的结构具有九重穿插的特点。晶体结构显示COF-320具有四方形的一维孔道，沿晶体学c轴方向的孔开口尺寸为11.5Å×11.5Å。基于单晶数据模拟的PXRD结果与实测结果匹配良好，说明该条件下得到的样品是纯相。因高度穿插的网络和明显的框架扭曲等原因，仅靠PXRD和计算机建模难以给出明确的结构。COF-320结构的成功解析显示了RED方法的优势和重要性。

生成亚胺键的反应不仅可以用于合成COF，而且还适用于MOF的合成。MOF的合成需要探索目标次级构造单元（SBU）能够形成的特定反应条件，以及这些SBU与配体可逆网格化的特定条件。然而对于COF而言，一旦找到了可逆地形成特定键合的反应条件，它们便可以被广泛应用于含多种构造单元的不同COF的合成。MOF结构中的次级构造单元是一类非常重要的框架结构基元，因为它们赋予了MOF结构多样性和功能性。MOF-901［Ti$_6$O$_6$(OCH$_3$)$_6$(AB)$_6$，AB = 4-氨基苯甲酸根（4-aminobenzoate）］结合了MOF和COF两者的优点[14]，由胺修饰的钛氧簇（Ti$_6$O$_6$(OCH$_3$)$_6$(AB)$_6$）连接而成。这些钛氧簇在反应中原位形成，然后进一步与BDA缩合形成**hxl**拓扑的二维拓展型结构。这一策略表明，

COF和MOF的研究不应该被视为是彼此独立的，两个研究领域之间没有明确的界限。在网格化学的大主题下，结合COF和MOF的研究仍有很多内容有待探索。

8.3.1.3　通过氢键稳定亚胺类COF

自COF化学诞生之初，提高COF的化学稳定性就是一个研究重点。提高COF化学稳定性的其中一种方法是通过氢键稳定亚胺键[15]。研究者使用平面四方形构型四连接的H_2TAP和线型二连接的2,5-二羟基对苯二甲醛（2,5-dihydroxy-1,4-benzenedialdehyde，简称BDA-(OH)$_2$）构筑了拓扑为**sql**的COF（[(H$_2$TAP)(BDA-(OH)$_2$)$_2$]$_{imine}$）（图8.7）。该反应的条件与COF-366的合成类似，仅稍作改动。反应使用了体积比1∶1的乙醇和邻二氯苯混合溶剂，而非二噁烷和均三甲苯的等体积混合溶剂。新的混合溶剂极性更大，因此被认为提高了起始反应物的溶解度，从而增强了亚胺键形成的可逆性，改善了所得材料的结晶度。

[(H$_2$TAP)(BDA-(OH)$_2$)$_2$]$_{imine}$与报道的COF-366具有相同的孔道结构和尺寸，以及相同的空间群，然而前者具有明显更强的酸稳定性。将[(H$_2$TAP)(BDA-(OH)$_2$)$_2$]$_{imine}$置于沸水中三天，甚至将其浸泡在3mol·L^{-1}的盐酸中一周，都不会对其结晶性产生明显影响。处理后的样品仅有5%的质量损失。该COF的稳定性还可进一步通过沸水（或酸）处理前后

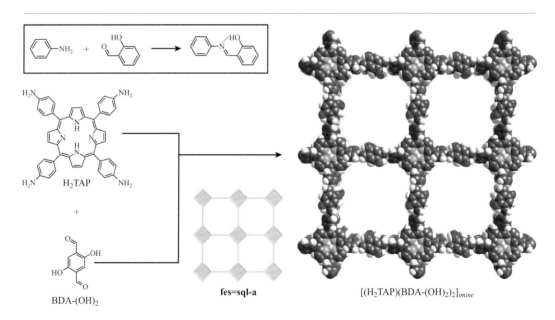

图8.7　配体上羟基与亚胺键形成的氢键稳定了亚胺类COF[(H$_2$TAP)(BDA-(OH)$_2$)$_2$]$_{imine}$。该COF是由平面四方形构型四连接的H$_2$TAP与线型二连接的BDA-(OH)$_2$构筑而成的。BDA-(OH)$_2$上预先设计的位于醛基邻位的羟基，可以与网格化过程中生成的亚胺键以氢键相连接，从而使框架更加稳定。插图显示了生成氢键的结构基元。颜色代码：H，白色；C，灰色；N，蓝色；O，红色

样品的氮气吸附表征进行验证。水处理的样品保留了1305m²·g⁻¹的比表面积。酸处理的样品的比表面积有所下降，仅为570m²·g⁻¹。尽管该比表面积的降低说明了利用氢键策略提升亚胺类COF稳定性的局限性，但是与无氢键的COF-366相比，其结构稳定性的提升还是显而易见的。相对比，COF-366经相同方法处理后，结构会完全破坏。

8.3.1.4   通过结构共振稳定亚胺类COF

上述讨论提到氢键是提高二维COF中亚胺键合的化学稳定性的可行方法。但某些情况下，COF的分解原因并非因为亚胺键的破坏，而在于COF的层间剥离[16]。研究者通常认为，在重叠构象的层状COF中，相邻层间的极化亚胺键彼此排斥，减弱了层间相互作用。通过结构共振的策略可以减少这种层间的电子互斥。[(TAPB)₂(BDA-(OMe)₂)₃]_imine是利用三角形构型三连接的1,3,5-三(4-氨基苯基)苯（1,3,5-tris(4-aminophenyl)benzene，简称TAPB）和线型二连接的2,5-二甲氧基苯-1,4-二甲醛（2,5-dimethoxy-1,4-terephthal aldehyde，简称BDA-(OMe)₂）构筑的一例**hcb**拓扑的框架（图8.8）[17]。芳环上紧邻亚胺键的甲氧基通过共振效应将电子注入π体系中，使得亚胺键中的碳原子呈现出给电子效应，带部分负电；而

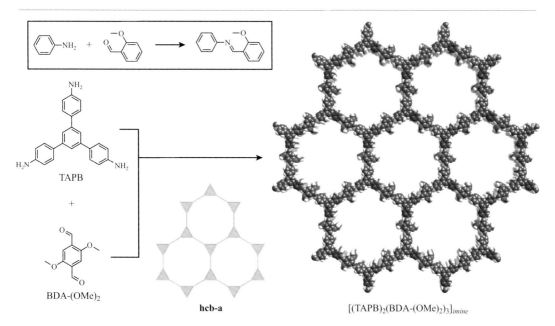

图8.8   利用共振效应稳定亚胺类COF示意图。TAPB与BDA-(OMe)₂基于可逆亚胺键生成反应，网格化构筑得到**hcb**拓扑的[(TAPB)₂(BDA-(OMe)₂)₃]_imine框架。反应后，亚胺键邻位的甲氧基给电子于带部分正电的亚胺键碳原子，减弱其亲电性，从而增加了其化学惰性。亚胺键碳原子的正电效应的减弱同时增强了层间的相互作用，从而不利于层间剥离，提高了材料的稳定性。插图显示了成键反应。颜色代码：H，白色；C，灰色；N，蓝色；O，红色

本应带部分负电的氮原子具有了一定的吸电子效应。

多项研究表明，上述多种效应的结合降低了相邻层间的排斥作用以及亚胺键碳原子的亲电性，使其更难以与亲核物种反应导致亚胺键断裂，从而提高结构的化学惰性。事实上，所得的材料对常见的有机溶剂、沸水、12mol·L^{-1}盐酸甚至14mol·L^{-1}的NaOH溶液都表现出极高的稳定性。尽管将[(TAPB)$_2$(BDA–(OMe)$_2$)$_3$]$_{imine}$进行沸水或12mol·L^{-1}盐酸处理会使样品产生少量质量损失，但其结晶度和比表面积均能够完全保留。良好的化学稳定性为该COF的应用打下了良好的基础，这些应用包括：①[(TAPB)$_2$(BDA–(OMe)$_2$)$_3$]$_{imine}$进一步手性脯氨酸官能化修饰后，用于不对称催化C—C成键[17]；②在[(TAPB)$_2$(BDA–(OMe)$_2$)$_3$]$_{imine}$孔道中负载质子化的氮杂环分子，使其成为非均相固态质子导体[18]。但是，需要指出的是，针对这一特定COF的稳定策略并不普遍适用于其它COF[15]。

8.3.2　腙类COF

可逆席夫碱化学不仅限于亚胺，还可以通过有机肼与醛反应生成腙来构筑COF。与亚胺类COF类似，腙类COF的制备借鉴了共价有机化学中发展成熟的腙的合成，同时反应的可逆性可以在与亚胺类COF合成类似的条件下得到保证。因此，腙类COF的合成条件与亚胺类COF并无明显差别[19]。COF–42（[(TFB)$_2$(BDH–(OEt)$_2$)$_2$]$_{hydrazone}$）是一例二维腙类COF，由三角形构型三连接的均苯三甲醛（1,3,5–triformyl–benzene，TFB）和线型二连接的2,5–二乙氧基苯–1,4–二(甲酰肼)（2,5–diethoxyterephtalohydrazide，简称BDH–(OEt)$_2$）构筑形成，其拓扑为**hcb**（图8.9）。与基于亚胺的COF的合成相似：在催化量的乙酸水溶液存在下，COF–42可以在120℃下体积比1∶1的均三甲苯和二噁烷混合溶剂中合成。对于基于尺寸较大的芳香配体的层状COF，使用混合溶剂体系是常见的合成策略。人们推测，对于基于席夫碱化学的COF合成，往往需要极性溶剂来增加腙的成键反应的可逆性，而加入芳香族溶剂则有助于增加大尺寸芳香配体的溶解度。高溶解度避免了配体的彼此团聚，从而有利于相邻层间可逆的π–π堆叠。由于芳香肼类化合物在常见有机溶剂中溶解度不高，因而需要在结构单元上添加促进溶解的取代基团。对于COF–42，在配体上添加两个乙氧基可以增加反应起始物质的溶解度，从而有助于产物结晶。这一修饰策略也确保了COF–42的成功活化，因为修饰后的单体更容易从合成产物的28Å孔道中去除。经动态真空活化后的COF–42具有永久多孔性，测得的BET比表面积为710m^2·g^{-1}。与COF–42同网格的COF–43（[(TFPB)$_2$(BDH–(OEt)$_2$)$_2$]$_{hydrazone}$）由三角形构型三连接的1,3,5–三(对甲酰基苯基)苯（1,3,5–tris–(4–formylphenyl)–benzene，简称TFPB）和线型二连接的BDH–(OEt)$_2$网格化合成，其大孔道的直径为35Å。腙类COF的水解稳定性高于亚胺类COF，因此可以将其用作研究可见光催化质子还原反应的平台。在负载了Pt纳米粒子的腙类COF中，研究人员观察到了可见光催化水分解连续产氢过程。

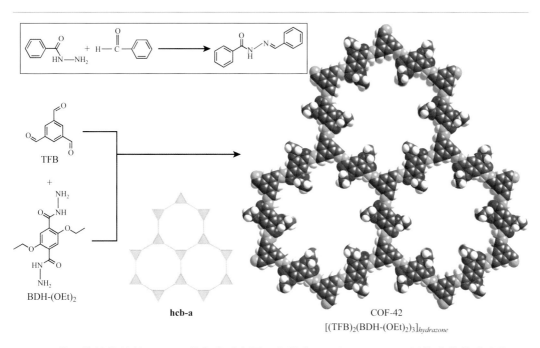

图8.9 基于腙键构筑的COF-42的合成示意图。它是由TFB和BDH-(OEt)₂网格化构筑形成的 **hcb**
拓扑框架。插图显示了成键反应。颜色代码：H，白色；C，灰色；N，蓝色；O，红色

在光照24h过程中，该复合材料没有任何降解迹象。此类负载Pt纳米粒子的腙类COF的
光催化质子还原的性能，可以与最佳的非金属光催化剂媲美。基于网格化学本身多样化
的、强大的功能性，COF材料可以作为一个轻质的、有序的模型反应系统，其性能有进
一步提升的空间。

8.3.3 方酸菁类COF

拓展席夫碱化学在COF中多样性的另一方式是发展方酸菁键合。方酸菁是由方酸
（squaric acid，SQ）与胺反应形成的。该化学反应类似于先前报道的亚胺或腙的反应，但
因为其产生的键合具有两性离子（zwitterionic）共振结构，因此也不失为一类有趣的拓
展。这使方酸酰胺成为一种可以用于成像、非线性光学和光伏领域的染料[20]。

一例名为[(Cu(TAP))(SQ)₂]$_{squaraine}$的COF由平面四方形构型四连接的5,10,15,20-四(4-
氨基苯基)卟啉铜配合物（简称Cu(TAP)）和线型二连接的方酸合成，其拓扑为 **sql**（图
8.10）[21]。该材料具有永久多孔性，尽管测得的BET比表面积仅为539m² · g⁻¹。该数值明
显低于基于模型计算的值（2289m² · g⁻¹），说明材料未活化完全。为了验证从PXRD数据
和分子建模获得的结构模型的正确性，研究者通过非定域密度泛函理论（NLDFT）来拟

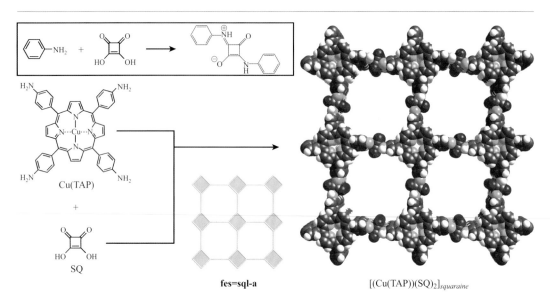

fes=sql-a　　　　　　　　　　　$[(Cu(TAP))(SQ)_2]_{squaraine}$

图8.10　利用平面四方形构型四连接的Cu(TAP)和线型二连接的方酸网格化构筑拓扑为**sql**的框架$[(Cu(TAP))(SQ)_2]_{squaraine}$。该框架具有明显的两性离子共振结构，减少了带隙，增强了其光吸收能力。插图显示了成键反应。颜色代码：H，白色；C，灰色；N，蓝色；O，红色；Cu，粉色

合等温线，模拟得出的孔径分布与结构模型预期的2.1nm的孔道尺寸相吻合。对COF进行孔径分布分析是非常重要的分析操作，因为这在PXRD基础上，为结构的确认提供了进一步的证据。尤其当材料结晶度较低导致无法完全明确材料结构时，该分析操作便显得格外重要。这种情况在层状材料中格外常见，因为这类材料的层间堆叠情况常常并不明确。孔径分布可以帮助区分交错构象（staggered conformation）和重叠构象（eclipsed conformation），因为两种堆叠方式会产生尺寸不同的孔径。与传统的亚胺类COF相比，$[(Cu(TAP))(SQ)_2]_{squaraine}$中独特的方酸菁构造单元使其具有更强的光吸收能力和更小的带隙。

8.3.4　β–酮烯胺类COF

　　上文讨论的合成策略主要是提高亚胺键的稳定性，而β–酮烯胺类COF的合成采取了一种新的方法[22]。该方法的灵感来自于如下基于亚胺键的化学反应：生成的亚胺键会通过互变异构（tautomerization）转变成不可逆的、从而更加化学惰性的β–酮烯胺。

　　在合成过程中实现了这种互变异构的COF例子是名为TpPa–1的框架。该拓扑为**hcb**的β–酮烯胺类COF使用三角形构型三连接的2,4,6–三羟基–1,3,5–苯三甲醛（triformylphloroglucinol，TFP）和线型二连接的对苯二胺（1,4–phenylenediamine，PDA）

构筑而成（图8.11）。合成条件与前期亚胺类COF条件相似，使用二噁烷作为溶剂，3mol·L⁻¹乙酸溶液作为催化剂，反应温度为120℃，反应在火封的耐热玻璃管中进行。反应一开始，通过PDA的氨基与TFP上的醛基反应形成亚胺键。在所有三个亚胺键生成之后，它们发生不可逆的酮式-烯醇式互变异构化转变，亚胺键被转变为化学上更惰性的β-酮烯胺键合。该键合的生成可以通过FT-IR验证。COF生成反应完全后，胺的伸缩振动消失，而1578cm⁻¹处明显的C=C伸缩振动和1255cm⁻¹处的C—N伸缩振动出现。异构化生成的COF具有**hcb**拓扑，被命名为TpPa-1（[(TFP)₂(PDA)₃]$_{\beta\text{-}ketoenamine}$）。TpPa-1在9mol·L⁻¹盐酸或9mol·L⁻¹的NaOH溶液中均能保持稳定。这种在可逆反应后续结合不可逆反应的策略，规避了微观可逆过程带来的材料稳定性上的固有不足，因此是制备化学稳定COF的有效途径。TpPa-1具有中等可观的BET比表面积，其值为530m²·g⁻¹；结构中含有沿晶体学c轴方向的六边形孔道，尺寸为1.8nm。β-酮烯胺类COF在酸和碱中的化学稳定性和多孔性的结合，为其在器件中的应用打下了基础。已有研究将TpPa-1的同网格结构应用于电容储能材料[23]。

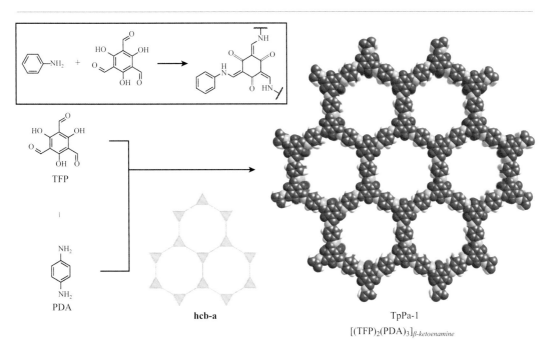

图8.11　TpPa-1由三角形构型三连接的TFP和线型二连接的PDA构筑而成，其拓扑为**hcb**。该成键反应包括可逆的亚胺成键，以及随后发生的不可逆的互变异构化，最终得到β-酮烯胺键合的框架。插图显示了成键反应。颜色代码：H，白色；C，灰色；N，蓝色；O，红色

8.3.5　吩嗪类COF

除了上述利用互变异构化获得新的COF键合的策略之外，我们还可以利用邻位二酮与1,2–二胺，经过两步连续的亚胺缩合反应，生成芳香性吩嗪基团。由于最终生成了化学稳定的芳香族化合物，第二步缩合反应是不可逆的。

CS-COF（[(HATP)$_2$(PT)$_3$]$_{phenazine}$）是由三角形构型三连接的2,3,6,7,10,11–六氨基联三亚苯基（2,3,6,7,10,11–hexaaminoterphenylene，简称HATP）和线型二连接的2,7–二叔丁基芘–4,5,9,10–四酮（2,7–di-*tert*-butyl-pyrene-4,5,9,10–tetraone，简称PT）构筑而成的，框架由二维 **hcb** 层以重叠构象堆叠形成（图8.12）[24]。CS-COF的反应条件与其它亚胺类COF的合成明显不同。其催化剂为3mol·L^{-1}的乙酸溶液，反应溶剂为乙二醇。该溶剂使得反应可以在高达160℃的温度下进行，同时避免作为反应容器的耐热玻璃管因压力过大而破裂。如此高的反应温度也提升了反应的可逆性。此外，火封的耐热玻璃管不仅保证了水能留在反应平衡体系中，也避免了构造单元的氧化，这一点对于含有多个氨基官能团的分子（如HATP）十分重要（图8.12）。另一个值得注意的点是PT的使用：研究者选择含有两个叔丁基基团的芘四酮衍生物参与反应，大大提升了原本多环芳烃固有的低

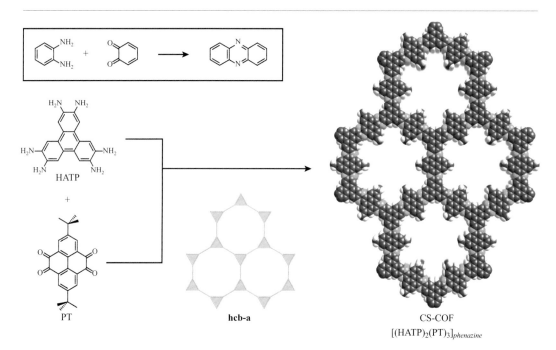

图8.12　由三角形构型三连接的HATP和线型二连接的PT构筑的高度共轭的CS-COF示意图。插图显示了成键反应。颜色代码：H，白色；C，灰色；N，蓝色

溶解度，这与之前对合成腙类COF的讨论类似。CS-COF的高度共轭特点增强了其在常见有机溶剂——1mol·L^{-1}盐酸和1mol·L^{-1} NaOH溶液中的化学稳定性；并且高度共轭的结构特点也赋予框架更有趣的电子性质。CS-COF是一种优良的空穴导体，其载流子迁移率达到了4.2cm^2·V^{-1}·s^{-1}。

8.3.6　苯并噁唑类COF

　　苯并噁唑类COF也是通过芳构化策略来提高COF稳定性的例子[25]。苯并噁唑由2-羟基苯胺与醛反应得到。该反应的第一步是亚胺缩合，接着是亚胺键上的碳受到羟基的亲核进攻，随后氧化形成五元芳香杂环。BBO-COF-1（[(TFB)$_2$(PDA-(OH)$_2$)$_3$]$_{benzoxazole}$）和BBO-COF-2（[(TFPB)$_2$(PDA-(OH)$_2$)$_3$]$_{benzoxazole}$）是分别由三角形构型三连接的TFB或TFPB与线型二连接的2,5-二氨基对苯二酚（2,5-diamino-1,4-benzenediol，简称PDA-(OH)$_2$）网格化构筑形成的苯并噁唑类COF（图8.13）。该合成采用的条件与经典亚胺类COF的

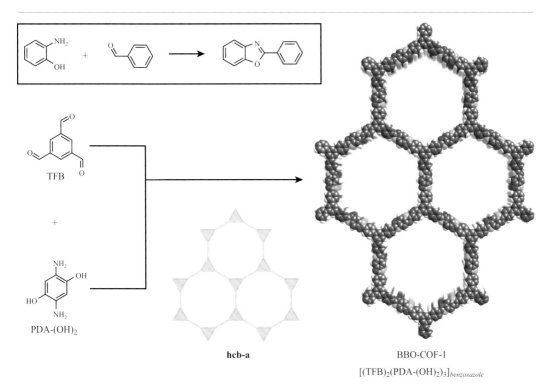

hcb-a

BBO-COF-1
[(TFB)$_2$(PDA-(OH)$_2$)$_3$]$_{benzoxazole}$

图8.13　基于苯并噁唑键合的 **hcb** 拓扑的BBO-COF-1合成示意图。该一锅法合成涉及三角形构型三连接的TFB和线型二连接的PDA-(OH)$_2$反应生成亚胺键的过程、羟基亲核进攻过程和随后的氧化得到苯并噁唑键合的过程。插图显示了成键反应。颜色代码：H，白色；C，灰色；N，蓝色；O，红色

反应条件有很大不同。首先需要将起始反应物在 –15℃时溶于DMF中保持3h，以确保缓慢形成基于酚亚胺的中间体并避免快速沉淀。之后将混合物缓慢过夜加热至室温，然后加入与苯甲醛等物质的量的NaCN的甲醇溶液，催化苯并噁唑单元的形成，该过程需要在130℃条件下进行4天。虽然该产物的结晶度不高，但通过比较基于吸附数据的孔径分布与基于晶体结构模拟的孔径结果，依旧可以确定该材料的晶体结构。BBO–COF–1和BBO–COF–2的拓扑均为 **hcb**，空间群为 $P6$。两者均具有永久多孔性，比表面积分别为891$m^2 \cdot g^{-1}$和1106$m^2 \cdot g^{-1}$。两例框架的CO_2吸附数据显示两者对CO_2具有较高的吸附容量：两者的等量吸附热（isosteric heat of adsorption，Q_{st}）值分别为30.2kJ $\cdot$ mol^{-1}和27.8kJ $\cdot$ mol^{-1}，说明了材料对CO_2较强的结合能力。

8.4　酰亚胺键合

不同于可逆的席夫碱化学，生成酰亚胺键的反应尚未在动态共价化学领域被广泛研究。根据不同的条件，酰亚胺键的生成反应也可以在可逆的条件下进行。如图8.14所示，邻苯二甲酸酐与等物质的量的胺反应可以生成邻苯二甲酰亚胺。邻苯二甲酰亚胺可以进一步与等物质的量的胺反应生成邻苯二甲酰胺，这一步骤在高温下可以发生逆反应。此外，邻苯二甲酰胺也可以与水反应生成2–氨基甲酰基苯甲酸，而2–氨基甲酰基苯甲酸在胺存在下也可以逆反应转化回去。高温下，2–氨基甲酰基苯甲酸可以脱水生成邻苯二甲酰亚胺，该产物同样可以与水重新结合发生逆反应。对应的，也可以通过与水反应将2–氨基甲酰基苯甲酸转化成邻苯二甲酸，该反应在胺存在条件下也是可逆的。2–氨基甲酰基苯甲酸还可以在质子存在下水解生成邻苯二甲酸酐，并且酸酐可以与胺反应而重整。最后，可以将邻苯二甲酸酐水解生成邻苯二甲酸，在升高温度后会发生逆反应。总之，在碱存在以及加热条件下，可以建立几种不同产物间的平衡，其中邻苯二甲酰亚胺是高温下热力学更有利的产物（图8.14）[26]。

8.4.1　二维酰亚胺类COF

基于酰亚胺键合的COF由酸酐和胺构造单元连接形成[27]。与前面讨论的羰基参与的化学不同，酰亚胺键的形成在酸性条件下不可逆，但在碱性条件下可逆。

在动态共价化学这一主题下，酰亚胺反应的研究先前并未涉及。然而，对聚酰亚胺高分子已有大量的研究。聚酰亚胺具有出众的热稳定、化学稳定性以及出色的力学性能。介孔的二维酰亚胺类COF可以由均苯四甲酸酐（pyromellitic dianhydride，

近的吸收峰归属于酰亚胺五元环的C═O的不对称和对称伸缩振动，而1350cm⁻¹处的吸收峰归属于C—N—C的伸缩振动。PXRD表明反应进行1天后的产物并非晶相；3天后的产物仅呈现很弱的衍射峰，对应于晶相的生成；而5天后的框架具有很高的结晶度。由此可见，晶相酰亚胺类COF的生成过程是缓慢的，在该可逆的成键过程中，结构中的缺陷得到修复。这一从结构不明确的无定形相到结构明确的晶相的转变过程，也与亚胺类COF中观察到的过程类似。

8.5 三嗪类键合

目前为止所讨论的COF键合均在溶剂热条件下实现，反应温度也相对适中，其原因在于这些键合的动态性和可逆性在温和的反应条件下就可以体现。研究表明，如果采用只在更高反应温度下才能生成的键合，可以制备热力学和动力学更加稳定的COF。由于鲜有构造单元能够承受住如此苛刻的反应温度，运用此类键合来构筑COF并不常见。但是在离子热合成条件下制备的多孔三嗪类COF却是一个例外[29]。

利用有机腈的规则[2+2+2]环加成反应可以制备三嗪类COF。反应在400℃熔融的ZnCl₂中进行，以增加成键的可逆性。如此苛刻的反应条件在有机化学中非常少见，其应用性受制于有机物的热稳定性。目前只有对苯二腈（1,4-dicyanobenzene，简称DCyB）这一例构造单元通过该方法被用于合成COF（图8.16）。CTF-1（[DCyB]$_{triazine}$）的合成是在密封的石英管中进行的，这是因为传统用于合成COF的耐热玻璃管（高硼硅玻璃）无法承受如此苛刻的反应温度。密闭的体系可以避免起始原料在高温下因与空气接触而被氧化。反应物和产物的FT-IR光谱被用来确认反应是否完全。芳香腈的2228cm⁻¹处明显的C═N伸缩振动特征峰的强度伴随着反应的进行逐渐降低，而1507cm⁻¹和1352cm⁻¹处的对应于三嗪单元的吸收峰逐渐增强。CTF-1中拓扑为**hcb**的层以重叠式堆叠，空间群为六方*P6/mmm*。该材料结构稳定，其BET比表面积为791m²·g⁻¹，与其它非晶态的三嗪框架的比表面积数值相当。热重分析（TGA）表明，样品中残留了约5%质量分数的ZnCl₂，这一残留影响了材料的多孔性。刚合成的CTF-1为黑色整体柱（monolith）材料。为了去除材料中的ZnCl₂残留，块体材料被压碎后研磨成粉，并用稀盐酸充分洗涤。然而，该操作依旧无法完全去除COF中的无机杂质。

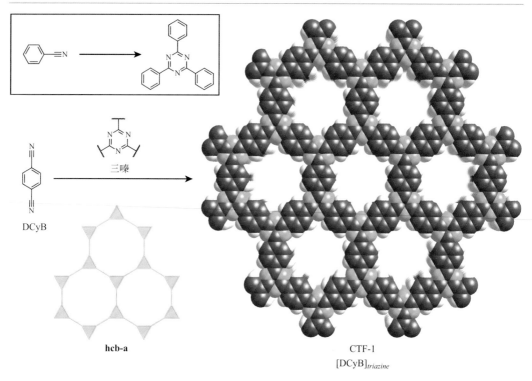

图 8.16   利用 DCyB 配体上的氰基单元三聚形成 CTF-1 示意图。该材料的拓扑为 **hcb**，网格化构筑需要在 400℃ 熔融的 ZnCl₂ 中进行。插图显示了成键反应。颜色代码：H，白色；C，灰色；N，蓝色

8.6   环硼氮烷键合

在非质子溶剂中利用芳胺－硼烷（或三卤化硼加合物）的热分解反应可以形成环硼氮烷。该单元与在 COF 化学中使用的硼氧六环单元和三嗪构造单元是同构的[30]。

环硼氮烷类化合物已经在硼氮基陶瓷和有机光电子器件中广泛使用[31]。截至 2019 年，以环硼氮烷为基元的聚合物例子还十分少见[32]。虽然人们迫切希望能够制备出以 B—N 为连接的聚合物，但是实现它们的合成充满着挑战。基于 B—N 键的晶体材料（如氮化硼）通常只能通过高温高压下的固相合成法才能制备出来。

在体积比为 4∶1 的均三甲苯和甲苯混合溶剂中，120℃ 下可以将 1,3,5-三 (4-硼烷基氨基苯基)苯（1,3,5-tris（4-boranylaminophenyl)-benzene，简称 BLP）热解形成环硼氮烷类共价有机框架 [BLP]*borazine*，其拓扑为 **hcb**（图 8.17）。与合成氮化硼的反应条件相比，此方法无疑更加温和。反应需在火封的耐热玻璃管中进行，因为必须将副产物氢气保留在

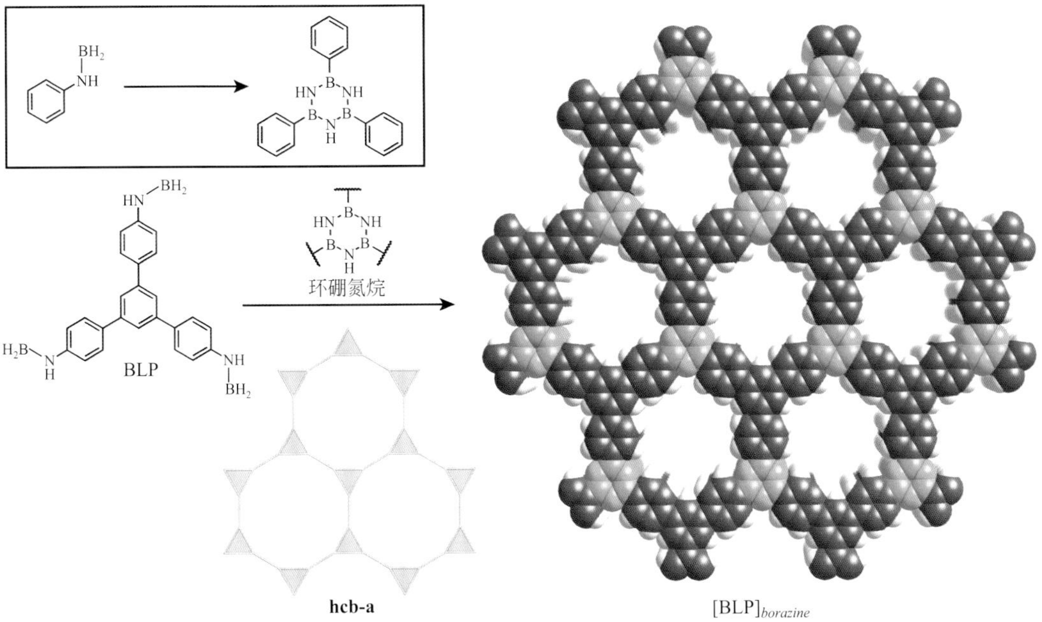

图8.17 三角形构型三连接的BLP三聚脱氢形成环硼氮烷键合，从而实现[BLP]$_{borazine}$的网格化构筑，其拓扑为 **hcb**。插图显示了成键反应。颜色代码：H，白色；B，橙色；C，灰色；N，蓝色

体系中，从而维持微观可逆反应的化学平衡。FT–IR光谱中3420cm^{-1}处的胺振动峰伴随着反应进行强度明显下降；1400cm^{-1}处的红外吸收峰的出现验证了环硼氮烷环的生成，该峰归属于环上 B—N 的伸缩振动。[BLP]$_{borazine}$的空间群为六方$P\bar{6}m2$，它由 **hcb** 层以重叠式堆叠而成。该材料在420℃下仍能保持稳定。该材料具有永久多孔性，将溶剂从孔道中除去后结构依旧保持稳定，其BET比表面积为1178m$^2 \cdot$ g^{-1}。

8.7 丙烯腈键合

基于碳碳双键键合的COF的合成一直是研究者们投入大量精力的研究方向。然而，这一研究困难重重，因为该键的化学惰性使得成键过程通常不可逆，因此很难找到合适的反应条件来合成基于此键合的晶态拓展型结构。正因如此，研究者试图在碳碳双键附近引入强吸电子基团使得双键的极性更强，从而提高键合的可逆性。利用这一策略，研究者实现了丙烯腈键合的可逆生成，从而制备了丙烯腈类COF。图8.18以2–苯乙腈与苯甲醛的反应为例，展示了该成键过程。2–苯乙腈首先在碱的作用下去质子，产生的亲核性碳负离子中间体进攻亲电的羰基碳原子，随后发生分子间质子转移并脱水，生成丙烯

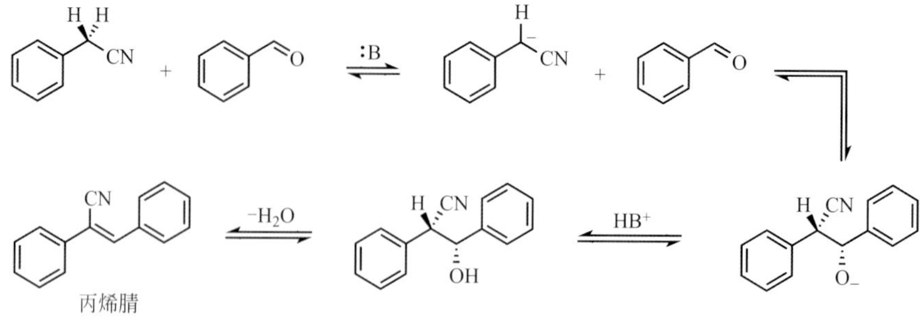

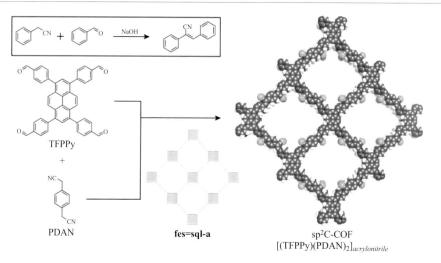

图8.18　丙烯腈键合形成机理示意图。以碱为催化剂，2–苯乙腈发生去质子化，生成的碳负离子中间体对苯甲醛中亲电的羰基碳发生进攻。随后发生分子间质子转移和脱水，生成丙烯腈键合[33]

腈产物。在碱存在的条件下，整个过程是可逆的。

　　通过碳碳双键偶联，得到完全以sp^2杂化碳为骨架的COF，极具挑战性[33]。sp^2C–COF([(TFPPy)(PDAN)$_2$]$_{acrylonitrile}$) 是利用1,3,6,8–四(4–甲醛基苯基)芘（4,4′,4″,4‴–(pyrene-1,3,6,8-tetrayl)tetrabenzaldehyde，简称TFPPy）和对苯二乙腈（2,2′-(1,4–phenylene)diacetonitrile，简称PDAN）生成丙烯腈键合而构筑的（图8.19）[34]。合成过程中研究者使用了体积比为1∶5的均三甲苯和二噁烷混合溶剂。体系中加入4mol·L^{-1} NaOH水溶液作为催化剂，反应在90℃下加热3天得到产物。固体^{13}C NMR表征确定反应进行完全。网格化构筑完成后，PDAN的亚甲基碳在24.2处的化学位移消失，氰基碳的化学位移由

图8.19　sp^2C–COF的合成示意图。它是由四连接的TFPPy和线型二连接的PDAN基于丙烯腈键合网格化而得的**sql**拓扑框架。sp^2C–COF的骨架完全由sp^2杂化的碳原子构成。插图显示了成键反应。颜色代码：H，白色；C，灰色；N，蓝色

120.4移至107.7。在模型化合物体系中同样观察到类似的化学位移变化，验证了目标结构的生成。sp^2C-COF的空间群为单斜$C2/m$，沿晶体学c轴方向的孔道尺寸为1.8nm。该材料活化后保持了永久多孔性，BET比表面积为692$m^2 \cdot g^{-1}$。该材料的基于**sql**拓扑的骨架部分完全由sp^2杂化的碳组成，因而赋予了材料独特的电子特性。sp^2C-COF是一类具有1.9eV带隙的半导体。但是对sp^2C-COF进行电导测试，发现其实际上是绝缘的，其欧姆电导率仅有$6.1 \times 10^{-14}S \cdot m^{-1}$。用碘单质对材料进行化学氧化，可使材料的电导率提高12个数量级，达到$7.1 \times 10^{-2}S \cdot m^{-1}$。这主要是因为芘单元生成自由基，使材料变成了具有大量载流子的顺磁性材料。

8.8　总结

在本章中，我们介绍了COF的键合化学。我们讨论了不同键合的成键机理，并解释了能够保证反应微观可逆性的合成条件。对于基于B—O键的键合（硼酸酯类、硼氧六环类、硼硅酸酯类和螺硼酸酯类COF），反应无需催化剂。若能将缩合反应的副产物（水）保留在反应平衡中，则反应是可逆的。对于基于席夫碱化学的键合（亚胺类、腙类、方酸菁类、β-酮烯胺类、苯并噁唑类和吩嗪类COF），需要酸作为催化剂才能实现必要的微观反应可逆性。因此，在不存在酸催化剂的情况下，这些框架的化学稳定性可得到提高。我们也讨论了氢键或共振效应等可进一步提高材料化学稳定性的策略。基于酰亚胺键合的COF需在高温和碱存在条件下制备。在该反应条件下，体系中存在多种不同物质的动态平衡，而酰亚胺类COF为其中热力学稳定的产物形态。腈的三聚可以用于合成具有三嗪键合的COF。此反应的可逆性需要在离子热反应的高温条件下才能实现，因此只有极少种类的构造单元能承受上述严苛条件用于COF合成。环硼氮烷类COF由芳胺-硼烷加合物间的三聚反应制备，反应副产物为氢气。将氢气分子保留在平衡体系中对于保持反应的可逆性至关重要。最后，丙烯腈键合可在碱存在下具有可逆性，将其运用于COF合成得到了具有完全sp^2杂化碳骨架的框架。对于上述不同种类的键合，我们都借助了COF具体实例进行阐述，并且分析了得到这些晶态材料的合成条件。在第9章中，我们将讨论如何形成不同拓扑的COF，并且详细阐述实现目标产物合成所需的设计思路。

参考文献

[1] (a) Côté, A.P., Benin, A.I., Ockwig, N.W. et al. (2005). Porous, crystalline, covalent organic

frameworks. *Science* 310 (5751): 1166–1170. (b) El-Kaderi, H.M., Hunt, J.R., Mendoza-Cortés, J.L. et al. (2007). Designed synthesis of 3D covalent organic frameworks. *Science* 316 (5822): 268–272. (c) DeBlase, C.R. and Dichtel, W.R. (2016). Moving beyond boron: the emergence of new linkage chemistries in covalent organic frameworks. *Macromolecules* 49 (15): 5297–5305.

[2] O'Keeffe, M. (2009). Design of MOFs and intellectual content in reticular chemistry: a personal view. *Chemical Society Reviews* 38 (5): 1215–1217.

[3] Clayden, J., Greeves, N., Warren, S., and Wothers, P. (2012). *Organic Chemistry*. Oxford: Oxford University Press.

[4] Hunt, J.R., Doonan, C.J., LeVangie, J.D. et al. (2008). Reticular synthesis of covalent organic borosilicate frameworks. *Journal of the American Chemical Society* 130 (36): 11872–11873.

[5] Du, Y., Yang, H., Whiteley, J.M. et al. (2016). Ionic covalent organic frameworks with spiroborate linkage. *Angewandte Chemie International Edition* 55 (5): 1737–1741.

[6] Vollhardt, K.P.C. and Schore, N.E. (2014). *Organic Chemistry: Structure and Function*, Palgrave version. Basingstoke: Palgrave Macmillan.

[7] Wan, S., Gándara, F., Asano, A. et al. (2011). Covalent organic frameworks with high charge carrier mobility. *Chemistry of Materials* 23 (18): 4094–4097.

[8] Schiff, E.A. (2006). Hole mobilities and the physics of amorphous silicon solar cells. *Journal of Non-Crystalline Solids* 352 (9–20): 1087–1092.

[9] Matsumoto, M., Dasari, R.R., Ji, W. et al. (2017). Rapid, low temperature formation of imine-linked COFs catalyzed by metal triflates. *Journal of the American Chemical Society* 139 (14): 4999–5002.

[10] Ascherl, L., Sick, T., Margraf, J.T. et al. (2016). Molecular docking sites designed for the generation of highly crystalline covalent organic frameworks. *Nature Chemistry* 8 (4): 310–316.

[11] Uribe-Romo, F.J., Hunt, J.R., Furukawa, H. et al. (2009). A crystalline imine-linked 3-D porous covalent organic framework. *Journal of the American Chemical Society* 131 (13): 4570–4571.

[12] Smith, B.J., Overholts, A.C., Hwang, N., and Dichtel, W.R. (2016). Insight into the crystallization of amorphous imine-linked polymer networks to 2D covalent organic frameworks. *Chemical Communications* 52 (18): 3690–3693.

[13] Zhang, Y.-B., Su, J., Furukawa, H. et al. (2013). Single-crystal structure of a covalent organic framework. *Journal of the American Chemical Society* 135 (44): 16336–16339.

[14] Nguyen, H.L., Gándara, F., Furukawa, H. et al. (2016). A titanium–organic framework as an exemplar of combining the chemistry of metal– and covalent–organic frameworks. *Journal of the American Chemical Society* 138 (13): 4330–4333.

[15] Kandambeth, S., Shinde, D.B., Panda, M.K. et al. (2013). Enhancement of chemical stability and crystallinity in porphyrin-containing covalent organic frameworks by intramolecular hydrogen bonds. *Angewandte Chemie International Edition* 125 (49): 13290–13294.

[16] Bunck, D.N. and Dichtel, W.R. (2013). Bulk synthesis of exfoliated two-dimensional polymers using hydrazone-linked covalent organic frameworks. *Journal of the American Chemical Society* 135 (40): 14952–14955.

[17] Xu, H., Gao, J., and Jiang, D. (2015). Stable, crystalline, porous, covalent organic frameworks as a platform for chiral organocatalysts. *Nature Chemistry* 7 (11): 905–912.

[18] Xu, H., Tao, S., and Jiang, D. (2016). Proton conduction in crystalline and porous covalent organic frameworks. *Nature Materials* 15 (7): 722–726.

[19] Uribe-Romo, F.J., Doonan, C.J., Furukawa, H. et al. (2011). Crystalline covalent organic frameworks with hydrazone linkages. *Journal of the American Chemical Society* 133 (30): 11478–11481.

[20] (a) Chiba, Y., Islam, A., Watanabe, Y. et al. (2006). Dye-sensitized solar cells with conversion efficiency of 11.1%. *Japanese Journal of Applied Physics* 45 (7L): L638–L640. (b) Colin, H. (1996). 2, 4-Bis [4-(*N* ,*N* -dibutylamino) phenyl] squaraine: X-ray crystal structure of a centrosymmetric dye and the second-order non-linear optical properties of its non-centrosymmetric Langmuir–Blodgett films. *Journal of Materials Chemistry* 6 (1): 23–26. (c) Luo, S., Zhang, E., Su, Y. et al. (2011). A review of NIR dyes in cancer targeting and imaging. *Biomaterials* 32 (29): 7127–7138.

[21] Nagai, A., Chen, X., Feng, X. et al. (2013). A squaraine-linked mesoporous covalent organic framework. *Angewandte Chemie International Edition* 52 (13): 3770–3774.

[22] Kandambeth, S., Mallick, A., Lukose, B. et al. (2012). Construction of crystalline 2D covalent organic frameworks with remarkable chemical (acid/base) stability via a combined reversible and irreversible route. *Journal of the American Chemical Society* 134 (48): 19524–19527.

[23] (a) DeBlase, C.R., Silberstein, K.E., Truong, T.-T. et al. (2013). β-Ketoenamine-linked covalent organic frameworks capable of pseudoca- pacitive energy storage. *Journal of the American Chemical Society* 135 (45): 16821–16824. (b) Mulzer, C.R., Shen, L., Bisbey, R.P. et al. (2016). Superior charge storage and power density of a conducting polymer-modified covalent organic framework. *ACS Central Science* 2 (9): 667–673.

[24] Guo, J., Xu, Y., Jin, S. et al. (2013). Conjugated organic framework with three-dimensionally ordered stable structure and delocalized π clouds. *Nature Communications* 4: 2736.

[25] Pyles, D.A., Crowe, J.W., Baldwin, L.A., and McGrier, P.L. (2016). Synthesis of benzobisoxazole-linked two-dimensional covalent organic frameworks and their carbon dioxide capture properties. *ACS Macro Letters* 5 (9): 1055–1058.

[26] Kurti, L. and Czakó, B. (2005). *Strategic Applications of Named Reactions in Organic Synthesis*. Burlington, MA: Elsevier.

[27] Fang, Q., Zhuang, Z., Gu, S. et al. (2014). Designed synthesis of large-pore crystalline polyimide covalent organic frameworks. *Nature Communications* 5: 4503.

[28] Fang, Q., Wang, J., Gu, S. et al. (2015). 3D porous crystalline polyimide covalent organic frameworks for drug delivery. *Journal of the American Chemical Society* 137 (26): 8352–8355.

[29] Kuhn, P., Antonietti, M., and Thomas, A. (2008). Porous, covalent triazine-based frameworks prepared by ionothermal synthesis. *Angewandte Chemie International Edition* 47 (18): 3450–3453.

[30] Jackson, K.T., Reich, T.E., and El-Kaderi, H.M. (2012). Targeted synthesis of a porous borazine-linked covalent organic framework. *Chemical Communications* 48 (70): 8823–8825.

[31] (a) Gervais, C., Maquet, J., Babonneau, F. et al. (2001). Chemically derived BN ceramics: extensive 11B and 15N solid-state NMR study of a preceramic polyborazilene. *Chemistry of Materials* 13 (5): 1700–1707. (b) Wang, Q.H., Kalantar-Zadeh, K., Kis, A. et al. (2012). Electronics and optoelectronics of two-dimensional transition metal dichalcogenides. *Nature Nanotechnology* 7 (11): 699.

[32] Sánchez-Sánchez, C., Brüller, S., Sachdev, H. et al. (2015). On-surface synthesis of BN-substituted heteroaromatic networks. *ACS Nano* 9 (9): 9228–9235.

[33] Zhuang, X., Zhao, W., Zhang, F. et al. (2016). A two-dimensional conjugated polymer framework with fully sp^2-bonded carbon skeleton. *Polymer Chemistry* 7 (25): 4176–4181.

[34] Jin, E., Asada, M., Xu, Q. et al. (2017). Two-dimensional sp^2 carbon–conjugated covalent organic frameworks. *Science* 357 (6352): 673–676.

9 共价有机框架的网格设计

9.1 引言

在第8章中，我们介绍了在共价有机框架（COF）合成过程中可以用来连接不同构造单元的键合（linkage）。在本章，我们将介绍如何利用几何构型不同的构造单元来网格化合成类型多样的COF结构。与经典有机合成相比，能够合成预先设计的具有特定拓扑的拓展型结构是COF独有的特点。目前，COF也是唯一一类具有周期性和长程有序性的拓展型有机材料。这是合成化学领域的一大重要进步，因为它在保留精确分子结构和理性合成方法这些有机化学的优点之外，又使有机化学的发展突破了分子层面[1]。在本章中，我们将介绍特定结构类型COF的网格设计（reticular design），讨论分子构造单元的几何构型和连接方式等参数在生成特定拓扑方面的作用[2]。有关拓扑本身的更详细讨论，请参考第18章。

COF的网格化合成方法一般分为五个步骤进行（图9.1）。

第一步，确定目标框架的拓扑。将拓扑中连接不同顶点（vertex）的边（edge）断开后，该拓扑的高称嵌入（highest symmetry embedding）保留在边断开后剩下的顶点中。

第二步，对顶点的延伸点（point of extension）数目、几何构型（例如4-c顶点可以是四面体构型或平面四方形构型）、潜在连接对象之间的理想角度等方面进行评估。获得关于顶点的精确几何参数至关重要，因为若不考虑这些几何限制，而仅仅考虑连接性，每组顶点都可连接出大量可能的网络拓扑。

第三步，确定可以等效取代顶点的分子。图9.1展现了一些配体以及与之等效的顶点。人们通常选择多环芳烃分子作为构造单元，因为其刚性结构有助于保证基元间相互结合的官能团位置的精准分布。

第四步，确定顶点之间的键连方式。COF是通过共价键将分子构造单元连接在一起

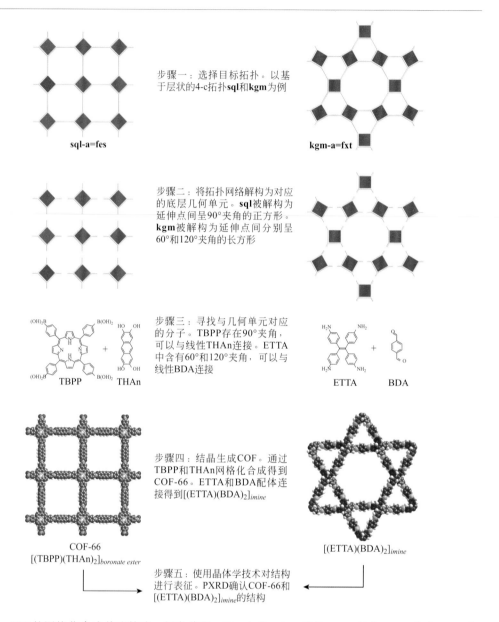

步骤一：选择目标拓扑。以基于层状的4-c拓扑**sql**和**kgm**为例

sql-a=fes

kgm-a=fxt

步骤二：将拓扑网络解构为对应的底层几何单元。**sql**被解构为延伸点间呈90°夹角的正方形。**kgm**被解构为延伸点间分别呈60°和120°夹角的长方形

步骤三：寻找与几何单元对应的分子。TBPP存在90°夹角，可以与线性THAn连接。ETTA中含有60°和120°夹角，可以与线性BDA连接

TBPP   **THAn**

ETTA   **BDA**

步骤四：结晶生成COF。通过TBPP和THAn网格化合成得到COF-66。ETTA和BDA配体连接得到[(ETTA)(BDA)$_2$]$_{imine}$

COF-66
[(TBPP)(THAn)$_2$]$_{boronate\ ester}$

[(ETTA)(BDA)$_2$]$_{imine}$

步骤五：使用晶体学技术对结构进行表征。PXRD确认COF-66和[(ETTA)(BDA)$_2$]$_{imine}$的结构

图9.1　COF的网格化合成普遍策略。颜色代码：H，白色；B，橙色；C，灰色；N，蓝色；O，红色

而构建的。我们已经介绍了可以采用的不同键合，在这一步需要考虑的一些内容也已在第8章探讨过。我们需要确定可以得到晶态产物的合成条件，在这里面需要考虑如何在调控构造单元之间键合的微观可逆性（热力学）和COF生成速率（动力学）之间找到平衡。

　　第五步，需要对网格化合成的产物进行结构表征，确认预期框架结构的生成。对于

分子型化合物，¹H–NMR分析通常足以提供分子内原子如何彼此连接的准确信息。然而，NMR技术通常无法明确确认拓展型固体材料的确切结构。不同拓扑的框架可以具有相同的组分和组分间同样的连接方式，因此无法通过光谱表征来进行区分。若需阐明材料的确切结构，须用衍射技术为表征手段。当无法获得适用于单晶X射线衍射或旋转电子衍射（rotating electron diffraction）的晶体时，我们可以采用结构模拟，并与实验粉末衍射谱图拟合的方法来确定是否成功制备目标结构。

至2019年，已报道的COF材料具有9种不同底层拓扑，包括5种二维层状网络和4种三维网络。在下文中，我们将介绍不同的拓扑，并阐述合成这些特定结构框架所需的设计思路。

9.2 COF 中的配体

类似于MOF化学中使用的配体（见第3章），COF化学中使用的配体通常包含（多环）芳烃核心，以及从核心扩展的延伸单元。配体上修饰了形成键合所需的官能团。通常，用于COF合成的配体具有2、3、4或6个延伸点。我们已经在第7章和第8章中介绍了许多不同的配体。许多形状相似但官能团不同的配体均可用于COF的构筑，因此从构造单元的形状，而非官能团的类型，来分组讨论配体会更有意义。COF中使用的线型配体包括直线型的、弯曲的或具有一定错位角度的二连接配体。三连接配体的高对称性体现在其中心与三个延伸点连线之间的夹角为120°。通过调变夹角角度或拉长某一延伸点至配体中心的距离，可人为降低三连接配体的对称性。四连接配体可以是中心与四个延伸点连线之间的夹角均为90°的平面四方形、夹角为60°和120°的长方形，或夹角为109.5°的四面体（图9.2）。

9.3 二维 COF

COF的结构通常由芳香类构造单元来构筑，这类构造单元能确保框架具有较好的力学稳定性以及结构稳定性。许多键合也由共轭sp²杂化的原子构成，使得形成COF后，共轭体系从构造单元内扩展至构造单元间。多芳烃共轭体系之间的π–π堆积作用通常有利于COF结晶为层状结构。

网格化合成产物通常具有边传递（edge-transitive）网络。考虑仅具有一种边（edge）用于连接构造单元的情况，所得的周期性二维拓展型结构的网络只能是以下五种之一：

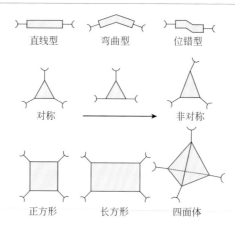

图9.2　COF中的常见配体的几何构型。二连接的配体可以是直线型的、弯曲的，或用于生成键合的官能团间具有一定错位角度的。三连接配体的高对称性体现在其中心与三个延伸点连线之间的夹角为120°。通过调变延伸点至配体中心的距离，可降低三连接配体的对称性。四连接配体可以是延伸点间呈90°夹角的正方形构型。同样，其对称性也可降为延伸点间夹角为60°和120°的长方形构型。此外，四面体构型在四连接配体中也很常见

hcb（111）、sql（111）、kgm（112）、hxl（111）和kgd（211）。其中（pqr）（括号中的数字）表示对应网络的传递性（transitivity）[3]。这里需要说明的是，当我们提到一种"顶点"（vertex）和一种"边"时，我们指的是拓扑学定义下的"顶点"或"边"；它们并不完全等同于COF合成中相应的构造单元。在COF合成中，可以使用多种具有相同连接特征的基元，作为网络拓扑中的同一种"顶点"（或同一种"边"）。在COF的网格化合成中，使用多种基元作为同一顶点的现象最为常见。且hcb、sql、hxl和kgm拓扑是这类基于多种基元（但是实为一种顶点）体系的默认拓扑。这些网络均由一种顶点［p = 1；单顶点（uninodal）］和一种边（q = 1；边传递）组成。而kgd（取自kagome dual，笼目对偶）与上述拓扑不同，它是由两种顶点（p = 2）和一种边组成的双顶点网络。

在层状框架的范围内讨论，利用二连接配体来连接具有3个延伸点的构造单元，所得框架必然具有hcb拓扑。同样，采用二连接配体来连接六边形的六连接构造单元也只能得到具有hxl拓扑的框架。将分别具有6个和3个延伸点的构造单元进行组合会形成kgd层状框架。与之不同，通过二连接配体来连接四连接构造单元可以形成两种网络：默认的sql或者kgm。若要选择性地形成kgm拓扑框架，需要严格控制所用的构造单元的几何构型，从而避免基于sql默认网络的COF的形成。我们将在9.3.3部分中详细地介绍这些策略[4]。图9.3中呈现了这五种边传递二维拓扑。在下文中，我们将介绍合成预先设计的具有这些拓扑的具体框架示例。

| hcb-a | sql-a=fes | kgm-a=fxt | hxl-a | kgd-a |

图9.3　以拓增网络表示的五种边传递二维拓扑。通过一种边连接三角形构型构造单元可形成传递性为111的**hcb**网络。将正方形构型构造单元彼此连接，可形成默认**sql**拓扑（传递性为111）或**kgm**拓扑（传递性为112）。连接六边形可形成**hxl**拓扑（传递性为111）。将三角形和六边形连接可形成**kgd**拓扑（传递性为211）。蓝色和橙色的多边形代表构造单元

9.3.1　具有hcb拓扑的COF

　　在第7章中，我们已介绍了两例具有**hcb**拓扑的框架，COF-1和COF-5[3a]。这两例结构都具有**hcb**底层拓扑，但相邻层之间的堆积方式有着根本不同（图9.4）。在COF-1和COF-5结构中，层间堆积方式分别为交错式和重叠式。这一现象表明，对层状COF而言，网格化学的设计原则仅适用于单独层内的拓扑设计，因为层内的原子都是通过强化学键相连的。然而，层间堆积由非共价相互作用主导，因此其堆积方式难以预测。COF-1是由线型二连接的BDBA自缩合生成硼氧六环键合（三连接），得到的**hcb**层状框架，其孔道开口为15.1Å。该框架结构属于六方晶系，空间群为$P6_3/mmc$。COF-1结构可以与石墨结构进行类比：用硼氧六环键合取代石墨中的sp^2碳原子，用亚苯基取代C—C键后即可得到COF-1。

　　COF-5是利用线型的BDBA与三角形构型三连接的HHTP通过硼酸酯键合构筑的。它是具有重叠型堆积模式的**hcb**二维网络，其层间距为3.3Å。COF-5属于六方晶系，空间群为$P6/mmm$，其结构可看作氮化硼的类似物，其中HHTP占据硼原子和氮原子的位置，而BDBA的作用相当于B—N键。COF-5具有沿着c轴方向的六边形孔道，孔开口大小为27Å。此例子显示了层间堆积方式对框架孔尺寸的影响。

　　若仅限层状结构来讨论，三连接构造单元与二连接配体只能形成具有**hcb**拓扑的拓展型结构。若能降低三连接构造单元的对称性，我们可以获得同样基于**hcb**拓扑但结构更加复杂的框架。HP-COF-1就是一个这样的例子。为了实现顶点去对称化，人们选择了C_{2v}对称的5-(4-甲酰基苯基)间苯二甲醛（5-(4-formylphenyl)-isophtaldehyde，简称FPI）来代替常用的具有D_{3h}更高对称性的三连接构造单元，从而制备出具有**hcb**拓扑的COF。将FPI与肼反应即可生成重叠型**hcb**结构HP-COF-1（[(FPI)$_2$(H$_2$NNH$_2$)$_3$]$_{imine}$）。由于三连接构造单元的去对称化，HP-COF-1具有两种不同孔道，表现出多级孔性质（图9.5）。完全活化的HP-COF-1具有永久多孔性，其BET比表面积为1197m^2·g^{-1}。使用非

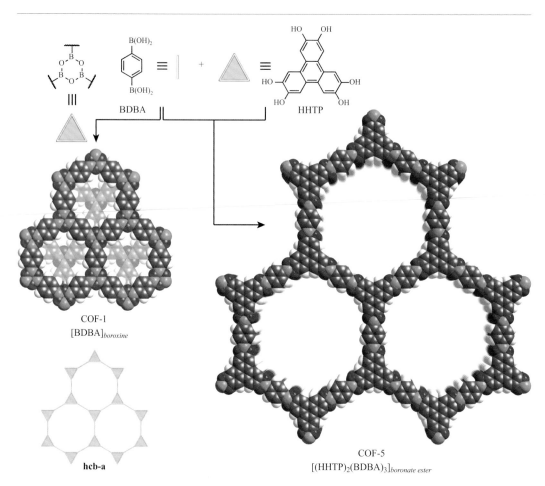

图9.4　具有 **hcb** 拓扑的COF-1和COF-5的合成示意图。线型二连接的BDBA配体通过自缩合形成硼氧六环键合（三连接），得到层间堆积为交错式的COF-1。三角形构型三连接的HHTP与线型二连接的BDBA通过交叉缩合形成层间堆积为重叠式的COF-5。颜色代码：H，白色；B，橙色；C，灰色；O，红色

定域密度泛函理论（NLDFT）模型对实验所得氮气吸附数据进行计算，可获得材料的孔径分布，证实HP-COF-1中确实存在尺寸为1.06nm和1.96nm的两种不同孔道。这些值与通过结构模型预测的值相吻合。该例子说明从拓扑角度出发，实现多级孔结构的理性设计是非常实用的思路[5]。

在上述示例中，我们介绍了通过改变边的长度但保持延伸点之间夹角不变的策略来调控构造单元的几何构型。与此类似，通过调控延伸点之间夹角也可以实现对 **hcb** 框架孔道几何参数的调控。这类调控的具体例子之一就是所谓的"砖墙"COF［[(BTBDA)₂(PDA)₃]ᵢₘᵢₙₑ，BTBDA = 2,4,7-三(甲酰基苯基)苯并咪唑（4,4′,4″-(1*H*-benzo[*d*]imidazole-2,4,7-triyl)tribenzaldehyde），PDA = 对苯二胺（1,4-phenylenediamine）］。此处"砖墙"意为结构

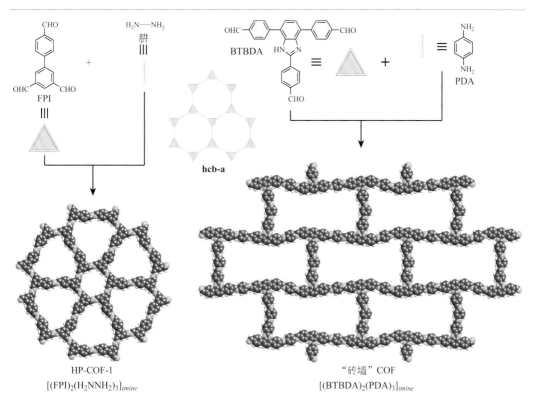

图9.5 由去对称化的三连接配体构筑的具有 **hcb** 拓扑的COF。C_{2v} 对称的三连接的FPI与肼反应得到基于吩嗪键合的HP-COF-1。由于配体的较低对称性,该框架材料具有多级孔性质,其两种孔道直径分别为1.06nm和1.96nm。T形的BTBDA与线型二连接的PDA反应,得到具有四方形孔道的"砖墙" COF。颜色代码:H,白色;C,灰色;N,蓝色

中孔道堆积与常见砖墙中砖块的堆砌方式类似(图9.5)。在该结构中,T形三连接构造单元延伸点之间呈90°、90°和180°夹角,并与线型二连接的PDA键连。该COF具有较大的矩形孔道,乍一看与预期的 **hcb** 结构没有相似之处。然而从拓扑角度,该结构仍然是一个三连接的蜂窝型格子。因为拓扑并不考虑构造单元延伸点之间的具体角度,也不考虑顶点和边所内含化学结构信息,而只考虑结构内各组分的连接性(更多内容参见第18章)。该框架的层间堆积方式为交错式,沿晶体学 c 轴方向形成2nm宽的矩形孔道。框架具有永久多孔性,其BET比表面积为401m$^2\cdot$g^{-1}。以上示例突出表明:即使是具有相同拓扑的二维结构,我们依旧可以通过调控层间堆积方式、顶点去对称化以及调节构造单元内角度等多种手段来实现结构的多样化。

9.3.2　具有**sql**拓扑的COF

　　具有平面四方构型的四连接2,3,9,10,16,17,23,24–八羟基酞菁合镍(Ⅱ)（(2,3,9,10,16,17,23,24-octahydroxyphthalocyaninato)nickel(Ⅱ)，简称Ni(PC)）构造单元与线型二连接BDBA配体反应生成通过硼酸酯连接的Ni(PC)–COF（[(Ni(PC))(BDBA)$_2$]$_{boronate\ ester}$）（图9.6）[3b]。Ni(PC)构造单元具有D_{4h}点群，其延伸点之间具有完美的90°夹角，这正是**sql**拓扑对应高称嵌入所需的精确角度。对于四连接的层状结构，精确调节构造单元之间的夹角至关重要。这是因为仅调节构造单元之间的夹角即可构筑两种完全不同的拓扑——**sql**和**kgm**。在Ni(PC)–COF中，层间堆积方式为重叠型，框架属于四方晶系，其空间群为$P4/mmm$。该结构沿晶体学c轴方向具有尺寸为1.9nm的四方形孔道。重叠型的层间堆积方式使得具有

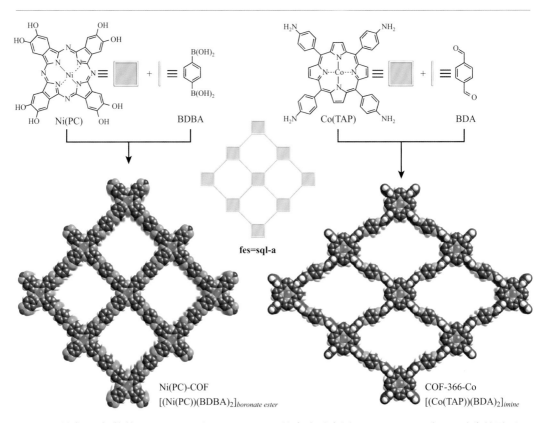

图9.6　具有**sql**拓扑的Ni(PC)–COF和COF–366–Co的合成示意图。Ni(PC)–COF由D_{4h}对称的平面四方形构型的四连接Ni(PC)构造单元与线型二连接BDBA构筑而成。COF–366–Co则基于D_{4h}对称的平面四方形构型的四连接Co(TAP)单元和线型二连接BDA单元。颜色代码：H，白色；B，橙色；C，灰色；N，蓝色；金属（Ni、Co），粉色

大π-体系的金属-酞菁大环分子具有独特的排列方式。这不仅赋予了材料高载流子迁移率，而且可以使材料用于激发一系列光化学反应。这是COF化学的独特优势，因为这种分子排列方式在传统聚合物中无法实现，在超分子结构中也难以实现。由于酞菁的有序堆积，Ni(PC)-COF在可见光和近红外区域显示了增强的捕光能力，具有较小的能带（半导体区间），同时也协助了载流子的输运。Ni(PC)-COF表现出较强的光电导性，具有全色光响应，并且对可见光和近红外光子有极高的灵敏度[6]。

　　COF-366-Co由平面四方形构型的四连接5,10,15,20-四(4-氨基苯基)卟啉合钴（[5,10,15,20-tetrakis(4-aminophenyl)porphinato]cobalt，简称Co(TAP)）和线型二连接BDA组建而成（图9.6）。该COF中构造单元的对称性与Ni(PC)-COF的构造单元相同。但是，所得框架的对称性由四方晶系的 $P4/mmm$ 降低至正交晶系的 $Cmmm$。这两例框架的主要区别在于用以连接各构造单元的键合有所不同。Ni(PC)-COF内的键连方式是硼酸酯，而COF-366-Co内的键连方式是亚胺。与其它键合不同的是，硼酸酯键合只有一种构象，因而显得更有方向性。然而在亚胺类COF中，键合中的亚胺键可以同时指向同一个方向（同向取向，homodromous orientation）或者是交替指向相反的方向（异向取向，heterodromous orientation）。在COF-366-Co中，卟啉核心周围的亚胺键为异向取向构象，从而导致整体COF结构对称性降低。具体来说，Co(TAP)的对称性从四重对称降低至二重对称，使得空间群转变为同平移子群（translationengleiche，意为转变为具有相同的平移群，但是点群阶数降低的子群，t_2，详见《国际晶体学表》卷A，https://it.iucr.org/A/）。转变后的空间群为正交晶系的 $Cmmm$。Ni(PC)-COF中的孔道是完美的正方形，而COF-366-Co的孔道为菱形。COF-366-Co通过 sp^2 杂化的亚胺键形成了一个完全共轭的大π-体系，从而赋予材料卓越的平面内载流子迁移率，使其可能在电催化方面具有优异的表现。钴-卟啉分子是已经被深入研究的 CO_2 还原电催化剂。COF-366-Co及其衍生物同样在温和条件下可选择性地将 CO_2 还原至CO，同时具有较高的催化活性、选择性和效率。该催化剂可长时间运行达140h不分解，其性能优于目前已知的基于小分子的均相和非均相催化剂体系[7]。

9.3.3　具有kgm拓扑的COF

　　对于利用四连接构造单元生成的二维层状结构而言，其默认拓扑并不是**kgm**（笼目网），其结构更倾向于对称性更高的**sql**拓扑。为了生成事先设计的具有**kgm**拓扑的COF，所使用的分子构造单元延伸点之间的角度必须进行精确调整，以便它们与目标**kgm**拓扑中高称嵌入 $P6/mmm$ 所要求的角度高度匹配。COF化学可以非常理性地贯彻这样的设计思路，因为在COF合成过程中，分子构造单元本征的结构和几何性状可以原样地传递到COF结构中，而且它们之间也是通过共价键来定向连接。在形成**kgm**网络时，其高称嵌入要求四连接构造单元的延伸点间夹角为120°和60°。而四(4-氨基苯基)乙烯（4,4′,4″,4‴-(ethene-1,1,2,2-tetrayl)-tetraaniline，简称ETTA）正好符合上述角度需求。研究者利用线型二连接BDA与四连接ETTA，成功合成了[(ETTA)(BDA)$_2$]$_{imine}$。该结构属于六方晶系，空间群为$P6$，具有**kgm**底层拓扑（图9.7）[3c,8]。一般来说，为了确认目标产物的结构，将实验粉末X射线衍射（PXRD）谱图与基于结构模型计算所得谱图进行比较，可以做出判断。然而在此特例中，孔径分布分析是评判基于拓扑创建的结构模型准确性的另一种手段。**sql**拓扑框架只有一种孔道，而**kgm**拓扑框架则具有两种分别为六边形和三角形的孔道。对[(ETTA)(BDA)$_2$]$_{imine}$的氮气吸附数据进行孔径分布分析，显示了对应两个不同孔径的峰，推得材料具有直径为7.3Å和25.2Å的两种不同孔道，与结构模型中的三角形和六边形孔道（分别为7.1Å和26.2Å）的大小正好匹配。因此，设计合成**kgm**层状结构是一种构筑多级孔COF的有效方法[9]。

在**kgm**拓扑框架合成过程中，若同时采用两种长度不同的线型单元，可获得具有三种不同孔道的材料，从而进一步提高框架的结构复杂度。基于ETTA、BDA和4,4′-联苯二甲醛（4,4′-biphenyldicarboxaldehyde，简称BPDA）进行网格化合成，可制备SIOC-COF-1（[(ETTA)(BPDA)(BDA)]$_{imine}$）（图9.7）。该COF具有两种不同的三角形微孔和一种六边形介孔。较小的三角形孔道的三边均以BDA为界，其大小与[(ETTA)(BDA)$_2$]$_{imine}$结构中的较小孔一致。孔径分布分析在7.3Å处出现峰值，验证了上述孔道大小。较大的三角形孔道由三个BPDA配体围绕形成，其直径为11.8Å。最大的六边形孔道则由三个BPDA和三个BDA配体组成，其直径为30.6Å。该材料报道的比表面积仅为478.41m^2·g^{-1}，表明材料并未完全活化。尽管如此，该示例依旧显示了我们能够理性地设计、合成具有三种孔道的结构，凸显了网格化学在设计合成复杂多级孔材料方面的重要性[10]。

9.3.4　具有hxl拓扑的COF

将六边形构型六连接的六(4-氨基苯基)苯（1,2,3,4,5,6-hexa(4-aminophenyl)benzene，简称HPB）或者2,5,8,11,14,17-六(4-氨基苯基)六苯并蔻（2,5,8,11,14,17-(4-aminophenyl)hexabenzocoronene，简称HBC）与线型二连接BDA通过亚胺缩合反应，可分别制备[(HPB)(BDA)$_3$]$_{imine}$和[(HBC)(BDA)$_3$]$_{imine}$（图9.8）。基于预期**hxl**拓扑模拟的PXRD谱图与实验所得PXRD谱图完全吻合❶。具有**hxl**拓扑的COF只具有一种三角形孔道，而具有其它拓扑的二维COF不可避免地拥有四方形或六边形孔道。对于设计具有较小微孔的COF而言，这是一个重要的考虑因素。在常规的认知里，在COF合成中使用尺寸较大的多环芳

---

❶　由于这两例材料的空间群和晶胞参数均未被报道过，所以我们根据最初报道文献中关于结构的描述重新搭建了结构模型。我们基于空间群$P6$对两例结构进行模拟，发现结构模拟所得PXRD谱图与文献中实验测得的PXRD谱图匹配。

烃分子作为构造单元时会形成具有较大孔道的结构。我们一般用孔道内切圆的直径作为孔径报道值，因为它们非常接近实际孔径。假设配体长度为 a，则它们围合起来的三角形孔道的直径可近似为 $0.28a$，菱形孔道（内角为 $60°$）的直径可近似为 $0.5a$，六边形孔

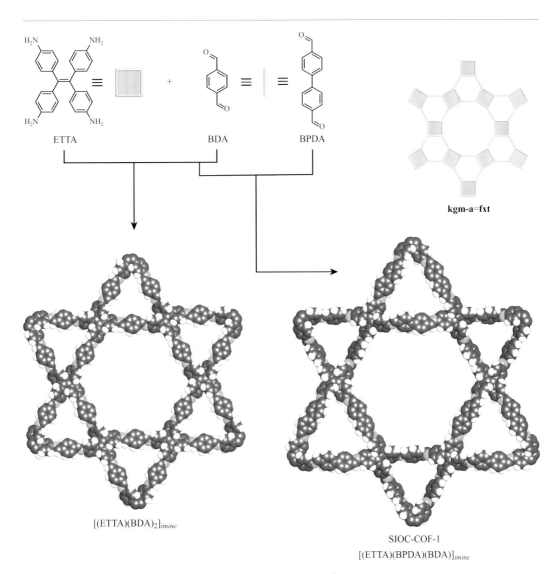

$[(ETTA)(BDA)_2]_{imine}$

SIOC-COF-1
$[(ETTA)(BPDA)(BDA)]_{imine}$

kgm-a=fxt

图9.7　具有 **kgm** 拓扑的 $[(ETTA)(BDA)_2]_{imine}$ 和 SIOC–COF–1❶ 的合成示意图。BDA 与 ETTA 的网格化制备得到具有两种不同孔道的 $[(ETTA)(BDA)_2]_{imine}$，结构具有一种三角形微孔和一种六边形介孔。选用 ETTA 与 BDA 和 BPDA 同时反应可制备具有三种不同孔道（两种三角形微孔和一种六边形介孔）的 SIOC–COF–1。颜色代码：H，白色；C，灰色；N，蓝色

❶　SIOC 为中科院上海有机化学研究所（Shanghai Institute of Organic Chemistry）的简称。——编辑注

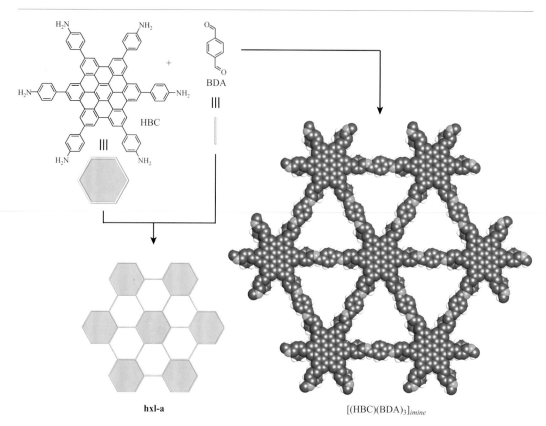

图9.8　具有 **hxl** 拓扑的 $[(HBC)(BDA)_3]_{imine}$ 的合成示意图。$[(HBC)(BDA)_3]_{imine}$ 利用六边形六连接HBC与线型二连接BDA进行网格化构筑而得，该结构具有直径为1.9nm的三角形孔道。利用六边形六连接HPB与BDA网格化合成可制备 $[(HPB)(BDA)_3]_{imine}$，其三角形孔道直径为1.2nm。尽管使用了尺寸较大的HBC分子，该COF仍属于至2019年为止具有最小孔道尺寸的层状COF之一。颜色代码：H，白色；C，灰色；N，蓝色

道的直径可近似为 $0.86a$（第2章）。这说明当配体的长度 a 相同时，三角形孔道的孔径最小。尽管使用了尺寸较大的分子作为构造单元，$[(HPB)(BDA)_3]_{imine}$ 和 $[(HBC)(BDA)_3]_{imine}$ 沿着晶体学 c 轴方向的孔道大小仅为1.2nm和1.9nm，它们位列至2019年为止具有最小孔道的二维COF阵营。除此之外，具有三角形孔道的COF还有一个亮点，它与有机电子学里面的 π 柱密度（π-column density，意为 π 体系通过相互作用堆积而成的 π 柱在结构中的密度）相关[1]。在采用多环芳烃作为构造单元的体系中，具有小尺寸三角形孔道的COF相

---

[1]　π 柱密度由层状结构内单位面积含有 π 柱的数目定义。对于多环芳烃作为构造单元的三角形、四方形或六边形COF结构，其顶点即为 π 柱位置，因此通过层面积以及顶点数目即可计算 π 柱密度。对于边长为 a 的正多边形而言，其面积（A）可以通过公式 $A_3=\dfrac{\sqrt{3}}{4}a^2$、$A_4=a^2$、$A_6=\dfrac{3\sqrt{3}}{2}a^2$（$A$ 下角的数字表示正多边形的边数）计算而得，其对应的 π 柱密度为 $\dfrac{2\sqrt{3}}{3a^2}$、$\dfrac{1}{a^2}$ 和 $\dfrac{4\sqrt{3}}{9a^2}$。

对于具有正方形孔道和六边形孔道的COF具有更高的π柱密度。[(HPB)(BDA)$_3$]$_{imine}$的π柱密度为0.25nm^{-2}，是截至2019年COF中的最高值。在有机半导体和光电器件中，π体系有序且密集的排布可以提升材料的性能，因此具有高π柱密度的COF材料非常重要。具有**hxl**拓扑的[(HPB)(BDA)$_3$]$_{imine}$的空穴迁移率高达0.7cm^2·V^{-1}·s^{-1}，与同一作者报道的另一具有**hcb**拓扑且基于联三亚苯基的COF[11]（0.01cm^2·V^{-1}·s^{-1}）相比，提高了40～70倍[11]。

9.3.5 具有**kgd**拓扑的COF

前面提到的所有COF结构都基于单顶点一维边传递网络，即它们均由一种边连接一种顶点构筑而成。笼目（kagome）网络的对偶（dual）网络称为**kgd**，是唯一的双顶点二维边传递网络。在**kgd**网络中，六连接和三连接顶点通过一种边连接。2,3,6,7,10,11-六(4-氨基苯基)-1,4,5,8,9,12-六氮杂苯并菲（2,3,6,7,10,11-hexaaminophenyl-1,4,5,8,9,12-hexaazatriphenylene，简称HAT）与三(4-醛基苯基)胺（4,4′,4″-nitrilotribenzaldehyde，简称NTBA）或三(4′-醛基-1,1′-联苯-4-基)胺（4′,4‴,4‴″-nitrilotris([1,1′-biphenyl]-4-carbaldehyde)，简称NTBCA）网格化可形成两种具有**kgd**拓扑的COF，分别为[(HAT)(NTBA)$_2$]$_{imine}$和[(HAT)(NTBCA)$_2$]$_{imine}$（图9.9）。在**kgd**网络的高称嵌入里，3-c顶点的延伸与6-c顶点的延伸夹角分别为120°和60°。这些值与HAT和NTBA/NTBCA中的对应角度值完全匹配。两例材料的结晶性通过PXRD得到确认❶。这两例结构均沿晶体学c轴方向存在菱形孔道。根据氮气吸附数据计算而得的结构孔径分布与基于结构模型的孔径一致。从吸附数据计算而得的[(HAT)(NTBA)$_2$]$_{imine}$和[(HAT)(NTBCA)$_2$]$_{imine}$的孔径分别为10.2Å和13.5Å。[(HAT)(NTBA)$_2$]$_{imine}$和[(HAT)(NTBCA)$_2$]$_{imine}$都可以维持永久多孔性，其BET比表面积分别为628.0m^2·g^{-1}和439.9m^2·g$^{-1[3e]}$。

9.4 三维COF

截至2019年，报道的大多数COF为二维层状结构。尽管三维拓扑数目远远大于二维拓扑数目，但截至2019年，三维COF的拓扑只有4种。如前所述，COF结构通常基于刚性芳香构造单元，这些构造单元通常倾向于形成堆叠的层状结构。要构筑三维框架，必

---

❶ 之前报道的这两例结构模拟基于空间群$P1$。但是考虑到所用构造单元的高度对称性，以及**kgd**网络的高称嵌入是$P6/mmm$这一事实，此COF不太可能以$P1$这样的低对称性空间群结晶。我们基于空间群$P6$对这两例结构重新进行模拟，发现基于结构模型的PXRD谱图与报道的实验PXRD谱图相符。

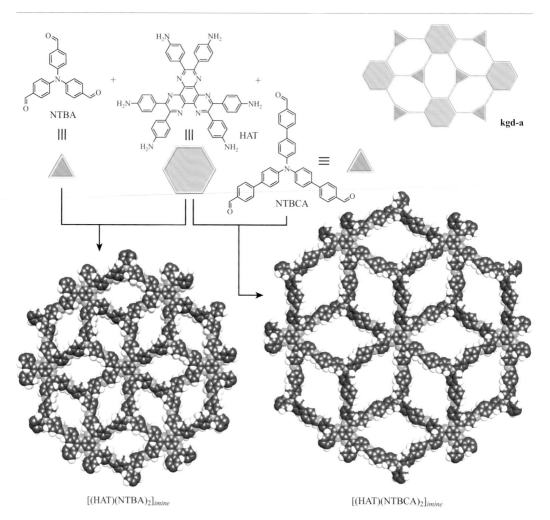

图9.9 具有 **kgd** 拓扑的 [(HAT)(NTBA)₂]$_{imine}$ 和 [(HAT)(NTBCA)₂]$_{imine}$ 的合成示意图。使用六连接 HAT 与三角形三连接 NTBA 或 NTBCA 网格化合成，得到 [(HAT)(NTBA)₂]$_{imine}$ 和 [(HAT)(NTBCA)₂]$_{imine}$。这两例结构均沿晶体学 c 轴方向具有菱形孔道，通过结构模型测得的孔径大小分别为 9.5Å 和 12.7Å。颜色代码：H，白色；C，灰色；N，蓝色

须使用多面体构型配体而不是多边形构型配体，或者必须对构造单元施加几何约束限定。所有已报道的三维 COF 均依靠多面体构型构造单元来构筑。具体来说，将四面体构型构造单元与线型构造单元进行组合，通常会形成具有 **dia** 拓扑的框架；将四面体构型构造单元与三角形构型三连接构造单元组合，通常会形成 **ctn** 和 **bor** 拓扑网络；将四面体构型构造单元与平面四方形构型构造单元进行组合，通常得到 **pts** 拓扑（图9.10）[12]。

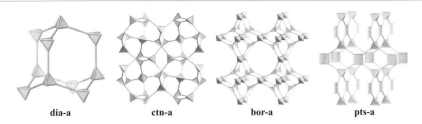

dia-a　　　　**ctn-a**　　　　**bor-a**　　　　**pts-a**

图9.10　COF化学中报道的三维拓扑的拓增网络示意图。截至2019年，在COF化学中已实现的所有三维拓扑均基于四面体构型构造单元。仅基于四面体构型构造单元的默认拓扑是**dia**。将四面体构型构造单元与三角形构型顶点进行组合，可得到**ctn**和**bor**网络。将四面体构型构造单元与平面四方形构型构造单元组合，可形成**pts**网络。颜色代码：多面体构型构造单元，蓝色；多边形构型构造单元，橙色

9.4.1　具有dia拓扑的COF

四面体构型TAM与线型BDA的网格化合成得到具有**dia**拓扑的COF-300[12a]。具有五重穿插框架的COF-300属于正交晶系，空间群为$I4_1/a$。该晶体结构沿着晶体学c轴方向具有一个直径为7.8Å的孔道。经动态真空活化后的COF-300具有永久多孔性，其BET比表面积为1360$m^2 \cdot g^{-1}$。**dia**网络具有自对偶性，因此容易形成穿插的框架。在某种程度上，通过改变构造单元的尺寸参数可以控制穿插的重数。一般来说，在未穿插时孔道越大，穿插的重数越高。上述观点可以通过COF-320（[(TAM)(BPDA)$_2$]$_{imine}$）得以验证。COF-320是COF-300同网格扩展版本，它通过TAM和BPDA进行缩合反应制备[13]。与COF-300相比，COF-320内金刚烷型笼子尺寸的扩大导致框架（在未穿插时）更大的可及孔体积。更大的开放空间使得COF-320为九重穿插的框架。

大多数具有**dia**拓扑的COF均为穿插结构，但是也有一例不穿插的**dia** COF报道，此COF为PI-COF-4（[(TAA)(PMDA)$_2$]$_{imide}$）[14]。PI-COF-4是利用1,3,5,7-四氨基金刚烷（1,3,5,7-tetraaminoad-amantane，简称TAA）与均苯四甲酸酐（pyromellitic dianhydride，简称PMDA）进行酰亚胺化反应合成的。PI-COF-4没有发生穿插主要是因为在与PMDA反应后，TAA单元周围具有较大的位阻。在PI-COF-4中，金刚烷型笼子大小为17Å，同时沿着晶体学a轴和b轴方向具有开口直径为15Å的孔道。

9.4.2　具有ctn和bor拓扑的COF

在前面讨论的例子中，具有不同的连接多支性（topicity，意指单元中用于连接的基

团数目及其几何位置和构象）的构造单元彼此组合时，都只有一种可能的默认网络。与之相反，四面体构型和三角形构型构造单元的组合可能形成两种机会均等的3,4-连接网络，即 **ctn** 和 **bor**。两种拓扑的高称嵌入为对称性几乎相同的空间群 $I\bar{4}3d$ 和 $P\bar{4}3m$。两种拓扑均有2种顶点、1种边、2种拼贴（tile），其中每种拼贴由2种不同的面（face）组成，因此它们的传递性均为2122。从拓扑的角度来看，得到这两种拓扑的可能性相同，因此如何有针对性地得到其中某一拓扑具有一定难度。3,4-连接的COF结构是首批报道的三维COF，在第7章中我们已经对它们进行了介绍。通过四面体构型四连接的四(4-硼酸基苯基)甲烷（tetra(4-dihydroxyborylphenyl)methane，简称TBPM）或其硅烷异质同构物四(4-硼酸基苯基)硅烷（tetra(4-dihydroxyborylphenyl)silane，简称TBPS）的自缩合反应，或者TBPS与三角形构型HHTP的交叉缩合反应，得到的晶态三维材料COF-102、COF-103和COF-105均具有 **ctn** 拓扑❶。然而，TBPM与HHTP的交叉缩合得到 **bor** 拓扑的框架COF-108[12b]。合成COF-105和COF-108的配体组合在几何构型上没有区别，因此从经验角度仅考虑配体的几何构型，似乎并不能解释为什么 **ctn** 拓扑较 **bor** 拓扑更易于形成（图9.11）。相反，其中可能的主要原因是拓扑密度（topological density）上的差异。拓扑密度是指"在给定拓扑嵌入下，单位体积（默认边长度为1）内含有顶点的数目"。大自然倾向于形成致密的结构。因此，当相同的配体用于构筑两种不同拓扑（例如 **ctn** 和 **bor**）的COF时，拓扑密度较低的COF的（实际）密度也会较低。**ctn** 和 **bor** 的拓扑密度分别为0.5513和0.4763[15]。因此，具有 **bor** 拓扑的COF-108可以理解为该规则下的一个例外。在COF-108被首次报道时，它是室温条件下密度最低的材料（$0.17g \cdot cm^{-3}$），截至2019年它依旧是密度最低的材料之一。

9.4.3 具有pts拓扑的COF

通过四(4-氨基苯基)甲烷（tetra(*p*-aminophenyl)methane，简称TAPM）和1,3,6,8-四(4-醛基苯基)芘（1,3,6,8-tetrakis(4-formylphenyl)pyrene，简称TFPPy）的亚胺缩合反应，首次合成了4,4-连接的三维COF，结构命名为3D-Py-COF（图9.12）。当四连接四面体构型和正方形构型构造单元进行组合时，默认的底层网络拓扑为 **pts**。这也是3D-Py-COF（[(TAPM)(TFPPy)]$_{imine}$）的拓扑。通过PXRD谱图分析及结构模拟得知该材料为两重穿插的框架，属于正交晶系，空间群为 *Cmmm*。材料在进行活化后具有永久多孔性，其BET比表面积为1290m² · g^{-1}。3D-Py-COF的孔径分布仅在0.6nm显示一个峰，这与基于结构模型的计算值吻合。3D-Py-COF呈现强烈的黄色/绿色荧光，是第一例三维COF荧光材

---

❶ 值得注意的是，形成 **ctn** 拓扑框架所需的三角形构型构造单元是通过自缩合反应得到的，三角形构型构造单元同时也是COF合成的键合物质。

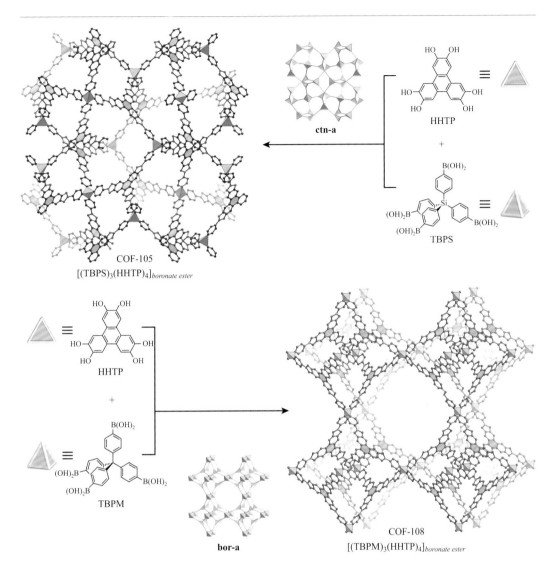

图9.11 分别具有**ctn**和**bor**拓扑的COF-105和COF-108的合成示意图。TBPS与HHTP的网格化合成得到COF-105，而TBPM与HHTP反应生成COF-108。尽管两例结构的构造单元几乎相同，但**bor**网络的拓扑密度低于**ctn**网络，因此COF-108的实际密度低于COF-105。为了清晰呈现结构，所有氢原子都已省略。四面体碳和硅用蓝色四面体表示，三连接配体中心单元用橙色多边形表示。颜色代码：B，橙色；C，灰色；O，红色

料。在用408nm的光激发时，悬浮于DMF溶剂中的3D-Py-COF的发射波长为484nm。考虑到所有已报道的同样基于芘的二维亚胺类COF均不具备荧光效应[16]，该现象显得尤为有趣。在通过亚胺键连接形成的三维框架中，芘基团彼此远离，有效地避免了因聚集引发的荧光猝灭，从而显示出荧光效应。在许多荧光应用场景，避免发光组分之间的π–π相互作用是非常有必要的，这也凸显了发展新三维COF的重要性。

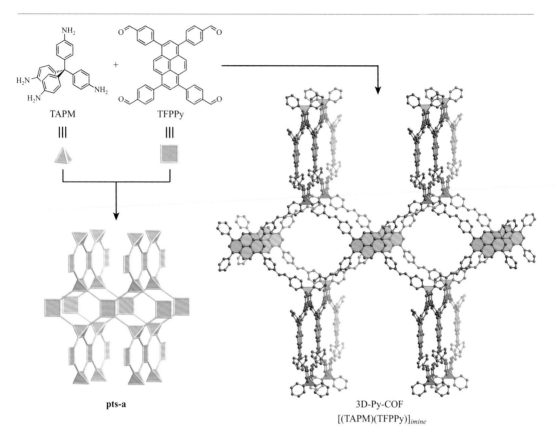

pts-a　　　　　　　　　　**3D–Py–COF**
[(TAPM)(TFPPy)]$_{imine}$

图9.12　　具有 **pts** 拓扑的 3D–Py–COF 的合成示意图。两重穿插的 3D–Py–COF 是通过 TFPPy 与 TAPM 进行网格化合成实现的。由于三维的开放结构，以及因此消除了配体间 π–π 相互作用，3D–Py–COF 在 408nm 光激发下呈现出强烈的黄色/绿色荧光。为了清晰呈现结构，所有氢原子及第二重穿插网络均已省略。四面体碳用蓝色四面体表示，四连接配体的核心部分用橙色多边形表示。颜色代码：C，灰色；N，蓝色

9.5　总结

在本章中，我们介绍了网格化合成 COF 的基本设计原则。我们讨论了设计合成预设拓扑的 COF 的五步策略。对于具有特定拓扑的目标框架，尤其是当此拓扑不是给定构造单元组合的默认拓扑时，需要对构造单元的连接性和几何角度进行非常审慎的选择。我们阐述了关于配体形状需要考虑的要素，并以典型的 COF 为例讨论了配体形状对结构的影响。COF 中最常见的拓扑是 5 种边传递的二维层状网络：**hcb**、**sql**、**kgm**、**hxl** 和 **kgd**。

我们列举了具有这些结构类型的框架，并突出了每个示例结构中的设计关键。COF最常见的三维拓扑是**dia**、**ctn**、**bor**和**pts**网络。基于这些网络的结构都使用了四面体构造单元，以此来避免热力学更稳定的二维层状网络的形成。我们也讨论了具有这些拓扑的具体COF结构，解释了在拓扑二选一的体系中，有针对性地得到某一拓扑的COF的设计思路。在第10章，我们将讨论如何将官能团引入COF中，并介绍合成前修饰和合成后修饰COF的不同策略指南。

参考文献

[1] (a) Diercks, C.S. and Yaghi, O.M. (2017). The atom, the molecule, and the covalent organic framework. *Science* 355 (6328): eaal1585. (b) Diercks, C.S., Kalmutzki, M.J., and Yaghi, O.M. (2017). Covalent organic frame-works – organic chemistry beyond the molecule. *Molecules* 22 (9): 1575.

[2] (a) Delgado-Friedrichs, O., O'Keeffe, M., and Yaghi, O.M. (2007). Taxonomy of periodic nets and the design of materials. *Physical Chemistry Chemical Physics* 9 (9): 1035–1043. (b) Ockwig, N.W., Delgado-Friedrichs, O., O'Keeffe, M., and Yaghi, O.M. (2005). Reticular chemistry: occurrence and taxonomy of nets and grammar for the design of frameworks. *Accounts of Chemical Research* 38 (3): 176–182. (c) Yaghi, O.M., O'Keeffe, M., Ockwig, N.W. et al. (2003). Reticular synthesis and the design of new materials. *Nature* 423 (6941): 705–714.

[3] (a) Cote, A.P., Benin, A.I., Ockwig, N.W. et al. (2005). Porous, crystalline, covalent organic frameworks. *Science* 310 (5751): 1166–1170. (b) Ding, X., Guo, J., Feng, X. et al. (2011). Synthesis of metallophthalocyanine covalent organic frameworks that exhibit high carrier mobility and photoconductivity. *Angewandte Chemie International Edition* 50 (6): 1289–1293. (c) Zhou, T.-Y., Xu, S.-Q., Wen, Q. et al. (2014). One-step construction of two different kinds of pores in a 2D covalent organic framework. *Journal of the American Chemical Society* 136 (45): 15885–15888. (d) Dalapati, S., Addicoat, M., Jin, S. et al. (2015). Rational design of crystalline supermicroporous covalent organic frameworks with triangular topologies. *Nature Communications* 6: 7786. (e) Xu, S.-Q., Liang, R.-R., Zhan, T.-G. et al. (2017). Construction of 2D covalent organic frameworks by taking advantage of the variable orientation of imine bonds. *Chemical Communications* 53 (16): 2431–2434.

[4] Eddaoudi, M., Kim, J., Vodak, D. et al. (2002). Geometric requirements and examples of important structures in the assembly of square building blocks. *Proceedings of the National Academy of Sciences* 99 (8): 4900–4904.

[5] Zhu, Y., Wan, S., Jin, Y., and Zhang, W. (2015). Desymmetrized vertex design for the synthesis of covalent organic frameworks with periodically heterogeneous pore structures. *Journal of the American Chemical Society* 137 (43): 13772–13775.

[6] (a) Ding, X., Feng, X., Saeki, A. et al. (2012). Conducting metallophthalocyanine 2D covalent

organic frameworks: the role of central metals in controlling π-electronic functions. *Chemical Communications* 48 (71): 8952–8954. (b) Dogru, M. and Bein, T. (2014). On the road towards electroactive covalent organic frameworks. *Chemical Communications* 50 (42): 5531–5546.

[7] (a) Lin, S., Diercks, C.S., Zhang, Y.-B. et al. (2015). Covalent organic frameworks comprising cobalt porphyrins for catalytic CO$_2$ reduction in water. *Science* 349 (6253): 1208–1213. (b) Diercks, C.S., Lin, S., Kornienko, N. et al. (2017). Reticular electronic tuning of porphyrin active sites in covalent organic frameworks for electrocatalytic carbon dioxide reduction. *Journal of the American Chemical Society* 140 (3): 1116–1122.

[8] Ascherl, L., Sick, T., Margraf, J.T. et al. (2016). Molecular docking sites designed for the generation of highly crystalline covalent organic frameworks. *Nature Chemistry* 8 (4): 310–316.

[9] Tian, Y., Xu, S.-Q., Liang, R.-R. et al. (2017). Construction of two heteropore covalent organic frameworks with Kagome lattices. *CrystEngComm* 19 (33): 4877–4881.

[10] Pang, Z.-F., Xu, S.-Q., Zhou, T.-Y. et al. (2016). Construction of covalent organic frameworks bearing three different kinds of pores through the heterostructural mixed linker strategy. *Journal of the American Chemical Society* 138 (14): 4710–4713.

[11] Feng, X., Chen, L., Honsho, Y. et al. (2012). An ambipolar conducting covalent organic framework with self-sorted and periodic electron donor–acceptor ordering. *Advanced Materials* 24 (22): 3026–3031.

[12] (a) Uribe-Romo, F.J., Hunt, J.R., Furukawa, H. et al. (2009). A crystalline imine-linked 3-D porous covalent organic framework. *Journal of the American Chemical Society* 131 (13): 4570–4571. (b) El-Kaderi, H.M., Hunt, J.R., Mendoza-Cortés, J.L. et al. (2007). Designed synthesis of 3D covalent organic frameworks. *Science* 316 (5822): 268–272. (c) Lin, G., Ding, H., Yuan, D. et al. (2016). A pyrene-based, fluorescent three-dimensional covalent organic framework. *Journal of the American Chemical Society* 138 (10): 3302–3305.

[13] Zhang, Y.-B., Su, J., Furukawa, H. et al. (2013). Single-crystal structure of a covalent organic framework. *Journal of the American Chemical Society* 135 (44): 16336–16339.

[14] Fang, Q., Wang, J., Gu, S. et al. (2015). 3D porous crystalline polyimide covalent organic frameworks for drug delivery. *Journal of the American Chemical Society* 137 (26): 8352–8355.

[15] O'Keeffe, M., Peskov, M.A., Ramsden, S.J., and Yaghi, O.M. (2008). The reticular chemistry structure resource (RCSR) database of, and symbols for, crystal nets. *Accounts of Chemical Research* 41 (12): 1782–1789.

[16] (a) Dalapati, S., Jin, S., Gao, J. et al. (2013). An azine-linked covalent organic framework. *Journal of the American Chemical Society* 135 (46): 17310–17313. (b) Chen, X., Huang, N., Gao, J. et al. (2014). Towards covalent organic frameworks with predesignable and aligned open docking sites. *Chemical Communications* 50 (46): 6161–6163.

10 COF的功能化

10.1 引言

在第7章至第9章，我们概述了如何调控共价有机框架（COF）的结构类型、尺寸参数和键合类型。这些参数决定了COF的化学稳定性、热稳定性、结晶度和多孔性等物理性质。若要设计具有特定功能的材料，或面向特定应用对已有COF进行性质的微调，需对材料进行功能化修饰。这种功能化可通过在COF孔道中引入客体分子、对COF骨架进行共价修饰以及对结构中特定结合位点进行金属化等方法实现。从历史视角来看，许多已报道的COF功能化的例子都从（离散型）小分子的相关工作受到启发，并且受益于有机合成化学及金属有机化学提供的丰富手段。人们可以在COF合成前或合成后将官能团引入到框架内的特定位置，从而实现对COF有机骨架的功能化。类似的，也可以在预先设计的金属配位位点上进行合成前或合成后的框架金属化修饰。在这里，将这些技术应用于固态材料的基本前提是材料必须具备多孔性。对于合成前修饰而言，多孔性保证了引入官能团所需的空间，而不至于改变框架的整体结构尺寸参数和类型。对于合成后修饰而言，多孔性保证了框架组分与反应物间能充分接触。在COF中可实现的功能化手段超越了在分子化学中能做到的，因为它们的多孔性带来了一些新的可以应用的功能化方法［如孔道对功能客体分子的捕获（trapping）、分子实体在拓展型COF晶体中的包埋嵌入（embedding）等］。

10.2 原位修饰——COF中包埋嵌入纳米粒子

在COF中引入功能化的一个简单方法是将尺寸较大的功能分子置于COF孔道中。由于被引入的客体分子尺寸大于孔道尺寸（瓶中船模型），此类功能分子的引入无法在COF合成后进行，因此只能在COF合成中原位实现。理论上，可以将大量潜在的客体分子种类（如生物大分子、多金属氧酸盐或金属纳米粒子）通过此方法引入COF中。然而实际上，到2019年为止，该原位修饰法仅在COF中引入金属氧化物纳米粒子的例子中得到了验证。

在COF孔道中合成出嵌入其中的纳米粒子是有难度的，因为在均相溶液中实现纳米粒子的可控结晶析出本身就具有一定挑战性，我们将在第11章中更加详细地讨论这一问题。一种规避此问题的策略是先在纳米粒子（nanoparticle，NP）表面涂覆一层厚度可控的无定形聚亚胺，然后再将无定形聚亚胺转化为晶态COF[图10.1（a）]。$[(TFP)_2(BZ)_3]_{\beta\text{-}ketoenamine}$是一例由三角形构型三连接的TFP与线型二连接构造单元联苯胺（benzidine，BZ）构筑而成的COF[图10.1（b）]。在常规COF合成及酸催化剂存在的条件下，$[(TFP)_2(BZ)_3]_{\beta\text{-}ketoenamine}$以不可控的方式从溶液中沉淀析出[1]。为了实现COF在Fe_3O_4纳米粒子表面的生长，先在Fe_3O_4纳米粒子表面涂覆一层与目标COF组分相同的无定形聚亚胺，以便实现对最终COF成核过程的控制。这一聚合物涂覆过程无需酸作为催化剂，且聚亚胺仅生成于纳米粒子表面。我们将分离得到的表面涂有厚度可控的无定形聚亚胺的纳米粒子记作$Fe_3O_4 \subset$聚亚胺。将$Fe_3O_4 \subset$聚亚胺用含有10%吡咯烷有机碱的溶液处理，进行可逆的材料结构纠错，从而在纳米粒子表面形成晶态的$[(TFP)_2(BZ)_3]_{\beta\text{-}ketoenamine}$壳层[图10.1(b)]。该核-壳结构材料记作$Fe_3O_4 \subset [(TFP)_2(BZ)_3]_{\beta\text{-}ketoenamine}$。这一从无定形态到晶态的转变过程不仅由粉末X射线衍射表征证明，而且可以通过相应材料比表面积的显著提升得到证实。$Fe_3O_4 \subset [(TFP)_2(BZ)_3]_{\beta\text{-}ketoenamine}$的比表面积高达$1346 m^2 \cdot g^{-1}$，而无定形$Fe_3O_4 \subset$聚亚胺的比表面积仅为$255 m^2 \cdot g^{-1}$，单独纳米粒子的比表面积仅为$123 m^2 \cdot g^{-1}$[2]。

利用从无定形态到晶态的转变来制备NP⊂COF核壳结构方法的普适性，进一步通过以下针对亚胺类COF的研究获得了证实。$[(TAPB)(TFB)]_{imine}$是一例以三角形构型三连接的TFB与另一三角形构型三连接的TAPB为构造单元的亚胺类COF[图10.1（c）]。研究者将具有不同化学组成及尺寸的纳米粒子，包括Fe_3O_4（9.8nm）、Au（9.0nm）以及Pd（3.3nm）纳米粒子，整合到该COF中。与前一段描述的基于酮烯胺键合的框架相似，在纳米粒子表面涂覆$[(TAPB)(TFB)]_{imine}$的策略也依赖于事先形成无定形聚亚胺，以此控制COF成核过程。不同的是，后续形成基于亚胺连接的晶态COF的过程是在乙酸水溶液条件下进行的[3]。

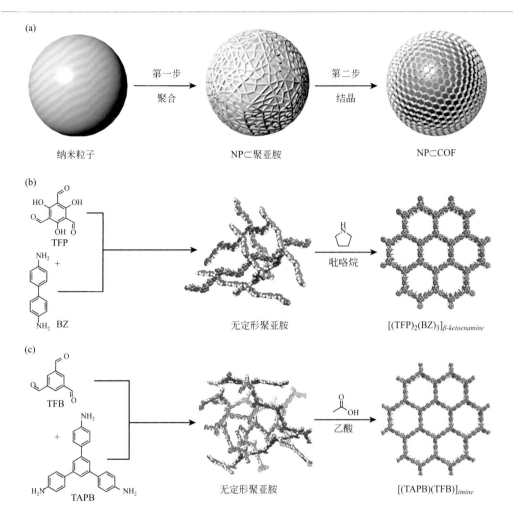

图10.1　（a）两步法合成涂覆有COF的纳米粒子：第一步，在无催化剂的均相条件下，纳米粒子（灰球）表面被涂覆一层无定形聚亚胺，从而使得COF成核过程可控；第二步，在催化剂存在下，聚合物经过动态结构纠错过程，转化成晶态COF。（b）在无催化剂条件下，三角形构型三连接的TFP与线型二连接的BZ反应生成无定形聚亚胺。随后将材料置于10%吡咯烷催化剂溶液中，高温条件下无定形聚亚胺转化为晶态的[(TFP)₂(BZ)₃]β-ketoenamine。（c）TFB与TAPB反应生成无定形聚亚胺。在加热条件下将聚合物置于乙酸溶液中，生成晶态[(TAPB)(TFB)]imine。图（b）和图（c）的颜色代码：H，白色；C，灰色；N，蓝色；O，红色

10.3　合成前修饰

如前所述，通过选择具有相同连接性、相同几何特点但是不同尺寸参数的配体，可

以制备同网格扩展的COF，从而调控给定框架的孔尺寸参数。同网格原理不仅适用于COF孔尺寸的调节，还可应用于对框架的功能化。以这一原理为指导，在不干预COF整体结构尺寸的前提下，可将金属离子或有机官能团通过配位或有机修饰等方式连接到配体的特殊位点上。如果这些新接入的官能团（或金属）不干扰COF本身的合成，那么这些修饰就可在COF合成前进行，即通过一步法实现功能化的COF。对构造单元进行合成前修饰是对COF进行功能化的最常用方法。使用该策略，已有许多不同的功能化基团被引入到COF中。在本章中，我们将重点介绍多个合成前修饰的例子，这种功能化方法也构成了随后介绍的合成后修饰的基础。因此，在本小节，我们用代表性工作来介绍合成前修饰方法的基本概念与研究目标，并着重强调这一概念的广泛性。

10.3.1　合成前金属化

COF-366是一例基于亚胺键合的COF。其本征载流子迁移率高达$8.1cm^2 \cdot V^{-1} \cdot s^{-1}$，因此它在有机电子领域具有潜在应用[4]。COF-366由平面四方形构型四连接的H_2TAP和线型二连接的对苯二甲醛（BDA）构造单元通过亚胺键构筑，该框架的拓扑为**sql**。其中TAP配体中心的卟啉单元可以作为金属配位位点，从而实现对结构的修饰。利用对TAP进行金属化修饰后得到的金属化配体Co(TAP)（5,10,15,20-四(4-氨基苯基)卟啉合钴）与BDA配体，可得到与COF-366同网格的功能化COF $[(Co(TAP))(BDA)_2]_{imine}$，命名为COF-366-Co（图10.2）。Co(TAP)构造单元在COF合成反应中结构稳定，因此可以在合成过程中直接加入。钴卟啉是电化学还原CO_2的活性催化剂[5]。与离散型卟啉小分子类似，COF-366-Co可以电催化CO_2转化生成CO。不同的是，相比于离散型卟啉小分子，COF框架与电极之间存在永久的界面，因此该材料的催化性能显著增强。COF-366-Co的同网格扩展版本$[(Co(TAP))(BPDA)_2]_{imine}$，命名为COF-367-Co，由Co(TAP)与线型二连接的BPDA网格化构筑而成（图10.2），其催化性能甚至优于COF-366-Co。

通常来说，COF的金属化修饰并不局限于单种金属。在合成中，若Co(TAP)被Cu(TAP)构造单元完全或部分替代，可得到一系列同网格框架[6]。

10.3.2　合成前共价功能化

人们也可利用COF-366-Co框架的主干做进一步的共价修饰。与分子型过渡金属催化剂可以通过修饰配体来优化性能类似，COF催化剂也可通过共价修饰主干来优化其性能。钴卟啉金属中心的诱导效应（inductive effect）影响着这类COF的催化性能[7]。COF-366-Co中的BDA配体分别被2,3,5,6-四氟对苯二醛（BDA-(F)$_4$）、2-氟代对苯二醛

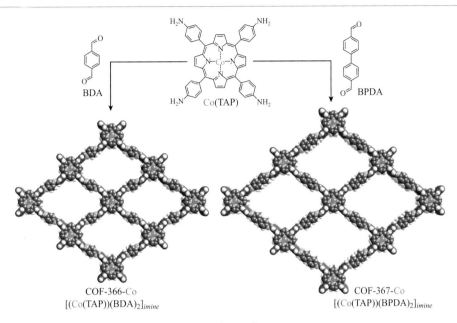

图10.2　使用金属化的卟啉配体M(TAP)（M=Co²⁺、Cu²⁺），通过合成前安装法，在COF–366和COF–367中引入Co²⁺金属中心。钴金属化的COF（即COF–366–Co和COF–367–Co）基于合成前金属化的卟啉配体Co(TAP)构筑，而Co(TAP)通过H₂TAP构造单元和Co²⁺配位得到。这些框架中的金属中心可作为电催化CO₂转化为CO的活性位点。颜色代码：Co，粉色；H，白色；C，灰色；N，蓝色

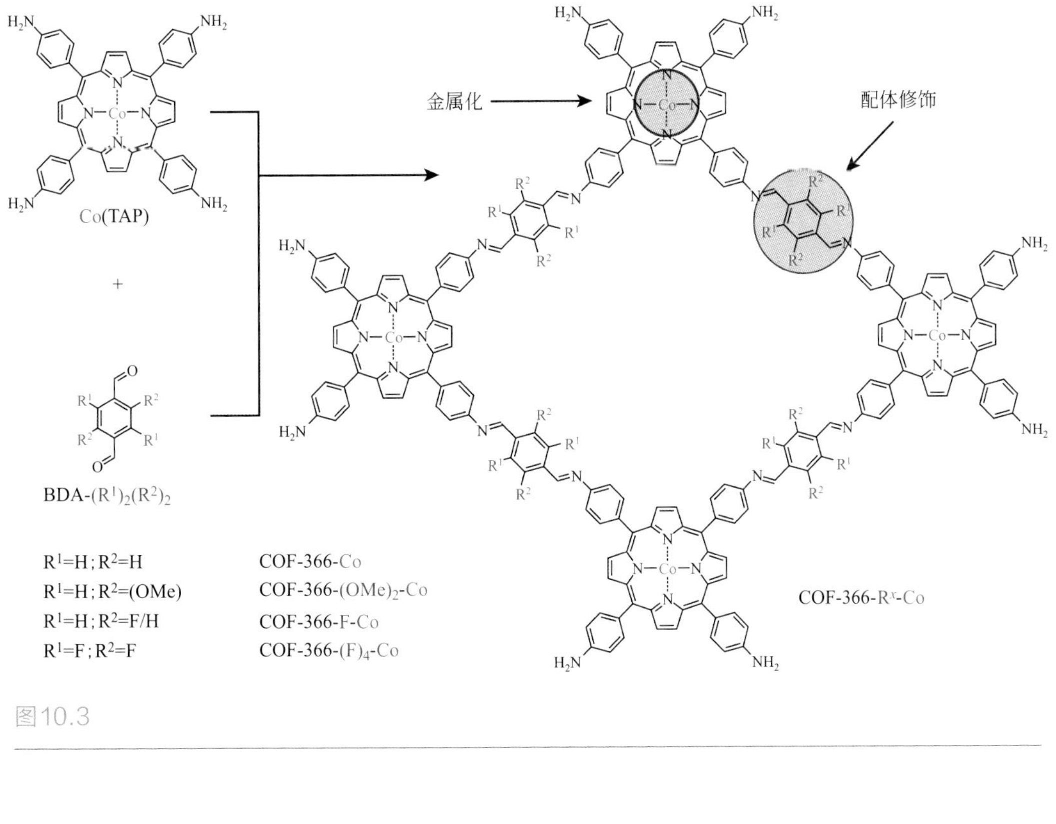

R^1=H；R^2=H　　　　COF-366-Co
R^1=H；R^2=(OMe)　　COF-366-(OMe)₂-Co
R^1=H；R^2=F/H　　　COF-366-F-Co
R^1=F；R^2=F　　　　COF-366-(F)₄-Co

图10.3

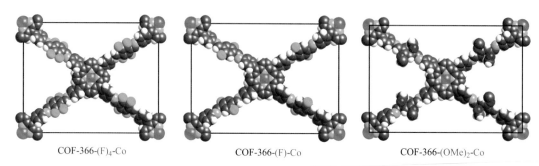

COF-366-(F)₄-Co   COF-366-(F)-Co   COF-366-(OMe)₂-Co

图10.3   通过合成前共价修饰配体，功能化COF-366-Co结构，生成一系列具有Co²⁺活性位点的
COF-366-Co同网格结构中，实现对活性位点的网格化结构调控。（a）原本结构中的BDA配体分别
被BDA-(OMe)₂、BDA-(F)和BDA-(F)₄取代，生成了三例同构的框架，分别命名为COF-366-(OMe)₂-
Co、COF-366-(F)-Co和COF-366-(F)₄-Co。（b）这些COF的晶胞图示突出强调了取代后框架的底层
结构和尺寸参数没有发生改变。颜色代码：Co，粉色；H，白色；C，灰色；N，蓝色；F，绿色；
O，红色

（BDA-(F)）或2,5-二甲氧基对苯二醛（BDA-(OMe)₂）取代，得到三例功能化的COF，分
别命名为COF-366-(F)₄-Co、COF-366-(F)-Co和COF-366-(OMe)₂-Co（图10.3）。合成前
修饰的配体使框架的电子结构发生改变，导致这些框架在反应活性方面具有显著差别。
这也说明面向特定应用，对有机配体进行共价功能化是COF网格化结构调控（reticular
tuning）的非常重要的手段[8]。

10.4   合成后修饰

在很多情况下，引入的官能团会影响COF的合成条件，因此这些官能团需要在COF
合成后引入。功能化基团可以通过多种方法在COF合成后被引入：①COF内部空间可以
作为捕获功能分子、生物大分子或纳米粒子的主体（host）；②在框架的有机主干上进行
有机反应，从而在特定位置引入新的官能团；③在预先设计的金属配位位点上引入金属
离子；④合成后配体交换，且保留COF的结晶性和结构明确性；⑤改变原本COF中的键
合，从而改变框架本征的物理和化学性质。接下来，我们将举例讨论不同类型的合成后
修饰。

10.4.1　合成后客体捕获

赋予COF新功能的一个广泛策略就是利用它们大尺寸的可及孔道来捕获（trap）客体分子。这是一种强大的修饰手段，因为它适用于捕获各种功能性的有机和无机分子、生物大分子或金属纳米粒子。与客体在孔中的包埋嵌入（embedding）相反，使用该方法被引入的客体分子无需考虑与COF合成反应条件的相容性。

10.4.1.1　捕获功能化小分子

$[(TAPB)_2(BDA-(OMe)_2)_3]_{imine}$是一例由三角形构型三连接的TAPB和线型二连接的BDA-$(OMe)_2$构筑而成的介孔框架，它可以作为固态质子导体的基材[9]。该框架属于六方晶系，空间群为$P6$，沿晶体学c轴方向具有3.3nm宽的六边形介孔孔道。该框架能够利用其介孔孔道捕获大量氮杂环分子[例如三氮唑（质量分数180%）和咪唑（质量分数164%）]作为质子载体（图10.4）。原本的COF仅有可忽略不计的质子电导率（$10^{-12}S \cdot cm^{-1}$），而当COF框架负载了三氮唑和咪唑之后，其质子电导率（在130℃下）分别上升至$1.1 \times 10^{-3}S \cdot cm^{-1}$和$4.37 \times 10^{-3}S \cdot cm^{-1}$。在100%相对湿度条件下静置15天后，该材料依旧保留99.3%的氮杂环质子载体于孔道中[10]。

10.4.1.2　捕获生物大分子和药物分子

胰蛋白酶是一种流体力学直径为3.8nm的球形蛋白，它可以被$[(TAPB)_2(BDA-(OH)_2)_3]_{imine}$所捕获[9b]。该COF由三角形构型三连接的TAPB和线型二连接的BDA-$(OH)_2$构筑而成。

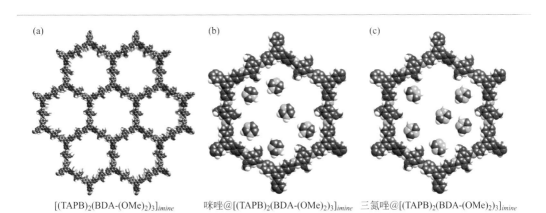

(a) $[(TAPB)_2(BDA-(OMe)_2)_3]_{imine}$　(b) 咪唑@$[(TAPB)_2(BDA-(OMe)_2)_3]_{imine}$　(c) 三氮唑@$[(TAPB)_2(BDA-(OMe)_2)_3]_{imine}$

图10.4　在（a）基于亚胺键合的$[(TAPB)_2(BDA-(OMe)_2)_3]_{imine}$的3.3nm宽的介孔孔道中捕获氮杂环分子。将（b）咪唑（质量分数164%）和（c）三氮唑（质量分数180%）浸渍于COF中，得到咪唑@$[(TAPB)_2(BDA-(OMe)_2)_3]_{imine}$和三氮唑@$[(TAPB)_2(BDA-(OMe)_2)_3]_{imine}$固态质子导体，其质子电导率分别为$4.37 \times 10^{-3}S \cdot cm^{-1}$和$1.1 \times 10^{-3}S \cdot cm^{-1}$。颜色代码：H，白色；C，灰色；N，蓝色；O，红色

该框架属于六方晶系，空间群为 $P6$，其拓扑为 **hcb**。它拥有大尺寸的六边形孔道，从氮气吸附等温线得知其孔直径为 3.7nm，比表面积高达 1500m^2·g^{-1}。COF 内的氢键赋予该结构较好的化学稳定性，使其可以作为在水中吸附蛋白质的合理研究对象。虽然该 COF 的平均孔直径略微小于胰蛋白酶的流体力学直径，但这并不影响该生物大分子在 COF 中的吸附，因为诸如酶之类的软物质可以调节其构象以适应孔道。该 COF 对胰蛋白酶的最大存储容量为 15.5μmol·g^{-1}，且负载后的样品保留了初始酶活性的 60%。[(TAPB)$_2$(BDA-(OH)$_2$)$_3$]$_{imine}$ 可进一步用于负载和释放抗癌药物分子阿霉素（doxorubicin，DOX）。[(TAPB)$_2$(BDA-(OH)$_2$)$_3$]$_{imine}$ 对 DOX 的负载容量为 0.35mg·g^{-1}，并在 pH 值为 5 的磷酸盐缓冲液中显示出缓释特性，该药物在 7 天内的缓释量为 42%[11]。

10.4.1.3　捕获金属纳米粒子

COF-102（[TBPM]$_{boroxine}$）是一例由四面体构型四连接配体 TBPM 通过自缩合反应得到的三维框架，拓扑为 **ctn**，其键合为三角形构型三连接的硼氧六环（图 10.5）。通过前驱体化学渗透法可将钯纳米粒子捕获于 COF-102 的贯通孔道中。COF-102 属于立方晶系，空间群为 $I\bar{4}3d$，具有 0.9nm 宽的孔，这些孔以面共享（face-sharing）的方式通过 1nm 宽的孔开口连接。在避光条件下将具有挥发性和光敏性的 Pd(η^3-C$_3$H$_5$)(η^5-C$_5$H$_5$) 配合物扩散入 COF-102 的孔道，随后通过紫外光照射生成 Pd@COF-102（图 10.5）。TEM 显示金属纳米粒子在 COF 内成功负载。即使在负载率高达 30%（质量分数）的情况下，纳米粒子仍具有较窄的尺寸分布，大小集中于 2.5nm。值得注意的是，纳米粒子的尺寸大于 COF-102 的孔隙尺寸（0.9nm），这是因为该 COF 的孔是相互贯通的，因此孔隙内允许形成尺寸较大的、相互连接的粒子。在室温、2MPa（20bar）气压条件下，负载有 9.5%（质量分数）钯纳米粒子的样品的氢气存储容量比 COF-102 提高了 2～3 倍。该氢气吸附是可逆的，因此不能仅通过形成氢化钯来解释此容量提升现象[12]。

10.4.1.4　捕获富勒烯

CS-COF［CS 取自共轭（conjugated）和稳定（stable）］是一例由三角形构型三连接的 HATP 和线型二连接的 PT 构筑的吩嗪类 COF（图 8.12）[13]。高度共轭的结构使 CS-COF 成为良好的空穴导体框架材料，其载流子迁移率高达 4.2cm^2·V^{-1}·s^{-1}。通过浸渍法得到富勒烯分子负载量为 25%（质量分数）的 C$_{60}$@CS-COF（图 10.6），它是一个有序的双连续供体-受体网络（bi-continuous donor-acceptor system）。由于 COF 层之间的堆叠存在轻微偏移，以及配体指向孔道方向存在较大尺寸的叔丁基，CS-COF 的孔径约为 1.6nm。这导致每个孔的横截面上恰能容纳一个 C$_{60}$ 分子（图 10.6）。C$_{60}$@CS-COF 可用作光能转换的活性层，其光电转换效率为 0.9%，照射时的开路电压高达 0.98V。

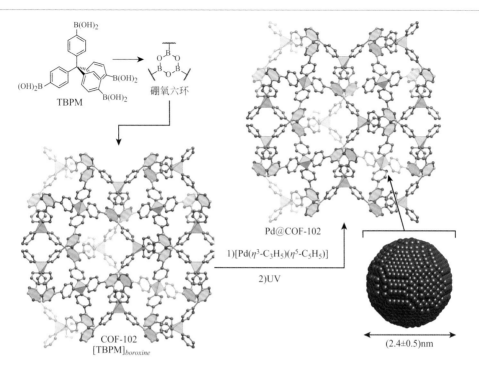

图10.5　通过前驱体化学渗透技术将钯纳米粒子捕获于三维硼氧六环类COF-102的孔道中。COF-102由四面体构型四连接的TBPM通过自缩合反应而得，其键合为三角形构型三连接的硼氧六环。首先将前驱物Pd(η^3-C$_3$H$_5$)(η^5-C$_5$H$_5$)扩散渗入COF孔道，然后在紫外灯下光照，即可在**ctn**拓扑框架的贯通孔道中形成钯纳米粒子，记作Pd@COF-102。为了清晰呈现结构，所有氢原子被隐去。四面体中心碳用蓝色四面体表示，硼氧六环键合用橙色多边形表示。颜色代码：C，灰色；B，橙色；O，红色

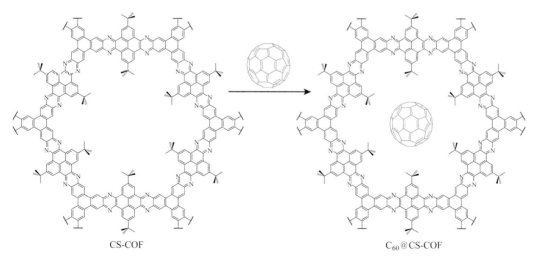

图10.6　在高度共轭的吩嗪连接的CS-COF中捕获富勒烯C$_{60}$。该COF的孔径允许每个孔的横截面上恰好仅有一个C$_{60}$分子。C$_{60}$@CS-COF结构可用作高效光能转换的活性层，并显示出0.9%的转换效率和0.98V的开路电压

10.4.2 合成后金属化修饰

对于那些无法进行合成前金属化修饰的情况，可通过 COF 的合成后金属化修饰反应将过渡金属配合物引入 COF 中。金属配位位点可以在原位生成的键合上（在这一情况下，无法通过合成前方法进行金属化修饰），也可以是配体上的一个结合位点（结合位点结构在 COF 生成反应条件下不受影响）。这里，我们将举例说明这两种类型。

10.4.2.1 有机键合的合成后金属化修饰

亚胺型配体是配位化学中一类广泛应用的结合单元。在 COF 化学中，可以对亚胺类框架进行金属化修饰，下面我们以具有 **hcb** 拓扑的 LZU−1［结构简式为 $[(TFB)_2(PDA)_3]_{imine}$，LZU 为兰州大学（Lanzhou University）的简称］为例进行说明［图 10.7（a）］[14]。LZU−1 由三角形构型三连接的 TFB 与线型二连接的 PDA 构筑而成。该框架结构空间群为六方 $P6/m$，在沿晶体学 c 轴方向具有 1.8nm 宽的孔道。位于相邻两层的亚胺基团之间的距离为 3.7Å，这是金属离子与相邻 COF 层的两个亚胺键结合的理想距离。LZU−1 经 $Pd(OAc)_2$ 溶液处理后得到相应金属化的 COF，命名为 LZU−1−Pd。通过 X 射线光电子能谱观察到 Pd^{2+} 的结合能为 337.7eV，该数值相对于 $Pd(OAc)_2$ 中 Pd^{2+} 的结合能（338.4eV）有 0.7eV 的改变。Pd^{2+} 结合能的改变证明了金属与 COF 的结合。钯配合物小分子是目前广泛用于交叉偶联反应的催化剂，但是此类催化剂的均相特点限制了其循环使用[15]。LZU−1 对于催化 Suzuki−Miyaura 交叉偶联反应具有广泛的底物适用性和出色的转化率（96%～98%）。该 COF 催化剂具有很好的稳定性和回收性，因此有望应用于分子型催化剂的异相化。

钼功能化的 $[(TFP)_2(PDH)_3]_{hydrazone}$ 框架是由三角形构型三连接 TFP 与线型二连接对苯二甲酰肼（1,4−dicarbonyl−phenyl−dihydrazide，简称 PDH）网格化构筑而成的［图 10.7（a）］。该腙类 COF 的键合是苯甲酰基水杨肼，它可以作为配体与 $MoO_2(acac)_2$［acac=乙酰丙酮（acetylacetonate）］配位。这一引入钼的过程是通过将 COF 浸泡于 $MoO_2(acac)_2$ 的甲醇溶液中实现的。功能化修饰后的 COF 是一个高效的有机钼催化剂，其活性位点密度高达 2.0mmol·g^{-1}。钼与 COF 的结合通过 XPS 表征证实，表明 Mo^{2+} 与 $[(TFP)_2(PDH)_3]_{hydrazone}$ 中的苯甲酰基水杨肼基团形成了强配位作用［图 10.7（a）］。金属化的 COF 对环己烯的环氧化反应具有很高的催化活性，转化率达 99% 以上。COF 催化剂可以通过过滤的方法回收，并可以保持催化活性循环使用四次以上[16]。

10.4.2.2 配体的合成后金属化修饰

$[(PyTA)(BDA−2,3−(OH)_2)_2]_{imine}$ 是一例由四连接的 1,3,6,8−四（对氨基苯基）芘（4,4′,4″,4‴−(pyrene−1,3,6,8−tetrayl)tetraaniline，简称 PyTA）和线型二连接的 BDA−2,3−$(OH)_2$ 构造

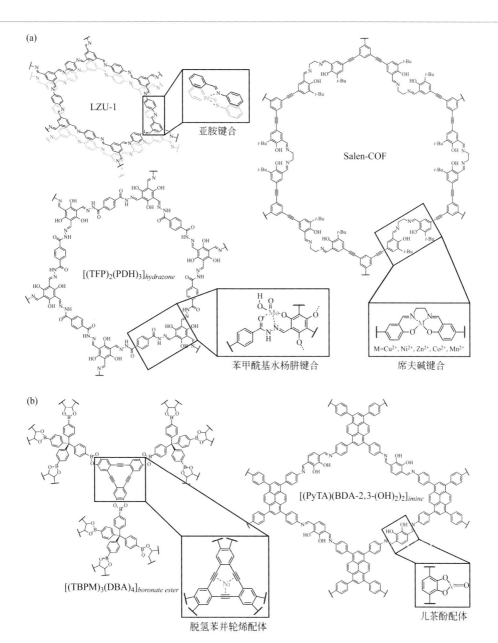

图10.7 由于配合物稳定性的限制，或结合位点在网格化过程中才产生等原因，无法将特定金属在COF合成前引入时，可以采用合成后金属化的方法将金属离子引入COF。（a）Salen-COF中的Salen键合、[(TFP)₂(PDH)₃]$_{hydrazone}$中的苯甲酰水杨酰肼键合以及LZU-1中的亚胺键合，均可作为金属配位点。（b）金属结合位点也可以通过有机配体被引入到框架中。这种位点的例子包括[(TBPM)₃(DBA)₄]$_{boronate\ ester}$中的脱氢苯并环轮烯单元和[(PyTA)(BDA-2,3-(OH)₂)₂]$_{imine}$中的儿茶酚单元等

单元连接而成的COF[图10.7（b）]。它是一例金属结合位点位于配体上的例子。[(PyTA)(BDA-2,3-(OH)₂)₂]$_{imine}$具有**spl**拓扑，沿晶体学c轴方向具有2.4nm宽的菱形孔道。BDA-

2,3-(OH)₂配体上的儿茶酚基团朝向该菱形孔道。用乙酰丙酮氧钒(Ⅳ)对儿茶酚基团进行处理后，儿茶酚基团与V＝O基团配位，该反应接近定量转化（每个邻苯二酚单元结合0.96个V＝O）[图10.7（b）]。

脱氢苯并轮烯大环可以与多种不同金属进行配位[18]。此类金属有机配合物中金属离子的结合力很弱，因此在COF中，这类结合只能通过合成后金属化修饰途径来实现。[(TBPM)₃(DBA)₄]$_{boronate\ ester}$［DBA ＝ 六羟基脱氢苯并轮烯（hexahydroxy-dehydrobenzoannulene）］是一例由四面体构型四连接TBPM和三角形构型三连接DBA构筑而成的硼酸酯类COF，其拓扑为**ctn**［图10.7（b）][19]。材料的BET比表面积高达5083m² · g⁻¹，证明框架具有良好的多孔性。用Ni(COD)₂［COD ＝ 环辛-1,5-二烯（1,5-cyclooctadiene）］对DBA配体的脱氢苯并轮烯中心进行金属化，得到金属化的([(TBPM)₃(DBA)₄]$_{boronate\ ester}$)-Ni。金属化修饰后材料的单位质量表面积仅有小幅下降（4763m² · g⁻¹），这是由框架密度的增加引起的。对比 [(TBPM)₃(DBA)₄]$_{boronate\ ester}$ 和 ([(TBPM)₃(DBA)₄]$_{boronate\ ester}$)-Ni的紫外-可见漫反射光谱发现：原本结构仅在300nm和420nm之间有一个宽的吸收带；而在金属化的COF中，另外观察到以575nm为中心的新吸收带，这与DBA-Ni⁰配合物小分子中观察到的吸收带类似。引入的Ni⁰中心赋予了([(TBPM)₃(DBA)₄]$_{boronate\ ester}$)-Ni荧光特性，其最大强度峰的波长λ_{max}位于510nm处。

10.4.3　合成后共价功能化

对于在配体上引入官能团会对COF合成产生干扰的情况，可以使用合成后修饰法对COF进行功能化。这里提到的官能团对COF合成的干扰可能来源于官能团与COF构造单元之间发生反应（例如，氨基官能团对亚胺类COF合成的影响），或者来源于官能团对COF反应平衡的影响（例如，羧酸官能团对亚胺类COF合成的影响）。为了能以合成后修饰的方法引入官能团，需要挑选产率高的反应类型，并且采用能确保功能化后COF主干结构完整的合成条件。在COF化学中，共价修饰通常是通过Cu(I)催化的点击反应来实现的，其中炔基或叠氮基团作为修饰位点事先固定在COF骨架上［图10.8（a）]。利用这种方法，可以将烷基、羟基、酯基、酸酐或胺等多种官能团引入到COF中。其它常见的COF修饰反应还包括丁二酸酐的开环反应生成羧酸、硝基的还原反应生成胺，以及氨解反应生成酰胺等［图10.8（b）、（c）]。

10.4.3.1　合成后点击反应

具有高度功能化主干的COF很难通过针对各组分的合成前修饰方法获得。因为对于每种新增的官能团，都需要探索新的合成条件确保COF结晶。此外，官能团与COF溶剂热合成条件的兼容性限制了可被该方法引入的官能团的种类。基于Cu(I)催化的点击反

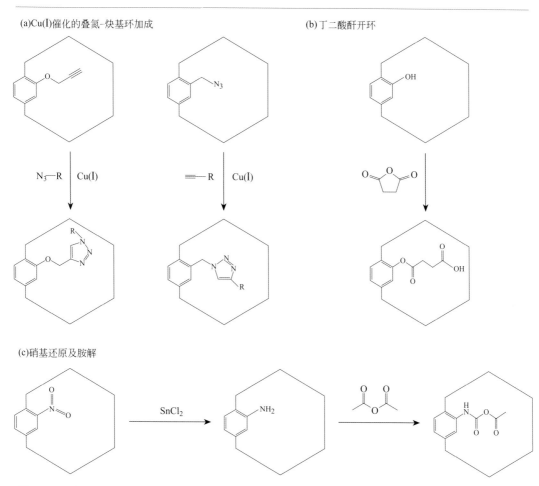

图10.8 对COF进行合成后共价修饰反应。（a）COF主干上的炔基与有机叠氮化物间的反应是通过Cu(I)催化的点击反应来进行的。同样的，COF框架也可事先引入有机叠氮官能团，进一步与炔基反应生成三氮唑衍生物。（b）带有羟基的COF与丁二酸酐反应生成带有羧酸官能团的框架。（c）首先用SnCl₂还原框架中的硝基，生成带有氨基的COF；然后氨基官能团发生氨解反应生成酰胺"接枝"的COF

应是一种有效的合成后修饰多种官能团的策略，因为反应在温和条件下即可发生，且可以正交地（orthogonal）引入多种化学官能团。具有含炔基构造单元的COF可以作为利用上述方法进行合成后共价功能化的材料平台。不同摩尔比的2,5-二(丙炔-3-基氧基)对苯二甲醛（2,5-bis(2-propynyloxy)terephthalaldehyde，简称BDA-(OH₂C—C≡CH)₂）和BDA-(OMe)₂混合后与H₂TAP反应，生成 **sql** 拓扑的COF-366-(X%[HC≡C])（$X = 0 \sim 100$）。框架内不同含量的炔基指向1.8nm宽的四方形孔道（图10.9）。合成后点击反应还被用于在COF中引入稳定的有机自由基TEMPO（2,2,6,6-四甲基哌啶-1-氧自由基，4-azido-2,2,6,6-tetramethyl-1-piperidinyloxy），以得到相应功能化的COF（图10.9）。由于在功能化框架中具有数目众多的可及的TEMPO自由基，该COF可以进行快速、可逆的氧化还原反应，从而赋予COF高电容储能性能、高充放动力学速率和良好的循环稳定性[20]。

类似地，COF-366-(X%[HC≡C])主干上的炔基与叠氮化物之间定量的点击反应也可用于在COF框架中锚定乙基、酯基、羟基、羧基和氨基（图10.9）。对此类COF的CO_2吸附容量的研究表明，功能化对COF的吸附行为具有显著影响。其中氨基取代百分比为50%的材料对CO_2的吸附容量最高，达157mg·g^{-1}。这显示出合成后共价修饰在制备大量框架结构进行性能筛选方面的用途[21]。

可以将(S)-四氢吡咯引入COF-366-(X%[HC≡C])（X = 25%、50%、75%和100%）的主干上，从而制备具有手性取代基的COF（图10.9）。对这一系列框架进行合成后修饰，即可得到不同程度(S)-四氢吡咯功能化的COF。这些框架对不对称Michael加成反应具有催化活性。在使用对应的分子型基准催化剂(S)-4-苯氧甲基-1-(四氢吡咯-2-基

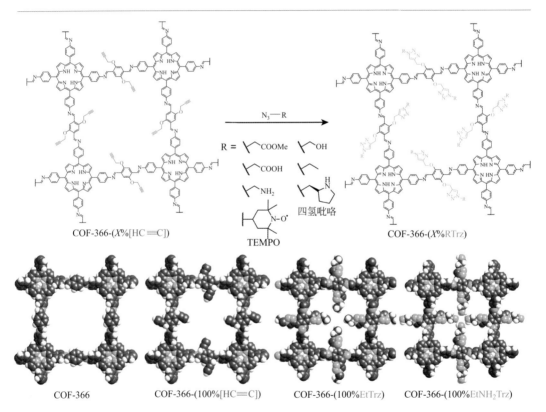

图10.9　利用Cu(I)催化的点击反应对基于亚胺键合的COF-366进行共价修饰。将各种官能团（包括TEMPO、乙基、酯基、羟基、羧基和氨基）引入COF-366-(X%[HC≡C])框架孔道中。该框架在合成前事先引入了不同含量的炔基。图中展示的是原本的COF-366、合成前功能化的COF-366-(100%[HC≡C])、合成后功能化的COF-366-(100%EtTrz)（Trz=triazole，即三氮唑）和COF-366-(100%EtNH₂Trz)。颜色代码：H，白色；C，灰色；N，蓝色

甲基)-1,2,3-三唑时，反应需要3.3h才能完全，对映体过量值（enantiomeric excess，ee值）为49%。相对应的，在相似ee值（44%～51%）的目标下，25%功能化的COF-366(25%[HC≡C])仅需1h即可使反应完全，表现优于分子型模型催化剂和其它具有更高催化剂负载量的COF。这凸显了同时考虑孔径尺寸和可利用官能团数目的取舍平衡的必要性，因为这对催化转化速率的影响十分显著[22]。

　　由于反应条件温和，点击化学不仅适用于亚胺类COF的合成后修饰，也可用于硼酸酯类COF的功能化。硼酸酯类COF易水解，本征化学稳定性较差，事先引入的不同取代基会干扰硼酸酯类COF的合成，因此，可以采用合成后共价修饰法来赋予这些框架特定的功能。在对COF-5进行合成前功能化的例子中，将对苯二硼酸（BDBA）与其叠氮官能化的衍生物BDBA-(H₂C-N₃)₂以不同比例混合，再与HHTP网格化合成基于COF-5的功能框架（图10.10）。进一步，利用预先引入的叠氮基团与官能化炔烃，通过Cu(I)催化的点击化学反应实现框架的合成后功能化。通过该方法，可以在原本结构结晶度完全保持

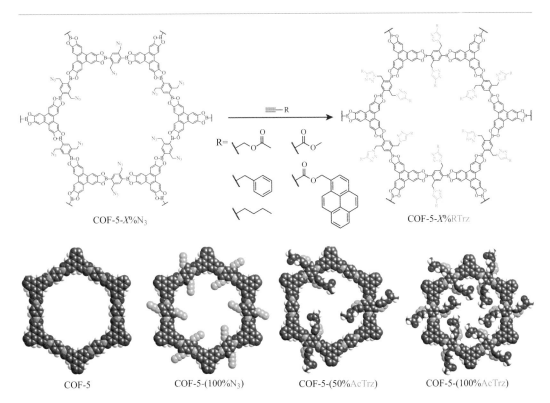

图10.10　通过Cu(I)催化的点击反应对基于硼酸酯键合的COF-5进行共价修饰。通过点击反应，可将一系列官能团（包括乙酰氧基、丁基、苯基、甲氧基酰基、芘等）引入COF-5-X%N₃的孔道中，其中COF-5-X%N₃中以合成前修饰法引入有不同含量的叠氮官能团。这种框架的共价功能化是在COF底层结构和结晶度完全保持的条件下进行的。图中展示的是原本的COF-5、COF-5-(100%N₃)、COF-5-(50%AcTrz)和COF-5-(100%AcTrz)。颜色代码：H，白色；C，灰色；N，蓝色；B，橙色；O，红色

的条件下，将各种官能团（如乙酰氧基、丁基、苯基、甲氧基酰基、芘等）引入框架中[23]。

10.4.3.2　合成后丁二酸酐开环反应

对于在COF中引入羧酸基团，研究者采用了不同的策略。羧酸会干扰席夫碱类COF的合成，因为羧酸是生成亚胺键的催化剂，因此会干扰COF反应平衡。利用配体上的酚羟基与丁二酸酐的开环反应，可以合成后修饰的方式引入羧酸。该方法的可行性同样在COF-366衍生框架上得到证明，只是该COF-366衍生物的合成中使用了不同比例混合的BDA和BDA-(OH)$_2$，它们与H$_2$TAP反应形成框架结构（图10.11）。框架中羟基的数目以及功能化后得到的羧基数目对框架的CO$_2$吸附行为具有显著影响。研究发现框架对CO$_2$的结合能力与孔道中存在的官能团的性质和数目相关。100%羧酸功能化的框架对CO$_2$的结合能力最强，其Q_{st}值为43.5kJ·mol^{-1}，远远超过了原本羟基功能化COF的Q_{st}值（36.4kJ·mol^{-1}）。值得注意的是，与点击化学相比，这类反应无需金属催化剂且可以干

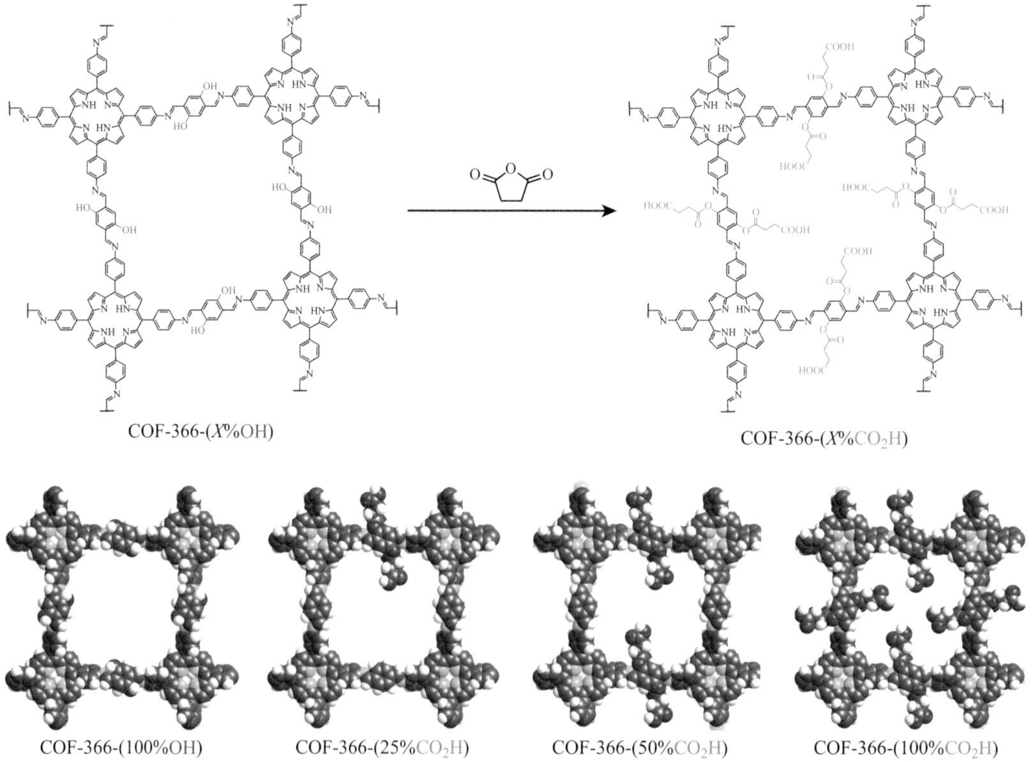

图10.11　利用丁二酸酐开环反应对COF-366-(X%OH)进行合成后修饰。在COF合成过程中，用BDA-(OH)$_2$（部分或完全）取代BDA，从而将羟基引入COF-366结构中。图中展示的是合成前功能化的COF-366-(100%OH)，和合成后修饰得到的COF-366-(25%CO$_2$H)、COF-366-(50%CO$_2$H)以及COF-366-(100%CO$_2$H)。颜色代码：H，白色；C，灰色；N，蓝色；O，红色

净地进行，因此是一种很好的合成后共价修饰的策略[21]。

10.4.3.3　合成后硝基还原和氨解

以合成后修饰的方式将酰胺引入COF中可以通过两步反应来实现。[(TFP)$_2$(BZ-(NO$_2$)$_2$)$_3$]$_{\beta\text{-}ketoenamine}$是一例由三角形构型三连接的TFP与线型二连接的2,2'-二硝基联苯胺（2,2'-dinitrobenzidine，简称BZ-(NO$_2$)$_2$）通过β-酮烯胺键合得到的**hcb**拓扑框架（图10.12）[24]。若配体上存在氨基，则会与TFP构造单元反应，从而影响COF的网格化合成，因此氨基功能化需要通过合成后修饰法实现。首先，用SnCl$_2$还原初合成COF上面的硝基，生成氨基修饰的COF，并将其命名为[(TFP)$_2$(BZ-(NH$_2$)$_2$)$_3$]$_{\beta\text{-}ketoenamine}$。然后，利用配体上新修饰的氨基与乙酸酐的氨解反应，生成酰胺功能化的COF，命名为[(TFP)$_2$(BZ-(NHCOCH$_3$)$_2$)$_3$]$_{\beta\text{-}ketoenamine}$（图10.12）。$\beta$-酮烯胺键合赋予了COF较好的酸稳定性，并且被引入的官能团具有一定碱性，因此这些COF可被用作乳酸的吸附剂。比较几例COF的乳酸吸附性能发现：氨基功能化的COF具有最高的吸附量（6.6%，质量分数，下同）；其次为酰胺功能化的COF（4.0%）；而原本框架的吸附量仅为2.5%。

10.4.3.4　合成后配体交换

[(TPTCA)(BZ)$_2$]$_{imine}$是一例由四连接的(1,1',3',1''-三联苯)-3,3'',5,5''-四甲醛（(1,1',3',1''-terphenyl)-3,3'',5,5''-tetracarbaldehyde，简称TPTCA）与线型二连接的BZ构筑的亚胺类COF。该框架属于六方晶系，其空间群为*P*6，拓扑为不常见的**fxt**。该框架具有三种不同的孔。其中一种为气体无法进入的微孔，另外两种为尺寸不同的介孔，在孔径分布图中分别集中于2.56nm和3.91nm附近。该框架中的BZ配体可以被更短的PDA配体所

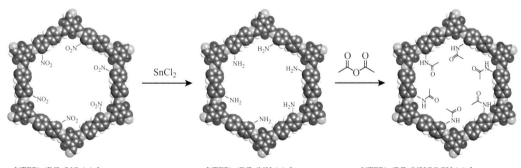

[(TFP)$_2$(BZ-(NO$_2$)$_2$)$_3$]$_{\beta\text{-}ketoenamine}$　　　　[(TFP)$_2$(BZ-(NH$_2$)$_2$)$_3$]$_{\beta\text{-}ketoenamine}$　　　　[(TFP)$_2$(BZ-(NHCOCH$_3$)$_2$)$_3$]$_{\beta\text{-}ketoenamine}$

图10.12　在介孔[(TFP)$_2$(BZ-(NO$_2$)$_2$)$_3$]$_{\beta\text{-}ketoenamine}$中进行两步基于硝基的合成后修饰反应：先用SnCl$_2$将配体上预先引入的硝基还原为氨基，再利用醋酸酐的氨解反应生成酰胺功能化的[(TFP)$_2$(BZ-(NHCOCH$_3$)$_2$)$_3$]$_{\beta\text{-}ketoenamine}$。由于$\beta$-酮烯胺键合固有的高化学稳定性，以及新引入基团的碱性，该材料被用于乳酸的蒸气吸附。颜色代码：H，白色；C，灰色；N，蓝色；O，红色

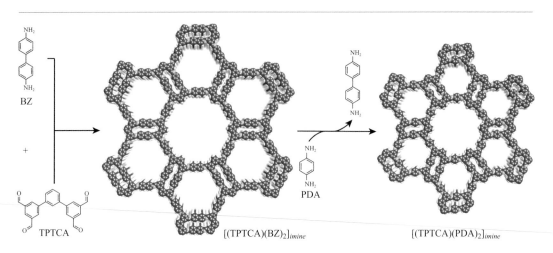

图10.13　通过合成后配体交换法，使**fxt**拓扑的[(TPTCA)(BZ)$_2$]$_{imine}$中的BZ配体被更短的PDA配体替换，得到原框架的同网格结构。所得的[(TPTCA)(PDA)$_2$]$_{imine}$保持原有的整体拓扑与对称性，但是孔径更小。颜色代码：H，白色；C，灰色；N，蓝色

取代，并且取代后的框架依旧具有很高的结晶度。在PDA配体中，由于处于同一苯环对位的两个供电子氨基基团的诱导效应，两个N原子上的电子密度增加，导致较短的PDA配体中的氨基比BZ中氨基的亲核性更强。因此，配体可以在可逆的条件下发生交换，生成具有更小孔尺寸的同网格COF结构（图10.13）。在乙酸作为催化剂的条件下，将[(TPTCA)(BZ)$_2$]$_{imine}$置于含PDA的体系中，仅需4h，即可生成名为[(TPTCA)(PDA)$_2$]$_{imine}$的COF。预期的晶胞参数变化由PXRD得到证实，并且孔径分布图中最强峰对应孔径值减小至1.61nm和3.18nm，这与模拟结构高度吻合[24]。

10.4.3.5　合成后键合转变

在COF中，构造单元通过键合实现网格化，以形成拓展型框架结构，并且COF的许多物理化学性质都是由键合决定的。因此，许多研究工作致力于发展新的键合化学[25]。对于每种新的键合，都需要确定一组新的反应条件，以确保反应微观可逆，允许进行结构纠错，从而生成无缺陷的COF晶体。这些要求严重限制了COF化学中可供选择的键合类型，因为许多有机成键反应难以在热力学控制下进行，我们已在第8章中讨论了发展新键合的挑战。而在晶态COF中实施合成后键合转变是独辟蹊径的策略。我们以两例COF（[(TAPB)$_2$(BDA)$_3$]$_{imine}$和[(ETTA)(BDA)$_2$]$_{imine}$）的键合转换为例来进行说明。它们均可从原本的亚胺类COF转变为相应的酰胺类COF。[(TAPB)$_2$(BDA)$_3$]$_{imine}$是由三角形构型三连接的TAPB与线型二连接的BDA网格化合成的COF框架。该框架空间群为六方$P6$，其底层拓扑为**hcb**。而[(ETTA)(BDA)$_2$]$_{imine}$由四连接的ETTA与BDA构造单元连接而成，其底层拓扑为**kgm**。两例COF均具有沿晶体学c轴方向的六边形介孔孔道，因此更有利于

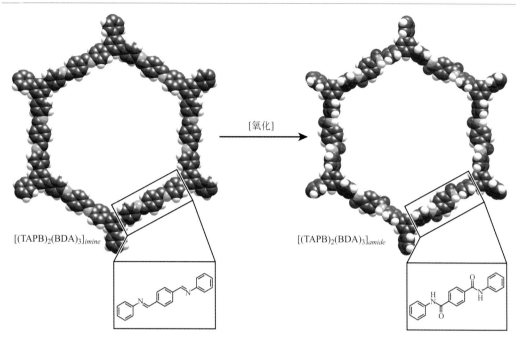

图10.14　对[(TAPB)₂(BDA)₃]_{imine}进行合成后键合修饰，将亚胺键合氧化成更加化学惰性的酰胺键合。在修饰后的[(TAPB)₂(BDA)₃]_{amide}材料中，原本框架的对称性和结构尺寸参数得到保持。修饰后的框架显示出明显改善的酸碱稳定性。颜色代码：H，白色；C，灰色；N，蓝色；O，红色

反应物与整个材料中所有转化位点接触。在1,4-二噁烷、乙酸和NaClO₂的混合物作为氧化剂，2-甲基-2-丁烯作为缚酸剂（proton scavenger）的条件下，进行Pinnick氧化反应，可实现亚胺类框架向对应酰胺类框架的转化。该氧化过程在室温条件下需两天时间完成。氧化所得的酰胺类框架分别命名为[(TAPB)₂(BDA)₃]_{amide}和[(ETTA)(BDA)₂]_{amide}。虽然它们的比表面积相对原本COF有所下降，但是框架的结晶度得以保留（图10.14）。框架的转变过程由FT-IR光谱证明，谱图显示在约1620cm⁻¹处亚胺键的C=N伸缩峰完全消失，而在约1655cm⁻¹处出现了酰胺的C=O伸缩峰。键合转化过程通过同位素富集的¹³C交叉极化魔角自旋（CP-MAS）NMR谱图进一步证实。NMR谱图显示：原本材料中157处的亚胺碳化学位移在氧化后转为166处的酰胺羰基碳化学位移。基于酰胺连接的COF具有更好的酸碱稳定性。经浓度为12mol·L⁻¹的HCl水溶液或1mol·L⁻¹的NaOH水溶液处理24h后，基于亚胺键合的[(TAPB)₂(BDA)₃]_{imine}会发生无定形化和部分溶解。但是，在上述条件下，基于酰胺键合的[(TAPB)₂(BDA)₃]_{amide}结晶度完全保持[26]。

10.5 **总结**

　　对共价有机框架进行修饰是赋予材料有序主干新功能的有力手段。研究者可利用有机合成化学提供的各种手段，对COF的有机主干进行合成前或合成后的共价修饰。这种修饰可以针对COF的构造单元，也可以针对COF的键合。同理，也可将构造单元或者键合作为进一步引入金属中心的结合位点。COF的孔道可用于捕获功能分子、生物大分子或者纳米粒子，可通过原位方法将纳米粒子包埋嵌入拓展型框架的晶体内部。COF的多孔性对于所有上述功能化策略来说都是非常重要的，因为它不仅可以在不影响框架的完整性和结构尺寸参数的情况下，为将官能团引入框架中提供空间，而且可以确保底物充分接触这些活性位点。因此，我们可以认为COF是有机分子合成化学向固体化学的真正延伸。这些工作给出了"将晶体视为分子"的概念。在第11章，我们将讨论如何调控COF的宏观和微观形貌。

参考文献

[1] Smith, B.J., Overholts, A.C., Hwang, N., and Dichtel, W.R. (2016). Insight into the crystallization of amorphous imine-linked polymer networks to 2D covalent organic frameworks. *Chemical Communications* 52 (18): 3690–3693.

[2] Tan, J., Namuangruk, S., Kong, W. et al. (2016). Manipulation of amorphous-to-crystalline transformation: towards the construction of covalent organic framework hybrid microspheres with NIR photothermal conversion ability. *Angewandte Chemie International Edition* 55 (45): 13979–13984.

[3] Rodríguez-San-Miguel, D., Yazdi, A., Guillerm, V. et al. (2017). Confining functional nanoparticles into colloidal imine-based COF spheres by a sequential encapsulation-crystallization method. *Chemistry - A European Journal* 23 (36): 8623–8627.

[4] Wan, S., Gándara, F., Asano, A. et al. (2011). Covalent organic frameworks with high charge carrier mobility. *Chemistry of Materials* 23 (18): 4094–4097.

[5] Behar, D., Dhanasekaran, T., Neta, P. et al. (1998). Cobalt porphyrin catalyzed reduction of CO_2. Radiation chemical, photochemical, and electrochemical studies. *The Journal of Physical Chemistry A* 102 (17): 2870–2877.

[6] Lin, S., Diercks, C.S., Zhang, Y.-B. et al. (2015). Covalent organic frameworks comprising cobalt porphyrins for catalytic CO_2 reduction in water. *Science* 349 (6253): 1208–1213.

[7] Leung, K., Nielsen, I.M., Sai, N. et al. (2010). Cobalt-porphyrin catalyzed elec- trochemical reduction of carbon dioxide in water. 2. Mechanism from first principles. *The Journal of Physical Chemistry A* 114 (37): 10174–10184.

[8] Diercks, C.S., Lin, S., Kornienko, N. et al. (2017). Reticular electronic tuning of porphyrin active sites in covalent organic frameworks for electrocatalytic carbon dioxide reduction. *Journal of the American Chemical Society* 140 (3): 1116–1122.

[9] (a) Xu, H., Gao, J., and Jiang, D. (2015). Stable, crystalline, porous, covalent organic frameworks as a platform for chiral organocatalysts. *Nature Chemistry* 7 (11): 905–912. (b) Rosa, D.P., Pereira, E.V., Vasconcelos, A.V.B. et al. (2017). Determination of structural and thermodynamic parameters of bovine α-trypsin isoform in aqueous-organic media. *International Journal of Biological Macromolecules* 101: 408–416.

[10] Xu, H., Tao, S., and Jiang, D. (2016). Proton conduction in crystalline and porous covalent organic frameworks. *Nature Materials* 15: 722–726.

[11] Kandambeth, S., Venkatesh, V., Shinde, D.B. et al. (2015). Self-templated chemically stable hollow spherical covalent organic framework. *Nature Communications* 6: 6786.

[12] (a) Cote, A.P., Benin, A.I., Ockwig, N.W. et al. (2005). Porous, crystalline, covalent organic frameworks. *Science* 310 (5751): 1166–1170. (b) Kalidindi, S.B., Oh, H., Hirscher, M. et al. (2012). Metal@COFs: covalent organic frameworks as templates for Pd nanoparticles and hydrogen storage properties of Pd@ COF-102 hybrid material. *Chemistry - A European Journal* 18 (35): 10848–10856.

[13] Guo, J., Xu, Y., Jin, S. et al. (2013). Conjugated organic framework with three-dimensionally ordered stable structure and delocalized π clouds. *Nature Communications* 4: 2736.

[14] Ding, S.-Y., Gao, J., Wang, Q. et al. (2011). Construction of covalent organic framework for catalysis: Pd/COF-LZU1 in Suzuki–Miyaura coupling reaction. *Journal of the American Chemical Society* 133 (49): 19816–19822.

[15] Clayden, J., Greeves, N., Warren, S., and Wothers, P. (2001). *Organic Chemistry*, 1e. Oxford: Oxford University Press.

[16] Zhang, W., Jiang, P., Wang, Y. et al. (2014). Bottom up approach to engineer a molybdenum-doped covalent-organic framework catalyst for selective oxidation reaction. *RSC Advances* 4 (93): 51544–51547.

[17] Chen, X., Huang, N., Gao, J. et al. (2014). Towards covalent organic frameworks with predesignable and aligned open docking sites. *Chemical Communications* 50 (46): 6161–6163.

[18] Campbell, K., McDonald, R., Ferguson, M.J., and Tykwinski, R.R. (2003). Functionalized macrocyclic ligands: big building blocks for metal coordination. *Organometallics* 22 (7): 1353–1355.

[19] Baldwin, L.A., Crowe, J.W., Pyles, D.A., and McGrier, P.L. (2016). Metalation of a mesoporous three-dimensional covalent organic framework. *Journal of the American Chemical Society* 138 (46): 15134–15137.

[20] Xu, F., Xu, H., Chen, X. et al. (2015). Radical covalent organic frameworks: a general strategy to immobilize open-accessible polyradicals for high-performance capacitive energy storage.

Angewandte Chemie International Edition 54 (23): 6814–6818.

[21] Huang, N., Krishna, R., and Jiang, D. (2015). Tailor-made pore surface engineering in covalent organic frameworks: systematic functionalization for performance screening. *Journal of the American Chemical Society* 137 (22): 7079–7082.

[22] Xu, H., Chen, X., Gao, J. et al. (2014). Catalytic covalent organic frameworks via pore surface engineering. *Chemical Communications* 50 (11): 1292–1294.

[23] Nagai, A., Guo, Z., Feng, X. et al. (2011). Pore surface engineering in covalent organic frameworks. *Nature Communications* 2: 536.

[24] Lohse, M.S., Stassin, T., Naudin, G. et al. (2016). Sequential pore wall modification in a covalent organic framework for application in lactic acid adsorption. *Chemistry of Materials* 28 (2): 626–631.

[25] (a) DeBlase, C.R. and Dichtel, W.R. (2016). Moving beyond boron: the emergence of new linkage chemistries in covalent organic frameworks. *Macromolecules* 49 (15): 5297–5305. (b) Waller, P.J., Gándara, F., and Yaghi, O.M. (2015). Chemistry of covalent organic frameworks. *Accounts of Chemical Research* 48 (12): 3053–3063. (c) Diercks, C.S. and Yaghi, O.M. (2017). The atom, the molecule, and the covalent organic framework. *Science* 355 (6328): eaal1585.

[26] Waller, P.J., Lyle, S.J., Osborn Popp, T.M. et al. (2016). Chemical conversion of linkages in covalent organic frameworks. *Journal of the American Chemical Society* 138 (48): 15519–15522.

11

共价有机框架的纳米化和特定结构化

11.1 引言

在第7～10章中，我们已经概述了如何利用分子有机化学提供的工具箱来合成及修饰晶态多孔拓展型材料。从基于溶液相的经典分子化学过渡到如共价有机框架（COF）等的基于不可溶固体的化学时，我们不可避免地面对一些新的挑战。我们认识到COF的结晶性对于在原子水平上阐明其结构的重要性。清晰地认知材料结构非常重要，因为它是我们理解材料的构效关系以及对材料结构（包括结构拓扑和尺寸参数）和化学性质［包括键合（linkage）的化学稳定性、修饰于框架主干的官能团性质等］进行理性优化的前提。虽然结晶性保证了材料在原子尺度上的长程有序信息，但它与材料在纳米尺度或宏观尺度的形貌并没有严格的相关性。从非均相材料的应用角度来看，这是需要考虑的重要一点，因为材料性能往往深受形貌的影响。举例来说，在有机电子材料领域，COF因其高载流子迁移率而受到广泛关注，因此COF常被作为赝电容储能材料，也可作为电催化剂[1]。上述应用都得益于COF结构的纳米化。通常来说，有机材料（如有机薄膜、有机晶体等）可以在溶液相加工而得。然而，与经典的一维聚合物或分子型有机材料不同，COF在常见有机溶剂和水中不溶，通常以堆积的微晶粉末形式被分离出来。对于此类粉末样品，我们可以通过超声、研磨或化学剥离等自上而下（top-down）的方法将其剥离成分散的少层或单层薄片。另外，也可利用自下而上（bottom-up）的方法来实现对材料尺度的控制。这包括基底上的控制成核过程、液-液界面上的控制聚合过程、流动化学、利用超高真空化学气相沉积技术实现表面上的组装等。在本章中，我们将综述COF的纳米化和特定结构化策略，并说明各方法的优缺点。

11.2 自上而下的方法

剥离具有层状框架结构的微晶颗粒是制备COF薄膜的一个普遍策略。此类COF结构通常基于芳香性构造单元，因此需要额外的能量投入来破坏层间的强π-π相互作用。这样的能量投入可以通过超声处理或机械研磨等不同的方式来实现。此类自上而下方法的优点在于它们对材料的具体结构或化学组成没有特定要求，因而广泛适用于各种COF。然而，此类方法获得的薄膜厚度通常具有较宽的尺寸分布。与此相异的是，COF微晶内的层也可以用化学反应来剥离。具体来说，可以利用尺寸较大的取代基来撑开COF层，从而破坏层间的π-π相互作用。这种方法被称为化学剥离法（chemical exfoliation）。通过化学剥离法可以得到厚度均一的薄膜，但是这种诱导剥离行为需要基于特定官能团的化学反应，因而限制了此方法的广泛应用。

11.2.1 超声处理方法

COF-43是一例腙类COF。将COF-43暴露于某些有机溶剂中时，其结晶度会显著降低［图11.1（a）］[2]。这一现象挑战了我们的常规化学认知，因为基于腙连接的框架应当能在这些条件下保持稳定。具体研究发现，在四氢呋喃（tetrahydrofuran，THF）、氯仿、甲苯和甲醇（methanol，结构简式MeOH）等有机溶剂中的COF-43样品结晶度保持较好，而在二噁烷、水和DMF中的COF-43样品会转变为无定形结构。对比接触溶剂前后样品的FT-IR谱图发现，COF-43中腙键合在$1656cm^{-1}$和$1597cm^{-1}$处的C=O和C=N伸缩振动峰在接触溶剂后依旧存在。动态光散射（dynamic light scattering，DLS）发现不同溶剂中的COF颗粒大小与COF结晶度是否降低相关。原子力显微镜（atomic force microscopy，AFM）研究发现超声分散在二噁烷中的COF薄片的横向宽度为200nm，平均厚度为1.32nm±0.37nm（相当于3~5层COF结构）。更重要的是，从水分散的COF-43悬浮液中获得了厚度仅为3.3Å的薄片结构，相当于形成了双层甚至单层结构。与此相反，分散在THF中的COF颗粒形貌与初合成的COF粉末形貌相近。COF颗粒尺寸与所使用溶剂种类的关联如图11.1（b）所示。透射电子显微技术（transmission electron microscopy，TEM）证明，剥离后的COF层保持了其六方对称性和长程有序性。这种COF薄膜制备方法的简易性为基于微晶粉末实现薄膜大规模制备提供了广阔潜力。

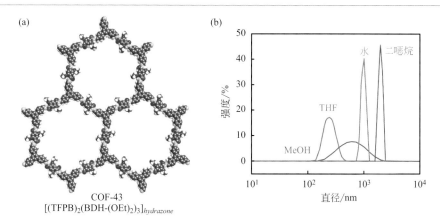

图11.1 （a）基于腙键的介孔COF-43结构。（b）分别超声分散于THF、MeOH、水和二噁烷溶剂中的COF-43平均颗粒尺寸。动态光散射测试发现在剥离型溶剂（水、二噁烷）中分散的颗粒尺寸比在非剥离型溶剂（THF、MeOH）中分散的颗粒尺寸更大。图（a）颜色代码：H，白色；C，灰色；N，蓝色；O，红色

11.2.2　研磨处理方法

通过β-酮烯胺键连的**hcb**拓扑框架TpPa-1是由TFP和BDA反应得到的。在滴加数滴甲醇后，微晶粉末在研钵中被研磨30min即被剥离分层。分层后的COF可以在甲醇中稳定分散，浓度高达0.04mg·mL^{-1}（相当于质量分数约8%）[3]。样品的FT-IR光谱显示，分层后C=O和C—N分别在1580cm^{-1}和1250cm^{-1}处的伸缩振动峰依然保留。粉末X射线衍射（PXRD）证明，尽管分层后COF的衍射峰强减弱、峰宽增加，依然可以确认COF保持了原有的结构完整性。TEM显示材料为类似石墨烯的层状薄片结构，薄片横向尺寸在100nm~1μm之间。进一步利用AFM测量COF结构，结果显示分层后，COF纳米片的长和宽为微米尺度，厚度为3~10nm，这些尺寸数值与TEM测试结果较为一致。该厚度对应于10~30层COF结构。与基于溶剂的剥离方法相比，机械研磨方法的优点之一在于它不需要使用昂贵的特定有机溶剂作为剥离介质。

11.2.3　化学剥离方法

由线型二连接的2,6-二氨基蒽（2,6-diaminoanthracene，简称DAA）和三角形构型三连接的2,4,6-三羟基苯-1,3,5-三甲醛（TFP）网格化合成得到基于蒽的[(TFP)$_2$(DAA)$_3$]$_{\beta\text{-}ketoenamine}$。

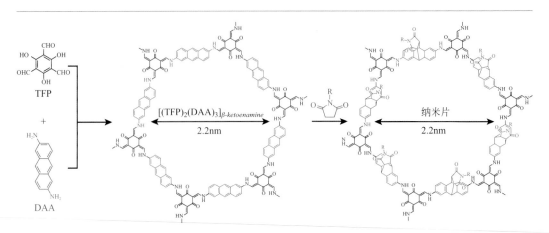

图11.2　通过与*N*–己基马来酰亚胺发生第尔斯–阿尔德反应来化学剥离[(TFP)₂(DAA)₃]*β-ketoenamine*。图中显示的是[(TFP)₂(DAA)₃]*β-ketoenamine*的化学结构，以及利用与*N*–己基马来酰亚胺反应来破坏层间的π–π堆积作用，从而形成薄片状[(TFP)₂(DAA)₃]*β-ketoenamine*的过程。为了清晰呈现结构，只展示了单个孔道周边的结构

[(TFP)₂(DAA)₃]*β-ketoenamine*具有**hcb**拓扑，其空间群为六方*P*6/*mmm*，并且在晶体学*c*轴方向具有2.2nm的六边形宽孔道（图11.2）。COF结构中的蒽基元可以进一步与*N*–己基马来酰亚胺（*N*–hexylmaleimide）发生[4+2]第尔斯–阿尔德（Diels–Alder）环加成反应，从而在COF层间引入大尺寸取代基，实现层间分离[4]。FT–IR光谱表明，[(TFP)₂(DAA)₃]*β-ketoenamine*中的C＝C和C—N在1590cm⁻¹和1270cm⁻¹处的伸缩振动峰在反应后依然存在。此外也新观察到来自*N*–己基马来酰亚胺中己基上的C—H在2937cm⁻¹和2857cm⁻¹处的伸缩振动峰，以及酰亚胺上的C＝O在1695cm⁻¹处的伸缩振动峰。通过扫描电子显微技术（scanning electron microscopy，SEM）对剥离后的薄片进行分析，发现原本为条带状堆积形貌的[(TFP)₂(DAA)₃]*β-ketoenamine*变成了微米尺寸级别的具有波浪形褶皱的薄片。同样的结论也反映在了TEM上。在TEM图像中,[(TFP)₂(DAA)₃]*β-ketoenamine*为条带状形貌（长为100～200nm、宽为20～40nm）；而剥离后的COF为薄片状形貌（宽度为500nm、厚度为200nm）。多片功能化COF薄片之间的非共价相互作用导致剥离后的COF层平面尺寸增大。AFM显示分层后的[(TFP)₂(DAA)₃]*β-ketoenamine*的平均厚度为约17nm。由于烷基长链产生的偶极相互作用，剥离后的[(TFP)₂(DAA)₃]*β-ketoenamine*会进一步组装形成多层堆积的片状结构，厚度也随之增加。当用红色激光（*λ*=650nm）照射分散在二氯甲烷中的COF时，可以观察到丁达尔效应，证明溶液中有单层COF存在。

　　基于液–气界面，可以制备一个后期尺寸可进一步同理放大的[(TFP)₂(DAA)₃]*β-ketoenamine*薄膜。在该反应中，液相组分为水，因为水阻止了带有疏水烷基链的COF层向液相扩散。为了制备自支撑的薄膜，剥离后的[(TFP)₂(DAA)₃]*β-ketoenamine*与二氯甲烷形成的悬浮液被逐滴加到水相表面。二氯甲烷在水面上挥发后，即得到半透明的薄膜。TEM图像显示

了薄膜由尺寸在60～80nm的纳米片聚集而成。通过调节剥离后的COF在悬浮液中的浓度，可以实现薄膜厚度在1.2～1.6nm（单层COF的厚度）到1.0～2.5μm范围内调控。这种对薄膜厚度的精准调控证明了化学剥离法是制备COF薄膜的有效方法。

11.3　自下而上的方法

在自上而下的方法中，初合成的COF为微晶粉末，随后再被剥离为纳米结构。与自上而下的方法相比，自下而上的方法具有几个明显的优势：①可以实现对材料尺寸更高程度的控制；②除薄膜以外，也可以获得其它形貌；③可以直接与特定的基底作用。然而，利用自下而上方法制备纳米COF也有一定的挑战性，主要表现在所采用的具体合成方法的局限性。在第8章中，我们已经讨论了COF内不同键合的生成机理。然而，需要意识到的是，COF的结晶机理远比这些局部的成键机理复杂。对于控制COF的形貌而言，核心是理解COF结晶过程中的成核（nucleation）和随后的晶种生长（seed growth）过程，然后去控制整个过程。在传统合成条件下，COF的形貌通常为微晶粉末的堆积聚集。而若将COF的形貌控制为不同尺寸的纳米粒子，抑或是均匀、厚度可控的薄膜结构，需要提炼具体的科学问题，从而找到解决问题的办法。传统的COF生长过程通常在悬浮液而非均相溶液中进行，因此人们无法控制初始的成核速率，导致获得的颗粒呈现各种尺寸和形状。为了解决这一问题并找到调控框架材料形貌和尺寸的参数，需要对COF的结晶机理有进一步的研究。在下文中，我们选择两个结晶机理已经被深入研究的体系，即基于硼酸酯的框架结构和基于可逆席夫碱化学的框架结构，进行讨论。

11.3.1　硼酸酯类COF的结晶机理

研究者以COF-5为例，研究了硼酸酯类COF的形成机理。与传统的基于起始原料悬浮液进行网格化合成不同，人们发展了在均相溶液中合成COF-5的方法。用于合成COF-5的反应物（HHTP和BDBA）可以完全溶解于二噁烷/均三甲苯体积比为4:1，且添加了微量甲醇（相当于HHTP物质的量的15倍）的混合溶剂中。这样的均相合成条件使得我们可以通过测量溶液浑浊度（turbidity）与反应时间的关系函数，来分析COF-5的成核速率［图11.3（a）］。在均相反应条件下，多次实验确定存在一个诱导期（induction period）。在诱导期内观察到可溶低聚物的生成，并发生最初的成核过程。反应在90℃下保持几分钟后，结晶的COF开始沉淀析出，此时可以观察到溶液的浑浊度发生了变化。

为了验证该反应过程是否可逆，在反应体系中加入了邻苯二酚衍生物——4-叔丁基邻苯二酚（4-(*tert*-butyl)benzene-1,2-diol，简称TCAT）作为竞争反应物［图11.3（d）］。即使在体系中加入大大过量的竞争反应物，它只会减慢反应速度而不会完全抑制反应。同时，该结构调节剂并未出现在最终产物结构中。结合上述两个事实，可以推测在反应的早期阶段，成键过程是可逆的。若在部分COF沉淀析出后再加入结构调节剂，析出更多COF产物的速率降低，但已形成的晶体并不会溶解［图11.3（c）］。这表明只有在晶种生长早期阶段，反应才具有可逆性；而在进入结晶/沉淀阶段后，存在某一不可逆的步骤。基于硼酸酯类COF容易水解的共识，研究者特意向反应体系中加入水，发现水也能减缓COF的形成。相反，在反应体系中加入邻苯二酚衍生物会对晶体尺寸有显著影响。

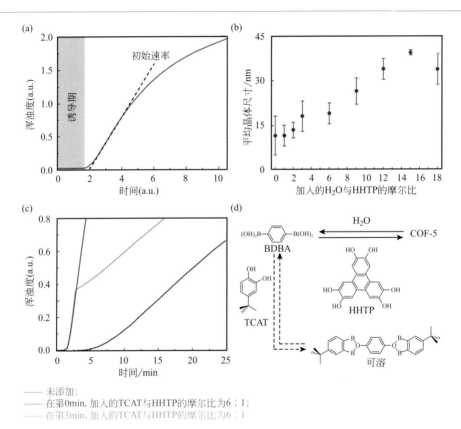

—— 未添加；
—— 在第0min，加入的TCAT与HHTP的摩尔比为6:1；
—— 在第3min，加入的TCAT与HHTP的摩尔比为6:1

图11.3   硼酸酯类框架COF-5的形成机理研究。研究以HHTP和BDBA为起始反应物，以体积比为4:1的二噁烷/均三甲苯为混合溶剂进行均相反应。反应中同时加入相当于HHTP物质的量的15倍的甲醇以增加反应物的溶解度。（a）在经历初始诱导期后，反应开始进行（a.u.表示任意单位）。（b）在反应体系中加入水减缓了反应速率，同时增大了COF-5的平均晶体尺寸。（c）在反应开始时加入邻苯二酚衍生物（TCAT）作为竞争反应物，可延长反应诱导期。若在COF已部分析出后再加入该竞争反应物，已沉淀析出的框架并不会再溶解，但是析出更多COF产物的速率会降低。（d）一系列实验证明，竞争反应物TCAT通过与起始反应物可逆竞争来减缓反应，但它并不参与生成COF的反应平衡。水可以调控COF生成反应的平衡，从而来减缓COF生成速率。因水提升的反应可逆性也改善了所得样品的结晶度

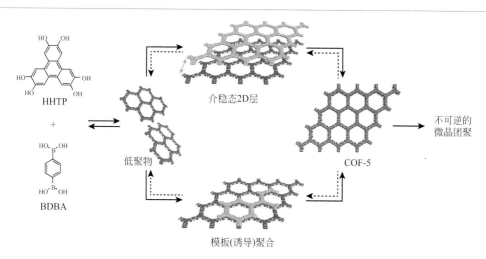

图11.4 COF-5的形成机理。在第一个可逆步骤，HHTP与BDBA发生反应并在溶液中生成可溶的低聚物。低聚物进一步反应形成COF薄层。这些介稳的COF层既可以与其它层发生堆叠，也可以作为进一步模板聚合（templated polymerization）反应的成核位点。这一步反应的产物为胶体状的COF-5晶体。在最后一个不可逆步骤，COF-5晶体彼此发生团聚堆积，并从溶液中析出。为了清晰呈现结构，部分COF-5层用亮橙色显示。颜色代码：H，白色；B，橙色；C，灰色；O，红色

基于粉末衍射数据，并利用Scherrer公式计算晶体尺寸，研究者发现可以通过调变加入水的量，实现晶体平均尺寸增长为原来的2倍［图11.3（b）］。将上述结果整合分析，人们提出了COF-5的生成机理（图11.4）。首先，在反应溶液中可逆形成一系列低聚物。其次，这些低聚物作为晶种，用于COF薄片的可逆生长。在COF薄片形成后，它们各自将以可逆方式生长成COF晶体。再次，COF晶体彼此团聚堆积，以沉淀形式析出。在这一阶段，产物从反应平衡体系中脱离。最后阶段是反应的不可逆阶段，但是依旧可以通过加入水来促进部分框架水解，从而在一定程度上实现部分可逆[5]。

11.3.1.1 基底上的溶液相生长

基于硼酸酯类COF的形成机理，在COF的合成过程中首先需要解决的问题是如何控制结晶成核。使用基底，例如在SiO₂晶圆或铜片上的单层石墨烯（single-layer graphene，SLG）上，可以实现在基底界面上优先成核，从而控制COF薄膜的生长（图11.5）。与溶液相中的随机成核和结晶相比，基底作为优先的成核位点被加入反应体系中，促使在覆有SLG的SiO₂基底上形成COF膜。在形成COF-5薄膜的反应体系中，基底被直接浸没到含有BPDA和HHTP的溶液中。掠入射广角X射线散射（grazing incidence wide angle X-ray scattering，GIWAXS）显示层状薄膜以堆叠方向垂直于SLG表面择优取向生长。这样的取向生长保证了结构内π-π相互作用的最大化。利用SEM可以测定在SLG表面的COF薄膜覆盖率和薄膜厚度。SEM俯拍COF薄膜显示，在SLG/Cu上生长30min的COF薄膜可

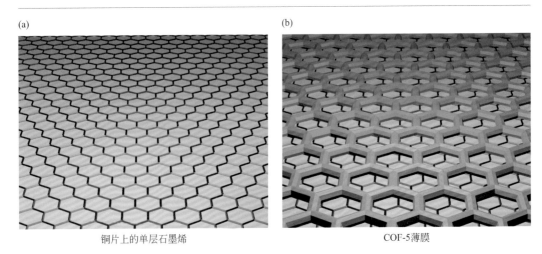

(a) 铜片上的单层石墨烯

(b) COF-5薄膜

图11.5　在沉积有单层石墨烯的铜基底上生长COF-5。（a）沉积在铜基底上的单层石墨烯示意图。（b）具有与石墨烯层平行取向的COF薄膜，其厚度为195nm±20nm。颜色代码：Cu，金色；石墨烯，黑色；COF-5，粉色

将石墨烯表面完全覆盖。另有少量体相微晶分散于薄膜之上，但大部分微晶都可以通过将基片在无水甲苯中超声10s来去除。处理后的薄膜在大约100mm²的区域内均一性良好。生长30min的薄膜的剖面图显示其厚度为195nm±20nm，相当于580层左右的COF层。这种自下而上生成硼酸酯类COF方法的局限性在于体系缺乏对溶液相中COF成核的控制。溶液相的成核导致结晶彼此聚集、沉淀，且不可避免地黏附在基底上，从而影响了薄膜的均一程度[6]。

11.3.1.2　胶体纳米晶作为晶种

硼酸酯类COF的形成机理表明，从溶液中析出的沉淀是通过微晶不可逆彼此团聚形成的。这些微晶的尺寸约为100nm。因此如果微晶可以避免彼此团聚，它们可以转变为胶体状态以方便进一步加工。如能找到能让分子彼此键连聚合，但不会进一步团聚的条件，就可以避免沉淀的产生。加入一定量的腈类溶剂，例如乙腈或苯甲腈，可使COF-5保持稳定的胶体分散体系，从而避免团聚。将具有不同单体和乙腈浓度的反应体系在90℃下反应20h后，研究者测定了所得胶体的平均粒径和多分散性指数（polydispersity index）。在体积分数15%～95%的乙腈浓度范围内，所得胶体尺寸呈高斯分布，并且具有较低的多分散性指数。当乙腈浓度（体积分数）高于55%时，胶体平均粒径保持在45～60nm范围内。这表明独立的微晶在较高的乙腈浓度下可以保持稳定。相反，在15%和35%（体积分数）的乙腈浓度下，可以分别观察到尺寸在100nm和240nm的较大胶体，说明微晶可能发生了一定的团聚现象。一旦形成COF-5胶体，它可以一个多月内保持稳定，且胶体粒径不随时间变化。胶体生成后进一步添加乙腈也不能改变其粒径。上述现

象说明，胶体一旦形成，颗粒处于动力学惰性状态，颗粒间不存在明显的单体交换。与微晶状态的COF-5不同，胶体状态的COF-5可通过溶剂蒸发被加工成厚度为10μm的自支撑薄膜。该薄膜保留了COF的结晶度和多孔性[7]。

利用可以避免微晶聚集和沉淀的条件，稳定的胶体可以作为合成更大尺寸单晶COF颗粒的晶种。在COF-5的反应体系中加入80%乙腈作为共溶剂可以实现这一过程。加入乙腈后，所得COF-5胶体的尺寸为30nm。在此胶体溶液中快速加入更多反应单体，限制了晶种的继续生长，相反，并未限制大量新的晶核的生成。DLS测试结果显示，在快速加入单体后，胶体的平均晶体尺寸有所减小。相比之下，缓慢加入反应单体有利于已生成胶体（晶种）的继续长大，而且新的成核过程被大大抑制（图11.6）。

以每小时新加入HHTP单体与最初胶体纳米晶中HHTP单体的摩尔比来表示单体加入速度（h^{-1}），当以0.10h^{-1}的速度缓慢加入单体时，基于晶种的进一步生长占主导，平均粒径有所增大。在新加入HHTP单体总物质的量与最初胶体纳米晶中HHTP单体物质的量之比为4.0时，颗粒尺寸从400nm增加到1μm。这时，DLS测定的晶体尺寸分布依然是单分散的。单体加入速度增加至1.0h^{-1}时，晶体的平均粒径明显减小，且颗粒尺寸呈双峰分布。这表明在加入更多单体后，体系中有新的晶种生成。TEM发现，用上述胶体纳米晶晶种生长法制备的COF为单晶，但是该研究并未报道基于单晶的明确结构解析结果。

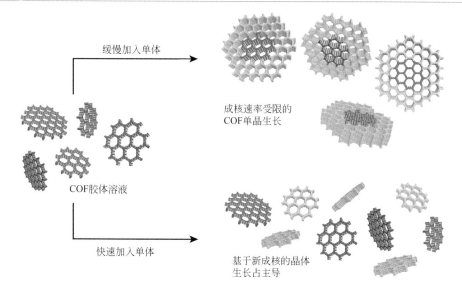

图11.6　晶种法生长COF-5单晶的机理。在反应体系中加入乙腈等有机腈类溶剂可以得到COF-5的稳定胶体溶液。在该胶体溶液中缓慢加入单体有利于现有颗粒的进一步生长，而不利于产生新的晶核。所得的COF-5晶体尺寸增加到1.5μm。与之相反，如果快速加入单体，溶液中新的成核过程占主导，而已有颗粒的进一步生长处于劣势。在示意图中，通过新添加单体形成的COF-5用亮橙色表示。颜色代码：H，白色；B，橙色；C，灰色；O，红色

11.3.1.3   流动相薄膜生长

COF薄膜形成的最大的挑战之一是实现薄膜厚度的精确控制。在流动相中生长COF薄膜，并用石英晶体微天平（quartz crystal microbalance，QCM）来监测沉积情况，可以有效地控制薄膜增厚。通过此方法，利用HHTP与对苯二硼酸（BDBA）及其长度扩展版本，研究者研究了COF-5及其同网格结构薄膜的制备。该反应在均相下进行，这也是在流式反应器里开展反应需满足的必要条件。在该条件下，框架沉淀前的诱导期长为2min［图11.7（b）］。因此，管道长度需进行相应调整，以使反应原料在2min内到达反应池，从而避免在管道内生成COF而堵塞管道。利用Sauebrey方程将QCM的谐振频率响应换算成质量变化，可知反应物溶液在基底上流动后，基底上附着层的质量与时间的关系图［图11.7（a）］。沉积膜质量的持续增加伴随着阻抗的增加，进一步证实了COF在基底上的持续沉积。GIWAXS证实了沉积薄膜的结晶形态，其衍射花样与结构模型对应。SEM图像显示所得薄膜是连续的、无缺陷的，同时也没有多余的结晶颗粒黏附于薄膜上。AFM图像证明，流动相薄膜生长法可以精准控制厚度在15～110nm范围内薄膜的生长[8]。

11.3.1.4   蒸气辅助转化法生长薄膜

另一种可以精准控制薄膜厚度的COF薄膜制备方法是蒸气辅助转化法（vapor-assisted conversion）。该方法的核心原理是反应物被事先加工成所需的形貌，然后转化为COF结构。不难明白，该方法无法应用于溶液相中。相反，为了防止反应物溶解从而失去预处理施加的形貌，反应物只是暴露在溶剂蒸气中。以COF-5为例，首先将HHTP和

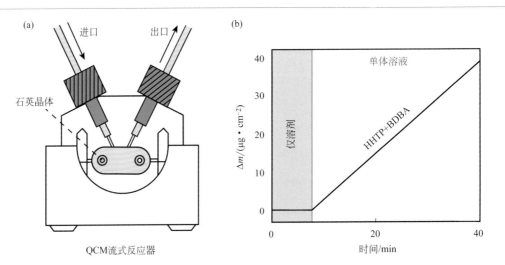

图11.7   利用流动化学方法生长COF-5薄膜。（a）配有石英晶体微天平的流动池示意图。该天平可实时监测沉积的COF的质量。（b）通过QCM测量COF-5的质量随沉积时间的变化图。COF-5是利用HHTP和BDBA的混合溶液在加热流动池中形成的

BDBA溶解于丙酮和乙醇混合溶剂中，然后滴涂于干净的玻璃基底上。随后将玻璃基底与加有体积比为1∶1的均三甲苯和二噁烷的反应瓶一起放入干燥器中。玻璃基底在干燥器内室温静置72h，以确保反应完全。72h后，可见玻璃基底上均匀覆盖有一层COF薄膜。SEM显示薄膜由相互生长在一起的较小颗粒组成，且对基底连续完整覆盖。剖面SEM显示薄膜厚度为300nm～7.5μm，该厚度可通过前驱体溶液浓度来调控。薄膜的PXRD证实了COF-5晶体的形成。为验证薄膜的多孔性，研究者在150℃动态真空下将薄膜活化，并测试了其在77.3K下的氮气吸附性能，得知薄膜的比表面积为990m^2·g^{-1}。多晶COF薄膜的TEM照片显示COF具有预期的六边形蜂窝状结构。蒸气辅助转化法易于形成理想薄膜，因此是一种富有潜力的薄膜合成方法[9]。

11.3.2 亚胺类COF的生成机理

相比于硼酸酯类COF，亚胺类COF的生成机理非常不同。我们将以介孔 **hcb** COF [(TAPB)$_2$(BDA)$_3$]$_{imine}$ 为例来进行说明（图11.8）。该COF的合成，在以体积比为4∶1的二噁烷/均三甲苯为溶剂的均相条件下进行。仅在上述溶剂中，反应即使在加热条件下也无法发生。这与硼酸酯类COF-5的合成有明显区别。在COF-5的合成中，加热条件下，反应只需经过几分钟的诱导期后即可得到产物。在室温条件下进一步加入冰醋酸作为催化剂后，亚胺类COF [(TAPB)$_2$(BDA)$_3$]$_{imine}$ 的生成反应在几秒钟内即可进行，但所得产物为无定形态。由于亚胺键的生成依赖于缩合反应，因此水对产物的结晶度有较大影响［图11.8（b）］。结果显示，当在体系中同时加入冰醋酸和水时，最初得到的无定形沉淀可在2天内转变为晶态材料［图11.8（a）］。

基于以上现象，研究人员提出了亚胺类COF的可能生成机理。第一步，反应生成无定形的聚亚胺网络结构；随着时间的推移，该无定形结构通过成键的可逆性和随之而来的结构可纠错性，逐步转变为目标晶相COF产物（图11.9）。硼酸酯类COF和亚胺类COF的生成机理的差别在于：沉淀析出的聚亚胺结构仍然可以进行可逆的结构纠错，而硼酸酯类COF不可逆地直接以微晶的形式沉淀析出。该结论也与两类COF的配体交换反应研究结果互为验证。文献中基于亚胺类COF的配体交换反应并不少见，而硼酸酯类COF的配体交换则未见报道[10]。换句话说，两类COF生成机理的根本区别在于：硼酸酯类COF直接以结晶形式析出，即结晶和沉淀过程同时发生；在生成亚胺类COF的过程中，结晶和沉淀分步进行。这一差别导致控制亚胺类COF形貌的策略与用于硼酸酯类COF的策略有根本不同。

11.3.2.1 亚胺类COF纳米粒子

如前所述，亚胺类COF的结晶是一个两步过程。首先体系中形成无定形的聚亚胺，

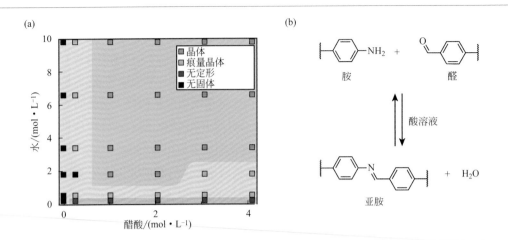

图11.8　亚胺类框架［(TAPB)₂(BDA)₃］$_{imine}$的生成条件的研究。该均相反应是在70℃下体积比为4∶1的二噁烷/均三甲苯混合溶剂中发生的。（a）对是否含水和冰醋酸的体系对比研究表明：不加冰醋酸无固体生成；不加水则生成无定形固体。通过调节酸和水的量，可得到晶态材料。（b）上述机理探索实验表明生成该COF同时依赖于在体系中加入酸和水。酸作为催化剂加速反应进行，而水调控反应物和产物间的反应平衡

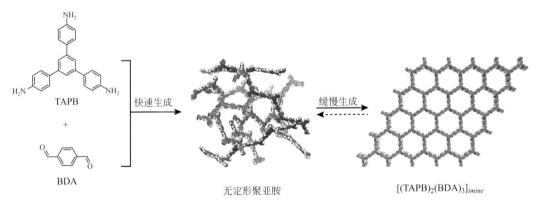

图11.9　[(TAPB)₂(BDA)₃]$_{imine}$的生成机理。第一步，TAPB和BDA迅速反应生成无定形的聚亚胺网络结构。第二步，无定形聚合物通过可逆成键和随之带来的结构纠错性，缓慢转变为晶态COF。颜色代码：H，白色；C，灰色；N，蓝色

然后聚亚胺再转化为晶态COF。在实际合成过程中，这两个步骤通常在一锅反应中完成。然而，能让聚亚胺转变为晶态的条件，通常也是聚亚胺网络快速生成的条件，因此有效控制晶体的成核过程比较困难。避免这一问题的方法之一是将生成晶态COF的过程拆分为两个单独的步骤。对于在均相条件下控制聚亚胺的生成，人们已经找到了优化的条件。该条件利用在反应体系中加入特定的成核种子来有效延长成核时间，从而可以更好地控制成核过程。在第10章中，我们介绍的在金属氧化物纳米粒子上生长COF的方法就采用了这种方法。具体来说，在无水的均相条件下TAPB与TFB反应，所得聚合物

缓慢生长，且仅在事先加入的成核位点的表面进行。这样的成核位点包括9.8nm的Fe_3O_4纳米粒子、9.0nm的Au纳米粒子或者3.3nm的Pd纳米粒子。第二步结晶过程是在常规的COF合成条件下进行的，且在体系中加入了冰醋酸。最后得到的嵌有相应纳米粒子的$[(TAPB)(TFB)]_{imine}$纳米球尺寸为100nm。这是一种有效且简便的策略，因为采用此方法可以控制COF在各种不同基底上生成。此外，由于成核过程是可控的，理论上我们可以通过调控反应时间或反应物浓度来控制COF层的厚度。然而，这样的COF成核方法只适用于有基底的情况，从而影响了该方法的普适性[11]。

为解决上述方法普适性不高的问题，人们提出了新的合成策略。不同于将反应分解为两个连续步骤，新策略的核心是控制最初的成核速率明显慢于结构纠错的速率。控制成核过程的关键是确保反应中间体易溶解于体系中。为了实现这一目标，研究者们在COF合成中使用了部分叔丁氧羰基（*tert*-butyloxycarbonyl，简称Boc）基团保护的胺配体。这些配体缓慢地原位脱保护，从而减缓了聚合过程，而过程中结构纠错的速率保持不变。以LZU-1为例，将对苯二胺替换为(4-氨基苯基)氨基甲酸叔丁酯（4-(*tert*-butoxycarbonylamino)-aniline，简称NBPDA）配体，并与均苯三甲醛（TFB）在乙醇中进行均相反应得到LZU-1。该反应以三氟乙酸（trifluoro-acetic acid，简称TFA）为催化剂，以聚乙烯吡咯烷酮（polyvinylpyrolidone，PVP）为封端剂（capping agent）。在这个均相的合成反应中，亚胺类COF晶核在澄清溶液中形成，并在沉淀之前即转为晶态框架。LZU-1的合成步骤是将NBPDA和TFB溶解在含有PVP和TFA的乙醇溶剂中，然后将其加热至120℃保持30min，最后得到质子化的LZU-1纳米晶的红色悬浮液。当加入乙醇/三乙胺将产物去质子后，悬浮液的颜色立即变成黄色。在合成过程将COF质子化非常重要，因为这使纳米晶具有较高的极性，有利于与PVP结合并钝化表面，从而调控纳米晶在乙醇溶液中的生长。纳米晶的尺寸和形貌可以通过SEM进行表征，图片显示COF纳米晶的平均尺寸为245nm±25nm。通过改变PVP的浓度可以很方便地调节LZU-1纳米晶的尺寸：PVP浓度为5mg·mL⁻¹的体系可得到尺寸为500nm±52nm的COF晶体；而加入40mg·mL⁻¹的PVP可得到尺寸为112nm±11nm的COF晶体。COF粒子可以在乙醇中形成胶体，并能在数周内保持稳定。COF纳米晶的形貌与溶剂组成密切相关，证明了在结晶过程中溶剂的重要性。特别的是，在乙醇溶液中加入甲苯后，得到的晶体呈现明显的六边形形状。这一规则的形貌不仅说明晶体生长过程确实是在均相环境中进行的，而且证明了所得材料的高结晶度[12]。

11.3.2.2 在液-液界面生成亚胺类COF薄膜

亚胺类COF的成核过程只在酸催化剂条件下才发生。利用这一特点可以在液-液界面合成亚胺类COF。该方法是在溶解有COF反应物的有机相和溶解有酸催化剂的水相之间形成液-液界面。首先，亚胺类COF的合成通常需要依赖高温以保证成键的可逆性。这一点对于界面生长法来说是不利的，因为高温会扰动液-液界面，从而导致生成薄膜的不均一性。其次，常被用作亚胺类COF合成催化剂的冰醋酸易溶于有机溶剂，因此也不利于形成稳定的两相界面。具有路易斯酸性的三氟甲磺酸金属盐在室温条件下就可以催化亚胺键的形成，因而非常适用于作为液-液界面合成COF的催化剂。在利用TAPB和BDA生成[(TAPB)$_2$(BDA)$_3$]$_{imine}$的过程中，可以加入不同的三氟甲磺酸盐来作为催化剂。在室温条件下，加入In(OTf)$_3$［OTf是triflate（三氟甲磺酸根）的简称］和Sc(OTf)$_3$，可以使晶态COF在1min内生成（表11.1）[13]。

表11.1　在[(TAPB)$_2$(BDA)$_3$]$_{imine}$合成体系中催化生成亚胺键的催化剂

编号	催化剂	温度/℃	反应时间/min	产率/%
1	In(OTf)$_3$	20	1	95
2	Sc(OTf)$_3$	20	5	98
3	Yb(OTf)$_3$	20	10	98
4	Y(OTf)$_3$	20	30	96
5	Eu(OTf)$_3$	20	60	98
6	Zn(OTf)$_3$	20	150	95
7	CH$_3$COOH	20	N/A	0

注：使用三氟甲磺酸金属盐和冰醋酸作为催化剂，在20℃条件下的反应速率和产率比较。N/A表示无反应。

使用具有路斯酸性的三氟甲磺酸金属盐作为催化剂的优点是：它们易溶于水，但不溶于多种有机溶剂。结合前面提到的可在室温下催化反应的特点，它们可以被用于在液-液界面形成亚胺类COF。将Sc(OTf)$_2$（与TAPB的摩尔比为0.001）作为催化剂溶解于水相中，同时将TAPB和BDA溶解在体积比为1:4的均三甲苯/二噁烷有机相中。COF的生成只在液-液界面发生，因为参与室温反应的三种分子（TAPB、BDA和Sc(OTf)$_2$）只在界面上共存。反应可持续进行72h。AFM结果证明，可以通过控制有机相中单体浓度来控制COF薄膜厚度（20nm～100μm）。所得薄膜的PXRD谱图也与COF的结构模型相吻合。需要指出的是，对于非常薄的薄膜，其PXRD和TEM的衍射强度太低，因此无法明确其结晶度[14]。

11.4　超高真空制备单层硼氧六环型和亚胺型COF

COF结构纳米化的另一种方法是在超高真空条件下制备COF单层膜。早期报道的COF单层膜是在超高真空和370K下，将BDA在Ag(111)晶面进行化学气相沉积得到的。

室温下的扫描隧道显微镜（scanning tunneling microscopy，STM）证明样品进行退火处理后形成了预期结构COF-1[15]。由于在超高真空条件下水从反应体系中被抽走，破坏了反应的可逆性，从而使得所得材料颗粒尺寸较小。为了解决这一问题，研究者在反应体系中加入了少量的$CuSO_4 \cdot 5H_2O$。COF合成反应在封闭体系内的高定向热解石墨（highly ordered pyrolytic graphite，HOPG）表面进行。$CuSO_4 \cdot 5H_2O$作为水的调节池，调控脱水反应的化学平衡，从而促进高度有序网络结构的形成。具体来说，$CuSO_4 \cdot 5H_2O$在加热过程中释放水分子，促进COF反应平衡向左移动，有助于结晶过程中的纠错修复，从而获得高质量薄膜。同理，当反应冷却至室温后，从$CuSO_4 \cdot 5H_2O$中释放的水被无水$CuSO_4$重新吸收，从而有效避免了硼氧六环键合水解导致的COF薄膜结构破坏。除了合成COF-1以外，利用该策略也成功合成了两例分别基于9,9'-二己基芴-2,7-二硼酸和4,4'-联苯二硼酸自缩合的不同孔径COF。这三例框架都具有长程有序性和可以忽略不计的结构缺陷。研究表明该策略在亚胺类COF的生成中也具有一定普适性。无论是TAPB与BDA交叉缩合生成单层的[(TAPB)$_2$(BDA)$_3$]$_{imine}$，还是TFB与PDA反应生成的单层LZU-1，都可以使用超高真空的方法。STM图像表明两例材料都具有长程有序性[16]。

11.5　总结

在本章中，我们介绍了自上而下和自下而上的方法来制备COF的纳米结构和薄膜等特定结构。层状COF微晶可被剥离为单层/少层薄片或薄膜。在这一过程中，需要额外投入的能量可以来自于机械力（研磨、超声），或是来自于结构的化学变化（化学剥离）。自下而上法制备COF特定结构需要我们对材料的结晶路径有深层次的理解，这一结晶路径与框架构筑牵涉的键合类型密切相关。我们详细讨论了亚胺类和硼酸酯类COF的结晶机理。通过利用或调控结晶过程中的决速步骤，COF可以纳米级的稳定胶体、微米级别单晶或者薄膜结构等形式存在。在生成COF薄膜的相关讨论中，我们介绍了不同的合成技术：在基底上控制成核、在液-液界面成核、流动相生长、蒸气辅助转化，以及在超高真空下形成COF单层。最后，根据不同的结晶机理，我们明确了不同纳米化方法和特定结构化方法对不同键合类型COF的适用关系。

参考文献

[1] (a) Wan, S., Gándara, F., Asano, A. et al. (2011). Covalent organic frameworks with high charge

carrier mobility. *Chemistry of Materials* 23 (18): 4094–4097. (b) DeBlase, C.R., Silberstein, K.E., Truong, T.-T. et al. (2013). β-Ketoenamine-linked covalent organic frameworks capable of pseudocapacitive energy storage. *Journal of the American Chemical Society* 135 (45): 16821–16824. (c) Lin, S., Diercks, C.S., Zhang, Y.-B. et al. (2015). Covalent organic frameworks comprising cobalt porphyrins for catalytic CO_2 reduction in water. *Science* 349 (6253): 1208–1213.

[2] (a) Uribe-Romo, F.J., Doonan, C.J., Furukawa, H. et al. (2011). Crystalline covalent organic frameworks with hydrazone linkages. *Journal of the American Chemical Society* 133 (30): 11478–11481. (b) Bunck, D.N. and Dichtel, W.R. (2013). Bulk synthesis of exfoliated two-dimensional polymers using hydrazone-linked covalent organic frameworks. *Journal of the American Chemical Society* 135 (40): 14952–14955.

[3] Chandra, S., Kandambeth, S., Biswal, B.P. et al. (2013). Chemically stable mul- tilayered covalent organic nanosheets from covalent organic frameworks via mechanical delamination. *Journal of the American Chemical Society* 135 (47): 17853–17861.

[4] Khayum, M.A., Kandambeth, S., Mitra, S. et al. (2016). Chemically delaminated free-standing ultrathin covalent organic nanosheets. *Angewandte Chemie International Edition* 55 (50): 15604–15608.

[5] (a) Smith, B.J. and Dichtel, W.R. (2014). Mechanistic studies of two-dimensional covalent organic frameworks rapidly polymerized from initially homogenous conditions. *Journal of the American Chemical Society* 136 (24): 8783–8789. (b) Li, H., Chavez, A.D., Li, H. et al. (2017). Nucleation and growth of covalent organic frameworks from solution: the example of COF-5. *Journal of the American Chemical Society* 139 (45): 16310–16318. (c) Koo, B., Heden, R., and Clancy, P. (2017). Nucleation and growth of 2D covalent organic frameworks: polymerization and crystallization of COF monomers. *Physical Chemistry Chemical Physics* 19 (15): 9745–9754.

[6] (a) Colson, J.W., Woll, A.R., Mukherjee, A. et al. (2011). Oriented 2D covalent organic framework thin films on single-layer graphene. *Science* 332 (6026): 228–231. (b) Cote, A.P., Benin, A.I., Ockwig, N.W. et al. (2005). Porous, crystalline, covalent organic frameworks. *Science* 310 (5751): 1166–1170.

[7] Smith, B.J., Parent, L.R., Overholts, A.C. et al. (2017). Colloidal covalent organic frameworks. *ACS Central Science* 3 (1): 58–65.

[8] Bisbey, R.P., DeBlase, C.R., Smith, B.J., and Dichtel, W.R. (2016). Two-dimensional covalent organic framework thin films grown in flow. *Journal of the American Chemical Society* 138 (36): 11433–11436.

[9] Medina, D.D., Rotter, J.M., Hu, Y. et al. (2015). Room temperature synthesis of covalent–organic framework films through vapor-assisted conversion. *Journal of the American Chemical Society* 137 (3): 1016–1019.

[10] (a) Smith, B.J., Overholts, A.C., Hwang, N., and Dichtel, W.R. (2016). Insight into the crystallization of amorphous imine-linked polymer networks to 2D covalent organic frameworks. *Chemical Communications* 52 (18): 3690–3693. (b) Qian, C., Qi, Q.-Y., Jiang, G.-F. et al. (2017). Toward covalent organic frameworks bearing three different kinds of pores: the strategy for construction and COF-to-COF transformation via heterogeneous linker exchange. *Journal of the*

American Chemical Society 139 (19): 6736–6743.

[11] Rodríguez-San-Miguel, D., Yazdi, A., Guillerm, V. et al. (2017). Confining functional nanoparticles into colloidal imine-based COF spheres by a sequential encapsulation-crystallization method. *Chemistry - A European Journal* 23 (36): 8623–8627.

[12] (a) Zhao, Y., Guo, L., Gándara, F. et al. (2017). A synthetic route for crystals of woven structures, uniform nanocrystals, and thin films of imine covalent organic frameworks. *Journal of the American Chemical Society* 139 (37): 13166–13172. (b) Ding, S.-Y., Gao, J., Wang, Q. et al. (2011). Construction of covalent organic framework for catalysis: Pd/COF-LZU1 in Suzuki–Miyaura coupling reaction. *Journal of the American Chemical Society* 133 (49): 19816–19822.

[13] Matsumoto, M., Dasari, R.R., Ji, W. et al. (2017). Rapid, low temperature formation of imine-linked covalent organic frameworks catalyzed by metal triflates. *Journal of the American Chemical Society* 139 (14): 4999–5002.

[14] Matsumoto, M., Valentino, L., Stiehl, G.M. et al. (2018). Lewis-acid-catalyzed interfacial polymerization of covalent organic framework films. *Chem* 4 (2): 308–317.

[15] Zwaneveld, N.A., Pawlak, R., Abel, M. et al. (2008). Organized formation of 2D extended covalent organic frameworks at surfaces. *Journal of the American Chemical Society* 130 (21): 6678–6679.

[16] (a) Liu, X.-H., Guan, C.-Z., Ding, S.-Y. et al. (2013). On-surface synthesis of single-layered two-dimensional covalent organic frameworks via solid–vapor interface reactions. *Journal of the American Chemical Society* 135 (28): 10470–10474. (b) Guan, C.-Z., Wang, D., and Wan, L.-J. (2012). Construction and repair of highly ordered 2D covalent networks by chemical equilibrium regulation. *Chemical Communications* 48 (24): 2943–2945.

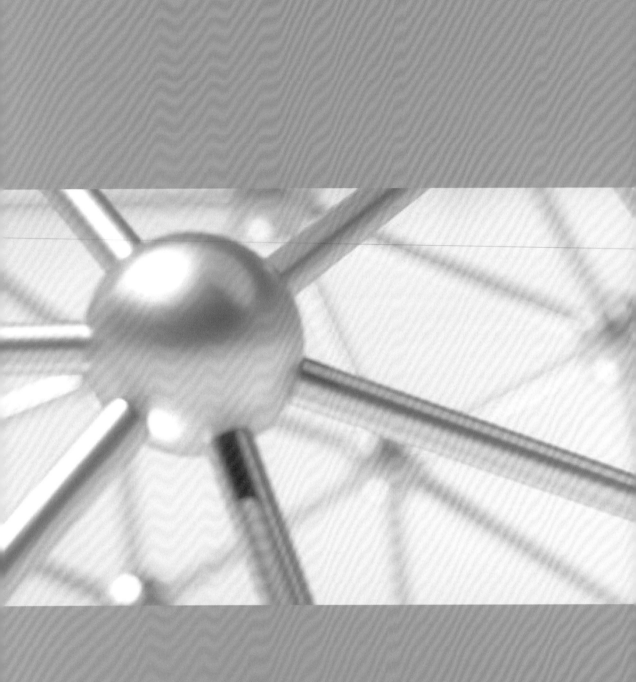

**Introduction to
Reticular Chemistry**
Metal-Organic Frameworks and Covalent Organic Frameworks

金属有机框架的应用

12 网格框架材料的应用

利用本书概括的原理来制备的金属有机框架（MOF）和其它网格框架材料已成为晶态材料中规模最大的一类。目前，从事网格化学领域研究的科学家和工程师已经成为一个庞大的群体，所研究的内容已从新材料的合成和表征扩展至探索材料各种应用。得益于这些晶体材料具备的超高比表面积、可定制的孔道开口和孔径，以及丰富的结构多样性，这类材料（包括MOF、ZIF和COF）表现出了非常广泛的应用前景[1]。正如本书中所示，人们可以在原子层级上对网格框架材料进行修饰，即实现精准的化学改性。同时，由此得到的结构基序（structural motif）也是分子化学或经典固态化学领域无法涉及的。举例来说，对局部结构的理解有助于我们对材料孔道内的吸附位点的确定，而吸附位点是超高多孔性MOF设计的关键因素。控制催化活性位点周边的环境可以调控活性位点的空间和电学性质，从而定制出具有出色性能的材料[2]。

网格化学的发展使化学家能够预先设计并合成出性能优于传统多孔材料的新材料。这些优异性能包括超高的气体存储容量、高选择性的气体分离能力，以及对空气中水的捕集能力[3]。遵循网格化学原则，我们不仅能够调控所得材料的组成和结构的几何参数，还能够创造结构内基元的特定排列。例如，精准设计且特定排布的催化中心可以实现其它材料无法达到的分子高选择性转化和小分子高活性活化[4]。这种结构的可调性同样有利于调控材料的电化学性质，多孔导电框架材料的发现就受益于此[5]。集导电性和多孔性于一身的材料开辟了新的应用领域，如超级电容器和电催化。导电MOF和COF在这两个领域均显现了丰硕的成果[6]。

网格材料的应用研究离不开与其它研究的交叉融合。对于材料在气体分离和催化等方面的应用而言，控制材料的颗粒尺寸以及将材料加工成各种形态（如薄膜、分离膜以及各种成型造粒）是非常重要的。而对于药物输送等生物医学应用，控制材料的胶体状态也是非常有必要的[7]。即使是复合材料（如封装了金属纳米催化剂的复合材料）领域的发展，也需要我们精确理解晶态材料的结构信息[8]。除此之外，数学模拟和量子化学计算有助于我们深入了解多孔框架材料中的许多现象。毫无疑问，对于新材料的发现以及性质理解上而言，这些模拟和计算将变得越来越重要[3j,9]。

　　本书中涉及的一些网格材料已实现工业规模化生产。巴斯夫公司（BASF SE）目前已放大合成多种MOF；同时一些初创公司也在针对不同应用（如气体存储罐等）生产MOF材料。这表明，基于网格化学应用方面的研究并不局限于全球高校内的科研项目，同时主流化学公司和汽车公司也非常致力于这类多孔材料的发展和商业化[10]。在本书中，我们将集中介绍MOF和ZIF的应用，因为这两类材料的应用研究相对更完善。同时，基于COF的各类应用研究正方兴未艾，必将成为未来的一个重要研究方向。考虑到此类材料在气体和蒸气吸附方面研究的完善性和相关原理的深入程度，在接下来的章节，我们将重点介绍吸附方面的应用。需要指出的是，以下章节中讨论涉及的气体吸附等内容的基本原理和研究范式也适用于COF等其它网格材料。

参考文献

[1] (a) Farha, O.K., Eryazici, I., Jeong, N.C. et al. (2012). Metal-organic framework materials with ultrahigh surface areas: is the sky the limit? *Journal of the American Chemical Society* 134 (36): 15016–15021. (b) Furukawa, H., Ko, N., Go, Y.B. et al. (2010). Ultrahigh porosity in metal-organic frameworks. *Science* 329 (5990): 424–428. (c) Wang, T.C., Bury, W., Gómez-Gualdrón, D.A. et al. (2015). Ultrahigh surface area zirconium MOFs and insights into the applicability of the BET theory. *Journal of the American Chemical Society* 137 (10): 3585–3591. (d) El-Kaderi, H.M., Hunt, J.R., Mendoza-Cortés, J.L. et al. (2007). Designed synthesis of 3D covalent organic frameworks. *Science* 316 (5822): 268–272. (e) Ascherl, L., Sick, T., Margraf, J.T. et al. (2016). Molecular docking sites designed for the generation of highly crystalline covalent organic frameworks. *Natural Chemistry* 8 (4): 310–316. (f) Deng, H., Grunder, S., Cordova, K.E. et al. (2012). Large-pore apertures in a series of metal-organic frameworks. *Science* 336 (6084): 1018–1023. (g) Spitler, E.L., Koo, B.T., Novotney, J.L. et al. (2011). A 2D covalent organic framework with 4.7-nm pores and insight into its interlayer stacking. *Journal of the American Chemical Society* 133 (48): 19416–19421. (h) Ferey, G., Mellot-Draznieks, C., Serre, C. et al. (2005). A chromium terephthalate-based solid with unusually large pore volumes and surface area. *Science* 309 (5743): 2040–2042. (i) Wang, B., Cote, A.P., Furukawa, H. et al. (2008). Colossal cages in zeolitic imidazolate frameworks as selective carbon dioxide reservoirs. *Nature* 453 (7192): 207–211. (j) Cui, X., Chen, K., Xing, H. et al. (2016). Pore chemistry and size control in hybrid porous materials for acetylene capture from ethylene. *Science* 353 (6295): 141–144. (k) Yaghi, O.M., O'Keeffe, M., Ockwig, N.W. et al. (2003). Reticular synthesis and the design of new materials. *Nature* 423 (6941): 705–714.

[2] (a) Rowsell, J.L.C., Spencer, E.C., Eckert, J. et al. (2005). Gas adsorption sites in a large-pore metal-

organic framework. *Science* 309 (5739): 1350–1354. (b) Düren, T., Sarkisov, L., Yaghi, O.M., and Snurr, R.Q. (2004). Design of new materials for methane storage. *Langmuir* 20 (7): 2683–2689.

[3] (a) Spanopoulos, I., Tsangarakis, C., Klontzas, E. et al. (2016). Reticular synthesis of HKUST-like tbo-MOFs with enhanced CH_4 storage. *Journal of the American Chemical Society* 138 (5): 1568–1574. (b) Jiang, J., Furukawa, H., Zhang, Y.-B., and Yaghi, O.M. (2016). High methane storage working capacity in metal-organic frameworks with acrylate links. *Journal of the American Chemical Society* 138 (32): 10244–10251. (c) Gándara, F., Furukawa, H., Lee, S., and Yaghi, O.M. (2014). High methane storage capacity in aluminum metal-organic frameworks. *Journal of the American Chemical Society* 136 (14): 5271–5274. (d) Mason, J.A., Oktawiec, J., Taylor, M.K. et al. (2015). Methane storage in flexible metal-organic frameworks with intrinsic thermal management. *Nature* 527 (7578): 357–361. (e) Alezi, D., Belmabkhout, Y., Suyetin, M. et al. (2015). MOF crystal chemistry paving the way to gas storage needs: aluminum-based soc-MOF for CH_4, O_2, and CO_2 storage. *Journal of the American Chemical Society* 137 (41): 13308–13318. (f) Li, B., Wen, H.-M., Wang, H. et al. (2014). A porous metal-organic framework with dynamic pyrimidine groups exhibiting record high methane storage working capacity. *Journal of the American Chemical Society* 136 (17): 6207–6210. (g) Peng, Y., Krungleviciute, V., Eryazici, I. et al. (2013). Methane storage in metal-organic frameworks: current records, surprise findings, and challenges. *Journal of the American Chemical Society* 135 (32): 11887–11894. (h) Mason, J.A., Veenstra, M., and Long, J.R. (2014). Evaluating metal-organic frameworks for natural gas storage. *Chemical Science* 5 (1): 32–51. (i) Fracaroli, A.M., Furukawa, H., Suzuki, M. et al. (2014). Metal-organic frameworks with precisely designed interior for carbon dioxide capture in the presence of water. *Journal of the American Chemical Society* 136 (25): 8863–8866. (j) McDonald, T.M., Mason, J.A., Kong, X. et al. (2015). Cooperative insertion of CO_2 in diamine-appended metal-organic frameworks. *Nature* 519 (7543): 303–308. (k) Nguyen, N.T.T., Furukawa, H., Gándara, F. et al. (2014). Selective capture of carbon dioxide under humid conditions by hydrophobic chabazite-type zeolitic imidazolate frameworks. *Angewandte Chemie International Edition* 53 (40): 10645–10648. (l) Mason, J.A., McDonald, T.M., Bae, T.-H. et al. (2015). Application of a high-throughput analyzer in evaluating solid adsorbents for post-combustion carbon capture via multicomponent adsorption of CO_2, N_2, and H_2O. *Journal of the American Chemical Society* 137 (14): 4787–4803. (m) Nugent, P., Belmabkhout, Y., Burd, S.D. et al. (2013). Porous materials with optimal adsorption thermodynamics and kinetics for CO_2 separation. *Nature* 495 (7439): 80–84. (n) Furukawa, H., Gándara, F., Zhang, Y.-B. et al. (2014). Water adsorption in porous metal-organic frameworks and related materials. *Journal of the American Chemical Society* 136 (11): 4369–4381. (o) Canivet, J., Fateeva, A., Guo, Y. et al. (2014). Water adsorption in MOFs: fundamentals and applications. *Chemical Society Reviews* 43 (16): 5594–5617. (p) Henninger, S.K., Habib, H.A., and Janiak, C. (2009). MOFs as adsorbents for low temperature heating and cooling applications. *Journal of the American Chemical Society* 131 (8): 2776–2777. (q) Henninger, S.K., Jeremias, F., Kummer, H., and Janiak, C. (2012). MOFs for use in adsorption heat pump processes. *European Journal of Inorganic Chemistry* 2012 (16): 2625–2634. (r) Küsgens, P., Rose, M., Senkovska, I. et al. (2009). Characterization of metal-organic frameworks by water adsorption. *Microporous and Mesoporous Materials* 120 (3): 325–330. (s) Seo, Y.-K., Yoon, J.W.,

Lee, J.S. et al. (2012). Energy-efficient dehumidification over hierachically porous metal-organic frameworks as advanced water adsorbents. *Advanced Materials* 24 (6): 806–810. (t) Ehrenmann, J., Henninger, S.K., and Janiak, C. (2011). Water adsorption characteristics of MIL-101 for heat-transformation applications of MOFs. *European Journal of Inorganic Chemistry* 2011 (4): 471–474. (u) Akiyama, G., Matsuda, R., and Kitagawa, S. (2010). Highly porous and stable coordination polymers as water sorption materials. *Chemistry Letters* 39 (4): 360–361. (v) Kim, H., Yang, S., Rao, S.R. et al. (2017). Water harvesting from air with metal-organic frameworks powered by natural sunlight. *Science* 356 (6336): 430–434.

[4] (a) Manna, K., Ji, P., Lin, Z. et al. (2016). Chemoselective single-site earth-abundant metal catalysts at metal-organic framework nodes. *Nature Communications* 7: 12610. (b) Wang, C., Xie, Z., deKrafft, K.E., and Lin, W. (2011). Doping metal-organic frameworks for water oxidation, carbon dioxide reduction, and organic photocatalysis. *Journal of the American Chemical Society* 133 (34): 13445–13454. (c) Wu, C.-D., Hu, A., Zhang, L., and Lin, W. (2005). A homochiral porous metal-organic framework for highly enantiose- lective heterogeneous asymmetric catalysis. *Journal of the American Chemical Society* 127 (25): 8940–8941. (d) Metzger, E.D., Brozek, C.K., Comito, R.J., and Dincă, M. (2016). Selective dimerization of ethylene to 1-butene with a porous catalyst. *ACS Central Science* 2 (3): 148–153. (e) Mondloch, J.E., Katz, M.J., Isley, W.C. Ⅲ, et al. (2015). Destruction of chemical warfare agents using metal-organic frameworks. *Nature Materials* 14 (5): 512–516. (f) Xiao, D.J., Bloch, E.D., Mason, J.A. et al. (2014). Oxidation of ethane to ethanol by N_2O in a metal-organic framework with coordinatively unsaturated iron(Ⅱ) sites. *Natural Chemistry* 6 (7): 590–595. (g) Feng, D., Gu, Z.-Y., Li, J.-R. et al. (2012). Zirconium-metalloporphyrin PCN-222: mesoporous metal-organic frameworks with ultrahigh stability as biomimetic catalysts. *Angewandte Chemie International Edition* 51 (41): 10307–10310. (h) Dang, D., Wu, P., He, C. et al. (2010). Homochiral metal-organic frameworks for heterogeneous asymmetric catalysis. *Journal of the American Chemical Society* 132 (41): 14321–14323. (i) Manna, K., Zhang, T., Greene, F.X., and Lin, W. (2015). Bipyridine- and phenanthroline-based metal-organic frameworks for highly efficient and tandem catalytic organic transformations via directed C-H activation. *Journal of the American Chemical Society* 137 (7): 2665–2673.

[5] (a) Sun, L., Miyakai, T., Seki, S., and Dincă, M. (2013). Mn_2(2,5-disulfhydrylbenzene-1,4-dicarboxylate): a microporous metal-organic framework with infinite $(-Mn-S-)^\infty$ chains and high intrinsic charge mobility. *Journal of the American Chemical Society* 135 (22): 8185–8188. (b) Sun, L., Hendon, C.H., Minier, M.A. et al. (2015). Million-fold electrical conductivity enhancement in Fe_2(DEBDC) versus Mn_2(DEBDC) (E = S, O). *Journal of the American Chemical Society* 137 (19): 6164–6167. (c) Gándara, F., Uribe-Romo, F.J., Britt, D.K. et al. (2012). Porous, conductive metal-triazolates and their structural elucidation by the chargeflipping method. *Chemistry A European Journal* 18 (34): 10595–10601. (d) Sheberla, D., Sun, L., Blood-Forsythe, M.A. et al. (2014). High electrical conductivity in Ni_3(2,3,6,7,10,11-hexaiminotriphenylene)$_2$, a semiconducting metal-organic graphene analogue. *Journal of the American Chemical Society* 136 (25): 8859–8862. (e) $\overline{O}$ kawa, H., Sadakiyo, M., Yamada, T. et al. (2013). Proton-conductive magnetic metal-organic frameworks, {NR_3(CH_2COOH)}[$M_a^{Ⅱ}M_b^{Ⅲ}$(ox)$_3$]: effect of carboxyl residue upon proton conduction.

Journal of the American Chemical Society 135 (6): 2256–2262. (f) Nguyen, N.T.T., Furukawa, H., Gándara, F. et al. (2015). Three-dimensional metal-catecholate frameworks and their ultrahigh proton conductivity. *Journal of the American Chemical Society* 137 (49): 15394–15397. (g) Wan, S., Gándara, F., Asano, A. et al. (2011). Covalent organic frameworks with high charge carrier mobility. *Chemistry of Materials* 23 (18): 4094–4097.

[6] (a) Sheberla, D., Bachman, J.C., Elias, J.S. et al. (2017). Conductive MOF electrodes for stable supercapacitors with high areal capacitance. *Nature Materials* 16 (2): 220–224. (b) Mulzer, C.R., Shen, L., Bisbey, R.P. et al. (2016). Superior charge storage and power density of a conducting polymer-modified covalent organic framework. *ACS Central Science* 2 (9): 667–673. (c) Lin, S., Diercks, C.S., Zhang, Y.-B. et al. (2015). Covalent organic frameworks comprising cobalt porphyrins for catalytic CO_2 reduction in water. *Science* 349 (6253): 1208–1213. (d) Miner, E.M., Fukushima, T., Sheberla, D. et al. (2016). Electrochemical oxygen reduction catalysed by Ni_3(hexaiminotriphenylene)$_2$. *Nature Communications* 7: 10942.

[7] (a) Chen, Y., Li, S., Pei, X. et al. (2016). A solvent-free hot-pressing method for preparing metal-organic-framework coatings. *Angewandte Chemie International Edition* 55 (10): 3419–3423. (b) Li, Y.-S., Liang, F.-Y., Bux, H. et al. (2010). Molecular sieve membrane: supported metal-organic framework with high hydrogen selectivity. *Angewandte Chemie International Edition* 49 (3): 548–551. (c) Guo, H., Zhu, G., Hewitt, I.J., and Qiu, S. (2009). "Twin copper source" growth of metal-organic framework membrane: $Cu_3(BTC)_2$ with high permeability and selectivity for recycling H_2. *Journal of the American Chemical Society* 131 (5): 1646–1647. (d) Bux, H., Liang, F., Li, Y. et al. (2009). Zeolitic imidazolate framework membrane with molecular sieving properties by microwave-assisted solvothermal synthesis. *Journal of the American Chemical Society* 131 (44): 16000–16001. (e) Bae, T.-H., Lee, J.S., Qiu, W. et al. (2010). A high-performance gas-separation membrane containing submicrometer-sized metal-organic framework crystals. *Angewandte Chemie International Edition* 49 (51): 9863–9866. (f) Rodenas, T., Luz, I., Prieto, G. et al. (2015). Metal-organic framework nanosheets in polymer composite materials for gas separation. *Nature Materials* 14 (1): 48–55. (g) Zornoza, B., Martinez-Joaristi, A., Serra-Crespo, P. et al. (2011). Functionalized flexible MOFs as fillers in mixed matrix membranes for highly selective separation of CO_2 from CH_4 at elevated pressures. *Chemical Communications* 47 (33): 9522–9524. (h) Bachman, J.E., Smith, Z.P., Li, T. et al. (2016). Enhanced ethylene separation and plasticization resistance in polymer membranes incorporating metal-organic framework nanocrystals. *Nature Materials* 15 (8): 845–849. (i) Rieter, W.J., Taylor, K.M.L., and Lin, W. (2007). Surface modification and functionalization of nanoscale metal-organic frameworks for controlled release and luminescence sensing. *Journal of the American Chemical Society* 129 (32): 9852–9853. (j) Rieter, W.J., Taylor, K.M.L., An, H. et al. (2006). Nanoscale metal-organic frameworks as potential multimodal contrast enhancing agents. *Journal of the American Chemical Society* 128 (28): 9024–9025. (k) Horcajada, P., Chalati, T., Serre, C. et al. (2010). Porous metal-organic-framework nanoscale carriers as a potential platform for drug delivery and imaging. *Nature Materials* 9 (2): 172–178. (l) Wuttke, S., Braig, S., Preiß, T. et al. (2015). MOF nanoparticles coated by lipid bilayers and their uptake by cancer cells. *Chemical Communications* 51 (87): 15752–15755. (m) Zhuang, J., Kuo, C.-H., Chou, L.-Y. et al. (2014). Optimized metal-organic-

framework nanospheres for drug delivery: evaluation of small-molecule encapsulation. *ACS Nano* 8 (3): 2812–2819. (n) Zheng, H., Zhang, Y., Liu, L. et al. (2016). One-pot synthesis of metal-organic frameworks with encapsulated target molecules and their applications for controlled drug delivery. *Journal of the American Chemical Society* 138 (3): 962–968.

[8] (a) Choi, K.M., Na, K., Somorjai, G.A., and Yaghi, O.M. (2015). Chemical environment control and enhanced catalytic performance of platinum nanoparticles embedded in nanocrystalline metal-organic frameworks. *Journal of the American Chemical Society* 137 (24): 7810–7816. (b) Rungtaweevoranit, B., Baek, J., Araujo, J.R. et al. (2016). Copper nanocrystals encapsulated in Zr-based metal-organic frameworks for highly selective CO_2 hydrogenation to methanol. *Nano Letters* 16 (12): 7645–7649. (c) Zhao, M., Yuan, K., Wang, Y. et al. (2016). Metal-organic frameworks as selectivity regulators for hydrogenation reactions. *Nature* 539 (7627): 76–80. (d) Lu, G., Li, S., Guo, Z. et al. (2012). Imparting functionality to a metal-organic framework material by controlled nanoparticle encapsulation. *Nature Chemistry* 4 (4): 310–316. (e) Zhao, M., Deng, K., He, L. et al. (2014). Core-shell palladium nanoparticle@metal-organic frameworks as multifunctional catalysts for cascade reactions. *Journal of the American Chemical Society* 136 (5): 1738–1741. (f) Kuo, C.-H., Tang, Y., Chou, L.-Y. et al. (2012). Yolk-shell nanocrystal@ZIF-8 nanostructures for gas-phase heterogeneous catalysis with selectivity control. *Journal of the American Chemical Society* 134 (35): 14345–14348.

[9] (a) Boyd, P.G., Moosavi, S.M., Witman, M., and Smit, B. (2017). Force-field prediction of materials properties in metal-organic frameworks. *The Journal of Physical Chemistry Letters* 8 (2): 357–363. (b) Yang, D., Bernales, V., Islamoglu, T. et al. (2016). Tuning the durface chemistry of metal organic framework nodes: proton topology of the metal-oxide-like Zr_6 nodes of UiO-66 and NU-1000. *Journal of the American Chemical Society* 138 (46): 15189–15196. (c) Dzubak, A.L., Lin, L.-C., Kim, J. et al. (2012). *Ab initio* carbon capture in open-site metal-organic frameworks. *Nature Chemistry* 4 (10): 810–816. (d) Tsivion, E., Long, J.R., and Head-Gordon, M. (2014). Hydrogen physisorption on metal-organic framework linkers and metalated linkers: a computational study of the factors that control binding strength. *Journal of the American Chemical Society* 136 (51): 17827–17835. (e) Lin, L.-C., Berger, A.H., Martin, R.L. et al. (2012). *In silico* screening of carbon-capture materials. *Nature Materials* 11 (7): 633–641. (f) Frost, H., Düren, T., and Snurr, R.Q. (2006). Effects of surface area, free volume, and heat of adsorption on hydrogen uptake in metal-organic frameworks. *The Journal of Physical Chemistry B* 110 (19): 9565–9570. (g) Fairen-Jimenez, D., Moggach, S.A., Wharmby, M.T. et al. (2011). Opening the gate: framework flexibility in ZIF-8 explored by experiments and simulations. *Journal of the American Chemical Society* 133 (23): 8900–8902.

[10] Furukawa, H., Müller, U., and Yaghi, O.M. (2015). "Heterogeneity within order" in metal-organic frameworks. *Angewandte Chemie International Edition* 54 (11): 3417–3430.

13 MOF中气体吸附和分离的基本概念和原理

13.1 气体吸附

在描述多孔材料的气体存储和分离性质时，我们会使用一些特定的术语和理论模型。其中一些术语和理论（包括Langmuir理论和BET理论）已在第2章予以介绍。在考虑多孔材料的实际应用时，仅仅评估材料的多孔性是不够的，我们还需要考虑工作容量（working capacity）、基于整系统的容量（system capacity）、动力学、循环稳定性、等量吸附热（Q_{st}）和选择性等。在有些例子中，我们需要进一步区别超额吸附量与总吸附量、质量比吸附量与体积比吸附量等参数。在本章，我们将介绍这些不同参数的具体定义及其背后的物理原理。

13.1.1 超额吸附量和总吸附量

在研究气体存储时，对给定材料的超额吸附量（excess uptake）和总吸附量（total uptake）进行区分是非常重要的。大多数气体吸附实验的压力范围一般在真空到常压（0.1MPa左右）之间。在这一区间内，超额吸附量和总吸附量基本一致。然而，高压区间（>0.5MPa）是汽车应用领域比较关注的压力范围，因此往往需要在模拟真实工况的高压条件下对材料进行吸附测试。在高压下，超额吸附量和总吸附量间会有明显差异（见图13.1）。假设有两个容器，其中第一个填满多孔吸附剂，而另一个则是全空的且其体积为第一个容器中多孔框架（吸附剂）的孔体积之和。上述两个容器气体存储的差值称为超额吸附量，也被称为吉布斯过剩量（Gibbs excess）。超额吸附量对应于吸附在多孔材料孔内表面的气体分子数目。随着压力的增大，超额吸附量会在某一压力（一般

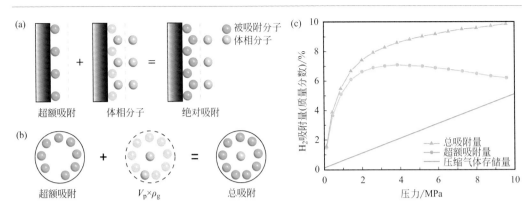

图13.1 （a）二维表面上的吸附：吉布斯界面层（浅橙色虚线）将空间自由体积内的分子分为吸附相（adsorbed，绿色）和体相（bulk，蓝色）气体分子[1]。体相气体分子是指即使与材料没有吸附作用也会分布于孔内的气体分子。绝对吸附量（absolute adsorption）包括所有处于被吸附状态的气体分子，即为实验测得的超额吸附与体相气体分子之和。（b）多孔框架材料孔内总吸附量包括孔体积内的所有气体分子[2]。对于微孔材料而言，通常将总吸附量近似为材料的绝对吸附量，因为无法通过实验确定微孔材料中的吉布斯界面层。（c）MOF-5在高压条件下的氢气吸附测试，其中不同曲线分别代表总吸附量（灰色三角形）和超额吸附量（绿色圆形），对应气体钢瓶的体相气体存储量用蓝线表示

在2～4MPa）下达到最大值，随后下降。这是由于与不含吸附剂的空间（如空的气体钢瓶）相比，在该气压范围内，气体分子更加难以在吸附剂孔内堆积和进一步压缩。

在超额吸附量最大值对应压力以上的范围进行吸附测试，对于估算材料的总吸附量是非常有必要的。在高压条件下，单位体积吸附剂中的气体分子总量包括被吸附的气体分子和孔中的体相压缩气体分子，这些体相压缩气体分子与孔表面并无相互作用。换言之，包含被吸附于表面的气体分子和被压缩于孔内的气体分子的总吸附量可用如下方程表示：

$$N_t = N_e + V_p \rho_g \qquad (13.1)$$

式中，N_t为总吸附量，mg·g^{-1}；N_e为超额吸附量，mg·g^{-1}；ρ_g为给定压力下气体的密度，mg·cm^{-3}；V_p是质量比孔体积，cm^3·g^{-1}。V_p通过晶体学密度（crystallographic density，ρ_c，单位为g·cm^{-3}）和骨架密度(skeletal density，ρ_s，单位为g·cm^{-3},通过比重法真密度分析得到）基于方程（13.2）计算得到；也可基于气体吸附等温线计算得到。

$$V_p = \frac{1}{\rho_c} - \frac{1}{\rho_s} \qquad (13.2)$$

对于微孔材料而言，方程（13.1）中的第二项（$V_p \rho_g$）值很小，因为材料在吸附了（单层）气体分子之后，其自由孔体积变得很小。因此，微孔材料的总吸附量往往被高估。对总吸附量的理解有助于我们对体积比存储密度（volumetric storage density）进行准确推导，而这一参数是能源领域气体存储中最为重要的参数之一。如前所述，不同定

义下的吸附量值的不同并不直接由容器内气体分子的堆积效率不同造成。然而，对整个气体存储体系的效率评估而言，对上述吸附量值进行区分是非常有必要的。用质量分数（w）表达的超额气体吸附量和总气体吸附量如公式（13.3）所示。

$$w=\frac{m_1}{m_2+m_1}\times100\% \tag{13.3}$$

式中，m_1表示吸附质的质量；m_2表示吸附剂的质量。通常在计算中会忽略分母中的第二项，因此计算得到的w往往会偏高。在比较不同材料的吸附值时，建议使用$g \cdot g^{-1}$［单位质量吸附剂（adsorbent）中吸附气体的质量］作为单位，以保证不同数据间的可比性。

13.1.2　质量比吸附量和体积比吸附量

由于其空旷结构，金属有机框架（MOF）的密度通常较低，因此预期具有较高的质量比气体吸附量（$cm^3 \cdot g^{-1}$或$g \cdot g^{-1}$）。但是较高的质量比气体吸附量与较高的体积比气体吸附量（$cm^3 \cdot cm^{-3}$或$g \cdot cm^{-3}$）是相互矛盾的。为了解释这一点，我们想象将气体压缩在一种具有大尺寸开放孔的多孔材料中。在该场景中，很大一部分气体虽然"漂浮"在孔中，但是它们与材料内表面并无相互作用，因此其行为与在钢瓶中的压缩气体并无二致。换句话说，将气体压缩在此类材料的孔道中并没有获得任何增益，因为对于气体而言，因与框架作用而导致的堆积比因高压作用而导致的堆积更紧密，即气体与框架作用才能产生增益。因此，对于具有大尺寸孔的低密度材料而言，其质量比气体吸附量较高，但是体积比气体吸附量较低。这一点在共价有机框架（COF）中尤其明显，因为通常它们密度超低。总而言之，这就意味着需要在孔尺寸（与质量比气体吸附量相关）和体积比气体吸附量之间找到一个平衡。特别是在移动设备中的能源存储等领域的应用中，需要格外注意这一平衡，因为具有较低体积比气体吸附量的材料无法应用于这些领域。通过改变孔径和/或与吸附质的相互作用强弱就可以达到这一平衡，不过这两个参数的大小取决于吸附气体的不同种类。在后续章节中，我们会对这一点进行详细叙述。

13.1.3　工作容量

通过气体吸附实验测得的最大气体吸附量对评估多孔材料非常关键，然而这一数值并不代表在应用条件下可被使用的气体容量。为了更清晰地叙述这一问题，我们以一个通过气体燃料提供动力的设备为例，该设备需要气体输出压力高于某最小值［通常$P_{min}=$0.5MPa（5bar）］才能正常运转。此外，设备也需要一个合理的上限压力，通常上限压力P_{max}为3.5MPa（35bar）或6.5MPa（65bar），分别对应单级或双级压缩机体系[3]。这些先决

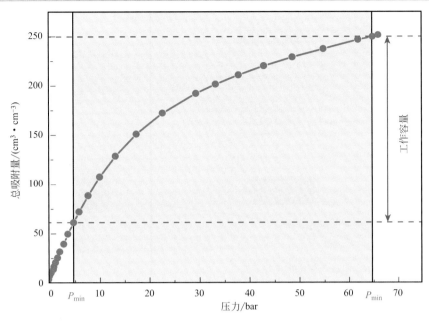

图13.2　在0～65bar（0～6.5MPa）压力范围内，室温测试的甲烷吸附等温线例子[4]。工作容量是指等温条件下从65bar（6.5MPa）到5bar（0.5MPa）可提供的气体总量。在这个例子中，工作容量大约比总吸附量低60cm³·cm⁻³。压力上下限由双级压缩机的最大压力和甲烷内燃机的最小进气口压力决定。1bar=10⁵Pa= 0.1MPa

条件使得实际可用的容量低于气体吸附测量得到的最大容量，而该实际可用的容量通常被称为"工作容量"（working capacity）（图13.2）。工作容量代表将压力从气罐最大压力降低到设备进气口最小压力过程中，可以输送进设备的气体总量。在实际应用中，考虑到气体在材料中的吸脱附行为，以质量分数计的总吸附量并不能被完全利用。为了估算工作容量，气体在低压［＜0.5MPa（5bar）］和高压［＞3.5MPa（35bar）］或者［6.5MPa（65bar）］区间的吸附容量需要被扣除。

13.1.4　基于整个系统的容量

若从系统层面考虑气体存储材料可提供的存储容量，除了工作容量外，还需要考虑所有辅助系统的质量和体积，这些辅助系统包括存储容器（气罐）、热和压力控制设备、阀门、管道、传感器等。

气体存储系统本身的热效应对存储容量具有非常大的影响。重新补充气体（吸附）时释放的热量（Q_{st}）需要得到高效的耗散；否则吸附剂床就会升温，继而导致气体存储容量的下降。同样地，如果气体释放（脱附）过程中消耗的热能无法得到补充，吸附

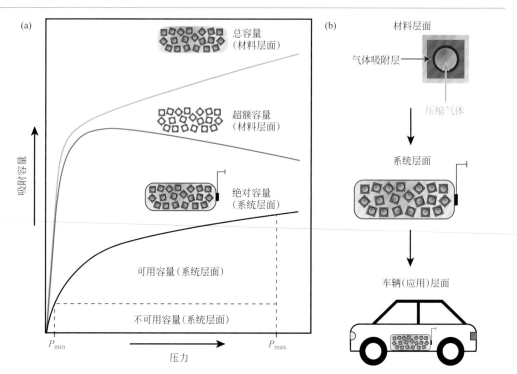

图13.3 （a）一种多孔吸附剂的甲烷总存储容量（绿线）、超额存储容量（蓝线）和绝对存储容量（黑线）关系示意图。当考虑了存储罐质量后，基于整个系统的质量比存储容量大大小于依据气体吸附实验得到的最大吸附量。可用容量（usable capacity）是指除去超过压缩机系统压力上限（P_{max}）和低于最低操作压力（P_{min}）部分的吸附量。（b）在材料层面，总容量和超额容量之间存在差别。而基于整个系统的容量则由总存储容量经考虑存储罐质量后计算得到。在车辆（应用）层面，还需要考虑其它如体系本身的热效应等因素

剂床的温度就会下降，导致低压情况下体系内仍会滞留大量气体。因此，对于任意多孔的气体存储材料，基于整个系统的绝对容量值总是低于根据气体吸附实验得到的工作容量。基于整个系统的容量值才是设备中可用气体总量的上限（图13.3）。

13.2　气体分离

　　多孔固体中的气体分离可遵循热力学分离原理或动力学分离原理进行。通过吸附质在多孔固体内特定吸附位点上的物理吸附或化学吸附，进而实现对气体混合物的分离，这一过程属于热力学过程，因此被称为"热力学分离"（thermodynamic separation）。如果某种组分的扩散系数与其它组分不同，或者采取了与其它组分不同的扩散路径，那么也可实现混

合气体的分离，这一过程被称为"动力学分离"（kinetic separation）。通常情况下，这两种机理是同时存在的，因此研究具体哪种为决速步骤极为关键。在接下来的内容中，我们将探讨气体在多孔固体中扩散的不同机理以及这些机理在气体分离方面的重要意义。

13.2.1　热力学分离

热力学分离（或者平衡分离）往往发生在孔开口较大的材料中，这些材料的孔开口足以使所有吸附质分子都毫无障碍地进入孔道［孔直径（d_p）远大于气体分子的动力学直径（d_k）］。在这种情况下，分离主要是由混合气中各组分对吸附剂表面的亲和力大小决定的。因此，通过引入特定官能团或者结合位点来调节混合物中某一组分与孔内表面的相互作用，就可以实现对分离选择性的调控。气体零覆盖度状态（相对压力为零）时的等量吸附热（Q_{st}），与吸附质和吸附剂间的最大相互作用相关，因此Q_{st}是设计用于气体吸附和分离的多孔材料的关键参数。在框架材料中进行化学修饰，如共价修饰、引入官能团、生成金属配位不饱和位点（见第6章）等，都可能导致Q_{st}值的改变。因此这些修饰都可以作为优化吸附过程热力学的方式。Q_{st}可以通过在两个不同温度下（通常是77K和87K）测得的吸附等温线进行计算，将数据基于Virial方程（维里方程）（见13.2.1.1）或者Langmuir-Freundlich方程（朗缪尔－费罗因德利希方程）（见13.2.1.2）进行拟合即可得到。

13.2.1.1　通过Virial方程计算Q_{st}

我们用如下Virial方程拟合在等温条件下测得的吸附数据（方程13.4）：

$$\ln(N/P)=A_0+A_1N+A_2N^2+A_3N^3+\cdots \tag{13.4}$$

式中，P为压力；N为被吸附的气体量；A_0、A_1、A_2等是Virial系数。利用Clausius-Clapeyron方程（克劳修斯－克拉佩龙方程），将Q_{st}作为覆盖度的函数，得到：

$$Q_{st}=R\ln(\frac{P_1}{P_2})\frac{T_1T_2}{T_2-T_1} \tag{13.5}$$

式中，R为摩尔气体常数；T_1和T_2为两条吸附等温线对应的测量温度；P_1和P_2为在两条等温线上吸附量为N时对应的气体压力。

Virial分析在数学上是成立的，因为它可以简化成Henry定律（亨利定律）且可以通过外推法估算得到相对压力为零时的Q_{st}。在更高覆盖度时，Virial分析对于所有实验数据的偏差也非常小。但是，如果所采用的多项式级数太高，可能导致对数据的过度诠释。

13.2.1.2　通过Langmuir-Freundlich方程计算Q_{st}

Langmuir-Freundlich方程可以用于拟合在等温条件下测得的吸附数据（方程13.6）：

$$\frac{N}{N_{\mathrm{m}}} = \frac{BP^{(1/t)}}{1+BP^{(1/t)}} \qquad (13.6)$$

式中，P为压力；N为被吸附的气体量；N_{m}为吸附剂表面所有吸附点均被吸附质覆盖时的吸附量，即饱和吸附量；B和t为常数。对方程（13.6）进行重排，得到关于P的方程（方程13.7），从而可以使用Clausius-Clapeyron方程［方程（13.5）］确定Q_{st}。

$$P = \left(\frac{N/N_{\mathrm{m}}}{B-BN/N_{\mathrm{m}}}\right)^{t} \qquad (13.7)$$

13.2.2　动力学分离

动力学或者非平衡气体分离原理基于不同气体分子的扩散行为的差异。总地来说，移动性更强的分子可以更快地渗入材料的孔隙。特定气体的扩散系数可以通过改变孔几何参数、孔结构的维度等来调控。多孔固体中孔结构的细微变化可能导致某一特定分子扩散系数数量级的变化。类似地，扩散物种结构的差异（例如，异烷烃和正烷烃）也会导致扩散性的巨大差异。

13.2.2.1　扩散原理

在探讨气体在多孔固体内的传输过程之前，我们需要对对流（convection，由于压力梯度而导致的气体传输）以及扩散（diffusion，由于浓度梯度而导致的气体传输）加以区分。在本章中，我们只关注扩散机理，因为扩散和对流的差异十分明显、易于分辨，且扩散是气体动力学分离的主要机理。对于具体何种扩散机理占主导，主要取决于材料孔径和特定气体分子平均自由程间的比值。在固体颗粒之间的大尺寸自由空间内，发生的主要是我们非常熟悉的气体混合物的正常扩散（normal diffusion）现象。如果发生于限域孔内且孔径远远大于扩散气体分子的动力学直径，那么扩散行为就会从正常扩散转变为分子扩散（molecular diffusion）。进一步减小孔径至气体分子平均自由程的级别，就会导致克努森扩散（Knudsen diffusion）。而如果孔径继续减小到与分子的动力学直径相仿，构型扩散（configurational diffusion）就占主导。图13.4（a）展示了孔径和扩散机理间的关系。除了上述机理之外，气体分子往往会在固体表面发生吸附，并且沿着固体表面移动，这一过程被称为表面扩散（surface diffusion）。我们可以用电路来形象地描述不同扩散机理之间的关系，分子扩散和克努森扩散就像是串联的电阻，而表面扩散和对流就像是与分子扩散以及克努森扩散并联的电阻［图13.4（b）］。

（1）分子扩散　当多孔固体的孔径远大于在其内扩散的气体分子的动力学直径时，就会发生分子扩散。在不存在整体流动（例如对流）的条件下，在z方向的稳态分子的摩尔通量（j）可以用Fick定律（菲克定律）来描述：

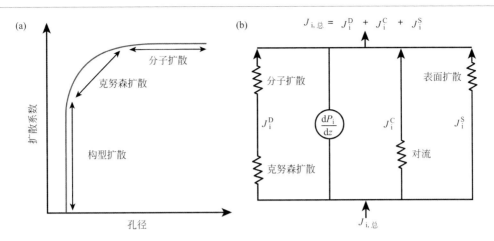

图13.4 （a）孔尺寸和扩散机理的关系。对于孔尺寸远大于扩散气体分子的动力学直径的情况，可观察到分子扩散。从机理角度来看，分子扩散和正常扩散非常相似，因为在扩散过程中，分子–分子碰撞远比分子–孔壁碰撞更容易发生。对于孔尺寸和气体分子的平均自由程相近的情况，主要扩散机理为克努森扩散。而对于孔尺寸小到和气体分子的动力学直径相近的情况，就会观察到构型扩散。（b）不同扩散机理可以类比为电路，其中各种扩散用电阻来表示。分子扩散和克努森扩散可以表示为串联的电阻（对应于通量 J_i^D），而表面扩散（对应于通量 J_i^S）和对流（对应于通量 J_i^C）可以表示为与分子扩散和克努森扩散并联的电阻

$$j_A = -D_A \frac{dc_A}{dz} \tag{13.8}$$

式中，D_A 为组分A穿过多孔固体的扩散系数；c_A 为A组分的浓度。将方程（13.8）进行积分，即可描述穿过厚度为 z 的材料平板的扩散过程。该方程基于浓度梯度为线性的假设。积分后推得方程（13.9）：

$$j_A = \frac{D_A(c_{A1} - c_{A2})}{z} \tag{13.9}$$

式中，c_{A1} 和 c_{A2} 为组分A在厚度为 z 的平板两侧（坐标记为 z_1 和 z_2）的浓度。对于形状不同的固体，扩散速率（v）可以由方程（13.10）给出：

$$v = j_A S_{av} = \frac{D_A S_{av}(c_{A1} - c_{A2})}{z} \tag{13.10}$$

式中，S_{av} 为通过厚度为 z 的多孔材料时的扩散平均截面积。如果多孔固体为完美的晶体，具有尺寸均一的孔道，且孔径远大于扩散气体分子的平均自由程，且材料厚度等于 z，那么这一假设成立。由于孔尺寸远大于气体分子平均自由程，因此分子扩散的阻力主要源于分子–分子碰撞，而分子–孔壁碰撞的可能性相较而言较低。然而，当孔径减小时，扩散过程改由克努森机理主导。

（2）克努森扩散 当材料孔尺寸和扩散气体分子的平均自由程相近时，克努森扩散为

主导的扩散机理。由于孔径更小，分子−孔壁碰撞比分子−分子碰撞更占主导地位。克努森扩散往往发生于多孔固体中的"稀薄气体"（即发生分子−分子碰撞的概率很低）中。气体在圆柱形孔中的克努森扩散系数（$D_{K,p}$，单位 $s^{-1} \cdot cm^{-2}$）可由方程（13.11）计算：

$$D_{K,p} = \frac{2}{3} r \sqrt{\frac{8}{\pi} \times \frac{RT}{M}} \tag{13.11}$$

式中，r 为孔半径；M 为孔中扩散气体的摩尔质量；系数 $\frac{2}{3}$ 是由孔的圆柱形状导致的。

由于多孔固体中仅有圆柱形孔的例子非常罕见，因此需要适用于更复杂孔体系（孔隙介质）的扩散系数 $D_{K,pm}$ 计算公式［方程（13.12）］：

$$D_{K,pm} = D_{K,p} \frac{\varepsilon \delta}{\tau} \tag{13.12}$$

式中，ε 为可及孔隙率（porosity，即扣除气体无法进入或穿过的孔的孔隙率）；δ 为阻塞率（constrictivity，指由于窄孔中气体黏度增加而导致扩散速率的降低）；τ 为迁曲度（tortuosity，指孔网络交错复杂的程度）。其中迁曲度用于修正真实孔道相对于平行圆柱阵列型孔的偏离。

如果孔尺寸继续减少至和气体分子动力学直径相当，构型扩散就成为主导机理。这类扩散只能通过一些相对复杂的模型进行描述，感兴趣的读者可以阅读相关文献进一步了解[5]。

（3）表面扩散　表面扩散是一个分子被活化的扩散过程，和多孔材料内表面的吸附−脱附平衡关系紧密。因为吸附剂表面的势能面并不是平坦的，被吸附的分子需要克服一定的活化能垒才能实现表面扩散。表面扩散可以通过以下两种机理进行：

① 如果扩散所需的活化能（E_{diff}）比分子热能（即 kT，k 为玻耳兹曼常数，T 为热力学温度）低，那么分子就可以"自由"地在表面扩散，物理吸附通常为这一情况。

② 如果 E_{diff} 比 kT 高，那么分子以跳跃机制（hopping mechanism）在表面移动，这一现象通常发生在被化学吸附的物种中。分子跳跃可以迁移很长的距离，因为当一个分子处于高能量的过渡态时，它可以在多个吸附位点之间迁移，直至能量被耗散至足够低并重新被吸附于表面。

13.2.2.2　孔形的影响

众所周知，多孔固体的孔尺寸参数对扩散系数有着较大的影响，因为它决定了何种扩散机制占主导。但是，孔的形状也同样重要。孔径相同但形状不同的孔会导致极其不同的扩散系数。通常来说，圆柱形孔的扩散系数最高，因为其阻塞率（δ）和迁曲度（τ）都可忽略不计。图13.5展示了不同形状的孔中扩散系数随时间变化的对比。在 $t = t_0$ 时，自由气体的扩散系数（D_f）与圆柱形孔中的扩散系数（D_c）和球形孔中的扩散系数（D_s）一致。随后，D_f 保持常数不变；D_c 因为受到阻力逐渐增加（例如黏度增大）而逐渐减

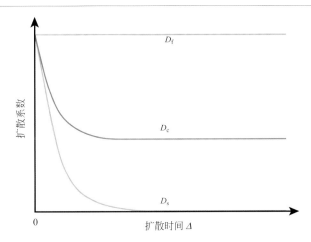

图13.5 扩散系数与扩散时间 Δ 的关系。对于正常扩散而言，扩散系数（D_f）与扩散时间无关（橙线）。对于圆柱形孔，扩散过程会受到一定阻力，因此 D_c 随着时间推移而降低，并在 $\Delta \to \infty$ 时达到最低点（蓝线）。对于封闭球形孔，D_s 随着时间而减小，下降程度与 Δ^2 成正比，并在 $\Delta \to \infty$ 时达到零值（绿线）。对于通过较窄孔开口相互相连的一系列球形孔，其扩散系数与时间的关系在某种程度上类似于圆柱形孔和球形孔，但是 $\Delta \to \infty$ 时的扩散系数值（比圆柱形孔）更小，因此三维孔体系对应的曲线应该在圆柱形孔曲线和球形孔曲线之间

少；而 D_s 在气体阻塞了整个球形孔道后最终减小至0。对于多个笼子通过较窄的孔开口相互连接形成的三维贯通孔体系而言，其扩散系数（D_{3D}）呈现出与球形孔相近的趋势。但是 D_{3D} 并不会趋近于0，在 $\Delta \to \infty$ 时扩散系数的值与相互连接处孔开口的直径有关。

13.2.2.3 基于尺寸排阻的气体分离

当混合物中至少一种组分的动力学直径大于材料窄孔尺寸时，该材料就可以通过尺寸排阻（size exclusion）的原理进行气体分离。这也就意味着至少有一种气体分子由于位阻效应而无法进入孔体系中，而其它动力学直径更小的分子则可以进入。这种分离方式并不理想，因为分离过程伴随着急剧的压降。而在孔径稍大的情况下，分离原理由基于尺寸排阻的完全分子筛分离（molecular sieving）转变为动力学分离（kinetic separation）或者部分分子筛分离，这对于实际应用而言更具有吸引力。

13.2.2.4 基于开门效应的分离

开门效应（gate-opening effect）是指低孔隙率的窄孔（np）相和高孔隙率的宽孔（wp）相之间结构转化的过程。这一效应对分离的有效性已在许多分离过程中得到验证[6]，如 $C_1 \sim C_5$ 分离（见第16章）。开门效应常常由温度和/或压强诱导，因而气体分子的存储和释放可以基于这些参数（如特定的压力阈值）来调控。由于关孔之后气体会自发释放，

因此通过该策略可以实现很高的工作容量。这类材料的柔性（flexibility）为网格材料（MOF、COF以及ZIF）所独有，但是如何完全通过预先理性设计去定向合成具有开门效应的材料，依旧在探索中。

13.2.3 选择性

在分离过程中，首要考虑的是吸附剂对气体混合物中某种组分是否具有选择性（selectivity）。为了使其具有选择性，可以对吸附作用的强度进行调控（热力学分离），或者通过尺寸排阻以及混合物中不同组分扩散系数的差异（动力学分离）来实现。在前文中，我们已经讨论了热力学分离是基于不同气体和吸附位点之间亲和力的差异。在孔足够大的多孔固体中，气体扩散是不受约束的，混合气体不同组分的扩散系数几乎相等。因此，吸附平衡时对某一组分的热力学选择性因子（S_t）可以通过各组分（i）的 Henry 常数（K_i，相对压力 P/P_0 趋近于0时的吸附等温线斜率）的比例计算得到，如方程（13.13）所示：

$$S_t = \frac{K_1}{K_2} \tag{13.13}$$

热力学选择性基于物理吸附或者化学吸附原理，因此它与混合气体中组分的物理性质密切相关（例如极化率、四极矩），这些性质都对等量吸附热有很大的影响。为了阐明这一点，我们可以假设由 CO_2（15%～16%）和 N_2（73%～77%）组成混合气体，这一组成与燃烧后的烟道气相近。比较这两者与平衡分离有关的物理量可知：无论是极化率（CO_2，29.1×10^{-25}cm^{-3}；N_2，17.4×10^{-25}cm^{-3}）还是四极矩（CO_2，4.30×10^{26}esu$^{-1} \cdot$cm^{-2}；N_2，1.52×10^{26}esu$^{-1} \cdot$cm^{-2}），CO_2 的值都要高于 N_2 的值。因此，气体捕集材料孔表面的极性位点与 CO_2 之间的相互作用更强，因此对 CO_2 的亲和性/选择性也更高 [图13.6（a）]。

动力学分离则基于尺寸合适的孔会对分子具有尺寸选择性这一前提。孔尺寸较小的多孔固体只允许动力学直径小于一定值的分子在其内自由扩散，而更大的分子则由于空间限制而无法穿过该材料，这一过程导致非平衡分离（nonequilibrium separation）[7]。对于孔较小且尺寸与组分气体的动力学直径相当的MOF，气体扩散难度陡增。如前所述，这种情况会使扩散机理转变为克努森扩散，甚至表面扩散，继而导致气体组分之间的扩散系数有明显可区分的差别。由于表面扩散过程是一直存在的，因此动力学选择性因子（S_k）由各组分（$i,i=1,2,\cdots$）的 Henry 常数（K_i）之比和扩散系数（D_i）之比来定义，见方程（13.14）[8]：

$$S_k = \frac{K_1}{K_2}\sqrt{\frac{D_1}{D_2}} \tag{13.14}$$

这种动力学效应有时可以提高平衡吸附的选择性，但在大多数情况下都会降低选择性。在强吸附的组分比弱吸附的组分扩散得更慢时，结论更是如此[9]。只有对组分动力

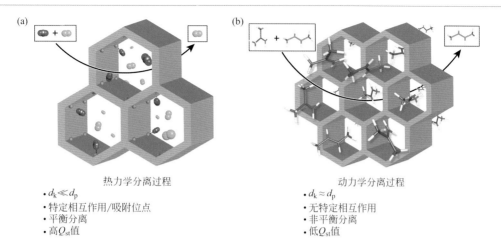

图13.6　多孔材料的热力学和动力学分离。（a）热力学分离基于混合气中某一组分与材料的特异性相互作用。CO_2与特异性吸附位点牢固结合，而N_2可以不受阻碍地穿过孔隙。（b）动力学分离基于混合气中不同组分的扩散系数的差别。反式–2–丁烯和异丁烯的动力学直径差别明显，因此只有线型的反式–2–丁烯可以穿过孔隙，而异丁烯则被挡在孔外

学直径（d_k）差别明显的混合气体，动力学分离才适用。上文用于阐释热力学分离选择性的CO_2/N_2混合体系并不满足这一前提，因为两组分的动力学直径相近（分别为3.68Å和3.30Å）。若要动力学分离，则要求气体捕集材料的孔开口很小，且处于一个很窄的范围内。但同时，较小的孔径（d_p）也会限制气体在材料中的扩散。此外，无法避免的结构缺陷则会引入尺寸更大的孔，进一步降低这一策略的可行性。而如图13.6（b）所示，具有不同尺寸气体分子的混合物，如反式–2–丁烯和异丁烯混合物，则可以满足上述前提条件，从而可以采用动力学分离方法。

　　基于实验数据，通常可以采取三种方法来确定一给定多孔材料的选择性：①通过单组分吸附等温线估算；②通过理想吸附溶液理论（ideal adsorbed solution theory，IAST）计算；③通过气体穿透（breakthrough）实验。

13.2.3.1　从单组分吸附等温线计算选择性因子

　　若需计算选择性因子（selectivity factor，S），需要事先通过实验测得两种所关注的气体的吸附等温线。计算方法如方程（13.15）所示：

$$S=\frac{q_1/q_2}{P_1/P_2} \tag{13.15}$$

　　式中，选择性因子S通过吸附摩尔量（q_i）的比值和对应气体分压（P_i）的比值计算得到的。由于这种估算方法的数据源于单组分吸附等温线，因此并未考虑不同种气体分子对同一吸附位点的竞争关系。尽管基于该方法计算得到的选择性因子并不准确，但是

它确实提供了一种简便的可量化评估不同多孔吸附剂的方法。

13.2.3.2   基于理想吸附溶液理论计算选择性因子

相比通过单组分等温吸附线，通过IAST方法可以计算得到更准确的选择性因子数值[10]。IAST方法适用于两种气体组分完全混合，且其行为符合理想气体模型的情况。在利用IAST方法计算选择性因子时，需要在同一温度下测量单一气体组分的吸附等温线，并用数学方法对其进行拟合。

在体系中，P为气体总压力，x_i和x_j为吸附相中组分i和j的摩尔分数，y_i和y_j为体相中组分i和j的摩尔分数。针对被吸附的气体，IAST方法将吸附层内的混合物作为理想溶液处理，定义了各组分的P^*（可以理解为纯组分条件下吸附相的"蒸气压"），其中$Py_i = P_i^* x_i$，即$P_i^* = Py_i/x_i$。

考虑到平衡状态，在方程（13.16）中针对各单一组分进行积分就可以推得不同组分在吸附相的摩尔分数。

$$\int_0^{P_i^*} \frac{n_i(P)}{P} dP = \int_0^{P_j^*} \frac{n_j(P)}{P} dP \qquad (13.16)$$

式中，$n_i(P)$为基于材料对纯组分i的吸附曲线时，吸附量物质的量n_i对P的关系函数。

对于混合气中占比较高且吸附较少的组分而言，该模型的准确性较低。因为在对单组分等温线进行积分时，需要将积分区间上限设到压力很高的区域。具有柔性的框架材料中的气体吸附无法用IAST方法准确描述，但目前也已发展了其它适用于此类材料的方法[11]。通过方程（13.17）可计算被吸附气体总量：

$$\frac{1}{n_t} = \frac{x_i}{n_i^0} + \frac{x_j}{n_j^0} \qquad (13.17)$$

式中，n_t为某一压力下单位质量（g）吸附剂吸附混合气体的总物质的量；n_i^0和n_j^0为单位质量（g）吸附剂可吸附的纯组分i和j的物质的量。

用IAST方法准确计算选择性因子需要高质量的单组分吸附数据。利用巨正则蒙特卡洛（grand canonical Monte Carlo，GCMC）模拟计算得到的等温线可以得到更好的拟合结果，因此在报道IAST计算结果时往往会附上GCMC模拟的结果[12]。这两种方法各有局限，因此对得到的选择性因子结果进行评估和细致检查也非常关键。例如，IAST方法就低估了HKUST–1对CO_2/H_2的选择性，这是由于其结构中具有不同形状和大小的"口袋"。这些口袋使得其倾向于选择性吸收某一气体分子，而非尺寸不同的另一气体分子。若基于GCMC模拟结果进行IAST计算则可以规避单一方法对选择性的低估，该方法所得的选择性数据通过实验得到了证实。类似地，IAST计算得到的MOF–177对CO_2和H_2的选择性数据也和实测数据不一致，但是将GCMC和IAST方法组合使用可以更准确地预测其分离选择性[13]。

13.2.3.3　实验方法

穿透实验提供了吸附剂选择性的实验数据，从而可以实验评估材料的分离性能。通常的装置如下：用一组质量流量控制器来准确控制混合气体的不同组分。该混合气通入填有固体粉末或压实颗粒的柱子，或者穿透含吸附剂的分离膜。吸附后的气流用质谱（指MS或者GC-MS）或者一组特定气体传感器进行检测。实验得到的典型数据如图13.7所示，其中展示了材料对80∶20（体积比）的气体A、B混合物的分离结果。当混合气通至活化后的吸附剂处时，因框架对A的亲和力较弱，组分B被选择性吸附，此时吸附后的洗脱气几乎为纯组分A。一旦吸附剂被B饱和，就发生所谓的"穿透"，洗脱气变成由A、B两种组分组成的混合气。该混合气中的组成不断变化，直至达到与进气相同的组成（$V_A∶V_B = 80∶20$）。吸附剂床可以随后进行再生，从而进行多个循环的测量。再生过程通常通过气体吹扫（purging）进行（比如在这个例子中，使用气体A进行管路吹净），该过程也被称为压力切变（pressure swing），随后对材料进行加热［温度切变（temperature swing）］。关于变温吸附（temperature swing adsorption，TSA）和变压吸附（pressure swing

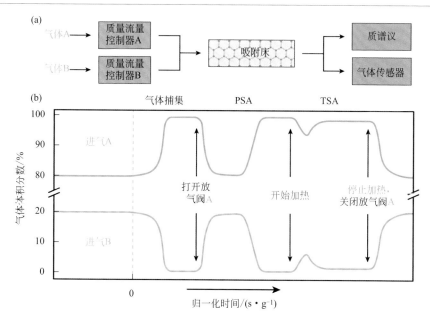

图13.7　（a）典型穿透实验的装置示意图。通过质量流量控制器控制，生成组成固定的混合气。该混合气通入吸附剂床时，某一组分被选择性吸附。混合气通过吸附剂后使用质谱或特定气体传感器进行分析。将获得的数据相互对照，并扣除死时间，即可得到类似于（b）中所示的数据图。（b）当混合气通至吸附剂处时，某一组分被吸附（此处为组分B）直至吸附剂达到饱和。吸附剂床用气体A进行吹扫，迫使组分B在变压吸附（PSA）循环中从材料中脱附。对吸附剂进行加热，进入变温吸附（TSA）循环。剩余与材料强作用结合的B分子被释放，从而使吸附剂再生，以便进入下一气体捕集循环

adsorption，PSA）的更多细节我们将在第14章进行讨论。

13.3　应用条件下多孔框架的稳定性

对于适合用于气体存储或分离的多孔框架而言，它们必须满足具有较高的容量和在动力学上较快等条件。另外，经常被忽略但却非常重要的因素是在应用条件下材料的长期稳定性和循环稳定性。根据所面向应用的不同，需要在不同的测试条件组合下研究材料的循环稳定性。我们将在介绍具体应用的章节中针对这一点给出更详细的说明。尽管长期循环测试研究在材料研发初期并非完全必要，但在针对特定应用的模拟条件下，对给定材料的降解、相关的存储容量以及选择性的损失进行评估是非常重要的。通常，我们通过目标次数的吸附－脱附循环（或目标工作时长）后，存储容量或选择性与最初数值的比值来评估。尽管这一评估不够完善，但是这些实验结果依然可以为有应用潜力的材料的筛选和优化提供重要的信息。

此外，热应力（thermal stress）和机械应力（mechanical stress）对材料的稳定性方面也有着较大影响。由于吸附和脱附过程中会分别释放或消耗吸附热（Q_{st}），因此会产生热应力。我们以HKUST-1作为汽车中甲烷存储材料的应用为例，来说明材料热稳定性的重要性。在此类应用中，所需的甲烷存储容量通常为20kg（约为1250mol，若进行理想气体近似处理，其体积约为28000L）。HKUST-1的CH_4存储容量为0.15g·g^{-1}。因此若需存储20kg CH_4，则需要一个填有140kg HKUST-1的气罐。HKUST-1的CH_4吸附热为Q_{st} = 20kJ·mol^{-1}，意味着在加气时会释放出Q = 25000kJ热能，同时在甲烷被使用至耗尽过程中需要消耗等量的热能。将这些数值和HKUST-1的比热容c_p（报道值为1.46kJ·kg^{-1}·K^{-1}）代入方程（13.18），我们可估算得到加气过程将导致材料至少升温120K[14]。因此对面向气体存储的应用材料的热稳定性进行考察非常重要。

$$\Delta T = \frac{Q}{mc_p}$$ （13.18）

式中，ΔT为温度升高的值，K；m为HKUST-1的质量，kg。

机械应力则为多孔材料的应用增添了另一挑战。在大多数应用中，吸附剂并非以粉末形式存在，更常见的是采用成型造粒的方式。吸附剂颗粒往往通过模压或挤塑得到，因此这些材料必须在加工过程中具有较好的机械稳定性，以防在成型过程中框架结构坍塌[15]。得到的成型颗粒需要在很长时间内保持结构完整，这在移动体系应用中尤为关键。因为在此类应用场景，材料不可避免经历震颤和抖动，这就对成型颗粒（或吸附剂本身）的结构稳定性提出了更高的要求。

13.4   总结

在本章中，围绕着多孔固体在气体吸附和气体分离中的应用，我们介绍了气体吸附和分离的一些术语和理论。我们阐明了对于特定应用，区分超额吸附量与总吸附量、体积比吸附量与质量比吸附量的重要性，同时讨论了工作容量和基于整个系统的容量与其日渐增长的重要性。我们还讨论了不同的扩散机制以及它们对分离过程选择性的影响，并介绍了确定分离过程选择性的实验方法和计算方法。在接下来的几章中，我们将利用这些基本概念和原理来阐明MOF在CO_2捕集和封存（第14章）、H_2和CH_4存储（第15章）、分离过程（第16章）以及水蒸气吸附（第17章）方面的应用。

参考文献

[1] Gibbs, J. (1928). *The collected Works*, vol. 1. New York: Longmans.

[2] (a) Sircar, S. (1999). Gibbsian surface excess for gas adsorption revisited. *Industrial and Engineering Chemistry Research* 38 (10): 3670–3682. (b) Sircar, S. (2001). Measurement of Gibbsian surface excess. *AIChE Journal* 47 (5): 1169–1176.

[3] He, Y., Zhou, W., Qian, G., and Chen, B. (2014). Methane storage in metal-organic frameworks. *Chemical Society Reviews* 43 (16): 5657–5678.

[4] Li, B., Wen, H.-M., Wang, H. et al. (2015). Porous metal-organic frameworks with Lewis basic nitrogen sites for high-capacity methane storage. *Energy & Environmental Science* 8 (8): 2504–2511.

[5] (a) Xiao, J. and Wei, J. (1992). Diffusion mechanism of hydrocarbons in zeolites—I. Theory. *Chemical Engineering Science* 47 (5): 1123–1141. (b) Cui, X., Bustin, R.M., and Dipple, G. (2004). Selective transport of CO_2, CH_4, and N_2 in coals: insights from modeling of experimental gas adsorption data. *Fuel* 83 (3): 293–303.

[6] (a) Li, L., Krishna, R., Wang, Y. et al. (2016). Exploiting the gate opening effect in a flexible MOF for selective adsorption of propyne from $C_1/C_2/C_3$ hydrocarbons. *Journal of Materials Chemistry A* 4 (3): 751–755. (b) Gücüyener, C., van den Bergh, J., Gascon, J., and Kapteijn, F. (2010). Ethane/ethene separation turned on its head: selective ethane adsorption on the metal-organic framework ZIF-7 through a gate-opening mechanism. *Journal of the American Chemical Society* 132 (50): 17704–17706.

[7] Seoane, B., Castellanos, S., Dikhtiarenko, A. et al. (2016). Multi-scale crystal engineering of metal organic frameworks. *Coordination Chemistry Reviews* 307: 147–187.

[8] Do, D.D. (1998). *Adsorption Analysis: Equilibria and Kinetics: (With CD Containing Computer Matlab Programs)*, vol. 2. World Scientific.

[9] (a) Nugent, P., Belmabkhout, Y., Burd, S.D. et al. (2013). Porous materials with optimal adsorption thermodynamics and kinetics for CO_2 separation. *Nature* 495 (7439): 80–84. (b) Li, L., Bell, J.G., Tang, S. et al. (2014). Gas storage and diffusion through nanocages and windows in porous metal-organic framework Cu_2(2,3,5,6-tetramethylbenzene-1,4-diisophthalate)(H_2O)$_2$. *Chemistry of Materials* 26 (16): 4679–4695.

[10] (a) Myers, A. and Prausnitz, J.M. (1965). Thermodynamics of mixed-gas adsorption. *AIChE Journal* 11 (1): 121–127. (b) Myers, A. and Prausnitz, J. (1965). Prediction of the adsorption isotherm by the principle of corresponding states. *Chemical Engineering Science* 20 (6): 549–556.

[11] (a) Coudert, F.-X., Mellot-Draznieks, C., Fuchs, A.H., and Boutin, A. (2009). Prediction of breathing and gate-opening transitions upon binary mixture adsorption in metal-organic frameworks. *Journal of the American Chemical Society* 131 (32): 11329–11331. (b) Coudert, F.-X. (2010). The osmotic framework adsorbed solution theory: predicting mixture coadsorption in flexible nanoporous materials. *Physical Chemistry Chemical Physics* 12 (36): 10904–10913.

[12] Richter, E., Wilfried, S., and Myers, A.L. (1989). Effect of adsorption equation on prediction of multicomponent adsorption equilibria by the ideal adsorbed solution theory. *Chemical Engineering Science* 44 (8): 1609–1616.

[13] Mason, J.A., Sumida, K., Herm, Z.R. et al. (2011). Evaluating metal-organic frameworks for post-combustion carbon dioxide capture via temperature swing adsorption. *Energy & Environmental Science* 4 (8): 3030–3040.

[14] (a) Mu, B. and Walton, K.S. (2011). Thermal analysis and heat capacity study of metal-organic frameworks. *The Journal of Physical Chemistry C* 115 (46): 22748–22754. (b) Koh, H.S., Rana, M.K., Wong-Foy, A.G., and Siegel, D.J. (2015). Predicting methane storage in open-metal-site metal-organic frameworks. *The Journal of Physical Chemistry C* 119 (24): 13451–13458.

[15] (a) Czaja, A.U., Trukhan, N., and Muller, U. (2009). Industrial applications of metal-organic frameworks. *Chemical Society Reviews* 38 (5): 1284–1293. (b) Czaja, A., Leung, E., Trukhan, N., and Müller, U. (2011). *Metal-Organic Frameworks*, 337–352. Wiley-VCH.

14 CO$_2$捕集和封存

14.1 引言

　　人类活动排放造成的大气中二氧化碳含量不断增长是地球所面临的最严峻问题之一。大约80%的CO$_2$排放来自于化石燃料（煤、石油和天然气）的燃烧，这可以从20世纪化石燃料燃烧量的稳步增长和CO$_2$排放量的对应增长中得到印证（图14.1）[2]。由于世界人口的进一步增加以及新兴经济体的经济增长和工业化进程，预计此类排放将在未来进一步增长[3]。由此产生的对替代燃料的需求，以及随之而来的从碳基化石能源到其它能源转换的追求，激发了科研工作者对新能源结构的深入研究。然而，对目前能源框架进行所需改革尚无法立刻实现，新型环境友好型技术（例如天然气存储、氢气存储以及电池和燃料电池技术）的大规模实施仍需进一步发展。因此，在利用更多新型环境友好型技术对目前能源结构框架进行改造之前，我们需要有效的CO$_2$捕集和封存（CO$_2$ capture and sequestration，CCS）技术，以降低目前能源体系下的CO$_2$排放。

　　将CCS技术实施于使用化石燃料（如煤和天然气）的发电厂等固定CO$_2$排放源似乎指日可待。通过化石燃料发电产生的CO$_2$排放约占全球整体排放量的60%[3]。因此，在此类发电厂的废气系统中引入高效的CCS技术可以显著降低全球CO$_2$总排放量。表14.1列出了燃煤电厂燃烧后排放烟道气的成分组成，以及与碳捕集相关的气体物理参数。

　　目前从燃烧后烟道气中进行碳捕集的技术主要使用烷醇胺的水溶液。在发电厂使用该技术应用的主要不足在于，它将造成约30%的发电厂输出能源的损耗[4]。这一能量损耗归因于从捕集介质中释放被捕集的CO$_2$需要大量的能量投入。由于目前技术无法将捕集介质再生所需的能量投入最小化，因此面向更高能效的CCS技术，开发新型材料和方法十分重要[5]。金属有机框架（MOF）和其它网格框架材料（例如，ZIF和COF）的研究

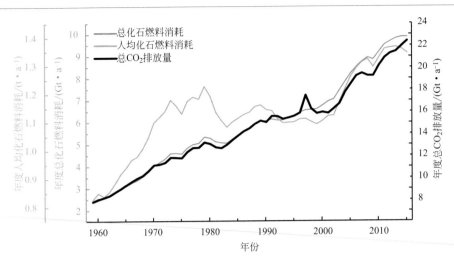

图14.1　自1959年以来，化石燃料的年消耗总量（蓝线）和年人均消耗量（绿线）的演变情况。排放到大气中的CO_2量的增加与化石燃料消耗量的增加有关[1]

表14.1　燃煤发电厂的燃烧后烟道气的典型组成以及碳捕集过程相关气体的物理参数

分子	烟道气组成	物理性质			
		动力学直径 /Å	极化率 /($\times 10^{-25} cm^{-3}$)	偶极矩 /($\times 10^{18} esu^{-1} \cdot cm^{-1}$)	四极矩 /($\times 10^{26} esu^{-1} \cdot cm^{-2}$)
N_2	73%～77%	3.68	17.4	0	1.52
CO_2	15%～16%	3.30	29.1	0	4.30
H_2O	5%～7%	2.65	14.5	1.85	—
O_2	3%～4%	3.46	15.8	0	0.39
SO_2	800×10^{-6}	4.11	37.2～42.8	1.63	—
NO_x[①]	500×10^{-6}	—	30.2	0.316	—
HCl	100×10^{-6}	3.34	26.3～27.7	1.1086	3.8
CO	20×10^{-6}	3.69	19.5	0.1098	2.5
SO_3	10×10^{-6}	—	—	0	—
碳氢化合物	10×10^{-6}	—	—	—	—
Hg	1×10^{-9}	—	—	—	—

①NO_2和N_2O_4的总量。

已经表现出应对该挑战的潜力。MOF具有调控CO_2吸附和脱附的热力学和动力学过程的能力，这对于提高CO_2捕集系统的能效至关重要。因此，这类模块化材料是开发下一代CO_2捕集材料的理想平台[6]。前文讨论的设计原理为化学家们提供了必要的手段来设计适用于碳捕集的材料，材料也可通过合成前和合成后结构修饰策略进行进一步优化。这种结构可调性使得我们可以精确调控材料对CO_2的亲和力。同时，我们也可针对燃烧后或燃烧前气体的组成，对给定材料进行优化。甚至能够针对特定的应用位置对材料进行优化。由于CO_2捕集材料的应用情景非常多样，我们将本章的内容限制在涉及燃烧后CO_2捕集（post-combustion CO_2 capture，即从烟道气中捕集CO_2）和燃烧前CO_2捕集（pre-combustion CO_2 capture，指对合成气等气体的纯化）的范围内。其它应用领域还包括运输排放和天然气处理（CO_2/CH_4分离）中的CO_2捕集，关于这些应用的更详细信息，请读者参阅相关文献[6,7]。在本章中，我们将集中说明使用MOF和相关材料进行CO_2捕集。一般来说，以下讨论涉及的概念同样适用于COF。然而，可能是由于它们的非极性性质，目前COF在CO_2捕集应用中性能有限。有关COF中CO_2捕集的更多信息，请参阅相关文献[8]。

14.2 原位表征

若要优化MOF以更好地捕集CO_2，分析MOF和目标捕集气体分子间的特定相互作用是十分重要的。深入理解特定MOF的结构和化学性质与其吸附特性之间的关系，有助于研究者发展下一代框架材料。除了气体吸附实验，通常还使用本章14.2.1所述的三种分析方法来深入理解MOF的吸附过程。

14.2.1 X射线和中子衍射

利用X射线和中子衍射技术是获得气体和MOF内表面相互作用的结构信息的最准确方法。这两种方法都能精确测定气体分子在框架内的位置。这些数据是通过测量封在样品腔（通常为毛细管）中的活化的MOF粉末或单晶来收集的。其中，样品腔需事先抽真空，随后填充定量的高纯气体。衍射实验以及随后的结构解析和精修，可以对被吸附分子进行定量，同时确定分子的精确位置。该方法为评估与吸附过程有关的相互作用提供了重要信息。与传统的衍射实验一样，对吸附气体分子后MOF的结构解析和精修也有其固有的限制，例如无序结构的存在和样品腔本身对X射线（或中子）的吸收。除了这些因素，抽真空和填充吸附质过程对样品稳定性的影响也须考虑。在14.2.1.1和14.2.1.3中，我们将举例来说明这种方法的强大之处。

14.2.1.1 具有呼吸效应的MOF的表征

某些MOF在吸附CO_2时表现出可逆的结构转变，整个框架结构在初始的几何结构和扩张/收缩形式之间以"呼吸"（breathing）的方式进行转换。这种结构转变由温度、压力触发，或由框架与吸附质（如CO_2或H_2O）的偶极矩或四极矩相互作用触发，可以通过原位粉末X射线衍射（PXRD）进行研究。呼吸效应只可能出现在某些特定的网络拓扑中（见第21章）。在这里，我们以MIL-53在CO_2中的呼吸效应为例进行分析。MIL-53是一例由二连接的BDC配体连接棒状次级构造单元（SBU）构筑而成的**sra**拓扑框架，它具有沿晶体学c轴方向延伸的菱形孔道[9]。这种结构排布方式允许孔道可以沿着某一方向扩张和收缩，这一过程被称为框架的呼吸。图14.2展示了不同CO_2压力下(Cr)MIL-53的原位PXRD测量结果和相应的结构。从粉末衍射谱图可以看出，当CO_2压力达到或超过0.4MPa（4bar）时，框架的孔被打开，结构从原本的窄孔（np）相转变为宽孔（wp）相，从而导致衍射峰向低角度位移。同时，该过程是可逆的。在降低压力后，框架又回到np相（图14.2）。在许多其它MOF中也观察到类似的行为。然而，完全通过设计的方法理性合成出具有呼吸效应的MOF，至2019年为止仍未见报道。

14.2.1.2　与路易斯碱相互作用的表征

如前所述，CO_2的中心碳呈亲电性，因此容易受到氨基等路易斯碱的进攻。这种相互作用的范围可从较弱的物理吸附到较强的共价作用（化学吸附，生成氨基甲酸或氨基甲酸铵）不等。物理吸附作用通常可在基于芳香胺类配体构造的MOF中观察到。我们以

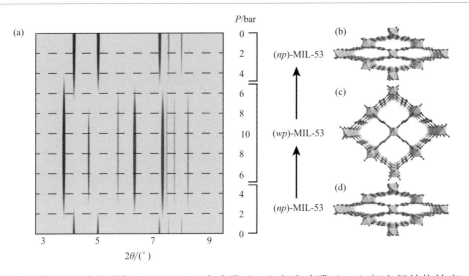

图14.2　随着CO_2压力的增加，(Cr)MIL-53在窄孔（np）相和宽孔（wp）相之间结构转变。（a）(Cr)MIL-53的变压粉末X射线衍射谱图显示升压后，衍射峰自发地明显向低角度位移，表明从np相向wp相转变。（b）、（d）在压力小于4bar时，观察到np相。（c）当压力超过4bar时，结构自发转变为wp相。为了清晰呈现结构，所有氢原子被隐去。颜色代码：Cr，蓝色；C，灰色；O，红色。$1bar=10^5Pa=0.1MPa$

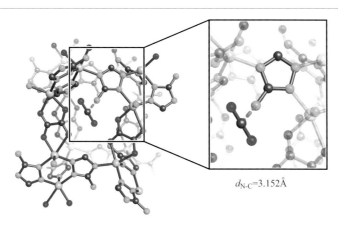

$d_{N-C}=3.152\text{Å}$

图14.3　Zn$_2$(ATZ)$_2$(OX)$_2$中的CO$_2$吸附。CO$_2$被吸附于指向孔腔的胺上。胺与CO$_2$之间3.152Å的距离表明存在强的物理吸附。图中只展示一个笼子和一个被吸附的CO$_2$分子。为了清晰呈现结构，所有氢原子已省略。颜色代码：Zn，蓝色；C，灰色；N，绿色；O，红色

Zn$_2$(ATZ)$_2$(OX)为例说明。该MOF是一例层柱型（pillared-layer）结构。由5-氨基三唑阴离子（5-amino-triazolate，简称ATZ）连接Zn二聚体形成二维层，并以草酸根（oxalate，OX）为柱连接，形成 **pcu** 拓扑的三维框架（图14.3）[10]。CO$_2$气氛下Zn$_2$(ATZ)$_2$(OX)的原位单晶X射线衍射表明，CO$_2$分子与胺的相互作用使得CO$_2$中的碳原子与胺的氮原子距离很近。约3.15Å的C—N距离以及CO$_2$的线型结构表明，这种相互作用应当定义为物理吸附。

14.2.1.3　与配位不饱和金属位点相互作用的表征

CO$_2$中的氧原子可与具有路易斯酸性的配位不饱和金属位点（open metal site）相互作用。在(Ni)MOF-74［Ni$_2$(DOT)］的结构中，将端基配位的水分子从其棒状SBU中去除后，结构就具有了配位不饱和金属位点（图14.4，详情请见第2章）。经完全活化，(Ni)MOF-74的六边形孔道内整齐排列有无数配位不饱和金属位点。这导致了相对较高的吸附热（Q_{st} = 42kJ·mol^{-1}）和低压下较高的CO$_2$质量比吸附量（23.9%，在0.1MPa及296K条件下）[11]。高分辨率粉末X射线衍射（high-resolution powder X-ray diffraction，HR-PXRD）表明，CO$_2$优先以端位氧原子与配位不饱和金属位点结合[11b]。配位不饱和金属位点与CO$_2$的氧原子之间相对较短的距离（2.29(2)Å）和CO$_2$中的O—C—O键角（162(3)°）表明两者之间存在强相互作用（图14.4）。

14.2.2　红外光谱

红外光谱中的振动吸收带是CO$_2$和框架相互作用强度的可靠指征。CO$_2$不对称伸缩振动（v_3 = 2349cm^{-1}）和弯曲振动（v_2 = 667cm^{-1}）有红外活性，而对称伸缩振动（v_1 =

1342cm^{-1}）形式无红外活性（图14.5）。对于含有 n 个原子的分子，可能的分子振动形式有 $3n-6$ 种（对线型分子为 $3n-5$）。据此，CO_2 有四种不同的振动形式；然而，我们前面仅列出了三种形式，这是因为弯曲振动 v_2 在两个不同方向发生从而简并为一个峰。当 CO_2 与吸附位点发生强的相互作用时，分子的线型对称性被破坏，这种简并被消除。同

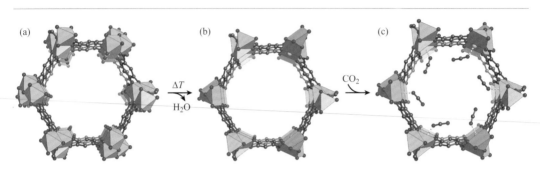

图14.4　（a）(Ni)MOF-74的沿着晶体学 c 轴方向的六边形孔。（b）动态真空加热(Ni)MOF-74，使水分子从结构中脱除，生成配位不饱和金属位点。（c）配位不饱和金属位点呈高极性路易斯酸性，促进了对 CO_2 物理吸附的能力。通过较短的 Ni-CO_2（Ni-O）距离（2.29Å），以及相较于原本直线形结构偏离的折线形 CO_2 结构（$\angle_{O-C-O}=162(3)°$），可确证该物理吸附过程。为了清晰呈现结构，仅显示一个孔道，且所有的氢原子被隐去。颜色代码：Ni，蓝色；C，灰色；O，红色

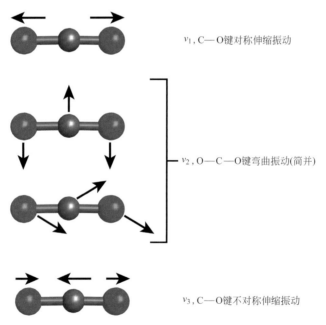

图14.5　CO_2 的 $3n-5$ 种振动形式，其中仅三种存在红外活性。两种弯曲振动 v_2 在气相状态下简并，因此仅能观察到两个红外特征吸收带。CO_2 与吸附位点的强相互作用使得 CO_2 分子不再为直线形分子，从而消除了 v_2 的简并，导致该吸收带最终裂分为两个峰。颜色代码：C，灰色；O，红色

时 v_3 的特征位移也可作为诊断工具。总体而言，因 CO_2 和其周边化学环境间的局部相互作用会导致结构细微变化，红外光谱可作为研究这一结构变化的敏感探针。

相较于气态 CO_2 的红外光谱，吸附于 (Ni)MOF-74 配位不饱和金属位点上的 CO_2 的不对称伸缩振动（v_3）峰发生了约 $8cm^{-1}$ 的红移。该红移的原因是 O 的孤对电子与 Ni^{2+} 中心空 d 轨道的相互作用［反馈键合（backbonding）］。此外，弯曲振动 v_2 分裂成两个明显的峰，可观察到它们峰位差约为 $8cm^{-1}$，这支持了从 HR-PXRD 数据中得知的 CO_2 分子略微弯曲的几何特点。在 $2408cm^{-1}$ 处新出现的吸收带证明配位不饱和金属 Ni 位点与被吸附的 CO_2 分子之间存在键合。该吸收归于 v_3+v_{M-O} 组合振动（combinatorial vibration，v_{M-O} = $67cm^{-1}$）。基于变温红外光谱数据，可以根据范特霍夫方程（van't Hoff equation）曲线计算等量吸附热。通过该方法计算的等量吸附热值（Q_{st} = 47kJ·mol^{-1}）与基于吸附数据计算的相对压力为零时的初始值（Q_{st} = 41kJ·mol^{-1}）相吻合[12]。

漫反射傅里叶变换红外光谱（diffuse reflectance infrared Fourier transform spectroscopy，DRIFTS）是一项分析气相分子与表面之间相互作用的技术，可以用于研究 CO_2 和胺功能化 MOF 的相互作用。我们以胺功能化的 CuBTTri（结构简式为 $H_3[(Cu_4Cl)_3(BTTri)_8]$，**the** 拓扑）为例说明。经完全活化后，CuBTTri 结构具有配位不饱和金属位点。这些位点可以用 N,N'-二甲基乙二胺（N,N'-dimethylethylenediamine，简称 mmen）等有机胺进行功能化，从而得到功能化的 CuBTTri 同构物（mmen-CuBTTri，见图 14.6）。由于 CO_2 在胺上发生化学吸附，生成氨基甲酸或氨基甲酸铵，因此该功能化同构物相较于原本 CuBTTri 具有更高的 CO_2 吸附容量[13]。

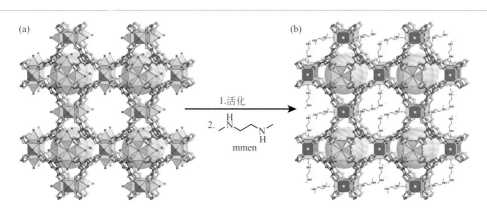

图14.6　（a）CuBTTri 的晶体结构。（b）样品活化后生成配位不饱和金属位点，这些位点可以作为 mmen 等有机二胺对材料进行功能化的位点。这些"悬挂"于 mmen-CuBTTri 孔中的胺可以结合 CO_2 形成氨基甲酸，实现高选择性吸附。该方法的不足是有机胺仅以配位的形式与配位不饱和金属位点结合，因而可能被其它潜在配体（如 H_2O）交换。图中 mmen 单元以路易斯结构式表示。为清晰呈现结构，所有氢原子被隐去。颜色代码：Cu，蓝色；C，灰色；N，绿色；O，红色

由实验可知，在3282cm^{-1}处的N—H伸缩振动峰消失了，证明了氨基甲酸或氨基甲酸铵的生成。mmen-CuBTTri的例子说明，用烷基二胺对框架材料进行修饰可设计强且有选择性的CO$_2$化学吸附，从而大大提高对CO$_2$的亲和性。有趣的是，尽管mmen-CuBTTri对CO$_2$的等量吸附热（Q_{st} = 96kJ·mol^{-1}）有所增大，但是吸附饱和的材料依然可通过变温吸附（TSA）在温和条件下再生。

14.2.3　固体核磁共振波谱

之前的mmen-CuBTTri例子表明，悬挂于框架孔道中的胺可以通过形成氨基甲酸或氨基甲酸铵的方式，对CO$_2$进行化学吸附。然而，仅通过红外光谱无法区分具体生成了哪种物质。相比之下，在固态交叉极化魔角自旋（CP-MAS）NMR谱中，可以依据二者在^{13}C和^{15}N谱图中化学位移的不同而进行区分。实验通常是将^{13}C同位素标记的^{13}CO$_2$泵入MOF中，而该MOF事先由^{15}N同位素富集的单元合成或修饰，以增加样品中NMR活性同位素的浓度。氨基甲酸的^{13}C特征化学位移（δ）约为160（注意有时与氨基甲酸酯的δ约为164有重叠）。不同的化学位移可以用来确证IRMOF-74-Ⅲ(CH$_2$NHMe)（Mg$_2$(CH$_2$NHMe-DOT-Ⅲ)）和IRMOF-74-Ⅲ(CH$_2$NH$_2$)（Mg$_2$(CH$_2$NH$_2$-DOT-Ⅲ)）吸附CO$_2$后生成的氨基甲酸[14]。将IRMOF-74-Ⅲ（Mg$_2$(DOT-Ⅲ)）的配体接上两个氨基，所得的官能化MOF（IRMOF-74-Ⅲ(CH$_2$NH$_2$)）在干燥条件下表现出与IRMOF-74-Ⅲ相似的吸附行为。然而，在有水条件下，生成的是氨基甲酸铵（而非氨基甲酸），该产物可以通过^{13}C CP-

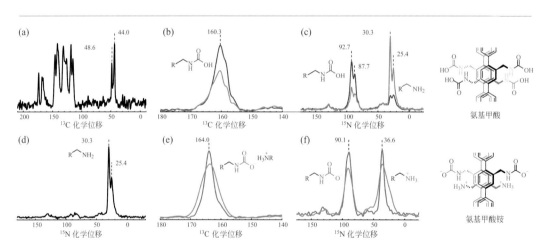

图14.7　不同测试条件下的同位素标记IRMOF-74-Ⅲ(CH$_2$NH$_2$)$_2$的^{13}C（a、b和e）和^{15}N（c、d和f）CP-MAS NMR谱图。完全活化的IRMOF-74-Ⅲ(CH$_2$NH$_2$)$_2$谱图（a、d）。干燥环境（b、c）或湿润环境（e、f）下将样品暴露于89.99kPa（675Torr）的^{13}CO$_2$中24h后的样品核磁谱。灰色曲线表示将CO$_2$处理的样品进一步抽真空24h后采集的核磁谱。（c）、（f）对应的化学吸附后生成的物种在右侧显示

MAS NMR谱图中羰基峰的移动以及 ^{15}N CP-MAS NMR谱图中氨基峰的移动来表征（图14.7）[15]。这些研究表明了CP-MAS NMR在解析局域化学环境方面的出色能力。

14.3　MOF用于燃烧后CO_2捕集

在第2章和第13章，我们介绍了气体在多孔固体中的吸附和分离的一般原理。接下来，我们将讨论影响CO_2捕集性能的典型结构特征，以及如何将这些结构特征贯彻到MOF中。在CO_2的捕集方面，MOF的设计和合成后修饰能够调节以下结构参数：①引入配位不饱和金属位点；②在配体内引入杂原子，或将杂原子对应基团引入到有机骨架或SBU上；③SBU与气体分子的相互作用；④材料的疏水性。若要从燃烧后烟道气中捕集CO_2，我们必须首先了解废气的化学成分组成（见表14.1），了解它们与吸附剂可能存在的相互作用。燃烧后烟道气主要由N_2（约77%）和CO_2（约16%）组成，同时含有其它一些次要成分如H_2O、O_2、CO、NO_x和SO_2等。SO_2通常会在CO_2捕集过程前去除。烟道气以约0.1MPa（1bar）的气压和40～60℃的温度，被通入到CO_2捕集材料内。为将混合气的主要成分（即CO_2和N_2）分离，设计能对CO_2发生比N_2更强相互作用的吸附位点是非常重要的。由于两者极化率（N_2 $17.4 \times 10^{-25} cm^{-3}$；$CO_2$ $29.1 \times 10^{-25} cm^{-3}$）和四极矩（$N_2$ $1.52 \times 10^{26} esu^{-1} \cdot cm^{-2}$；$CO_2$ $4.30 \times 10^{26} esu^{-1} \cdot cm^{-2}$）的差异，可直接依据热力学原理将两种组分分离。

14.3.1　配位不饱和金属位点的影响

如前所述，具有路易斯酸性的配位不饱和金属位点在孔表面提供部分正电荷，因此能与CO_2发生强相互作用。这种强相互作用通常伴随低压区间的高Q_{st}值、高选择性（在没有其它具有强偶极矩或四极矩分子的情况下）和高CO_2吸附容量。该方面研究最广泛的具有配位不饱和金属位点的MOF是(M)MOF-74系列（M = Mg^{2+}、Zn^{2+}、Mn^{2+}、Fe^{2+}和Ni^{2+}等）[11a,16]。在298K和0.1MPa（1bar）的条件下，(Mg)MOF-74具有该系列MOF中最大的质量比吸附量（27.5%）[16c]。MOF-74上棒状SBU的每个金属中心（详见第2章）都有一个空配位点，CO_2可以端位氧原子与这些位点结合（见图14.4）。在CO_2相对压力为零时，材料的等量吸附热约为47kJ·mol^{-1}。这表明配位不饱和金属位点与CO_2之间存在强相互作用，从而造就了在CO_2/N_2混合气中对CO_2的高选择性[12a,17]。然而，在实际应用中，烟道气中通常含有少量的水（约7%）。水是一种易极化的分子，具有很大的偶极矩，因此，它也能与配位不饱和金属位点强力结合（见表14.1）。因此，(M)MOF-74材料

的 CO_2 吸附量在有水存在的情况下急剧下降。为了减轻水造成的问题，我们需要引入其它可极化的吸附位点类型，例如无法与水作用的路易斯碱性位点。

14.3.2　杂原子的影响

14.3.2.1　由配位不饱和金属位点引入有机二胺

众所周知，在很多 MOF 中，可以将胺和路易斯酸性的配位不饱和金属位点配位，从而实现材料的官能化[13,18]。本章前面已讨论了一个这样的例子。在该例子中，CuBTTri 中的配位不饱和金属位点分别经乙二胺（ethylenediamine，en）或 mmen 修饰，得到 en–CuBTTri 或 mmen–CuBTTri（见图 14.6）。有趣的是，与原本 CuBTTri 相比，两例有机胺功能化的 MOF 均表现出更高的 CO_2 吸附量和更高的 Q_{st} 值。其它以此种方式功能化的 MOF 也有类似结果。但随着时间推移，大多数类似结构会逐渐失去配位的胺分子。在所有这些材料中，CO_2 与悬挂于孔壁上的胺结合，生成氨基甲酸或氨基甲酸铵。

相比之下，以 N 上接有不同烷基的乙二胺功能化的 Mg_2(DOBPDC)［DOBPDC 为 4,4′–二羟基联苯 –3,3′–二甲酸根（4,4′–dioxidobiphenyl–3,3′–dicarboxylate）的简称］，以独特的协同吸附机理吸附 CO_2。该过程通过形成氨基甲酸铵链将 CO_2 插入到 N—M 键（M 为金属原子）中[19]。Mg_2(DOBPDC) 的结构图如图 14.8（a）所示，它对 CO_2 的协同吸附机理如图 14.8（b）所示。协同吸附导致了阶梯式吸附等温线，使其在 TSA 条件下具有很高的工作容量。通过将样品加热到 100℃，Mg_2(DOBPDC) 即可实现 CO_2 接近完全脱附。这些性质赋予了该 MOF 在仅 60℃的温和 TSA 条件下的高达 9.1%（质量分数）的 CO_2 工作容量。此外，可以通过在配位不饱和金属位点上修饰不同的烷基乙二胺，来调控吸附陡升区间对应的

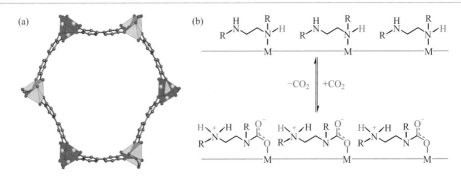

图 14.8　Mg_2(DOBPDC) 中 CO_2 的协同吸附机理。（a）Mg_2(DOBPDC) 的结构包含一维六边形孔道，孔道内排列有配位不饱和金属位点。这些配位不饱和金属位点通过一系列烷基乙二胺进行功能化。（b）吸附机理。将 CO_2 插入 N—M 键以及生成氨基甲酸铵来实现协同吸附。颜色代码：Mg，蓝色；C，灰色；O，红色

气体分压。

尽管胺"接枝"的MOF对CO$_2$有较高的吸附容量及选择性；但由于水分子可以部分替换接枝到配位不饱和金属位点的二胺分子，因此水的存在会导致它们的吸附容量普遍降低。

14.3.2.2　共价引入胺分子

与在配位不饱和金属位点上引入二胺类似，能够将具有强极性甚至强亲核性的路易斯碱性官能团引入到骨架上的有机配体，对CO$_2$的吸附容量以及吸附机理有明显影响。该类型的例子有胺功能化的IRMOF-74-Ⅲ。IRMOF-74-Ⅲ(CH$_2$NH$_2$)在298K

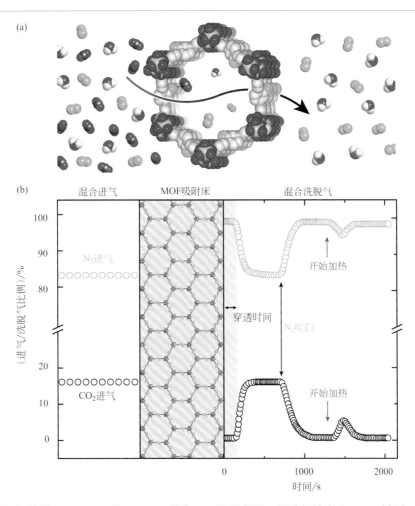

图14.9　（a）利用IRMOF-74-Ⅲ(CH$_2$NH$_2$)捕集CO$_2$的示意图。烟道气被充入MOF时仅有CO$_2$被选择性吸附。（b）N$_2$/CO$_2$（84∶16）混合气的穿透实验。MOF吸附CO$_2$直至达到工作容量（蓝色区域）。通过测定特定流量下的穿透时间（s·g^{-1}），可以计算出材料的动态气体吸附容量（mmol·g^{-1}）。经过N$_2$吹扫和加热，可释放所有捕集的CO$_2$，从而再生MOF材料。颜色代码：Mg，蓝色；C，灰色；O，红色

和0.1MPa条件下的吸附容量为12.5%（质量分数）。该值虽不及(Ni)MOF-74的吸附容量，然而相较于潮湿条件下CO_2吸附能力显著降低的(Ni)MOF-74，IRMOF-74-Ⅲ(CH_2NH_2)在潮湿条件下性能保持不变[14]。图14.9为IRMOF-74-Ⅲ(CH_2NH_2)的穿透实验。其对CO_2的动态吸附容量可达0.8mmol·g^{-1}，对应于长达670s·g^{-1}±10s·g^{-1}的穿透时间（breakthrough time）。

14.3.3　SBU与CO_2相互作用

MOF的SBU通常具有高极性。即使在没有配位不饱和金属位点的情况下，这些单元也具有产生强相互作用的能力。SIFSIX-2-Cu-i（穿插的Cu(DPA)₂(SiF₆)）是一例将正方形$[Cu_2(H_2O)_2](DPA)_{4/2}$［DPA为1,2-二（吡啶-4-基）乙烯（4,4′-dipyridylacetylene）简称］网格通过SiF₆单元为柱子连接而构筑的**pcu**网络。在所有不具有配位不饱和金属位点的框架材料中，它具有（截至2019年）最高的CO_2吸附容量[20]。在298K和常压下其高达19.2%（质量分数）的吸附容量归因于CO_2与SiF₆单元的相互作用。支持这一机理的发现是：它对应的不互穿结构版本（SIFSIX-2-Cu，结构简式亦为Cu(DPA)₂(SiF₆)）表现出更低的CO_2吸附量；且一例基于较短4,4′-联吡啶（4,4′-bipyridine，简称BIPY）配体的同网格MOF（SIFSIX-1-Cu），也表现出可与之相当的CO_2吸附[21]。

另一种增强CO_2和SBU非金属部分的相互作用的策略是引入单齿配位的羟基基团作为端基配体[22]。三唑基的MAF-X25［$Mn_2^{2+}Cl_2$(BBTA)，MAF为金属多氮唑框架（metal azolate framework）的简称，配体结构见图14.10（a）］可以用来说明SBU羟基功能化对吸附的影响。MAF-X25由BBTA配体与棒状SBU构筑，它具有一维六边形孔道。MAF-X25的SBU中的Mn^{2+}中心可被H_2O_2氧化，进而得到相应的羟基功能化的同构物MAF-X25-ox［$Mn^{2+}Mn^{3+}$(OH)Cl_2(BBTA)，图14.10（b）］。由于在SBU上引入了端基配体，CO_2的吸附容量提高了50%，且吸附机理发生了变化。在MAF-X25中，CO_2直接以配位方式吸附于配位不饱和金属位点；而在MAF-X25-ox中，连在配位不饱和金属位点上的羟基与CO_2共价结合形成碳酸氢盐。同构的基于Co^{2+}的MOF［MAF-X27（$Co_2^{2+}Cl_2$(BBTA)）和MAF-X27-ox（$Co^{2+}Co^{3+}$(OH)Cl_2(BBTA)）］也表现出类似行为。这些材料不仅具有超高的CO_2亲和性、CO_2吸附容量和CO_2/N_2选择性，并且在干（或湿）烟道气条件下具有高循环稳定性和良好的吸附动力学。

14.3.4　疏水性的影响

上述多种策略的核心目标是增强框架与CO_2的相互作用，从而提高Q_{st}值，实现

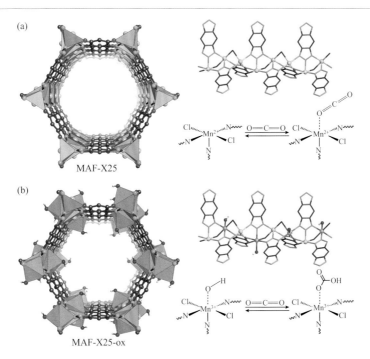

图14.10   MAF-X25 和 MAF-X25-ox 中的 CO₂ 吸附机理比较。(a)在 MAF-X25 结构中,CO₂ 吸附于经动态真空活化产生的配位不饱和金属位点。(b)MAF-X25-ox 中羟基修饰的配位不饱和金属位点与 CO₂ 共价结合生成碳酸氢盐。图中仅展示结构中的一个孔。为了清晰呈现结构,配体上所有氢原子被隐去。颜色代码:Mn^{2+},蓝色;Mn^{3+},橙色;C,灰色;N,绿色;O,红色;Cl,粉色

水存在条件下对 CO₂ 的更高选择性。另一种可行的策略是引入疏水官能团,提高孔道疏水性,以阻止水分子进入孔道。在此我们以一系列同网格的官能化 ZIF 为例来解释该策略。这一系列 ZIF 包括 ZIF-300〔$Zn(mIM)_{0.86}(bBIM)_{1.14}$,mIM = 2-甲基咪唑阴离子(2-methylimidazolate),bBIM = 5-溴苯并咪唑阴离子(5-bromobenzoimidazolate)〕、ZIF-301〔$Zn(mIM)_{0.94}(cBIM)_{1.06}$,cBIM = 5-氯苯并咪唑阴离子(5-chlorobenzoimidazolate)〕以及 ZIF-302〔$Zn(mIM)_{0.67}(mBIM)_{1.33}$,mBIM = 5-甲基苯并咪唑阴离子(5-methylbenzoimidazolate)〕。三种材料都呈疏水性,因此它们在干燥和湿润条件下的 CO₂ 吸附容量几乎相同(图14.11)[23]。该策略的不足在于,此类仅依靠疏水性进行 CO₂/H₂O 分离的材料,由于框架与 CO₂ 较弱的相互作用,它们对 CO₂ 的吸附容量通常较低。若能将上述所有策略结合在单种材料,或设计以疏水层为壳、以 CO₂ 高选择性吸附材料为核的复合材料,就能实现更好的 CO₂/H₂O 分离。这样的话,材料既可以具有与 CO₂ 的强相互作用,又能在潮湿条件下保持本征的 CO₂ 高吸附容量[24]。

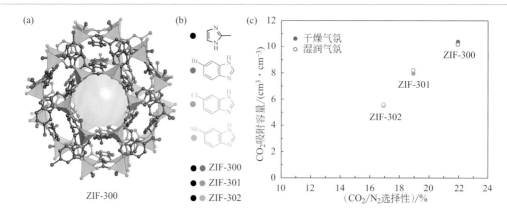

图14.11 （a）ZIF-300的晶体结构。配体分子的结构以及它们在晶体结构内的高密度分布赋予了材料疏水性。（b）利用具有不同取代基的苯并咪唑阴离子制备了多个同构的ZIF。（c）ZIF-300、ZIF-301和ZIF-302在干燥（实心圆）和湿润（空心圆）条件下CO_2/N_2选择性和CO_2吸附容量的对比。在（a）图中仅展示了一个笼子。为了清晰呈现结构，所有氢原子已被隐去。颜色代码：Zn，蓝色；C，灰色；N，绿色；Br，粉色

14.4   MOF用于燃烧前CO_2捕集

燃烧前CO_2捕集（pre-combustion CO_2 capture）是指从载能分子（氢气）或燃料（天然气）中去除CO_2。天然气、煤气化（coal gasification）产物以及甲烷蒸汽重整得到的合成气（syngas），都是含多种成分的混合气。这些混合气中的CO_2降低了它们在燃烧过程或燃料电池中的能效。此外，在潮湿环境下，CO_2具有腐蚀性，这给用于气体储存的气罐组件带来了隐患。因此，在气体被存储或用于发电厂、内燃机或燃料电池之前，通过分离CO_2来纯化这些混合气意义重大。这一从酸性气（sour gas）中去除二氧化碳等得到净气（sweet gas）的工艺被形象地称为"净气化"（sweetening）。适用于该过程的MOF需要满足一系列与燃烧后CO_2捕集应用不同的条件，因为燃烧前后CO_2捕集的工艺条件和混合气的组成都有明显不同。与燃烧后CO_2捕集相比（约0.1MPa），燃烧前CO_2捕集通常在更高的压力（0.5～4MPa和40℃）下进行。同时燃烧前CO_2捕集面对的是混合气中相对较高的CO_2占比（如煤制合成气中CO_2占25%～35%，甲烷制合成气中CO_2占15%～25%）。这需要那些在高压区具有较高的CO_2吸附容量的MOF[25]。由于在H_2/CO_2和CH_4/CO_2体系中，分子尺寸差异较大，因此动力学分离（基于孔尺寸的分离）适用于燃烧前CO_2捕集。然而，实现高选择性所需的小孔会导致明显的压降，使得该方法不大适用于大规模应用。因此，热力学分离更为有利。用于燃烧前或燃烧后CO_2捕集的MOF的

F.-X., Springuel-Huet, M.-A. et al. (2010). The behavior of flexible MIL-53(Al) upon CH$_4$ and CO$_2$ adsorption. *The Journal of Physical Chemistry C* 114 (50): 22237–22244.

[10] Vaidhyanathan, R., Iremonger, S.S., Dawson, K.W., and Shimizu, G.K. (2009). An amine-functionalized metal organic framework for preferential CO$_2$ adsorption at low pressures. *Chemical Communications* 35: 5230–5232.

[11] (a) Özgür Yazaydın, A., Snurr, R.Q., Park, T.-H. et al. (2009). Screening of metal-organic frameworks for carbon dioxide capture from flue gas using a combined experimental and modeling approach. *Journal of the American Chemical Society* 131 (51): 18198–18199. (b) Dietzel, P.D., Johnsen, R.E., Fjellvåg, H. et al. (2008). Adsorption properties and structure of CO$_2$ adsorbed on open coordination sites of metal-organic framework Ni$_2$(dhtp) from gas adsorption, IR spectroscopy and X-ray diffraction. *Chemical Com- munications* 41: 5125–5127.

[12] (a) Valenzano, L., Civalleri, B., Chavan, S. et al. (2010). Computational and experimental studies on the adsorption of CO, N$_2$, and CO$_2$ on Mg-MOF-74. *The Journal of Physical Chemistry C* 114 (25): 11185–11191. (b) Dietzel, P.D., Besikiotis, V., and Blom, R. (2009). Application of metal-organic frameworks with coordinatively unsaturated metal sites in storage and separation of methane and carbon dioxide. *Journal of Materials Chemistry* 19 (39): 7362–7370.

[13] McDonald, T.M., D'Alessandro, D.M., Krishna, R., and Long, J.R. (2011). Enhanced carbon dioxide capture upon incorporation of N ,N'-dimethylethylenediamine in the metal-organic framework CuBTTri. *Chemical Science* 2 (10): 2022–2028.

[14] Fracaroli, A.M., Furukawa, H., Suzuki, M. et al. (2014). Metal-organic frameworks with precisely designed interior for carbon dioxide capture in the presence of water. *Journal of the American Chemical Society* 136 (25): 8863–8866.

[15] Flaig, R.W., Osborn Popp, T.M., Fracaroli, A.M. et al. (2017). The chemistry of CO$_2$ capture in an amine-functionalized metal-organic framework under dry and humid conditions. *Journal of the American Chemical Society* 139 (35): 12125–12128.

[16] (a) Britt, D., Furukawa, H., Wang, B. et al. (2009). Highly efficient separation of carbon dioxide by a metal organic framework replete with open metal sites. *Proceedings of the National Academy of Sciences* 106 (49): 20637–20640. (b) Mason, J.A., McDonald, T.M., Bae, T.-H. et al. (2015). Application of a high-throughput analyzer in evaluating solid adsorbents for post-combustion carbon capture via multicomponent adsorption of CO$_2$, N$_2$, and H$_2$O. *Journal of the American Chemical Society* 137 (14): 4787–4803. (c) Bao, Z., Yu, L., Ren, Q. et al. (2011). Adsorption of CO$_2$ and CH$_4$ on a magnesium-based metal organic framework. *Journal of Colloid and Interface Science* 353 (2): 549–556. (d) Caskey, S.R., Wong-Foy, A.G., and Matzger, A.J. (2008). Dramatic tuning of carbon dioxide uptake via metal substitution in a coordination polymer with cylindrical pores. *Journal of the American Chemical Society* 130 (33): 10870–10871. (e) Märcz, M., Johnsen, R.E., Dietzel, P.D., and Fjellvåg, H. (2012). The iron member of the CPO-27 coordination polymer series: synthesis, characterization, and intriguing redox properties. *Microporous and Mesoporous Materials* 157: 62–74. (f) Wang, L.J., Deng, H., Furukawa, H. et al. (2014). Synthesis and characterization of metal-organic framework-74 containing 2, 4, 6, 8, and 10 different metals. *Inorganic Chemistry* 53 (12): 5881–5883. (g) Queen, W.L., Hudson, M.R., Bloch, E.D. et al. (2014). Comprehensive study

of carbon dioxide adsorption in the metal-organic frameworks M_2(dobdc)(M = Mg, Mn, Fe, Co, Ni, Cu, Zn). *Chemical Science* 5 (12): 4569–4581.

[17] Mason, J.A., Sumida, K., Herm, Z.R. et al. (2011). Evaluating metal-organic frameworks for post-combustion carbon dioxide capture via temperature swing adsorption. *Energy & Environmental Science* 4 (8): 3030–3040.

[18] (a) Hwang, Y.K., Hong, D.Y., Chang, J.S. et al. (2008). Amine grafting on coordinatively unsaturated metal centers of MOFs: consequences for catalysis and metal encapsulation. *Angewandte Chemie International Edition* 47 (22): 4144–4148. (b) Montoro, C., Garcia, E., Calero, S. et al. (2012). Functionalisation of MOF open metal sites with pendant amines for CO_2 capture. *Journal of Materials Chemistry* 22 (20): 10155–10158.

[19] (a) Milner, P.J., Siegelman, R.L., Forse, A.C. et al. (2017). A diaminopropaneappended metal-organic framework enabling efficient CO_2 capture from coal flue gas via a mixed adsorption mechanism. *Journal of the American Chemical Society* 139 (38): 13541–13553. (b) Siegelman, R.L., McDonald, T.M., Gonzalez, M.I. et al. (2017). Controlling cooperative CO_2 adsorption in diamine-appended Mg_2(dobpdc) metal-organic frameworks. *Journal of the American Chemical Society* 139 (30): 10526–10538. (c) McDonald, T.M., Mason, J.A., Kong, X. et al. (2015). Cooperative insertion of CO_2 in diamine-appended metal-organic frameworks. *Nature* 519 (7543): 303–308. (d) McDonald, T.M., Lee, W.R., Mason, J.A. et al. (2012). Capture of carbon dioxide from air and flue gas in the alkylamine-appended metal-organic framework *mmen*-Mg_2(dobpdc). *Journal of the American Chemical Society* 134 (16): 7056–7065. (e) Jo, H., Lee, W.R., Kim, N.W. et al. (2017). Fine-tuning of the carbon dioxide capture capability of diamine-grafted metal-organic framework adsorbents through amine functionalization. *ChemSusChem* 10 (3): 541–550. (f) Lee, W.R., Jo, H., Yang, L.-M. et al. (2015). Exceptional CO_2 working capacity in a heterodiamine-grafted metal-organic framework. *Chemical Science* 6 (7): 3697–3705. (g) Lee, W.R., Hwang, S.Y., Ryu, D.W. et al. (2014). Diamine-functionalized metal-organic framework: exceptionally high CO_2 capacities from ambient air and flue gas, ultrafast CO_2 uptake rate, and adsorption mechanism. *Energy & Environmental Science* 7 (2): 744–751.

[20] Nugent, P., Belmabkhout, Y., Burd, S.D. et al. (2013). Porous materials with optimal adsorption thermodynamics and kinetics for CO_2 separation. *Nature* 495 (7439): 80–84.

[21] Burd, S.D., Ma, S., Perman, J.A. et al. (2012). Highly selective carbon dioxide uptake by [Cu(bpy-n)$_2$(SiF$_6$)](bpy-1 = 4,4′-bipyridine; bpy-2 = 1,2-bis(4-pyridyl)ethene). *Journal of the American Chemical Society* 134 (8): 3663–3666.

[22] Liao, P.-Q., Chen, H., Zhou, D.-D. et al. (2015). Monodentate hydroxide as a super strong yet reversible active site for CO_2 capture from high-humidity flue gas. *Energy & Environmental Science* 8 (3): 1011–1016.

[23] Nguyen, N.T., Furukawa, H., Gándara, F. et al. (2014). Selective capture of carbon dioxide under humid conditions by hydrophobic chabazite-type zeolitic imidazolate frameworks. *Angewandte Chemie International Edition* 53 (40): 10645–10648.

[24] Trickett, C.A., Helal, A., Al-Maythalony, B.A. et al. (2017). The chemistry of metal-organic frameworks for CO_2 capture, regeneration and conversion. *Nature Reviews Materials* 2: 17045.

[25] (a) Sircar, S. and Golden, T. (2000). Purification of hydrogen by pressure swing adsorption. *Separation Science and Technology* 35 (5): 667–687. (b) Gupta, R.B. (2008). *Hydrogen Fuel: Production, Transport, and Storage.* CRC Press. (c) Liu, K., Song, C., and Subramani, V. (2009). *Hydrogen and Syngas Production and Purification Technologies.* Wiley.

[26] (a) Merel, J., Clausse, M., and Meunier, F. (2008). Experimental investigation on CO$_2$ post-combustion capture by indirect thermal swing adsorption using 13X and 5A zeolites. *Industrial and Engineering Chemistry Research* 47 (1): 209–215. (b) Berger, A.H. and Bhown, A.S. (2011). Comparing physisorption and chemisorption solid sorbents for use separating CO$_2$ from flue gas using temperature swing adsorption. *Energy Procedia* 4: 562–567.

[27] (a) Kloutse, F.A., Zacharia, R., Cossement, D., and Chahine, R. (2015). Specific heat capacities of MOF-5, Cu-BTC, Fe-BTC, MOF-177 and MIL-53 (Al) over wide temperature ranges: measurements and application of empirical group contribution method. *Microporous and Mesoporous Materials* 217 (Suppl. C): 1–5. (b) Mu, B. and Walton, K.S. (2011). Thermal analysis and heat capacity study of metal-organic frameworks. *Journal of Physical Chemistry C* 115 (46): 22748–22754.

[28] Ye, S., Jiang, X., Ruan, L.-W. et al. (2013). Post-combustion CO$_2$ capture with the HKUST-1 and MIL-101 (Cr) metal-organic frameworks: adsorption, separation and regeneration investigations. *Microporous and Mesoporous Materials* 179: 191–197.

[29] (a) Ferreira, A.F., Ribeiro, A.M., Kulaç, S., and Rodrigues, A.E. (2015). Methane purification by adsorptive processes on MIL-53 (Al). *Chemical Engineering Science* 124: 79–95. (b) Serra-Crespo, P., Wezendonk, T.A., Bach-Samario, C. et al. (2015). Preliminary design of a vacuum pressure swing adsorption process for natural gas upgrading based on amino-functionalized MIL-53. *Chemical Engineering and Technology* 38 (7): 1183–1194.

[30] Dasgupta, S., Biswas, N., Gode, N.G. et al. (2012). CO$_2$ recovery from mixtures with nitrogen in a vacuum swing adsorber using metal organic framework adsorbent: a comparative study. *International Journal of Greenhouse Gas Control* 7: 225–229.

[31] Demessence, A., D'Alessandro, D.M., Foo, M.L., and Long, J.R. (2009). Strong CO$_2$ binding in a water-stable, triazolate-bridged metal-organic framework functionalized with ethylenediamine. *Journal of the American Chemical Society* 131 (25): 8784–8786.

[32] Llewellyn, P.L., Bourrelly, S., Serre, C. et al. (2008). High uptakes of CO$_2$ and CH$_4$ in mesoporous metal-organic frameworks MIL-100 and MIL-101. *Langmuir* 24 (14): 7245–7250.

[33] Arstad, B., Fjellvåg, H., Kongshaug, K.O. et al. (2008). Amine functionalised metal organic frameworks (MOFs) as adsorbents for carbon dioxide. *Adsorption* 14 (6): 755–762.

[34] An, J., Geib, S.J., and Rosi, N.L. (2009). High and selective CO$_2$ uptake in a cobalt adeninate metal-organic framework exhibiting pyrimidine-and amino-decorated pores. *Journal of the American Chemical Society* 132 (1): 38–39.

[35] Kim, J., Yang, S.-T., Choi, S.B. et al. (2011). Control of catenation in CuTATB-*n* metal-organic frameworks by sonochemical synthesis and its effect on CO$_2$ adsorption. *Journal of Materials Chemistry* 21 (9): 3070–3076.

[36] (a) Aprea, P., Caputo, D., Gargiulo, N. et al. (2010). Modeling carbon dioxide adsorption on

microporous substrates: comparison between Cu-BTC metal-organic framework and 13X zeolitic molecular sieve. *Journal of Chemical and Engineering Data* 55 (9): 3655–3661. (b) Wang, Q.M., Shen, D., Bülow, M. et al. (2002). Metallo-organic molecular sieve for gas separation and purification. *Microporous and Mesoporous Materials* 55 (2): 217–230.

[37] Bourrelly, S., Llewellyn, P.L., Serre, C. et al. (2005). Different adsorption behaviors of methane and carbon dioxide in the isotypic nanoporous metal terephthalates MIL-53 and MIL-47. *Journal of the American Chemical Society* 127 (39): 13519–13521.

[38] (a) Liang, Z., Marshall, M., and Chaffee, A.L. (2009). Comparison of Cu-BTC and zeolite 13X for adsorbent based CO_2 separation. *Energy Procedia* 1 (1): 1265–1271. (b) Liang, Z., Marshall, M., and Chaffee, A.L. (2009). CO_2 adsorption-based separation by metal organic framework (Cu-BTC) versus zeolite (13X). *Energy and Fuels* 23 (5): 2785–2789.

[39] Farrusseng, D., Daniel, C., Gaudillere, C. et al. (2009). Heats of adsorption for seven gases in three metal-organic frameworks: systematic comparison of experiment and simulation. *Langmuir* 25 (13): 7383–7388.

[40] Choi, J.-S., Son, W.-J., Kim, J., and Ahn, W.-S. (2008). Metal-organic framework MOF-5 prepared by microwave heating: factors to be considered. *Microporous and Mesoporous Materials* 116 (1): 727–731.

[41] Mu, B., Schoenecker, P.M., and Walton, K.S. (2010). Gas adsorption study on mesoporous metal-organic framework UMCM-1. *The Journal of Physical Chemistry C* 114 (14): 6464–6471.

[42] Lu, Y., Dong, Y., and Qin, J. (2016). Porous pcu-type Zn(II) framework material with high adsorption selectivity for CO_2 over N_2. *Journal of Molecular Structure* 1107: 66–69.

[43] Liu, Y., Yang, Y., Sun, Q. et al. (2013). Chemical adsorption enhanced CO_2 capture and photoreduction over a copper porphyrin based metal organic framework. *ACS Applied Materials & Interfaces* 5 (15): 7654–7658.

[44] Cao, Y., Song, F., Zhao, Y., and Zhong, Q. (2013). Capture of carbon dioxide from flue gas on TEPA-grafted metal-organic framework Mg_2(dobdc). *Journal of Environmental Sciences* 25 (10): 2081–2087.

[45] Forrest, K.A., Pham, T., McLaughlin, K. et al. (2014). Insights into an intriguing gas sorption mechanism in a polar metal-organic framework with open-metal sites and narrow channels. *Chemical Communications* 50 (55): 7283–7286.

[46] Li, B., Zhang, Z., Li, Y. et al. (2012). Enhanced binding affinity, remarkable selectivity, and high capacity of CO_2 by dual functionalization of a rht-type metal-organic framework. *Angewandte Chemie International Edition* 51 (6): 1412–1415.

[47] Luebke, R., Weselin'ski, Ł.J., Belmabkhout, Y. et al. (2014). Microporous heptazine functionalized (3,24)-connected rht-metal-organic framework: synthesis, structure, and gas sorption analysis. *Crystal Growth and Design* 14 (2): 414–418.

[48] Spanopoulos, I., Bratsos, I., Tampaxis, C. et al. (2016). Exceptional gravimetric and volumetric CO_2 uptake in a palladated NbO-type MOF utilizing cooperative acidic and basic, metal–CO_2 interactions. *Chemical Communications* 52 (69): 10559–10562.

[49] Liao, P.-Q., Chen, X.-W., Liu, S.-Y. et al. (2016). Putting an ultrahigh concentration of amine groups

into a metal-organic framework for CO_2 capture at low pressures. *Chemical Science* 7 (10): 6528–6533.

[50] Zheng, B., Bai, J., Duan, J. et al. (2010). Enhanced CO_2 binding affinity of a high-uptake rht-type metal-organic framework decorated with acylamide groups. *Journal of the American Chemical Society* 133 (4): 748–751.

[51] Liang, Z., Du, J., Sun, L. et al. (2013). Design and synthesis of two porous metal-organic frameworks with nbo and agw topologies showing high CO_2 adsorption capacity. *Inorganic Chemistry* 52 (19): 10720–10722.

[52] Bernini, M.C., Blanco, A.G., Villarroel-Rocha, J. et al. (2015). Tuning the target composition of amine-grafted CPO-27-Mg for capture of CO_2 under post-combustion and air filtering conditions: a combined experimental and computational study. *Dalton Transactions* 44 (43): 18970–18982.

[53] Jiao, J., Dou, L., Liu, H. et al. (2016). An aminopyrimidine-functionalized cage-based metal-organic framework exhibiting highly selective adsorption of C_2H_2 and CO_2 over CH_4. *Dalton Transactions* 45 (34): 13373–13382.

[54] Liu, B., Yao, S., Shi, C. et al. (2016). Significant enhancement of gas uptake capacity and selectivity via the judicious increase of open metal sites and Lewis basic sites within two polyhedron-based metal-organic frameworks. *Chemical Communications* 52 (15): 3223–3226.

[55] Song, C., Hu, J., Ling, Y. et al. (2015). The accessibility of nitrogen sites makes a difference in selective CO_2 adsorption of a family of isostructural metalorganic frameworks. *Journal of Materials Chemistry A* 3 (38): 19417–19426.

[56] Lu, Z., Bai, J., Hang, C. et al. (2016). The utilization of amide groups to expand and functionalize metal-organic frameworks simultaneously. *Chemistry A European Journal* 22 (18): 6277–6285.

[57] Cui, P., Ma, Y.-G., Li, H.-H. et al. (2012). Multipoint interactions enhanced CO_2 uptake: a zeolite-like zinc-tetrazole framework with 24-nuclear zinc cages. *Journal of the American Chemical Society* 134 (46): 18892–18895.

[58] Lin, Y., Yan, Q., Kong, C., and Chen, L. (2013). Polyethyleneimine incorporated metal-organic frameworks adsorbent for highly selective CO_2 capture. *Scientific Reports* 3: 1859.

15 MOF中氢气和甲烷的存储

15.1 引言

氢气被视为一种理想的清洁燃料，因为氢气燃烧后仅生成水，不会释放温室气体或其它对环境有害的化合物。天然气（natural gas，NG）也是一种环境友好的化石燃料。它的主要成分甲烷（CH_4）具有所有烃类中最高的研究法辛烷值（research octane number，RON），其RON值为107。同时，相对于其它化石燃料，燃烧单位质量CH_4释放的CO_2也最少。总之，氢气和天然气这两种燃料均有替代化石燃料的前景。

要使基于H_2和NG的能源系统商业化，就必须发展相应的存储材料。在近几十年中，多孔材料由于具备在相对较低压力下吸附气体的能力而被大量研究。针对储能应用，金属有机框架（MOF）由于其模块化和高度可调的特性受到了与日俱增的关注。MOF结构将高比表面积、低密度和易于功能化的特性结合在了一起。这些特性使得人们可以开发具有高质量比吸附量和体积比吸附量的气体存储材料。实现高容量的气体存储是气体燃料作为液体化石燃料替代品之前必须面对的挑战。面向这一类应用，依据工作容量、系统容量和循环稳定性等参数来筛选出优异的存储材料非常重要。这些参数的定义我们已在第13章中给出。

在对MOF中氢气存储或天然气存储的研究中，通常报道的气压上限为3.5MPa（35bar）或6.5MPa（65bar）（经济型单级压缩机和双级压缩机能达到的最大压力），气压下限为0.5MPa（5bar）（最小进气压力）[1]。这意味着为了将工作容量最大化，人们不仅需要材料在高压（3.5～6.5MPa，即35～65bar）下存储容量最大化，还需要材料在压力低于0.5MPa（5bar）时气体残留量最小化（见图13.2）。在移动体系的应用场景中，例如安装有带吸附剂气罐的汽车中，存储材料的循环寿命须大于汽车的预期寿命（超过25万公里或15.5万英里）。这相当于材料需经历1500次充放循环。这一先决条件意味着车载储气系统所需的材料必须能在反复充放循环后、高达125℃的变温波动时，以及震颤和抖动等机械应力下，依旧保持其化学稳定和结构稳定。

15.2　MOF中氢气的存储

氢气是一种石油的理想替代品，特别是在汽车领域。因为氢气是一种能够大量获取的零排放燃料，而且氢气液化后的能量密度为汽油的三倍左右。然而，虽然氢元素是地球表面丰度排第三的元素，氢气（H_2）却极其稀少（体积分数小于10^{-6}）[2]。氢气通常通过电解水或天然气蒸汽重整获得（图15.1）。因为生产氢气的过程需要其它形式的能量投入，所以氢气一般被视为一种能量载体而并非能量来源。

若想在日常应用中使用氢气，必须进一步发展氢气生产、运输、存储以及燃料电池技术。而氢气存储在这其中是关键的一环。目前使用的化学或物理储氢方法均有不少缺点：例如，使用金属氢化物、硼烷或咪唑鎓盐离子液体来化学储氢的方法通常在动力学上是不利的，故其生产成本较高，而且使用的材料对氢气中的常见杂质非常敏感；深冷存储液态氢也有操作成本高、深冷液罐过重等问题，使得该方法难以用于实际应用。美国国家航空航天局（National Aeronautics and Space Administration，NASA）自20世纪70年代就开始使用物理方法存储液态氢，并用于推动航天飞机进入轨道；现在也有一些车辆，包括巴士和火车，使用压缩氢气作为燃料。但由于氢气的高挥发性，高压气罐中氢气的体积比能量密度通常很低。即使使用昂贵的多级压缩机系统将重型加固压缩罐加压至30MPa（300bar），其能量密度的提升也比较有限。为了能更多地在日常生活中使用氢气，我们需要一种低成本、轻质、能可逆存储和释放氢气（在常温常压下）、存储密度与液氢相媲美（甚至超过液氢）的材料。

美国能源部（US Department of Energy，简称DOE）最初期望在2020年，储氢系统能达到以下设定目标：质量比吸附容量达到$0.055\text{kg} \cdot \text{kg}^{-1}$，体积比吸附容量达到$0.00445\text{kg} \cdot \text{L}^{-1}$，同时在$-40 \sim 60$℃的操作温度下保持较短的加气时长和较高的循环稳定性。在2017年，DOE将达到上述目标的期望年限修改为2025年。需要注意的是这些要求针对的是整个储氢系统，因此储氢材料本身的性能必须高于这些要求，从而能够补偿

(a)　$CH_4 + H_2O \rightleftharpoons CO + 3H_2$

(b)　$2H_2O(l) \underset{\text{燃烧}}{\overset{\text{电解}}{\rightleftharpoons}} 2H_2 + O_2$

图15.1　通过（a）蒸汽重整和（b）电解水生产氢气的反应方程式

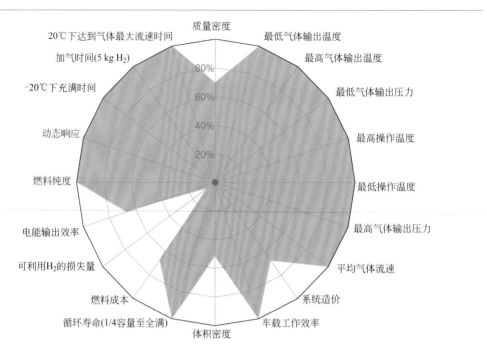

图15.2 将MOF-5的储氢性能指标和DOE设定的2020年储氢目标进行对比的雷达图。图中显示的是预测的基于MOF-5的储氢体系的数据［100bar（10MPa），80～160K，I型气罐，Hexcel（赫氏复材）散粉状态］（https://energy.gov/eere/fuelcells/hydrogen-storage-engineering-center-excellence）。MOF已经达到了许多DOE设定的指标，然而我们仍需进一步研究，使MOF能大规模应用

系统其它部件造成的性能损失（详见第13章）。图15.2显示了MOF-5的各性能指标与目标值的差异。

15.2.1　用于氢气存储的MOF的设计

若要设计一种适于储氢的MOF并优化其存储性能，首先需要对氢气与MOF之间的相互作用进行深入研究。氢气与框架之间相互作用的方式有两种：与框架主干之间通过弱色散力作用产生的物理吸附和与特定位点之间的强相互作用。前者需要材料具有较高的比表面积以达到较高的氢气吸附量，而后者需要在框架结构中引入强吸附位点（例如配位不饱和金属位点）。MOF本身有着高比表面积和较低的密度，而且其孔尺寸可调，易于引入特定吸附位点，因此这两种相互作用的方式在MOF中均能实现。我们已在第1～6章中讨论了MOF结构设计的各个方面。对于氢气存储而言，基于轻质金属如Be^{2+}、Al^{3+}或Mg^{2+}等构建的MOF更让人感兴趣，因为除了高度多孔性带来的高体积比吸附量之

外，它们还能实现较高的质量比吸附量。此外，需要注意的是，在DOE目标设定的温度范围内，仅基于色散力难以实现较高的氢吸附量。因此，孔道内环境必须是极性的或可极化的，从而让孔壁与氢气分子间产生强相互作用力。接下来，我们将讨论可以提高材料氢气存储容量的结构特征、储氢材料的设计原则，以及对有潜力的材料进行进一步性能优化的方法。

15.2.1.1   增大可及表面积

多孔固体中被物理吸附的气体数量与其表面积成正比。因此，若要将吸附容量最大化，人们自然会想到设计具有高比表面积的材料。但同时，材料孔尺寸应与所关注气体分子的动力学直径相匹配，这样设计孔道的优势是可以将气体分子与材料表面的相互作用最大化。

（1）延长配体   在第2章，我们讨论了增加MOF比表面积的常用策略。其中，通过配体设计，我们可以制备具有超高比表面积的MOF。如前所述，以1,3,5-三苯基苯为中心单元的三角形构型配体分子是一种理想的可以贯彻配体延长策略的构造单元。基于这样的思路，人们合成了一系列超高比表面积MOF（MOF-177、MOF-180和MOF-200）。这里，我们用同网格MOF-177和MOF-200来解释比表面积和氢气存储能力间的关系。MOF-177和MOF-200均是由三角形构型三连接配体和八面体构型$Zn_4O(—COO)_6$次级构造单元（SBU）构筑而成，拓扑为**qom**（详见图2.16）[3]。MOF-177的比表面积为$4740m^2 \cdot g^{-1}$，而MOF-200作为尺寸扩大了的同网格版本，有着高达$6400m^2 \cdot g^{-1}$的更大比表面积。因此，MOF-200的氢气吸附量（$163mg \cdot g^{-1}$）比MOF-177（$75mg \cdot g^{-1}$）更高[3,4]。通常而言，我们可以认为对于同网格框架结构，比表面积越高，其（在低压条件下的）氢气吸附量也越高。除了比表面积，框架的结构类型（拓扑）和由此决定的孔道形状尺寸，对氢气存储容量也有很大的影响。使用多种配体来合成MOF通常是一种提升比表面积的更有效方法，因为该策略不仅能使MOF达到较高的比表面积，还能构建出通过许多小孔相连接而成的复杂孔道体系（详见第6章）。MOF-205（$Zn_4O(BTB)_{4/3}(NDC)$，**ith-d**）和MOF-210（$(Zn_4O)_3(BPDC)_4(BTE)_3$，**toz**）的设计均使用了这种策略，这两例三基元MOF均由三角形构型三连接配体、线型二连接配体和八面体构型$Zn_4O(—COO)_6$ SBU组成[3]。虽然MOF-205的比表面积（$4680m^2 \cdot g^{-1}$）比MOF-200（$6400m^2 \cdot g^{-1}$）更低，但其氢气吸附量（质量分数7%）与MOF-200相当（7.4%）。而MOF-210的比表面积（$6240m^2 \cdot g^{-1}$）比MOF-205更高，同时保留了相对较小的孔道，所以能达到最大的氢气吸附量（8.6%）。这些发现表明：高比表面积赋予材料高氢气吸附量；但同时，如果孔尺寸超过一定临界值后，进一步加大孔径将无助于氢气吸附量的继续增加。图15.3展示了几例MOF的氢气存储容量与各自比表面积的相关性。

（2）穿插框架   氢气吸附容量并不仅仅由比表面积决定。许多不同的MOF有着相似的比表面积，却表现出不同的氢气超额吸附量。这一现象可以通过它们结构上的差

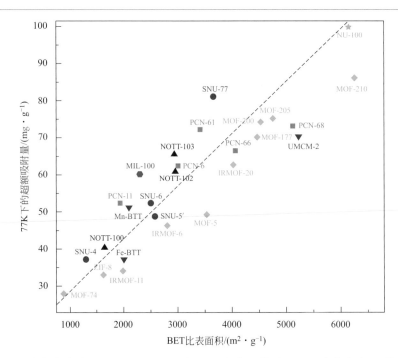

图15.3　汇总了多例高度多孔的MOF的BET比表面积（$m^2 \cdot g^{-1}$）与77K下氢气超额吸附量（$mg \cdot g^{-1}$）的关系。灰色虚线代表77K下氢气吸附容量与比表面积存在高度相关性

异（或者更具体地说是孔道尺寸差异），以及它们是否为穿插结构来解释。穿插现象对孔尺寸有着很大的影响，但未必对孔体积产生影响。因此，相比于孔尺寸较大的不穿插结构，孔尺寸较小但比表面积类似的对应穿插结构通常表现出更高的超额吸附量。小孔使框架与氢气分子之间形成更强的相互作用。基于理想均相材料的计算表明，室温下氢气吸附的最优孔道尺寸应在7Å左右。直径为7Å的狭缝孔可以让氢气分子在相对面的孔壁都发生单层吸附，从而最小化了孔道中未被利用的空间，最大化了氢气与框架之间的范德华相互作用。而在深冷（cryogenic temperature）条件下，两面相对的孔壁非常倾向于与氢气形成三明治结构。此时，理想的孔尺寸增加到10Å（无论具体孔形），从而能使10MPa（100bar）下氢气体积比吸附量达到最大。

15.2.1.2　提高等量吸附热

框架材料内表面所能吸附的气体数量与其比表面积成正比。对于氢气来说，这个结论仅在深冷条件下成立。事实上，已有一些具有超高比表面积的MOF能在深冷条件下达到DOE所设定的氢气质量比吸附量目标（>5.5%）。而在较高的温度下，这些MOF的最大氢气吸附量数值下降明显。这主要是由于氢气分子在框架上的物理吸附是基于弱范德华力的，所以常温时的氢气吸附量往往比低温时的1/10还要低。然而在使用带吸附剂氢

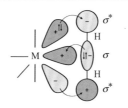

图15.4　H₂以侧向配位的形式与金属配位化合物作用。H₂的 σ 轨道可以与金属中心的d轨道组合，同时金属电子被反馈到H₂的 σ*轨道上

气罐的移动应用场景中，材料在常温下的存储容量须大于5.5%。这意味着只有在MOF中引入更强的吸附位点才能达到这一目标。一个分子与表面结合的强度由等量吸附热（Q_{st}）来定义，该物理量与气体分子和框架之间最强的相互作用有关。因此，增加常温下框架对氢气的亲和力可以通过提高Q_{st}来实现。更高的Q_{st}意味着能在更高温度下实现更强的相互作用，进而提高氢气吸附量。换言之，若要实现较高的氢气吸附容量，除了要有大的自由孔体积之外，Q_{st}数值大小是最重要的因素[5]。对于高压环境下的应用，Q_{st}的最佳值约为20kJ·mol⁻¹。然而绝大多数MOF中氢气吸附的Q_{st}值在5～9kJ·mol⁻¹范围内[6]。在此，我们将简要介绍通过精确调控结构参数来提高等量吸附热的方法。

（1）配位不饱和金属位点　在近几十年间，人们已在分子化学体系下深入研究了氢气分子和配位不饱和金属中心的相互作用。图15.4展现了参与氢气和金属中心侧向配位的相关电子轨道。H₂的 σ 电子与金属的空d轨道相互作用，而金属d轨道上的电子则反馈到H₂的 σ*轨道上。

在如(C₅H₅)V(CO)₃(H₂)和Mo(CO)₅(H₂)之类的配合物中，H₂解离能大约为80～90kJ·mol⁻¹[7]。这些值对于储氢来说有些过高了，因为这意味着释放被吸附的氢气需要大量能量（如加热）。针对氢气存储的理想结合能最好在电荷诱导偶极作用的能量区间内（约20 kJ·mol⁻¹）。因此，必须避免特定轨道相互作用所导致的强金属—H键形成。而H₂与Li⁺在气相时的结合能正处于上述范围内（约27kJ·mol⁻¹），所以人们尝试研究了将Li⁺嵌入多孔框架结构［尤其是共价有机框架（COF）］。然而在这类材料中，锂离子的电荷被部分中和，所以其吸附热也大幅降低。尽管如此，在COF中嵌入Li⁺仍然显著提高了其储氢容量。COF-202的存储容量在掺杂锂离子后从8.08g·L⁻¹和1.52%（质量比吸附量）增加至25.86g·L⁻¹和4.39%。在10MPa（100bar）和298K的条件下，COF-105和COF-108各自实现了6.73%和6.84%的质量比吸附量，均超过了DOE所设定的目标值（6%）[8]。通过嵌入Ca、Sc和Ti等其它金属，也能得到类似的结果，并且这种策略也适用于MOF[9]。

另一种得到配位不饱和金属中心的方法是将MOF中构造单元上的金属改造成配位不饱和金属位点。这种路易斯酸性位点被认为是提高氢气等量吸附热的最有效方法。这些位点通常是通过在动态真空条件下加热MOF以去除特定SBU上的末端配体形成的。图

15.5列举了一些具有潜在配位不饱和金属位点的SBU，并用黄色高亮了对应吸附位点。HKUST-1［其SBU见图15.5（a）］和(Mn₄Cl)₃(L)₄(BTT)₈［其SBU见图15.5（e）］是两例通过形成配位不饱和金属位点来大幅提高氢气存储容量的突出例子[10]。在这两例材料中，配位不饱和金属位点是通过加热抽真空去除与SBU端基配位的溶剂分子生成的。为了避免框架结构坍塌，通常在抽真空之前使用更易挥发的物质（例如甲醇）对这些端基配体进行交换。读者可以参阅参考文献以获得更多关于生成配位不饱和金属位点的信息[11]。

（2）优化孔尺寸　在考虑氢气吸附存储容量时，小孔道并不一定是缺点。实际上，过大的孔反而对提高氢气存储容量不太有利。这是因为只有被吸附于孔道内壁上的氢气分子才对吸附容量有贡献（超额吸附量），而那些接近孔道中心的氢气分子与孔道内壁并无相互作用。后者只是被压缩于孔道中（体相存储，bulk uptake，详见图13.1），这和被压缩于气体钢瓶中的气体类似。考虑到吸附热的提高需要更强的分子间相互作用，即氢气分子需要更高效地堆积，再考虑到氢气分子相对较小的尺寸，我们认为如下条件是有利于储氢的：材料应当具有较大的孔体积，且具体由非常多的小孔而非较少的大孔所组成。基于给定的框架结构，大孔可以被穿插的框架分割形成小孔，从而更适合氢气存储，因此穿插结构的氢气存储容量会比原本结构大。然而，从化学合成角度，穿插现象并不容易控制。诸如起始反应物浓度、反应温度或溶剂组成等参数均会影响穿插结构的形成与否。而且，正如前文（见第2章）所讨论，并非所有的框架结

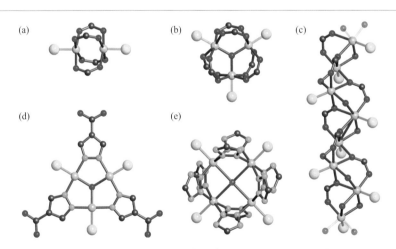

图15.5　有潜在配位不饱和金属位点的SBU。黄球代表移除后可形成配位不饱和金属位点的端基配体。（a）平面构型四连接的M₂L₂(—COO)₄车辐式SBU；（b）三棱柱构型六连接的M₃OL₃(—COO)₆ SBU；（c）棒状[M₃O₂L₂(—COO)₃]∞ SBU；（d）三角形构型三连接的M₃OL₃(PyC)₃ SBU；（e）立方体构型八连接的M₄Cl(L₄)(四氮唑)₈ SBU。颜色代码：金属，蓝色；N，绿色；C，灰色；O，红色；Cl，粉色；端基配体，黄色

构都有对应的穿插拓扑。我们以具有**tbo**拓扑的框架材料PCN-6（Cu₃(TATB)₂(H₂O)₃）为例，说明穿插对氢气存储容量的影响[12]。将穿插的PCN-6与非穿插的PCN-6（用PCN-6′表示）比较，得知PCN-6能够吸附1.9%（质量分数）的氢气，而PCN-6′仅能吸附0.6%的氢气［在0.1MPa（1bar）和77K的条件下］[13]。PCN-9（Cu₃(HTB)₂(H₂O)₃）和PCN-9′（不穿插的PCN-9）是PCN-6和PCN-6′的同网格扩展结构，然而这两例结构无法成功活化。图15.6将PCN-6′、PCN-9和PCN-9′的结构进行了对比。第二重穿插的框架填充了大孔道，避免了过多无用孔道空间的存在，从而增加了框架与氢气分子间的相互作用。

穿插现象赋予了MOF更高的机械稳定性、热稳定性和化学稳定性，但同时也因为孔尺寸有所减少，其比表面积与不穿插结构相比有所下降。但实际上比表面积的下降效

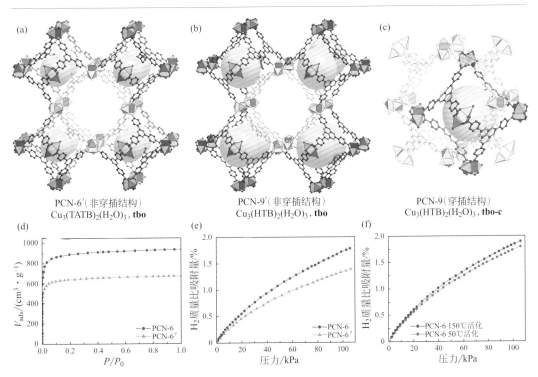

图15.6 （a）、（b）非穿插的PCN-6′和PCN-9′（**tbo**）的结构对比。橙球代表小孔，黄色笼子代表大的立方孔。（c）穿插的PCN-9的部分结构。黄色笼子与PCN-9′（b）中的立方孔相同。第二重穿插框架填入该笼子中，从而避免了无用大孔道空间的存在。与之类似，PCN-6′也有相对应的穿插结构，名为PCN-6。（d）50℃活化后的PCN-6′（绿色三角）和PCN-6（红色圆圈）的N₂吸附等温线。（e）50℃活化后的PCN-6′（绿色三角）和PCN-6（红色圆圈）在77K下的H₂吸附等温线。PCN-6具有更高的吸附量，这归因于框架结构的穿插。（f）50℃（蓝色圆圈）和150℃（红色圆圈）活化后的PCN-6在77K下H₂吸附等温线。150℃活化后其吸附容量有所提升，这是因为形成了配位不饱和金属位点。颜色代码：Cu，蓝色；C，灰色；N，绿色；O，红色

应通常不会有预期的那么明显。与非穿插结构相比，穿插结构中的氢气吸附热仅在低载气量时会更高。而在中等载气量和高载气量区间，比表面积和总自由孔体积相应地变得更加重要。也就是说穿插现象导致的结合能增加，并不能补偿由此带来的自由孔体积损失。因此，优异的氢气吸附材料应当在高比表面积、大自由孔体积、高Q_{st}值和小孔道尺寸之间找到平衡。

（3）功能化　引入带有极性或可极化官能团的功能化配体，能够对MOF的吸附行为产生很大影响。例如，对MOF中的可进行金属化的配体进行合成后修饰（PSM），可生成额外的强吸附位点（图15.7）。在一些结构中，氢气可以在光照下取代配合物的某一配体。例如，MOF-5(Cr(CO)₃)中的BDC配体上事先带有Cr(CO)₃功能化基团［图15.7（c）］[11]。用光照射该MOF可以释放出一份CO配体，在氢气存在的条件下，H_2会吸附于配位不饱和Cr位点上。然而该过程的效率很低，因此难以用于实际应用。

（4）溢流　氢溢流（spillover）是指H_2在金属表面解离成H·，然后这些氢自由基再迁移吸附至其它材料上的过程。研究者在MOF与贵金属纳米粒子的混合物中也观察到这种现象：氢气分子在金属纳米粒子的表面解离成为H·，然后迁移到MOF的孔道内。随后H·自发重新结合，从而释放出氢气分子[14]。但该类系统的缺点在于循环稳定性较差，而且由于脱附动力学上的不利，脱附过程不易发生。在一些报道中必须要将材料抽真空活化超过12小时才能使其完全再生。

15.2.1.3　轻质元素的使用

吸附剂的分子量对于实现高质量比吸附量非常关键。因此人们在设计具有高氢气质量比吸附量的MOF时，更偏向于使用如Be²⁺、Al³⁺或Mg²⁺等轻质元素离子。为了进一

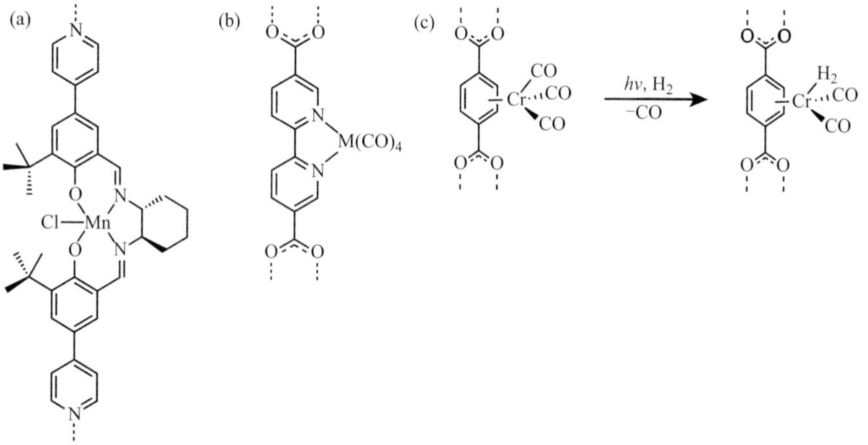

图15.7　（a）、（b）通过对有机配体进行金属化来引入极性吸附位点。（c）使用Cr(CO)₃对BDC进行功能化，然后通过光化学脱羰过程生成新的氢气结合位点

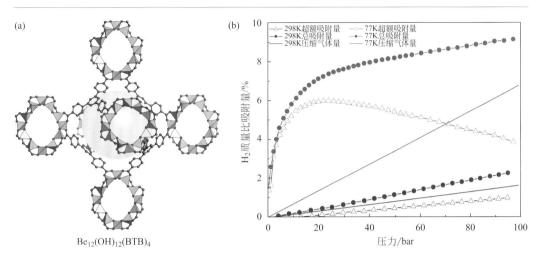

图15.8 （a）Be$_{12}$(OH)$_{12}$(BTB)$_4$的结构。该结构含有一个八面体构型大尺寸孔（黄球），大孔周围有8个小孔（图中未展示）。（b）77K（蓝色）和298K（红色）下的氢气超额吸附等温线和总吸附等温线，分别用三角和圆圈表示。蓝直线和红直线分别对应对于77K和298K时不同压强下氢气密度对应的氢气量。颜色代码：Be，蓝色；C，灰色；O，红色。1bar=10^{5}Pa=0.1MPa

步理解轻质元素的作用，我们将MOF-5（Zn$_4$O(BDC)$_3$）与假想的同构Be$_4$O(BDC)$_3$做对比。将MOF-5中的Zn^{2+}替换成最轻的二价金属离子Be^{2+}后，材料的氢气质量比存储容量提高了40%[15]。基于Be$_4$O(—COO)$_6$ SBU构筑MOF-5的同构物并非难以企及，因为该SBU对应的分子结构是为人熟知的[16]。Be$_{12}$(OH)$_{12}$(BTB)$_4$的设计中就运用了这种使用轻元素构建高容量MOF的概念，该MOF是第一例（也是截至2019年的唯一一例）铍基MOF。Be$_{12}$(OH)$_{12}$(BTB)$_4$是基于马鞍形构型12-c的[Be$_{12}$(OH)$_{12}$]$^{12+}$ SBU构建的，且在铍的小分子化合物中还未见报道与该SBU类似的结构。三角形构型BTB配体将这些SBU连接形成具有**fon**拓扑的框架[15][图15.8（a）]。尽管结构的等量吸附热值相对较低（Q_{st} = 5.5kJ·mol^{-1}），Be$_{12}$(OH)$_{12}$(BTB)$_4$依旧具有很高氢气质量比吸附量［在10MPa（100bar）和77K下为9.2%］，这主要归因于其较小的分子量［图15.8（b）］。

15.2.2　用于氢气存储的重要MOF

在许多储氢MOF的设计与合成工作中，研究者都使用了15.2.1中所涵盖的概念与方法，并对这些MOF的氢气存储能力进行了研究。表15.1汇总了一些具有较好氢气吸附性能的代表性MOF和COF。

表15.1　代表性的潜在储氢材料的比表面积、孔径、氢气质量比吸附量、体积比吸附量以及相对压力为零时的 Q_{st}

化学式	常用名	表面积 BET /(m²·g⁻¹)	表面积 Langmuir /(m²·g⁻¹)	孔径 /Å	孔体积 /(cm³·g⁻¹)	是否具有 OMS	储氢性能 P/bar	储氢性能 T/K	储氢性能 质量比吸附量/%	储氢性能 体积比吸附量/(g·L⁻¹)	储氢性能 Q_{st}/(kJ·mol⁻¹)	参考文献
MOF												
$Be_{12}(OH)_{12}(BTB)_4$		4030	4400			否	1	77	1.6		5.5	[15]
$Cr_3OF(BDC)_3$	MIL-101		5500	8.6	1.9	是	20(100)	77	6(9.2)	(43)	10	[17]
							80		6.1	1.84		
$Cu_3(BTC)_2(H_2O)_3$	HKUST-1		1958			是	100	77	3.6		4.5	[18]
不穿插的 $Cu_3(TATB)_2(H_2O)_3$	PCN-6'		2700		1.045	是	1	77	1.35		6	[13]
穿插式 $Cu_3(TATB)_2(H_2O)_3$	PCN-6		3800	5	1.456	是	1	77	1.9			[12b]
$Cu_2(H_2O)_2(TPTC)$	NOTT-101	2247		7.3	0.89	是	1	77	2.52	43.6	5.5	[19,20]
$Cu_2(H_2O)_2(AOBTC)$	PCN-10	1047	1779		0.67	是	1	77	2.34	18.6	6.8	[21]
$Cu_3(NTEI)(H_2O)_3$	PCN-66	4000	4600		1.63	是	1	77	1.79	7.98	6.22	[22]
$Cu_3(PTEI)(H_2O)_3$	PCN-68	5109	6033		2.13	是	1	77	1.87	7.2	6.09	[22]
$Cu_3(TTEI)(H_2O)_3$	NU-100	6143			2.82	是	1	77	1.82		6.1	[23]
$Cu_3(BHB)(H_2O)_3$	UTSA-20	1156		3.4,8.5		是	1	77	2.9			[24]
$In_3O(ABTC)_{1.5}(NO_3)$	soc-MOF		1417	7.65,5.95	0.5	是	1.2	77	2.61		6.5	[25]
$Mg_2(DOT)$	MOF-74	1510				是	1	77	2.2		10.3	[26]
$Mn_3[(Mn_4Cl)_3(BTT)_8]_2$	Mn-BTT	2100			0.795	是	1.2	77	2.2	43	10.1	[27]
$Mn_3[Mn_4Cl]_3(TPT-3tz)_8]_2$		1580	1700			否	80	77	3.7(4.5)	37		[28]
$Ni_3O(TATB)_2$	PCN-5		225		0.13	否	1	77	0.63			[29]
$Zn(mIM)_2$	ZIF-8	1630	1810		0.64	否	1	77	1.27			[30]
							30	77	3.3			
							55	77	3.01			

化学式	常用名	表面积 BET /(m²·g⁻¹)	表面积 Langmuir /(m²·g⁻¹)	孔径/Å	孔体积/(cm³·g⁻¹)	是否具有OMS	P/bar	T/K	储氢性能 质量比吸附量/%	储氢性能 体积比吸附量/(g·L⁻¹)	Q_{st}/(kJ·mol⁻¹)	参考文献
$Zn_2(ABTC)(DMF)_2$	SNU-4		1460		0.53	否	1	77	2.07			[31]
							50	77	3.7			
$Zn_4O(BBC)_2$	MOF-200	4530	10400	3.59		否	80	77	7.4(16.3)	(36)		[3]
$Zn_4O(BDC)_3$	MOF-5	2296	3840			否	50	77	4.7		3.8	[18]
穿插式 $Zn_4O(BDC)_3$	穿插式 MOF-5		1130	6.7		否	1	77	2	23.3	7.6	[32]
$Zn_4O(BTB)_2$	MOF-177	4746	5640		1.59	否	70	77	7.5	32		[4]
$Zn_4O(BTB)_{4/3}(NDC)$	MOF-205	4460	6170		2.16	否	80	77	7.0(12)	(46)		[3]
$Zn_4O(BTE)_{4/3}(BPDC)$	MOF-210	6240	10400		3.6	否	80	77	8.6(17.6)	(44)		
$Zn_4O(T^2DC)(BTB)_{4/3}$	UMCM-2	5200	6060			否	46	7	6.9	6.4		[33]
COF												
	COF-105	6636 (calc.)			5.22	否	100	77	4.67	18.05		[34]
	COF-108	6298 (calc.)			5.59	否	100	77	4.51	17.8		[34]
	COF-202		2690		1.09	否	100	298	1.52	8.08		[8a]
	COF-202 Li		<2690		<1.09	是	100	298	4.39	25.86		[8a]

注：1bar = 10⁵Pa = 0.1MPa。

15.3　MOF中甲烷的存储

与氢气作为能量载体不同，甲烷可直接作为燃料使用。甲烷作为天然气的主要成分（>95%）存在于自然界中，其高达55.7MJ·kg^{-1}的燃烧热值可与汽油（46.4MJ·kg^{-1}）相媲美。在所有碳氢化合物中，甲烷有着最高的RON值（107）。同时，甲烷也是一种相对清洁的燃料，而且甲烷与目前基于燃烧的供能体系相兼容。因此，在从化石能源到更清洁能源的过渡中，甲烷存储材料的开发非常重要。现有的两种天然气存储技术分别为室温压缩（200～300bar，即20～30MPa）和深冷液化（cryogenic liquefaction）。液态天然气（liquefied natural gas，LNG）的体积能量密度（volumetric energy density，VED）仅为汽油对应值的64%［LNG（-161.5℃）和汽油（常温常压）的燃烧热值分别为22.2MJ·L^{-1}和34.2MJ·L^{-1}］，并且需要极耗能的冷却和液化操作。LNG需存储在昂贵的深冷容器中，且不可避免地因蒸发而损失部分甲烷。另一方面，压缩天然气（compressed natural gas，CNG）则需要多级压缩机和重型厚壁柱型存储罐，而且其VED（9.2MJ·L^{-1}）仅为汽油VED（34.2MJ·L^{-1}）的27%。上述缺点使得LNG与CNG难以在汽车领域中实际应用。一个可行的替代方案是使用装满固体吸附剂的气罐来存储天然气。吸附天然气（adsorbed natural gas，ANG）罐内压力低至35～65bar（3.5～6.5MPa），且所有操作在常温下进行，因而不需要深冷气罐或重型气罐。这种储甲烷方式更加安全和节能，也比CNG和LNG更节约成本。

MOF用于氢气存储受制于较低的等量吸附热值，但MOF对甲烷的等量吸附热值通常更高，处在商业应用可接受的范围内。目前能在常温下实现高氢气存储容量的MOF，都是具有配位不饱和金属位点的MOF（或者是额外嵌入金属离子的MOF和COF），因为它们提供了较高的氢气结合能（最高可达13kJ·mol^{-1}）。相比而言，甲烷的结合能更高，甚至对非极性的有机基元（例如在具有多个吸附位点的孔开口处）也有较高的结合能。甲烷的这种吸附行为使得储甲烷材料的选择范围相对于储氢材料更宽。与诸如沸石或多孔炭等传统多孔材料相比，MOF的高比表面积、规则的孔道形状和可调的孔尺寸使其具备更多优势。接下来，我们将阐述如何利用这些参数来设计甲烷存储材料。

15.3.1　用于甲烷存储的MOF的优化

在适用于ANG气罐应用之前，MOF材料必须满足一些特定的先决条件。其中最重要的几个指标是该材料的合成成本、工作容量、循环稳定性和天然气中杂质对材料化学稳定性的影响。材料的合成成本与客观需求等紧密相关，但后三个性能指标均由材料的内在性质决定。这些性质可以通过第1～6章所介绍的方法进行调整和优化。

甲烷的存储在汽车领域很有应用前景。对于一辆载有给定体积气罐的车辆，其行驶的最大里程取决于甲烷存储材料的工作容量。该指标一般通过用气罐中单位体积的材料在满载（通常为65bar，即6.5MPa）时所存储的甲烷体积，减去达到耗尽压力（depletion pressure，通常为5.8bar，即0.58MPa）时气罐中剩余的甲烷体积而得。这意味着理想的甲烷存储材料不仅需要在高压下存储大量甲烷，而且能够在5～65bar（0.5～6.5MPa）的压力窗口内将大部分甲烷释放出来。由于材料工作容量的大小强烈依赖于MOF的结构和化学性质，因此对整体结构以及底层的独立构造单元进行精确设计，对开发新型高性能MOF材料非常重要。我们可以使用网格化学的概念对MOF的下列结构要素进行操控和优化，包括：①比表面积；②孔道形状，尺寸及开口大小；③引入配位不饱和金属位点或其它强吸附位点。

15.3.1.1　孔道形状和尺寸参数的优化

在总结高甲烷吸附量的MOF的设计原理之前，我们首先应明确甲烷在MOF孔道中所偏好的结合位点。已有许多工作聚焦于确定MOF中的主要甲烷吸附位点。这些研究表明，与其它非极性气体类似，甲烷通常被吸附于靠近SBU的位置，这可能主要是因为SBU的极性比有机主干更强。在配体的面上和侧边位置也有另外一些结合位点。虽然这些结合位点与甲烷的相互作用要比在SBU上的弱得多，但它们仍能显著提升材料的气体存储容量，从而在设计合成高储甲烷性能材料的过程中扮演着重要角色。我们已在前面介绍了通过配体设计来增加吸附位点数目的策略（见第2章）[35]。需要指出的是，对于甲烷存储来说，大的比表面积并不一定就代表大的工作容量。为了说明这一点，我们对同具有**fof**拓扑的NOTT-101［Cu₂(H₂O)₂(TPTC)，NOTT为诺丁汉大学（Nottingham University）的简称］和NOTT-103（Cu₂(H₂O)₂(2,6-NDI)），以及结构类似、但是具有**stx**拓扑的NOTT-109（Cu₂(H₂O)₂(1,4-NDI)）的甲烷吸附行为进行了分析。这三例MOF虽然结构相似，孔尺寸和比表面积却有明显差异（图15.9）。NOTT-109的比表面积最低（S_{BET} = 2110m² · g⁻¹），其次为NOTT-101（S_{BET} = 2805m² · g⁻¹），比表面积最高的是NOTT-103（S_{BET} = 2957m² · g⁻¹）。在室温及35bar（3.5MPa）的条件下对三者的超额吸附量进行比较，可以发现具有最低比表面积的MOF有着最高的体积比超额吸附量（$q_{exc(NOTT-109)}$ = 175cm³ · cm⁻³，$q_{exc(NOTT-101)}$ = 171cm³ · cm⁻³，$q_{exc(NOTT-103)}$ = 169cm³ · cm⁻³）[36]。依据质量比吸附量与孔体积数据，可以建立如下经验公式：

$$C = -126.69 \times V_{pore}^2 + 381.62 \times V_{pore} - 12.57 \qquad (15.1)$$

式中，C为甲烷的超额质量比吸附量［在35bar（3.5MPa）和300K下］，cm³ · g⁻¹；V_{pore}为MOF的自由孔体积，cm³ · g⁻¹。这个经验公式可以很好地预测孔体积小于1.50cm³ · g⁻¹的微孔MOF材料的甲烷存储容量。该例子表明对于实现高甲烷吸附工作容

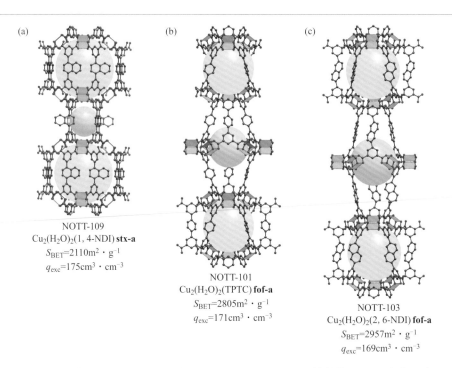

(a) NOTT-109
Cu$_2$(H$_2$O)$_2$(1, 4-NDI) **stx-a**
S_{BET}=2110m^2·g^{-1}
q_{exc}=175cm^3·cm^{-3}

(b) NOTT-101
Cu$_2$(H$_2$O)$_2$(TPTC) **fof-a**
S_{BET}=2805m^2·g^{-1}
q_{exc}=171cm^3·cm^{-3}

(c) NOTT-103
Cu$_2$(H$_2$O)$_2$(2, 6-NDI) **fof-a**
S_{BET}=2957m^2·g^{-1}
q_{exc}=169cm^3·cm^{-3}

图15.9　NOTT-109（a）、NOTT-101（b）和NOTT-103（c）的晶体结构以及对应的比表面积和甲烷超额吸附容量值。尽管它们结构相似，且比表面积从（a）到（c）递增，然而对应的超额吸附量递减。该现象强调了孔道形状和尺寸对实现高甲烷超额吸附量的重要性。颜色代码：Cu，蓝色；C，灰色；O，红色

量而言，不仅大的比表面积非常重要，合适的孔道尺寸和形状也同样重要。

优化甲烷和框架间的相互作用也是追求高甲烷吸附量材料需要考虑的另一个重要因素。通过比较PCN-61（Cu$_3$(H$_2$O)$_3$(BTEI)）和PCN-68（Cu$_3$(H$_2$O)$_3$(PTEI)）这两例底层拓扑均为**rht**的同网格MOF的甲烷吸附性能，我们可以看出这一点的重要性。PCN-61由H$_6$BTEI配体和4-c铜基车辐式SBU构建，其结构中主要有孔径为12Å、11.8Å和18.8Å的三种孔道，比表面积为3000m^2·g^{-1}。PCN-68是PCN-61的同网格扩展结构，由4-c车辐式SBU和H$_6$PTEI配体构建。与PCN-61相比，同网格扩展的PCN-68自然具有更大的孔道（孔径为12Å、14.8Å和23.2Å）和比表面积（5109m^2·g^{-1}）[22]。有趣的是，PCN-61（145cm^3·cm^{-3}）展现出比PCN-68（99cm^3·cm^{-3}）大得多的超额体积吸附量，这主要归因于更强的甲烷与框架间的相互作用。

通过引入所谓的"范德华口袋"（van der Waals pocket），可以实现甲烷和框架间的强相互作用。这种口袋是指含有多个彼此靠近的芳基单元的笼子，从而增强吸附质与孔道表面之间的色散力。PCN-14（Cu$_2$(H$_2$O)$_2$(ADIP)）和HKUST-1便是两例典型的具有范德华口袋的MOF，它们恰好也位列现今最好的甲烷存储材料之列。PCN-14是一例由4-c

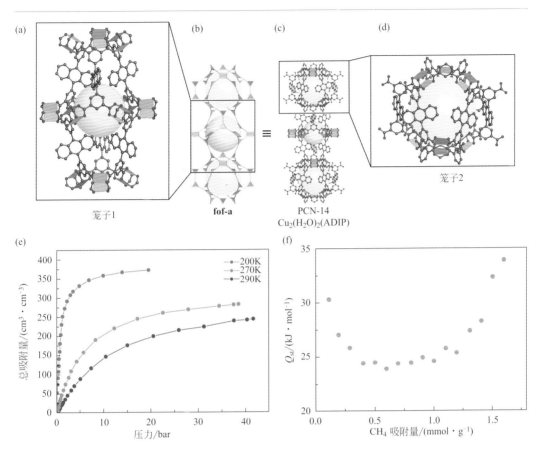

图15.10   PCN-14结构中两种不同笼子〔(a)、(d)〕的形状可以将甲烷分子与狭窄孔开口间的色散力最大化。这一特点使得该结构具有较高的超额甲烷吸附量,尽管其比表面积仅为较低的1753m²·g⁻¹。(b) PCN-14的拓扑(**fof-a**)示意图与(c)晶体结构。(e) 在200K(蓝色)、270K(橙色)和290K(红色)下该材料的总甲烷吸附量。(f)基于270K、280K和290K下吸附数据计算的不同吸附量下的甲烷等量吸附热。数据表明在低载气量时,甲烷与框架之间有较强的相互作用[37]。颜色代码:Cu,蓝色;C,灰色;O,红色。1bar=10⁵Pa=0.1MPa

铜基车辐式SBU和ADIP配体相连构成的具有**fof**拓扑的框架(图15.10)[37]。其结构包含被压缩的截半立方体笼,孔径约为12.5Å。PCN-14的比表面积相对较低,仅有1753m²·g⁻¹。不过,结构中高密度的蒽基单元增强了甲烷分子与结构间的色散力,因而PCN-14具有较高的甲烷质量比吸附量(15.3%)和体积比吸附量(220cm³·cm⁻³)。

通过比较MOF-210和Al-**soc**-MOF-1,我们可以明显看出合适的孔道大小对吸附的重要性。我们已在前文分别讨论这两例MOF的结构(MOF-210见图5.9,Al-**soc**-MOF-1见图4.14)。MOF-210(**toz**)有两种大小不同的孔道(20Å×20Å和27Å×48Å)以及高达6240m²·g⁻¹的比表面积[3]。其质量比工作容量为0.376g·g⁻¹,这是已报道的MOF中最高的值之一。该MOF的体积比工作容量则相对较低，仅为131cm³·cm⁻³，这归因于结构中的较大的孔道和高达3.6cm³·g⁻¹的孔体积❶。而对于Al–**soc**–MOF–1，其孔道尺寸相对较小（孔径为14.3Å），但也有着很高的比表面积（5585m²·g⁻¹）。因此，虽然Al–**soc**–MOF–1有着与MOF–210接近的质量比吸附量（q_{grav} = 0.37g·g⁻¹），但其体积比吸附量（q_{vol} = 176cm³·cm⁻³）却大大高于MOF–210。目前为止讨论的例子均表明小孔以及连接小孔的狭窄通道有利于提高孔壁和气体分子间的色散力强度，因而有利于实现高甲烷吸附容量。这样的孔道系统既可以通过结构穿插来实现，也可以通过设计具有复杂迂曲孔道体系的MOF来实现。ST–1［(Zn₄O)₃(TATAB)₄(BDC)₃，ST为上海科技大学(Shanghai Tech University)的简称］、ST–2（(Zn₄O)₃(TATAB)₄(NDC)₃）、ST–3（(Zn₄O)₃(TATAB)₄(BPDC)₂(BDC)）和ST–4（(Zn₄O)₅(TATAB)₄(BPDC)₆）系列材料的设计就采用了第二种思路。这是一系列具有复杂框架结构的三基元和四基元MOF[38]。图15.11（a）以流程图的形式给出了这些MOF的合成路线和结构组成。所有的结构均高度复杂，由多至5种不同类型的笼子构成（具体拓扑：ST–1，**muo**；ST–2，**umt**；ST–3，**ith-d**；ST–4，**ott**）。这些化合物的高甲烷存储容量来自于其复杂的贯通孔道系统。由于这四例材料在最小气体输出压力处均表现出较低的甲烷吸附量，因此它们的工作容量均较高。在这里，我们以该系列材料中性能最好的ST–2为例进行讨论。ST–2的**umt**网络具有四种拓扑结构不同的笼子。这些笼子互相结合形成了高度复杂的孔道系统［图15.11（b）］。除了两种拓扑结构一致的[5⁴]笼子，其它所有笼子都有以下特征：包含极性的TATAB单元；"范德华口袋"尺寸较小；笼子开口（相对于大笼本身而言）较小。这些结构特征有助于增强范德华相互作用。图15.11（c）显示了不同温度下的ST–2中甲烷吸附等温线。ST–2在大于135bar（13.5MPa）压力时的存储容量明显超过了压缩天然气罐存储容量。其迂曲的孔道系统使得材料能在5～200bar（0.5～20MPa）之间同时达到较高的可用体积比容量（290cm³·cm⁻³）和质量比容量（206g·L⁻¹）。

15.3.1.2　极性吸附位点的引入

与氢气类似，甲烷也可以与配位不饱和金属位点相互作用，从而提高等量吸附热。我们已在本章前文介绍了一些具有潜在配位不饱和金属位点的SBU，读者可以参考这一部分内容获得更多信息。图15.12显示了几例MOF的总甲烷吸附量对孔体积作图的曲线。该图表明随着孔体积的增加，总体积比吸附量先增加至最大值然后再递减。这暗示在65bar（6.5MPa）及室温条件下，框架材料的甲烷存储容量在孔体积约为1cm³·g⁻¹时会达到一个上限值。仅有三例MOF，分别为HKUST–1、(Ni)MOF–74和UTSA–76［Cu₃(H₂O)₃(PyrDI)，UTSA为得克萨斯大学圣安东尼奥分校（University of Texas at San Antonio）的简称］，其性能超过了这一上限。这是因为HKUST–1和(Ni)MOF–74位列具有最高的配位不饱和金属位点

---

❶　工作容量是在65～5.8bar（6.5～0.58MPa）之间测量的。

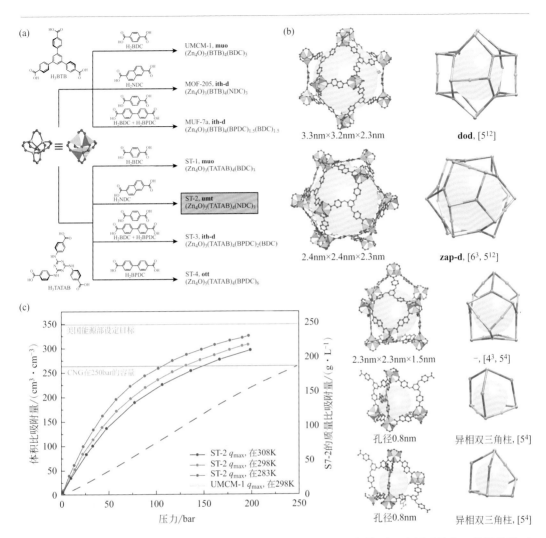

图15.11　（a）以流程图展示的由八面体构型$Zn_4O(—COO)_6$ SBU，与线型二连接配体和三角形构型三连接配体组合而成的三基元和四基元MOF。（b）具有**umt**拓扑的ST-2结构中的笼子。两种拓扑结构不同的SBU分别用粉色和蓝色表示。为了清晰呈现结构，在拓扑示意图中一般不显示的线型配体在此处用绿球（和绿线）表示，但需注意它们并非拓扑学意义上的顶点。除了$[5^4]$笼子以外的所有笼子均有着较小的"范德华口袋"和狭窄的孔开口。此外，孔壁上排列有许多极性TATAB单元。（c）在283K（蓝色）、298K（橙色）和308K（红色）下测量的ST-2中的甲烷吸附等温线，以甲烷在UMCM-1（灰色）中的吸附等温线作为对比[38]。在135bar（13.5MPa）的气压下，ST-2的容量超过了压缩天然气在250bar（25MPa）下的容量（浅粉色）。为了清晰呈现结构，所有氢原子均被略去。晶体结构图颜色代码：Zn，粉色和蓝色；N，绿色；C，灰色；O，红色。拓扑示意图颜色代码：6-c SBU，粉色和蓝色；三角形构型配体，橙色；线型配体，绿色。黄球代表各个笼子内的开放空间

浓度的MOF阵营，而UTSA-76含有高密度的功能化嘧啶基团。

与氢气存储相似，MOF的甲烷存储容量也可以通过在材料中嵌入Li^+来提高。这种

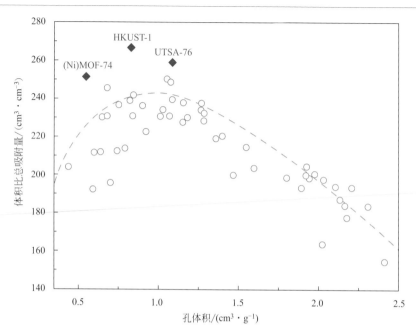

图15.12 甲烷总体积比吸附量［$cm^3 \cdot cm^{-3}$，在65bar（6.5MPa）和298K下］和孔体积 V_p（$cm^3 \cdot g^{-1}$）之间的关系。有配位不饱和金属位点（HKUST-1 和(Ni)MOF-74）或孔道中悬挂有高浓度极性基团（UTSA-76）的MOF，其体积吸附容量比没有这些结构特征的MOF（蓝色圆圈）更高

方法对COF特别有用，因为COF对甲烷的本征亲和力较低。向三维COF中嵌入 Li^+（COF-102(Li)和COF-103(Li)）后，其甲烷吸附量相比之前提高了超过200%[40]。

15.3.2　用于甲烷存储的重要MOF

MOF需满足以下前提条件方可用于甲烷存储（ANG存储）：①高工作容量（包括质量比吸附量和体积比吸附量）；②高循环稳定性；③低工业生产成本。表15.2汇总了一些在甲烷存储方面有出色表现的代表性MOF和COF材料。

15.4　**总结**

在本章中，我们讨论了面向储能领域（甲烷和氢气）应用的MOF的设计原理。我们揭示了能提高非极性气体吸附量的结构特点，以及如何将这些特点引入到拓展型结

表15.2　代表性的潜在储存甲烷材料的比表面积、孔径、甲烷质量比吸附量和体积比吸附量

化学式	常用名	表面积 BET /(m²·g⁻¹)	表面积 Langmuir /(m²·g⁻¹)	孔径 /Å	孔体积 /(cm³·g⁻¹)	是否具有OMS	甲烷存储性能 P/(bar)	T/K	质量比吸附量/%	体积比吸附量 /(cm³·cm⁻³)	参考文献
MOF											
$Al_8(OH)_8(BTB)_4(H_2BTB)_4$	MOF-519	2400	2660	7.6Å	0.938	否	35	298	—	200	[41]
$Al_8(OH)_8(BTB)_4(HCOO)_4$	MOF-520	3290	3930	16.2×9.9	1.277	否	35	298	—	162	[41]
$Al_3O(TCPT)_{1.5}(H_2O)_3Cl$	Al-soc-MOF-1	5585	—	—	2.3	是	65	298	—	221	[42]
$Cu_2(ADIP)$	PCN-14	1753	2176	—	—	是	35	290	15.36	220	[37]
$Cu_3(BTC)_2(H_2O)_3$	HKUST-1	1850	—	—	0.78	是	35	303	—	267	[43]
$Cu_3(BTTTA)$	NU-125	3120	—	—	1.29	是	58	298	—	228	[44]
$Cu_2(TPTC)$	NOTT-101	2805	—	13×24.14	1.08	是	35	298	—	237	[36]
$Cu_2(PyrDI)$	UTSA-76	2820	—	—	1.09	否	35	298	—	211	[45]
$Cu_3(2,6\text{-}NDI)$	NOTT-103	2958	—	—	1.157	是	35	298	—	194	[36]
$Mg_2(DOT)$	MOF-74	—	1957	—	0.69	是	35	298	—	200	[46]
$Ni_2(DOT)$	Ni-MOF-74	—	1593	—	0.56	是	35	298	—	230	[46]
$Zn_4O(BDC)(BTAC)_{4/3}$	MOF-905	3490	3770	6.0,18.0	1.34	否	1.1	298	7.7	—	[47]
$Zn_4O(BDC\text{-}Me_2)(BTAC)_{4/3}$	MOF-905-Me₂	3640	3920	5.5,17.6	1.39	否	1.1	298	11	—	[47]
$Zn_4O(BDC)_3$	MOF-5	3480	3860	12.8	1.39	否	80	298	22.6	274	[38,47]
$Zn_4O(BTB)_2$	MOF-177	4700	5060	10.8	1.83	否	80	298	20.5	344	[38,47]
$(Zn_4O)_3(TATAB)_4(BDC)_3$	ST-1	4412	—	1.3~3.4	2.39	否	80	298	37.3	—	[38]
$(Zn_4O)_3(TATAB)_4(NDC)_3$	ST-2	5172	—	1.3~3.0	2.44	否	80	298	40.1	—	[38]
$(Zn_4O)_3(TATAB)_4(BPDC)_2(BDC)$	ST-3	5660	—	1.3~3.6	2.67	否	80	298	41	—	[38]
COF											
$C_{25}H_{24}B_4O_8$	COF-102	3620	4650	12	1.55	否	35	298	17.72	127	[40,48]
$C_{25}H_{24}B_4O_8 \cdot xLi$	COF-102 Li	<3620	<4650	<12	<1.55	是	35	298	33	327	[40]
$C_{25}H_{24}B_4O_8Si$	COF-103	3530	4630	12	1.54	否	35	298	16.69	108	[40,48]
$C_{25}H_{24}B_4O_8Si \cdot xLi$	COF-103 Li	<3530	<4630	<12	<1.54	是	35	298	32.75	315	[40]

构中。我们发现强极化的局部结构和"范德华口袋"有助于提高甲烷和氢气吸附量，同时需要依据待吸附分子的尺寸来设计存储材料的孔道大小。考虑到实际工况，5～65bar（0.5～6.5MPa）之间的吸附量大小更为重要，因此我们列举了在此压力范围内有不错储能表现的MOF。在15.2节和15.3节的末尾，我们用表格总结了在相应储能应用中性能最好的材料。

参考文献

[1] (a) He, Y., Zhou, W., Qian, G., and Chen, B. (2014). Methane storage in metal-organic frameworks. *Chemical Society Reviews* 43 (16): 5657–5678. (b) Simon, C.M., Kim, J., Gomez-Gualdron, D.A. et al. (2015). The materials genome in action: identifying the performance limits for methane storage. *Energy & Environmental Science* 8 (4): 1190–1199. (c) Gomez-Gualdron, D.A., Gutov, O.V., Krungleviciute, V. et al. (2014). Computational design of metal-organic frameworks based on stable zirconium building units for storage and delivery of methane. *Chemistry of Materials* 26 (19): 5632–5639.

[2] Dresselhaus, M., Crabtree, G., Buchanan, M. et al. (2004). Basic Research Needs for the Hydrogen Economy: Report on the Basic Energy Sciences Workshop on Hydrogen Production, Storage, and Use. DOESC (USDOE Office of Science (SC)). Argonne, IL: Argonne National Laboratory (ANL).

[3] Furukawa, H., Ko, N., Go, Y.B. et al. (2010). Ultrahigh porosity in metal-organic frameworks. *Science* 329 (5990): 424–428.

[4] Wong-Foy, A.G., Matzger, A.J., and Yaghi, O.M. (2006). Exceptional H_2 saturation uptake in microporous metal-organic frameworks. *Journal of the American Chemical Society* 128 (11): 3494–3495.

[5] Frost, H. and Snurr, R.Q. (2007). Design requirements for metal-organic frameworks as hydrogen storage materials. *The Journal of Physical Chemistry C* 111 (50): 18794–18803.

[6] Bae, Y.-S. and Snurr, R.Q. (2010). Optimal isosteric heat of adsorption for hydrogen storage and delivery using metal-organic frameworks. *Microporous and Mesoporous Materials* 132 (1): 300–303.

[7] Kubas, G.J. (2001). *Metal Dihydrogen and s-Bond Complexes: Structure, Theory, and Reactivity*. Springer Science & Business Media.

[8] (a) Lan, J., Cao, D., and Wang, W. (2010). Li-doped and nondoped covalent organic borosilicate framework for hydrogen storage. *The Journal of Physical Chemistry C* 114 (7): 3108–3114. (b) Cao, D., Lan, J., Wang, W., and Smit, B. (2009). Lithium-doped 3D covalent organic frameworks: high-capacity hydrogen storage materials. *Angewandte Chemie* 121 (26): 4824–4827. (c) Klontzas, E., Tylianakis, E., and Froudakis, G.E. (2009). Hydrogen storage in lithium-functionalized 3-D covalent-organic framework materials. *The Journal of Physical Chemistry C* 113 (50): 21253–21257.

[9] (a) Zou, X., Zhou, G., Duan, W. et al. (2010). A chemical modification strategy for hydrogen storage in covalent organic frameworks. *The Journal of Physical Chemistry C* 114 (31): 13402–13407. (b)

Xiang, Z., Hu, Z., Yang, W., and Cao, D. (2012). Lithium doping on metal-organic frameworks for enhancing H₂ storage. *International Journal of Hydrogen Energy* 37 (1): 946–950.

[10] (a) Chui, S.S.-Y., Lo, S.M.-F., Charmant, J.P.H. et al. (1999). A chemically func- tionalizable nanoporous material [Cu₃(TMA)₂(H₂O)]ₙ. *Science* 283 (5405): 1148–1150. (b) Dincă, M., Dailly, A., Liu, Y. et al. (2006). Hydrogen storage in a microporous metal-oganic framework with exposed Mn²⁺ coordination sites. *Journal of the American Chemical Society* 128 (51): 16876–16883.

[11] Dincă, M. and Long, J.R. (2008). Hydrogen storage in microporous metal-organic frameworks with exposed metal sites. *Angewandte Chemie International Edition* 47 (36): 6766–6779.

[12] (a) Sachdeva, S., Pustovarenko, A., Sudhölter, E.J. et al. (2016). Control of interpenetration of copper-based MOFs on supported surfaces by electrochemical synthesis. *CrystEngComm* 18 (22): 4018–4022. (b) Sun, D., Ma, S., Ke, Y. et al. (2006). An interweaving MOF with high hydrogen uptake. *Journal of the American Chemical Society* 128 (12): 3896–3897.

[13] Ma, S., Sun, D., Ambrogio, M. et al. (2007). Framework-catenation isomerism in metal-organic frameworks and its impact on hydrogen uptake. *Journal of the American Chemical Society* 129 (7): 1858–1859.

[14] (a) Li, Y., Yang, F.H., and Yang, R.T. (2007). Kinetics and mechanistic model for hydrogen spillover on bridged metal-organic frameworks. *The Journal of Physical Chemistry C* 111 (8): 3405–3411. (b) Li, Y. and Yang, R.T. (2006). Significantly enhanced hydrogen storage in metal-organic frameworks via spillover. *Journal of the American Chemical Society* 128 (3): 726–727. (c) Li, Y. and Yang, R.T. (2006). Hydrogen storage in metal-organic frameworks by bridged hydrogen spillover. *Journal of the American Chemical Society* 128 (25): 8136–8137. (d) Li, Y. and Yang, R.T. (2007). Gas adsorption and storage in metal-organic framework MOF-177. *Langmuir* 23 (26): 12937–12944. (e) Li, Y. and Yang, R.T. (2008). Hydrogen storage in metal-organic and covalent-organic frameworks by spillover. *AIChE Journal* 54 (1): 269–279. (f) Liu, Y.-Y., Zeng, J.-L., Zhang, J. et al. (2007). Improved hydrogen storage in the modified metal-organic frameworks by hydrogen spillover effect. *International Journal of Hydrogen Energy* 32 (16): 4005–4010.

[15] Sumida, K., Hill, M.R., Horike, S. et al. (2009). Synthesis and hydrogen storage properties of Be₁₂(OH)₁₂(1,3,5-benzenetribenzoate)₄. *Journal of the American Chemical Society* 131 (42): 15120–15121.

[16] (a) Bragg, W. (1923). Crystal structure of basic beryllium acetate. *Nature* 111: 532–532. (b) Pauling, L. and Sherman, J. (1934). The structure of the carboxyl group II. The crystal structure of basic beryllium acetate. *Proceedings of the National Academy of Sciences* 20: 340–345.

[17] Latroche, M., Surblé, S., Serre, C. et al. (2006). Hydrogen storage in the giant-pore metal-organic frameworks MIL-100 and MIL-101. *Angewandte Chemie International Edition* 45 (48): 8227–8231.

[18] Panella, B., Hirscher, M., Pütter, H., and Müller, U. (2006). Hydrogen adsorption in metal-organic frameworks: Cu-MOFs and Zn-MOFs compared. *Advanced Functional Materials* 16 (4): 520–524.

[19] Lin, X., Telepeni, I., Blake, A.J. et al. (2009). High capacity hydrogen adsorp- tion in Cu(II) tetracarboxylate framework materials: the role of pore size, ligand functionalization, and exposed metal sites. *Journal of the American Chemical Society* 131 (6): 2159–2171.

[20] Lin, X., Jia, J., Zhao, X. et al. (2006). High H₂ adsorption by coordinationframework materials.

Angewandte Chemie International Edition 45 (44): 7358–7364.

[21] Wang, X.-S., Ma, S., Rauch, K. et al. (2008). Metal-organic frameworks based on double-bond-coupled di-isophthalate linkers with high hydrogen and methane uptakes. *Chemistry of Materials* 20 (9): 3145–3152.

[22] Yuan, D., Zhao, D., Sun, D., and Zhou, H.C. (2010). An isoreticular series of metal-organic frameworks with dendritic hexacarboxylate ligands and exceptionally high gas-uptake capacity. *Angewandte Chemie International Edition* 49 (31): 5357–5361.

[23] Farha, O.K., Yazaydın, A.Ö., Eryazici, I. et al. (2010). De novo synthesis of a metal-organic framework material featuring ultrahigh surface area and gas storage capacities. *Nature Chemistry* 2 (11): 944–948.

[24] Guo, Z., Wu, H., Srinivas, G. et al. (2011). A metal-organic framework with optimized open metal sites and pore spaces for high methane storage at room temperature. *Angewandte Chemie International Edition* 50 (14): 3178–3181.

[25] Liu, Y., Eubank, J.F., Cairns, A.J. et al. (2007). Assembly of metal-organic frameworks (MOFs) based on indium-trimer building blocks: a porous MOF with soc topology and high hydrogen storage. *Angewandte Chemie International Edition* 46 (18): 3278–3283.

[26] Sumida, K., Brown, C.M., Herm, Z.R. et al. (2011). Hydrogen storage properties and neutron scattering studies of Mg_2(dobdc) – a metal-organic framework with open Mg^{2+} adsorption sites. *Chemical Communications* 47 (4): 1157–1159.

[27] Dinca, M., Dailly, A., Liu, Y. et al. (2006). Hydrogen storage in a microporous metal-organic framework with exposed Mn^{2+} coordination sites. *Journal of the American Chemical Society* 128 (51): 16876–16883.

[28] Dinca, M., Dailly, A., Tsay, C., and Long, J.R. (2008). Expanded sodalite-type metal-organic frameworks: increased stability and H_2 adsorption through ligand-directed catenation. *Inorganic Chemistry* 47 (1): 11–13.

[29] Ma, S., Wang, X.-S., Manis, E.S. et al. (2007). Metal-organic framework based on a trinickel secondary building unit exhibiting gas-sorption hysteresis. *Inorganic Chemistry* 46 (9): 3432–3434.

[30] Park, K.S., Ni, Z., Côté, A.P. et al. (2006). Exceptional chemical and thermal stability of zeolitic imidazolate frameworks. *Proceedings of the National Academy of Sciences* 103 (27): 10186–10191.

[31] Lee, Y.G., Moon, H.R., Cheon, Y.E., and Suh, M.P. (2008). A comparison of the H_2 sorption capacities of isostructural metal-organic frameworks with and without accessible metal sites: [{Zn_2(abtc)(dmf$)_2$}$_3$] and [{Cu_2(abtc)(dmf$)_2$}$_3$] versus [{Cu_2(abtc)}$_3$]. *Angewandte Chemie* 120 (40): 7855–7859.

[32] Kim, H., Das, S., Kim, M.G. et al. (2011). Synthesis of phase-pure interpenetrated MOF-5 and its gas sorption properties. *Inorganic Chemistry* 50 (8): 3691–3696.

[33] Koh, K., Wong-Foy, A.G., and Matzger, A.J. (2009). A porous coordination copolymer with over 5000 m$_2$/g BET surface area. *Journal of the American Chemical Society* 131 (12): 4184–4185.

[34] (a) Babarao, R. and Jiang, J. (2008). Exceptionally high CO_2 storage in covalent-organic frameworks: atomistic simulation study. *Energy & Environmental Science* 1 (1): 139–143. (b) El-Kaderi, H.M., Hunt, J.R., Mendoza-Cortés, J.L. et al. (2007). Designed synthesis of 3D covalent

organic frameworks. *Science* 316 (5822): 268–272.

[35] Chae, H.K., Siberio-Pérez, D.Y., Kim, J. et al. (2004). A route to high surface area, porosity and inclusion of large molecules in crystals. *Nature* 427 (6974): 523–527.

[36] He, Y., Zhou, W., Yildirim, T., and Chen, B. (2013). A series of metal-organic frameworks with high methane uptake and an empirical equation for predicting methane storage capacity. *Energy & Environmental Science* 6 (9): 2735–2744.

[37] Ma, S., Sun, D., Simmons, J.M. et al. (2008). Metal-organic framework from an anthracene derivative containing nanoscopic cages exhibiting high methane uptake. *Journal of the American Chemical Society* 130 (3): 1012–1016.

[38] Liang, C.-C., Shi, Z.-L., He, C.-T. et al. (2017). Engineering of pore geometry for ultrahigh capacity methane storage in mesoporous metal-organic frameworks. *Journal of the American Chemical Society* 139 (38): 13300–13303.

[39] Li, B., Wen, H.-M., Zhou, W. et al. (2016). Porous metal-organic frameworks: promising materials for methane storage. *Chem* 1 (4): 557–580.

[40] Lan, J., Cao, D., and Wang, W. (2009). High uptakes of methane in Li-doped 3D covalent organic frameworks. *Langmuir* 26 (1): 220–226.

[41] Gándara, F., Furukawa, H., Lee, S., and Yaghi, O.M. (2014). High methane storage capacity in aluminum metal-organic frameworks. *Journal of the American Chemical Society* 136 (14): 5271–5274.

[42] Alezi, D., Belmabkhout, Y., Suyetin, M. et al. (2015). MOF crystal chemistry paving the way to gas storage needs: aluminum-based soc-MOF for CH_4, O_2, and CO_2 storage. *Journal of the American Chemical Society* 137 (41): 13308–13318.

[43] Wiersum, A.D., Chang, J.-S., Serre, C., and Llewellyn, P.L. (2013). An adsorbent performance indicator as a first step evaluation of novel sorbents for gas separations: application to metal-organic frameworks. *Langmuir* 29 (10): 3301–3309.

[44] Wilmer, C.E., Farha, O.K., Yildirim, T. et al. (2013). Gram-scale, high-yield synthesis of a robust metal-organic framework for storing methane and other gases. *Energy & Environmental Science* 6 (4): 1158–1163.

[45] Li, B., Wen, H.-M., Wang, H. et al. (2014). A porous metal-organic framework with dynamic pyrimidine groups exhibiting record high methane storage working capacity. *Journal of the American Chemical Society* 136 (17): 6207–6210.

[46] Mason, J.A., Veenstra, M., and Long, J.R. (2014). Evaluating metal-organic frameworks for natural gas storage. *Chemical Science* 5 (1): 32–51.

[47] Jiang, J., Furukawa, H., Zhang, Y.-B., and Yaghi, O.M. (2016). High methane storage working capacity in metal-organic frameworks with acrylate links. *Journal of the American Chemical Society* 138 (32): 10244–10251.

[48] Furukawa, H. and Yaghi, O.M. (2009). Storage of hydrogen, methane, and carbon dioxide in highly porous covalent organic frameworks for clean energy applications. *Journal of the American Chemical Society* 131 (25): 8875–8883.

16

MOF用于气相分离和液相分离

16.1 引言

许多工业过程，如化学工业原料、燃料、能源载体和废气的纯化，以及在我们日常生活中必需的饮用水纯化等纯化过程，都以分离为基础。这些过程大多数采用多孔固体对导入的气体或液体混合物中的特定组分进行选择性分离，以获得高纯度的产品。

氢气、甲烷和轻质碳氢化合物等气体都可作为能源，被用于内燃机或燃料电池[1]。但是，这些应用都需要高纯度气体。在第13章中，我们讨论了大气中CO_2浓度与日俱增所带来的问题以及金属有机框架在CO_2捕集中的应用。该过程是热力学控制的（即平衡吸附），这与天然气、合成气的纯化和轻质碳氢化合物的分离过程一致。相反，碳氢化合物不同异构体的混合气的分离通常是动力学控制的（图16.1）。混合基质膜（mixed-matrix membrane，MMM）的出现意味着基于多孔固体的分离过程发展到了新一阶段。混合基质膜是一类由聚合物（膜）和多孔固体添加剂（填料）制成的复合膜。MMM结合了金属有机框架（MOF）、沸石咪唑框架（ZIF）、共价有机框架（COF）等多孔吸附剂的高选择性，以及聚合物的高通量、易合成性和柔性。MMM已历经诸多分离过程的研究和测试，其高性能表明：杂化材料能够超越对应单组分材料的性能；在某些情况下，甚至超越对应多种单独组分材料的性能总和[2]。

基于MOF的分离过程不仅适用于气相混合物，还适用于液相混合物的分离或者特定组分从液体中的选择性去除。在这方面，水溶液中生物活性分子的去除变得越来越重要。这是因为世界各地河流和饮用水中的痕量药物分子和其它生物活性分子构成了严重的健康问题[3]。多孔固体在液相分离中的另一个潜在应用是液体燃料、石油和页岩油的纯化。它们都含有环胺。由于其恶臭、急性水生生物毒性和致癌性，以及易导致沉积物形成的特点，环胺的存在对它们的质量产生了负面影响。含有环胺的（或更广泛地说，

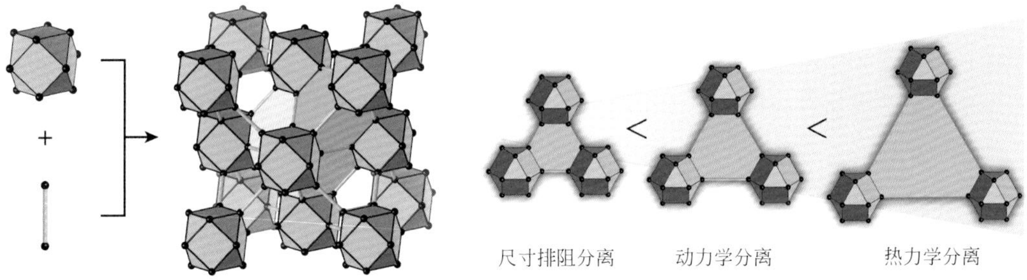

尺寸排阻分离　　动力学分离　　　热力学分离

图16.1　混合气分离的主要机理与孔尺寸和混合物中各组分动力学直径之比有关。虽然三种分离机理都可以对气相/液相混合物进行分离，但只有热力学分离可以在孔道中选择性捕集特定组分

含有胺的）燃料的燃烧还会导致生成氮氧化物（NO_x），这也是酸雨的成因之一[4]。

为了在上述分离过程中表现出高性能，必须开发出针对各应用具有高选择性的材料。利用网格化学策略合成的化合物数目迅速增长，它们在气相和液相分离中表现出广阔的应用前景。与传统的多孔材料（如沸石和多孔炭）相比，它们易于合成且具有独特的结构特点和物理特性，是气体分离和在气相或液相中选择性捕集特定分子的理想材料。这些特点包括结构可理性设计（见第4章和第5章），可细致引入功能位点（见第6章），以及超高的多孔性和BET比表面积（可达$6000m^2 \cdot g^{-1}$以上）（见第2章）。我们已在第13章讨论多孔固体中气相和液相分离所涉及的基本物理过程。在这里，我们将进一步研究挥发性有机分子如轻质碳氢化合物、芳香化合物等的分离，以及水中生物活性分子的吸附去除。

16.2　碳氢化合物的分离

碳氢化合物一般用作化工原料。碳氢化合物混合物的分离是石油化工行业中最重要的过程之一[5]。碳氢化合物只由碳和氢组成，可分为烷烃、烯烃、芳香烃和环烷烃。许多烯烃（如乙烯、丙烯和丁二烯）和芳香烃（如苯、甲苯和二甲苯）是重要的化工原料。对二甲苯是工业合成对苯二甲酸（H_2BDC）的原材料，而对苯二甲酸是许多聚合物如聚对苯二甲酸乙二醇酯（poly ethylene terephthalate，PET）的重要组成部分，同时也在MOF化学中作为配体[6]。轻质碳氢化合物（$C_1 \sim C_4$馏分）、烷烃的不同异构体，特别是C_8芳香烃（乙苯、邻二甲苯、间二甲苯和对二甲苯）的广泛工业应用，突出了通过选择性分离过程获得这些纯相化合物的重要性。

烷烃/烯烃混合物的分离通常通过低温蒸馏（cryogenic distillation）来实现。这一过程不仅需要级数很高的多级蒸馏和高回流比来获得高纯度的馏分，而且还需要在高压和深度制冷下操作。这些因素使得低温蒸馏经济性较差。类似地，通过减压蒸馏从萃取溶剂中分离 C_8 芳香烃的成本很高，使得通过有机合成得到这些化合物（例如通过乙烯和苯合成乙苯）更加有利可图。这也得益于将 C_6 碳氢化合物与 C_7/C_8 碳氢化合物分离相对容易这一事实。

天然气中含有不同的碳氢化合物，如甲烷（87%～97%）、乙烷（1.5%～9%）、丙烷（1%～1.5%）、异丁烷（0.01%～0.3%）和正丁烷（0.01%～0.3%）。将甲烷与其它组分分离是一项重要的工业过程。当天然气中不同成分各自分离得到纯相时，它们具有更高的价值。因为它们可以用作化工原料（如乙烷、丙烷、异丁烷等）或更高质量的燃料（如甲烷）。C_2 和 C_3 碳氢化合物是乙酸和包括橡胶、塑料在内的聚合物等工业产品的重要原料。

基于多孔固体的分离为上述高成本分离过程提供了一种（在成本上）更经济的替代方案。其中一个关键因素是 MOF 具有结构可调控性，从而可以精确调控孔道的形状、尺寸、极性和官能团等参数。这种调控是目前工业分离过程采用的无机和碳基材料所不具备的。除了结构可调控性之外，MOF 还能表现出对压力或温度等外界刺激的敏感性，从而使整个框架呈现开关门效应或呼吸形变行为。这种结构柔性赋予了 MOF 在分离过程中优异的选择性和分离性能，而这在刚性多孔材料（如沸石和多孔炭）中是无法实现的。在下文中，我们将针对轻质碳氢化合物（16.2.1）、轻质烯烃和烷烃（16.2.2）以及 C_8 芳香烃类（16.2.3）的分离，制定有效 MOF 和 ZIF 的设计原则。

16.2.1　C_1～C_5 的分离

C_1～C_5 碳氢化合物的分离可以通过多种方式来实现。在这里，我们将重点介绍基于气体分子和孔道表面范德华相互作用的吸附分离。理论研究表明，随着碳氢化合物碳链长度的增加，吸附焓和熵的值会更负[7]。因此，孔道对长链烷烃的吸附作用相对短链烷烃更强。当压力进一步增大时，长链烷烃进一步在孔内有序排列导致的熵减会抵消甚至超过吸附焓所贡献的自由能变化。综合考虑不同烷烃的吸附曲线（图16.2），可以发现材料对混合物中长链烷烃的选择性会在某一压力下达到最大值。在 MOF–5 和 HKUST–1 吸附正丁烷和甲烷的实验研究中也观察到了类似结果[8]。在这两个例子中，MOF 对正丁烷的等量吸附热（Q_{st} = 23.6kJ·mol^{-1} 和 29.6kJ·mol^{-1}）是对甲烷的两倍多（Q_{st} = 10.6kJ·mol^{-1} 和 12.0kJ·mol^{-1}）[9]。

模拟结果揭示了吸附行为与不同结构参数间的相关性[10]。同网格 MOF 的吸附容量主要与孔径相关，随着配体长度的增加，MOF 的吸附选择性降低。对于由相同长度配体组成的 MOF，气体分子与 MOF 间相互作用的强度与配体中碳原子的数目相关，具有较大芳

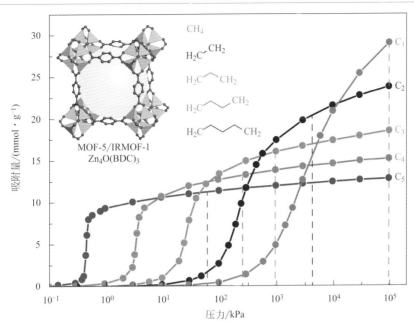

图16.2   300K下MOF-5对直链C_1～C_5烷烃的计算模拟吸附等温线[7]。在低压区，长链烷烃吸附焓对自由能的贡献超过了将这些烷烃在孔内有序排列导致的熵减。在更高压力下，短链烷烃的吸附量增加。虚线表示相应组分的体相饱和压力。等温线颜色代码：C_1，灰色；C_2，蓝色；C_3，橙色；C_4，绿色；C_5，红色。MOF-5的晶体结构在插图中显示。颜色代码：Zn，蓝色；C，灰色；O，红色

香主干的配体会使MOF的吸附选择性提高。图16.3（b）中所示的MOF-5和假想的同网格IRMOF-993［$Zn_4O(ADC)_3$，ADC = 蒽-9,10-二甲酸根（9,10-anthracene dicarboxylate），图16.3（a）］对甲烷的选择性可以用来说明这一相关性[10,11]。然而，这一结果尚无法通过实验证明，因为H_2ADC和Zn^{2+}的网格化会生成PCN-13（$Zn_4O(H_2O)_3(ADC)_3$）而非IRMOF-993。PCN-13的孔径仅有3.5Å，因此表现出完全不同的气体吸附性质［图16.3（a）］[12]。

由于结构膨胀、开关门或呼吸效应，柔性MOF的吸附等温线通常会出现台阶。MIL-53系列是一类具有这种吸附行为的典型案例。对于从正丙烷到正壬烷的吸附，根据气体种类的不同，MIL-53(Cr)在303K下的吸附等温线在不同压力处会出现一个额外的陡峭台阶。这种吸附台阶在更小的烃类分子（甲烷和乙烷）吸附中并未出现，因此可以归因于MOF框架的膨胀[13]。作为第一个基于MOF的网格尺寸可调分子筛，MAMS-1［$Ni_8(TBBDC)_6(\mu_3\text{-}OH)_4$，TBBDC = 5-叔丁基苯-1,3-二甲酸根（5-*tert*-butyl-1,3-benzenedicarboxylate），MAMS为筛孔可调分子筛（mesh-adjustable molecular sieve简称）］可以高选择性区分甲烷/乙烷和乙烷/丙烷混合气。这一高选择性源于框架具有从窄孔（np）相到宽孔（wp）相的相转变能力，亦称为开门效应（gate-opening effect）[14]。MAMS-1的孔结构是由疏水的气体储存空腔通过亲水的通道相连而得。进气分子只能由

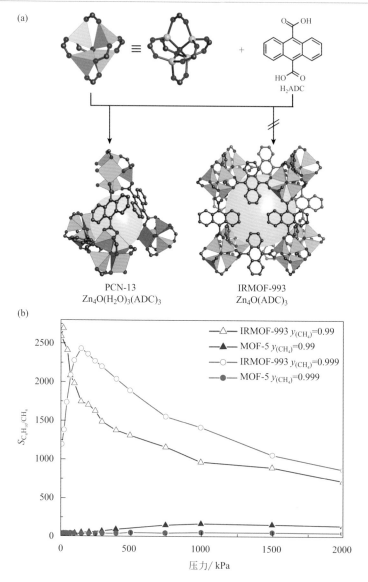

图16.3 （a）PCN–13和假想的IRMOF–993晶体结构对比示意图。图中仅展示了一个孔道。为了清晰呈现结构，所有氢原子被隐去。IRMOF–993尚无法通过实验合成，但可作为一个理想的模型来理论分析配体芳香主干尺寸与直链烷烃吸附选择性间的关联。（b）MOF–5（实心符号）和IRMOF–993（空心符号）在纯度（体积分数，$y_{(CH_4)}$）已达99%和99.9%的甲烷中去除痕量正丁烷的选择性$S_{C_4H_{10}/CH_4}$随压力变化的对比图（三角形$y_{(CH_4)}$=0.99，圆形$y_{(CH_4)}$=0.999）

疏水空腔与亲水通道的交界处进入疏水空腔。因此，大多数气体都被储存于这些疏水空腔中。每个通道–空腔交界处有四个TBBDC配体围合成一道"门"［图16.4（a）、（b）］。这种热诱导的MAMS–1开门效应是由热振动的幅度控制的。基于开门宽度和温度之间的相关性可以推导出一方程，通过此方程可以预测任意指定温度下的开门宽度。该开门宽

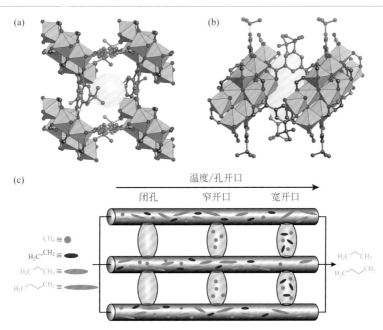

图16.4 （a）、（b）亲水一维孔道和疏水空腔交叉连接处的俯视图和侧视图。排列于交叉开口处的TBBDC配体用粉色突出标记。（c）MAMS-1中$C_1 \sim C_4$烷烃的分离示意图。闭孔阻止任何组分进入疏水空腔（左）。升温导致交叉开口直径增大，使得甲烷可以进入疏水腔（中）。继续升温导致交叉开口进一步增大，足以让甲烷和乙烷进入疏水腔（右）。丙烷和丁烷由于尺寸过大，依旧无法进入疏水存储腔，从而被排除在外

度可在2.9～5.0Å之间变化，因此可以通过选用特定温度，将甲烷和乙烷与丙烷和丁烷分离，或将甲烷从乙烷、丙烷和丁烷中分离［图16.4（c）］。

综上所述，MOF的烷烃吸附等温线通常呈现S形的Ⅳ型（和Ⅴ型）。利用不同气体在不同压力下发生的陡峭吸附台阶可对这些气体进行分离。通常MOF对长链烷烃的吸附作用更强。而由于短链烷烃尺寸更小，增加了最大负载量，因此MOF对短链烷烃的吸附容量通常更高。但是，短链烷烃较小的分子表面积减弱了它们与材料的范德华作用。对这些原理的理解有助于实现对不同类型烷烃混合物的分离。有关特定分离的更多详细信息，请参阅其它文献[15]。

16.2.2 轻质烯烃和烷烃的分离

烯烃/烷烃混合物的分离是石化行业中最耗能的过程之一[16]。它们具有相似的分子尺寸、密度和挥发性，使得这些分离过程特别困难。可供选择的基于吸附的分离过程，

由于其低能耗而具有显著降低经营成本的潜力。为此，人们对多种吸附剂，尤其是沸石的分离性能进行了评估，但其中仅有少数能对烯烃/烷烃混合气进行动力学分离[17]。与大多数传统吸附剂相反，MOF通常在单组分吸附等温线中对不饱和烃表现出比饱和烃更强的亲和力。并且一般可通过变压吸附（PSA）、真空变压吸附（VSA）和/或变温吸附（TSA）进行材料再生，从而恢复初始的吸附容量。使用具有这种选择性的材料来分离烯烃/烷烃混合气，可以获得高分子聚合所需的高纯度的烯烃。上述分离过程可以通过以下四种不同机理进行：①吸附平衡或热力学平衡分离；②动力学分离；③基于开门效应的分离；④基于分子筛效应的分离。下面，我们将分别讨论这四种机理，并强调它们对材料的要求。

16.2.2.1　烯烃/烷烃混合气的热力学分离

热力学分离依赖于材料对混合物中某一组分的吸附选择性超过另一组分。配位不饱和金属位点在基于热力学原理的烯烃/烷烃分离中起着重要作用。这是因为轻质烯烃和烷烃，如乙烯和乙烷，通常极化率相似，偶极矩很小（或没有），通常四极矩也较小。因此材料需要较强的吸附位点（如配位不饱和金属位点）来提高选择性。然而，事实并非总是如此。例如HKUST-1对乙烯的吸附优先于乙烷，但这并不仅仅依赖于配位不饱和金属位点的作用。它主要与乙烯与次级构造单元（SBU）的碱性氧原子形成更强的氢键有关，而乙烯与铜配位不饱和金属位点之间的静电作用是相对次要的原因[18]。

乙烷和乙烯的等量吸附热值仅相差约$3kJ \cdot mol^{-1}$，导致对应的选择性因子相对较低，其值仅为2[19]。同理，丙烷和丙烯的分离实验表明材料倾向于跟丙烯结合，且二者的等量吸附热值差异更大，约为$-13kJ \cdot mol^{-1}$[20]。在这里，更强的丙烯吸附源于配位不饱和金属位点的存在，导致丙烯的成键p轨道与空的铜s轨道相互作用[20,21]。通过模拟移动床、PSA和VSA，对HKUST-1分离各种烯烃/烷烃混合物（乙烷/乙烯、丙烷/丙烯、异丁烷/异丁烯）的能力进行评估，发现HKUST-1优先吸附不饱和的烯烃[15b,16,21b,22]。在其它具有配位不饱和金属位点的MOF中也观察到了类似行为。例如，采用完全活化的(Fe)MIL-100分离烯烃/烷烃混合物时，烯烃的吸附通常也是更有利的[23]。

从实用的角度来看，对烷烃选择性吸附的吸附剂是有利的。因为从已选择性吸附烯烃的吸附剂中回收所需的烯烃产物较为困难，需要多个分离循环才能获得高纯度产物，例如生产聚乙烯和聚丙烯所需的聚合级（polymer grade）乙烯和丙烯。若采用烷烃选择性吸附剂只需一个循环即可实现相同的分离。然而，只有极少数MOF，例如MAF-49（[Zn(BATZ)](H$_2$O)$_{0.5}$），对烷烃的吸附优于烯烃[24]。MAF-49对乙烷的选择性优于乙烯，原因在于其内孔道表面存在多个电负性和电正性基团，乙烷可以与这些基团形成六个C—H⋯N氢键，而乙烯只能形成四个氢键。这意味着材料与乙烷（而非乙烯）的优先结合是由MAF-49孔道内氢键受体的特定空间排布引起的。

为了避免材料对不饱和组分的吸附优先于饱和组分，MOF中烯烃/烷烃混合物的分离也可以在动力学控制下实现。动力学控制可利用开门效应，也可利用择形和尺寸排阻等效应。遵循这些机理的分离通常表现出更低的选择性。其中最高选择性是在具有高密度配位不饱和金属位点的MOF中进行的吸附分离中观察到的。

16.2.2.2　烯烃/烷烃混合气的动力学分离

基于动力学机理的烯烃/烷烃混合气选择性分离，利用的是混合物中各组分扩散系数的差异。判断某一分离过程是由热力学还是动力学控制，可以通过分析单组分吸附等温线以及开展扩散实验来评估（见第13章）。如果混合物中各组分的吸附值和 Q_{st} 值相近，但它们的扩散系数差异很大，则说明该分离过程由动力学效应控制。

三例同构的ZIF——$Zn(mIM)_2$（ZIF-8）、$Zn(cIM)_2$［cIM = 2-氯咪唑阴离子（2-chloroimidazolate）］和 $Zn(bIM)_2$［bIM = 2-溴咪唑阴离子（2-bromoimidazolate）］对丙烷/丙烯混合气的分离是一个动力学分离过程（图16.5）[25]。具有分子筛效应的材料，如ZIF-8，表现出与基于吸附机理的材料相似的吸附行为，即由于π体系与材料间更强的相互作用，不饱和组分通常会保留在材料内。进一步结合材料孔开口的尺寸效应，体系中丙烯和丙烷的扩散速率达到125倍的差别。有趣的是，C_4 碳氢化合物（正丁烷、异丁烷、异丁烯）的尺寸明显大于ZIF-8孔开口大小（4.0~4.2Å），却也可以扩散进入ZIF-8的微孔中。在308K下，ZIF-8分离异丁烯/异丁烷混合物和正丁烷/异丁烷混合物的动力学选择性分别高达180和 2.5×10^6。这种高动力学选择性源于ZIF-8的孔开口兼具柔性（flexibility）和扩张性（dilation）[26]。由于其在分离烯烃/烷烃混合物方面的高性能，

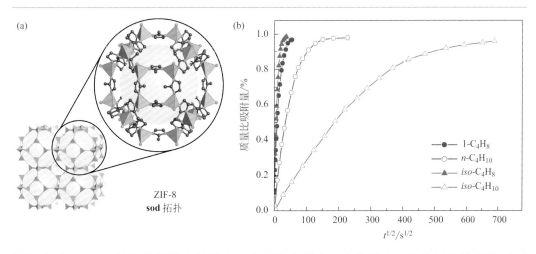

图16.5　（a）ZIF-8结构的拓增方钠石（**sod**）网络和其中一个笼子（**tro**）的拓扑示意图。（b）35℃下ZIF-8的动力学吸附曲线。红线代表1-C_4H_8（实心符号）和 n-C_4H_{10}（空心符号）的动力学吸附，蓝线代表 iso-C_4H_8（实心符号）和 iso-C_4H_{10}（空心符号）的动力学吸附。与饱和组分（正丁烷和异丁烷）相比，ZIF-8对不饱和组分（1-丁烯和异丁烯）具有更强的亲和力

ZIF-8是用于制备MMM的最受欢迎MOF之一[27]。

层柱型MOF结构的特定功能化可带来各向异性扩散（anisotropic diffusion）的性质，因而引起了人们的关注。通过柱（通常为氮给体或氧给体配体）将二维层相连堆叠，可有效调控层间距离，而该距离决定了那些与二维层平行的孔道的大小。孔径对穿过材料的分子的扩散系数有显著影响，因此可以通过调控孔径来调控动力学分离过程中的选择性。在这里，我们以一系列同构的层柱型MOF对丙烷/丙烯混合物的分离为例来阐述这一概念[28]。该系列中所有MOF均由$Zn_2(—COO_2)_4$车辐式SBU与BTEB（四(羧基苯基)苯）配体连接得到的**sql**层构成，这些层沿c方向分别以不同二吡啶基乙烯（dipyridylethene，BPEE）衍生物（统称R-BPEE）为柱子连接。材料的层状结构使得它们具有片状的晶体形

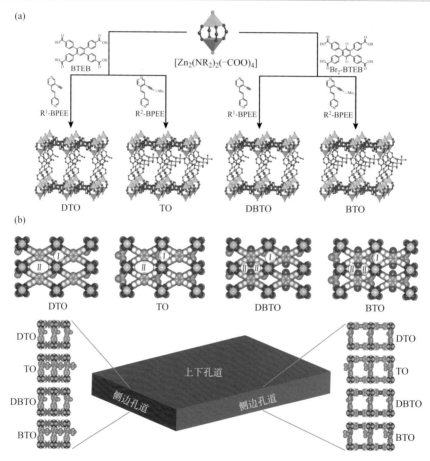

图16.6 （a）一系列同网格的功能化层柱型MOF的晶体结构。这些结构由锌基车辐式SBU与四连接的BTEB或Br_2-BTEB配体相连而得的**sql**层构成。这些层进一步通过吡啶基柱子（R-BPEE）支撑，形成名为DTO、TO、DBTO和BTO的三维框架（**fsc**拓扑）。（b）四例化合物晶体均为片状形貌，分离主要发生于小孔道(I)和(II)中，而尺寸更大的侧边孔道对分离没有作用。图中给出了所有不同类型孔道的俯视图，并且给出了它们在晶体中的取向

貌（图16.6）。将具有不同取代基的两类配体进行组合，生成了一系列孔开口不同且可调的MOF。孔开口尺寸的调控对丙烷/丙烯混合物分离的动力学选择性有着重要影响。此类各向异性结构中的孔道具有不同的孔径，且沿着片状晶体的三个不同方向延伸。由于片状晶体不同晶面暴露的表面结构彼此不同，因此具有不同的分离特性。研究发现分离主要发生在与BPEE配体平行的小孔道Ⅰ和Ⅱ中，这些孔道从晶体的顶面贯通到底面（我们称之为上下孔道）［图16.6（b）］。孔道Ⅱ的开口尺寸由BTEB配体上的取代基控制，孔道Ⅰ和侧边孔道（暴露于片状晶体侧面的孔道）的孔径则由BPEE配体上的取代基控制。采用Br_2-BTEB配体合成的结构由于孔道Ⅱ的孔径更小，故在丙烷/丙烯混合物的分离中表现出了更高的选择性。支持这一结论的另一事实是，将材料研磨后其选择性显著降低，这是由晶体的上下表面与侧边表面之间的比例降低造成的。

16.2.2.3　利用开门效应分离烯烃/烷烃混合物

与上述动力学分离机理相似，利用框架结构开门效应的分离同样取决于分子扩散系数的差异。与动力学分离不同的是，对烷烃的选择性是通过特定分子在特定开门压力下的吸附和释放（即所谓的开门效应）来实现的。在此背景下，ZIF是一类可以利用开门效应进行轻质碳氢化合物分离的有趣材料。例如，ZIF-7［$Zn(BIM)_2$，BIM = 苯并咪唑阴离子（benzimidazolate）］对烷烃的吸附选择性可以超过烯烃。该选择性来源于吸附质分子与指向狭窄孔开口的BIM配体上苯环之间的相互作用[29]。由此诱导产生的开门效应使具有相似尺寸但（略微）不同形状的分子间具有选择性差异，并促进吸附质在相对较低温度下快速脱附。不同吸附质的吸附行为差异主要与它们在ZIF-7笼子开口靠外侧形成所谓"吸附配合物"（adsorption complex）的能力有关[29a,30]。

层柱型金属有机框架 RPM3-Zn（$Zn_2(BPDC)_2(BPEE)$）是另一个可以基于开门效应选择性分离乙烷/乙烯混合物的例子。二核Zn_2（—COO_2）$_4$车辐式SBU与BPDC配体连接形成**sql**层，这些层进一步通过BPEE柱子支撑，最终形成**pcu**拓扑的RPM3-Zn框架[31]。RPM3-Zn对烯烃和烷烃的吸附等温线都在特定的开门压力下表现出阶梯式吸附和明显的滞后（hysteresis）现象，并且开门压力与吸附质分子的链长密切相关[32]。拉曼光谱和密度泛函理论计算表明，RPM3-Zn的开门效应是由乙烯的亚甲基基团与BPDC配体末端的羧酸氧之间的氢键作用引起的。

16.2.2.4　利用分子筛效应分离烯烃/烷烃混合物

若材料孔道明显小于混合气中至少一种组分的动力学直径，便可将材料用于基于分子筛效应的分离。ZIF-7和ZIF-8只在达到特定的开门压力时才表现出高选择性，因此需要设计可以在更宽的压力范围内表现出高选择性的材料。这类材料的孔道允许选择性地排阻超过特定尺寸的分子（即尺寸排阻）。KAUST-7［$Ni(Pyr)_2(NbOF_5)$，又称为NbOFFIVE-1-Ni，其中Pyr = 吡嗪（pyrazine）；KAUST为阿卜杜拉国王科技大学

（King Abdullah University of Science and Technology）的简称〕就是具有该特征的材料之一[33]。KAUST-7是一例层柱型结构❶，由六配位的镍中心与Pyr配体连接形成的**sql**层与NbOF₅无机单元柱构成，为三维的**pcu**拓扑框架（图16.7）。KAUST-7与SIFSIX-3-Ni（Ni(Pyr)₂(SiF₆)）结构类似。KAUST-7中的NbOF₅单元尺寸更大，因此其孔开口尺寸（3.047Å）小于SIFSIX-3-Ni（5.032Å）。受限的孔道尺寸阻止了丙烷分子进入孔道，而稍小的丙烯分子则可以扩散通过材料。因此，在室温和常压条件下，KAUST-7可以从丙烷/丙烯混合物中完全排阻丙烷分子。

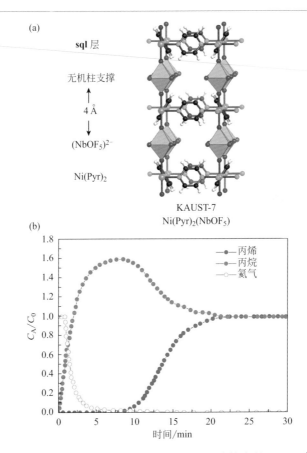

图16.7　（a）层柱型KAUST-7的晶体结构。由于使用了尺寸较大的(NbOF₅)²⁻，吡嗪配体略微倾斜，同时相邻层间的(NbOF₅)²⁻单元之间的距离（相较于SIFSIX-3-Ni中的对应(SiF₆)²⁻之间的距离）更短。（b）丙烷/丙烯混合物的分离穿透曲线表明KAUST-7对丙烯具有高选择性。颜色代码：Nb，蓝色；Ni，橙色；F/O，红色；O，粉色；C，灰色；N，绿色

---

❶　严格地说，KAUST-7是一例配位网络结构，该结构的**sql**层是通过中性吡嗪连接单金属节点实现的，层间的柱配体是纯无机单元。

16.2.3   芳香族C$_8$异构体的分离

芳香族C$_8$碳氢化合物，诸如二甲苯异构体和乙苯等，是聚合物和其它高附加值化学品大宗合成的重要原材料。因此，它们的高效选择性分离对于石化工业至关重要。图16.8显示了各种芳香族C$_8$碳氢化合物以及可以通过它们合成的工业产品。例如，邻苯二甲酸酐由邻二甲苯合成，在聚合物工业中用作增塑剂。而间二甲苯的氧化可以形成间苯二甲酸（m-H$_2$BDC），用于合成PET树脂共混物。对二甲苯（p-xylene，简称PX）则用于合成对苯二甲酸（H$_2$BDC），它是生产PET的基本原料。乙苯脱氢后得到苯乙烯，后续通过聚合生产聚苯乙烯。

通过蒸馏来分离芳香族C$_8$碳氢化合物需消耗大量能源，此过程需要塔板数约为150～200且回流比很高的大型蒸馏塔[34]。研究表明，使用沸石吸附分离芳香族C$_8$碳氢化合物是一种更加经济的方式。因此，MOF和COF在此方面的应用也被人们广泛研究。

在芳香族C$_8$碳氢化合物的分离过程中，ZIF-8展现了其高选择性，它对于对二甲苯/邻二甲苯的选择性达到了4.0，对于对二甲苯/间二甲苯的选择性为2.4[35]。考虑到ZIF-8的孔开口直径为3.4Å，理论上上述任何芳香族C$_8$碳氢化合物都不能扩散进入孔道。但是ZIF-8方钠石（sodalite，**sod**）结构中呈六元环排列的咪唑配体可以像旋转门一样转动，导致结构的有效孔开口直径增大至6.4Å。该值接近于对二甲苯的动力学直径，使其可以根据各组分在材料中扩散率的显著差异来分离二甲苯异构体[36]。

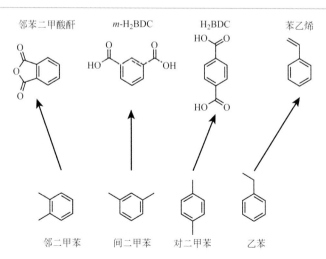

图16.8   芳香性C$_8$碳氢化合物（底部）以及能用它们生产的对应工业产品（顶部）。列于顶部的所有化合物均为聚合物生产的重要大宗原料

与ZIF相比，几乎无尽的SBU-配体组合赋予了MOF更高程度的结构和功能可调性。结构的多样性为发现能实现C_8碳氢化合物高选择性分离的MOF提供了极大的潜力。为了设计对于对二甲苯具有高选择性（para-selectivity，简称对位选择性）的MOF结构，（通过计算手段）对孔开口尺寸落在二甲苯异构体动力学直径范围内的MOF进行筛选十分有意义。在下文中，我们将对满足此要求的代表性MOF进行详细介绍。

JUC-77 [In(OH)(OBA)，JUC 为中国吉林大学（Jilin University，China）的简称] 具有开口尺寸为10.8Å × 7.3Å的一维孔道，该尺寸与二甲苯异构体的动力学直径相当。在二甲苯异构体的分离中，这些孔道充当分子筛。它们仅允许宽度最小的对二甲苯通过，而尺寸更大的间二甲苯和邻二甲苯则无法通过[37]。MIL-125及其一些衍生物也具备分离C_8碳氢化合物的潜力[38]，其高对位选择性源于其独特的结构特征——该MOF能够使对位异构体比另两种异构体更高效地堆积。MIL-125及其衍生物的结构中包含两种类型的笼子，即一种较大的八面体笼（$d \approx 12.5$Å）和一种较小的四面体笼（$d \approx 6$Å）（图4.32）。两种笼通过开口约为6Å宽的三角形窗口连接。MIL-125(NH$_2$)也能从二甲苯异构体中特异性分离对二甲苯，但在乙苯存在的情况下选择性会降低，并且分离效果会因进料的组成差异而有显著不同[39]。其它依赖于不同芳香族C_8碳氢化合物在孔道中堆积效率的差异进行分离的MOF的例子还有不少。但是，很难设计出基于此分离机理且又具有如此高选择性的MOF，因为分离效果高度依赖于孔的确切几何特点和化学性质。在所有基于堆积效率差异产生高选择性分离效应的MOF中，MAF-X8（Zn(MPBA)）是分离邻二甲苯/间二甲苯/对二甲苯/乙苯混合物的最佳选择之一[40]。这是由于MAF-X8结构中孔道的几何特点，使得它允许对二甲苯进行长程、周期性的公度堆叠（相称堆叠，commensurate stacking）。计算表明，MAF-X8的分离效率超过了目前工业上表现最优的沸石（比如BaX），这也展现了MOF在分离过程领域的极大潜力。

实现高选择性的另一方法是利用择形效应。UiO-66（图4.28）对芳香族C_8化合物的分离就是基于这一效应。分子模拟和穿透实验表明，UiO-66具有极高的邻位选择性，而对于对二甲苯和间二甲苯混合物的分离选择性一般[41]。这一邻位选择性来自于UiO-66的独特结构特点，其 **fcu** 拓扑结构中包含了由狭窄的窗口（$d = 5 \sim 7$Å）相连接的八面体笼（$d = 11$Å）和四面体笼（$d = 8$Å）。四面体笼的直径与乙苯（6.7Å）、邻二甲苯（7.4Å）、间二甲苯（7.1Å）和对二甲苯（6.7Å）的动力学直径在同一范围[42]。与体积更大的邻位异构体的较强相互作用导致了UiO-66对邻二甲苯的优先吸附，呈现了尺寸更大反倒选择性更高的结果[43]。

16.2.4　混合基质膜

在气体分离方面，膜技术无疑具备更大的优势。相比于基于粉末或成型造粒的填充床，或者低温蒸馏和选择性冷凝等其它气体分离技术，膜技术无需进行非常耗能的气–液相变过程[44]。除了无需相变之外，膜分离技术支持更加紧凑的设备设计，允许操作在连续的稳态条件下进行，从而摆脱需再生分离介质的要求。膜分离的基本原理如图16.9所示。气流从膜的一侧供入，但只有一种组分渗透过膜，其它无法渗透的组分留在供入气流中。此过程是由压差驱动的，具体机理在很大程度上取决于膜材料的性质。

在孔结构明确的材料（比如MOF和ZIF）用于分离时，吸附和扩散（有时也包括分子筛效应）主导着膜的分离性能。相比之下，使用聚合物膜分离气态混合物则主要受到

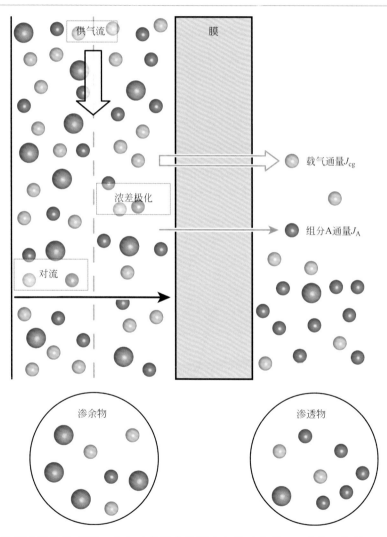

图16.9   膜分离过程的示意图。含有三种组分的混合气体（气体A，蓝色；气体B，橙色；载气，绿色）被供入分离装置中。浓差极化（concentration polarization）使得膜附近的气体A浓度（C_A）增加。气体A以比载气更大的通量渗透过膜（$J_A > J_{cg}$），而气体B几乎无法渗透过膜。因此，渗余物主要由气体B组成，而渗透物则主要包含气体A

溶解扩散机理（solution–diffusion mechanism）的控制。早期的膜体系主要基于相对简单的材料，例如可以用于从天然气中分离二氧化碳的各向异性醋酸纤维素膜[45]。如今，由于聚合物膜的易加工性和良好的机械强度，它们被广泛用于不同工业过程，现在主要用于大规模气体分离[46]。虽然聚合物膜已得到广泛应用，但是它们的化学稳定性和热稳定性仍旧亟待提高。此外，它们的性能受到所谓Robeson上限（Robeson upper boundary）的限制，该上限曲线描述了渗透率（permeability）和选择性（selectivity）之间无法兼顾的关系[47]。与高分子膜相对，"无机"膜是由诸如沸石、炭材料以及最近的MOF和ZIF等材料制成的[48]。它们可以被分成两类：多孔无机膜和致密（无孔）无机膜。一方面，这些膜具备气体分离所需的高热稳定性和化学稳定性、高通量和高选择性等特点；另一方面，其数据可重复性、长期稳定性及材料可放大制备性等则需进一步提高。

　　聚合物膜和无机膜的某些不足可以通过混合两种物质制备所谓"混合基质膜"（MMM）而得以克服。这种膜由聚合物基质（matrix）和填料（filler）颗粒共混构成（图16.10）。这使得它们能够突破针对高分子膜的Robeson上限，同时也能克服无机膜内在的脆性等常见缺点。MMM继承了聚合物膜的易加工性和柔韧性等优势，同时其无机组分（如MOF或ZIF）改善了其有限的渗透率和选择性[45,46,47b,48c,49]。MOF和ZIF都是MMM的理想填料。MOF和ZIF多孔纳米粒子相对容易合成，同时也可以通过功能化来调节其结构和电子性质。目前该领域的研究主要集中于增强聚合物相和多孔填料之间的化学相

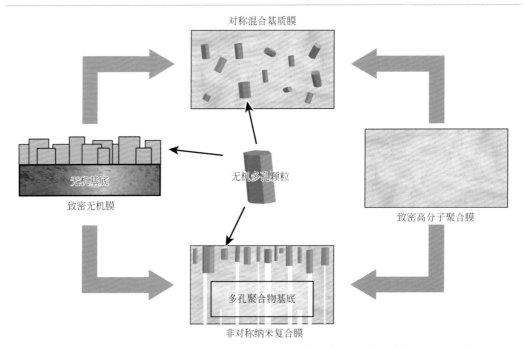

图16.10　不同种类膜的示意图。非对称纳米复合膜和对称混合基质膜都结合了聚合物膜和无机多孔材料的优点，并能够克服某一单独组分存在的一些不足

容性。目前主要是通过调控粒子尺寸和粒径分布、改变粒子形貌、对有机主干进行功能化、和表面改性等方法来实现更好的化学相容性。混合基质膜分离的基本原理相较于其它材料的分离原理基本无异，因此我们将仅举一个代表性例子进行讨论。目前人们已经发表了许多有关MMM的综述论文，感兴趣的读者可以参阅这些文章[2a,48c,49a]。

如我们前面所述，许多ZIF在各种分离领域都具备巨大的应用前景。它们的结构与沸石十分相似，而沸石作为MMM的无机填料已被广泛研究。ZIF在许多分离过程中展现了高化学稳定性、高热稳定性和高选择性。通过将亚微米级尺寸的ZIF-90（$Zn(aIM)_2$）晶体嵌入聚酰亚胺膜中，可以制备出厚度较薄、性能更好、选择性更高的MMM[50]。尽管很多情况下MOF或者ZIF纳米粒子与聚合物黏合得并不紧密，但在聚酰亚胺-ZIF-90混合基质膜中，两者无需任何化学修饰就能实现很好的黏合。

16.3 液相分离

MOF和ZIF在分离领域的应用不仅限于气体的分离。自2010年以来，人们对于从液相中捕获分子越来越关注。该领域最受关注的两个应用是废水的吸附净化（生物活性分子和生物分子的去除）和燃料的吸附净化（环胺的去除）。目前这两项大规模应用需求都依赖于陈旧的高能耗过程。

世界人口的爆炸性增长带来了药物使用的大量增加，这些生物活性分子和它们的代谢产物在水循环中的浓度也逐渐增加。污染的范围包含地表水、生产生活废水和地下水，在某种程度上还包括饮用水[3a]。这不仅危害人类的健康，也对整个生态系统带来极大的影响[3b-d]。饮用水通常通过过滤、消毒等手段来净化，净化的手段还包括使用O_3、H_2O_2和紫外线（UV）照射来去除有机生物活性分子，在TiO_2或改性TiO_2的表面进行光催化分解等[51]。通过吸附来净化水的方法相较于上述方法更加简便，可以在某种程度上补充甚至完全替代上述方法。该方法不需要复杂的基础装置和设施，因此具有广泛应用于河水处理甚至海水处理的潜力[52]。

液体燃料原油通常含有环胺，会给燃料带来气味难闻、毒性高、致癌以及容易形成沉积物等一系列问题。此外环胺燃烧产生的氮氧化物（NO_x）是酸雨形成的一大诱因。因此，在炼油过程中除去燃料中的含氮有机物是重要的工业步骤，目前主要通过催化加氢脱氮（hydrodenitrogenation，HDN）来实现[53]。但是该过程需要高温高压，是一高能耗高成本过程。此外，HDN还会造成燃料的研究法辛烷值（RON）降低。而且，被HDN过程去除的这些杂环化合物也有自身的应用价值。综合考虑上述不足，基于吸附的方法来分离环胺似乎在经济上是有利可图的。因为相比于HDN技术，吸附分离法更加节能，不会造成RON的下降，并且可以对环胺进行回收。

在下文中，我们将介绍针对上述两类应用的多孔吸附剂的基本要求，包括它们的结构特征、毒性和性能，并将通过举例来阐明分离机理。

16.3.1　从水中吸附生物活性分子

16.3.1.1　MOF的毒性

对MOF用于饮用水纯化而言，MOF的水解稳定性是最为重要的参数，因为我们需要保证吸附过程中MOF不会因水解而释放化学物质到饮用水中。MOF的SBU通常由相对高毒性的重金属构成，且许多MOF配体对人类和水生生物有害。因此，面向这一应用，MOF应当由对健康无害并且在应用条件下稳定的构造单元构筑，这是与高吸附选择性和高吸附容量同等重要的特征。

常用的低毒性配体分子包括H_2BDC和H_3BTC等[54]。同样，制备低毒性的MOF需要选择那些半数致死量（LD_{50}）大的金属离子，例如Fe、Al、Ti、Mg和Ca[54b,55]等元素的离子。许多无毒的金属倾向于和羧酸盐形成（纯粹的）离子键，使得相应的MOF在水相中不稳定。我们将在第17章对MOF的水解稳定性进行更加详细的讨论。当无毒的金属离子和配体连接形成框架结构时，所得的MOF也会呈现较低的毒性。这些低毒性MOF在吸附水中生物活性分子的应用领域展现了良好的潜力。

16.3.1.2　水中选择性吸附药物分子

无毒MOF不仅可用于从水中吸附药物及其代谢产物，从而实现水的净化；还可以利用材料自身某种程度的水解稳定性/不稳定性，作为载药系统来实现药物分子的可控释放[54b]。MIL系列中的诸多铁基MOF［如(Fe)MIL-53、MIL-88、(Fe)MIL-100和(Fe)MIL-101］，因为其较低毒性和较高的水解稳定性，已在水相吸附分离领域被广泛研究（图16.11）。

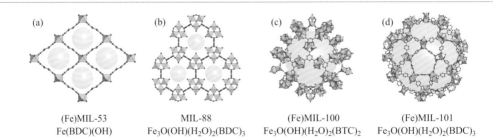

(a)	(b)	(c)	(d)
(Fe)MIL-53	MIL-88	(Fe)MIL-100	(Fe)MIL-101
Fe(BDC)(OH)	$Fe_3O(OH)(H_2O)_2(BDC)_3$	$Fe_3O(OH)(H_2O)_2(BTC)_2$	$Fe_3O(OH)(H_2O)_2(BDC)_3$

图16.11　生物可降解的铁基框架(Fe)MIL-53（a）、MIL-88（b）、(Fe)MIL-100（c）和(Fe)MIL-101（d），均由铁基SBU和无毒的有机配体构筑。(Fe)MIL-100和(Fe)MIL-101中的大尺寸笼子使得它们在水中去除药物大分子方面备受关注

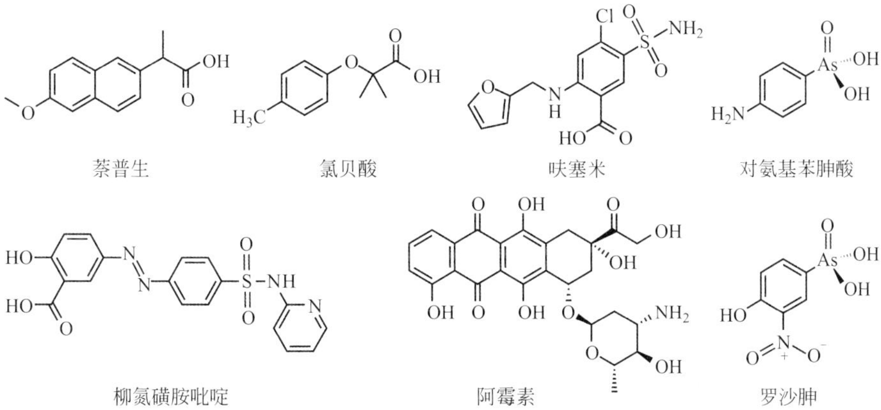

图16.12 在饮用水中发现的药物分子。这些分子应用于农业以及人类和动物医药领域

　　图16.12展示了一系列已被研究的可通过MOF从水溶液中去除的药物分子。萘普生（naproxen）是一种常见的以非处方售卖的非甾体消炎药；氯贝酸（clofibric acid）是一种除草剂和植物生长调节剂；呋塞米（furosemide）是一种利尿剂，也可以兽用；柳氮磺胺吡啶（sulfasalazine）是一种抗类风湿药物；阿霉素（doxorubicin）是一种抗癌药物；罗沙胂（roxarsone，ROX）和对氨基苯胂酸（p-arsanilic acid，ASA）被用于家禽养殖。对这些药物的吸附研究表明，MIL-100和MIL-101展现出比其它常见吸附剂（如活性炭）更高的吸附量[56]。

　　药物分子的吸附量通常与溶液的pH密切相关，这是由于不同pH条件下，吸附质和吸附剂的结构发生变化，从而影响了彼此的相互作用。在大多数情况下，药物分子的吸附位点为SBU的金属中心。图16.13描述了(Fe)MIL-101吸附对氨基苯胂酸的机理[57]。

　　带电荷吸附质的吸附量通常会更高，因此可以调控pH的范围使吸附质电荷非中性。表面修饰可以改变吸附量和调节吸附行为。这类修饰可以通过类似于第6、13和14章中介绍的方法来实现。将乙二胺接枝于MIL-101的配位不饱和金属位点上，可以实现对萘普生的更高吸附量。这是因为当pH在3～4时，悬挂于MOF孔道中的乙二胺发生质子化，而萘普生为去质子状态，因此两者的相互作用更强。相反，将氨基甲磺酸（taurine，又名牛磺酸）接枝到MIL-101的配位不饱和金属位点时，因产生电荷排斥作用使MOF的吸附容量下降。

16.3.1.3　水中选择性吸附生物分子

　　MOF可以从水相中吸附生物分子，这类生物分子包括用于疾病诊断的化合物，例如肌酐（creatinine，一种用作肾衰竭诊断探针的尿毒症毒素）、天然糖（naturally occurring

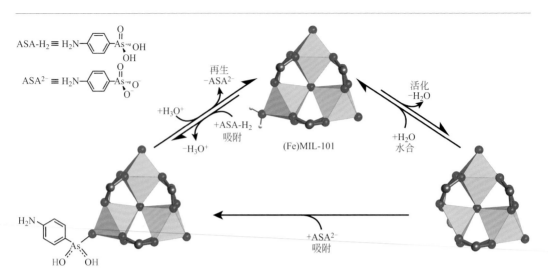

图16.13　(Fe)MIL-101捕获对氨基苯胂酸（ASA）的建议机理。ASA通过与水的平衡反应吸附于三核 $Fe_3O(H_2O)_2(L)(—COO)_6$ SBU 的配位不饱和金属位点上。使用酸性乙醇对样品洗涤可实现药物的可控释放，释放后SBU恢复原本的水合状态

sugar）等。木糖（xylose）的分离尤其值得关注。因为木糖是工业生产糠醛的原料，而糠醛可进一步转化为糠醇，随后用于呋喃树脂的合成[58]。含有顺式二醇结构的 C_5 糖和 C_6 糖（葡萄糖、甘露糖和半乳糖）会与硼酸基团（—BO_2H_2）发生强烈的相互作用[59]。因而可以将 MOF 中的部分羧酸配体替换为修饰有硼酸基团的类似结构，来提升材料对 C_5 糖和 C_6 糖的吸附能力。贯彻这一设计原理，研究者将 MIL-100 中的部分 BTC 配体替换为二连接的5-硼酸基苯-1,3-二甲酸根（5-boronobenzene-1,3-dicarboxylate，简称 BBDC）。以水为溶剂，在氢氟酸的存在下使用金属铬、H_4BBDC 和 H_3BTC 由水热法制得 MIL-100(BO_2H_2)（材料名称体现了通过 BBDC 替换 MIL-100框架中的部分 BTC 配体，从而引入硼酸基团这一特点）。在较高的pH（约9）条件下，该MOF选择性地从木糖、葡萄糖、甘露糖和半乳糖混合物中吸附半乳糖。在酸性条件下再生后，该MOF仍能保持原有的结晶度，以及约87%的原本吸附容量[60]。

16.3.2　燃料的吸附纯化

加氢脱氮（HDN）目前用于除去液态化石燃料中的环胺[53]。在此过程中，环胺被转化为氨气和碳氢化合物。由于氮杂环化合物在工业中存在着广泛应用，因此通过吸附来去除燃料中的环胺，并通过脱附来回收环胺备受人们的关注。自21世纪初以来，从液态化石燃料中吸附去除芳香氮杂环化合物的研究已被广泛开展。最近，MOF 和 ZIF 在此方

面的应用也被探索[61]。在此，我们将选取一些例子来说明使用MOF从液体化石燃料中去除环胺的不同方法。

16.3.2.1　芳香氮杂环化合物

芳香氮杂环化合物（aromatic N–heterocycle，ANH）有碱性和非碱性之分。在碱性ANH中，氮的孤对电子位于分子平面内，具有碱性亲核的特征。与此相反，非碱性ANH的氮孤对电子是芳香杂环体系的一部分，它是垂直于分子平面的。图16.14中列举了液态化石燃料中发现的碱性和非碱性ANH。

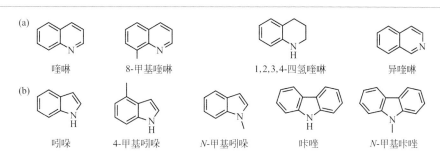

图16.14　液态化石燃料中存在的碱性（a）和非碱性（b）芳香族氮杂环化合物。碱性杂环胺分子上的氮孤对电子位于分子平面内，而非碱性氮杂环上的氮孤对电子是芳香体系的一部分

16.3.2.2　吸附去除芳香氮杂环化合物

根据ANH的性质不同，对应的吸附机制也不尽相同。碱性ANH优先与路易斯酸性配位不饱和金属位点相互作用。因此，在一系列同网格的MOF材料中，其等量吸附热的大小与组成SBU的金属种类强烈相关。研究发现被吸附的分子数目多于结构中配位不饱和金属位点的数目，这说明结构中还额外存在针对碱性ANH的次级吸附位点（secondary adsorption site）。与此相反，非碱性ANH主要通过氢键（极性相互作用）进行吸附。对于给定的MOF，非碱性ANH的吸附能力与所使用溶剂的极性相关。最大的吸附量发生在溶剂极性最小（如正辛烷）的情况下。浸渍有Keggin型多金属氧酸盐［例如磷钨酸（phosphotungstic acid，PTA）］等酸性分子的MOF，具有比原本MOF更高的碱性ANH吸附量。与未功能化的MOF相比，功能化MOF内的酸–碱相互作用更强。然而对非碱性ANH的吸附而言，由于功能化减少了可及孔空间，其吸附量相较原本MOF更低。

16.4　总结

在本章中，我们讨论了气相混合物和液相混合物基于吸附的分离过程。我们介绍了三种可以用于气相混合物（如混合碳氢化合物，包括烯烃/烷烃混合物、芳香族C_8碳氢化合物等）分离的不同机理。通过调节孔径大小，可以阻止某些分子通过（尺寸排阻）；或导致混合物不同组分的扩散系数不同（动力学分离）；又或者允许所有分子自由扩散，并基于吸附-脱附平衡实现分离（热力学分离）。在某些结构中，材料的孔道系统可以各向异性地被调控，从而赋予了分离的各向异性选择性。在许多情况下，开门效应可以提高分离选择性，甚至可以实现在刚性材料中无法实现的分离过程。我们也介绍了聚合物膜和MOF或ZIF填料的组合可以制备MMM，实现了1+1>2的优良性质。我们也举例说明了MOF如何用于捕获水中的生物活性分子和液体燃料中的ANH，并强调了结构可调性和化学可调性对于这些应用的重要性。

参考文献

[1] (a) Lathia, R.V., Dobariya, K.S., and Patel, A. (2017). *Hydrogen Fuel Cells for Road Vehicles*. Elsevier. (b) Kramer, U., Lorenz, T., Hofmann, C. et al. (2017). Methane number effect on the efficiency of a downsized, dedicated, high performance compressed natural gas (CNG) direct injection engine. SAE Technical Paper 2017-01-0776.

[2] (a) Dechnik, J., Gascon, J., Doonan, C. et al. (2017). New directions for mixed-matrix membranes. *Angewandte Chemie International Edition* 56 (32): 9292–9310. (b) Zornoza, B., Tellez, C., Coronas, J. et al. (2013). Metal organic framework based mixed matrix membranes: an increasingly important field of research with a large application potential. *Microporous and Mesoporous Materials* 166: 67–78. (c) Jeazet, H.B.T., Staudt, C., and Janiak, C. (2012). Metal-organic frameworks in mixed-matrix membranes for gas separation. *Dalton Transactions* 41 (46): 14003–14027.

[3] (a) World Health Organization (2012). Pharmaceuticals in drinking water. http://www.who.int/water_sanitation_health/publications/pharmaceuticals-in- drinking-water/en/; (accessed 23 March 2018) (b) Cunningham, V.L., Buzby, M., Hutchinson, T. et al. (2006). *Effects of Human Pharmaceuticals on Aquatic Life: Next Steps*. ACS Publications. (c) Fent, K., Weston, A.A., and Caminada, D. (2006). Ecotoxicology of human pharmaceuticals. *Aquatic Toxicology* 76 (2): 122–159. (d) Kidd, K.A., Blanchfield, P.J., Mills, K.H. et al. (2007). Collapse of a fish population after exposure to a synthetic estrogen. *Proceedings of the National Academy of Sciences* 104 (21): 8897–8901.

[4] Gaffney, J.S., Streit, G.E., Spall, W.D., and Hall, J.H. (1987). Beyond acid rain. Do soluble oxidants and organic toxinsinteract with SO_2 and NO_x to increase ecosystem effects? *Environmental Science & Technology* 21 (6): 519–524.

[5] (a) Szmant, H.H. (1989). *Organic Building Blocks of the Chemical Industry*. Wiley. (b) Weissermel, K. (2008). *Industrial Organic Chemistry*. Wiley.

[6] Tomás, R.A.F., Bordado, J.C.M., and Gomes, J.F.P. (2013). *p*-Xylene oxidation to terephthalic acid: a literature review oriented toward process optimization and development. *Chemical Reviews* 113 (10): 7421–7469.

[7] Jiang, J. and Sandler, S.I. (2006). Monte Carlo simulation for the adsorption and separation of linear and branched alkanes in IRMOF-1. *Langmuir* 22 (13): 5702–5707.

[8] Gutiérrez, I., Díaz, E., Vega, A., and Ordóñez, S. (2013). Consequences of cavity size and chemical environment on the adsorption properties of isoreticular metal-organic frameworks: an inverse gas chromatography study. *Journal of Chromatography A* 1274: 173–180.

[9] Farrusseng, D., Daniel, C., Gaudillere, C. et al. (2009). Heats of adsorption for seven gases in three metal-organic frameworks: systematic comparison of experiment and simulation. *Langmuir* 25 (13): 7383–7388.

[10] Düren, T. and Snurr, R.Q. (2004). Assessment of isoreticular metal-organic frameworks for adsorption separations: a molecular simulation study of methane/*n*-butane mixtures. *The Journal of Physical Chemistry B* 108 (40): 15703–15708.

[11] Düren, T., Sarkisov, L., Yaghi, O.M., and Snurr, R.Q. (2004). Design of new materials for methane storage. *Langmuir* 20 (7): 2683–2689.

[12] Ma, S., Wang, X.-S., Collier, C.D. et al. (2007). Ultramicroporous metal-organic framework based on 9,10-anthracenedicarboxylate for selective gas adsorption. *Inorganic Chemistry* 46 (21): 8499–8501.

[13] (a) Trung, T.K., Trens, P., Tanchoux, N. et al. (2008). Hydrocarbon adsorption in the flexible metal organic frameworks MIL-53 (Al, Cr). *Journal of the American Chemical Society* 130 (50): 16926–16932. (b) Salles, F., Ghoufi, A., Maurin, G. et al. (2008). Molecular dynamics simulations of breathing MOFs: structural transformations of MIL-53(Cr) upon thermal activation and CO_2 adsorption. *Angewandte Chemie International Edition* 120 (44): 8615–8619.

[14] Ma, S., Sun, D., Wang, X.S., and Zhou, H.C. (2007). A mesh-adjustable molecular sieve for general use in gas separation. *Angewandte Chemie International Edition* 46 (14): 2458–2462.

[15] (a) Li, J.-R., Kuppler, R.J., and Zhou, H.-C. (2009). Selective gas adsorption and separation in metal-organic frameworks. *Chemical Society Reviews* 38 (5): 1477–1504. (b) Li, B., Wang, H., and Chen, B. (2014). Microporous metal-organic frameworks for gas separation. *Chemistry – An Asian Journal* 9 (6): 1474–1498. (c) Bao, Z., Chang, G., Xing, H. et al. (2016). Potential of microporous metal-organic frameworks for separation of hydrocarbon mixtures. *Energy & Environmental Science* 9 (12): 3612–3641. (d) Wang, Y. and Zhao, D. (2017). Beyond equilibrium: metal-organic frameworks for molecular sieving and kinetic gas separation. *Crystal Growth & Design* 17 (5): 2291–2308. (e) Herm, Z.R., Bloch, E.D., and Long, J.R. (2013). Hydrocarbon separations in metal-organic frameworks. *Chemistry of Materials* 26 (1): 323–338.

第三篇

3

[16] Eldridge, R.B. (1993). Olefin/paraffin separation technology: a review. *Industrial &Engineering Chemistry Research* 32 (10): 2208–2212.

[17] (a) Padin, J., Rege, S.U., Yang, R.T., and Cheng, L.S. (2000). Molecular sieve sorbents for kinetic separation of propane/propylene. *Chemical Engineering Science* 55 (20): 4525–4535. (b) Da Silva, F.A. and Rodrigues, A.E. (1999). Adsorption equilibria and kinetics for propylene and propane over 13X and 4A zeolite pellets. *Industrial &Engineering Chemistry Research* 38 (5): 2051–2057. (c) Rege, S.U., Padin, J., and Yang, R.T. (1998). Olefin/paraffin separations by adsorption: π-complexation vs. kinetic separation. *AIChE Journal* 44 (4): 799–809. (d) Palomino, M., Cantín, A., Corma, A. et al. (2007). Pure silica ITQ-32 zeolite allows separation of linear olefins from paraffins. *Chemical Communications* (12): 1233–1235. (e) Da Silva, F. and Rodrigues, A. (2001). Propylene/propane separation by VSA using commercial 13X zeolite pellets. *AIChE Journal* 47 (2): 341–357. (f) Da Silva, F.A. and Rodrigues, A.E. (2001). Vacuum swing adsorption for propylene/propane separation with 4A zeolite. *Industrial & Engineering Chemistry Research* 40 (24): 5758–5774. (g) Takahashi, A., Yang, R.T., Munson, C.L., and Chinn, D. (2001). Cu(I)-Y-zeolite as a superior adsorbent for diene/olefin separation. *Langmuir* 17 (26): 8405–8413. (h) Bryan, P.F. (2004). Removal of propylene from fuel-grade propane. *Separation and Purification Reviews* 33 (2): 157–182. (i) Narin, G., Martins, V.F., Campo, M. et al. (2014). Light olefins/paraffins separation with 13X zeolite binderless beads. *Separation and Purification Technology* 133: 452–475.

[18] (a) Wang, Q.M., Shen, D., Bülow, M. et al. (2002). Metallo-organic molecular sieve for gas separation and purification. *Microporous and Mesoporous Materials* 55 (2): 217–230. (b) Nicholson, T.M. and Bhatia, S.K. (2006). Electrostatically mediated specific adsorption of small molecules in metallo-organic frameworks. *The Journal of Physical Chemistry B* 110 (49): 24834–24836.

[19] Nicholson, T.M. and Bhatia, S.K. (2007). Role of electrostatic effects in the pure component and binary adsorption of ethylene and ethane in Cu-tricarboxylate metal-organic frameworks. *Adsorption Science and Technology* 25 (8): 607–619.

[20] Lamia, N., Jorge, M., Granato, M.A. et al. (2009). Adsorption of propane, propylene and isobutane on a metal-organic framework: molecular simulation and experiment. *Chemical Engineering Science* 64 (14): 3246–3259.

[21] (a) Jorge, M., Lamia, N., and Rodrigues, A.E. (2010). Molecular simulation of propane/propylene separation on the metal-organic framework CuBTC. *Colloids and Surfaces A: Physicochemical and Engineering Aspects* 357 (1): 27–34. (b) Plaza, M., Ferreira, A., Santos, J. et al. (2012). Propane/propylene separation by adsorption using shaped copper trimesate MOF. *Microporous and Mesoporous Materials* 157: 101–111. (c) Rubeš, M., Wiersum, A.D., Llewellyn, P.L. et al. (2013). Adsorption of propane and propylene on CuBTC metal-organic framework: combined theoretical and experimental investiga- tion. *The Journal of Physical Chemistry C* 117 (21): 11159–11167.

[22] (a) Hartmann, M., Kunz, S., Himsl, D. et al. (2008). Adsorptive separation of isobutene and isobutane on Cu₃(BTC)₂. *Langmuir* 24 (16): 8634–8642. (b) Martins, V.F., Ribeiro, A.M., Ferreira, A. et al. (2015). Ethane/ethylene separation on a copper benzene-1,3,5-tricarboxylate MOF. *Separation and Purification Technology* 149: 445–456.

[23] (a) Plaza, M., Ribeiro, A., Ferreira, A. et al. (2012). Separation of C_3/C_4 hydrocarbon mixtures by adsorption using a mesoporous iron MOF: MIL-100 (Fe). *Microporous and Mesoporous Materials* 153: 178–190. (b) Yoon, J.W., Seo, Y.K., Hwang, Y.K. et al. (2010). Controlled reducibility of a metal-organic framework with coordinatively unsaturated sites for preferential gas sorption. *Angewandte Chemie International Edition* 122 (34): 6085–6088. (c) Leclerc, H., Vimont, A., Lavalley, J.-C. et al. (2011). Infrared study of the influence of reducible iron(III) metal sites on the adsorption of CO, CO_2, propane, propene and propyne in the mesoporous metal-organic framework MIL-100. *Physical Chemistry Chemical Physics* 13 (24): 11748–11756. (d) Wuttke, S., Bazin, P., Vimont, A. et al. (2012). Discovering the active sites for C_3 separation in MIL-100(Fe) by using operando IR spectroscopy. *Chemistry – A European Journal* 18 (38): 11959–11967.

[24] Liao, P.-Q., Zhang, W.-X., Zhang, J.-P., and Chen, X.-M. (2015). Efficient purification of ethene by an ethane-trapping metal-organic framework. *Nature Communications* 6: 8697.

[25] Li, K., Olson, D.H., Seidel, J. et al. (2009). Zeolitic imidazolate frameworks for kinetic separation of propane and propene. *Journal of the American Chemical Society* 131 (30): 10368–10369.

[26] Zhang, C., Lively, R.P., Zhang, K. et al. (2012). Unexpected molecular sieving properties of zeolitic imidazolate framework-8. *Journal of Physical Chemistry Letters* 3 (16): 2130–2134.

[27] (a) Bux, H., Chmelik, C., Krishna, R., and Caro, J. (2011). Ethene/ethane separation by the MOF membrane ZIF-8: molecular correlation of permeation, adsorption, diffusion. *Journal of Membrane Science* 369 (1): 284–289. (b) Kwon, H.T. and Jeong, H.-K. (2013). Highly propylene-selective supported zeolite-imidazolate framework (ZIF-8) membranes synthesized by rapid microwave-assisted seeding and secondary growth. *Chemical Communications* 49 (37): 3854–3856. (c) Pan, Y., Liu, W., Zhao, Y. et al. (2015). Improved ZIF-8 membrane: effect of activation procedure and determination of diffusivities of light hydrocarbons. *Journal of Membrane Science* 493: 88–96. (d) Verploegh, R.J., Nair, S., and Sholl, D.S. (2015). Temperature and loading-dependent diffusion of light hydrocarbons in ZIF-8 as predicted through fully flexible molecular simulations. *Journal of the American Chemical Society* 137 (50): 15760–15771. (e) Benzaqui, M., Semino, R., Menguy, N. et al. (2016). Toward an understanding of the microstructure and interfacial properties of PIMs/ZIF-8 mixed matrix membranes. *ACS Applied Materials & Interfaces* 8 (40): 27311–27321.

[28] Lee, C.Y., Bae, Y.-S., Jeong, N.C. et al. (2011). Kinetic separation of propene and propane in metal-organic frameworks: controlling diffusion rates in plate-shaped crystals via tuning of pore apertures and crystallite aspect ratios. *Journal of the American Chemical Society* 133 (14): 5228–5231.

[29] (a) van den Bergh, J., Gücüyener, C., Pidko, E.A. et al. (2011). Understanding the anomalous alkane selectivity of ZIF-7 in the separation of light alkane/alkene mixtures. *Chemistry – A European Journal* 17 (32): 8832–8840. (b) Gücüyener, C., van den Bergh, J., Gascon, J., and Kapteijn, F. (2010). Ethane/ethene separation turned on its head: selective ethane adsorption on the metal-organic framework ZIF-7 through a gate-opening mechanism. *Journal of the American Chemical Society* 132 (50): 17704–17706.

[30] Chen, D.-L., Wang, N., Xu, C. et al. (2015). A combined theoretical and experimental analysis on transient breakthroughs of C_2H_6/C_2H_4 in fixed beds packed with ZIF-7. *Microporous and Mesoporous Materials* 208: 55–65.

[31] Lan, A., Li, K., Wu, H. et al. (2009). RPM3: a multifunctional microporous MOF with recyclable framework and high H$_2$ binding energy. *Inorganic Chemistry* 48 (15): 7165–7173.

[32] Nijem, N., Wu, H., Canepa, P. et al. (2012). Tuning the gate opening pressure of metal-organic frameworks (MOFs) for the selective separation of hydrocarbons. *Journal of the American Chemical Society* 134 (37): 15201–15204.

[33] Cadiau, A., Adil, K., Bhatt, P. et al. (2016). A metal-organic framework-based splitter for separating propylene from propane. *Science* 353 (6295): 137–140.

[34] Moreira, M.A., Ferreira, A.F., Santos, J.C. et al. (2014). Hybrid process for *o*- and *p*-xylene production in aromatics plants. *Chemical Engineering and Technology* 37 (9): 1483–1492.

[35] Zhang, K., Lively, R.P., Zhang, C. et al. (2013). Exploring the framework hydrophobicity and flexibility of ZIF-8: from biofuel recovery to hydrocarbon separations. *Journal of Physical Chemistry Letters* 4 (21): 3618–3622.

[36] Peralta, D., Chaplais, G.r., Simon-Masseron, A.l. et al. (2012). Comparison of the behavior of metal-organic frameworks and zeolites for hydrocarbon separations. *Journal of the American Chemical Society* 134 (19): 8115–8126.

[37] Jin, Z., Zhao, H.-Y., Zhao, X.-J. et al. (2010). A novel microporous MOF with the capability of selective adsorption of xylenes. *Chemical Communications* 46 (45): 8612–8614.

[38] Vermoortele, F., Maes, M., Moghadam, P.Z. et al. (2011). *p*-Xylene-selective metal-organic frameworks: a case of topology-directed selectivity. *Journal of the American Chemical Society* 133 (46): 18526–18529.

[39] Moreira, M.A., Santos, J.C., Ferreira, A.F. et al. (2012). Effect of ethylbenzene in *p*-xylene selectivity of the porous titanium amino terephthalate MIL-125(Ti)_NH$_2$. *Microporous and Mesoporous Materials* 158: 229–234.

[40] Torres-Knoop, A., Krishna, R., and Dubbeldam, D. (2014). Separating xylene isomers by commensurate stacking of *p*-xylene within channels of MAF-X8. *Angewandte Chemie International Edition* 53 (30): 7774–7778.

[41] (a) Chang, N. and Yan, X.-P. (2012). Exploring reverse shape selectivity and molecular sieving effect of metal-organic framework UIO-66 coated capillary column for gas chromatographic separation. *Journal of Chromatography A* 1257: 116–124. (b) Granato, M.A., Martins, V.D., Ferreira, A.F.P., and Rodrigues, A.E. (2014). Adsorption of xylene isomers in MOF UiO-66 by molecular simulation. *Microporous and Mesoporous Materials* 190: 165–170.

[42] Cavka, J.H., Jakobsen, S., Olsbye, U. et al. (2008). A new zirconium inorganic building brick forming metal organic frameworks with exceptional stability. *Journal of the American Chemical Society* 130 (42): 13850–13851.

[43] Bárcia, P.S., Guimarães, D., Mendes, P.A. et al. (2011). Reverse shape selectivity in the adsorption of hexane and xylene isomers in MOF UiO-66. *Microporous and Mesoporous Materials* 139 (1): 67–73.

[44] Bernardo, P., Drioli, E., and Golemme, G. (2009). Membrane gas separation: a review/state of the art. *Industrial & Engineering Chemistry Research* 48: 4638–4663.

[45] Baker, R.W. (2002). Future directions of membrane gas separation technology. *Industrial and*

Engineering Chemistry Research 41 (6): 1393–1411.

[46] (a) Aroon, M.A., Ismail, A.F., Matsuura, T., and Montazer-Rahmati, M.M. (2010). Performance studies of mixed matrix membranes for gas separation: a review. *Separation and Purification Technology* 75 (3): 229–242. (b) Ulbricht, M. (2006). Advanced functional polymer membranes. *Polymer* 47 (7): 2217–2262.

[47] (a) Robeson, L.M. (1999). Polymer membranes for gas separation. *Current Opinion in Solid State and Materials Science* 4 (6): 549–552. (b) Robeson, L.M. (2008). The upper bound revisited. *Journal of Membrane Science* 320 (1): 390–400.

[48] (a) Bastani, D., Esmaeili, N., and Asadollahi, M. (2013). Polymeric mixed matrix membranes containing zeolites as a filler for gas separation applications: a review. *Journal of Industrial and Engineering Chemistry* 19 (2): 375–393. (b) Saufi, S.M. and Ismail, A.F. (2002). Development and characterization of polyacrylonitrile (PAN) based carbon hollow fiber membrane. *Songklanakarin Journal of Science and Technology* 24: 843–854. (c) Seoane, B., Coronas, J., Gascon, I. et al. (2015). Metal-organic framework based mixed matrix membranes: a solution for highly efficient CO_2 capture? *Chemical Society Reviews* 44 (8): 2421–2454. (d) Perez, E.V., Balkus, K.J., Ferraris, J.P., and Musselman, I.H. (2009). Mixed-matrix membranes containing MOF-5 for gas separations. *Journal of Membrane Science* 328 (1): 165–173. (e) Bux, H., Liang, F., Li, Y. et al. (2009). Zeolitic imidazolate framework membrane with molecular sieving properties by microwave-assisted solvothermal synthesis. *Journal of the American Chemical Society* 131 (44): 16000–16001.

[49] (a) Zhang, Y., Feng, X., Yuan, S. et al. (2016). Challenges and recent advances in MOF-polymer composite membranes for gas separation. *Inorganic Chemistry Frontiers* 3 (7): 896–909. (b) Chung, T.-S., Jiang, L.Y., Li, Y., and Kulprathipanja, S. (2007). Mixed matrix membranes (MMMs) comprising organic polymers with dispersed inorganic fillers for gas separation. *Progress in Polymer Science* 32 (4): 483–507.

[50] Bae, T.H., Lee, J.S., Qiu, W. et al. (2010). A high-performance gas-separation membrane containing submicrometer-sized metal-organic framework crystals. *Angewandte Chemie International Edition* 49 (51): 9863–9866.

[51] (a) Balcıoğlu, I.A. and Ötker, M. (2003). Treatment of pharmaceutical wastewater containing antibiotics by O_3 and O_3/H_2O_2 processes. *Chemosphere* 50 (1): 85–95. (b) Saud, P.S., Pant, B., Alam, A.-M. et al. (2015). Carbon quantum dots anchored TiO_2 nanofibers: effective photocatalyst for waste water treatment. *Ceramics International* 41 (9): 11953–11959. (c) Asghar, A., Raman, A.A.A., and Daud, W.M.A.W. (2015). Advanced oxidation processes for in-situ production of hydrogen peroxide/hydroxyl radical for textile wastewater treatment: a review. *Journal of Cleaner Production* 87: 826–838.

[52] Ternes, T.A., Meisenheimer, M., McDowell, D. et al. (2002). Removal of phar- maceuticals during drinking water treatment. *Environmental Science and Technology* 36 (17): 3855–3863.

[53] Prins, R. (2001). Catalytic hydrodenitrogenation. *Advances in Catalysis* 46: 399–464.

[54] (a) Dai, G., Cui, L., Song, L. et al. (2006). Metabolism of terephthalic acid and its effects on CYP4B1 induction. *Biomedical and Environmental Sciences* 19 (1): 8. (b) Horcajada, P., Chalati, T., Serre, C. et al. (2010). Porous metal-organic-framework nanoscale

carriers as a potential platform for drug delivery and imaging. *Nature Materials* 9 (2): 172–178.

[55] (a) Singh, R., Gautam, N., Mishra, A., and Gupta, R. (2011). Heavy metals and living systems: an overview. *Indian Journal of Pharmacology* 43 (3): 246. (b) Tchounwou, P.B., Yedjou, C.G., Patlolla, A.K., and Sutton, D.J. (2012). *Molecular, Clinical and Environmental Toxicology*, 133–164. Springer.

[56] Cychosz, K.A. and Matzger, A.J. (2010). Water stability of microporous coordination polymers and the adsorption of pharmaceuticals from water. *Langmuir* 26 (22): 17198–17202.

[57] Jun, J.W., Tong, M., Jung, B.K. et al. (2015). Effect of central metal ions of analogous metal-organic frameworks on adsorption of organoarsenic compounds from water: plausible mechanism of adsorption and water purification. *Chemistry – A European Journal* 21 (1): 347–354.

[58] Kandola, B.K., Ebdon, J.R., and Chowdhury, K.P. (2015). Flame retardance and physical properties of novel cured blends of unsaturated polyester and furan resins. *Polymer* 7 (2): 298–315.

[59] Lü, C., Li, H., Wang, H., and Liu, Z. (2013). Probing the interactions between boronic acids and cis-diol-containing biomolecules by affinity capillary electrophoresis. *Analytical Chemistry* 85 (4): 2361–2369.

[60] Zhu, X., Gu, J., Zhu, J. et al. (2015). Metal-organic frameworks with boronic acid suspended and their implication for *cis*-diol moieties binding. *Advanced Functional Materials* 25 (25): 3847–3854.

[61] (a) Hernández-Maldonado, A.J. and Yang, R.T. (2004). Denitrogenation of transportation fuels by zeolites at ambient temperature and pressure. *Angewandte Chemie International Edition* 116 (8): 1022–1024. (b) Almarri, M., Ma, X., and Song, C. (2009). Role of surface oxygen-containing functional groups in liquid-phase adsorption of nitrogen compounds on carbon-based adsorbents. *Energy & Fuels* 23 (8):3940–3947.

17 MOF的水吸附应用

17.1 引言

金属有机框架（MOF）在水吸附领域的应用引起了科学家的广泛关注。此类应用包括吸附驱动热泵（adsorption-driven heat pump，ADHP）、海水淡化、气流干燥、楼宇湿度控制以及空气中水的捕集（water harvesting）。这些应用对吸附剂的吸附行为有着不同的要求[1]。MOF的模块化结构特点使其成为此类应用的理想材料，因为化学工作者能针对特定应用，对材料总吸附容量、吸附容量抬升对应的P/P_0位置和吸附机理等参数进行调控。

上述涉及水吸附的应用例子彼此非常不同，它们对材料吸附性质有不同的要求。然而，这些应用都要求MOF吸附剂具有很高的水解稳定性、高吸附容量和对水的高吸附选择性。本章将介绍MOF中水蒸气吸附的原理，提供新一代水吸附MOF的设计思路，并阐述给定材料水吸附性能的优化策略。MOF对其它蒸气的吸附原理与水蒸气吸附类似，因此在本章中不再讨论。

17.2 MOF的水解稳定性

许多MOF，尤其是被较早报道的初代MOF，在有水条件下会发生结构降解。关于材料的水解稳定性（hydrolytic stability），我们有必要对不同的热力学稳定因素和动力学稳定因素进行区分（表17.1）。需要注意的是，在热力学稳定性的讨论中，我们使用的术语是"稳定的"（stable）和"不稳定的"（unstable）；而在动力学讨论中，我们使用的对应术语是"惰性的"（inert）和"活性的"（labile）。MOF的水解稳定性与其特定的结构有关，因此人们可以据此总结出水相稳定的MOF的设计策略。在接下来的章节中，我们将讨论有水条件下MOF的降解过程，并总结水相稳定MOF的基本设计原理。

表17.1　水存在条件下，影响MOF的热力学和动力学稳定性的结构因素

影响热力学稳定性/不稳定性的因素	影响动力学惰性/活性的因素
• 配体的pK_a（碱性）	• 立体位阻（配位数目的多少）和组分的刚性
• 金属的氧化态和离子半径（酸性）	• 穿插导致的立体位阻
• 金属的还原电位	• 疏水性
• 配位几何构型	• 金属离子的电子构型

17.2.1　水解稳定性的实验评估

使MOF接触特定量的水（例如，将MOF置于特定的相对湿度环境下），通过比较接触前、后的MOF的粉末X射线衍射（PXRD）谱图，研究者可以评估该MOF的水解稳定性。结构中部分孔道坍塌会导致衍射峰变宽，这是由于晶体结晶度的降低以及无定形相的生成；然而，MOF的水解通常会导致结构的彻底非晶化，因此PXRD谱中所有衍射峰都将消失。为了进一步确认通过X射线衍射获得的结构变化信息，有必要通过气体吸附测试，对接触湿气前、后材料的比表面积进行比较。另一种MOF的降解机理是MOF的部分溶解（dissolution）。溶解过程导致材料质量损失，因此可通过称量接触水前、后的MOF来确定是否发生此类降解过程。

为了研究特定应用条件下水蒸气对MOF的影响，我们应当采用与实际应用类似的气体组成条件。例如，若研究燃烧后烟道气中的CO_2捕集，我们应当采用的混合气条件是$H_2O/CO_2/N_2$体积比为$1:1.5:7.5$；如果单独研究水蒸气对MOF结构的作用，可以使用N_2、He、Ar等惰性气体作为载气；如果希望得到本征的水蒸气吸附等温线，则需要在无载气条件下直接将水蒸气通入材料中。

不同的应用对MOF的水解稳定性提出了不同层次的要求。针对单次或循环使用MOF的应用场景，以及MOF用于液相分离的场景，人们总结了基本的MOF测试条件（表17.2）。虽然上述方法提供了关于MOF水解稳定性的信息，但是这些表征手段几乎无法提供对具体降解机理的认识。

17.2.2　降解机理

在有水条件下，MOF的降解既可以通过水解反应进行，也可以通过配体取代进行[2]。水解是由金属–配体配位键的断裂引起的。随后次级构造单元（SBU）发生羟基化，同

表17.2 不同类型应用中材料水稳定性评估的测试条件

应用	测试条件	表征方法
1. 气相		
（1）单通/一次性使用		
单通滤芯（例如防毒面具或空气过滤器）	在环境空气或潮湿空气中的长期稳定性	PXRD和吸附（BET）[①]测试
（2）循环/多次使用		
气体分离填充床（例如CO_2、天然气和H_2）	相应混合气中的多次吸附脱附循环（材料经合适的方法再生：TSA[②]、PSA[③]或VSA[④]）	PXRD、吸附（BET）测试、每次循环的吸附容量和显微成像表征（例如SEM[⑤]和TEM[⑥]）
气体分离膜	在实际应用场景下长期暴露于相关混合气中	PXRD、吸附（BET）测试和显微成像表征（例如SEM、TEM和AFM[⑦]）
气体存储（例如H_2、CH_4和CO_2）	在实际应用压强下长期存储相关气体	PXRD、吸附（BET）测试和显微成像表征（例如SEM和TEM）
2. 水相		
液相催化、水溶液中分子捕集和液相分离	在实际应用场景下浸没于水溶液中并长时搅拌	PXRD、吸附（BET）测试、固体重量损失测定以及溶液滴定实验

①Brunauer–Emmett–Teller比表面积。
②变温吸附（temperature swing adsorption）。
③变压吸附（pressure swing adsorption）。
④真空变压吸附（vacuum swing adsorption）。
⑤扫描电子显微镜（scanning electron microscope）。
⑥透射电子显微镜（transmission electron microscope）。
⑦原子力显微镜（atomic force microscope）。

时结构释放出质子化的（中性）配体。

$$M^{n+} \cdot {}^-OOC{-}R + H_2O \longrightarrow M^{n+} \cdot (OH)^- + R{-}COOH$$

基于配体取代的机理则如下：水分子插入到金属–配体配位键中，从而生成水合的SBU，同时结构释放出去质子化的配体。

$$M^{n+} \cdot {}^-OOC{-}R + H_2O \longrightarrow M^{n+} \cdot (OH_2) + R{-}COO^-$$

对于中性或碱性水相条件下UiO-66的结构降解，最可能的机理是配体取代机理；而在酸性条件下，水解机理占主导[3]。图17.1展示了UiO-66在水、碱或酸存在时的降解机理。UiO-66经水处理的过程遵循取代机理，导致SBU的水合，并释放去质子化的配体［图17.1（a）］。醇（例如甲醇等）处理UiO-66的过程遵循相似的机理（溶剂解，solvolysis）。碱性水解导致SBU羟基化，同时结构释放去质子化的配体［图17.1（b）］。而用盐酸对UiO-66进行酸处理，生成氯化的SBU，并释放质子化的配体［图17.1（c）］。氯化的SBU可以进一步水解，生成带有一个—OH和一个—OH_2配体的中性SBU。

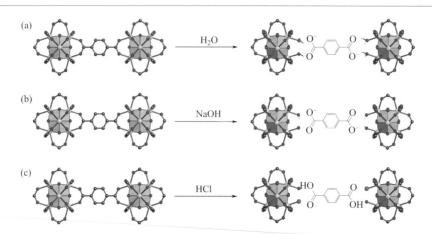

图17.1　UiO-66在水、碱或酸存在下的降解机理。（a）经水处理生成水合SBU，而（b）SBU的羟基化导致结构释放去质子化的配体。（c）HCl处理导致SBU的氯化，同时结构释放中性的质子化配体。颜色代码：Zr，蓝色；C，灰色；O，红色；Cl，粉色；H，白色

17.2.3　热力学稳定性

MOF材料的热力学稳定性主要由两个因素决定：①金属–配体配位键的稳定性；②金属前线轨道与水分子前线轨道的相对能级位置。金属–配体配位键的稳定性不难评估，而分析前线轨道的能级特征则具有一定难度。

17.2.3.1　金属–配体成键强度

有机配体的共价本质赋予了它们很高的化学稳定性，且大多数SBU对应的簇分子在水中也是稳定的。由这些单元网格化构筑得到的拓展型结构的薄弱环节，是它们之间的配位键，其强度（在某种程度上）可以用于衡量MOF的水解稳定性。SBU的金属中心与有机配体连接基团之间的相互作用，可以近似为路易斯酸碱作用。这意味着，质子化配体的pK_a越高，对应的金属–配体配位键就越强。例如，基于吡唑的MOF就具有较高的水解稳定性[4]。基于同样的中心芳基单元，二连接和三连接的吡唑配体的pK_a，与对应的羧酸配体的pK_a之间存在显著差异［见图17.2（a）］。基于吡唑的配体具有更高的pK_a值，其与金属形成的键更强，因此对应框架的水解稳定性更高。

金属中心的化学性质也以类似的方式影响着金属–配体配位键的强度。金属上的电荷越高，金属半径越小，其酸性就越强，因此它与有机配体的结合能力就越强。金属的半径和电子结构对键强有很大的影响。这可以用"软硬酸碱"（hard-soft acid-base，HSAB）理论来很好地描述。软硬酸碱理论认为尺寸和极化率相似的前线轨道可以互相

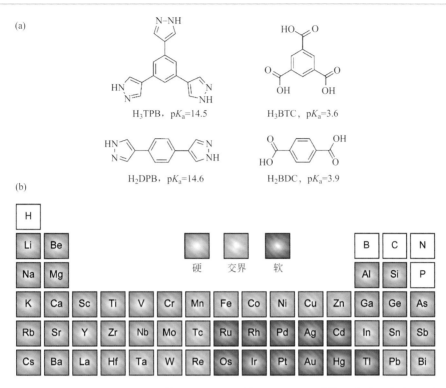

图17.2 （a）具有不同连接基团的配体分子及其pK_a值。吡唑是一种较弱的酸（相应的碱为强碱），因此形成的M—N键在热力学上比羧酸类MOF中的M—O键更稳定。（b）硬酸、交界酸和软酸金属在元素周期表中的位置

重叠形成强键。对于MOF，这意味着硬羧酸连接基团与硬Ti^{4+}中心（高电荷半径比）的结合，强于硬羧酸连接基团与软Hg^{2+}中心（低电荷半径比）的结合。图17.2（b）展示了一张元素周期表的一部分，其中金属被分为三类：硬酸、交界酸和软酸。整体而言，结构的热力学稳定性与材料的水解稳定性相关，但同时还需考虑一些其它因素。

17.2.3.2   金属与水的反应性

利用pK_a值和HSAB理论来分析金属–配体配位键的强度，可以作为粗略评估MOF稳定性的简单工具。对MOF的水解稳定性而言，其它的热力学因素，如金属前线轨道与水分子前线轨道的相对位置，也是重要的。金属离子前线轨道的能级高低与其还原电位相关。将Co$_2$Cl$_2$(BTDD)［BTDD = 双(1H–1,2,3–三唑[4,5-b],[4′,5′-i])二苯并[1,4]二噁英（bis(1H–1,2,3–triazolo[4,5-b],[4′,5′-i])dibenzo[1,4]dioxin）］暴露于潮气后，其PXRD并未发生变化；而Mn$_2$Cl$_2$(BTDD)在暴露于潮气后结构发生非晶化。如果考虑Co^{2+}和Mn^{2+}的标准还原电位，我们发现Mn^{2+}的还原电位（$E^{\ominus}$ = –1.18V）比Co^{2+}的还原电位（$E^{\ominus}$ = –0.28V）更负[5]。作为经验法则，我们认为，对于由不同金属构筑的一系列同网格MOF，那些基

于更低（或更负）还原电位金属的MOF更易水解[6]。

17.2.4　动力学惰性

热力学不稳定的MOF在水存在时并不一定发生降解。这是因为热力学不稳定的化合物在动力学上可能是惰性的，从而阻止了它们的水解。热力学稳定性与反应的吉布斯自由能（ΔG）相关，而动力学惰性与反应的活化能（E_a）相关。因此，水解得到的产物可能具有较低的能量，因此是热力学更稳定的状态（ΔG更负）；然而，在给定条件下，反应的活化能全可能过高而无法越过（E_a过大）。图17.3显示了两种热力学稳定性（或热力学不稳定性）相同，但动力学活性不同的化合物的水解反应能线图。两例化合物的水解在热力学上都是有利的，但是活化能的不同使得其中一种（橙线）比另一种（绿线）具有更高的水解稳定性。

有多种结构因素可以导致MOF在动力学上是惰性的，例如SBU的空间屏蔽、SBU和/或配体的刚性、金属中心的电子构型和结构的疏水性等。

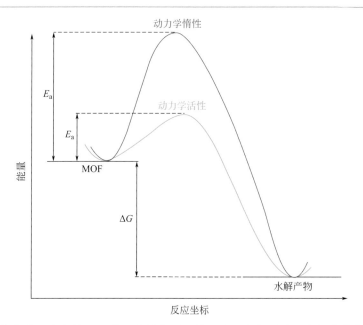

图17.3　两种热力学不稳定的MOF的反应能线图比较。在两个例子中，水解产物都是热力学有利的（ΔG为负）。高活化能E_a（橙线）使得反应是动力学惰性的，因此该结构具有更高的水解稳定性。低活化能赋予了水解反应的动力学活性，使得该MOF对水更不稳定（绿线）

17.3.2.2　可逆形成团簇

多孔碳的水吸附机理多为可逆形成水团簇，在MOF-801（$Zr_6O_4(OH)_4(C_4H_2O_4)_6$）（$C_4H_2O_4$为富马酸根）等微孔MOF中，人们也观察到类似的吸附机理[16]。MOF-801是由基于Zr_6O_8核的12-c SBU和富马酸根配体连接而成的 **fcu** 拓扑网络。该网络具有两种不同大小的四面体孔和一种八面体孔，其直径分别为4.8Å、5.6Å和7.4Å［图17.9（a）］[8e,17]。MOF-801中$Zr_6O_4(OH)_4(—COO)_{12}$ SBU上的桥联—OH基团是主要的吸附位点。在较低的相对压力下，水分子通过氢键被吸附于这些—OH基团上，从而在较小的四面体孔内形成四面体水团簇［图17.9（c）］。在较高的相对压力下，更多的水分子被限制于大四面体孔中，形成一个体心立方的水团簇［图17.9（d）］。在更高的相对压力下，八面体孔内也发生类似的基于水团簇的吸附［图17.9（b）］。八面体孔内并不存在主要吸附位点（—OH基团）；然而，事先吸附于四面体孔内水的分子提供了新的吸附位点，这有利于更大孔内水的吸附。最终，框架内形成的更大尺寸水团簇彼此互相连接，实现连续的孔道填充。MOF-801的四面体孔和八面体孔中的不同吸附位点如图17.9所示。

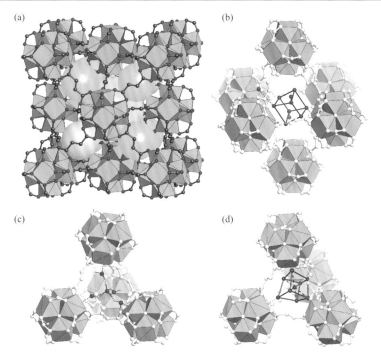

图17.9　（a）MOF-801的单晶结构。粉球、绿球和黄球分别代表小四面体孔（4.8Å）、大四面体孔（5.6Å）和八面体孔（7.4Å）。在三种不同的孔内形成了三种不同的水团簇：（b）八面体孔内形成立方团簇；（c）小四面体孔内形成四面体团簇；（d）大四面体孔内形成体心立方团簇。为了清晰呈现结构，所有氢原子被隐去。（a）中的颜色代码：Zr，蓝色；C，灰色；O，红色。（b）~（d）中的颜色代码：Zr，蓝色；属于框架的C和O分别用白色和淡橙色表示，属于被吸附水分子的O用红色表示

在利用温和的变温吸附（TSA）或变压吸附（PSA）实现吸附/脱附时，这种团簇促成的水吸附可以获得较大的工作容量。若要使多孔材料的水吸附过程遵循团簇促成的孔道填充机理，材料的孔径需小于发生毛细管凝聚（capillary condensation）的临界直径（D_c）。水的毛细管凝聚临界直径为20.76Å（在25℃时），它可由公式（17.1）计算而得：

$$D_c = \frac{4\sigma T_c}{T_c - T} \tag{17.1}$$

式中，σ是吸附质的范德华直径；T_c和T分别为吸附质的临界温度和吸附温度。可以推得，假若某微孔材料具有较大的孔体积，且孔尺寸接近水的毛细管凝聚临界直径，那么该材料在10%～30%相对湿度（RH）范围内应当具有较大的工作容量。$Co_2Cl_2(BTDD)$是一例由一维无限螺旋SBU通过线型二连接的BTDD配体相连而成的MOF。完全活化的该MOF具有六边形孔道，孔道直径（约21Å）仅略大于水的毛细管凝聚临界直径［图17.10（a）］[5]。较低相对压力下的水合作用使水分子占据MOF中的配位不饱和金属位点

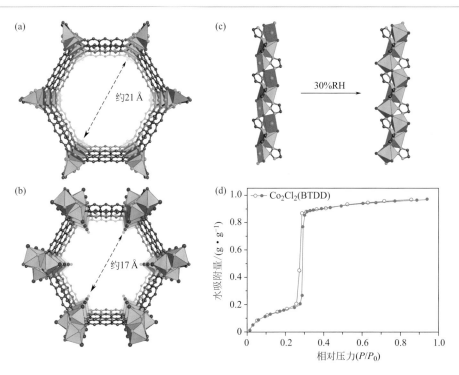

图17.10　$Co_2Cl_2(BTDD)$的晶体结构和水吸附等温线（298K）。（a）完全活化的$Co_2Cl_2(BTDD)$中的沿结晶学c轴方向的孔道。该完全活化的结构中存在指向孔中心的配位不饱和金属位点。孔直径约为21Å，大于水的毛细管凝聚临界直径（25℃时，D_c = 20.76Å）。（b）配位不饱和金属位点对水的吸附导致框架孔径（约17Å）落入微孔范围内。（c）在相对湿度为30%条件下，$Co_2Cl_2(BTDD)$的SBU上配位不饱和金属位点的水合过程示意图。（d）298K下测得的$Co_2Cl_2(BTDD)$水吸附等温线（吸附支和脱附支分别用实心圆和空心圆表示）。位于P/P_0 = 0.29处的较低拐点说明孔环境是亲水的。颜色代码：八面体Co，蓝色；配位不饱和Co位点，橙色；C，灰色；N，绿色；O，红色；Cl，粉色

［图17.10（c）］，从而使孔径减小至约17Å［图17.10（b）］，该孔径落在微孔材料的范围内。因此，Co_2Cl_2(BTDD)的水吸附等温线为Ⅳ型，在相对压力较低时吸附值急剧上升（拐点的相对压力为0.29），且几乎没有滞后现象，材料的最大吸附容量$q_{max} = 0.97g \cdot g^{-1}$［图17.10（d）］。较大的水吸附容量和较低的拐点位置归因于BTDD配体的极性和亲水性、材料较大的孔体积以及接近D_c的孔径。材料在吸附覆盖度较低时具有较高的Q_{st}值，说明了水与框架间的强相互作用。而在孔隙填充过程中，Q_{st}值（$44kJ \cdot mol^{-1}$）下降至接近于水的蒸发焓（$-40.7kJ \cdot mol^{-1}$）水平，说明该压力范围内的吸附主要受水与水的相互作用驱动。

17.3.2.3　毛细管凝聚

对于孔径大于D_c的MOF，水首先与主要吸附位点发生作用而被吸附，或以单层/多层形式吸附，但这之后会发生毛细管凝聚。与亲水微孔MOF中水团簇促成的孔填充不同，介孔MOF中的基于毛细管凝聚机理的吸附是不可逆的，通常表现为具有滞后环的Ⅳ型或Ⅴ型等温线（图17.11）。MIL-101就是一例具有此类吸附行为的MOF。MIL-101的**mtn**结构具有三种不同尺寸的笼。其中两种笼在介孔范围内，直径分别为29Å和34Å（见图4.12）。MIL-101的吸附等温线为典型的S形，在相对压力较低时具有较低的吸附值，在$P/P_0 = 0.4$时吸附量急剧抬升，在$P/P_0 = 0.5$时有第二步急剧抬升。两处抬升分别对应于29Å大孔和34Å大孔的填充［图17.11（b）］[18]。该吸附过程首先由水分子在内表面的"成核"和"生长"引起，随后在更高压力下发生毛细管凝聚，并导致滞后环的形成。这一多步过程也在不同吸附量时的吸附热中有所体现。吸附量较低（即较低的吸附覆盖度）时，配位不饱和金属位点与水的强相互作用导致较高的吸附热（约$80kJ \cdot mol^{-1}$），

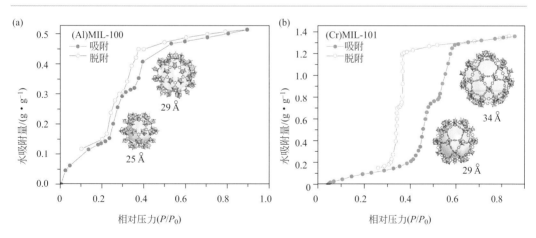

图17.11　介孔MOF的典型水吸附等温线。S形等温线和滞后表明发生了毛细管凝聚。**mtn**拓扑结构MIL-100（a）和MIL-101（b）中均存在两种尺寸不同的笼，导致相应的吸附等温线存在两步抬升。吸附用实心符号表示，脱附用空心符号表示。为了清晰呈现结构，所有氢原子被隐去。颜色代码：Al和Cr，蓝色；C，灰色；O，红色

而吸附量在达到最高值的大约20%时，Q_{st}减少了近50%（约45～50kJ·mol^{-1}），这与水的蒸发焓（约-44kJ·mol^{-1}）绝对值在同一范围内[19]。

17.4　通过引入官能团调控MOF的吸附性质

官能团对吸附等温线的形状、拐点的位置以及最大吸附量都有显著影响。等温线的大致形状由吸附剂的亲水性/疏水性（见图17.7）、孔径和化学性质（例如是否存在配位不饱和金属位点等）决定。孔径小于20Å的亲水性MOF的等温线通常呈S形，除非结构中含有配位不饱和金属位点。如果结构中存在配位不饱和金属位点，可观察到I型等温线。具有多级孔结构的MOF中通常呈现多步吸附等温线。在介孔MOF或具有配位不饱和金属位点的MOF中，可以观察到滞后现象。除了是否存在配位不饱和金属位点，给定结构的其它参数（例如孔径、亲水性/疏水性等）通常是确定的。然而，我们可以通过在框架配体上引入官能团来实现对MOF亲水性的改变。为了说明不同官能团对MOF吸附性质的影响，我们以一系列功能化的(Cr)MIL-101同构物为例进行讨论。我们在前面已对(Cr)MIL-101的水吸附进行过了讨论，其吸附等温线如图17.11（b）所示。利用—NO$_2$和—NH$_2$等官能团对BDC配体进行化学修饰，可以影响该MOF的水吸附性质（图17.12）。这样的影响也适用于其它MOF[18,20]。等温线拐点对应的相对压力可以作为判断材料疏水性的一个指标。

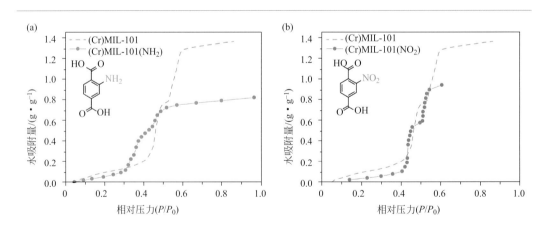

图17.12 　(Cr)MIL-101结构中BDC配体上的不同取代基对水吸附等温线的影响。（a）氨基（—NH$_2$）修饰使孔道更加亲水，从而使拐点向更低压力方向移动。孔体积的减小降低了材料的最大吸附容量。（b）亲疏水中性的硝基（—NO$_2$）取代基对拐点位置的影响不明显，但也降低了材料的最大吸附容量。上述两例材料均保留了原本等温线的大致形状。原本的(Cr)MIL-101的吸附等温线在图中用灰线表示

在引入—NH_2官能团后，拐点向更低相对压力方向移动；而—NO_2官能团的引入对拐点位置几乎无影响。一般来说，亲水基团（如—NH_2、—OH）使拐点向低压方向移动，亲疏水中性基团（hydroneutral group，如—COOR、—COR）对拐点位置没有影响，疏水基团（如—F、—CH_3）使拐点向高压方向移动。这里，官能团的亲水性、亲疏水中性和疏水性的分类基于它们的Gutmann给体数和水合数，而非基于偶极矩[21]。在这三种不同取代基的情况下，由于取代基伸入孔内，材料的自由孔体积减小，因此它们的最高吸附量有所降低。吸附过程中毛细管凝聚发生的压力很大程度上取决于修饰在配体上的取代基的化学性质，但对应的脱附压力几乎不受取代基影响。这是由于(Cr)MIL-101(NH_2)的亲水表面在较低的相对压力时被已吸附的水覆盖，从而使毛细管凝聚在较低的相对压力下发生。在脱附过程中，孔尺寸是决定对应脱附压力的因素，而三例MOF的孔尺寸几乎是相同的。

上述关于官能团如何影响吸附性质的原理是普遍适用的，对其它MOF进行类似的修饰也会产生类似的效果。CAU-10［Al(OH)(m-BDC)，CAU为德国基尔大学（Christian-Albrechts-Universität zu Kiel）的简称］中m-BDC配体的氨基官能化甚至导致了等温线从V型到I型的转变。相比之下，在配体上接入非极性疏水基团，如—CH_3，则会导致拐点向更高压力方向发生明显的移动[22]。

配体的官能化也会影响MOF的"呼吸"行为。虽然CO_2气氛下的MOF呼吸行为已被广泛研究，但由水吸附引发的MOF呼吸效应仅有数例报道。原本的(Al)MIL-53在吸附水时并无呼吸效应，而(Al)MIL-53(OH)和(Al)MIL-53(NH_2)在高相对湿度环境下均会发生结构变化[23]。吸附等温线在相对湿度约为80%处存在明显抬升，该抬升归因于(Al)MIL-53(OH)发生从窄孔（np）相到宽孔（wp）相的相转变，导致吸附容量增加5倍。相比于其它同网格MOF，该MOF中的—OH与水之间存在更强的相互作用，这可能是导致该MOF具有呼吸效应的原因。

17.5　吸附驱动热泵

加热和冷却系统在工业和日常生活中都有着广泛的应用。此类系统大多基于物理过程，它们具有较低的生产成本和较高的性能输出效率[24]。然而，此类机械系统的缺点也非常明显，它们消耗大量的能量，并且使用的液体制冷剂对环境有害，造成臭氧层破坏、全球暖化等环境问题[25]。虽然自1988年的《关于消耗臭氧层物质的蒙特利尔议定书》（简称《蒙特利尔议定书》）和1998年的《联合国气候变化框架公约的京都议定书》（简称《京都议定书》）签订以来，氯氟烃和氢氯氟烃已分别被禁止作为制冷剂使用，但氢氟烃目前仍在被广泛使用[25c]。因此，人们寻求开发具有更高能源效率且不依赖于有毒制冷剂的替代技术。在评价热泵系统的效率时，还必须考虑一次能源效率（primary energy efficiency）。机械式热泵使用电力，而电力需从另一独立过程中产生，因此降低了整体效率。目前，利用盐溶液作为工作液的吸收式热泵（absorption-driven heat pump）已经得到广泛应用。吸附驱动热泵（ADHP）的工作原理与吸收式热泵相同，但使用的是固体吸附剂，而非液体吸收剂，这使得设备更加便携且易于操作。此外，ADHP还可以使用太阳能、地热能或废热等多种环境友好型一次能源。因此，ADHP代表着可替代机械式热泵的环保技术。在本小节，我们将概述ADHP的工作原理，并讨论其对吸附剂的蒸气吸附行为的要求。ADHP可以使用多种不同的工作液（例如水、甲醇、乙醇和氨）。这里我们将主要探讨基于水的ADHP。有关ADHP更详细的讨论，读者可参阅相关文献[1a]。

17.5.1　吸附驱动热泵的工作原理

ADHP的概念乍一看似乎让人困惑，因为它描述的是从低温热源（T_1）到高温热源（T_2）传热的过程，这种传热似乎与热力学第二定律相矛盾。但当一个封闭循环中多个状态函数同时改变时，这是可能的。ADHP的整个运行过程与吸收式热泵类似，其唯一的区别为：ADHP依赖于固体吸附剂。与液体介质相比，固体吸附剂无法循环流动。热泵的四个部件［吸附器（adsorber）、解吸器（desorber）、蒸发器（evaporator）和冷凝器（condenser）］仅需使用一种固体材料。因此，一套ADHP系统只需两个分隔室（针对吸附质和工作液）。它可以用于制暖或制冷，这取决于我们是利用释放的吸附热还是通过工作液蒸发消耗热能。ADHP工作循环的简化表示如图17.13所示。

17.5.2　吸附驱动热泵的热力学

与机械式热泵使用的工作液相比，ADHP可以使用水作为工作液。水具有多种优点：无毒、水源充足且现成、具有很高的蒸发焓（$2500kJ \cdot kg^{-1}$）。水的唯一缺点是在制冷条件下必须保证较低的蒸气压（1.0～6.0kPa）。其它可选的工作液包括短链醇（如甲醇或乙醇）或其它小分子（如氨）。机械式热泵的卡诺循环基于两个等温（isothermal）过程、两个绝热（adiabatic）压缩过程和膨胀过程，而ADHP的四步工作循环由两个等量过程（isostere）和两个等压过程（isobar）组成。等量线是描述吸附热力学过程的曲线，在此过程中吸附量不变（即恒载、无吸附或脱附）。等压线描述的是恒定压力下的热力学过程。该循环的顶点由三个温度决定：蒸发器温度（T_{evap}）、冷凝器温度（T_{cond}）和最大脱附温度（T_{des}，与外部热源温度T_{ext}相同）。由此可以推导出冷凝器压力（P_{cond}）和蒸发器压力（P_{evap}）。对水而言，1.2kPa和5.6kPa的压力分别对应于10℃和35℃的蒸发温度，分

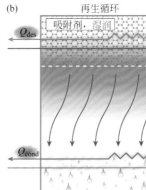
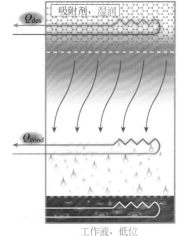

图17.13 吸附驱动热泵的工作循环和再生循环。（a）工作循环：工作液的蒸发需要消耗蒸发焓 Q_{evap} 对应的热能。工作液蒸气随后被吸附剂吸附，由于吸附热 Q_{ads} 的释放导致温度升高。（b）再生循环：工作液蒸气从吸附剂中的脱附借助于外部热源的传热（Q_{des}）来实现。该循环由工作液蒸气的冷凝实现闭环，同时释放出冷凝热（Q_{cond}）。吸附驱动热泵可以实现两种应用：制冷（Q_{evap}）或制热（$Q_{ads} + Q_{cond}$）

别适用于制冷和加热供暖应用。与其它类型的热泵类似，ADHP以间歇式运行。完整循环的阿伦尼乌斯图（Arrhenius diagram）如图17.14所示。它可以分为两个步骤——工作步骤和再生步骤，分别对应于工作液的吸附和脱附。这些步骤之间工作液的交换过程对应于阿伦尼乌斯图中（吸附量）最小（3 → 4）和（吸附量）最大（1 → 2）的吸附等量线的差值。

第一步（4 → 1）为工作步骤，此时工作液被蒸发，将系统温度降至 T_{ads}。等量加热过程（1 → 2）将系统压力升高至冷凝器压力（P_{cond}）。再生步骤（2 → 3）中的脱附过程由外部热源的传热引发，直至温度达到 T_{ext} 或 T_{des}。最高脱附温度是由外部热源决定的，体系可以使用多种外部热源（例如太阳能集热器、地热、废热等）。最后等量冷却（3 → 4）使该循环形成闭环。吸附与脱附过程为等压过程，因此我们可以在对应于4 → 1和2 → 3步骤的温度范围内，测量MOF在 P_{evap} 至 P_{cond} 压力区间的水吸附等温线，从而评估MOF的应用潜力。外部热源温度（T_{ext}）和最低吸附温度（T_{ads}）定义了实际工作压力窗口大小，因此我们把吸附值最大的等温线和吸附值最小的等温线对应的水的质量比吸附量（$g \cdot g^{-1}$）之差定义为"实际载升量"（reachable loading lift）。

对于民用供暖热泵而言，在较低相对蒸气压下可以吸附水的MOF是个不错的选择。高亲水性的微孔MOF满足这一要求，因为它们通常在较低相对压力时吸附量急剧上升。在10%～30%相对湿度区间内具有较高吸附量的MOF是理想的选择，因为它们显示了对水很强的亲和力，且再生相对容易。在较高相对压力下可以吸附水的MOF，则可用于

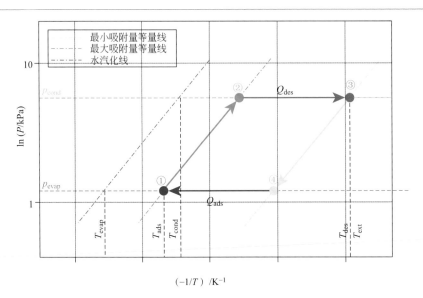

图17.14　吸附驱动热泵循环的阿伦尼乌斯图。4→1：工作液的吸附；1→2：等量压缩；2→3：借助于外部热源的传热来脱附；3→4：等量冷却

热驱动的室内制冷机组。由于热驱动制冷机组的脱附过程需由外部热源（如集中供热系统或太阳能加热）供能，因此较高的蒸发温度也是可以接受的，而且事实上对水亲和力相对较弱的材料是体系更加偏好的。MIL–100和MIL–101家族的部分结构就满足这一要求[18,26]。(Cr)MIL–101的水吸附量高达$1.37g \cdot g^{-1}$，是（截至2019年）已报道的水吸附量最高的结构之一，吸附量在$P/P_0 = 0.3 \sim 0.5$区间迅速上升。(Cr)MIL–101(NH_2)的最大实际载升量为$0.55g \cdot g^{-1}$。除此之外，人们也已评估许多其它MOF和其它工作液在吸附驱动热泵应用方面的潜力[1a,28]。

17.6　空气中水的捕集

　　由于全球气候变化及人口增加，现今世界上大部分地区存在水短缺的问题，且预计未来将有更多人受到水资源短缺的影响[29]。地球上仅有2.5%的水是淡水，其余97.5%的水为海水。只有0.3%的淡水可以直接从地表河流和湖泊中获取，而30.8%的淡水为地下水，68.9%的淡水为冰川水。而利用现有技术进行海水淡化，使之转化为饮用水，需要消耗大量能源。因此，我们必须开发新的技术为人类提供足够量的水。这些新技术在基础设施薄弱地区尤其必要。地球大气层含有大量的水，约占所有淡水资源的10%。对其进行利用有望解决全球水资源问题。据估计，大气中约有1.3×10^{16}L的水以水蒸气和水滴的形式存在。人们已经发展了两类利用不同集水技术来收集这些水的方法，它们是雾收集器/结露网（fog collector/dew net）技术（图17.15）和基于吸附的集水技术[30]。雾收集器依靠细网上的结露过程，从空气中吸聚水分。雾收集器在年降水量不足1mm的干旱地区也适用。但体系的运转操作依赖于雾和微风，这严重限制了它们的应用。基于吸附的集水系统通过吸附-脱附循环来实现。具体来说，干燥剂在低温潮湿的环境下（夜间）吸水饱和，并通过加热（日间）来实现脱附。脱附的水随后被冷凝，该过程的温度需要低于水在给定湿度（RH）下的露点。传统干燥剂，如CaCl$_2$或硅胶，在低相对湿度时具有较大的吸水量。但由于水与这类干燥剂较强的结合作用，人们需要投入大量能量才能将干燥剂再生。这使其在自主运行过程中的工作容量较低。

　　雾收集器需要在湿度较高环境下（接近100% RH）才能发挥作用，然而基于吸附的水捕集系统的效率和可行性受制于吸附剂本身而非环境湿度水平。因此，我们需要开发一种能在低相对湿度条件下吸附水，且只需很小的能量投入就可以将水脱附的材料。MOF在这一应用领域具有较大的优势。接下来，我们将阐述自主低能耗设备中MOF捕集水的原理，以及用来筛选潜在可应用材料的方法。

17.6.1　水捕集的物理原理

　　为了理解水捕集应用对MOF性质的要求，我们有必要事先了解水捕集循环中的不同过程。图17.16（a）为捕水器（water harvester）的示意图[31]。该装置由两个主要模块组

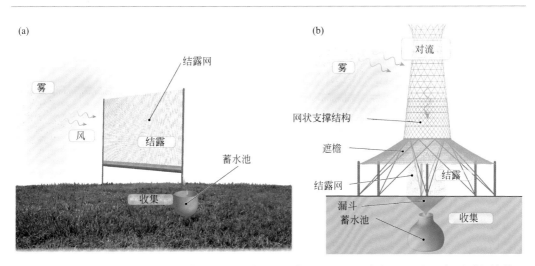

图17.15　两种不同的雾收集器示意图。（a）结露网示意图。相对湿度为100%的空气（雾）被输送至结露网处，在细网上形成水滴。水滴从细网上淌下，随后被收集。（b）集雾塔。与结露网的设计不同，集雾塔通过空气对流将空气吸至网孔中。在结露网上形成的水滴流入蓄水池

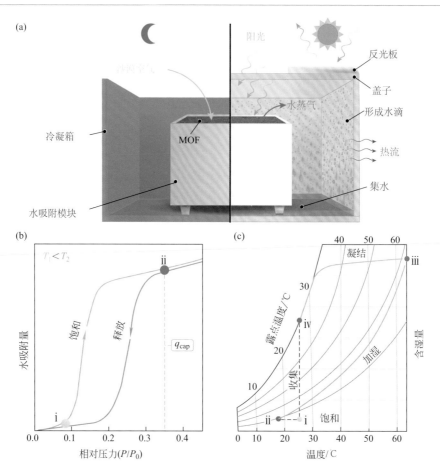

图17.16　被动式捕水器的工作原理。（a）被动式捕水器示意图。在夜间（低温、高相对湿度），MOF吸水饱和。日间的太阳能加热导致水的脱附，并在箱体的冷表面凝结。（b）两个不同温度（$T_1 < T_2$）下的吸附等温线示意图，对应于水吸附饱和以及水脱附释放过程。（c）海平面焓湿图的示意。将温度对含湿量作图。图中着重显示了一个理想的水捕集循环：从点 i 开始，MOF在一夜之间吸水饱和，直至达到点 ii。随后的升温导致水从MOF中脱附，同时伴随着含湿量的增加，直至体系到达点 iii。湿气在冷凝箱中冷却，温度达到露点，此时水蒸气开始凝结（点 iv）

成：箱体和水吸附模块。水吸附模块是一个装有MOF的容器；箱体作为水吸附模块的外壳，同时作为冷凝箱。为了理解设备内部发生的过程，我们需要以MOF的吸附等温线和给定条件下的焓湿图（psychrometric chart）作参考。图17.16（b）、（c）分别为两个不同温度下的等温线示意图以及海平面温度在0~65℃区间的焓湿图。在较低温且较高相对湿度的夜间，MOF开始吸水至饱和［图17.16（b）、（c）中 i → ii］，这是整个水捕集循环的第一步过程。随后，日间的升温导致水的脱附，使环境的含湿量（humidity ratio）增加［图17.16（c）中 ii → iii］。水蒸气通过对流被输送至冷凝箱，并冷却至露点［图17.16（c）中 iii → iv］。在一天结束时，冷凝水在冷凝箱中被收集，同时系统开始下一个循环［图17.16（c）中iv → i］。为了实现高效率的水捕集，MOF需满足以下要求：具有高水解稳定性，在低相对湿度条件下有可观的水吸附量，材料易再生，具有高导热性，以及材料在太阳光谱的红外范围内有较强的吸收。通过精心选择构造单元来设计特定的MOF结构，人们可以对前三种参数进行调控；而后两种参数可以通过具有良好热物理性质的石墨等添加剂等来改善[32]。

17.6.2　用于水捕集的MOF的筛选

在选择面向水捕集应用的材料时，以下因素非常重要：水稳定性、循环稳定性、吸附容量、吸附对变压或变温的响应以及吸附/脱附动力学。我们已在本章前面讨论了水稳定性和循环稳定性。在这里，我们将提出一个筛选水捕集MOF的策略。这一四步策略如图17.17和图17.18所示。第一步，确定材料的水吸附量。若要将一水稳定的MOF应用于水捕集，它应当具有较大的吸附容量。除了较大的吸附量外，发生吸附的具体压力范围以及吸附拐点的P/P_0值也非常重要。在较窄压力区间内的吸附量陡升是有利的，因为这允许材料在一个狭窄的相对湿度范围内进行PSA。处在低压区的拐点也是有利的，因为它有助于MOF在低相对湿度条件下达到吸附饱和。图17.17（a）显示了三例假设材料的吸附等温线。只有材料1和材料2具有水捕集应用潜力，因为它们在较低的相对压力下具有较大的吸附量，且吸附主要发生在较窄的压力区间内。由于水捕集过程是一个混

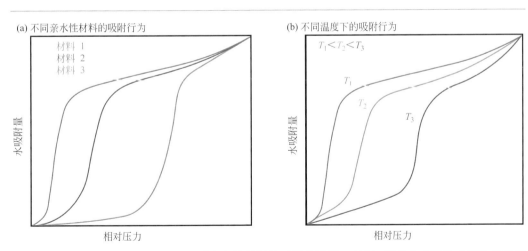

图17.17　（a）具有不同亲水性和不同孔径的材料的吸附等温线。材料1是最有水捕集应用前景的材料，因为它在较低的相对压力下吸附量急剧上升，且抬升段对应的压力范围较窄。（b）不同温度下的水吸附等温线有助于我们分析材料吸附对温度的响应，并帮助我们确定TSA过程的合理温度范围

合的 PSA-TSA 过程，所以我们也必须评估材料对温度的响应。为此，我们必须测量不同温度下的吸附等温线。图 17.17（b）显示了三个不同温度（$T_1 < T_2 < T_3$）下的理想等温线。在本例中，拐点位置随温度发生了显著位移，而这对于高效的 TSA 循环是有利的。温度升高时拐点位置变化越明显，这种材料就越有水捕集应用前景。

　　上文讨论的吸附测试提供了关于材料在 PSA 和 TSA 过程下吸附性能的评价依据，这些测试反映的是材料处于吸附平衡条件下的数据。然而，材料吸附的动力学也是需要考虑的，较慢的动力学使得单一循环内的可用工作容量较理想值更低。因此，我们有必要测定不同压力和温度区间内的多个吸附-脱附循环的动力学。在图 17.18（a）中，我们从一条等温线中截取三段，对应于三个压力范围（$P_1 < P_2 < P_3$）。在所选择的三段压力区间内，不同的吸附机理占主导，因此可以认为它们具有不同的动力学。第一段为单层吸附机理；在第二段，微孔填充机理占主导；而在第三段，动力学因扩散受阻而减慢。吸附动力学是通过在恒温［图 17.18（b）］或恒湿［图 17.18（c）］条件下进行热重分析（TGA）测试来确定的。在 PSA 和 TSA 的实验中，材料 1 在所采用的条件下显示出更快的动力学和更高的最大工作容量（maximum working capacity，MWC）。材料的大规模合成、加工成型、装置在设计上的限制以及特定的循环条件等因素都会影响捕水器的性能，使其工作容量不可避免地低于这些实验确定的 MWC。这些测试所确定的动力学也强烈依赖于 MOF 的合成和加工方法（如粉末、薄膜、压实颗粒或挤出型材）。通过在相同的填料密度下对不同材料的粉末进行测试，人们可以得到可互相比较的数据。这些测试对正确评价水吸附材料是必不可少的。

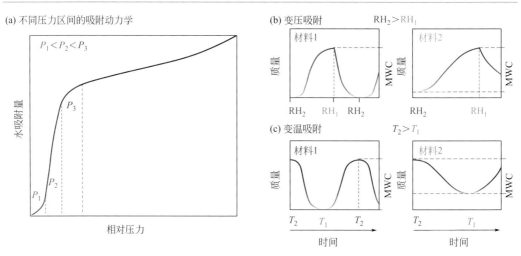

图 17.18 （a）水吸附动力学的测定。针对 TSA 和 PSA 测量，我们截取三段不同压力范围的等温线进行分析。这样的等温线截取法则，基于不同压力区间对应不同吸附机理这一假设。（b）变压和（c）变温吸附实验有助于我们进一步表征这些材料并评价它们是否适于水捕集应用。动力学较快且工作容量较大的材料是我们所追求的

17.7   设计具有定制的水吸附性质的MOF

到目前为止，我们讨论了对MOF的水解稳定性、水吸附机理以及水吸附等温线形状有重要影响的不同结构因素[33]。接下来，我们将概述具有定制的水吸附性质的MOF的设计原理。我们将重点关注可以通过网格化学方法来调控、影响材料水吸附性质的结构参数。

17.7.1   配体设计的影响

对于MOF的水吸附性质而言，其配体的亲水性是最为关键的物理参数。然而，亲水性是一个不大容易确定的量化指标。需要指出的是，给定有机分子的极性与其亲水性不一定相关。非极性分子都是疏水的；而极性分子可以是亲水的（例如R—NH$_2$、R—OH和R—COOH），也可以是亲疏水中性的（例如R—NO$_2$、R—COR、R—COOR），或者是疏水的（例如R—Cl、R—F）。一般情况下，可以充当氢键供体或受体的分子是亲水的。对于可能亲水的分子，分子暴露的总表面积（范德华表面，van der Waals surface，简称A_{vdW}）和极性表面积（polar surface，简称A_{pol}）之比有助于我们对分子的相对亲水性进行排序。对于通过这些分子网格化生成的MOF而言，它们的亲水性也有同样的规律。引入可生成强氢键相互作用的杂原子可使孔道环境更加亲水。在由不同配体组成的CAU-10同构物中，等温线拐点的变化趋势验证了这一结论。由于所有这些MOF具有相同的整体结构，拐点位置的变化完全由不同配体亲水性的差异造成（图17.19）。当将亲水官能团修饰于配体分子上时，等温线拐点向低压移动。同时，由于减少了自由孔体积，材料的吸附最大容量也会降低。不同的是，在使用杂原子亲水配体时，自由孔体积变化不大，因此最大吸附容量基本不受影响。

17.7.2   SBU的影响

高价金属与有机配体通常形成更强的键，因此所得的框架通常是水相稳定的。金属较高的原子质量会使对应MOF的质量比吸附容量降低。因此，与锆或铪相比，使用铝、钛等更轻质的元素是有利的。在许多MOF结构中，SBU中的桥联—OH基团可与被吸附的水分子形成氢键，因此它们是主要的吸附位点[8e,34]。其它具有更强相互作用（化学吸

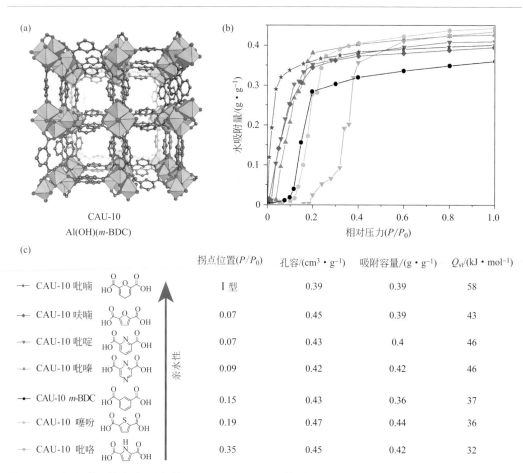

图17.19 （a）沿 c 轴方向观察的CAU-10（**yfm**）晶体结构，图片来源于文献[22]。（b）一系列CAU-10同构物的水吸附等温线。所有材料都是同构的，因此拐点位置的移动和等量吸附热值的变化只与配体分子的亲水性有关

附）的主要吸附位点，如配位不饱和金属位点等，会导致 I 型等温线和滞后现象。对于大规模应用而言，我们在考虑所用金属的物理性质和对应MOF的结构多样性之外，还必须评估它们的毒性。这关系到合成过程中相关人员的健康风险。同时，对于水捕集应用而言，MOF的部分溶解将污染所捕集的水。因此，在合成面向水捕集应用的MOF时，应当优先使用LD$_{50}$值高的配体和金属（参见第16章）[35]。

17.7.3　孔径和孔体系维度的影响

　　本章描述的多个例子已经说明，不同的材料孔径会导致完全不同的吸附机理和吸附等温线。微孔材料一般具有S形等温线，拐点出现在相对湿度值相对较低处，且没有滞

后现象。而孔径大于 $D_c = 20.76Å$（25℃）的介孔材料则具有明显的滞后现象，且拐点位于较高的相对压力处。因此，微孔材料更适合在空气中捕集水。

虽然我们很难量化孔体系的维度对水捕集应用的影响，但我们认为其对吸附性质的影响是相当小的。为了验证这一假设，我们比较两例具有相似孔尺寸和孔容但不同孔体系维度的结构：①具有三维孔体系（**fcu**拓扑）且孔直径介于4.8～7.4Å之间的MOF-810；②具有一维孔体系（**yfm**拓扑）且孔直径为7Å的CAU-10（Al(OH)(*m*-BDC)）。两例结构具有相似的孔体积（V_p为0.45cm³·g⁻¹和0.43cm³·g⁻¹），且两者SBU上的桥联—OH基团均为主要吸附位点。它们的拐点位置（分别为0.08和0.15）接近、最大吸附容量（$q_{max} = 0.36g·g^{-1}$）相似，说明结构的整体相似对水捕集的影响盖过了它们在孔体系维度上的差异[8e,36b]。

17.7.4 缺陷的影响

与气体吸附等温线不同，水吸附等温线对MOF晶体结构中的缺陷非常敏感。对具有较高缺陷浓度的材料而言，氮气或氩气等温线的形状以及材料表面积仅有轻微变化；而此类材料的水吸附等温线的拐点位置通常有明显位移，且吸附容量也有所增加。MOF-801和UiO-66（见图4.28）中的缺陷使孔道更加亲水、孔体积更大，因此水吸附容量也更大[8e,37]。缺陷的存在也表现在根据水吸附等温线计算而得的Q_{st}值上。无缺陷UiO-66在吸附起始位置的Q_{st}值较低（15kJ·mol⁻¹），并随着吸附量的增加而增加至60kJ·mol⁻¹。相比之下，在低吸附量状态下，缺陷丰富的UiO-66中测定的Q_{st}值要高得多（60～70kJ·mol⁻¹）。这表明被吸附的水分子与框架之间存在强烈的相互作用，证明了材料孔道的亲水性。缺陷及其浓度可以显著改变材料的水吸附行为，因此材料的水吸附行为也成为深入表征MOF结构的有力手段。

17.8 总结

在本章中，我们介绍了MOF中水吸附的原理。首先，我们总结了控制MOF热力学和动力学水解稳定性的结构因素，并由此推导出水相稳定MOF的设计方法。我们讨论了可能的水吸附机理，以及它们与框架整体结构和特定结构特征的关系。我们发现孔尺寸对等温线的形状有很大影响。由于毛细管凝聚现象，尺寸较大的孔会导致水吸附的不可逆。我们讨论了亲水的、亲疏水中性的和疏水的官能团对吸附等温线形状和最大吸附容量的影响，发现亲水基团使吸附等温线拐点向低压方向移动，而疏水基团使拐点向高压方向移动。这为我们提供了一个利用同网格功能化来调控吸附陡升位置的策略。随后，我们讨论了MOF领域最受关注的两类水吸附应用：ADHP和空气中水的捕集。我们阐述了ADHP和捕水器的工作原理，并总结了面向这些应用的下一代材料需考虑的相关设计因素。

参考文献

[1] (a) de Lange, M.F., Verouden, K.J., Vlugt, T.J. et al. (2015). Adsorption-driven heat pumps: the potential of metal-organic frameworks. *Chemical Reviews* 115 (22): 12205–12250. (b) Elsayed, E., Al-Dadah, R., Mahmoud, S. et al. (2017). CPO-27(Ni), aluminium fumarate and MIL-101(Cr) MOF materials for adsorption water desalination. *Desalination* 406: 25–36. (c) Ribeiro, A.M., Sauer, T.P., Grande, C.A. et al. (2008). Adsorption equilibrium and kinetics of water vapor on different adsorbents. *Industrial and Engineering Chemistry Research* 47 (18): 7019–7026. (d) Kanchanalai, P., Lively, R.P., Realff, M.J., and Kawajiri, Y. (2013). Cost and energy savings using an optimal design of reverse osmosis membrane pretreatment for dilute bioethanol purification. *Industrial and Engineering Chemistry Research* 52 (32): 11132–11141. (e) AbdulHalim, R.G., Bhatt, P.M., Belmabkhout, Y. et al. (2017). A fine-tuned metal-organic framework for autonomous indoor moisture control. *Journal of the American Chemical Society* 139 (31): 10715–10722. (f) Kim, H.,Yang, S., Rao, S.R. et al. (2017). Water harvesting from air with metal-organic frameworks powered by natural sunlight. *Science* 356 (6336): 430–434.

[2] Low, J.J., Benin, A.I., Jakubczak, P. et al. (2009). Virtual high throughput screening confirmed experimentally: porous coordination polymer hydration. *Journal of the American Chemical Society* 131 (43): 15834–15842.

[3] DeCoste, J.B., Peterson, G.W., Jasuja, H. et al. (2013). Stability and degradation mechanisms of metal-organic frameworks containing the $Zr_6O_4(OH)_4$ secondary building unit. *Journal of Materials Chemistry A* 1 (18): 5642–5650.

[4] (a) Choi, H.J., Dincă, M., Dailly, A., and Long, J.R. (2010). Hydrogen storage in water-stable metal-organic frameworks incorporating 1,3- and 1,4-benzenedipyrazolate. *Energy & Environmental Science* 3 (1): 117–123.(b) Colombo, V., Galli, S., Choi, H.J. et al. (2011). High thermal and chemical stability in pyrazolate-bridged metal-organic frameworks with exposed metal sites. *Chemical Science* 2 (7): 1311–1319.

[5] Rieth, A.J., Yang, S., Wang, E.N., and Dincă, M. (2017). Record atmospheric fresh water capture and heat transfer with a material operating at the water uptake reversibility limit. *ACS Central Science* 3 (6): 668–672.

[6] (a) Liu, J., Benin, A.I., Furtado, A.M. et al. (2011). Stability effects on CO_2 adsorption for the DOBDC series of metal-organic frameworks. *Langmuir* 27 (18): 11451–11456. (b) Kizzie, A.C., Wong-Foy, A.G., and Matzger, A.J.(2011). Effect of humidity on the performance of microporous coordination polymers as adsorbents for CO_2 capture. *Langmuir* 27 (10): 6368–6373.

[7] (a) DeCoste, J.B., Peterson, G.W., Schindler, B.J. et al. (2013). The effect of water adsorption on the structure of the carboxylate containing metal-organic frameworks Cu-BTC, Mg-MOF-74, and UiO-66. *Journal of Materials Chemistry A* 1 (38): 11922–11932. (b) Jeremias, F., Lozan,V., Henninger, S.K., and Janiak, C. (2013). Programming MOFs for water sorption: amino-functionalized MIL-125 and UiO-66 for heat transformation and heat storage applications. *Dalton Transactions* 42 (45): 15967–15973.

[8] (a) Guillerm, V., Ragon, F., Dan-Hardi, M. et al. (2012). A series of isoreticular, highly stable, porous zirconium oxide based metal-organic frameworks. *Angewandte Chemie International Edition* 51 (37): 9267–9271. (b) Bon, V., Senkovskyy, V., Senkovska, I., and Kaskel, S. (2012). Zr(Ⅳ) and Hf(Ⅵ) based metal-organic frameworks with reo-topology. *Chemical Communications* 48 (67): 8407–8409. (c) Bon, V., Senkovska, I., Baburin, I.A., and Kaskel, S. (2013). Zr-and Hf-based metal-organic frameworks: tracking down the polymorphism. *Crystal Growth and Design* 13 (3): 1231–1237. (d) Jiang, H.-L., Feng, D., Wang, K. et al. (2013). An exceptionally stable, porphyrinic Zr metal-organic framework exhibiting pH-dependent fluorescence. *Journal of the American Chemical Society* 135 (37): 13934–13938. (e) Furukawa, H., Gándara, F., Zhang, Y.-B. et al. (2014). Water adsorption in porous metal-organic frameworks and related materials. *Journal of the American Chemical Society* 136 (11): 4369–4381.

[9] Dybtsev, D.N., Chun, H., and Kim, K. (2004). Rigid and flexible: a highly porous metal-organic framework with unusual guest-dependent dynamic behavior. *Angewandte Chemie International Edition* 116 (38): 5143–5146.

[10] (a) Schoenecker, P.M., Carson, C.G., Jasuja, H. et al. (2012). Effect of water adsorption on retention of structure and surface area of metal-organic frameworks. *Industrial and Engineering Chemistry Research* 51 (18): 6513–6519.(b) Liang, Z., Marshall, M., and Chaffee, A.L. (2010). CO₂ adsorption, selectivity and water tolerance of pillared-layer metal organic frameworks. *Microporous and Mesoporous Materials* 132 (3): 305–310. (c) Tan, K., Nijem, N., Canepa, P. et al. (2012). Stability and hydrolyzation of metal organic frameworks with paddle-wheel SBUs upon hydration. *Chemistry of Materials* 24 (16): 3153–3167.

[11] Bellarosa, L., Gutiérrez-Sevillano, J.J., Calero, S., and López, N. (2013). How ligands improve the hydrothermal stability and affect the adsorption in the IRMOF family. *Physical Chemistry Chemical Physics* 15 (40): 17696–17704.

[12] Kang, I.J., Khan, N.A., Haque, E., and Jhung, S.H. (2011). Chemical and thermal stability of isotypic metal-organic frameworks: effect of metal ions. *Chemistry – A European Journal* 17 (23): 6437–6442.

[13] (a) Cavka, J.H., Jakobsen, S., Olsbye, U. et al. (2008). A new zirconium inorganic building brick forming metal organic frameworks with exceptional stability. *Journal of the American Chemical Society* 130 (42): 13850–13851.(b)Valenzano, L., Civalleri, B., Chavan, S. et al. (2011). Disclosing the complex structure of UiO-66 metal organic framework: a synergic combination of experiment and theory. *Chemistry of Materials* 23 (7): 1700–1718.(c)Wiersum, A.D., Soubeyrand-Lenoir, E., Yang, Q. et al. (2011). An evaluation of UiO-66 for gas-based applications. *Chemistry – An Asian Journal* 6 (12): 3270–3280.

[14] Drisdell, W.S., Poloni, R., McDonald, T.M. et al. (2013). Probing adsorption interactions in metal-organic

frameworks using X-ray spectroscopy. *Journal of the American Chemical Society* 135 (48): 18183–18190.

[15] Dietzel, P.D., Johnsen, R.E., Blom, R., and Fjellvåg, H. (2008). Structural changes and coordinatively unsaturated metal atoms on dehydration of honeycomb analogous microporous metal-organic frameworks. *Chemistry – A European Journal* 14 (8): 2389–2397.

[16] Do, D., Junpirom, S., and Do, H. (2009). A new adsorption–desorption model for water adsorption in activated carbon. *Carbon* 47 (6): 1466–1473.

[17] Wißmann, G., Schaate, A., Lilienthal, S. et al. (2012). Modulated synthesis of Zr-fumarate MOF. *Microporous and Mesoporous Materials* 152: 64–70.

[18] Akiyama, G., Matsuda, R., Sato, H. et al. (2012). Effect of functional groups in MIL-101 on water sorption behavior. *Microporous and Mesoporous Materials* 157: 89–93.

[19] Jeremias, F., Khutia, A., Henninger, S.K., and Janiak, C. (2012). MIL-100(Al, Fe) as water adsorbents for heat transformation purposes – a promising application. *Journal of Materials Chemistry* 22 (20): 10148–10151.

[20] Ko, N., Choi, P.G., Hong, J. et al. (2015). Tailoring the water adsorption properties of MIL-101 metal-organic frameworks by partial functionalization. *Journal of Materials Chemistry A* 3 (5): 2057–2064.

[21] (a) Gutmann, V. (1976). Empirical parameters for donor and acceptor properties of solvents. *Electrochimica Acta* 21 (9): 661–670. (b) Gutmann, V. (1978). *Donor–Acceptor Approach to Molecular Interactions*. Plenum Press.(c) Sagawa, N. and Shikata, T. (2014). Are all polar molecules hydrophilic? Hydration numbers of nitro compounds and nitriles in aqueous solution. *Physical Chemistry Chemical Physics* 16 (26): 13262–13270.

[22] Reinsch, H., van der Veen, M.A., Gil, B. et al. (2012). Structures, sorption characteristics, and nonlinear optical properties of a new series of highly stable aluminum MOFs. *Chemistry of Materials* 25 (1): 17–26.

[23] Shigematsu, A., Yamada, T., and Kitagawa, H. (2011). Wide control of proton conductivity in porous coordination polymers. *Journal of the American Chemical Society* 133 (7): 2034–2036.

[24] Chua, K., Chou, S., and Yang, W. (2010). Advances in heat pump systems: a review. *Applied Energy* 87 (12): 3611–3624.

[25] (a) Metz, B., Solomon, S., Kuijpers, L. et al. (2005). *Safeguarding the Ozone Layer and the Global Climate System: Issues Related to Hydrofluorocarbons and Perfluorocarbons*. Cambridge University Press. (b) Velders, G.J., Andersen, S.O., Daniel, J.S. et al. (2007). The importance of the Montreal protocol in protecting climate. *Proceedings of the National Academy of Sciences* 104 (12): 4814–4819. (c) Oberthür, S. (2001). Linkages between the Montreal and Kyoto protocols – enhancing synergies between protecting the ozone layer and the global climate. *International Environmental Agreements: Politics, Law and Economics* 1 (3): 357–377.

[26] Ehrenmann, J., Henninger, S.K., and Janiak, C. (2011). Water adsorption characteristics of MIL-101 for heat-transformation applications of MOFs. *European Journal of Inorganic Chemistry* 2011 (4): 471–474.

[27] Küsgens, P., Rose, M., Senkovska, I. et al. (2009). Characterization of metal-organic frameworks by water adsorption. *Microporous and Mesoporous Materials* 120 (3): 325–330.

[28] (a) Henninger, S.K., Jeremias, F., Kummer, H., and Janiak, C. (2012). MOFs for use in adsorption heat pump processes. *European Journal of Inorganic Chemistry* 2012 (16): 2625–2634. (b) Deria,

P., Bury, W., Hod, I. et al. (2015). MOF functionalization via solvent-assisted ligand incorporation: phosphonates vs carboxylates. *Inorganic Chemistry* 54 (5): 2185–2192.

[29] Vörösmarty, C.J., Green, P., Salisbury, J., and Lammers, R.B. (2000). Global water resources: vulnerability from climate change and population growth. *Science* 289 (5477): 284–288.

[30] (a) Schemenauer, R.S. and Cereceda, P. (1994). A proposed standard fog col- lector for use in high-elevation regions. *Journal of Applied Meteorology* 33 (11): 1313–1322. (b) Klemm, O., Schemenauer, R.S., Lummerich, A. et al. (2012). Fog as a fresh-water resource: overview and perspectives. *Ambio* 41 (3): 221–234. (c) Park, K.-C., Chhatre, S.S., Srinivasan, S. et al. (2013). Optimal design of permeable fiber network structures for fog harvesting. *Langmuir* 29 (43): 13269–13277. (d) Wahlgren, R.V. (2001). Atmospheric water vapour processor designs for potable water production: a review. *Water Research* 35 (1): 1–22. (e) Muselli, M., Beysens, D., Marcillat, J. et al. (2002).Dew water collector for potable water in Ajaccio (Corsica Island, France).*Atmospheric Research* 64 (1): 297–312. (f) Clus, O., Ortega, P., Muselli, M. et al. (2008). Study of dew water collection in humid tropical islands. *Journal of Hydrology* 361 (1–2): 159–171. (g) Lee, A., Moon, M.-W., Lim, H. et al. (2012). Water harvest via dewing. *Langmuir* 28 (27): 10183–10191.

[31] Fathieh, F., Kalmutzki, M.J., Kapustin, E.A. et al. (2018). Practical water production from desert air. *Science Advances* 4 (6): eaat3198.

[32] Yang, S., Huang, X., Chen, G., and Wang, E.N. (2016). Three-dimensional graphene enhanced heat conduction of porous crystals. *Journal of Porous Materials* 23 (6): 1647–1652.

[33] Canivet, J., Bonnefoy, J., Daniel, C. et al. (2014). Structure-property relationships of water adsorption in metal-organic frameworks. *New Journal of Chemistry* 38 (7): 3102–3111.

[34] Cadiau, A., Lee, J.S., Damasceno Borges, D. et al. (2015). Design of hydrophilic metal organic framework water adsorbents for heat reallocation. *Advanced Materials* 27 (32): 4775–4780.

[35] (a) Horcajada, P., Chalati, T., Serre, C. et al. (2010). Porous metal-organic- framework nanoscale carriers as a potential platform for drug delivery and imaging. *Nature Materials* 9 (2): 172–178. (b) Singh, R., Gautam, N., Mishra, A., and Gupta, R. (2011). Heavy metals and living systems: an overview. *Indian Journal of Pharmacology* 43 (3): 246. (c) Tchounwou, P.B., Yedjou, C.G., Patlolla, A.K., and Sutton, D.J. (2012). *Molecular, Clinical and Environmental Toxicology*, 133–164. Springer. (d) Venugopal, B. and Luckey,T.D. (1978). Metal toxicity in mammals. In: *Chemical Toxicity of Metals and Metalloids*, vol. 2. Plenum Press. (e) Domingo, J. (1994). Metal-induced developmental toxicity in mammals: a review. *Journal of Toxicology and Environmental Health, Part A Current Issues* 42 (2): 123–141.

[36] (a) Fröhlich, D., Henninger, S.K., and Janiak, C. (2014). Multicycle water vapour stability of microporous breathing MOF aluminium isophthalate CAU-10-H. *Dalton Transactions* 43 (41): 15300–15304. (b) Borges, D.D., Maurin, G., and Galvão, D.S. (2017). Design of porous metal-organic frameworks for adsorption driven thermal batteries. *MRS Advances* 2 (9): 519–524.

[37] Ghosh, P., Colón, Y.J., and Snurr, R.Q. (2014). Water adsorption in UiO-66: the importance of defects. *Chemical Communications* 50 (77): 11329–11331.

Introduction to
Reticular Chemistry
Metal-Organic Frameworks and Covalent Organic Frameworks

第四篇

专题

18 拓扑

18.1 引言

对物质结构的描述和理解是化学科学的核心。对于基于有限单元的结构而言，例如分子，描述其结构通常是信手拈来的常规操作；然而，对于（晶态）固体材料的结构描述却非常具有挑战。为了描述这类结构，人们发展了多种描述方法。晶体结构包含了最为详尽的结构信息，它包括了原子组成、连接特征、空间排列和整体结构对称性等信息。为了避免这种详尽描述的复杂性，在无机固体化学领域，人们通常将晶体结构描述为某一种原子在空间的密堆积，同时其它原子占据该堆积间的空隙。这个概念对于描述离子型固体的结构非常有效，但对于拓展型固体，如金属有机框架（MOF）、沸石咪唑框架（ZIF）以及共价有机框架（COF）帮助有限。拓展型结构更常从拓扑（来自希腊语

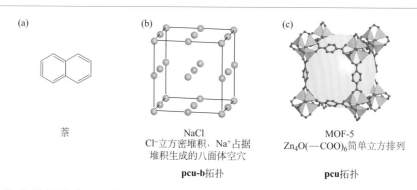

(a)　　　　　　　　(b)　　　　　　　　(c)

萘

NaCl
Cl⁻立方密堆积，Na⁺占据
堆积生成的八面体空穴

pcu-b拓扑

MOF-5
$Zn_4O(—COO)_6$简单立方排列

pcu拓扑

图18.1　针对不同结构类型的结构描述对比。（a）分子型化合物可以通过原子以及原子之间化学键的类型来描述，其中特定的单元有约定的常用名。（b）离子结构可以用一种离子的密堆垛（以Cl⁻的立方密堆积为例），同时其它原子占据空隙（Na⁺占据所有正八面体空穴）。或者，这种空间排列可以描述为**pcu–b**网络。（c）MOF-5的晶体结构可以简化为$Zn_4O(—COO)_6$ SBU的简单立方排列，这些SBU通过线型二连接BDC配体相连。或者，可以简化描述为**pcu**网络

τόπος 和 λόγος，意为"位置"和"研究"）角度描述[1]。这个概念只需考虑各组分之间的连接性（connectivity）而不需要考虑它们的化学本质，因此可以将结构简化。图18.1展示了针对不同结构类型的具体描述方法。

　　这种方法极大地降低了描述指定结构的复杂度[2]。除此之外，拓扑的概念还可以用来对晶体结构进行逆向工程（reverse engineering）设计，或者简单地说，用来"设计固态材料"[3]。在考虑不同的拓扑之前，我们需要理解什么是"拓扑"，如何分析确定某一结构的拓扑，以及理解拓扑相关术语的含义。

18.2　图、对称和拓扑

18.2.1　图和网络

　　网络（net）由一组顶点（vertex）通过边（edge）连接而得。网络是一类特殊的图（graph），是一个抽象的数学概念。数学定义下的图包括无限图（infinite graph）和有限图（finite graph）。人们按照以下条件对图进行不同方式的分类：①图中是否具有自环（loop），即端点重合为一点的边；②是否有重边，即一对顶点之间有两条以上的边连接；③图的边是否具有方向性；④图中是否任意两点皆连通。

　　若从网络的角度对MOF晶体结构进行描述，这些网络只可能是无限的二周期（2-periodic）或三周期的图。这意味着它们不具有上面提到的任何特性（有环、有重边、有方向性和非连通图）。需要注意的是，周期性并不是维度的同义词。例如，虽然每个多面体都是三维物体，但它不是周期性的。

　　为了理解这些概念以及它们在描述框架结构中的适用性，我们可以拿莱昂哈德·欧拉（Leonhard Euler）在1735年提出的　个问题作为例子——哥尼斯堡七桥问题。一条河流经哥尼斯堡市，形成了一个中心岛屿和三个河岸（河岸A、B和C），它们由七座桥相连（图18.2）。Euler指出，若要确定能否在一次散步中实现每座桥走且只走一次，桥的长度和各桥之间的距离都不影响问题的答案，解决这个问题只需要知道哪座桥连着哪些岛或河岸。

18.2.2　将晶体结构解构成对应底层网络

　　由上述例子可以看出，在建立描述晶体结构的图时，确定结构的顶点和边是非常重要的。这个过程可以理解为对晶体结构的解构（deconstruction）[4]。这里我们以MOF为例来具体解释这一过程，类似操作也可以应用于其它拓展型框架结构。第一步是定义

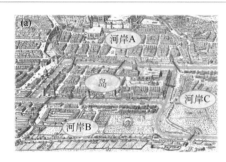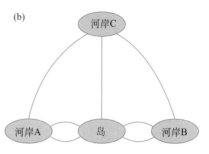

图18.2 （a）哥尼斯堡古城，其中七座桥用红色标出。（b）七桥问题的图示。在图里，顶点代表河岸和岛，边代表桥（红线）。通过对图的分析，我们可以清楚地看到，在只经过每座桥一次的前提下走遍哥尼斯堡市是不可能的

结构中代表对应拓扑的顶点和边的构造单元。对于MOF而言，构造单元通常为无机次级构造单元（SBU）和有机配体。在一些特例中，尺寸更大的结构片段也可作为构造单元（见5.2.3）。为了确定哪些构造单元是边，哪些是顶点，我们需要为每个构造单元定义其"延伸点"（point of extension）的数目。某一构造单元的延伸点数目是指结构中该单元与多少个其它构造单元连接。例如，对于羧酸类MOF，通常将羧酸碳的位置定义为延伸点。边是指延伸点数目为2的构造单元，而所有三连接或更多连接的构造单元都是顶点。在本章中，我们将使用缩写"X–c"来表示构造单元的连接性，X–c指X连接的顶点。为了解释这一过程，我们以HKUST–1的结构为例，将其解构成构造单元并推导其底层网络拓扑。HKUST–1由Cu_2L_2(—COO)$_4$车辐式（paddle wheel）SBU与BTC配体连接而成（图4.9）。我们将SBU和配体在羧酸碳位置处断开，这时车辐式SBU可以简化为4–c顶点，BTC配体可以简化为3–c顶点。要推导出这两类顶点会形成什么样的网络，光知道它们的延伸点数目（分别为4和3）和局部对称性（分别为正方形和三角形）是不够的。我们还需要知道它们之间如何相连以及这些顶点在空间如何排列。一个由顶点和边组成的特定网络无法通过弯曲或拉伸转变成另外一个网络，只有通过破坏和生成它们之间的连接才能转变为其它网络。图18.3对此进行了说明。如图18.3（a）所示，不同3–c顶点可能具有不同的几何特点，将这些3–c顶点彼此连接形成的二维层也可以呈现多种结构，但这三例结构都具有相同的拓扑。图18.3（b）展示了另外一种情况，尽管图中所有顶点都只与另外两个顶点连接，并且连接顶点的顺序一致，但这三种排列代表了不同拓扑，因为它们无法在不破坏和生成连接的情况下相互转变。

在我们先前的例子中，对HKUST–1结构进行解构后，得到一种"扭曲方硼石"（twisted boracite）结构或**tbo**网络（图18.4）。我们使用网格化学结构资源（reticular chemistry structure resource，RCSR）数据库定义的标识符对网络拓扑进行命名[5]。根据RCSR，拓扑由三字母标识符表示（小写、粗体）。通过这些标识符可以对不同网络进行明确的命名，后面我们将更详细地讨论网络拓扑的命名法。

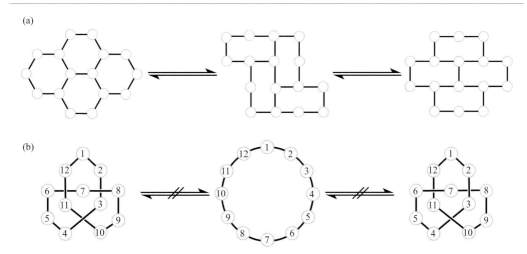

图18.3 （a）3-c顶点组成的平面六边形层可以扭曲变形，成为与"砖墙"花样类似的层。这三种排列可以在不破坏和生成连接的情况下相互转变，因此它们的拓扑是一样的［**hcb**，命名来自于蜂窝形（honeycomb）］。（b）虽然三种不同排布中所有单元的连接性是相同的，但是它们无法在不破坏和生成连接的情况下相互转变。因此，即使这些图是"同构"（isomorphic）的，它们仍具有不同的拓扑

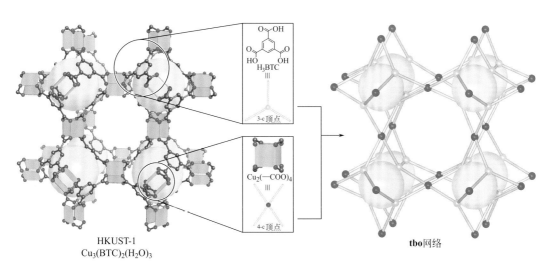

图18.4 将HKUST-1解构成基本的构造单元，以推导出其网络拓扑。在延伸点处（羧酸碳）将结构拆解得到两种不同的构造单元：三角形构型BTC配体和正方形构型车辐式SBU。将这些单元彼此连接后得到一种"扭曲方硼石"或**tbo**网络（如右图所示）

　　采用这种方法，我们可以对晶体结构进行简化和分类。用于解构HKUST-1的方法可以推广到其它拓展型框架中。对于由不同组分构成的MOF，我们需要选择合适的延伸点。对于COF结构，一般在键合（linkage）的位置将结构分解成不同构造单元（见第9章）。通过这种方式推导出的是抽象的简单网络，它不包含任何化学信息。由于化学家们通常采

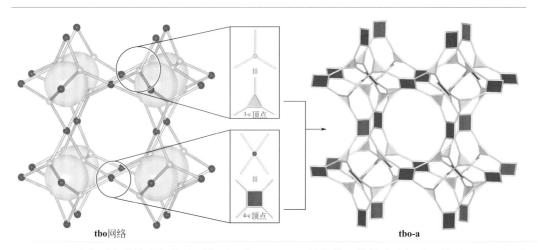

图18.5　通过将顶点替换为相应的顶点图，将HKUST-1的简单网络转变为拓增网络的过程。拓增网络用拓扑符号附加"**-a**"表示。与简单**tbo**网络相比，拓增**tbo-a**网络与HKUST-1的晶体结构更为相似。因此，更常用拓增网络来表示结构

用多面体来描述分子的形状，因此在图的顶点处添加顶点图（vertex figure）更有助于我们对网络进行表示，我们将其称为拓增网络（augmented net），其表示方法是在拓扑符号上添加"**-a**"。图18.5以HKUST-1的**tbo**网络为例解释了这一过程。

18.2.3　网络拓扑的嵌入

前面的讨论指出，网络只是通过边连接的顶点的排列，网络并不包含其代表的结构的具体对称性信息。然而，图18.5中所示的**tbo**和**tbo-a**网络具有高度对称性，并且与具有这种特定拓扑的HKUST-1结构相似。这是因为顶点和边的位置通常是以某种方式选择的。这一方式满足如下条件：在不改变整体连接特征的前提下，网络中不同顶点和边的数目应尽可能地少。在这里，"不同"是指它们不是对称相关的。为了做到这一点，顶点以及边的中点需被放置于具有最高点对称性的坐标处。这样就可以为一个抽象的数学对象创建出一个真实而简单的表达，我们将其称为嵌入（embedding）。在嵌入中，抽象的顶点和边变成了真实的节点和连接。当讨论网络的嵌入时，我们会用到这些术语。

18.2.4　局部对称性的影响

如图18.3（a）所示，依照网络拓扑，我们对不同顶点的区分并非基于它们的几何

特征，而是基于它们的连接特征。这就是说，虽然四面体和正方形的几何特征不同，但它们都是4-c顶点。但是，对于具有相同连接性的顶点，其排列方式不同可能会生成不同的拓扑。虽然构造单元的局部几何构型并非拓扑学所考虑的特征，但在连接这些顶点时，它会导致在空间形成不同的排列。为了说明这一点，我们以3个三周期的4-c单顶点网络——**dia**、**nbo**和**lvt**为例（图18.6）。显然，连接四面体或正方形会得到两种不同的排列，因而生成两种不同的拓扑。如果我们略微改变顶点的局部对称性，或者更准确地说是略微改变相邻顶点之间的角度，也会导致顶点在拓展型结构中的不同的排列。在4.2.2中，我们已经讨论了正方形构型顶点间的角度对所得拓扑的影响，并且讨论了施加这些影响的方式。结果表明正方形构型顶点不仅可以形成不同的三周期的4-c网络，还可以形成零周期、一周期和二周期的网络（见图4.3）。这证明顶点的局部对称性对于从拓扑角度设计新材料以及拓扑的推导都是一个重要因素。为了确保任意网络拓扑描述的唯一性，还需要更多的参数来描述网络。不幸的是，用于描述这些不同参数的术语或符号有很多。在这里，我们将介绍拼贴（tiling）、传递性（transitivity）和面符号（face symbol）等在网格材料中最常用到的一类术语[6]。其它更多的描述方法的讨论可参考文献[7]。

18.2.5　顶点符号

二周期的网络由回路（cycle）组成，并且二周期网络的顶点符号给出了网络中所有"强环"（strong ring）的信息。在这里，强环是指图中不能用更小回路的和（sum）来表示的环。我们以图18.7所示的**fxt**网络为例进行说明。**fxt**网络具有的强环是四元环、六元环和十二元环［分别用红色、蓝色和黄色表示，图18.7（a）］；而八元环［绿色，图

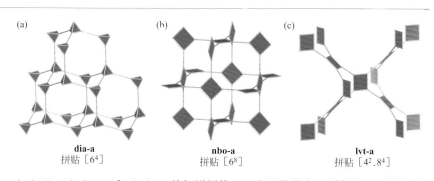

dia-a
拼贴［6^4］

nbo-a
拼贴［6^8］

lvt-a
拼贴［$4^2.8^4$］

图18.6　（a）**dia**、（b）**nbo**和（c）**lvt**的拓增网络。三个网络均为三周期的4-c网络，但是顶点的局部几何特征有所不同。这种不同导致顶点之间不同的排列方式，从而形成不同的拓扑。三种网络具有不同的拼贴，不同的拼贴描述体现了各自拓扑表示的唯一性

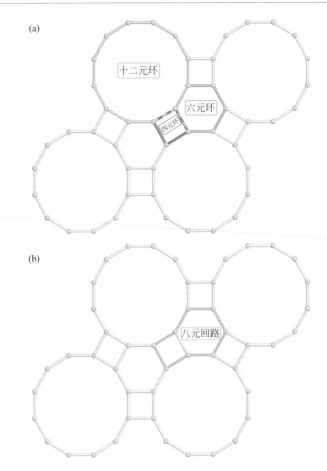

图18.7　**fxt**网络的片段示意图。（a）最小的环是强环。**fxt**网络有三种强环：十二元环、六元环和四元环（分别用黄色、蓝色和红色表示）。（b）由小环组合而成的回路（八元环，绿色）不是强环，因为可以通过走近路来闭合此环

18.7（b）]是四元环与六元环的和，因此它不是强环。二周期网络的顶点符号为[q]，其中q为强环的大小。因此，**fxt**网络可以表示为[4.6.12]。

18.2.6　拼贴和面符号

在拼贴（tiling）中，三周期或二周期网络的空间分别被分割成彼此共享面（face-sharing）的多面体或多边形。这些几何结构填充了被网络所围合的开放空间。拼贴的面可以是曲面，而且不一定非得是凸面，但拼贴必须是能填充空间的。对于多孔框架而言，拼贴象征着空旷的拓展型结构中的孔道，因此用拼贴的语言来描述结构特别适用于多孔材料。

在讨论三周期网络的拼贴之前，我们先来考虑一个零周期的网络——**cuo**（截半立方体，cuboctahedron）。截半立方体含有三元环和四元环（这里采用了同样的"强环"规则，即只计算那些不能被拆解成更小环的环）。该多面体由八个三元环和六个四元环组成。在拼贴中，我们用面符号（face symbol）$[p^q]$来定义不同的拼贴，其中q是p边面（指具有p条边的面）的数目。因此，截半立方体的面符号为$[3^8.4^6]$（图18.8）。

三周期结构的拼贴可以采用类似的方法来确定，这里我们以**dia**和**lon**网络为例进行介绍。这两种网络均由彼此通过边连接的4-c顶点组成。**dia**网络有一种拼贴，该拼贴由四个相同的六元环面组成。金刚石网络的自然拼贴（natural tiling）是金刚烷状多面体（adamantane polyhedron），其面符号为$[6^4]$。相比之下，**lon**网络通常被称为六方金刚石（hexagonal diamond），其自然拼贴符号表示其中有两种不同的拼贴，且这两种拼贴的环上的原子数目一致。一种拼贴含有三个相同的六元环面，另一种拼贴有五个相同的六元环面。具有多种拼贴的三周期结构的面符号记为$[p_1^{q_1}.p_2^{q_2}...]$；因此，**lon**网络的面符号为$[6^3.6^5]^{[3a]}$（图18.9）。

网络的顶点构成了拼贴的顶点，网络的边定义了拼贴的边界——因此我们可以认为拼贴承载了网络的具体信息。拼贴的概念不仅对网络拓扑的唯一描述十分重要，而且对

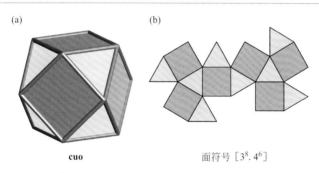

(a)　cuo

(b)　面符号 $[3^8.4^6]$

图18.8　具有 **cuo** 拓扑的多面体（截半立方体）面符号的确定。（a）该多面体由八个三元环和六个四元环组成。（b）将多面体按折痕展开后的图形，可以更容易看出不同环的类型和数目。通过对面计数可推导出面符号$[3^8.4^6]$

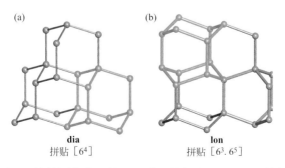

(a)　**dia**　拼贴 $[6^4]$

(b)　**lon**　拼贴 $[6^3.6^5]$

图18.9　（a）**dia** 和（b）**lon** 简单网络的比较。两种网络都由4-c的四面体构型顶点构成，但它们的拼贴不同。（a）**dia**网络只有一种面符号为$[6^4]$的拼贴，（b）**lon**网络有两种拼贴，其面符号为$[6^3.6^5]$

网格化学而言，也是一种非常有用的工具。因为它可以帮助我们方便地推导出框架中的不同孔并将其可视化。例如，当比较 **dia** 和 **lon** 网络的拼贴时，可以很明显地看出 **dia** 拓扑的框架只有一种笼子，而 **lon** 拓扑的框架有两种不同的笼子。

拼贴还可以进一步用于推导出网络的传递性（transitivity），对网络传递性的分析有助于我们对不同网络拓扑进行枚举和分类。网络的传递性由四个参数的组合 pqrs 来描述[8]。这四个参数分别代表：拓扑意义上不同的顶点的数目（p）、拓扑意义上不同的边的数目（q）、不同面（或环）的数目（r）和不同类型拼贴的数目（s）。在稍后我们描述特定的三周期、二周期和零周期的网络（或多面体）时，我们将采用网络的传递性来分析。

18.3　命名法则

在网格化学中，网络拓扑由 RCSR 数据库中指定的三字母标识符（小写、粗体）表示[5]。RCSR 数据库收录的每个网络拓扑都被指定了一个唯一的符号。许多网络拓扑的命名参考了矿物或其它天然形成的化合物的命名。例如 **sod** 和 **dia** 分别源自方钠石（sodalite，一种天然形成的沸石矿物）和金刚石（diamond）。新拓扑以新的三字母缩写代码命名，它们可能与化合物的名称或特定的连接特征相关，但也可以任意选择三字母代码。

在本章前段，我们已经讨论了简单网络和拓增网络。此外，还有一些衍生网络（derived net）可以通过在基本符号后面附加后缀来表示。接下来，我们将介绍与本书内容相关的衍生网络，它们是：①拓增网络（后缀"**-a**"）；②二元（binary）网络（后缀"**-b**"）；③对偶（dual）网络（后缀"**-d**"）；④穿插（interpenetrated 或 catenated）网络（后缀"**-c**"）；⑤交联（cross-linked）网络；⑥编织（weaving）网络（后缀"**-w**"）；⑦互锁（interlocking）网络（后缀"**-y**"）。

18.3.1　拓增网络

将网络的节点替换成相应的多边形或多面体，即可以得到拓增网络。我们将这里的多边形或多面体称为顶点图（vertex figure）。拓增过程并不是以图论为基础的操作，通过拓增产生的新的顶点和边不一定要形成一个闭图（closed graph）。在拓增网络中，节点的整体连接性是不发生改变的，但由于每个节点是由多个新的顶点组成，这些新顶点位置的局部连接性与原节点有所不同。对网络进行拓增描述的优点在于它包含了顶点的局部几何信息，有利于我们通过设计特定几何构型的构造单元，来更容易地得到具有目标拓扑的框架。拓增网络以添加后缀"**-a**"来表示。在一些特殊的例子中，由于新顶点的排列和连接性与另一个简单网络相同，我们赋予该拓增网络独自的代码。例如，**pcu**（简单立方，primitive cubic）的拓增网络不用**pcu-a**表示，而用**cab**（硼化钙，CaB$_6$）来表示，这一符号反映了新顶点的连接性和排列与**cab**网络中的顶点相同（图18.10）。

18.3.2 二元网络

在拓扑的描述中，我们只考虑顶点的连接性、顶点的空间排列以及它们之间的连接，而不考虑顶点所含的化学信息。然而，在网格化学中，一个结构可以由两种具有相同连接性和配位几何构型的构造单元组成，例如在一个**dia**拓扑框架内可以存在两种化学信息不同的四面体构造单元。为了反映网络的这一特征，我们可以在网络的三字母标识符中附加后缀"**-b**"（**b**取自于二元网络"binary net"首字母）。例如，闪锌矿（ZnS）具有二元网络，其拓扑为**dia-b**，它是金刚石拓扑（**dia**）的二元版本（图18.11）。

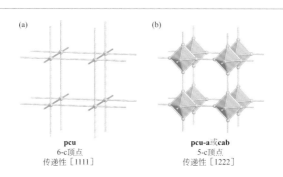

图18.10 **pcu**网络（a）与拓增**pcu**（**pcu-a**或**cab**）网络（b）的比较。在**pcu**网络中，所有顶点都是6-连接的，其传递性为[1111]。相比之下，**pcu-a**（**cab**）网络中的新顶点是5-连接的，其传递性为［1222］

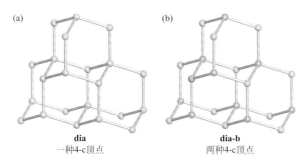

图18.11 单顶点**dia**网络及其衍生的二元**dia-b**网络的比较。（a）在**dia**网络中，所有顶点不仅在拓扑学意义上相同而且化学组成也相同，而在（b）二元**dia-b**网络中，化学组成不同的顶点以交替方式排列

18.3.3 对偶网络

在多孔框架结构中，被框架围合的空旷空间不一定是空的，它可能被客体分子甚至是另一框架结构所占据。这种在一个框架的孔道体系中拓展的另一个框架被称为"对偶网络"。在18.2.5中，我们介绍了分析特定网络的拼贴的方法。以拼贴为基础，可以获得指定拓扑的对偶网络。具体的操作是：在每个拼贴的中心放置一个新的顶点，再通过新的边将这些新顶点连接起来。这时，新的边会穿过原有拼贴的面。通过这一操作就在一个网络中生成了另一个新的网络。这个新的网络被称为对偶网络，用RCSR标识符附加后缀"**–d**"来表示（**d**取自于对偶网络"dual net"首字母）。基于其本征性质，可以将对偶网络分为两类：①对偶网络的拓扑与第一个网络不同，因此被称为"异对偶"（hetero-dual）；②对偶网络的拓扑与第一个网络相同，因此被称为"自对偶"（self–dual）[8]。两类对偶网络的举例如图18.12所示，图中介绍了基于**dia**和**lon**网络的对偶网络，分别为自对偶网络和异对偶网络。

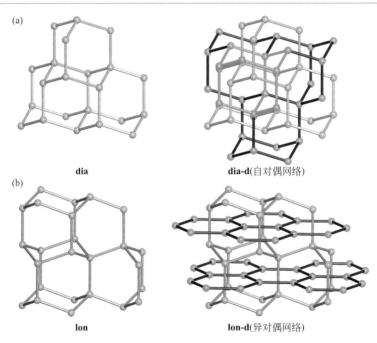

图18.12 （a）简单**dia**网络（左）和它的对偶**dia–d**网络（右）的比较。**dia**的对偶网络也是一个**dia**网络，因此**dia**是自对偶的。自对偶网络经常用后缀"**–c**"来突出表示（**c**取自于catenated首字母）。为了清晰显示，图中简单网络的一个笼子和自对偶网络的一个笼子分别用蓝色和橙色标记。（b）简单**lon**网络（左）和它的对偶**lon–d**网络（右）的比较。**lon**网络的对偶网络是**gra**（可通过**hcb**层间错位得到），因此**lon**是异对偶的

　　一些初网络和它的对偶网络之间的连接为机械键（mechanical bond），而非化学键。这种类型的交错也称为"穿插"（interpenetration）。由于最初网络和它的异对偶网络具有不同的拓扑，因此结构穿插在此类网络中并不常见。

18.3.4　穿插网络

　　开放空间在能量上是不利的，因此不难发现拥有大量开放空间的空旷框架结构倾向于发生结构穿插。在穿插结构中，部分的开放空间被一或多个额外的框架占据。这些框架之间并非通过化学键彼此相连，而是通过机械键互相交错。穿插结构拓扑用后缀"–c"表示，代表"catenated"。对于存在多重穿插框架的结构，可以通过在后缀"–c"后面加上穿插的重数来表示（例如，一个三重穿插的**dia**网络表示为**dia–c3**）。图18.13列举了不穿插和穿插的**pcu**网络。这个例子表明，通常具有自对偶网络、大尺寸孔道和大尺寸孔开口的MOF很可能形成穿插结构，以避免能量上不利的开放空间的生成。这个概念在MOF的设计中很有帮助，因为我们可以瞄准那些不大可能穿插的异对偶网络拓扑来设计MOF，从而避免穿插的结构。

18.3.5　交联网络

　　在我们讨论的网络中，两个顶点之间无法像"双键"那样存在多个连接（图论定义下的重边）。但是，为了描述同一组顶点通过两条或两条以上边来连接的结构，我们定义了"交联"网络一词。这类结构的一个例子是bio-MOF-100。该结构具有**lcs**网络；然而，结构中每个顶点通过三个配体与相邻的顶点连接，因此这个结构被称为"三重交联**lcs**网络"（图18.14）。

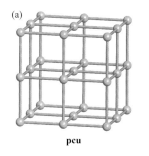
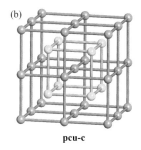

图18.13　（a）不穿插和（b）穿插的**pcu**网络。根据孔道尺寸的不同，结构的穿插重数可能会高于两重。在本图中，作为穿插框架原点的顶点位于立方单胞的体对角线上

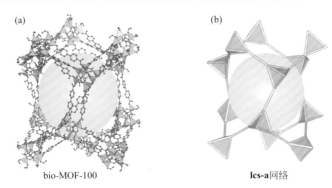

图18.14　bio–MOF-100结构中的一个笼子（a），以及对应的拓扑表示（b）（**lcs–a**网络）。由于四面体构型顶点之间通过三个配体连接，因此该结构是三重交联的。在拓增网络中，每个边代表了晶体结构中的三个配体，因此，其依旧为**lcs**网络

18.3.6　编织和互锁网络

除了目前已讨论的网络之外，具有编织拓扑的结构最近也有报道。在这种结构中，数目无限的基元通过互相交织的方式形成拓展型结构。这样的交织方式类似于用线来编织布料的方式。编织网络的标识符用附加后缀"**–w**"表示。21.3.2详细描述了一例具有这种编织网络（**dia–w**）的COF（见图21.9）。通过环之间的互锁，也可以形成无限网络（尽管截至2019年尚未有相关报道）。这类互锁网络通过在RCSR标识符后面附加后缀"**–y**"来表示。图18.15展示了一个编织网络（**dia–w**）和一个互锁网络（**sod–y**）。

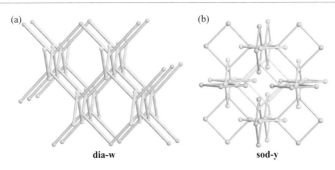

图18.15　（a）编织金刚石网络（**dia–w**）。在编织**dia–w**网络中，互相独立的一维结构以上一下一上的模式编织。一维主干结构相互交叉的位点（称为注册点，point of registry）对应于**dia**网络中的四面体顶点。（b）互锁方钠石网络（**sod–y**）。互锁**sod–y**网络由四元环组成，这些环彼此在每个拐角处互锁。环交叉的位点（注册点）对应于**sod**网络中的四面体构型顶点

18.4 网格化学结构资源数据库

在本章前文我们已经提到了网格化学结构资源（RCSR）数据库，并且介绍了采用三字母标识符来命名拓扑的规则[5]。至2019年，这个数据库包含了2803个三周期网络、300个二周期网络和78个零周期网络（多面体），并且给每个网络分配了唯一的标识符。任一标识符可以明确地一对一定义某个网络。对于每个网络条目，该数据库列出了如拓

---

dia

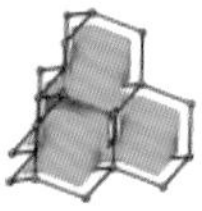

RCSR reference: http://rcsr.net/nets/dia

names: diamond, sqc6, 4/6/c1
key words: regular net, uniform net, self dual net, quasisimple tiling, good
references: Acta Cryst. A59, 22-27 (2003), Acta Cryst. A60, 517-520 (2004)

embed type	space group	volume	density	genus	td10	deg freedom
1a	Fd-3m	12.3168	0.6495	3	981	1

a	b	c	alpha	beta	gamma
2.3094	2.3094	2.3094	90.0	90.0	90.0

vertices: 1

vertex	cn	x	y	z	symbolic	Wyckoff	symmetry	order
V1	4	0.1250	0.1250	0.1250	1/8, 1/8, 1/8	8a	-43m	24

vertex	cs_1	cs_2	cs_3	cs_4	cs_5	cs_6	cs_7	cs_8	cs_9	cs_{10}	cum_{10}	vertex symbol
V1	4	12	24	42	64	92	124	162	204	252	981	6(2).6(2).6(2).6(2).6(2).6(2)

edges:1

edge	x	y	z	symbolic	Wyckoff	symmetry
E1	0.0000	0.0000	0.0000	0, 0, 0	16 c	−3m

tiling:

tiling	dual	vertices	edges	faces	tiles	D-symbol
[6^4]	dia	1	1	1	1	2

图18.16 RCSR 数据库中 **dia** 网络条目信息。条目上方给出了拓扑的示意图（此示意图例子中也展示了拼贴）。数据库提供了对应于网络高称嵌入的空间群、单胞参数以及顶点和边的分数坐标等信息，也提供了顶点和边的点对称性信息。另外提供的网络传递性（参见标题为"tiling"的表格，包括顶点、边、面、拼贴）和拓扑密度可以帮助预测网格化合成所得到的结构

扑密度（topological density）、不同顶点和边的数目、拼贴、对偶网络的拓扑和传递性等相关属性（图18.16）[6]。网络的传递性和拓扑密度可以用来预测反应的热力学和动力学控制产物。自然界倾向于高度对称和致密结构的生成，因此这类结构在热力学上是有利的。为了阐明这一点，我们以 **ctn** 和 **bor** 网络为例。这两种网络都是由正方形构型4-c和三角形构型3-c顶点组成；并且每个4-c顶点连接四个3-c顶点，同时每个3-c顶点连接三个4-c顶点。这两种网络的传递性均为[2122]，但是两者的不同拼贴导致它们的拓扑密度不同。**ctn** 网络（$d_{top} = 0.5513$）具有比 **bor** 网络（$d_{top} = 0.4763$）更高的拓扑密度。在COF化学中，相比 **bor** 网络，正方形构型4-c和三角形构型3-c构造单元的结合更容易形成 **ctn** 网络，即拓扑密度的不同使反应倾向于特定网络结构。

　　为了方便RCSR数据库中网络拓扑的可视化，数据库还给出了拓扑在高称嵌入（highest symmetry embedding）下的结构数据（空间群和所有顶点和边的分数坐标）。在高称嵌入中，顶点和边的中心占据了具有最高点对称性的位置，所有边做等长归一化处理。数据库同时提供边长归一化后的晶胞体积值。

18.5　重要的三周期网络

　　在18.2.5中，我们讨论了传递性的概念。传递性由特定网络具有的拼贴的四个参数"*pqrs*"来描述。其中，*p* 是拓扑学上不同的顶点的数目，*q* 是拓扑学上不同的边的数目，*r* 是拼贴中不同面或环的数目，*s* 是不同类型拼贴的数目[8]。传递性为1111的三周期网络称为"正则网络"（regular net），如 **bcu**、**dia**、**nbo**、**pcu** 和 **srs**；传递性为1112的三周期网络称为"拟正则网络"（quasiregular net），如 **fcu**；而那些传递性为11rs的三周期网络则称为"半正则网络"（semiregular net），如 **lvt**、**sod**、**lcs**、**lcv**、**qtz**、**hxg**、**lcy**、**crs**、**bcs**、**acs**、**reo**、**thp**、**rhr** 和 **ana**。当仅一种顶点通过仅一种边连接时，或者从MOF化学角度讲，仅一种SBU与仅一种二连接配体进行网格化合成时，上述三组三周期网络是最有可能形成的[3c,6]。所有正则网络、所有拟正则网络和部分半正则网络的拓增版本如图18.17所示。如前所述，当将两种几何构型相似（或相同）的构造单元结合时，那些具有最低传递性、最高对称性的高称嵌入且具有最高拓扑密度的网络是最有可能生成的。对由单个金属离子通过柔性配体连接而成的MOF而言，这一结论尤其正确。对于给定顶点几何的组合，我们将最有可能生成的拓扑称为默认拓扑（default topology）。在网格化学中，拓展型框架结构的生成基于几何构型明确的刚性构造单元的使用。因此，通过审慎选择构造单元，采用合适的反应条件，人们依旧可以获得默认拓扑以外的拓扑。

　　图18.17所示的所有网络均仅由一种顶点和一种边组成，因此它们被称为"单顶点边传递网络"（uninodal edge-transitive nets）。边传递网络是网格化合成最可能形成的产

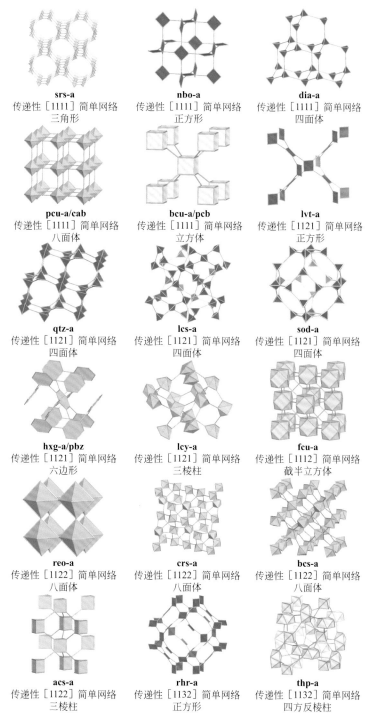

图18.17　按照对应简单网络的传递性的数字加和进行排序，并以拓增形式展示的三周期所有"正则"、所有"拟正则"和部分"半正则"网络。图上同时标注了对应的RCSR标识符和相应简单网络的传递性。3-c顶点，绿色；4-c顶点，红色；6-c顶点，蓝色；8-c顶点，粉色；12-c顶点，橙色

物拓扑。因此，在这些单顶点边传递网络基础上，进一步使用两种不同类型的顶点（双顶点的，binodal）对于丰富网格化学有着重要意义。其中，有的双顶点边传递网络中每种顶点仅与第二种顶点连接（即"二分的"，bipartite）。所有双顶点、二分的边传递网络如图18.18所示。

在上文讨论的网络中，离散的顶点通过边连接。除此之外，一维的顶点也可以连接形成网络。MOF化学中报道的一些结构具有这个特点，即结构中棒状SBU连接形成三维

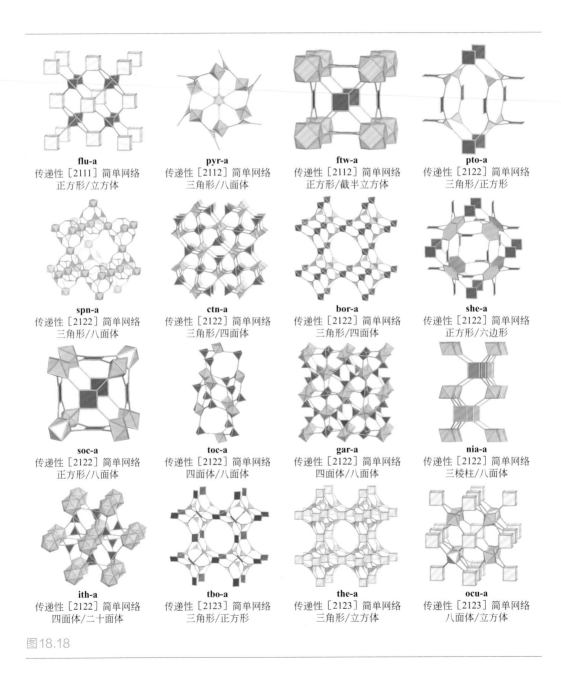

flu-a
传递性［2111］简单网络
正方形/立方体

pyr-a
传递性［2112］简单网络
三角形/八面体

ftw-a
传递性［2112］简单网络
正方形/截半立方体

pto-a
传递性［2122］简单网络
三角形/正方形

spn-a
传递性［2122］简单网络
三角形/八面体

ctn-a
传递性［2122］简单网络
三角形/四面体

bor-a
传递性［2122］简单网络
三角形/四面体

she-a
传递性［2122］简单网络
正方形/六边形

soc-a
传递性［2122］简单网络
正方形/八面体

toc-a
传递性［2122］简单网络
四面体/八面体

gar-a
传递性［2122］简单网络
四面体/八面体

nia-a
传递性［2122］简单网络
三棱柱/八面体

ith-a
传递性［2122］简单网络
四面体/二十面体

tbo-a
传递性［2123］简单网络
三角形/正方形

the-a
传递性［2123］简单网络
三角形/立方体

ocu-a
传递性［2123］简单网络
八面体/立方体

图18.18

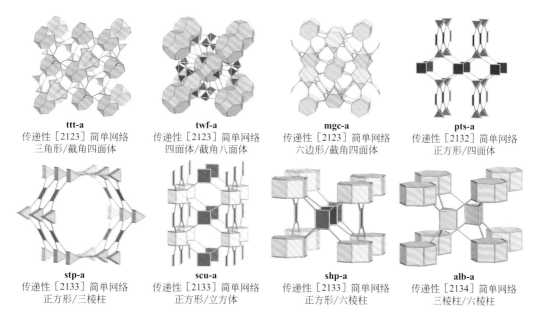

ttt-a
传递性［2123］简单网络
三角形／截角四面体

twf-a
传递性［2123］简单网络
四面体／截角八面体

mgc-a
传递性［2123］简单网络
六边形／截角四面体

pts-a
传递性［2132］简单网络
正方形／四面体

stp-a
传递性［2133］简单网络
正方形／三棱柱

scu-a
传递性［2133］简单网络
正方形／立方体

shp-a
传递性［2133］简单网络
正方形／六棱柱

alb-a
传递性［2134］简单网络
三棱柱／六棱柱

图18.18　按照对应简单网络的传递性的数字加和进行排序，并以拓增形式展示的三周期双顶点边传递网络。图上同时标注了对应的RCSR标识符和相应简单网络的传递性。3-c顶点，绿色；4-c顶点，红色；6-c顶点，蓝色；8-c顶点，粉色；12-c和24-c顶点，橙色

框架。这类网络结构不如上文讨论的基于离散顶点的网络常见。关于更多有关棒状MOF及其拓扑描述的详细讨论，读者可以参阅其它论文[9]。

18.6　重要的二周期网络

　　许多框架结构，尤其是COF结构，具有二维层状结构。这类结构既可以被描述为是三周期的（堆叠的二周期网络），也可以被描述为是二周期的。例如，交错堆叠（staggered）的**hcb**层可以被描述为**gra**网络（见图18.12）。这种描述是令人迷惑的，因为二维层间只是通过弱相互作用结合，而非通过真实的"连接"结合。这样的弱相互作用使得我们很难定义连接相邻层顶点的边是什么。因此，将这类结构描述为三周期网络通常对整体的结构理解并没有帮助，我们建议将这类层状结构的拓扑描述为二周期网络。与三周期网络的传递性类似，对于具有 p 种顶点、q 种边和 r 种环的平面，其拼贴的传递性为 $[pqr]$[6]。可能的边传递二周期网络总共只有五种：①三种传递性为111的"正则网络"（**hcb**、**sql**和**hxl**）；②一种传递性为112的"拟正则网络"（**kgm**）；③一种传递性为211的双顶点网络（**kgd**）。这些网络及其拓增版本如图18.19所示。

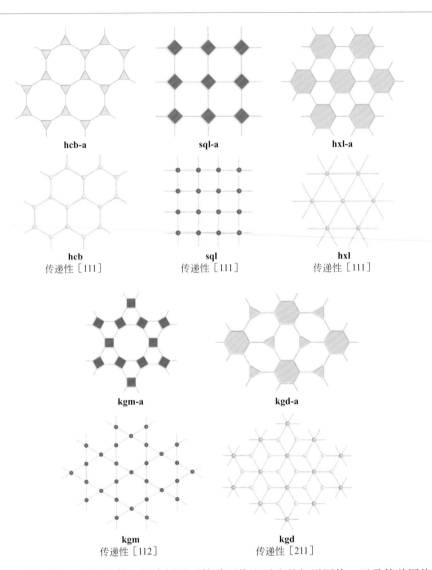

图18.19　五种边传递二周期网络。图中展示了简单网络和对应的拓增网络，以及简单网络的传递性。3-c顶点，绿色；4-c顶点，红色；6-c顶点，蓝色

18.7　重要的零周期网络/多面体

　　网格化学不仅涵盖了二维和三维拓展型结构的合成，还包括复杂的分子型结构（见第19章）。目前为止，我们讨论了二周期和三周期的框架结构（如MOF、ZIF和COF）的拓扑描述。我们也可用相似的语言来描述离散型多面体结构。这不仅对如金属有机多面

体（MOP）和共价有机多面体（COP）等分子型结构的描述很重要，而且对框架结构内单个笼子的拓扑描述也很重要[10]。与三周期和二周期网络一样，在网格化学中最常见的零周期多面体也是边传递的，其中"凸正多面体"（regular convex polyhedron）或"柏拉图立体"（Platonic solid）最为常见。这类多面体仅有一种顶点、一种边和一种面，因此它们的传递性均为[111]（如**tet**、**oct**、**cub**、**ico**和**dod**）。次常见的多面体为"拟正则"多面体，它们有一种顶点和边，但有两种面，因此其传递性为[112]（如**rdo**和**cuo**）。除此之外，还有两种传递性为[211]的边传递多面体，它们有两种顶点、一种边和一种面（如**trc**和**ido**）。这两种多面体是"拟正则"多面体的对偶。

边传递多面体是网格化学中最常见的多面体，因为在它们的高称嵌入下的拓增模式中，其顶点图是正多边形（如三角形、正方形和五边形）。这些几何构型可以通过合成的分子构造单元来实现（图18.20）[6]。

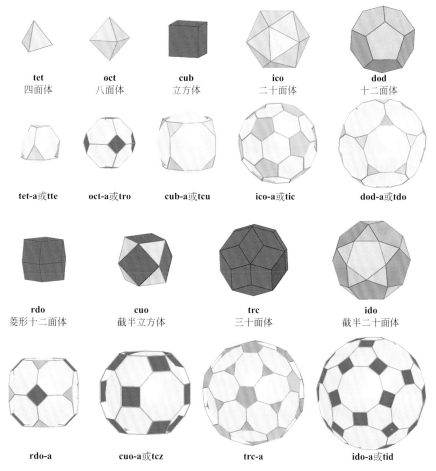

图18.20　零周期"正则""拟正则"和"半正则"拼贴。图中展示了柏拉图立体及其对应的拓增网络。3-c顶点和三角形面，绿色；4-c顶点和四方形面，红色；5-c顶点和五边形面，蓝色。拓增网络中的黄球代表具备该拓扑结构的化合物内部的潜在空间

18.8　总结

在本章中，我们介绍了如何用"拓扑"的概念来对拓展型结构进行描述、简化和分类。"拓扑"以结构中构造单元的连接性、空间排列以及由此产生的连接规律为基础。我们介绍了RCSR所采用的可以明确标识网络拓扑的命名法。在介绍了传递性概念之后，我们进一步介绍了三周期、二周期和零周期的边传递网络。这些边传递网络是网格化学中最常见的网络拓扑。拓扑的概念不仅有助于简化晶体结构并对其进行分类，还对新材料的周密理性设计大有裨益。这方面内容在本书的其它章节有更详细讨论（MOF：第1~6章；ZIF：第20章；COF：第7~11章；MOP和COP：第19章）。

参考文献

[1] Öhrström, L. (2016). Designing, describing and disseminating new materials by using the network topology approach. *Chemistry: A European Journal* 22 (39): 13758–13763.

[2] (a) Wells, A. (1954). The geometrical basis of crystal chemistry. Part 1. *Acta Crystallographica* 7 (8–9): 535–544. (b) Wells, A.F. (1984). *Structural Inorganic Chemistry*, 5e. Oxford University Press.

[3] (a) Yaghi, O.M., O'Keeffe, M., Ockwig, N.W. et al. (2003). Reticular synthesis and the design of new materials. *Nature* 423 (6941): 705–714. (b) Euler, L. (1953). Leonhard Euler and the Königsberg bridges. *Scientific American* 189 (1): 66–70. (c) Ockwig, N.W., Delgado-Friedrichs, O., O'Keeffe, M., and Yaghi, O.M. (2005). Reticular chemistry: occurrence and taxonomy of nets and grammar for the design of frameworks. *Accounts of Chemical Research* 38 (3): 176–182.

[4] (a) O'Keeffe, M. and Yaghi, O.M. (2012). Deconstructing the crystal structures of metal-organic frameworks and related materials into their underlying nets. *Chemical Reviews* 112 (2): 675–702. (b) Li, M., Li, D., O'Keeffe, M., and Yaghi,O.M. (2013). Topological analysis of metal-organic frameworks with polytopic linkers and/or multiple building units and the minimal transitivity principle. *Chemical Reviews* 114 (2): 1343–1370.

[5] O'Keeffe, M., Peskov, M.A., Ramsden, S.J., and Yaghi, O.M. (2008). The reticular chemistry structure resource (RCSR) database of, and symbols for, crystal nets. *Accounts of Chemical Research* 41 (12): 1782–1789.

[6] Delgado-Friedrichs, O., O'Keeffe, M., and Yaghi, O.M. (2007). Taxonomy of periodic nets and the design of materials. *Physical Chemistry Chemical Physics* 9 (9): 1035–1043.

[7] Hoffmann, F. and Föba, M. (2016). *The Chemistry of Metal-Organic Frameworks: Synthesis, Characterization, and Applications*, Chapter 2 (ed. S. Kaskel), 5–40. Wiley.

[8] Delgado-Friedrichs, O. and O'Keeffe, M. (2005). Crystal nets as graphs: terminology and definitions.

Journal of Solid State Chemistry 178 (8): 2480–2485.

[9] (a) Schoedel, A., Li, M., Li, D. et al. (2016). Structures of metal-organic frameworks with rod secondary building units. *Chemical Reviews* 116 (19): 12466–12535. (b) Rosi, N.L., Kim, J., Eddaoudi, M. et al. (2005). Rod packings and metal-organic frameworks constructed from rod-shaped secondary building units. *Journal of the American Chemical Society* 127 (5): 1504–1518.

[10] (a) Lu, Z., Knobler, C.B., Furukawa, H. et al. (2009). Synthesis and structure of chemically stable metal-organic polyhedra. *Journal of the American Chemical Society* 131 (35): 12532–12533. (b) Tranchemontagne, D.J., Ni, Z., O'Keeffe, M., and Yaghi, O.M. (2008). Reticular chemistry of metal-organic polyhedra. *Angewandte Chemie International Edition* 47 (28): 5136–5147.

第四篇
4

19 金属有机多面体和共价有机多面体

19.1 引言

网格化学是研究利用强化学键将分子型结构单元连接形成预设结构的化学[1]。大部分网格化合成的产物为二维或三维的拓展型框架。然而，网格化学也可用于定向合成零维的离散型化合物。在本章中，我们将阐述如何将前面介绍的金属有机框架（MOF）和共价有机框架（COF）的合成策略应用到金属有机多面体（MOP）或共价有机多面体（COP）的合成之中。MOP 和 COP 均为内部多孔的离散型笼状化合物[2]。本章的讨论仅针对拥有永久多孔性结构，且经 X 射线衍射技术明确解析的多孔笼状化合物。关于 MOP 的讨论仅限于含有次级构造单元（SBU）的结构；读者若想了解基于单金属节点的配位笼（coordination cage）的信息，请参阅相关文献[3]。对于 COP 的讨论则仅限于基于 COF 化学中常用的键合的结构；有关其它形状可持续保持的有机分子笼，读者可参阅文献[4]。

19.2 MOP 和 COP 设计的基本思路

在 MOP 和 COP 网格化合成中，最倾向形成的多面体形状是在第 18 章中讨论过的 9 种边传递的凸多面体（图 18.20）。它们可以被细分为：①顶点、面和边传递的正多面体（四面体、八面体、立方体、二十面体和十二面体）；②拟正则多面体，它们具有边和顶点传递性，但是具有两种面（三十面体和截半二十面体）；③上述两种拟正则多面体的对偶（菱形十二面体和截半立方体），它们具有边和面传递性，但具有两种不同的顶点[5]。若要生成特定拓扑的多面体，选择具有特定连接特征的构造单元是十分重要的。但是，仅仅依靠这一思路不足以帮助我们定向得到 MOP 和 COP，因为生成基于相同连接特征的

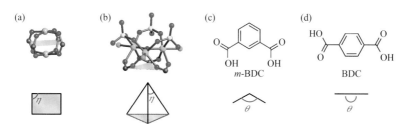

图19.1 拓扑中作为顶点的分子构造单元的角度 η，以及作为边的配体的角度 θ。(a) 铜基 $Cu_2(—COO)_4$ 车辐式 SBU 中的角度 η；(b) $Fe_3OL_3(—COO)_3(SO_4)_3$ SBU 中的角度 η；(c) m–BDC 中的角度 θ；(d) BDC 中的角度 θ。为了清晰呈现结构，所有氢原子被隐去。颜色代码：金属，蓝色；C，灰色；O，红色；S，黄色；N，绿色

拓展型二维或三维框架时，反应往往更倾向于形成竞争产物。因此，对于 MOP 和 COP 的设计，精细控制以下两个参数是非常重要的：①SBU 和延伸点数目大于 2 的配体（均为网络的顶点）间的夹角 η；②延伸点数目为 2 的配体（对应于网络的边）中延伸点间的折角 θ（图 19.1）[2]。

在本章中，我们将选取基于不同多面体的 MOP 和 COP 的合成例子进行介绍，并揭示对应这些结构的构造单元需满足的几何要求。

19.3 基于四面体的 MOP 和 COP

若要合成底层拓扑为四面体（**tet**）的 MOP 或 COP，需要将四个 3–c SBU（角度 η）与六个二连接配体（角度 θ）连接到一起。图 19.2 描述了角度处于边界值的两个四面体笼子例子：① $\eta = 60°$、$\theta = 180°$ 笼子和② $\eta = 120°$、$\theta = 70.5°$ 笼子。这两组数值是四面体构型对应的理想角度值，实际基于该拓扑的结构中的 η 和 θ 通常落于这两组值之间。

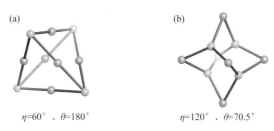

$\eta=60°$、$\theta=180°$　　　　$\eta=120°$、$\theta=70.5°$

图19.2 四个 3–c 顶点通过边来连接形成一个四面体时，角度处于边界值的两个例子。(a) η 为极小值（$\eta = 60°$），边为直线型（$\theta = 180°$）；(b) η 为极大值（$\eta = 120°$），$\theta = 70.5°$。实际报道例子的角度值位于两组边界值之间。颜色代码：顶点，蓝色；边，橙色

尽管如此，这两例理想结构仍旧是设计**tet**拓扑MOP和COP的重要参考。

使用部分硫酸根封端的$Fe_3OL_3(—COO)_3(SO_4)_3$ SBU与线型二连接配体BDC、BPDC和TPDC可得到一系列同网格的MOP，它们被依次命名为IRMOP-50、IRMOP-51和IRMOP-53（图19.3）。这些MOP的角度接近于图19.2（a）所示的边界值[6]。该系列MOP中四面体中心的孔径依次增大：IRMOP-50为7.3Å，IRMOP-51为10.4Å，IRMOP-53为13.3Å。通过氮气吸附计算得知IRMOP-51的比表面积为480$m^2 \cdot g^{-1}$，同网格扩展的IRMOP-53的比表面积却仅为387$m^2 \cdot g^{-1}$。这一现象乍一看不符合常规认知，但是我们需要认识到：离散型零维多面体的表面积不仅仅取决于笼子的内部孔，分子笼的堆积也会在固体中产生笼外孔。在IRMOP-51晶体结构中，自由体积占比76%；而在IRMOP-53中这一值仅为70.5%。因此，考虑到笼外孔对吸附的贡献，IRMOP-51拥有更高的比表面积也就不足为奇了。

由三连接的TFB与二连接的乙二胺（en）构筑的COP $[(TFB)_2(en)_3]_{imine}$是另一个角度接近边界值的例子（图19.4）[7]。该结构中的角度$\eta = 118°$、$\theta = 74.5°$非常接近图19.2（b）所示的理想四面体的边界值。该笼子的孔直径为7.8Å。在晶体中，笼子的三角形面

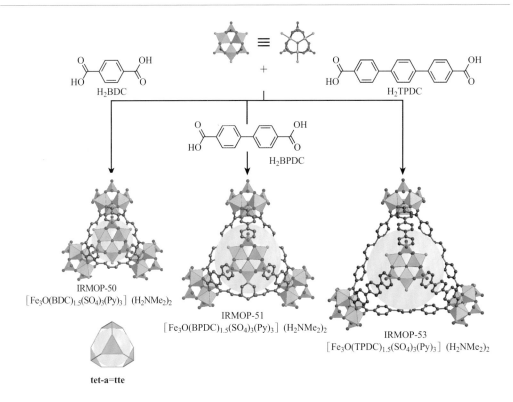

IRMOP-50
$[Fe_3O(BDC)_{1.5}(SO_4)_3(Py)_3]$ $(H_2NMe_2)_2$

tet-a=tte

IRMOP-51
$[Fe_3O(BPDC)_{1.5}(SO_4)_3(Py)_3]$ $(H_2NMe_2)_2$

IRMOP-53
$[Fe_3O(TPDC)_{1.5}(SO_4)_3(Py)_3]$ $(H_2NMe_2)_2$

图19.3　具有四面体拓扑的MOP。同网格的IRMOP-50、IRMOP-51和IRMOP-53分别由部分硫酸根封端的$Fe_3OL_3(—COO)_3(SO_4)_3$ SBU与线型二连接配体BDC、BPDC和TPDC连接而成。为了清晰呈现结构，所有氢原子被隐去。颜色代码：Fe，蓝色；S，橙色；C，灰色；N，绿色；O，红色

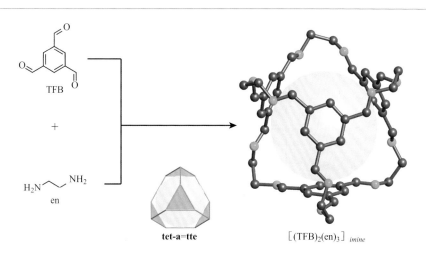

图19.4　TFB与乙二胺的网格化形成了拓扑为 **tet** 的COP——[(TFB)$_2$(en)$_3$]$_{imine}$。其角度接近于图19.2（b）所示的边界值，其中 $\eta = 118°$、$\theta = 74.5°$。在晶体中，所有笼子以面对面的方式堆积，通过弱相互用形成 **dia** 拓扑的结构。为了清晰呈现结构，所有氢原子被隐去。颜色代码：C，灰色；N，绿色

以面对面的方式堆积，生成孔径为5.8Å的通道。晶体中的COP呈金刚石型排布。晶体中存在贯穿孔道，其BET比表面积为624m^2·g^{-1}。

19.4　基于八面体的MOP和COP

基于八面体的MOP和COP由六个4-c顶点（角度 η）通过二连接配体（角度 θ）连接而成。该构型的两组角度边界值分别为：①$\eta = 60°$、$\theta = 180°$；②$\eta = 90°$、$\theta = 90°$（图19.5）。

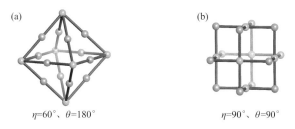

图19.5　利用12条边将六个4-c顶点连接形成一个八面体。图中展示了角度处于边界值的两个例子。（a）顶点的 η 为极小值（$\eta = 60°$），边为直线型（$\theta = 180°$）；（b）顶点的 η 为极大值（$\eta = 90°$），$\theta = 90°$。实际合成的结构中的两个角度落在上述边界之间。颜色代码：顶点，蓝色；边，橙色

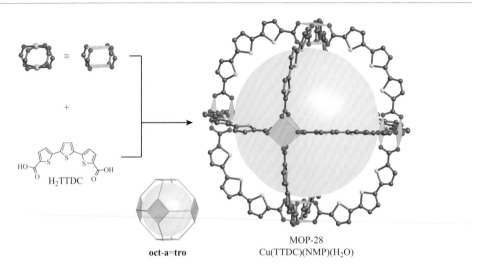

oct-a=tro

MOP-28
Cu(TTDC)(NMP)(H₂O)

图19.6　八面体构型MOP-28的结构示意图。Cu₂(—COO)₄车辐式SBU中的平均η为90°，弯曲型二连接配体H₂TTDC中的θ（延伸点之间的折角）为90°，这与理想八面体第二组边界值［图19.5（b）］完全符合。为了清晰呈现结构，所有氢原子被隐去。颜色代码：Cu，蓝色；C，灰色；O，红色；S，黄色

截至2019年，尚无满足第一组边界值的八面体MOP或COP被报道。符合第二组边界值的例子是MOP-28（图19.6）[8]。该笼子由Cu₂(—COO)₄车辐式SBU与弯曲的2,2′:5′,2″-连三噻吩-5,5″-二甲酸（2,2′:5′,2″-terthiophene-5,5″-dicarboxylic acid，简称H₂TTDC）配体构筑。在晶体结构中，该铜基车辐式SBU略有变形，但平均角度η仍旧保持在90°。TTDC配体的折角θ = 90°，这与理想八面体的第二组边界值一致。MOP-28的孔径为27.0Å，且具有较大的孔开口（9Å）。该MOP结构稳定，具有永久多孔性❶，其比表面积为1100m² · g⁻¹。在循环测试过程中，大多数离散型多孔分子笼会因堆积方式的改变而失去多孔性。而MOP-28的氮气吸附容量和表面积均在循环测试过程中保持不变。

19.5　基于立方体和杂立方体的MOP和COP

在立方体中，八个3-c顶点（角度η）被二连接的边（角度θ）连接在一起。该构型的两组角度边界值分别为：①η = 90°、θ = 180°；②η = 120°、θ = 109.5°［图19.7（a）、（b）］。

尽管存在多例配位笼结构（基于单金属节点的多面体）满足立方体的第一组边界值，但相关MOP的例子（截至2019年）还未有报道。对基于单金属节点的配位笼感兴

---

❶　这是首例被证实具有永久多孔性的MOP。

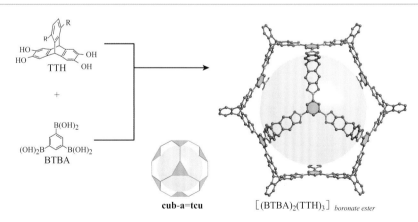

$\eta=90°$、$\theta=180°$　　　　$\eta=120°$、$\theta=109.5°$　　　　$\eta_1=90°$、$\eta_2=90°$　　　　$\eta_1=120°$、$\eta_2=33.6°$

图19.7　（a）、（b）利用八个3-c顶点和12个边连接形成的立方体。图中展示了角度处于边界值的两个例子：（a）$\eta=90°$、$\theta=180°$，（b）$\eta=120°$、$\theta=109.5°$。（c）、（d）杂立方体（heterocube）的顶点可以分成两组，其中每组含有四个3-c顶点。其角度有两组边界值：（c）$\eta=90°$、$\theta=90°$，（d）$\eta=120°$、$\theta=33.6°$。颜色代码：顶点，蓝色或红色；边，橙色

趣的读者可参阅相关文献[9]。

　　满足立方体的第二组边界值的例子是基于硼酸酯键合的COP——[(BTBA)$_2$(TTH)$_3$]$_{boronate\ ester}$［BTBA = 均苯三硼酸（benzene-1,3,5-triyltriboronic acid），TTH = (9s,10s)-13,16-二乙基-9,10-二氢-9,10-[1,2]苯并蒽-2,3,6,7-四醇（(9s,10s)-13,16-diethyl-9,10-dihydro-9,10-[1,2]benzenoanthracene-2,3,6,7-tetraol）］。该结构由8个BTBA和12个TTH通过硼酸酯键连接而成（图19.8）[10]。所得的COP拥有直径为2.4nm的孔。活化后得到的介孔笼子具有永久多孔性，其比表面积高达3758m^2·g^{-1}。根据TTH构造单元上不同的官能化式样，研究者分离出了[(BTBA)$_2$(TTH)$_3$]$_{boronate\ ester}$的穿插互锁版本，称为索烃（catenane），由两个笼子四联互锁形成，产率高达62%。通常情况下，索烃或者相关机械互锁分子的高产率合成需要模板的参与；但是有趣的是，这例高产率合成并未使用模

cub-a=tcu　　　　[(BTBA)$_2$(TTH)$_3$] $_{boronate\ ester}$

图19.8　介孔COP（[(BTBA)$_2$(TTH)$_3$]$_{boronate\ ester}$）的合成示意图。该笼子由三角形构型三连接的BTBA与线型二连接的TTH网格化构筑而成。结构中$\eta=118°$、$\theta=110°$，其值非常接近于完美立方体的第二组边界值［图19.7（b）］。为了清晰呈现结构，所有氢原子被隐去。颜色代码：三连接配体中心，蓝色；B，橙色；C，灰色；O，红色

板。考虑到该合成是一个多组分合成过程，一个分子的合成需要96个硼酸酯共价键来实现，这一索烃的合成尤为复杂。这不免让人联想到二维或三维框架通过穿插来避免大孔生成的现象，索烃的生成应是热力学更有利的[11]。

另一种构建立方体构型MOP的方法是设计所谓的杂立方体（heterocube），它由两种三连接的SBU连接在一起而成（各自连接夹角为 η_1 和 η_2）。它也存在两组边界值：① $\eta_1 = \eta_2 = 90°$ ；② $\eta_1 = 120°$ 、$\eta_2 = 33.6°$［图19.7（c）、（d）］。

MOP-54是一个角度满足杂立方体第二组边界值的例子，它由部分硫酸根封端的 $Fe_3OL_3(—COO)_3(SO_4)_3$ SBU与三角形构型三连接 H_3BTB 配体构筑而成（图19.9）。MOP-54的结构与IRMOP-50、IRMOP-51和IRMOP-53存在相关性，但从拓扑角度来看它们彼此截然不同。在IRMOP系列中，六个线型二连接配体位于四个SBU组成的四面体的边上，而MOP-54中四个三角形构型三连接配体位于四面体的面上。从拓扑角度分析，IRMOP系列为四面体构型，而MOP-54归类于杂立方体构型。MOP-54更接近于满足第二组边界值的理想杂立方体，尽管角度存在一定的偏差（ $\eta_1 = 113°$ 、$\eta_2 = 67.1°$ ）（图19.9）[6]。这一例子也说明了，对网格材料的拓扑描述（在一些情况下）可能会丢失它们在结构相似性方面的信息，因而拓扑分析应当仅作为描述结构的一种工具，我们不能因此而忽视对材料本身结构的深入研究。

19.6　基于截半立方体的MOP

在截半立方体中，12个4-c顶点通过20个二连接的边连接在一起。图19.10描述了

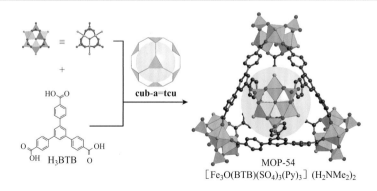

图19.9　杂立方体MOP的合成。H_3BTB 与 Fe^{2+} 网格化构筑生成MOP-54。BTB中的角度 $\eta_1=113°$ 和SBU中的角度 $\eta_2=67.1°$ ，与杂立方体的两组理想化边界值均有不小差别，但是落在上述边界之内。为了清晰呈现结构，所有氢原子被隐去。颜色代码：Fe，蓝色；S，橙色；C，灰色；N，绿色；O，红色

两组角度处于边界值的例子。在第一例中，边为直线型（$\theta = 180°$），并且四连接的顶点并非位于四重轴的对称中心，因此我们无法仅通过一个单一的 η 值来定义夹角。实际上，从顶点中心延伸而出的边之间的夹角有两个值：$\eta_1 = 60°$ 和 $\eta_2 = 90°$［图19.10（a）］。在第二例中，平面四方形构型顶点中的 $\eta = 90°$，弯曲边中的 $\theta = 117°$［图19.10（b）］。

MOP-1 由弯曲的 m-H$_2$BDC 配体与车辐式 Cu$_2$(—COO)$_4$ SBU 构筑而成（图19.11）。车辐式 SBU 和 m-H$_2$BDC 配体的特定角度几乎与第二组角度边界值完全一致［即车辐式 SBU 的延伸点之间的夹角为 90°，配体羧酸碳之间线折角为 120°］。我们已在 4.2.2 章节以 MOP-1 为例，讨论了不同几何形状的配体与车辐式 SBU 的组合可得到多样化的结构。值得一提的是，诸如 MOP-1 般的 MOP 常常被当作三级构造单元用于复杂的多级孔 MOF 的合成。

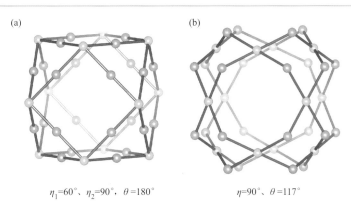

(a)　　　　　　　　　　(b)

$\eta_1=60°$、$\eta_2=90°$、$\theta=180°$　　　$\eta=90°$、$\theta=117°$

图19.10　利用 12 个 4-c 顶点和 20 个边连接形成的截半立方体。图中展示了角度处于边界值的两个例子。（a）第一例的顶点的 η_1 和 η_2 为极小值（$\eta_1 = 60°$ 和 $\eta_2 = 90°$），边为直线型（$\theta = 180°$）；（b）第二例的顶点的 η 为极大值（$\eta = 90°$）、$\theta = 117°$。颜色代码：顶点，蓝色；边，橙色

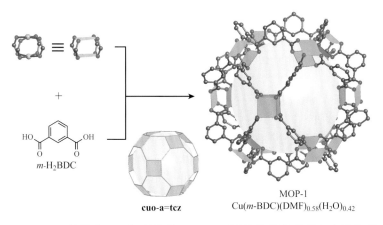

m-H$_2$BDC

cuo-a=tcz

MOP-1
Cu(m-BDC)(DMF)$_{0.58}$(H$_2$O)$_{0.42}$

图19.11　由 Cu$_2$(—COO)$_4$ 车辐式 SBU 与弯曲的 m-H$_2$BDC 配体构筑的截半立方体构型 MOP-1。SBU 和配体的特征角度与第二组理想角度边界值基本一致（$\eta = 90°$，$\theta = 120°$）。为了清晰呈现结构，所有氢原子被隐去。颜色代码：Cu，蓝色；C，灰色；O，红色

19.7 总结

在本章中，我们系统介绍了 MOP 和 COP 的网格化合成，并概述了如何对构造单元的结构设置要求从而定向合成离散型化合物，而非对应的拓展型结构（MOF 和 COF）。我们讨论了两个参数 η 和 θ，对应于分别充当顶点和边的构造单元上延伸点之间的角度。在不同拓扑（**tet**、**oct**、**cub** 以及 **cuo**）的 MOP 和 COP 中，我们对这两个参数的边界值进行了说明，同时给出了符合这些角度要求的具体 MOP 或 COP 例子。最后，我们研究了与这些离散型多面体的表面积相关的因素，并讨论了多面体笼内表面积和堆积产生的笼外表面积的相互关系。

参考文献

[1] (a) Diercks, C.S. and Yaghi, O.M. (2017). The atom, the molecule, and the covalent organic framework. *Science* 355 (6328): eaal1585. (b) Yaghi, O.M., O'Keeffe, M., Ockwig, N.W. et al. (2003). Reticular synthesis and the design of new materials. *Nature* 423 (6941): 705–714. (c) Furukawa, H., Cordova, K.E., O'Keeffe, M., and Yaghi, O.M. (2013). The chemistry and applications of metal-organic frameworks. *Science* 341 (6149): 1230444.

[2] Tranchemontagne, D.J., Ni, Z., O'Keeffe, M., and Yaghi, O.M. (2008). Reticular chemistry of metal-organic polyhedra. *Angewandte Chemie International Edition* 47 (28): 5136–5147.

[3] (a) Fujita, M. (1998). Metal-directed self-assembly of two-and three-dimensional synthetic receptors. *Chemical Society Reviews* 27 (6): 417–425.(b)Seidel, S.R. and Stang, P.J. (2002). High-symmetry coordination cages via self-assembly. *Accounts of Chemical Research* 35 (11): 972–983. (c) Caulder, D.L. and Raymond, K.N. (1999). Supermolecules by design. *Accounts of Chemical Research* 32 (11): 975–982. (d) Han, M., Engelhard, D.M., and Clever, G.H. (2014). Self-assembled coordination cages based on banana-shaped ligands. *Chemical Society Reviews* 43 (6): 1848–1860.

[4] (a) Mastalerz, M. (2010). Shape-persistent organic cage compounds by dynamic covalent bond formation. *Angewandte Chemie International Edition* 49 (30): 5042–5053. (b) Zhang, G. and Mastalerz, M. (2014). Organic cage compounds – from shape-persistency to function. *Chemical Society Reviews* 43 (6): 1934–1947. (c) Hasell, T. and Cooper, A.I. (2016). Porous organic cages: soluble, modular and molecular pores. *Nature Reviews Materials* 1 (9): 16053.

[5] (a) Delgado-Friedrichs, O., O'Keeffe, M., and Yaghi, O.M. (2007). Taxonomy of periodic nets and the design of materials. *Physical Chemistry Chemical Physics* 9 (9): 1035–1043. (b) Ockwig, N.W.,

Delgado-Friedrichs, O., O'Keeffe, M., and Yaghi, O.M. (2005). Reticular chemistry: occurrence and taxonomy of nets and grammar for the design of frameworks. *Accounts of Chemical Research* 38 (3): 176–182.

[6] Sudik, A.C., Millward, A.R., Ockwig, N.W. et al. (2005). Design, synthesis, structure, and gas (N_2, Ar, CO_2, CH_4, and H_2) sorption properties of porous metal-organic tetrahedral and heterocuboidal polyhedra. *Journal of the American Chemical Society* 127 (19): 7110–7118.

[7] Tozawa, T., Jones, J.T., Swamy, S.I. et al. (2009). Porous organic cages. *Nature Materials* 8 (12): 973–978.

[8] Ni, Z., Yassar, A., Antoun, T., and Yaghi, O.M. (2005). Porous metal-organic truncated octahedron constructed from paddle-wheel squares and terthiophene links. *Journal of the American Chemical Society* 127 (37): 12752–12753.

[9] Liu, Y., Kravtsov, V., Walsh, R.D. et al. (2004). Directed assembly of metal-organic cubes from deliberately predesigned molecular building blocks. *Chemical Communications* (24): 2806–2807.

[10] Zhang, G., Presly, O., White, F. et al. (2014). A permanent mesoporous organic cage with an exceptionally high surface area. *Angewandte Chemie International Edition* 53 (6): 1516–1520.

[11] Zhang, G., Presly, O., White, F. et al. (2014). A shape-persistent quadruply interlocked giant cage catenane with two distinct pores in the solid state. *Angewandte Chemie International Edition* 53 (20): 5126–5130.

20 沸石咪唑框架

20.1 引言

沸石咪唑框架（ZIF）是金属有机框架（MOF）的一门子类。与MOF类似，ZIF结构也是由有机配体和无机节点共同构建而成的。MOF结构中的配体通常具有羧基或者吡唑基等可螯合金属的基元，因此有利于多核的次级构造单元（SBU）的生成。与此相反，咪唑配体则通常诱导具有四面体构型的过渡金属作为单节点，从而使得最终结构具有与沸石一致的基于四面体连接的拓扑（图20.1）。带负电的咪唑配体与金属离子之间具有强相互作用。同时，在合成难易程度以及结构稳定性方面，所得结构表现出了对基于刚性笼子的结构体系的偏好性。上述两点赋予了ZIF高稳定性和多孔性，从而使之有别于经典的配位网络（coordination network）结构（参见第1章）。顾名思义，ZIF结构与沸石结构存在密切的相关性，这主要是因为ZIF中的四面体型金属顶点和弯曲的配体模拟了沸石的结构特点。在ZIF中，由咪唑基元桥联的两个金属中心之间的夹角∠(金属–咪唑–金属)通常为145°，该值与沸石中∠(Si–O–Si)角度非常接近甚至完全一致。在理解具有沸石型结构的多孔金属有机材料的发展之前，我们非常有必要首先了解一下沸石领域的发展及其结构化学。

沸石的名称源自希腊语ζέω (zéō) 和λίθος (lithos)，意为"沸腾"和"石头"。沸石是第一主族和第二主族元素（Na、K、Mg、Ca）的结晶硅酸铝盐，其一般化学式为 $M_{2/n}O \cdot Al_2O_3 \cdot ySiO_2 \cdot wH_2O$。其中，$n$ 为金属阳离子价态；y 值在2~200范围内；w 为孔道中含水量。它们可以被描述为一类复杂的晶态纯无机拓展型结构。AlO_4 或 SiO_4 作为初级结构单元（primary structural unit）相互连接形成较大的所谓次级构造单元（secondary building unit），然后这些次级构造单元进一步彼此连接形成三维的框架结构。这些结构具有介于0.3~1.0nm之间的孔道尺寸，其孔体积在0.10~0.35cm³·g⁻¹之间。硅酸盐结构中的 AlO_4 单元使所构筑的框架为阳离子型，用于电荷平衡的阴离子存在于孔道中。"沸

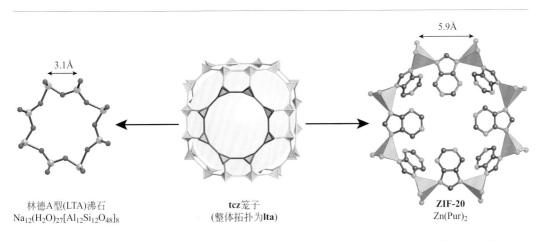

林德A型(LTA)沸石
$Na_{12}(H_2O)_{27}[Al_{12}Si_{12}O_{48}]_8$

tcz笼子
(整体拓扑为lta)

ZIF-20
$Zn(Pur)_2$

图20.1　**lta**拓扑的沸石，与ZIF中构成**tcz**笼子的八元环的结构对比。以沸石结构为蓝本，将硅/铝节点用四面体构型金属离子（此处为Zn）取代，将连接氧原子用咪唑类配体（此处为嘌呤）取代。颜色代码：Zn，蓝色；C，灰色；N，绿色；O，红色；Al和Si，橙色

石"一词由瑞典矿物学家亚历克斯·克龙斯泰特（Alex F. Cronstedt）于1756年提出，他发现了第一种沸石矿物（辉沸石，stilbite），并观察到这种物质在加热时可释放大量的"蒸汽"[1]。1840年，奥古斯丁·达穆尔（Augustin A. Damour）报道沸石确实能够可逆地吸附水，在此过程中材料的形貌没有明显变化[2]。22年后，亨利·圣克莱尔－德维尔（Henri É. Saint Claire-Deville）描述了插晶菱沸石（levynite）这一天然矿物的人工水热法制备，这是首例沸石的水热合成[3]。那时人们对于沸石的性质所知甚少。直到1896年，乔治·弗里德尔（Georges Friedel）观察到脱水沸石可以内吞（occlude）各种液体，如酒精、苯和氯仿，然后提出了脱水沸石为类似于海绵的开放框架结构的设想[4]。在20世纪30年代中期，理查德·巴雷尔（Richard M. Barrer）开始他在沸石领域的开创性工作。他研究了沸石的合成和吸附性质，尤其是空旷结构中离子的扩散性质，以及基于孔道大小的结构分类法[5]。1948年，Barrer首次报道了丝光沸石矿物（mordenite）的结构同系物和新型合成沸石（KFI）的确切合成路线[6]。随着人工可合成沸石数目的稳步增加，以及人们对其兴趣的日益浓厚，研究者们探索了它们在空气分离和净化方面的性质。在20世纪40年代中后期，罗伯特·米尔顿（Robert M. Milton）证实沸石确实具有可逆的气体吸附性能，使它们成为工业应用中备受瞩目的材料。20世纪80年代是发现新沸石结构的黄金时代。前期针对ZSM-5（$Na_nAl_nSi_{96-n}O_{192} \cdot 16H_2O$，其中0<n<27）以及越来越多的高硅沸石的合成和应用研究工作，促进了美国联合碳化物公司（Union Carbide）的史蒂芬·威尔逊（Stephen T. Wilson）等人于1982年发现微孔晶态磷酸铝分子筛[7]。不久之后，更多的磷酸铝分子筛家族成员如SAPO、MeAPO、MeAPSO、ElAPO和ElAPSO被发现。同时，人们进一步合成了含钛、铁、镓或锗等非硅（铝）元素的金属硅酸盐分子筛[8]。至2019年，通过使用不同的四面体MO_4单元构筑更大的三维结构实体，人们已合成约180种不

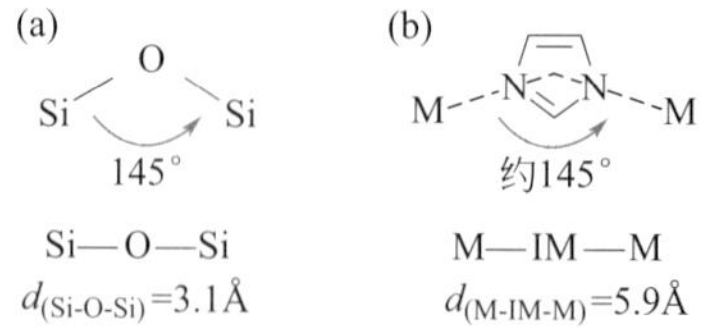

图20.2 （a）沸石中的∠(Si–O–Si)与（b）ZIF中的∠(金属–咪唑–金属)角度的比较。两者均约为145°，但与Si–O–Si距离（3.1Å）相比，金属–咪唑–金属（M-IM-M）间距达5.9Å，因此在具有相同拓扑的情况下，ZIF具有更大的孔道

同的沸石结构[9]。四面体构造单元的明确几何结构赋予沸石很高的结构稳定性和机械稳定性。尽管沸石家族拥有各种不同结构，人们也发展了一些功能化沸石的方法，沸石领域的发展依旧部分受限于使用纯无机构造单元的固有局限性。羧酸类MOF结构的发展给我们带来了如下启示：如果我们能审慎且明智地选择反应物，我们有理由能制备具有沸石型结构的拓展型金属有机材料。若以形成具有四面体（沸石）拓扑的拓展型框架结构为目标，与四面体顶点连接的构造单元需满足以下条件：顶点间夹角应与沸石中∠(Si–O–Si)的145°接近或完全匹配[10]。当咪唑阴离子(IM)与金属(M)配位时，∠(金属–咪唑–金属)（即∠(M-IM-M)）的平均角度约为145°，因此咪唑满足上述先决条件（图20.2）❶。

当咪唑配体与金属离子进行网格化构筑时，具有四面体配位构型的金属阳离子的作用与沸石中的四面体硅/铝原子一致，而桥联它们的咪唑阴离子相当于氧原子在沸石中的作用[11]。截至2019年，基于100多种不同拓扑的ZIF结构的合成及其完整结构表征已被报道。这些ZIF通常与已知的沸石结构同拓扑，但是也有一些ZIF具有沸石化学中未被发现的新拓扑。其空旷的永久保持的多孔结构激发了研究者们对ZIF领域的深入研究。扩张结构的孔尺寸，实现孔道的功能化，探索材料新的吸附、分离和催化性能是目前研究的热点[10c,11]。

20.2　沸石框架结构

我们将具有沸石型结构的拓展型金属有机材料分为两类：ZIF和Z-MOF。与描述MOF的拓扑一致，Z-MOF的拓扑通常用小写、粗体的三字母代码来表示（例如 **rho**，使用的代码与RCSR代码一致），而沸石和具有沸石拓扑的ZIF通常采用大写的三字母代码

---

❶　一些MOF也满足上述要求，并具有四面体结构。因此，它们通常被称为Z-MOF。有关更多详细信息，读者可参考相关文献[10a]。

［例如RHO，由国际沸石协会结构委员会（Structure Commission of the International Zeolite Association）定义］来描述拓扑。在本章中，所有结构的拓扑都将统一使用RCSR规定的三字母代码进行表述。

20.2.1　类沸石金属有机框架

类沸石金属有机框架（zeolite-like metal-organic framework，Z-MOF）通常由羧酸官能化的咪唑或嘧啶基元和具有四面体配位构型的单金属节点构筑而成，具有四面体网络结构。与利用多核SBU来构筑MOF的反应不同，Z-MOF的制备通常需要添加结构导向剂（structure-directing agent，SDA）。当使用不同的SDA时，即使采用组分相同的起始反应物，所制备结构的拓扑也会彼此不同。例如使用三种不同的SDA对基于In^{3+}和咪唑-4,5-二甲酸（1*H*-imidazole-4,5-dicarboxylic acid，简称H_3IMDC）的合成反应进行调控时，可得到三种不同拓扑的Z-MOF[12]。具体来说，当采用咪唑（imidazole，简称HIM）、1,3,4,6,7,8-六氢-2*H*-嘧啶并[1,2-*a*]嘧啶（1,3,4,6,7,8-hexahydro-2*H*-pyrimido[1,2-*a*]pyrimidine，简称HPP）或1,2-二氨基环己烷（1,2-diaminocyclohexane，简称1,2-H_2DACH）作为结构导向剂时，所得Z-MOF的拓扑分别为 **sod**［图20.3（a）］、**rho**［图20.3（b）］和 **med**［图20.3（c）］，其中 **med** 拓扑在沸石结构中尚无报道。在拓扑为 **sod** 的$In(HIMDC)_2(HIM)$（命名为 **sod** Z-MOF）中，每个In^{3+}是六配位的，连接着两组N与O都参与配位的HIMDC螯合

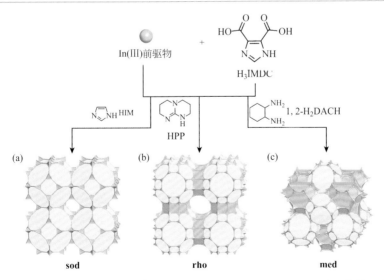

图20.3　在不同SDA的调控下，利用In^{3+}和H_3IMDC网格化合成Z-MOF，从而获得三种具有不同拓扑的框架。（a）以HIM为SDA，合成具有 **sod** 拓扑的框架；（b）以HPP为SDA，合成具有 **rho** 拓扑的框架；（c）以1,2-H_2DACH为SDA，合成具有 **med** 拓扑的框架[13]

配体和两组咪唑氮原子参与配位的 HIMDC，从而得到四面体构型 $InN_4(—COO)_2$ 构造单元。相比之下，在拓扑为 **rho** 的 $In(HIMDC)_2(HPP)$（命名为 **rho** Z-MOF）中，每个 In^{3+} 中心是八配位的，连接着四组 N 与 O 都参与配位的 HIMDC 螯合配体，形成了四面体构型 $InN_4(—COO)_4$ 构造单元。这两例材料的孔体积可达对应的纯无机材料的八倍之多。在拓扑为 **med** 的 $In_5(HIMDC)_{10}(1,2-H_2DACH)_{2.5}$［命名为 usf-Z-MOF，usf 为南佛罗里达大学（University of South Florida）简称］中，每个单金属顶点连接着四组 HIMDC 配体，形成四面体构型 8-c $InN_4(—COO)_4$ 构造单元[13]。在图 20.3 中，我们将这三个拓扑进行了比较。

在拓扑分析中，某些顶点（或节点）的选择方式可以显著地简化整体结构。因此，利用 SBU 和羧酸配体组装而成的四面体构型单元可以被简化为 4-c 顶点，从而使整个框架可以被描述为与沸石一样的拓扑[10a,14]。在前几章中，我们已经描述过多例具有类似沸石结构的 MOF。以 MIL-100 和 MIL-101 为例，这两例结构均由彼此共享顶点（vertex-sharing）的四面体构型三级构造单元（TBU）构筑而成，因此整体框架具有四面体的 **mtn** 拓扑（参见图 2.13、图 4.12）[14]。

20.2.2　沸石咪唑框架

如前所述，咪唑配体可以与四面体构型金属中心相连，形成的 M—IM—M 角度接近 145°，而三氮唑配体和四氮唑配体则无法形成如此角度。因此，若以合成具有四面体构型沸石拓扑的拓展型结构为目标，咪唑是理想的构造单元。不同咪唑衍生物和不同四面体构型金属顶点的组合可以得到各种不同的 ZIF 结构。咪唑阴离子配体与金属中心之间的强化学键，以及 ZIF 的疏水性，使得 ZIF 具有很高的化学稳定性和热稳定性；同时四面体构型也保证了材料较高的机械稳定性和结构稳定性。这些特性，再结合网格材料固有的化学可调控性，使得 ZIF 在气体吸附、气体分离和催化方面广受关注。

ZIF 的早期例子仅限于一些无孔的、致密的结构。这主要是因为，四面体构型金属顶点和（无官能团修饰的）咪唑单元组合得到的能量最优的空间排布，恰巧就是最致密的排布[15]。对同时具备沸石和 MOF 特点的 ZIF 结构的追求，即在保证高结晶度和永久多孔性的基础上实现结构中特定的笼型孔的设计，引发了这一领域的集中研究。与羧酸类 MOF 中常见的无壁孔（见第 1～6 章）不同的是，ZIF 中的笼子通常由咪唑配体与金属顶点共同组成的多元环彼此融合连接来定义。因此，孔道的开口大小由构成这些笼子的多元环的大小决定，它们通常相对较小。这些笼子的特定结构以及长度相对较短的咪唑配体，共同赋予了 ZIF 较高的机械稳定性和结构稳定性，并保证了结构具有永久的多孔性。事实上，ZIF 通常比其它拓展型金属有机材料更稳定。例如，ZIF-8 在水、碱性溶液或有机溶剂中长时间回流之后，仍保持其高结晶性和多孔性。

对咪唑配体的官能化可以采用与 MOF 功能化类似的方式（参见第 6 章）。在 MOF 合成前对咪唑配体进行修饰不仅可以实现官能化，同时官能团"悬挂"于配体上的位置以及带来的位阻效应会影响网格化合成得到的ZIF结构。基于此，我们可以提炼出设计具有特定大小笼子的ZIF结构的依据和准则。我们将在本章后面进行更加详细的讨论。图20.4给出了在ZIF合成中使用的一些咪唑衍生物配体的例子。在阐明新型ZIF的设计和合成策略之前，仔细研究ZIF常见的合成手段很有启发意义。

20.3　ZIF 的合成

虽然SDA（如模板剂分子）通常被用于合成沸石和Z-MOF结构，但ZIF的合成并不依赖于此类添加剂。ZIF通常是通过水合金属盐（常见的是金属锌以及其它倾向于四面体配位构型的金属）和咪唑（或官能化的衍生物），以酰胺为溶剂（例如DMF或DEF），在85～150℃加热条件下制备的。与合成羧酸类MOF的反应类似，在高温下酰胺缓慢分解产生胺，进而实现配体的去质子化，引发框架结构的形成。此外，通过溶剂分层法也可实现缓慢的配体去质子化，从而合成ZIF结构。ZIF-8的制备方法之一即采用此策略：将溶有2-甲基咪唑（2-methylimidazole，简称HmIM）和2,2'-联吡啶的乙醇溶液，与溶

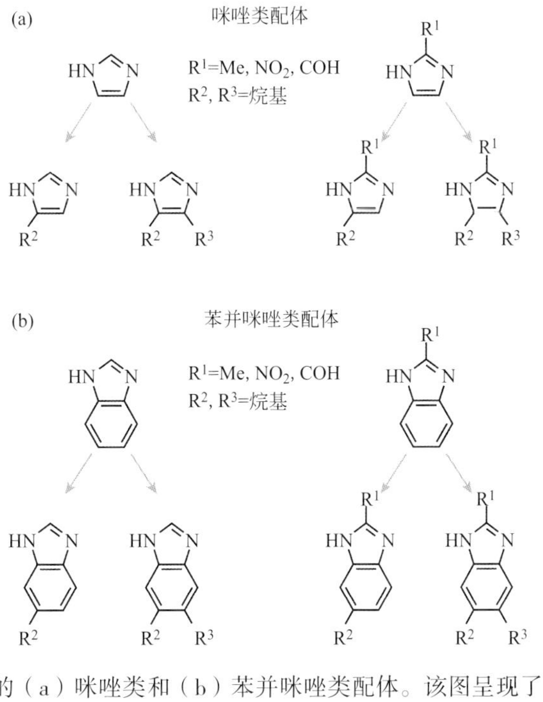

图20.4　用于构筑ZIF的（a）咪唑类和（b）苯并咪唑类配体。该图呈现了配体上不同的取代类型和典型的取代基团。在ZIF合成前或合成后均可以实施配体的官能化，从而实现ZIF丰富的功能化

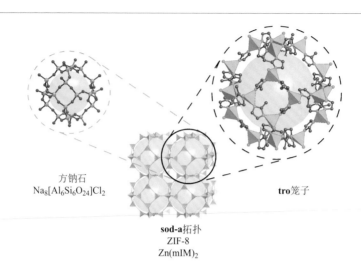

方钠石
$Na_8[Al_6Si_6O_{24}]Cl_2$

sod-a拓扑
ZIF-8
$Zn(mIM)_2$

tro笼子

图20.5　**sod**拓增网络以天然矿物方钠石命名。它由具有**tro**拓扑的笼子通过共享四元环构筑而成。每个**tro**笼子由24个四面体构型顶点构建而成。与沸石相比，ZIF中四面体构型顶点的间距更大，因此它们的孔道尺寸明显更大。ZIF-8（$Zn(mIM)_2$）中的**tro**笼子直径为11.6Å，孔开口为3.4Å。颜色代码：Zn，蓝色；C，灰色；N，绿色；O，红色；Al和Si，橙色

有$Zn(OAc)_2 \cdot 2H_2O$的浓氨水溶液分层接触，可得到ZIF-8[16]。层间的缓慢扩散使得反应速率较低，提供了得到结晶样品所需的反应可逆性。通过上述方法得到的结晶产物化学式为$Zn(mIM)_2$，被命名为ZIF-8。该结构具有方钠石拓扑（SOD或**sod**），拓扑代码以自然界存在的矿物方钠石命名。图20.5呈现了**sod**拓增网络，以及方钠石和ZIF-8具有的基本笼子单元（**tro**笼子）。ZIF-8中**tro**笼子[$4^6.6^8$]的直径为11.6Å，由四元环和六元环共享边连接而成。将这些笼子通过四元环连接形成具有三维孔道的框架，孔道开口大小为3.4Å。

在合成中，采用具有不同取代基团的咪唑作为配体，可以制备具有多种多样拓扑的框架。特定的取代式样（取代基的位置、尺寸以及相互作用）诱导不同拓扑的形成，因此配体的精确设计非常重要。

20.4　重要的ZIF结构

ZIF的结构由四面体构型顶点组成，这些顶点的几何特征类似于沸石中的MO_4单元。在ZIF中发现的所有沸石网络都是单顶点的（uninodal）；然而对于沸石而言，它们的大部分网络并非如此。若采用各种具有不同化学组成的顶点和边，可得到的结构数目预计呈指数型增长，这体现了ZIF化学具有的结构多样性。表20.1汇编了ZIF化学中具有代表性的拓扑和与之对应的ZIF结构。图20.6呈现了ZIF化学中常见的沸石拓扑。

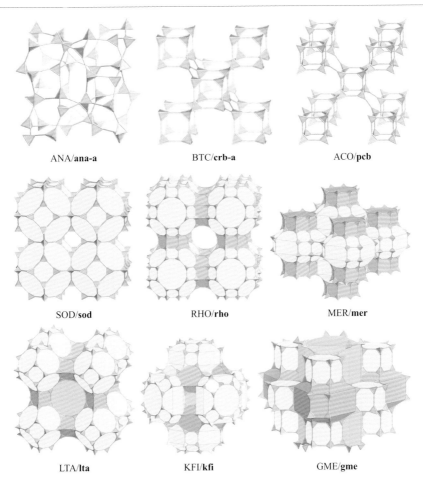

ANA/**ana-a**　　　　BTC/**crb-a**　　　　ACO/**pcb**

SOD/**sod**　　　　RHO/**rho**　　　　MER/**mer**

LTA/**lta**　　　　KFI/**kfi**　　　　GME/**gme**

图20.6　ZIF化学中常见的沸石拓扑。所有框架均由四面体顶点组成，但连接这些顶点后形成的环有所不同。每个蓝色四面体表示一个金属顶点，而不同颜色着色的多面体表示不同类型的笼子。图中呈现了以下框架：ANA（**ana**）、BTC（**crb**）、ACO（**pcb**）、SOD（**sod**）、RHO（**rho**）、MER（**mer**）、LTA（**lta**）、KFI（**kfi**）和GME（**gme**）。大写三字母代码适用于描述沸石拓扑，而MOF和ZIF的拓扑则由小写、粗体三字母代码表示

表20.1　ZIF结构、对应化学式和拓扑总结

常用名	化学组成	RSCR拓扑代码	沸石拓扑代码	参考文献
ZIF-14	$Zn(eIM)_2$	**ana**	ANA	[17]
ZIF-386	$Zn(nBIM)_{0.85}(nIM)_{0.70}(IM)_{0.45}$	—	AFX	[18]
ZIF-725	$Zn(bBIM)_{1.35}(nIM)_{0.40}(IM)_{0.25}$	**bam**	—	[18]
ZIF-62	$Co(IM)_2$	**cag**	—	[17b]

续表

常用名	化学组成	RSCR拓扑代码	沸石拓扑代码	参考文献
ZIF-303	$Zn(cBIM)_{0.70}(nIM)_{0.30}(IM)_{1.00}$	—	CHA	[18]
TIF-4	$Zn(IM)_{1.5}(mBIM)_{0.5}$	**coi**	—	[19]
ZIF-64	$Zn(IM)_2$	**crb**	BTC	[17b]
—	$Pr(IM)_5$	**crs**	—	[10c]
ZIF-3	$Zn_2(IM)_4$	**dft**	—	[20]
ZIF-23	$Zn(4aBIM)_2$	**dia**	—	[21]
BIF-6	$CuBH(IM)_3$	**fes**	—	[22]
ZIF-73	$Zn(nIM)_{1.74}(mBIM)_{0.26}$	**frl**	—	[17b]
ZIF-5	$Zn_3In_2(IM)_{12}$	**gar**	—	[20]
ZIF-615	$Zn(cBIM)_{1.05}(4-nIM)_{0.95}$	**gcc**	—	[18]
ZIF-6	$Zn(IM)_2$	**gis**	GIS	[20]
ZIF-486	$Zn(nBIM)_{0.20}(mIM)_{0.65}(IM)_{1.15}$	**gme**	GME	[18]
ZIF-360	$Zn(bBIM)_{1.00}(nIM)_{0.70}(IM)_{0.30}$	**kfi**	KFI	[18]
ZIF-72	$Zn(dcIM)_2$	**lcs**	—	[17b]
ZIF-376	$Zn(nBIM)_{0.25}(mIM)_{0.25}(IM)_{1.50}$	**lta**	LTA	[18]
—	$Cd(IM)_2BIPY$	**mab**	—	[23]
ZIF-60	$Zn_2(IM)_3(mIM)$	**mer**	MER	[17b]
—	$Cu(IM)_2$	**mog**	—	[24]
ZIF-100	$Zn_{20}(cBIM)_{39}(OH)$	**moz**	—	[10b]
—	$Co(IM)_2$	**neb**	—	[25]
—	$Co_2(IM)_4$	**nog**	—	[25]
TIF-3	$Zn(IM)(mBIM)$	**pcb**	ACO	[26]
ZIF-95	$Zn(cBIM)_2$	**poz**	—	[10b]
—	$Fe(mIM)_2$	**qtz**	—	[27]
ZIF-11	$Zn(BIM)_2$	**rho**	RHO	[20]
ZIF-8	$Zn(mIM)_2$	**sod**	SOD	[16]
BIF-8	$CuBH(eIM)_3$	**srs-c-b**	—	[22]
BIF-7	$CuBH(mIM)_3$	**ths-c-b**	—	[22]

常用名	化学组成	RSCR 拓扑代码	沸石拓扑代码	参考文献
ZIF–412	$Zn(BIM)_{1.13}(nIM)_{0.62}(IM)_{0.25}$	**ucb**	—	[18]
ZIF–516	$Zn(mBIM)_{1.23}(bBIM)_{0.77}$	**ykh**	—	[18]
TIF–1Zn	$Zn(dmBIM)_2$	**zea**	—	[28]
TIF–2	$Zn(IM)_{1.1}(mBIM)_{0.9}$	**zeb**	—	[26]
ZIF–61	$Zn(IM)(mIM)$	**zni**	—	[17b]

注：拓扑同时给出了按照沸石拓扑命名规则和 RCSR 数据库命名规则的两套符号。

20.5　ZIF 的设计

众所周知，温度、反应物浓度、所使用的溶剂种类等实验参数会影响特定拓扑的 ZIF 的生成，但并没有一个普遍的原则可以理性地指导合成。在 MOF 化学中，配体的精确几何结构往往可以定向诱导特定拓扑的生成。基于咪唑配体的结构因素，尤其是配体上取代基团的位阻效应，针对配体导向的 ZIF 理性设计和合成，我们提出三个设计准则：①孔道的最大开口尺寸由咪唑配体的尺寸和形状决定，用空间指数（steric index）δ 表示；②较大笼子的形成需要同时结合 δ 值较大的配体和 δ 值较小的配体；③在含多种咪唑配体的组合体系中，调节不同配体的比例有助于形成不同拓扑和几何参数的笼子。

20.5.1　将空间指数 δ 作为 ZIF 设计工具

在 ZIF 框架的合成过程中，咪唑配体上官能团的取代式样占主导作用。咪唑配体可以在两种位置修饰取代基团：①2 号位；②4 号和 5 号位。咪唑配体分子的大小与这些位置上的官能团的大小息息相关。我们将咪唑 2 号位和 4 号 /5 号位上取代基团的大小分别定义为 l_2 和 $l_{4,5}$（图 20.7）。基于这两个参数，我们可以根据方程（20.1）计算配体的空间指数 δ：

$$\delta = V \times l \qquad (20.1)$$

式中，V 是配体的范德华体积；l 是 l_2 和 $l_{4,5}$ 中的较大值。这样空间指数就可以反映该咪唑配体的大小和形状。图 20.7 给出了不同咪唑配体及其对应的空间指数。

20.5.1.1　设计准则一：最大孔开口的控制

ZIF 中最大环（孔开口）的大小与构成此特定环的咪唑配体的空间指数相关。在运

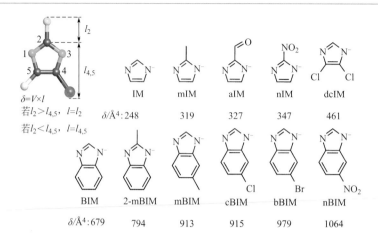

图20.7　空间指数 δ 的定义。l_2 和 $l_{4,5}$ 中的较大值乘以咪唑配体的范德华体积即可得到配体的空间指数。图中展示了具有不同取代基的咪唑和苯并咪唑衍生物例子，以及它们的空间指数。颜色代码：N，绿色；C，灰色；2号、4号和5号位上的取代基团分别为黄色、粉色和白色

用这一准则之前，有必要事先理解具有不同取代基的咪唑配体与其形成的环之间相对朝向的规律。一般来说，2号位取代基倾向于指向小环（大多数为四元环）的中心，而4号/5号位取代基倾向于指向八元环或者更大环的中心。此外，指向六元环中心的2号位和4号/5号位取代基均不少见。在一些含有八元环的ZIF结构中，2号位取代基将不可避免地被迫指向四元环中心。因此，此类结构只有在使用2号位取代基相对较小的配体时才能形成。这意味着，增加4号/5号位取代基的体积，即增大 $l_{4,5}$ 值和随之增大的空间指数，就会导致大环的形成。2号位取代基较低的空间需求使其可以指向小环的中心，因此即使采用空间指数 δ 值较大的咪唑配体（取决于 $l_{4,5}$ 的大小）时，同样可以形成小环（因为 l_2 较小）。同样的，当选择 δ 值较大和 δ 值较小的咪唑配体组合时，也可以制备具有小环的结构。相反，当只选用 δ 值较小的咪唑配体时，则无法形成大环。总之，第一条设计准则可以概括如下：咪唑配体的空间指数 δ 决定了最大环的尺寸，因此决定了ZIF结构孔道开口的大小。

20.5.1.2　设计准则二：最大笼子尺寸的控制

在ZIF中设计大环依赖于采用空间指数 δ 较大的咪唑配体，然而在ZIF中设计较大的笼子并不完全依赖于此。在基于四面体节点的结构中得到大笼子（或大的孔道内径）依赖于大环和小环的组合。因此，要设计具有大笼子的ZIF结构，必须以适当的比例将空间指数 δ 值较小和较大的咪唑配体进行组合。通过对比ZIF-412 $\left[\mathrm{Zn(BIM)}_{1.13}\mathrm{(nIM)}_{0.62}\mathrm{(IM)}_{0.25}\right]$ 和ZIF-68（$\mathrm{Zn(BIM)(nIM)}$）的结构（图20.8），可以清晰地理解控制空间指数 δ 值较小和较大的两种咪唑配体比例平衡的重要性。由于使用了对空间

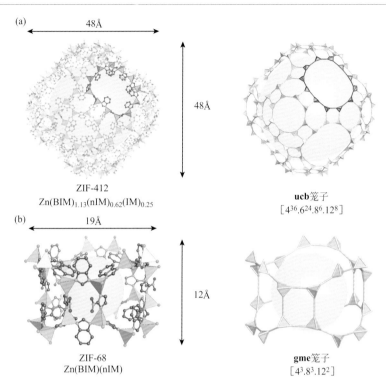

图20.8　ZIF-412和ZIF-68晶体结构中最大笼子的对比[17b,18]。(a) ZIF-412中最大的笼子由36个四元环、24个六元环、6个八元环和8个十二元环构建，其直径为48Å。(b) 与ZIF-412相比，由于ZIF-68缺少δ值较小的IM配体，其最大笼子尺寸相对较小，只由3个四元环、3个八元环和2个十二元环围合而成。两个笼子均由晶体结构和对应拓扑图两种示意图呈现。笼子结构的对比突显了空间指数δ值较小的配体在形成大笼子方面的重要性。颜色代码：Zn，蓝色；C，灰色；N，绿色；O，红色

具有较高要求的BIM和nIM配体（对应空间指数δ分别为679Å⁴和347Å⁴），两例结构均包含八元环和十二元环。但是，由于在ZIF-412的构筑中额外使用了尺寸较小的IM配体（$\delta = 248Å^4$），ZIF-412中最大笼子的尺寸是ZIF-68中最大笼子的两倍。这一现象可以通过如下事实来解释：空间指数δ较小的IM配体能够有助于四元环和六元环的形成，这些小尺寸环可以与大尺寸环（由BIM和nIM配体构建）组合，形成尺寸较大的笼子。一般来说，在具有最大的笼子的一系列ZIF结构中，空间指数δ值较大的配体占结构中所有配体数目的75%～90%，而空间指数δ值较小的配体占结构中所有配体的10%～25%。截至2019年，在所有报道的ZIF中，ZIF-412具有尺寸最大的笼子。

20.5.1.3　设计准则三：结构可调性的控制

上面讨论的两个准则为设计具有大环和大笼子的ZIF结构提供了基本思路。此外，调控具有不同空间指数的咪唑配体间的比例，可以合成一系列基本组分相同但结构多

种多样的 ZIF 结构。采用具有不同 δ 值的配体，不仅可以合成具有最大孔道开口或最大笼子的结构，还可以通过调控不同配体间的比例来合成其它一系列结构。这些结构虽然不具有最大孔道开口或最大笼子，但是依旧可以涵盖很宽的孔道开口大小范围和笼子尺寸范围。当 ZIF 的组分越复杂，即使用的含不同取代基的咪唑配体数目越多，这一准则带来的意义就越深远，因为这一准则带来的是几乎无限多的结构可能。这个概念在组分种类一致但底层拓扑不同的 ZIF-486（$Zn(nBIM)_{0.20}(mIM)_{0.65}(IM)_{1.15}$，**gme**）、ZIF-376（$Zn(nBIM)_{0.25}(mIM)_{0.25}(IM)_{1.5}$，**lta**）和 ZIF-414（$Zn(nBIM)_{0.91}(mIM)_{0.62}(IM)_{0.47}$，**ucb**）的研究中得到验证。这三例结构都是通过 Zn^{2+} 与比例不等的 nBIM（$\delta = 1064\text{Å}^4$）、mIM（$\delta = 319\text{Å}^4$）和 IM（$\delta = 248\text{Å}^4$）混合配体的网格化构筑得到。三种结构中最大笼子尺寸分别为 22.6Å、27.5Å 和 45.8Å。

20.5.2　ZIF 的功能化

采用与第 6 章中描述的类似或相同的方法，ZIF 可以通过合成前、原位或合成后修饰（PSM）等手段实现功能化，从而赋予材料各种各样的功能。这些丰富的功能化方法在对应的无机沸石领域并不具备。在此，我们将选择性地讨论一些 ZIF 功能化和修饰的例子。

要通过在 ZIF 的有机骨架上开展化学反应来实现功能化，首先需要在骨架上引入能够让反应发生的官能团。这样的官能团可以在 ZIF 合成前预先安装在配体上，或通过 ZIF 中配体交换来实现。2-咪唑甲醛（1*H*-imidazole-2-carbaldehyde，简称 aIM）是一种携带合适官能团的咪唑配体。2 号位上的醛基可与胺反应形成亚胺键，也可以被 $NaBH_4$ 等还原剂还原成羟基。ZIF-90（$Zn(aIM)_2$）是一例由 Zn^{2+} 与 aIM 构筑而成的 **sod** 框架，它既可以与乙醇胺反应生成 ZIF-92（$Zn(HEIMIM,aIM)_2$），又可以被 $NaBH_4$ 还原生成 ZIF-91（$Zn(MeOHIM,aIIM)_2$）（图 20.9）[29]。在这两种情况下，框架的结晶性和多孔性都得到保留。

上述修饰方法也可以在混合基质膜（MMM）的制备过程中使用。MMM 是 ZIF 研究中一个被深入研究的方向，着重于发展气体分离等应用。多种制备 MMM 的方法利用了 PSM 的优势。我们以在氧化铝表面沉积 ZIF-90 为例说明。首先，需要在氧化铝表面修饰 3-氨基丙基三乙氧基硅烷（3-aminopropyltriethoxysilane，简称 APTES），以便提供胺分子与 aIM 配体源不断地发生亚胺缩合反应，并进而通过 aIM 配体与金属在表面原位结晶生成 ZIF-90[30]。ZIF 中未参与亚胺缩合反应的 aIM 配体可以作为后续功能化修饰的位点，从而调控 MMM 的性能[31]。ZIF 也被证明可以成功进行配体交换反应[32]。具有 **rho** 底层拓扑的镉基 ZIF（CdIF-4，结构简式为 $Cd(eIM)_2$）中的配体 2-乙基咪唑阴离子（2-ethylimidazole，简称 eIM），可在相对温和条件下，通过单晶到单晶的转化过程被 nIM 或 mIM 交换。配体交换后

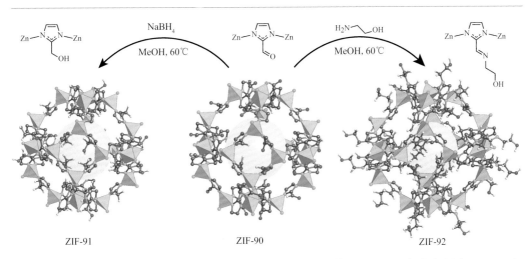

图20.9　ZIF-90的合成后功能化。ZIF-90（中图）中的**aIM**配体可以被还原为醇（左图，ZIF-91），或者与胺反应生成亚胺（右图，ZIF-92）。在这两种情况下，材料的多孔性和结晶性都得以保留。为了清晰呈现结构，图中只显示结构中的一个笼子，同时省略了咪唑上的所有氢原子。颜色代码：Zn，蓝色；C，灰色；N，绿色；O，红色；H，白色

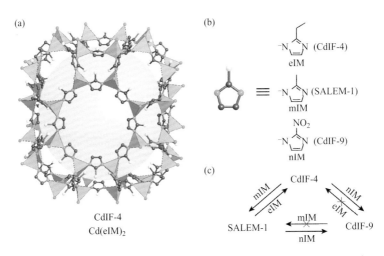

图20.10　CdIF-4中的配体交换反应[32]。（a）CdIF-4的**rho**网络由eIM配体与Cd^{2+}配位构筑而成。（b）研究者探索了三种不同官能团修饰的咪唑配体间的配体交换，通过单晶到单晶的转化生成了三种ZIF。（c）CdIF-4、CdIF-9和SALEM-1之间可开展的配体交换反应

得到的两例ZIF结构被命名为CdIF-9（Cd(nIM)$_2$）和SALEM-1（Cd(mIM)$_2$）（图20.10）。配体交换同样也可以实现对MMM性能的调控，例如可对ZIF-7 MMM中的配体进行交换，从而兼顾MMM的高选择性和高渗透率[33]。

20.6　总结

在本章中，我们介绍了MOF的一个重要的子门类ZIF。与无机沸石类似，ZIF的结构通过配体连接四面体构型节点构筑而成。四面体的单金属节点和咪唑类配体的组合带来了四面体构型结构，结构中往往具有通过窄开口相连的大笼子。尽管ZIF只由相互连接的四面体顶点组成，但其结构多样性似乎无限。我们讨论了ZIF的结构特征、一般合成方法，并重点介绍了一些常见的拓扑。我们引入空间指数这一概念来指导具有大笼子的ZIF的设计与合成。此外，与MOF一样，ZIF中的有机咪唑配体可以通过PSM法实现功能化。

参考文献

[1] Cronstedt, A.F. (1756). *Rön och beskrifning om en obekant bärg art, som kallas Zeolites*. Stockholm: Svenska Vetenskaps akademiens Handlingar (trans. J.L. Schlenker and G.H. Kühl. Proceedings of the 9th International Conference on Zeolites. 1993).

[2] Damour, A. (1840). Über das Bleigummi und thonerdhaltiges phosphorsaures Bleioxyd von Huelgoat. *Annales des Mines* 17: 191.

[3] de St. Claire-Deville, H. (1862). Reproduction de la levyne. *Comptes Rendus* 54 (1862): 324–327.

[4] (a) Friedel, G. (1896). New experiments on zeolites. *Bulletin de la Société Française de Minéralogie* 19: 363–390. (b) Friedel, G. (1896). Sur quelques propriétés nouvelles des zéolithes. *Bulletin de la Société Française de Minéralogie, Paris* 19: 94–118.

[5] (a) Sherman, J.D. (1999). Synthetic zeolites and other microporous oxide molecular sieves. *Proceedings of the National Academy of Sciences* 96 (7): 3471–3478. (b) Barrer, R.M. (1945). Separation of mixtures using zeolites as molecular sieves. I. Three classes of molecular-sieve zeolite. *Journal of the Society of Chemical Industry* 41 (12): 130–133.

[6] (a) Barrer, R.M. (1981). Zeolites and their synthesis. *Zeolites* 1 (3): 130–140. (b) Barrer, R.M. (1948). 33. Synthesis of a zeolitic mineral with chabazite-like sorptive properties. *Journal of the Chemical Society (Resumed)* 127–132.

[7] Wilson, S.T., Lok, B.M., Messina, C.A. et al. (1982). Aluminophosphate molecular sieves: a new class of microporous crystalline inorganic solids. *Journal of the American Chemical Society* 104 (4): 1146–1147.

[8] Flanigen, E.M., Lok, B.M., Patton, R.L., and Wilson, S.T. (1986). Aluminophosphate molecular

sieves and the periodic table. *Pure and Applied Chemistry* 58 (10): 1351–1358.

[9] (a) Baerlocher, C., McCusker, L.B., and Olson, D.H. (2007). *Atlas of Zeolite Framework Types*. Elsevier. (b) Corma, A., Díaz-Cabañas, M.J., Jiang, J. et al. (2010). Extra-large pore zeolite (ITQ-40) with the lowest framework density containing double four- and double three-rings. *Proceedings of the National Academy of Sciences of the United States of America* 107 (32): 13997–14002. (c) Flanigen, E.M., Broach, R.W., and Wilson, S.T. (2010).Introduction. S. Kulprathipanja In: *Zeolites in Industrial Separation and Catalysis*, Wiley-VCH 1–26.

[10] (a) Eddaoudi, M., Sava, D.F., Eubank, J.F. et al. (2015). Zeolite-like metal-organic frameworks (ZMOFs): design, synthesis, and properties. *Chemical Society Reviews* 44 (1): 228–249. (b) Wang, B., Cote, A.P., Furukawa, H. et al. (2008). Colossal cages in zeolitic imidazolate frameworks as selective carbon dioxide reservoirs. *Nature* 453 (7192): 207–211. (c) Phan, A., Doonan, C.J., Uribe-Romo, F.J. et al. (2010). Synthesis, structure, and carbon dioxide capture properties of zeolitic imidazolate frameworks. *Accounts of Chemical Research* 43 (1): 58–67.

[11] Chen, B., Yang, Z., Zhu, Y., and Xia, Y. (2014). Zeolitic imidazolate framework materials: recent progress in synthesis and applications. *Journal of Materials Chemistry A* 2 (40): 16811–16831.

[12] Liu, Y., Kravtsov, V.C., Larsen, R., and Eddaoudi, M. (2006). Molecular building blocks approach to the assembly of zeolite-like metal-organic frameworks (ZMOFs) with extra-large cavities. *Chemical Communications* (14): 1488–1490.

[13] Liu, Y., Kravtsov, V.C., and Eddaoudi, M. (2008). Template-directed assembly of zeolite-like metal-organic frameworks (ZMOFs): a usf-ZMOF with an unprecedented zeolite topology. *Angewandte Chemie International Edition* 47 (44): 8446–8449.

[14] (a) Férey, G., Mellot-Draznieks, C., Serre, C., and Millange, F. (2005). Crystallized frameworks with giant pores: are there limits to the possible? *Accounts of Chemical Research* 38 (4): 217–225. (b) Férey, G., Mellot-Draznieks, C., Serre, C. et al. (2005). A chromium terephthalate-based solid with unusually large pore volumes and surface area. *Science* 309 (5743): 2040–2042.(c) Férey, G., Serre, C., Mellot-Draznieks, C. et al. (2004). A hybrid solid with giant pores prepared by a combination of targeted chemistry, simulation, and powder diffraction. *Angewandte Chemie International Edition* 116 (46):6456–6461.

[15] Baburin, I., Leoni, S., and Seifert, G. (2008). Enumeration of not-yet- synthesized zeolitic zinc imidazolate MOF networks: a topological and DFT approach. *The Journal of Physical Chemistry B* 112 (31): 9437–9443.

[16] Huang, X., Zhang, J., and Chen, X. (2003). [Zn(bim)$_2$] • (H$_2$O)$_{1.67}$: a metal-organic open-framework with sodalite topology. *Chinese Science Bulletin* 48 (15): 1531–1534.

[17] (a) Huang, X.-C., Lin, Y.-Y., Zhang, J.-P., and Chen, X.-M. (2006).Ligand-directed strategy for zeolite-type metal-organic frameworks: zinc(II) imidazolates with unusual zeolitic topologies. *Angewandte Chemie International Edition* 45 (10): 1557–1559. (b) Banerjee, R., Phan, A., Wang, B. et al. (2008). High-throughput synthesis of zeolitic imidazolate frameworks and application to CO$_2$ capture. *Science* 319 (5865): 939–943.

[18] Yang, J., Zhang, Y.-B., Liu, Q. et al. (2017). Principles of designing extra-large pore openings and cages in zeolitic imidazolate frameworks. *Journal of the American Chemical Society* 139 (18):

6448–6455.

[19] Fu, Y.-M., Zhao, Y.-H., Lan, Y.-Q. et al. (2007). A chiral 3D polymer with right- and left-helices based on 2,2′-biimidazole: synthesis, crystal structure and fluorescent property. *Inorganic Chemistry Communications* 10 (6): 720–723.

[20] Park, K.S., Ni, Z., Côté, A.P. et al. (2006). Exceptional chemical and thermal stability of zeolitic imidazolate frameworks. *Proceedings of the National Academy of Sciences of the United States of America* 103 (27): 10186–10191.

[21] Hayashi, H., Cote, A.P., Furukawa, H. et al. (2007). Zeolite A imidazolate frameworks. *Nature Materials* 6 (7): 501–506.

[22] Zhang, J., Wu, T., Zhou, C. et al. (2009). Zeolitic boron imidazolate frameworks. *Angewandte Chemie International Edition* 48 (14): 2542–2545.

[23] Chen, W.-T., Fang, X.-N., Luo, Q.-Y. et al. (2007). Poly[μ_2-4,4′-bipyridine- di-μ_2-bromido-cadmium(II)], with novel colour-tunable fluorescence. *Acta Crystallographica Section C: Crystal Structure Communications* 63 (9): 398–400.

[24] Masciocchi, N., Bruni, S., Cariati, E. et al. (2001). Extended polymorphism in copper(II) imidazolate polymers: a spectroscopic and XRPD structural study. *Inorganic Chemistry* 40 (23): 5897–5905.

[25] Tian, Y.-Q., Cai, C.-X., Ren, X.-M. et al. (2003). The silica-like extended polymorphism of cobalt(II) imidazolate three-dimensional frameworks: X-ray single-crystal structures and magnetic properties. *Chemistry – A European Journal* 9 (22): 5673–5685.

[26] Wu, T., Bu, X., Zhang, J., and Feng, P. (2008). New zeolitic imidazolate frameworks: from unprecedented assembly of cubic clusters to ordered cooperative organization of complementary ligands. *Chemistry of Materials* 20 (24): 7377–7382.

[27] Spek, A., Duisenberg, A., and Feiters, M. (1983). The structure of the three-dimensional polymer poly [μ-hexakis(2-methylimidazolato-N ,$N′$)- triiron(II)],[Fe$_3$(C$_4$H$_5$N$_2$)$_6$]$_n$. *Acta Crystallographica Section C: Crystal Structure Communications* 39 (9): 1212–1214.

[28] Wu, T., Bu, X., Liu, R. et al. (2008). A new zeolitic topology with sixteen-membered ring and multidimensional large pore channels. *Chemistry – A European Journal* 14 (26): 7771–7773.

[29] Morris, W., Doonan, C.J., Furukawa, H. et al. (2008). Crystals as molecules: postsynthesis covalent functionalization of zeolitic imidazolate frameworks. *Journal of the American Chemical Society* 130 (38): 12626–12627.

[30] (a) Huang, A., Bux, H., Steinbach, F., and Caro, J. (2010). Molecular-sieve membrane with hydrogen permselectivity: ZIF-22 in LTA topology prepared with 3-aminopropyltriethoxysilane as covalent linker. *Angewandte Chemie International Edition* 122 (29): 5078–5081. (b) Huang, A., Dou, W., and Caro, J.r. (2010). Steam-stable zeolitic imidazolate framework ZIF-90 membrane with hydrogen selectivity through covalent functionalization. *Journal of the American Chemical Society* 132 (44): 15562–15564.

[31] Huang, A. and Caro, J. (2011). Covalent post-functionalization of zeolitic imidazolate framework ZIF-90 membrane for enhanced hydrogen selectivity. *Angewandte Chemie International Edition* 50 (21): 4979–4982.

[32] Karagiaridi, O., Bury, W., Sarjeant, A.A. et al. (2012). Synthesis and characterization of isostructural cadmium zeolitic imidazolate frameworks via solvent-assisted linker exchange. *Chemical Science* 3 (11): 3256–3260.

[33] Al-Maythalony, B.A., Alloush, A.M., Faizan, M. et al. (2017). Tuning the interplay between selectivity and permeability of ZIF-7 mixed matrix membranes. *Matrix* 13: 25.

第四篇

4

21 动态框架

21.1 引言

网格化学研究将分子型构造单元通过强键连接成结构明确的拓展型结构，如金属有机框架（MOF）和共价有机框架（COF）[1]。这些材料因结构稳定并保持永久多孔性而为大家熟知。这样的结构特点通常归因于由具有明确方向性的强化学键构成的材料主干。MOF和COF结构中有较大的可及空隙，这些空隙赋予了材料各组分在固相中大幅移动的潜力。这看似与框架主干刚性的特点相矛盾，同时这样的运动在传统的拓展型结构中很难实现。要理解这一点，我们需要分析结构需满足哪些标准，才能在不导致结构整体坍塌或受明显影响的前提下，实现各组分可移动的拓展型固体结构。总体上我们需要考虑两点：①各组分必须能在不相互干扰的情况下移动，因此空旷的多孔框架是一个必要条件；②结构中需引入特定的薄弱位点（weak point），以便控制运动发生的位置。网格化学可以有效解决这两点困难。基于分子构造单元的构筑过程，可以得到具有预设组成的多孔网格框架，同时也可以确保各种不同类型的化学键共存于单一框架内。

研究者们应用了多种不同策略来构造可在固体状态下进行组分大幅移动的目标MOF/COF。我们可将这些策略按照框架动态性的普遍模式进行分类。一般来说，这些策略可以分为四种情况：①同步的全局动态性（synchronized global dynamics），其中框架主干存在两个或多个各异的构象，不同构象可以通过外界刺激（如气压或温度）相互转换；②同步的局部动态性（synchronized local dynamics），即主干不受影响，但修饰于主干的官能团可在外界刺激下发生同步运动；③独立的全局动态性（independent global dynamics），框架的主干由机械键（mechanical bond）而非化学键连接而成，因此允许框架在无需生成或打破共价键，也无需外界刺激的条件下发生运动；④独立的局部动态性（independent local dynamics），其主干上悬挂有通过机械键相互交锁的组分，该组分可在

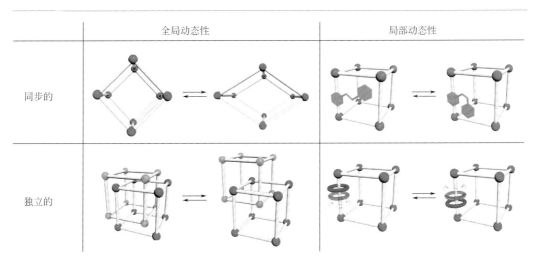

图21.1　拓展型框架结构动态性的典型模式。动态性可以是全局的，它将影响整个框架主干；也可以是局部的，即动态性独立于框架主干之外。此外，我们区分同步动态性（可实现的不同状态彼此可清晰区分，且不同状态下的MOF结构是明确的）和独立动态性（在整个框架中，运动为"连续"发生，不与外界刺激同步）。所谓"呼吸"（breathing）MOF的动态性为同步的全局动态性。主干上修饰有分子开关（molecular switch）的框架具有局部动态性。穿插或编织的框架具有独立的全局动态性，其中通过机械键相互交锁的组分在无需形成或破坏化学键的条件下展示了很大的运动自由度。类似地，主干上修饰有机械互锁的大环的框架具有独立的局部动态性

不影响主干的情况下内部发生相互运动（图21.1）。在本章中，我们将定义拓展型框架结构中不同的动态性模式，并着重介绍各自的基本设计原则。

21.2　同步动态行为中的结构柔性

当外力施加于"柔性"（flexible）MOF和COF时，框架有所屈伸，导致结构变化。在分子水平上，这一过程可以理解为键的形成和断裂、键长的改变、键角的扭曲。若整个框架主干是动态的，那么框架的运动就是全局的；而若运动独立于主干之外，那么该运动就是局部的。具有呼吸效应的MOF体现了全局柔性（global flexibility）。该呼吸效应被外界刺激激发时，MOF内部的空隙会发生显著变化。局部柔性（local flexibility）则通过使用分子开关修饰框架主干来实现。这些分子开关可以在不影响框架完整性的前提下呈现两种（或多种）不同的构象。在上述两种情况下，组分的动态行为都是有序的，并由外界刺激激发。外界刺激同时为结构变化提供必需的能量。

21.2.1　同步的全局动态性

研究发现，某些MOF在外界刺激（如客体分子的封装、热、气压等）下会发生可逆的结构相变。这些相变通常伴随着因结构扩张或收缩引起的孔体积急剧变化。一般来说，这类材料可在两种或两种以上不同的状态之间协同切换，且完全保持长程有序性，这一现象通常被称为"呼吸"。由此产生的大幅度结构运动与传统晶态材料的动态性形成了鲜明的对比，因为传统晶态结构内的大幅度运动将导致晶体结构的坍塌。"呼吸"的框架在不同相变状态下具有明确的晶体结构。这不仅使我们可以明确区别不同的相变状态，而且便于我们对这些本应刚性的MOF的柔性来源进行研究。在受外界刺激时，柔性框架会在其最薄弱的位置发生扭曲。就此而言，含有以下特征的MOF更容易具有柔性：①具有棒状的次级构造单元（SBU）和四方形一维孔道体系；②基于金属中心配位模式灵活的离散型SBU；③配体具有内在柔性[2]。

21.2.1.1　基于棒状SBU的MOF的呼吸效应

MIL-53是首例表现出大幅度结构柔性的MOF例子。该系列框架的化学式为$M^{3+}(OH)$(BDC)，其中M为Al、Fe、Cr、Sc、Ga[3]。在晶体结构中，一维的棒状SBU与BDC连接形成三维的**sra**拓扑拓展型结构。结构沿晶体学c轴方向具有四方形的一维孔道（图21.2）。受不同类型外界刺激时，(Cr)MIL-53可呈现三种不同的相：初合成（as）相、窄孔（np）相和宽孔（wp）相。(Cr)MIL-53-as（$V = 1440Å^3$）的孔道被无序的H_2BDC分子所占据。当加热样品至573K时，这些未结合的自由分子被移除，得到(Cr)MIL-53-wp（$V = 1486Å^3$）。随后在空气中降温导致结构进一步转变为(Cr)MIL-53-np，孔体积明显下降（$V = 1012Å^3$）。在这些完全可逆的相转变过程中，无机SBU以及完全基于sp^2杂化原子的配体均保持不变。因此，结构柔性一定来源于这两种组分的接合处。事实上，晶体学数据证实了该结构的薄弱位点为八面体Cr^{3+}离子的配位环境。在相转变时，配体围绕羧酸的O—O轴旋转，导致O—Cr—Cr—O面和O—C—O面之间的二面角变化。(Cr)MIL-53-as、(Cr)MIL-53-wp、(Cr)MIL-53-np中的对应二面角度值分别为177.51°、180.1°以及139.1°。人们还观察到在去除客体分子以及低温条件下，框架呈窄孔相；在有客体分子或者高温时，结构中孔道打开，得到(Cr)MIL-53-wp（图21.2）[4]。需要指出的是，孔道的四方形形状是非常关键的，它允许配体围绕着所有SBU进行同步地旋转。在框架扭曲的过程中，羧基围绕着O—O轴旋转，其运动模式类似于曲腿伸腿过程中"膝盖骨"的运动。

我们将MIL-53系列与MIL-68（M^{3+}(BDC)(OH)，其中M = V、Fe、Al、In）进行对比，来阐述这一研究的重要性。MIL-68具有和MIL-53一样的化学组成和SBU，但它们的具体结构不同。MIL-53具有四方形孔道；而MIL-68为**rad**拓扑结构，沿晶体学c轴方向具

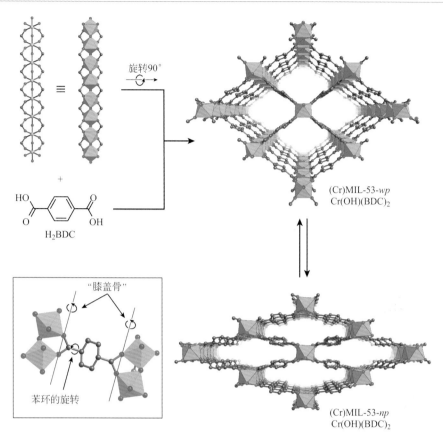

图21.2　(Cr)MIL-53的呼吸行为。(Cr)MIL-53由线型棒状SBU和BDC配体构筑。在有客体分子存在和较高温度条件下，框架沿结晶学 *c* 轴方向具有宽的菱形孔道。在冷却至室温和／或移除客体分子后，框架结构扭曲。具体而言，羧基以"膝盖骨"运动的方式围绕羧酸O-O轴旋转，并伴随着BDC配体中心苯环的旋转。结构扭曲后产生狭窄的菱形孔道。该框架扭曲过程是完全可逆的。为了清晰呈现结构，所有氢原子被省略。颜色代码：Cr，蓝色；C，灰色；O，红色

有平行的六边形孔道和三角形孔道。所以在MIL-68中，配体绕着SBU进行同步旋转是被禁止的，该MOF不具有呼吸效应[5]。

21.2.1.2　基于离散型SBU的MOF的呼吸效应

离散型SBU也可以赋予框架柔性。事实上，零维的无机SBU比一维SBU具有更高的柔性。这一高柔性的来源与一维SBU体系一致，依旧是金属中心周围配体的旋转。然而，与一维棒状SBU体系相比，离散型SBU体系发生的扩张／收缩运动并不局限于二维空间。

直观地看，客体分子进入柔性框架时结构将扩张，而移除客体分子时结构收缩。然而，我们在DMOF-1 [Zn$_2$(BDC)$_2$(DABCO)，DABCO = 三亚乙基二胺（1,4-二氮杂二环 [2.2.2]辛烷，1,4-diazabicyclo [2.2.2]octane）] 中观察到了的反常的呼吸行为。在DMOF-1

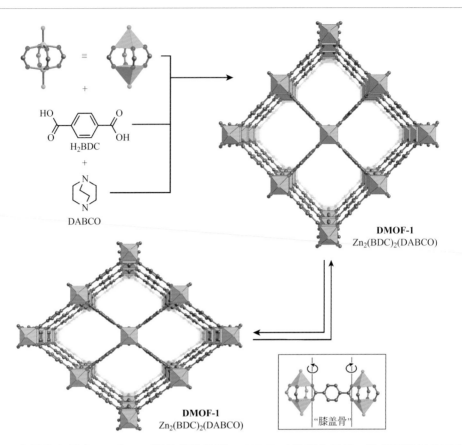

DMOF-1
Zn₂(BDC)₂(DABCO)

"膝盖骨"

DMOF-1
Zn₂(BDC)₂(DABCO)

图 21.3　由铜基车辐式 SBU 和 BDC 配体相连得到 Zn₂(BDC)₂ 二维四方网格。这些层通过 DABCO 柱配体支撑，生成具有 **pcu** 拓扑的框架 DMOF-1。不含客体分子的框架沿晶体学 *c* 轴具有较大的四方形孔道。当苯分子吸入孔道后，孔开口变成窄的菱形。该结构中的薄弱位点是可以绕着羧酸中 O—O 轴旋转的金属羧酸配位键。为了清晰呈现结构，所有氢原子被省略。颜色代码：Zn，蓝色；C，灰色；N，绿色；O，红色

中，双核车辐式 SBU 和线型二连接 BDC 配体相连，形成扭曲的二维四方格构型 Zn₂(BDC)₂ 层（图 21.3）。车辐式 SBU 的轴向位置被 DABCO 柱子占据，从而将结构由二维层拓展至 **pcu** 拓扑的三维框架。客体分子被移除后结构孔道呈正方形。苯分子被吸入结构后孔道收缩成菱形。该结构的薄弱位点同样是无机 SBU 周边的配位环境。这种结构扭曲伴随着单位分子式占据体积的减小（从 1147.6Å³ 到 1114.2Å³），这一过程的热力学驱动力是分子与框架间的主客体相互作用[6]。

　　醋酸铁和萘-2,6-二甲酸（naphthalene-2,6-dicarboxylic acid，简称 H₂NDC）网格化构筑得到具有 **asc** 拓扑的 (Fe)MIL-88(C)（Fe₃(O)(OH)(H₂O)₂(NDC)₃）（图 21.4）。该框架具有呼吸效应，其 *np* 相与 *wp* 相的晶胞体积值相差 230%。与基于棒状 SBU 的 MOF 相比，这是一个非常显著的呼吸效应例子。基于棒状 SBU 的 MOF 的 *np* 相和 *wp* 相晶胞体

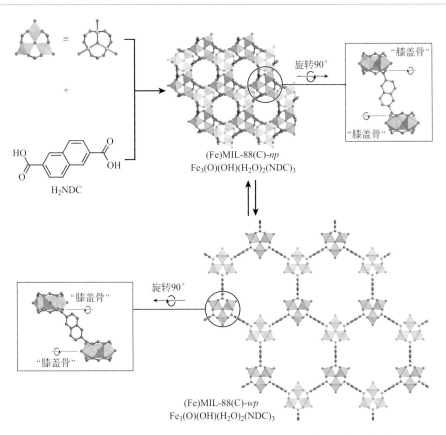

图21.4　线型二连接NDC配体和离散型$Fe_3(O)(OH)(H_2O)_2$ SBU组成的三维 **acs** 拓扑 (Fe)MIL-88(C) 框架的柔性。由于与DMF有利的相互作用，与SBU配位的羧基可绕O-O轴以一种"膝盖骨"运动的方式旋转达30°，从而增大SBU-SBU的距离。该变化使晶胞体积增大230%。为了清晰呈现结构，所有氢原子被省略。颜色代码：Zn，蓝色；C，灰色；O，红色

积差别最大仅到40%。闭合相的 (Fe)MIL-88(C) 晶格能更小，因此在没有客体分子条件下，晶体处于闭合相。为了容纳客体分子，与三金属核SBU配位的羧基可围绕O-O轴旋转达30°，从而拉伸了SBU-SBU的距离，最终导致晶体在三个维度上的扩张，类似于膨胀的效果。该MOF可选择性吸附不同化学性质的客体分子。具体来说，(Fe)MIL-88(C) 的晶胞体积在活化的 *np* 相状态下为 $2120Å^3$，样品接触DMF后结构变成 *wp* 相（晶胞体积增加至 $5695Å^3$）。相对比，在有水、甲醇和二甲基吡啶条件下，晶胞体积基本保持不变（$2270Å^3$）[7]。

21.2.1.3　扭曲有机配体赋予MOF柔性

有机配体的刚性是构筑结构稳定框架的必要条件。在比较少见的例子中，外界刺激的诱导使本来刚性的有机单元发生弯曲，从而赋予框架柔性。DUT-49（Cu_2BBCDC，其中

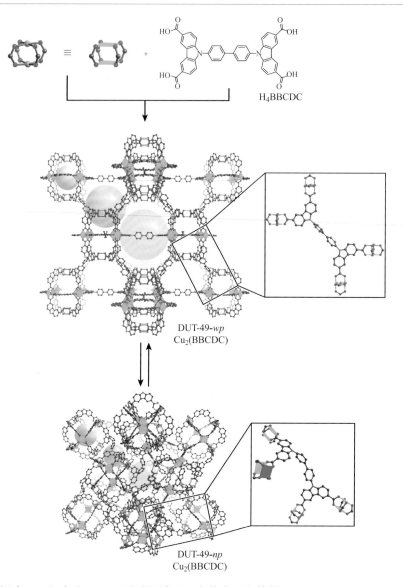

图21.5   车辐式SBU和咔唑-3,6-二甲酸根单元组成截半立方体构型12-c的TBU。这些TBU通过线型联苯单元连接，形成 **fcu** 拓扑框架DUT-49。在吸附甲烷（10kPa）和丁烷（30kPa）时，有机配体的弯曲导致结构重整，结构内部孔体积减小，材料表现为负向气体吸附。为了清晰呈现结构，所有氢原子被省略。颜色代码：Zn，蓝色；C，灰色；N，绿色；O，红色

BBCDC = 9,9′-([1,1′-联苯]-4,4′-二基)双(9H-咔唑-3,6-二甲酸根)，9,9′-([1,1′-biphenyl]-4, 4′-diyl)bis(9H-carbazole-3,6-dicarboxylate)）就是一个这样的例子[8]。DUT-49由铜基车辐式 SBU和四连接的H₄BBCDC配体构筑。在该结构中，车辐式SBU通过咔唑-3,6-二甲酸根 基团连接形成截半立方体构型MOP（见第19章）[9]。这些12-c三级构造单元（TBU）通 过线型的联苯单元连接，形成一例整体拓扑为 **fcu** 的框架（图21.5）。该框架为多级孔结

构，内部具有三种不同类型的孔：尺寸为12Å的截半立方体笼，尺寸为18Å的四面体笼和尺寸为26Å的八面体笼[8]。常规微孔材料的气体吸附量随着外界气体压力的增加而增加，然而DUT-49表现出反常的气体吸附行为。DUT-49显示了异常的负向气体吸附等温线（negative gas adsorption isotherm）[10]。当气体压力增加时，材料中观察到气体自发的脱附现象（吸附质为甲烷和正丁烷时，对应的压力为10kPa和30kPa）。研究者仔细分析单晶X射线衍射数据发现，由于配体主干的严重扭曲导致TBU旋转，引起框架急剧收缩（孔体积减小61%）（图21.5）。理论计算表明，甲烷分子与收缩后的小孔道有更强的亲和力，这样获得的稳定增益补偿了有机分子较高的张力所导致的体系能量升高。这种框架形变导致孔体积减小，事先吸附于孔道的气体分子随即被释放[11]。

　　上文讨论的三种柔性模式仅代表最常报道的"呼吸"MOF中的情况。在这些例子中，整体框架都经历了由外界刺激引起的同步相转变。结构的薄弱位点可以是配体与SBU间的配位接合处，也可以是有机配体本身。

21.2.2　同步的局部动态性

　　在具有呼吸效应的MOF中，框架的主干在框架扩张/收缩时明显扭曲。而框架的整体结构稳定性也会随着多次"呼吸"而受影响。为了在框架主干无需扭曲的条件下引入动态性，人们将光控分子开关（molecular photoswitch，即在与光作用时其构象或结构发生改变的有机分子）修饰到有机配体上，进而整合到MOF结构中。这时候，材料的孔尺寸、孔形以及吸附特定客体分子的能力，都可以直接通过光照来控制。引入光控开关最常见的方法，是将它们作为侧基官能团修饰到配体上。尽管有许多分子在光照下表现出广泛的开关效应，但至2019年为止，只有经典的偶氮苯光控开关分子被引入到MOF中。在大多数报道中，偶氮苯光控开关被悬挂于孔壁上。经365nm光照后，偶氮苯由反式构象转变为顺式构象。这一构象转变过程通常伴随着材料孔开口尺寸的明显变化，进而改变内部空隙的可及性。通过吸收更高波长（440nm）的光或加热，开关就可切换回最初状态，因而整个开关过程是可逆的。IRMOF-74-Ⅲ(azo)（Mg₂(azo-DOT-Ⅲ)）是具有 **etb** 拓扑的经典MOF-74的同网格结构。它通过azo-DOT-Ⅲ配体连接一维SBU构筑。IRMOF-74-Ⅲ(azo)具有沿结晶学 *c* 轴方向的六边形一维介孔孔道（图21.6）[12]。IRMOF-74-Ⅲ(azo)中的每个azo-DOT-Ⅲ配体都修饰有一个偶氮苯光控开关单元。该偶氮苯单元可在408nm光激发下发生顺式和反式构象的互换。这一开关效应独立于框架主干之外，直接影响了材料的孔开口大小（从反式构象的8.3Å扩张至顺式构象的10.3Å）。这种开关效应进一步通过碘化丙啶染料在MOF内的可控负载和释放证实了。光谱研究表明，正常环境下该MOF不释放荧光染料；但受到408nm光照时，偶氮苯官能团因反复异构化而快速摆动，使得染料从孔道中迅速释放。

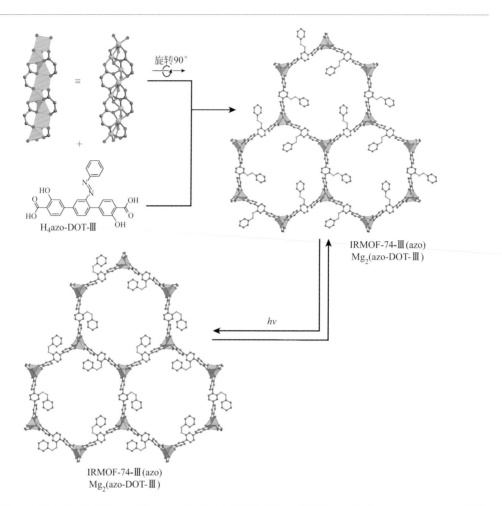

H₄azo-DOT-Ⅲ

IRMOF-74-Ⅲ(azo)
Mg₂(azo-DOT-Ⅲ)

IRMOF-74-Ⅲ(azo)
Mg₂(azo-DOT-Ⅲ)

图 21.6 **etb** 拓扑的 IRMOF-74-Ⅲ(azo) 中同步的局部动态性。该 MOF 由棒状 SBU 和 azo-DOT-Ⅲ 配体构筑。修饰于框架主干上的光控开关发生顺式/反式异构化，此过程受波长为 408nm 的光照控制。这一运动在整个框架内均匀发生，且独立于框架主干。为了清晰呈现结构，所有氢原子被省略。颜色代码：Mg，蓝色；C，灰色；N，绿色；O，红色

在具有光控开关效应的 MOF 中，框架的主干不受开关运动影响。然而，这个策略依然依赖于共价键的异构化（即屈伸运动），因而此类材料在寿命和耐久性方面有待提高。

21.3 框架的独立动态性

实现拓展型结构动态性的另一种根本不同的方法是构建自适应框架（adaptive framework）。在这类框架中，动态行为并非由某一特定的外界刺激触发，它可以或全局

地、或局部地自适应多种外部影响。若要实现自适应框架，框架中的一些组分应当能够自由移动，且移动过程无需让化学键屈伸。这样的框架可以通过使用机械键而非化学键来实现。机械键把分子实体通过物理交错结合在一起，分子实体之间不存在化学键。这对于设计材料的动态性是非常有利的，因为框架的各组分可以独立地移动，但又不至于彼此分离。对于独立动态性，我们也进一步将其分为全局的和局部的两类。通过机械键在拓展型框架的有机支撑上引入大环分子，从而将框架的刚性和动态性结合为一体，这被称为所谓的"鲁棒动态性"（robust dynamics）。在这种情况下，大环的运动是独立于框架主干的，且可以在无外界刺激的情况下发生。穿插的拓展型结构具有全局动态性，因为各个框架可以发生相对运动。由分子织线（molecular thread）编织（weaving）形成的三维框架中也具有全局动态性。需要注意的是，在柔性框架中，相应构造单元的运动与外界刺激同步发生。而基于机械键的自适应动态性无需外界刺激，因而此类动态性是独立的，而不是同步的。

21.3.1　独立的局部动态性

为了改善柔性框架在寿命和耐久性方面的不足，人们把机械互锁分子嵌入到刚性框架主干中。这样它们就能够在不影响整个系统完整性的前提下发生动态行为（鲁棒动态性）[13]。系统中一些组分通过机械键（而非化学键）连接，因此各单元间可以实现较大幅度的相对分子运动。在分子水平上，机械键已在分子机器、分子肌肉和分子转子等研究领域硕果累累。因为在这些基于机械键的分子运动过程中，只有弱的非共价键被破坏，这些键也可以完全可逆和高度可控地重新生成[14]。在 MOF-1040（$(Zn_4O(BPCu)_3$，其中 BPCu = Cu^+ 配位的 [4,4′-（邻二氮菲-3,8-二基）二苯甲酸根]-轮-[4,7,10,13,16,19-六氧杂-2(2,9)-邻二氮菲并-1,3(1,4)-二苯并环二十六蕃]，Cu^+-4,7,10,13,16,19-hexaoxa-2(2,9)-phenanthrolina-1,3(1,4)-dibenzenacyclohexacosaphane@4,4′-(1,10-phenanthroline-3,8-diyl)dibenzoate)）结构中，大环以机械键方式修饰于 MOF 主干上。Cu(I) 与双邻二氮菲单元配位生成的准轮烷（pseudorotaxane）配体 H_2BPCu 与 Zn^{2+} 网格化构筑，得到具有 **pcu** 拓扑的框架 MOF-1040（图 21.7）。该框架与 MOF-5 同网格。该二重穿插框架的单晶结构证实了：Cu(I) 配位的准轮烷在 MOF 合成条件下结构保持稳定。框架内的 Cu^+ 可在环境条件下被氧化为 Cu^{2+}，过程中 MOF 主干的结构完整性不受影响。这一金属氧化过程也证实了框架内金属铜中心是化学可及的。从理论上讲，完全去金属化后，各个独立的且仅通过机械键与框架相连的大环，可以在相邻 SBU 之间的有机支撑上自由移动。然而可能是由于框架对 Cu^+ 中心的空间屏蔽作用，完全的去金属化过程无法在框架中实现（图21.7）。

相比之下，$Zn_4O(-COO)_6$ SBU 和四连接的 H_4BITC（4,4′,4″,4‴-(1,4-亚苯基双(1H-苯并咪唑-2,4,7-三基)）四苯甲酸-轮-(24-冠醚-8)，24-crown-8@4,4′,4″,4‴-(1,4-

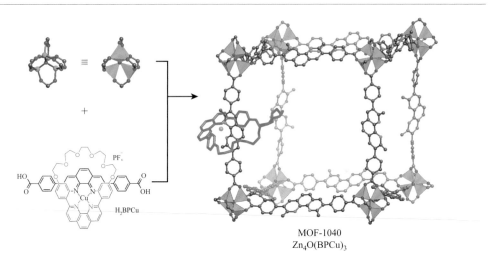

MOF-1040
Zn₄O(BPCu)₃

图21.7　通过机械键将大环修饰于MOF-1040主干上。MOF-1040由Zn₄O(—COO)₆ SBU和二连接的BPCu配体构筑。该配体为一个准轮烷，其线型分子和大环在Cu(Ⅰ)配位模板作用下套在一起。网格化合成后，大环被限制在相邻两个SBU之间的有机支撑上。由于二重穿插结构中Cu(Ⅰ)周围的空间屏蔽作用，实现框架的去金属化具有较大难度。为了清晰呈现结构，所有氢原子和第二重穿插网络被省略，且图中只用粉色突出显示一个大环。Zn，蓝色；Cu，橙色；C，灰色；N，绿色；O，红色

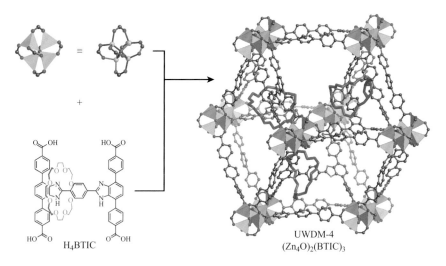

UWDM-4
(Zn₄O)₂(BTIC)₃

图21.8　机械键连在UWDM-4骨架上的24-冠醚-8的独立的局部动态性。该框架由Zn₄O(—COO)₆ SBU和四连接的H₄BITC配体构筑，具有**acs**整体拓扑。24-冠醚-8被固定于配体的两个三联苯二甲酸之间的横梁上。尽管大环与横梁并无强的化学作用，但大环并不会在MOF合成过程中从配体中脱离。在室温下，大环在横梁的两个咪唑单元之间快速穿梭。只有在降温后，这种运动才会减慢，此时大环被限制于配体横梁的两个咪唑单元的其中一个附近。为了清晰呈现结构，所有氢原子和第二重穿插框架被隐去。颜色代码：Zn，蓝色；C，灰色；N，绿色；O，红色

phenylenebis(1*H*–benzo[d]imidazole–2,4,7–triyl))tetrabenzoic acid）配体构筑的UWDM–4
（(Zn₄O)₂(BITC)₃）采取了不同的大环引入策略（图21.8）。在该有机配体中，两个三联苯
二甲酸之间的横梁上有一个24–冠醚–8大环（图21.8中粉色环）。配体中，大环并非通过
金属配位与横梁结合固定，而是通过两头的大尺寸封基（stopper）固定。分子大环可以
自由移动，但更倾向于与位于横梁两端的两个缺电子咪唑单元发生作用[15]。研究者用变
温固态核磁共振（NMR）观察到了冠醚的往复穿梭运动。室温下仅能检测到配体上被占
据和未被占据的咪唑单元的共振结构，表明环在两个位置间的快速穿梭超过了核磁共振
可检测的时间尺度。当温度降低时，穿梭运动变慢，在核磁谱中可以观察到两种不同共
振结构对应的峰。

21.3.2　独立的全局动态性

　　动态MOF中机械键的使用并不仅限于骨架上分子片段的局部运动，研究者也可合
成完全由机械键构筑的框架。这种框架具有全局动态性，即整体结构可以在没有生成或
破坏任何化学键的条件下进行重整。原则上，通过机械键连接构造单元得到的框架有三
类：①穿插的拓展型三维和二维框架；②通过物理交错将一维分子织线编织在一起得到
的框架；③完全由离散型（零维）大环互锁构成的框架[1]。三维和二维框架的穿插已在
固体材料（如MOF、配位网络或无机拓展型结构）领域被深入研究。然而，在三维和二
维穿插框架中，分子片段的相对运动距离是非常有限的，因为若要实现更大幅的运动，
整个扩展三维或二维框架将不可避免地整体移位。

　　相比之下，基于一维编织或零维互锁形成的拓展型结构，给构造单元的选择提供了
更高的自由度。它们可以实现空间上更大的移位而不破坏整体结构。合成此类结构极
具挑战性，但是COF的网格化合成提供了一种直接、通用的制备此类物理交错型材料
的方法。研究者们已成功合成了编织型COF（woven COF）。在此我们以三维框架COF–
505–Cu（(Cu)₁/₂(BF₄)₁/₂[(PDB)(BZ)]ᵢₘᵢₙₑ，其中PDB =4,4′–(1,10–菲咯啉–2,9–二基)二苯甲醛，
4,4′–(1,10–phenanthroline–2,9–diyl)dibenzaldehyde）为例来介绍。COF–505–Cu由四连接
的扭曲四面体构型铜–邻二氮菲配合物（Cu(PDB)₂(BF₄)）和线型二连接配体联苯胺通过
亚胺键连接而得，具有**dia**拓扑（图21.9）[16]。在结构中，金属铜中心仅作为模板引导分
子织线以特定的编织式样进行编织，以避免更常见的分子织线平行排布模式。这些Cu⁺
离子可以在结构合成后被移除或重新加入，该可逆过程不破坏框架整体结构。去金属化
后，所得的**dia–w**拓扑框架COF–505（[(PDB)(BZ)]ᵢₘᵢₙₑ）中的分子织线被赋予了更高的自由
度，织线间允许极大的移位发生，且不会因为"跑线"而"拆"掉整个结构。研究者通过
原子力显微镜（AFM）纳米压痕测试，发现材料的弹性相比于去金属化前增加了10倍。

　　完全由离散大环通过机械键互锁构筑的拓展型框架预计会有最大程度的移动自由

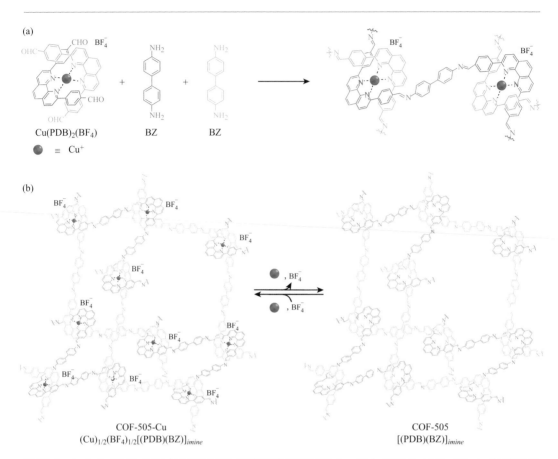

图21.9 （a）Cu(PDB)$_2$(BF$_4$) 与 BZ 通过形成亚胺键实现网格化。（b）所得的 COF-505-Cu 以及对应去金属化后的编织型框架 COF-505。图中展示了框架中的金刚烷型笼结构。COF-505-Cu 的可逆去金属化使框架拓扑由 **dia** 转变为 **dia-w**。**dia-w** 拓扑的 COF-505 主干由相互交错的分子织线仅通过机械键（而非化学键）组成。因此，材料被赋予了更高的自由度，框架内允许相对较大的移位发生。原子力显微镜纳米压痕测定材料的弹性有 10 倍提升，证实了 COF-505 框架更高的自由度

度。这个合成目标的达成是一项长期存在的挑战。我们认为可以通过在编织型结构合成中发展的策略来实现这类结构的合成[17]。

21.4   总结

在本章中，我们讨论了拓展型框架材料动态性的不同模式。我们研究了结构的多孔性和不同类型键的共存对实现组分大幅度运动的重要性。框架的动态性可分为全局的和局部的两类，取决于运动是否影响整个材料主干（或独立于主干之外）。这种动态过程

可以是受到某一特定外界刺激的影响而发生的，其结果为同步的运动。柔性的"呼吸"框架具有同步的全局动态性。在外界刺激下产生扭曲的薄弱位点可以是SBU与有机配体的连接处，也可以单纯是有机配体。同步的局部动态性可以通过在MOF或COF的主干上修饰光控开关来实现。同步的框架动态性依赖于共价键的形成和断裂，或共价键的屈伸，这对材料寿命是不利的。与此相反，独立的框架动态性基于机械键，体系只需要克服弱的非共价相互作用即可支配运动。在局部水平上，这可以通过在框架支撑上引入机械互锁的大环来实现；而在整体水平上，这可以在线型组分机械键编织而成的材料中观察到。值得注意的是，在独立的框架动态行为中，运动可以是自发的（无需与外界刺激同步），并且可以在没有特定外界刺激的情况下发生。

参考文献

[1] (a) Furukawa, H., Cordova, K.E., O'Keeffe, M., and Yaghi, O.M. (2013). The chemistry and applications of metal-organic frameworks. *Science* 341 (6149): 1230444. (b) Diercks, C.S. and Yaghi, O.M. (2017). The atom, the molecule,and the covalent organic framework. *Science* 355 (6328): eaal1585. (c) Yaghi, O.M., O'Keeffe, M., Ockwig, N.W. et al. (2003). Reticular synthesis and the design of new materials. *Nature* 423 (6941): 705–714.

[2] (a) Schneemann, A., Bon, V., Schwedler, I. et al. (2014). Flexible metal-organic frameworks. *Chemical Society Reviews* 43 (16): 6062–6096. (b) Fletcher, A.J., Thomas, K.M., and Rosseinsky, M.J. (2005). Flexibility in metal-organic framework materials: impact on sorption properties. *Journal of Solid State Chemistry* 178 (8): 2491–2510. (c) Sarkisov, L., Martin, R.L., Haranczyk, M., and Smit, B. (2014). On the flexibility of metal-organic frameworks. *Journal of the American Chemical Society* 136 (6): 2228–2231. (d) Bennett, T.D., Cheetham, A.K., Fuchs, A.H., and Coudert, F.-X. (2017). Interplay between defects, disorder and flexibility in metal-organic frameworks. *Nature Chemistry* 9: 11–16.

[3] (a) Loiseau, T., Serre, C., Huguenard, C. et al. (2004). A rationale for the large breathing of the porous aluminum terephthalate (MIL-53) upon hydration. *Chemistry – A European Journal* 10 (6): 1373–1382. (b) Hamon, L., Serre, C., Devic, T. et al. (2009). Comparative study of hydrogen sulfide adsorption in the MIL-53 (Al, Cr, Fe), MIL-47 (V), MIL-100 (Cr), and MIL-101 (Cr) metal-organic frameworks at room temperature. *Journal of the American Chemical Society* 131 (25): 8775–8777. (c) Mowat, J.P., Seymour, V.R., Griffn,J.M. et al. (2012). A novel structural form of MIL-53 observed for the scandium analogue and its response to temperature variation and CO_2 adsorption. *Dalton Transactions* 41 (14): 3937–3941. (d) Volkringer, C., Loiseau, T., Guillou, N. et al. (2009). XRD and IR structural investigations of a particular breathing effect in the MOF-type gallium terephthalate MIL-53 (Ga). *Dalton Transactions* (12): 2241–2249.

[4] Serre, C., Millange, F., Thouvenot, C. et al. (2002). Very large breathing effect in the first nanoporous

chromium(III)-based solids: MIL-53 or $Cr^{III}(OH) \bullet \{O_2C-C_6H_4-CO_2\} \bullet \{HO_2C-C_6H_4-CO_2H\}_x \bullet H_2O_y$. *Journal of the American Chemical Society* 124 (45): 13519–13526.

[5] (a) Volkringer, C., Meddouri, M., Loiseau, T. et al. (2008). The Kagomé topology of the gallium and indium metal-organic framework types with a MIL-68 structure: synthesis, XRD, solid-state NMR characterizations, and hydrogen adsorption. *Inorganic Chemistry* 47 (24):11892–11901. (b) Barthelet, K., Marrot, J., Férey, G., and Riou, D. (2004). $V^{III}(OH)\{O_2C-C_6H_4-CO_2\} \bullet (HO_2C-C_6H_4-CO_2H)_x(DMF)_y (H_2O)_z$(or MIL-68), a new vanadocarboxylate with a large pore hybrid topology: reticular synthesis with infinite inorganic building blocks? *Chemical Communications* (5): 520–521.

[6] Dybtsev, D.N., Chun, H., and Kim, K. (2004). Rigid and flexible: a highly porous metal-organic framework with unusual guest-dependent dynamic behavior. *Angewandte Chemie International Edition* 116 (38): 5143–5146.

[7] Surblé, S., Serre, C., Mellot-Draznieks, C. et al. (2006). A new isoreticular class of metal-organic-frameworks with the MIL-88 topology. *Chemical Communications* (3): 284–286.

[8] Stoeck, U., Krause, S., Bon, V. et al. (2012). A highly porous metal-organic framework, constructed from a cuboctahedral super-molecular building block, with exceptionally high methane uptake. *Chemical Communications* 48 (88): 10841–10843.

[9] Tranchemontagne, D.J., Ni, Z., O'Keeffe, M., and Yaghi, O.M. (2008). Reticular chemistry of metal-organic polyhedra. *Angewandte Chemie International Edition* 47 (28): 5136–5147.

[10] Krause, S., Bon, V., Senkovska, I. et al. (2016). A pressure-amplifying framework material with negative gas adsorption transitions. *Nature* 532 (7599): 348–352.

[11] Schaber, J., Krause, S., Paasch, S. et al. (2017). *In situ* monitoring of unique switching transitions in the pressure-amplifying flexible framework material DUT-49 by high-pressure ^{129}Xe NMR spectroscopy. *The Journal of Physical Chemistry C* 121 (9): 5195–5200.

[12] Brown, J.W., Henderson, B.L., Kiesz, M.D. et al. (2013). Photophysical pore control in an azobenzene-containing metal-organic framework. *Chemical Science* 4 (7): 2858–2864.

[13] (a) Deng, H., Olson, M.A., Stoddart, J.F., and Yaghi, O.M. (2010). Robust dynamics. *Nature Chemistry* 2 (6): 439–443. (b) Fan, C.B., Liu, Z.Q., Le Gong, L. et al. (2017). Photoswitching adsorption selectivity in a diarylethene–azobenzene MOF. *Chemical Communications* 53 (4): 763–766. (c) Müller, K., Knebel, A., Zhao, F. et al. (2017). Switching thin films of azobenzene-containing metal-organic frameworks with visible light. *Chemistry – A European Journal* 23 (23): 5434–5438. (d) Kanj, A.B., Müller, K., and Heinke, L. (2017). Stimuli-responsive metal-organic frameworks with photoswitchable azobenzene side groups. *Macromolecular Rapid Communications* 39 (1): 1700239. (e) Müller, K., Helfferich, J., Zhao, F. et al. (2018). Switching the proton conduction in nanoporous, crystalline materials by light. *Advanced Materials* 30 (8): 1706551.

[14] (a) Sauvage, J.-P. (1998). Transition metal-containing rotaxanes and catenanes in motion: toward molecular machines and motors. *Accounts of Chemical Research* 31 (10): 611–619. (b) Collin, J.-P., Dietrich-Buchecker, C., Gaviña, P. et al. (2001). Shuttles and muscles: Linear molecular machines based on transition metals. *Accounts of Chemical Research* 34 (6): 477–487. (c) Balzani, V., Credi, A., Raymo, F.M., and Stoddart, J.F. (2000). Artificial molecular machines. *Angewandte Chemie*

International Edition 39 (19): 3348–3391. (d) Balzani, V., Gómez-López, M., and Stoddart, J.F. (1998). Molecular machines. *Accounts of Chemical Research* 31 (7): 405–414.

[15] Zhu, K., O'keefe, C.A., Vukotic, V.N. et al. (2015). A molecular shuttle that operates inside a metal-organic framework. *Nature Chemistry* 7 (6): 514–519.

[16] Liu, Y., Ma, Y., Zhao, Y. et al. (2016). Weaving of organic threads into a crystalline covalent organic framework. *Science* 351 (6271): 365–369.

[17] Zhao, Y., Guo, L., Gándara, F. et al. (2017). A synthetic route for crystals of woven structures, uniform nanocrystals, and thin films of imine covalent organic frameworks. *Journal of the American Chemical Society* 139 (37): 13166–13172.

附录一　缩略语表

简称	全称/释义
AB	4-氨基苯甲酸根 4-aminobenzoate
ABDC	脱去2个羧基上质子的H$_2$ABDC
4aBIM	4-氮杂苯并咪唑阴离子 4-azabenzimidazolate
ABTC	脱去4个羧基上质子的H$_4$ABTC
Ac	乙酰基 acetyl
acac	乙酰丙酮 acetylacetonate
AD	腺嘌呤离子 adeninate
ADC	脱去2个羧基上质子的H$_2$ADC
ADHP	吸附驱动热泵 adsorption-driven heat pump
ADI	己二腈 adiponitrile
ADIP	脱去4个羧基上质子的H$_4$ADIP
AFM	原子力显微镜/原子力显微技术 atomic force microscopy
AIM	金属有机框架上的原子层沉积 atomic layer deposition in a metal-organic framework
aIM	2-咪唑甲醛 1H-imidazole-2-carbaldehyde

简称	全称/释义
Al-PMOF-1	$Al_2(OH)_2(TCPP-H_2)$
Al-**soc**-MOF-1	$[Al_3O(H_2O)_3]_2(TCPT)_3Cl_2$
ANG	吸附天然气 adsorbed natural gas
ANH	芳香氮杂环化合物 aromatic N-heterocycle
AOBTC	氧化偶氮苯-3,3′,5,5′-四甲酸 azoxybenzene-3,3′,5,5′-tetracarboxylic acid
APTES	3-氨基丙基三乙氧基硅烷 3-aminopropyltriethoxysilane
ASA	对氨基苯胂酸 p-arsanilic acid
ATZ	5-氨基三唑阴离子 5-amino-triazolate
azo-DOT-Ⅲ	脱去2个羧基上质子和2个羟基上质子的H_4azo-DOT-Ⅲ
BASF	德国巴斯夫公司 BASF SE
BATZ	脱去2个N上质子的H_2BATZ
BBC	脱去3个羧基上质子的H_3BBC
BBCDC	9,9′-([1,1′-联苯]-4,4′-二基)双(9H-咔唑-3,6-二甲酸根) 9,9′-([1,1′-biphenyl]-4,4′-diyl)bis(9H-carbazole-3,6 dicarboxylate)
BBDC	5-硼酸基苯-1,3-二甲酸根（脱去2个羧基上质子和2个硼酸基上质子的H_4BBDC） 5-boronobenzene-1,3-dicarboxylate
bBIM	5-溴苯并咪唑阴离子 5-bromobenzoimidazolate
BBO-COF-1	$[(TFB)_2(PDA-(OH)_2)_3]_{benzoxazole}$
BBO-COF-2	$[(TFPB)_2(PDA-(OH)_2)_3]_{benzoxazole}$
BBTA	脱去2个N上质子的H_2BBTA
BDA	对苯二甲醛 terephthaldehyde 或 1,4-benzenedialdehyde

简称	全称/释义
BDA-(F)	2-氟代对苯二甲醛 2-fluoroterephthaldehyde
BDA-(F)$_4$	2,3,5,6-四氟对苯二甲醛 2,3,5,6-tetrafluoroterephthaldehyde
BDA-(OH)$_2$	2,5-二羟基对苯二甲醛 2,5-dihydroxyterephthalaldehyde
BDA-2,3-(OH)$_2$	2,3-二羟基对苯二甲醛 2,3-dihydroxyterephthalaldehyde
BDA-(OH$_2$C—C≡CH)$_2$	2,5-二(丙炔-3-基氧基)对苯二甲醛 2,5-bis(2-propynyloxy)terephthalaldehyde
BDA-(OMe)$_2$	2,5-二甲氧基对苯二甲醛 2,5-dimethoxy-1,4-terephthaldehyde
BDBA	对苯二硼酸 1,4-phenylenediboronic acid
BDBA-(H$_2$C-N$_3$)$_2$	2,5-二(叠氮甲基)对苯二硼酸 2,5-bis(azide methyl)-1,4-phenylenediboronic acid
BDC	对苯二甲酸根 terephthalate
BDC-Me$_2$	脱去2个羧基上质子的 H$_2$BDC-Me$_2$
BDH-(OEt)$_2$	2,5-二乙氧基苯-1,4-二(甲酰肼) 2,5-diethoxyterephtalohydrazide
BET	Brunauer - Emmett - Teller
BHB	脱去6个羧基上质子的 H$_6$BHB
BHEHPI	脱去6个羧基上质子的 H$_6$BHEHPI
BHEI	脱去6个羧基上质子的 H$_6$BHEI
BHTC	脱去3个羧基上质子的 H$_3$BHTC
BIM	苯并咪唑阴离子 benzimidazolate
bIM	2-溴咪唑阴离子 2-bromoimidazolate
bio-MOF-100	[Zn$_8$O$_2$(AD)$_4$(BPDC)$_6$](Me$_2$NH$_2$)$_4$

简称	全称/释义
bio-MOF-101	$[Zn_8O_2(AD)_4(NDC)_6](Me_2NH_2)_4$
bio-MOF-102	$[Zn_8O_2(AD)_4(ABDC)_6](Me_2NH_2)_4$
bio-MOF-103	$[Zn_8O_2(AD)_4(NH_2-TDC)_6](Me_2NH_2)_4$
bio-MOF-11	$Co_2(AD)_2(CO_2CH_3)_2$
BIPY	4,4'-联吡啶 4,4'-bipyridine
BITC	脱去4个羧基上质子的H_4BITC
BLP	1,3,5-三(4-硼烷基氨基苯基)苯 1,3,5-tris(4-boranylaminophenyl) benzene
Boc	叔丁氧羰基 *tert*-butyloxycarbonyl
BPCu	脱去2个羧基上质子的H_2BPCu
BPDA	联苯-4,4'-二甲醛 4,4'-biphenyldicarboxaldehyde
BPDC	脱去2个羧基上质子的H_2BPDC
BPEE	1,2-二(吡啶-4-基)乙烯 dipyridylethene
B(pin)	硼酸频哪醇酯 boronic acid pinacol ester
BPyDC	脱去2个羧基上质子的H_2BPyDC
Br-BDC	脱去2个羧基上质子的$Br-H_2BDC$
Br_2-BTEB	1,2,4,5-四(羧基苯基)-3,6-二溴苯 4,4',4'',4'''-(3,6-dibromobenzene)-1,2,4,5-tetrayl-tetrabenzoate
$Br-H_2BDC$	溴代对苯二甲酸 bromoterephthalic acid
BTAC	脱去3个羧基上质子的H_3BTAC
BTB	脱去3个羧基上质子的H_3BTB
BTBA	均苯三硼酸 benzene-1,3,5-triyltriboronic acid
BTBDA	2,4,7-三(甲酰基苯基)苯并咪唑 4,4',4''-(1*H*-benzo[*d*]imidazole-2,4,7-triyl)tribenzaldehyde

简称	全称/释义
BTC	1,3,5-苯三甲酸根 1,3,5-benzenetricarboxylate
BTCTB	脱去3个羧基上质子的 H_3BTCTB
BTDD	双(1H-1,2,3-三唑[4,5-b],[4′,5′-i])二苯并[1,4]二噁英 bis(1H-1,2,3-triazolo[4,5-b],[4′,5′-i])dibenzo[1,4]dioxin
BTE	脱去3个羧基上质子的 H_3BTE
BTEB	1,2,4,5-四(羧基苯基)苯 4,4′,4″,4‴-benzene-1,2,4,5-tetrayl-tetrabenzoate
BTEI	脱去6个羧基上质子的 H_6BTEI
BTT	脱去3个N上质子的 H_3BTT
BTTC	脱去3个羧基上质子的 H_3BTTC
BTTri	脱去3个N上质子的 H_3BTTri
BTTTA	脱去6个羧基上质子的 H_6BTTTA
Bu	丁基 butyl
BZ	联苯胺 benzidine
BZ-$(NH_2)_2$	2,2′-二氨基联苯胺 2,2′-diaminobenzidine
BZ-$(NHCOCH_3)_2$	2,2′-二乙酰氨基联苯胺 2,2′-diacetylaminobenzidine
BZ-$(NO_2)_2$	2,2′-二硝基联苯胺 2,2′-dinitrobenzidine
CAL	配位有序列位 coordinative alignment
CAU	德国基尔大学 Christian-Albrechts-Universität zu Kiel
CAU-10	$Al(OH)(m\text{-}BDC)$
cBIM	5-氯苯并咪唑阴离子 5-chlorobenzoimidazolate

续表

简称	全称/释义
CBP	(4,4′-(邻二氮菲-2,9-二基)二苯酚)合铜(I) Cu(I) bis-4,4′-(1,10-phenanthroline-2,9-diyl)diphenol
CCS	CO_2捕集和封存 CO_2 capture and sequestration
CdIF-4	$Cd(eIM)_2$
CdIF-9	$Cd(nIM)_2$
$C_{12}H_{25}O-BA$	4-十二烷氧基苯甲酸 4-(dodecycloxy)benzoic acid
cIM	2-氯咪唑阴离子 2-chloroimidazolate
Cl_2-H_2BDC	2,5-二氯对苯二甲酸 2,5-dichloroterephthalic acid
CNG	压缩天然气 compressed natural gas
COD	环辛-1,5-二烯 1,5-cyclooctadiene
COF	共价有机框架 covalent organic framework
COF-1	$[BDBA]_{boroxine}$
COF-102	$[TBPM]_{boroxine}$
COF-103	$[TBPS]_{boroxine}$
COF-105	$[(TBPS)_3(HHTP)_4]_{boronate\ ester}$
COF-108	$[(TBPM)_3(HHTP)_4]_{boronate\ ester}$
COF-202	$[(TBPM)_3((CH_3)_3CSi(OH)_3)_4]_{borosilicate}$（$(CH_3)_3CSi(OH)_3$为叔丁基硅烷三醇） $[(TBPM)_3(tert-butylsilane\ triol)_4]_{borosilicate}$
COF-300	$[(TAM)(BDA)_2]_{imine}$
COF-320	$[(TAM)(BPDA)_2]_{imine}$
COF-366	$[(H_2TAP)(BDA)_2]_{imine}$
COF-366-Co	$[(Co(TAP))(BDA)_2]_{imine}$
COF-367-Co	$[(Co(TAP))(BPDA)_2]_{imine}$
COF-42	$[(TFB)_2(BDH-(OEt)_2)_2]_{hydrazone}$

续表

简称	全称/释义
COF–43	$[(TFP)_2(BDH–(OEt)_2)_2]_{hydrazone}$
COF–5	$[(HHTP)_2(BDBA)_3]_{boronate\ ester}$
COF–505	$[(PDB)(BZ)]_{imine}$
COF–505–Cu	$(Cu)_{1/2}(BF_4)_{1/2}[(PDB)(BZ)]_{imine}$
COP	共价有机多面体 covalent organic polyhedron
Co(TAP)	5,10,15,20–四(4–氨基苯基)卟啉合钴 [5,10,15,20–tetrakis(4–aminophenyl)porphinato]cobalt
CP-MAS	交叉极化魔角自旋 cross–polarization magic angle spinning
CPO	奥斯陆配位聚合物 coordination polymer of Oslo
CS–COF	$[(HATP)_2(PT)_3]_{phenazine}$
CTF–1	$[DCyB]_{triazine}$
CuBTTri	$H_3[(Cu_4Cl)_3(BTTri)_8]$
Cu(TAP)	5,10,15,20–四(4–氨基苯基)卟啉合铜 [5,10,15,20–tetrakis(4–aminophenyl)porphinato] copper
Cys	半胱氨酸 L(+)–cysteine
DAA	2,6–二氨基蒽 2,6–diaminoanthracene
DAB	(([2,2′–联吡啶]–4,4′–二基二氧)二(4,1–亚苯基))二亚甲基二胺 (([2,2′–bipyridine]–4,4′–diylbis(oxy))bis(4,1–phenylene))dimethanamine
DABCO	三亚乙基二胺（1,4–二氮杂二环[2.2.2]辛烷） 1,4–diazabicyclo[2.2.2]octane
DBA	六羟基脱氢苯并轮烯 hexahydroxy–dehydrobenzoannulene
DBIP	脱去4个羧基上质子的H_4DBIP
dcIM	4,5–二氯咪唑阴离子 4,5–dichloroimidazolate
DCyB	对苯二腈 1,4–dicyanobenzene

续表

简称	全称/释义
DEA	二乙胺 diethylamine
DEF	*N,N*–二乙基甲酰胺 *N,N*-diethylformamide
DFP	吡啶–2,6–二甲醛 2,6–pyridinedicarboxaldehyde
DFT	密度泛函理论 density functional theory
DIPEA	*N,N*–二异丙基乙胺 *N,N*–diisopropylamine
DIT	1,14–二碘–3,6,9,12–四氧十四烷 1,14–diiodo–3,6,9,12–tetraoxy–tetradecane
DLS	动态光散射 dynamic light scattering
DMA	二甲胺 dimethylamine
dmBIM	5,6–二甲基苯并咪唑阴离子 5,6–dimethylbenzimidazolate
4,4′–DMEDBA	脱去2个羧基上质子的4,4′–H$_2$DMEDBA
DMF	*N,N*–二甲基甲酰胺 *N,N*-dimethylformamide
DMOF	Zn(BDC)(DABCO)$_{0.5}$系列
DMOF–1	Zn$_2$(BDC)$_2$(DABCO)
DMOF–1(NH$_2$)	Zn$_2$(NH$_2$–BDC)$_2$(DABCO)
DOBPDC	4,4′–二羟基联苯–3,3′–二甲酸根 4,4′–dioxidobiphenyl–3,3′–dicarboxylate
DOE	美国能源部 (US) Department of Energy
DOT	2,5–二氧对苯二甲酸根（即脱去2个羧基上质子和2个羟基上质子的H$_4$DOT） 2,5–dioxidoterephthalate
DOT–Ⅲ	脱去2个羧基上质子和2个羟基上质子的H$_4$DOT–Ⅲ

简称	全称/释义
DOT-XI	4′-[4′-(4′-{4′-[4-(4-羧基-3-羟基苯基)-2,2′,5,5′-四甲基-[1,1′-联苯]-4-基]-5′-己基-2,5-二甲基-2′-戊基-[1,1′-联苯]-4-基}-2,2′,5,5′-四甲基-[1,1′-联苯]-4-基)-2,5-二甲基-2′,5′-二戊基-[1,1′-联苯]-4-基]-3-羟基-2′,5′-二甲基-[1,1′-联苯]-4-甲酸 [即2,5-二羟基对苯二甲酸配体系列中的含11个苯环的配体（图2.12）] 4′-[4′-(4′-{4′-[4-(4-carboxy-3-hydroxyphenyl)-2,2′,5,5′-tetramethyl-[1,1′-biphenyl]-4-yl]-5′-hexyl-2,5-dimethyl-2′-pentyl-[1,1′-biphenyl]-4-yl}-2,2′,5,5′-tetramethyl-[1,1′-biphenyl]-4-yl)-2,5-dimethyl-2′,5′-dipentyl-[1,1′-biphenyl]-4-yl]-3-hydroxy-2′,5′-dimethyl-[1,1′-biphenyl]-4-carboxylic acid
DOX	阿霉素 doxorubicin
DPA	1,2-二(吡啶-4-基)乙烯 4,4′-dipyridylacetylene
3D-Py-COF	$[(TAPM)(TFPPy)]_{imine}$
DRIFTS	漫反射傅里叶变换红外光谱 diffuse reflectance infrared Fourier transform spectroscopy
DSC	差示扫描量热法 differential scanning calorimetry
DTTDC	脱去2个羧基上质子的H_2DTTDC
DUT	德累斯顿工业大学 Dresden University of Technology
DUT-32	$Zn_4O(BPDC)(BTCTB)_{4/3}$
DUT-49	Cu_2BBCDC
DUT-51	$Zr_6O_6(OH)_2(DTTDC)_4(CH_3COO)_2$
DUT-67	$Zr_6O_6(OH)_2(TDC)_4(CH_3COO)_2$
DUT-69	$Zr_6O_4(OH)_4(TDC)_5(CH_3COO)_2$
EDDB	脱去2个羧基上质子的H_2EDDB
EDX	能量色散X射线谱 energy-dispersive X-ray spectroscopy
eIM	2-乙基咪唑阴离子 2-ethylimidazolate
ElAPO	加有Li、Be、B、Ga、Ge、As、Ti的元素-铝磷酸盐分子筛

简称	全称/释义
ElAPSO	加有 Li、Be、B、Ga、Ge、As、Ti 的元素 – 硅铝磷酸盐分子筛
en	乙二胺 1,2–ethylene diamine
Et	乙基 ethyl
ETTA	四(4–氨基苯基)乙烯 4,4′,4″,4‴–(ethene–1,1,2,2–tetrayl)–tetraaniline
FDM	复旦材料 Fudan materials
FDM–3	$[(Zn_4O)_5(Cu_3OH)_6(PyC)_{22.5}(OH)_{18}(H_2O)_6][Zn(OH)(H_2O)_3]_3$
(Fe)MIL–88(C)	$Fe_3(O)(OH)(H_2O)_2(NDC)_3$
Fmoc	芴–9–基甲氧羰基 fluorenylmethyloxycarbonyl
FPI	5–(4–甲酰基苯基)间苯二甲醛 5–(4–formylphenyl)–isophtaldehyde
FT–IR	傅里叶变换红外光谱 Fourier transform infrared spectroscopy
GCMC	巨正则蒙特卡洛模拟 grand canonical Monte Carlo
GC–MS	气相色谱 – 质谱联用 gas chromatography–mass spectrometry
gea–MOF–1	$Y_9(\mu_3–OH)_8(\mu_2–OH)_3(BTB)_6$
GIWAXS	掠入射广角 X 射线散射 grazing incidence wide angle X–ray scattering
GLU	戊二腈 glutaronitrile
Glu	谷氨酸 glutamic acid
H_2ABDC	(E)–4,4′–(偶氮–1,2–二基)二苯甲酸 (E)–4,4′–(diazene–1,2–diyl)dibenzoic acid
H_4ABTC	(E)–5,5′–(偶氮–1,2–二基)二间苯二甲酸（又称双(3,5–二羧基苯基)偶氮） (E)–5,5′–(diazene–1,2–diyl)diisophthalic acid

续表

简称	全称/释义
H₄ADBTD	5′,5′′′′–(蒽–9,10–二基)二([1,1′:3′,1′′–三联苯]–4,4′′–二甲酸) 5′,5′′′′–(anthracene–9,10–diyl)bis([1,1′:3′,1′′–terphenyl]– 4,4′′–dicarboxylic acid)
H₂ADC	蒽–9,10–二甲酸 9,10–anthracene dicarboxylic acid
H₄ADIP	9,10–二(3,5–二羧基苯基)蒽（ 5,5′–(蒽–9,10–二基)二间苯二甲酸 ） 5,5′–(9,10–anthracene–diyl)diisophthalic acid
HAT	2,3,6,7,10,11–六(4–氨基苯基)–1,4,5,8,9,12–六氮杂苯并菲 2,3,6,7,10,11–hexaaminophenyl–1,4,5,8,9,12–hexaazatriphenylene
H₄ATB	1,3,5,7–金刚烷四苯甲酸 4,4′,4′′,4′′′–(adamantane–1,3,5,7–tetrayl)tetrabenzoic acid
HATP	2,3,6,7,10,11–六氨基联三亚苯基 2,3,6,7,10,11–hexaaminoterphenylene
H₄azo–DOT– Ⅲ	3,3′′–二羟基–2′–苯基偶氮基–1,1′:4′,1′′–三联苯–4,4′′–二甲酸 3,3′′–dihydroxy–2′–phenyldiazeny–1,1′:4′,1′′–terphenyl–4,4′′–dicarboxylic acid
H₂BATZ	二(5–氨基–1*H*–1,2,4–三唑–3–基)甲烷 bis(5–amino–1*H*–1,2,4–triazol–3–yl)methane
H₃BBC	1,3,5– 三(4′–羧基[1,1′–联苯]–4–基)苯 4,4′,4′′–(benzene–1,3,5–triyltris(benzene–4,1–diyl))tribenzoate
H₄BBCDC	9,9′–([1,1′–联苯]–4,4′–二基)双(9*H*–咔唑–3,6–二甲酸) 9,9′–([1,1′–biphenyl]–4,4′–diyl)bis(9*H*–carbazole–3,6–dicarboxylic acid
H₄BBDC	5–硼酸基苯–1,3–二甲酸 5–boronobenzene–1,3–dicarboxylic acid
H₂BBTA	1,5–二氢苯并[1,2–*d*:4,5–*d′*]双[1,2,3]三唑 1*H*,5*H*–benzo(1,2–*d*:4,5–*d′*)bistriazole
HBC	2,5,8,11,14,17–六(4–氨基苯基)六苯并蔻 2,5,8,11,14,17–(4–aminophenyl)hexabenzocoronene
H₂BDC	对苯二甲酸（苯–1,4–二甲酸） terephthalic acid (benzene–1,4–dicarboxylic acid)
H₂BDC–Me₂	2,5–二甲基对苯二甲酸 2,5–dimethylterephthalic acid
H₆BHB	1,3,5–三(3,5–二羧基苯基)苯 3,3′,3′′,5,5′,5′′–benzene–1,3,5–triyl–hexabenzoic acid

简称	全称/释义
$H_6BHEHPI$	5,5′,5″-((((苯-1,3,5-三基)三(苯-4,1-二基))三(乙炔-2,1-二基))三(苯-4,1-二基)三(乙炔-2,1-二基))三间苯二甲酸 5,5′,5″-(((((benzene-1,3,5-triyltris(benzene-4,1-diyl)) tris(ethyne-2,1-diyl))-tris(benzene-4,1-diyl)) tris(ethyne-2,1-diyl))triisophthalic acid
H_6BHEI	5,5′,5″-(苯-1,3,5-三基三(丁-1,3-二炔-4,1-二基))三间苯二甲酸 5,5′,5″-(benzene-1,3,5-triyltris(buta-1,3-diyne-4,1-diyl))triisophthalic acid
H_3BHTC	3,4′,5-联苯三甲酸 [1,1′-biphenyl]-3,4′,5-tricarboxylic acid
H_4BITC	4,4′,4″,4‴-(1,4-亚苯基双(1H-苯并咪唑-2,4,7-三基))四苯甲酸轮-(24-冠醚-8) 24-crown-8@4,4′,4″,4‴-(1,4-phenylenebis(1H-benzo[d]imidazole-2,4,7-triyl))tetrabenzoic acid
$H_4BNETBA-(OEt)_2$	4,4′,4″,4‴-((1E,1′E,1″E,1‴E)-(2,2′-二乙氧基-[1,1′-联萘]-4,4′,6,6′-四基)四(乙烯-2,1-二基))四苯甲酸 4,4′,4″,4‴-((1E,1′E,1″E,1‴E)-(2,2′-diethoxy-[1,1′-binaphthalene]-4,4′,6,6′-tetrayl)tetrakis(ethene-2,1-diyl))tetrabenzoic acid
H_2BPCu	Cu⁺配位的[4,4′-(邻二氮菲-3,8-二基)二苯甲酸]-轮-[4,7,10,13,16,19,22,25-六氧杂-2(2,9)-邻二氮菲并-1,3(1,4)-二苯并环二十六蕃] Cu⁺-4,7,10,13,16,19,22,25-octaoxa-2(2,9)-phenanthrolina-1,3(1,4)-dibenzenacyclohexacosaphane@4,4′-(1,10-phenanthroline-3,8-diyl)dibenzoic acid)
H_2BPDC	4,4′-联苯二甲酸 [1,1′-biphenyl]-4,4′-dicarboxylic acid
H_4BPDCD	9,9′-([1,1′-联苯]-4,4′-二基)二(9H-咔唑-3,6-二甲酸) 9,9′-([1,1′-biphenyl]-4,4′-diyl)bis(9H-carbazole-3,6-dicarboxylic acid)
H_4BPTC	3,3′,5,5′-联苯四甲酸 [1,1′-biphenyl]-3,3′,5,5′-tetracarboxylic acid
H_8BPTCD	9,9′,9″,9‴-([1,1′-联苯]-3,3′,5,5′-四基)四(9H-咔唑-3,6-二甲酸) 9,9′,9″,9‴-([1,1′-biphenyl]-3,3′,5,5′-tetrayl)tetrakis(9H-carbazole-3,6-dicarboxylic acid)
H_2BPyDC	2,2′-联吡啶-5,5′-二甲酸 bipyridine-5,5′-dicarboxylic acid
H_3BTAC	苯-1,3,5-三-β-丙烯酸 benzene-1,3,5-tri-β-acrylic acid
H_3BTB	1,3,5-三(4-羧基苯基)苯 4,4′,4″-benzene-1,3,5-triyltribenzoate

简称	全称/释义
H_3BTC	1,3,5-苯三甲酸 1,3,5-benzenetricarboxylic acid
H_3BTCTB	3,3′,3″-[1,3,5-苯三基三(羰基亚氨基)]三苯甲酸 3,3′,3″-[1,3,5-benzenetriyltris(carbonylimino)]tris-benzoic acid
H_3BTE	1,3,5-三(4-羧基苯基乙炔基)苯 4,4′,4″-(benzene-1,3,5-triyltris(ethyne-2,1-diyl)tribenzoic acid)
H_6BTEI	5,5′,5″-苯-1,3,5-三基三(1-乙炔基-2-间苯二甲酸) 5,5′,5″-benzene-1,3,5-triyltris(1-ethynyl-2-isophthalic acid)
H_3BTN	1,3,5-三(2-羧基萘基)苯 6,6′,6″-(benzene-1,3,5-triyl) tris (2-naphthoic acid)
H_3BTT	1,3,5-三(1H-四氮唑-5-基)苯 1,3,5-benzetristetrazole
H_3BTTC	苯并[1,2-b:3,4-$b′$:5,6-$b″$]三噻吩-2,5,8-三甲酸 benzo[1,2-b:3,4-$b′$:5,6-$b″$]trithiophene-2,5,8-tricarboxylic acid
H_3BTTri	1,3,5-三(1H-1,2,3-三氮唑-5-基)苯 1,3,5-tris(1H-1,2,3-triazol-5-yl)benzene
H_6BTTTA	5,5′,5″-((苯-1,3,5-三基三(1,2,3-三唑-1,4-二基))三间苯二甲酸 5,5′,5″-(((benzene-1,3,5-triyltris(1,2,3-triazole-1-4-diyl)triisophthalic acid
HBTU	苯并三氮唑-$N,N,N′,N′$-四甲基脲六氟磷酸盐 o-benzotriazole-$N,N,N′,N′$-tetramethyluronium hexafluorophosphate
H_2CBDA	二苯甲酮二甲酸 benzophenonedicarboxylic acid
H_4CBI	1,12-二(3′,5′-二(羟基羰基)苯-1-基)-1,12-二碳代闭式十二硼烷 1,12-bis(3′,5′-bis(hydroxycarbonyl)phen-1-yl)-1,12-dicarba-closododecaborane
$H_2CONQDA$	$N,N′$-二(4-羧基苯基)-1,6,7,12-四氯-3,4,9,10-苝二酰亚胺 $N,N′$-bis(4-carboxyphenyl))-1,6,7,12-tetrachloro-3,4,9,10-perylene diimide
H_4CQDA	5′,5″-二(对羧基苯基)[1,1′:3′,1″:3″,1‴-四联苯]-4,4‴-二甲酸 5′,5″-bis(4-carboxyphenyl)-[1,1′:3′,1″:3″,1‴-quaterphenyl]-4,4‴-dicarboxylic acid
$H_4CQDA(OEt)_2$	5′,5″-二(4-羧基苯基)-2′,2″-二乙氧基[1,1′:3′,1″:3″,1‴-四联苯]-4,4‴-二甲酸 5′,5″-bis(4-carboxyphenyl)-2′,2″-diethoxy-[1,1′:3′,1″:3″,1‴-quaterphenyl]-4,4‴-dicarboxylic acid

简称	全称/释义
1,2-H₂DACH	1,2-二氨基环己烷 1,2-diaminocyclohexane
H₄DBIP	5-(3,5-二羧基苄氧基)间苯二甲酸 5-(3,5-dicarboxybenzyloxy)isophthalic acid
H₄DH₁₁PhDC	即DOT-XI
H₂DMBDA	4,4'-(2,5-二甲氧基-1,4-亚苯基)二(乙炔-2,1-二基)二苯甲酸 4,4'-(2,5-dimethoxy-1,4-phenylene)bis(ethyne-2,1-diyl)dibenzoic acid
4,4'-H₂DMEDBA	4,4'-(1,2-二甲氧基乙烷-1,2-二基)二苯甲酸 4,4'-(1,2-dimethoxyethane-1,2-diyl)dibenzoic acid
HDN	加氢脱氮 hydrodenitrogenation
H₄DOT	2,5-二羟基对苯二甲酸 2,5-dihydroxyterephthalic acid
H₄DOT-III	3,3''-二羟基-2',5'-二甲基-1,1':4',1''-三联苯-4,4''-二甲酸[即2,5-二羟基对苯二甲酸配体系列中的含3个苯环的配体（图2.12）] 3,3''-dihydroxy-2',5'-dimethyl-(1,1':4',1''-terphenyl)-4,4''-dicarboxylic acid
H₂DPB	1,4-二(4-吡唑基)苯 1,4-di(4-pyrazolyl)benzene
H₂DTTDC	二噻吩并[3,2-b:2',3'-d]噻吩-2,6-二甲酸 dithieno[3,2-b:2',3'-d]thiophene-2,6-dicarboxylic acid
H₂EDBA	(E)-4,4'-(乙烯-1,2-二基)二苯甲酸 (E)-4,4'-(ethene-1,2-diyl)dibenzoic acid
H₂EDDB	4,4'-(乙炔-1,2-二基)二苯甲酸 4,4'-(ethyne-1,2-diyl)dibenzoic acid
HEIMIM	(E)-2-(((2-羟乙基)亚氨基)甲基)咪唑阴离子 (E)-2-(((2-hydroxyethyl)imino)methyl)imidazolate
H₄ETTC	1,1,2,2-四(4'-羧基-1,1'-联苯-4-基)乙烯 4',4''',4''''',4'''''''-(ethene-1,1,2,2-tetrayl)tetrakis([1,1'-biphenyl]-4-carboxylic acid)
H₂HPDC	4,5,9,10-四氢芘-2,7-二甲酸 4,5,9,10-tetrahydropyrene-2,7-dicarboxylic acid
H₃HTB	4-[7,11-二(4-羧基苯基)-2,4,6,8,10,12,13-七氮杂三环[7.3.1.05,13]十三-1,3,5,7,9,11-六烯-3-基]苯甲酸 4-[7,11-bis(4-carboxyphenyl)-2,4,6,8,10,12,13-heptaazatricyclo[7.3.1.05,13]trideca-1,3,5,7,9,11-hexaen-3-yl]benzoic acid

续表

简称	全称/释义
HHTP	2,3,6,7,10,11-六羟基联三亚苯基 2,3,6,7,10,11-hexahydroxyterphenylene
HIM	咪唑 imidazole
HIMDC	脱去2个质子的H₃IMDC
H₃IMDC	咪唑-4,5-二甲酸 1H-imidazole-4,5-dicarboxylic acid
His	组氨酸 histidine
HKUST	香港科技大学 Hong Kong University of Science and Technology
HKUST-1	Cu₃(BTC)₂(H₂O)₃
HMDA	己二胺 hexametylene-1,6-diamine
HmIM	2-甲基咪唑 2-methylimidazole
H₂MPBA	4-(3,5-二甲基吡唑-4-基)苯甲酸 4-(3,5-dimethylpyrazol-4-yl)benzoic acid
H₂MPDA	4,4′-(2,9-二甲基-1,10-菲咯啉-3,8-二基)二苯甲酸 4,4′-(2,9-dimethyl-1,10-phenanthroline-3,8-diyl)dibenzoic acid
H₄MTB	四(4-羧基苯基)甲烷 4,4′,4″,4‴-methanetetrayltetrabenzoic acid
H₈MTBDA	4′,4‴,4‴″,4‴‴″-甲烷四基四(([1,1′-联苯]-3,5-二甲酸)) 4′,4‴,4‴″,4‴‴″-methanetetrayltetrakis(([1,1′-biphenyl]- 3,5-dicarboxylic acid))
H₄MTPA	4,4′,4″,4‴-(甲烷四基四(苯-1,4-二基)四(乙炔-1,2-二基))四苯甲酸 4,4′,4″,4‴-(methanetetrayltetrakis(benzene-4,1-diyl)tetrakis(ethyne-2,1-diyl))tetrabenzoic acid
H₄MTPB	四(4′-羧基-1,1′-联苯-4-基)甲烷 tetrakis([1,1′-biphenyl]-4-carboxy) methane
H₂NDC	萘-2,6-二甲酸 naphthalene-2,6-dicarboxylic acid
H₆NTEI	5,5′,5″-[4′,4‴,4‴″-次氨基三(苯-4,1-二基)三(乙炔-2,1-二基)]三间苯二甲酸 4′,4‴,4‴″-nitrilotris(benzene-ethyne-diyl)triisophthalic acid

简称	全称/释义
H_2OBA	4,4′–二苯醚二甲酸 4,4′–oxybis(benzoic acid)
HOPG	高定向热解石墨 highly ordered pyrolytic graphite
HPB	六(4–氨基苯基)苯 1,2,3,4,5,6–hexa(4–aminophenyl)benzene
HP–COF–1	$[(FPI)_2(H_2NNH_2)_3]_{imine}$（ H_2NNH_2 为肼 ） $[(FPI)_2(hydrazine)_3]_{imine}$
H_4PDAD	5,5′–(吡啶–3,5–二羰基)二(亚氨基)二间苯二甲酸 5,5′–(pyridine–3,5–dicarbonyl)bis(azanediyl)diisophthalic acid
HPDC	脱去2个羧基上质子的H_2HPDC
H_2PDC	芘–2,7–二甲酸 pyrene–2,7–dicarboxylic acid
H_4PMTB	二苯基甲烷–3,3′,5,5′–四(苯甲酸) diphenylmethane–3,3′,5,5′–tetrakis(benzoic acid)
HPP	1,3,4,6,7,8–六氢–2H–嘧啶并[1,2-a]嘧啶 1,3,4,6,7,8–hexahydro–2H–pyrimido[1,2-a]pyrimidine
H_6PTEI	5,5′–((5′–(4–((3,5–二羧基苯基)乙炔基)苯基)–[1,1′:3′,1″–三联苯]–4,4″–二基)二(乙炔–2,1–二基))间苯二甲酸 5,5′–((5′–(4–((3,5–dicarboxyphenyl)ethynyl)phenyl)–[1,1′:3′,1″–terphenyl]–4,4″–diyl)–bis(ethyne–2,1–diyl))diisophthalic acid
H_5PTPC	5′–(对羧基苯基)–[1,1′:3′,1″–三联苯]–3,3″,5,5″–四甲酸 5′–(4–carboxyphenyl)–[1,1′:3′,1″–terphenyl]–3,3″,5,5″–tetracarboxylic acid
H_2PyC	吡唑–4–基甲酸 4–pyrazolecarboxylic acid
H_2PYDC	吡啶–3,5–二甲酸 pyridine–3,5–dicarboxylic acid
H_4PyrDI	5,5′–(嘧啶–2,5–二基)二间苯二甲酸 5,5′–(pyrimidine–2,5–diyl)diisophthalic acid
H_4QPTCA	[1,1′:4′,1″:4″,1‴:4‴,1⁗–五联苯]–3,3⁗,5,5⁗–四甲酸 [1,1′:4′,1″:4″,1‴:4‴,1⁗–quinquephenyl]–3,3⁗,5,5⁗–tetracarboxylic acid
HR–PXRD	高分辨率粉末X射线衍射 high resolution powder X–ray diffraction

简称	全称/释义
HSAB	软硬酸碱 hard‐soft acid‐base
H$_4$SFTT	4,4′,4″,4‴-(9,9′-螺二[芴]-2,2′,7,7′-四基)四苯甲酸 4,4′,4″,4‴-(9,9′-spirobi[fluorene]-2,2′,7,7′-tetrayl)tetrabenzoic acid
H$_4$STBA	四(4-羧基苯基)硅烷 4,4′,4″,4‴-silanetetrayltetrabenzoic acid
H$_3$TABPC	2,4,6-三(4′-羧基-[1,1′-联苯]-4-基)-1,3,5-三嗪（图3.9） 4′,4‴,4‴‴-(1,3,5-triazine-2,4,6-triyl)tris([1,1′-biphenyl]-4-carboxylic acid)
H$_4$TADIPA	5,5′-(1H-1,2,4-三唑-3,5-二基)二间苯二甲酸 5,5′-(1H-1,2,4-triazole-3,5-diyl) diisophthalic acid
H$_2$TAP	5,10,15,20-四(4-氨基苯基)卟啉 5,10,15,20-tetrakis(4-amino-phenyl)porphyrin
H$_3$TATAB	2,4,6-三(4-羧基苯基氨基)-1,3,5-三嗪 4,4′,4″-((1,3,5-triazine-2,4,6-triyl)tris(azanediyl))tribenzoic acid
H$_3$TATB	2,4,6-三(4-羧基苯基)-1,3,5-三嗪 4,4′,4″-(1,3,5-triazine-2,4,6-triyl)tribenzoic acid
HTB	脱去3个羧基上质子的H$_3$HTB
H$_4$TBADB-18Cr6	4,4′,4″,4‴-(6,7,9,10,17,18,20,21-八氢二苯并[b,k][1,4,7,10,13,16]六氧杂十八环烷-2,3,13,14-四基)四苯甲酸 4,4′,4″,4‴-(6,7,9,10,17,18,20,21-octahydrodibenzo[b,k][1,4,7,10,13,16]hexaoxacyclooctadecine-2,3,13,14-tetrayl)tetrabenzoic acid
H$_4$TBAPy	1,3,6,8-四(4-羧基苯基)芘 4,4′,4″,4‴-(1,8-dihydropyrene-1,3,6,8-tetrayl)tetrabenzoic acid
H$_8$TBCPPP-H$_2$	5′,5″″,5″″″,5″″″″″-(卟啉-5,10,15,20-四基)四([1,1′:3′,1″-三联苯]-4,4″-二甲酸)) 5′,5″″,5″″″,5″″″″″-(porphyrin-5,10,15,20-tetrayl)tetrakis(([1,1′:3′,1″-terphenyl]-4,4″-dicarboxylic acid))
H$_3$TBDA	4′-(1H-四唑-5-基)联苯-3,5-二甲酸 4′-(1H-tetrazol-5-yl)biphenyl-3,5-dicarboxylic acid
H$_3$TCA	三(4-羧基苯基)胺 4,4′,4″-nitrilotribenzoic acid 或 tri(4-carboxyphenyl)amine
H$_4$TCBPP-H$_2$	4′,4‴,4″″,4″″″″-(卟啉-5,10,15,20-四基)四([1,1′-联苯]-4-甲酸) 4′,4‴,4″″,4″″″″-(porphyrin-5,10,15,20-tetrayl)tetrakis([1,1′-biphenyl]-4-carboxylic acid)

简称	全称/释义
H₃TCPBA	三(4′-羧基-[1,1′-联苯]-4-基)胺 tris(4′-carboxybiphenyl)amine
H₄TCPP-H₂	四(对羧基苯基)卟啉 4,4′,4″,4‴-(porphyrin-5,10,15,20-tetrayl) tetrabenzoic acid
H₄TCPT	3,3″,5,5″-四(4-羧苯基)-对三联苯 3,3″,5,5″-tetrakis(4-carboxyphenyl)-p-terphenyl）
H₂TDC	噻吩-2,5-二甲酸 2,5-thiophenedicarboxylic acid
H₆TDCPB	三(4-(二(4-羧基苯基)氨基)苯基)胺 tris[4-(bis(4-carboxyphenyl)amino)phenyl]amine
H₈TDPEPE	4′,4‴,4‴″,4‴‴-(乙烯-1,1,2,2-四基)四(([1,1′-联苯]-3,5-二甲酸)) 4′,4‴,4‴″,4‴‴-(ethene-1,1,2,2-tetrayl)tetrakis(([1,1′-biphenyl]-3,5-dicarboxylic acid))
H₂TMTPDC	2′,3′,5′,6′-四甲基叔苯基二甲酸 2′,3′,5′,6′-tetramethylterphenyl-4,4″-dicarboxylic acid
H₃TPB	1,3,5-三(4-吡唑基)苯 1,3,5-tri(4-pyrazolyl)benzene
H₆TPBTM	N,N′,N″-三(3,5-二羧基苯基)均苯三甲酰胺 5,5′,5″-((benzene-1,3,5-tricarbonyl)tris(azanediyl))triisophthalic acid
H₂TPDC	[1,1′:4′,1″-三联苯]-4,4″-二甲酸 [1,1′:4′,1″-terphenyl]-4,4″ dicarboxylic acid
H₄TPTC	[1,1′:4′,1″]三联苯-3,3″,5,5″-四甲酸 terphenyl-3,3′,5,5′-tetracarboxylic acid
H₆TTA	5′,5‴-二(4-羧基苯基)-5″-(4,4″-二羧基-[1,1′:3′,1″-三联苯]-5′-基)-[1,1′:3′,1″:3″,1‴:3‴,1‴″-五联苯]-4,4‴″-二甲酸 5′,5‴-bis(4-carboxyphenyl)-5″-(4,4″-dicarboxy-[1,1′:3′,1″-terphenyl]-5′-yl)-[1,1′:3′,1″:3″,1‴:3‴,1‴″-quinquephenyl]-4,4‴″-dicarboxylic acid
H₆TTATP	2,4,6-三(3,5-二羧基苯基氨基)-1,3,5-三嗪 5,5′,5″-(1,3,5-triazine-2,4,6-triyl)tris(azanediyl)triisophthalic acid
H₃TTCA	联三亚苯基-2,6,10-三甲酸 triphenylene-2,6,10-tricarboxylic acid
H₃TTDA	5′-(1H-四唑-5-基)-1,1′:3′,1″-三联苯-4,4″-二甲酸 5′-(1H-tetrazol-5-yl)-1,1′:3′,1″-terphenyl-4,4″-dicarboxylic acid

简称	全称/释义
H$_2$TTDC	2,2′:5′,2″–联三噻吩–5,5″–二甲酸 2,2′:5′,2″–terthiophene–5,5″–dicarboxylic acid
H$_6$TTEI	5,5′,5″–(((苯–1,3,5–三基)三(乙炔–2,1–二基)三(苯–4,1–二基))三(乙炔–2,1–二基))三间苯二甲酸 5,5′,5″–(((benzene–1,3,5–triyltris(ethyne–2,1–diyl))tris(benzene–4,1–diyl))tris(ethyne–2,1–diyl))triisophthalic acid
H$_3$TZI	5–四唑基间苯二甲酸 5–tetrazolylisophthalic acid
IAST	理想吸附溶液理论 ideal adsorbed solution theory
ICOF–1	[(OHM)(TMB)$_2$]$_{spiroborate}$
ICP	电感耦合等离子体 inductively coupled plasma
IM	咪唑阴离子 imidazolate
In–**soc**–MOF	[In$_3$O(H$_2$O)$_3$]$_2$(ABTC)$_3$(NO$_3$)$_2$
*i*Pr	异丙基 isopropyl
IRMOF	同网格金属有机框架 isoreticular metal–organic framework
IRMOF–1	Zn$_4$O(BDC)$_3$，同MOF–5
IRMOF–11	穿插的Zn$_4$O(HPDC)$_3$
IRMOF–13	穿插的Zn$_4$O(PDC)$_3$
IRMOF–15	穿插的Zn$_4$O(TPDC)$_3$
IRMOF–16	不穿插的Zn$_4$O(TPDC)$_3$
IRMOF–2	Zn$_4$O(Br–BDC)$_3$
IRMOF–3	Zn$_4$O(NH$_2$–BDC)$_3$
IRMOF–74	同网格MOF–74系列
IRMOF–74–Ⅲ	Mg$_2$(DOT–Ⅲ)
IRMOF–74–Ⅲ(azo)	Mg$_2$(azo–DOT–Ⅲ)
IRMOF–74–Ⅲ(CH$_2$NH$_2$)	Mg$_2$(CH$_2$NH$_2$–DOT–Ⅲ)

简称	全称/释义
IRMOF-74-Ⅲ(CH$_2$NHMe)	Mg$_2$(CH$_2$NHMe-DOT-Ⅲ)
IRMOF-9	穿插的 Zn$_4$O(BPDC)$_3$
IRMOF-9	穿插的 Zn$_4$O(BPDC)$_3$
IRMOF-993	具有 **pcu** 拓扑的 Zn$_4$O(ADC)$_3$（理论推测结构）
IRMOP-50	[Fe$_3$O(BDC)$_{1.5}$(SO$_4$)$_3$(Py)$_3$](H$_2$NMe$_2$)$_2$
IRMOP-51	[Fe$_3$O(BPDC)$_{1.5}$(SO$_4$)$_3$(Py)$_3$](H$_2$NMe$_2$)$_2$
IRMOP-53	[Fe$_3$O(TPDC)$_{1.5}$(SO$_4$)$_3$(Py)$_3$](H$_2$NMe$_2$)$_2$
iso-H$_4$QuDI	5,5'-(异喹啉-5,8-二基)-二间苯二甲酸 5,5'-(isoquinoline-5,8-diyl)-diisophthalic acid
iso-QuDI	脱去 4 个羧基上质子的 iso-H$_4$QuDI
IUPAC	国际纯粹与应用化学联合会 International Union of Pure and Applied Chemistry
IZA	国际沸石协会 International Zeolite Association
JLU	吉林大学 Jilin University,China
JUC	吉林大学 Jilin University,China
JUC-77	In(OH)(OBA)
KAUST	阿卜杜拉国王科技大学 King Abdullah University of Science and Technology
KAUST-7	Ni(Pyr)$_2$(NbOF$_5$)
Keggin 型 POM	(NH$_4$)$_3$[(XO$_4$)Mo$_{12}$O$_{36}$])，X = P, Si, S；M = Mo, W
L-Asp	脱去 2 个羧基上质子的 L-H$_2$Asp
LD$_{50}$	半数致死量 lethal dose 50%
L-H$_2$Asp	L-天冬氨酸 L-aspartic acid
LMCT	由配体向金属的电荷转移 ligand-to-metal charge transfer
LNG	液态天然气 liquefied natural gas

简称	全称/释义
LZU	兰州大学 Lanzhou University
LZU-1	$[(TFB)_2(PDA)_3]_{imine}$
MA	三聚氰胺 melamine
MAF	金属多氮唑框架 metal azolate framework
MAF-49	$[Zn(BATZ)](H_2O)_{0.5}$
MAF-X25	$Mn_2^{2+}Cl_2(BBTA)$
MAF-X25-ox	$Mn^{2+}Mn^{3+}(OH)Cl_2(BBTA)$
MAF-X27	$Co_2^{2+}Cl_2(BBTA)$
MAF-X27-ox	$Co^{2+}Co^{3+}(OH)Cl_2(BBTA)$
MAF-X8	$Zn(MPBA)$
MAMS	筛孔可调分子筛 mesh-adjustable molecular sieve
MAMS-1	网格尺寸可调分子筛 $Ni_8(TBBDC)_6(\mu_3\text{-}OH)_4$
m-BDC	间苯二甲酸根 isophthalate
2-mBIM	2-甲基苯并咪唑阴离子 2-methyl benzimidazolate
mBIM	5-甲基苯并咪唑阴离子 5-methylbenzoimidazolate
Me	甲基 methyl
MeAPO	金属-铝磷酸盐分子筛 metal-aluminophosphate
MeAPSO	金属-硅铝磷酸盐分子筛 metal-silicoaluminophosphate
Me_4-BDC	脱去2个羧基上质子的 Me_4-H_2BDC
Me_2-BPDC	脱去2个羧基上质子的 Me_2-H_2BPDC
Me_4-BPDC	脱去2个羧基上质子的 Me_4-H_2BPDC

续表

简称	全称/释义
Me$_4$-DMOF	Zn(Me$_4$-BDC)(DABCO)$_{0.5}$
Me$_4$-DMOF-1	Zn$_2$(Me$_4$-BDC)$_2$(DABCO)
Me$_4$-H$_2$BDC	2,3,5,6-四甲基对苯二甲酸 2,3,5,6-tetramethylterephthalic acid
Me$_2$-H$_2$BPDC	2,2'-二甲基-[1,1'-联苯]-4,4'-二甲酸 2,2'-dimethyl-[1,1'-biphenyl]-4,4'-dicarboxylic acid
Me$_4$-H$_2$BPDC	2,2',6,6'-四甲基-1,1'-联苯-4,4'-二甲酸 2,2',6,6'-tetramethylbiphenyl-4,4'-dicarboxylic acid
Me$_2$-H$_2$TPDC	2',5'-二甲基-[1,1':4',1''-三联苯]-4,4''-二甲酸 2',5'-dimethyl-[1,1':4',1''-triphenyl]-4,4''-dicarboxylic acid
MeOH	甲醇 methanol
MeOHIM	2-羟甲基咪唑阴离子 2-hydroxymethylimidazolate
Me-4Py-Trz-ia	5-(3-甲基-5-(吡啶-4-基)-4H-1,2,4-三唑-4-基)间苯二甲酸根 5-(3-methyl-5-(pyridin-4-yl)-4H-1,2,4-triazol-4-yl)isophthalate
Me$_2$-TPDC	脱去2个羧基上质子的Me$_2$-H$_2$TPDC
m-H$_2$BDC	间苯二甲酸 isophthalic acid
MIL	拉瓦锡研究所材料 Materials Institute Lavoisier
MIL-100	[M$_3$O(H$_2$O)$_2$L](BTC)$_2$ 或 [M$_3$OL$_3$](BTC)$_2$
MIL-100(Fe_BTB)	[Fe$_3$O(H$_2$O)$_2$(L)](BTB)$_2$
MIL-101	[M$_3$OL$_3$](BDC)$_3$
MIL-125	Ti$_8$O$_8$(OH)$_4$(BDC)$_6$
MIL-125(NH$_2$)	Ti$_8$O$_8$(OH)$_4$(NH$_2$-BDC)$_6$
MIL-47	V(O)(BDC)
MIL-53	M(OH)(BDC)
MIL-68	M(BDC)(OH)
MIL-88	Fe$_3$O(OH)(H$_2$O)$_2$(BDC)$_3$
mIM	2-甲基咪唑阴离子 2-methylimidazolate

续表

简称	全称/释义
mmen	N,N'-二甲基乙二胺 N,N'-dimethylethylenediamine
MMM	混合基质膜 mixed-matrix membrane
(M)MOF-74	基于特定金属M的MOF-74结构
Mn-BTT	$Mn_3[(Mn_4Cl)_3(BTT)_8]_2$
MOF	金属有机框架 metal-organic framework
MOF-101	$Cu_2(Br-BDC)_2(H_2O)_2$
MOF-102	$Cu_2(Cl_2-BDC)_2(H_2O)_2$
MOF-1040	$Zn_4O(BPCu)_3$
MOF-14	$Cu_3(BTB)_2(H_2O)_3$
MOF-150	$Zn_4O(TCA)_2$
MOF-177	$Zn_4O(BTB)_2$
MOF-180	$Zn_4O(BTE)_2$
MOF-2	$Zn(BDC)(H_2O)$
MOF-200	$Zn_4O(BBC)_2$
MOF-205	$Zn_4O(BTB)_{4/3}(NDC)$
MOF-210	$(Zn_4O)_3(BPDC)_4(BTE)_3$
MOF-222	$Cu_2(4,4'-DMEDBA)_2(H_2O)_2$
MOF-325	$Cu_3(H_2O)_3[(Cu_3O)(PyC)_3(NO_3)L_2]_2$
MOF-399	$Cu_3(BBC)_2$
MOF-5	$Zn_4O(BDC)_3$
MOF-520	$Al_8(OH)_8(HCOO)_4(BTB)_4$
MOF-520-BPDC	$Al_8(OH)_8(BTB)_4(BPDC)_2$
MOF-525	具有 **ftw** 拓扑的 $Zr_6O_4(OH)_4(TCPP-H_2)_3$
MOF-545	具有 **csq** 拓扑的 $Zr_6O_4(OH)_4(TCPP-H_2)_2(H_2O)_8$
MOF-74	$M_2(DOT)$（M= Zn, Mg…）
MOF-801	$Zr_6O_4(OH)_4(C_4H_2O_4)_6$（$C_4H_2O_4$ 为富马酸根）

续表

简称	全称/释义
MOF-808	$Zr_6O_4(OH)_4(HCOO)_6(BTC)_2$
MOF-808-P	$Zr_6O_5(OH)_3(BTC)_2(HCOO)_5(H_2O)_2$
MOF-812	$Zr_6O_4(OH)(MTB)_3(H_2O)_2$
MOF-841	$Zr_6O_4(OH)_4(MTB)_2(HCOO)_4(H_2O)_4$
MOF-901	$Ti_6O_6(OCH_3)_6(AB)_6$
MOF-905	$Zn_4O(BDC)(BTAC)_{4/3}$
MOF-905-Me$_2$	$Zn_4O(BDC-Me_2)(BTAC)_{4/3}$
MOP	金属有机多面体 metal-organic polyhedron
MOP-1	$Cu_2(m-BDC)_2(H_2O)_2$
MPBA	脱去1个羧基上质子和1个N上质子的H_2MPBA
MS	质谱 mass spectrometry
MTB	脱去4个羧基上质子的H_4MTB
MTV	多变量 multivariate
MUF	梅西大学金属有机框架 Massey University metal-organic framework
MUF-7a	$(Zn_4O)_3(BTB)_{4/3}(BDC)_{1/2}(BPDC)_{1/2}$
MWC	最大工作容量 maximum working capacity
NASA	美国国家航空航天局 National Aeronautics and Space Administration
nBIM	5-硝基苯并咪唑阴离子 5-nitrobenzimidazolate
NbOFFIVE-1-Ni	$Ni(Pyr)_2(NbOF_5)$
NBPDA	(4-氨基苯基)氨基甲酸叔丁酯 4-($tert$-butoxycarbonylamino)-aniline
n-BuLi	正丁基锂 n-butyllithium
NDC	脱去2个羧基上质子的H_2NDC

续表

简称	全称/释义
1,4-NDI	5,5'-(萘-1,4-二基)间苯二甲酸 5,5'-(naphthalene-1,4-diyl)diisophthalic acid
2,6-NDI	5,5'-(萘-2,6-二基)间苯二甲酸 5,5'-(naphthalene-2,6-diyl)diisophthalic acid
NG	天然气 natural gas
NH$_2$-BDC	脱去两个羧基上质子的NH$_2$-H$_2$BDC
NH$_2$-H$_2$BDC	2-氨基对苯二甲酸 2-aminoterephthalic acid
NH$_2$-H$_2$TPDC	2'-氨基-[1,1':4',1''-三联苯]-4,4''-二甲酸 2'-amino-[1,1':4',1''-terphenyl]-4,4''-dicarboxylic acid
NH$_2$-TPDC	脱去两个羧基上质子的NH$_2$-H$_2$TPDC
nIM	2-硝基咪唑阴离子 2-nitroimiazolate
(Ni)MOF-74	Ni$_2$(DOT)
Ni(PC)	2,3,9,10,16,17,23,24-八羟基酞菁合镍(II) (2,3,9,10,16,17,23,24-octahydroxyphthalocyaninato)nickel(II)
NJU	南京大学 Nanjing University
NLDFT	非定域密度泛函理论 nonlocal density functional theory
NMP	N-甲基吡咯烷-2-酮 N-methyl-2-pyrrolidone
NMR	核磁共振 nuclear magnetic resonance
NOTT	诺丁汉大学 Nottingham University
NOTT-101	Cu$_2$(H$_2$O)$_2$(TPTC)
NOTT-103	Cu$_2$(H$_2$O)$_2$(2,6-NDI)
NOTT-109	Cu$_2$(H$_2$O)$_2$(1,4-NDI)
NP	纳米粒子 nanoparticle

续表

简称	全称/释义
np	窄孔 narrow pore
NTBA	三(4-醛基苯基)胺 4,4',4''-nitrilotribenzaldehyde
NTBCA	三(4'-醛基-1,1'-联苯-4-基)胺 4',4''',4'''''-nitrilotris([1,1'-biphenyl]-4-carbaldehyde)
NTEI	脱去6个羧基上质子的H_6NTEI
NU	美国西北大学 Northwestern University
NU-125	Cu_3(BTTTA)
NU-100	Cu_3 (TTEI) $(H_2O)_3$
NU-1000	$Zr_6(\mu_3-OH/O)_8(H_2O,OH)_8$(TBAPy)$_2$
NU-110	Cu_3(BHEHPI) $(H_2O)_3$
NU-902	具有 **scu** 拓扑的 $Zr_6O_4(OH)_4$(TCPP-H_2)$_2$(H_2O)$_4$(OH)$_4$
OAc	乙酸根 acetate
OBA	脱去2个羧基上质子的H_2OBA
OHM	八羟基功能化大环（图8.3） octahydroxyl-functionalized macrocycle
(OMe)$_3$-BTB	脱去3个羧基上质子的(OMe)$_3$-H_3BTB
(OMe)$_3$-H_3BTB	1,3,5-三(4-羧基-3-甲氧苯基)苯 4,4',4''-benzene-1,3,5-triyltri(3-methoxybenzoate)
OMS	开放金属位点，指配位不饱和金属位点 open metal site
O$_h$-nano-Ag	八面体形貌银纳米晶 Ag nanocrystals in octahedral shape
OTf	三氟甲磺酸根 triflate
OX	草酸根 oxalate
PCN	多孔配位网络 porous coordination network

续表

简称	全称/释义
PCN-10	$Cu_3(AOBTC)$
PCN-125	$[Cu_2(H_2O_2)_2](TPDC)$
PCN-13	$Zn_4O(H_2O)_3(ADC)_3$
PCN-14	$Cu_2(ADIP)$
PCN-223	具有 **shp** 拓扑的 $Zr_6O_4(OH)_4(TCPP-H_2)_3$
PCN-225	具有 **sqc** 拓扑的 $Zr_6O_4(OH)_4(TCPP-H_2)_2(H_2O)_4(OH)_4$
PCN-332	$[M_3O(H_2O)_2(L)](BTTC)_2$
PCN-333	$[M_3O(H_2O)_2(L)](TATB)_2$
PCN-6	穿插的 $Cu_3(TATB)_2(H_2O)_3$
PCN-6′	不穿插的 $Cu_3(TATB)_2(H_2O)_3$
PCN-61	$Cu_3(H_2O)_3(BTEI)$
PCN-610	$Cu_3(H_2O)_3(TTEI)$
PCN-66	$Cu_3(NTEI)$
PCN-68	$Cu_3(H_2O)_3(PTEI)$
PCN-700	$Zr_6O_4(OH)_4(Me_2-BPDC)_4(OH)_4(H_2O)_4$
PCN-701	$Zr_6O_4(OH)_6(H_2O)_2(Me_2-BPDC)_{8/2}(BDC)_{2/2}$
PCN-702	$Zr_6O_4(OH)_6(H_2O)_2(Me_2-BPDC)_{8/2}(Me_2-TPDC)_{1/2}$
PCN-703	$Zr_6O_4(OH)_6(H_2O)_2(Me_2-BPDC)_{8/2}(BDC)_{2/2}(Me_2-TPDC)_{1/2}$
PCN-777	$Zr_6O_4(OH)_4(HCOO)_6(TATB)_2$
PCN-9	穿插的 $Cu_3(HTB)_2(H_2O)_3$
PCN-9′	不穿插的 $Cu_3(HTB)_2(H_2O)_3$
PDA	对苯二胺 1,4-phenylenediamine
PDAD	脱去4个羧基上质子的 H_4PDAD
PDAN	对苯二乙腈 2,2′-(1,4-phenylene)diacetonitrile
PDA-(OH)₂	2,5-二氨基对苯二酚 2,5-diamino-1,4-benzenediol
PDB	4,4′-(1,10-菲咯啉-2,9-二基)二苯甲醛 4,4'-(1,10-phenanthroline-2,9-diyl)dibenzaldehyde

简称	全称/释义
PDH	对苯二甲酰肼 1,4-dicarbonyl-phenyl-dihydrazide
PEI	聚亚乙基亚胺 polyethyleneimine
PET	聚对苯二甲酸乙二醇酯 poly ethylene terephthalate
PIC	γ-甲基吡啶 γ-picoline
PI-COF-1	$[(TAPA)_2(PMDA)_3]_{imide}$
PI-COF-2	$[(TAPB)_2(PMDA)_3]_{imide}$
PI-COF-3	$[(TABPB)_2(PMDA)_3]_{imide}$
PI-COF-4	$[(TAA)(PMDA)_2]_{imide}$
PI-COF-5	$[(TAM)(PMDA)_2]_{imide}$
PMDA	均苯四甲酸二酐 pyromellitic dianhydride
PMOF-1	$Cu_3(H_2O)(TPBTM)$
PN	聚合物协助成核 polymer nucleated
PNMOF-3	$Zn_4(NH_2-BDC)_3(NO_3)_2(H_2O)_2$
POM	多金属氧酸盐 polyoxometalate
PPA	苯基膦酸酯 phenylphosphate
PSA	变压吸附 pressure swing adsorption
PSE	合成后框架配体交换 post-synthetic linker exchange
PSM	合成后修饰 post-synthetic modification
PT	2,7-二叔丁基芘-4,5,9,10-四酮 2,7-di-*tert*-butyl-pyrene-4,5,9,10-tetraone

续表

简称	全称/释义
PTA	磷钨酸 phosphotungstic acid
PTEI	脱去6个羧基上质子的H_6PTEI
Pur	嘌呤 purine
PVP	聚乙烯吡咯烷酮 polyvinylpyrolidone
PVSA	压力-真空变压吸附 pressure vacuum swing adsorption
PX	对二甲苯 paraxylene
PXRD	粉末X射线衍射 powder X-ray diffraction
Py	吡啶 pyridine
PyC	脱去1个羧基上质子和1个N上质子的H_2PyC
PyDA	吡啶-2,6-二甲醛 2,6-pyridinedicarboxaldehyde
PYDC	脱去2个羧基上质子的H_2PYDC
Pyr	吡嗪 pyrazine
PyrDI	脱去4个羧基上质子的H_4PyrDI
PyTA	1,3,6,8-四(对氨基苯基)芘 4,4',4'',4'''(pyrene-1,3,6,8-tetrayl)tetraaniline
Q_{st}	等量吸附热 isosteric heat of adsorption
QCM	石英晶体微天平 quartz crystal microbalance
R-BDC	脱去2个羧基上质子的R-H_2BDC
R-BPEE	1,2-二(吡啶-4-基)乙烯衍生物 dipyridylethene derivatives
RCSR	网格化学结构资源 reticular chemistry structure resource

简称	全称/释义
RED	三维旋转电子衍射 3D rotation electron diffraction
RH	相对湿度 relative humidity
R–H$_2$BDC	R基取代的对苯二甲酸
rho Z-MOF	具有 **rho** 拓扑的 In(HIMDC)$_2$(HPP)
rht–MOF–1	[Cu$_2$(TZI)$_2$(H$_2$O)$_2$]$_{12}$[Cu$_3$O(OH)(H$_2$O)$_2$]$_8$
rht–MOF–2	Cu$_6$O(TTDA)$_3$(NO$_3$)
rht–MOF–3	Cu$_6$O(TBDA)$_3$(NO$_3$)
rht–MOF–7	Cu$_3$(TTATP)(H$_2$O)$_3$
RON	研究法辛烷值 research octane number
ROX	罗沙胂 roxarsone
RPM3–Zn	Zn$_2$(BPDC)$_2$(BPEE)
R–PyC	3位R基取代的PyC
SALE	溶剂辅助框架配体交换 solvent assisted linker exchange
SALEM–1	Cd(mIM)$_2$
SALI	溶剂辅助端基配体引入法 solvent assisted ligand incorporation
SAPO	硅铝磷酸盐分子筛 silicoaluminophosphate
SBU	次级构造单元 secondary building unit
SDA	结构导向剂 structure–directing agent
SEM	扫描电子显微镜 scanning electron microscopy
SIFSIX–2–Cu	不穿插的 Cu(DPA)$_2$(SiF$_6$)
SIFSIX–2–Cu–i	穿插的 Cu(DPA)$_2$(SiF$_6$)
SIFSIX–3–Ni	Ni(Pyr)$_2$(SiF$_6$)

续表

简称	全称/释义
SIOC	中科院上海有机化学研究所 Shanghai Institute of Organic Chemistry
SIOC–COF–1	$[(ETTA)(BPDA)(BDA)]_{imine}$
SLG	单层石墨烯 single-layer graphene
SLI	序贯配体安装 sequential linker installation
S–MOF–808	$Zr_6O_5(OH)_3(BTC)_2(SO_4)_{2.5}(H_2O)_{2.5}$
SNU	国立首尔大学 Seoul National University
SNU–4	$Zn_2(ABTC)(DMF)_2$
sod Z-MOF	具有 **sod** 拓扑的 $In(HIMDC)_2(HIM)$
sp^2C–COF	$[(TFPPy)(PDAN)_2]_{acrylonitrile}$
SQ	方酸 squaric acid
ST	上海科技大学 ShanghaiTech University
ST–1	$(Zn_4O)_3(TATAB)_4(BDC)_3$
ST–2	$(Zn_4O)_3(TATAB)_4(NDC)_3$
ST–3	$(Zn_4O)_3(TATAB)_4(BPDC)_2(BDC)$
ST–4	$(Zn_4O)_5(TATAB)_4(BPDC)_6$
STM	扫描隧道显微镜 scanning tunneling microscopy
SUC	丁二腈 succinonitrile
TAA	1,3,5,7-四氨基金刚烷 1,3,5,7-tetraaminoadamantane
TABPB	1,3,5-三(4′-氨基-1,1′-联苯-4-基)苯 1,3,5-tris[4′-amino(1,1′-biphenyl-4-yl)]benzene
TADIPA	脱去4个羧基上质子的 $H_4TADIPA$
TAM	四(4-氨基苯基)甲烷 tetra-(4-aminophenyl)methane

简称	全称/释义
TAP	脱去2个N上质子的H$_2$TAP
TAPA	三(4-氨基苯基)胺 tris(4-aminophenyl)amine
TAPB	1,3,5-三(4-氨基苯基)苯 1,3,5-tris(4-aminophenyl)benzene
TAPM	四(4-氨基苯基)甲烷 tetra(*p*-aminophenyl)methane
TATAB	脱去3个羧基上质子的H$_3$TATAB
TATB	脱去3个羧基上质子的H$_3$TATB
TBAPy	脱去4个羧基上质子的H$_4$TBAPy
TBBDC	5-叔丁基苯-1,3-二甲酸根 5-*tert*-butyl-1,3-benzenedicarboxylate
TBDA	脱去2个羧基上质子和1个N上质子的H$_3$TBDA
TBPM	四(4-硼酸基苯基)甲烷 tetra(4-dihydroxyborylphenyl)methane
TBPP	5,10,15,20-四(对硼酸基苯基)卟啉 tetra(*p*-boronic acid-phenyl)pophyrin
TBPS	四(4-硼酸基苯基)硅烷 tetra(4-dihydroxyborylphenyl)silane
TBPy	5,5'-双(2-(5'-甲基-[2,2'-联吡啶]-5-基)乙基)-2,2'-联吡啶 5,5'-bis(2-(5'-methyl-[2,2'-bipyridin]-5-yl)ethyl)-2,2'-bipyridine
TBU	三级构造单元 tertiary building unit
t-Bu	叔丁基 *tert*-butyl
TCA	脱去3个羧基上质子的H$_3$TCA
TCAT	对叔丁基邻苯二酚 4-(*tert*-butyl)benzene-1,2-diol
TCP	5,10,15,20-四(对氰基苯基)卟啉 4,4',4'',4'''-(porphyrin-5,10,15,20-tetrayl)tetrabenzonitrile
TCPP	脱去了4个羧基上质子和2个N上质子的H$_4$TCPP-H$_2$

续表

简称	全称/释义
TCPP–H$_2$	脱去4个羧基上质子的H$_4$TCPP–H$_2$
TCPP–M	金属化的TCPP衍生物
TCPT	脱去4个羧基上质子的H$_4$TCPT
TCTPM	4,4',4'',4'''–四氰基四苯甲烷 4,4',4'',4'''–tetracyanotetraphenylmethane
TDC	脱去2个羧基上质子的H$_2$TDC
T^{2}DC	噻吩并[3,2–b]噻吩–2,5–二甲酸根 thieno[3,2–b]thiophene–2,5–dicarboxylate
TDCPAH	2,5,8–三(3,5–二羧基苯基氨基)–1,3,4,6,7,9,9b–七氮杂菲 2,5,8–tris(3,5–dicarboxyphenylamino)–1,3,4,6,7,9,9b–heptaazaphenalene
TEM	透射电子显微镜/透射电子显微技术 transmission electron microscopy
TEMPO	2,2,6,6–四甲基哌啶–1–氧自由基 4–azido–2,2,6,6–tetramethyl–1–piperidinyloxy
TEOA	三乙醇胺 triethanolamine
TEPA	四亚乙基五胺 tetraethylenepentamine
TFA	三氟乙酸 trifluoro–acetic acid
TFB	均苯三甲醛 1,3,5–triformyl–benzene
TFP	2,4,6–三羟基苯–1,3,5–三甲醛 triformylphloroglucinol
TFPB	1,3,5–三(对甲酰基苯基)苯 1,3,5–tris–(4–formylphenyl)–benzene
TFPPy	1,3,6,8–四(4–醛基苯基)芘 4,4',4'',4'''–(pyrene–1,3,6,8–tetrayl)tetrabenzaldehyde（1,3,6,8–tetrakis(4–formylphenyl)pyrene）
TGA	热重分析 thermal gravimetric analysis
THAn	2,3,6,7–四羟基蒽 2,3,6,7–tetrahydroxyanthracene

简称	全称/释义
THF	四氢呋喃 tetrahydrofuran
TMB	三甲氧基硼烷 trismethoxy borate
TMS	三甲基硅基 trimethylsilyl
TMS(N_3)	叠氮三甲基硅烷 trimethylsilyl azide
TMTPDC	脱去2个羧基上质子的H_2TMTPDC
TPBTM	脱去6个羧基上质子的H_6TPBTM
TPDC	脱去2个羧基上质子的H_2TPDC
TPP	5,10,15,20-四(吡啶-4-基)卟啉 5,10,15,20-tetra(pyridin-4-yl)porphyrin
TpPa-1	$[(TFP)_2(PDA)_3]_{\beta\text{-}ketoenamine}$
TPTC	脱去4个羧基上质子的H_4TPTC
TPTCA	(1,1′,3′,1″-三联苯)-3,3″,5,5″-四甲醛 (1,1′,3′,1″-terphenyl)-3,3″,5,5″-tetracarbaldehyde
Trz	三氮唑 triazole
TSA	变温吸附 temperature swing adsorption
TTATP	脱去6个羧基上质子的H_6TTATP
TTDA	脱去2个羧基上质子和1个N上质子的H_3TTDA
TTDC	脱去2个羧基上质子的H_2TTDC
TTEI	脱去6个羧基上质子的H_6TTEI
TTH	(9s,10s)-13,16-二乙基-9,10-二氢-9,10-[1,2]苯并蒽-2,3,6,7-四醇 (9s,10s)-13,16-diethyl-9,10-dihydro-9,10-[1,2]benzenoanthracene-2,3,6,7-tetraol
TZI	脱去2个羧基上质子和1个N上质子的H_3TZI
UiO	奥斯陆大学 University of Oslo
UiO-66	$Zr_6O_4(OH)_4(BDC)_6$

续表

简称	全称/释义
UiO–67	$Zr_6O_4(OH)_4(BPDC)_6$
UiO–68	$Zr_6O_4(OH)_4(TPDC)_6$
UMCM	密歇根大学晶态材料 University of Michigan crystalline material
UMCM–1	$Zn_4O(BDC)(BTB)_{4/3}$
UMCM–1(NH$_2$)	$Zn_4O(BDC)(BTB)_{4/3}$
UMCM–10	$Zn_4O(BDC)_{0.75}(Me_4–BPDC)_{0.75}(TCA)$
UMCM–11	$Zn_4O(BDC)_{0.75}(EDDB)_{0.75}(TCA)$
UMCM–12	$Zn_4O(BDC)_{0.75}(TMTPDC)_{0.75}(TCA)$
UMCM–150	$Cu_3(BHTC)_2(H_2O)_3$
UMCM–2	$Zn_4O(T^2DC)(BTB)_{4/3}$
UMCM–309a	$Zr_6O_4(OH)_4(BTB)_6(OH)_6(H_2O)_6$
UMCM–4	$Zn_4O(BDC)_{1.5}(TCA)$
usf	南佛罗里达大学 University of South Florida
usf–Z–MOF	具有 **med** 拓扑的 $In_5(HIMDC)_{10}(1,2–H_2DACH)_{2.5}$
UTSA	得克萨斯大学圣安东尼奥分校 University of Texas at San Antonio
UTSA–20	$Cu_3(BHB)$
UTSA–76	$Cu_2(PyrDI)$
UV–Vis	紫外–可见光谱 ultraviolet–visible spectroscopy
UWDM–4	$(Zn_4O)_2(BITC)_3$
VED	体积能量密度 volumetric energy density
VSA	真空变压吸附 vacuum swing adsorption
wp	宽孔 wide pore

续表

简称	全称/释义
XAS	X射线吸收谱 X-ray absorption spectroscopy
XPS	X射线光电子能谱 X-ray photoelectron spectroscopy
ZABU	$Zn_8O_2(AD)_4(—COO)_{12}$
ZIF	沸石咪唑框架 zeolitic imidazolate framework
ZIF-20	$Zn(Pur)_2$
ZIF-300	$Zn(mIM)_{0.86}(bBIM)_{1.14}$
ZIF-301	$Zn(mIM)_{0.94}(cBIM)_{1.06}$
ZIF-302	$Zn(mIM)_{0.67}(mBIM)_{1.33}$
ZIF-376	$Zn(nBIM)_{0.25}(mIM)_{0.25}(IM)_{1.5}$
ZIF-412	$Zn(BIM)_{1.13}(nIM)_{0.62}(IM)_{0.25}$
ZIF-414	$Zn(nBIM)_{0.91}(mIM)_{0.62}(IM)_{0.47}$
ZIF-486	$Zn(nBIM)_{0.20}(mIM)_{0.65}(IM)_{1.15}$
ZIF-68	$Zn(BIM)(nIM)$
ZIF-7	$Zn(BIM)_2$
ZIF-8	$Zn(mIM)_2$
ZIF-90	$Zn(aIM)_2$
ZIF-91	$Zn(MeOHIM,aIM)_2$
ZIF-92	$Zn(HEIMIM,aIM)_2$
ZJNU	浙江师范大学 Zhejiang Normal University
Z-MOF	类沸石金属有机框架 zeolite-like metal-organic framework

附录二 COF结构简式下角英文单词释义

下角英文	释义
acrylonitrile	丙烯腈类
amide	酰胺类
benzoxazole	苯并噁唑类
borazine	环硼氮烷类
boronate ester	硼酸酯类
borosilicate	硼硅酸酯类
boroxine	硼氧六环类
hydrazone	腙类
imide	酰亚胺类
imine	亚胺类
β-ketoenamine	β-酮烯胺类
phenazine	吩嗪类
spiroborate	螺硼酸酯类
squaraine	方酸菁类
triazine	三嗪类

索 引